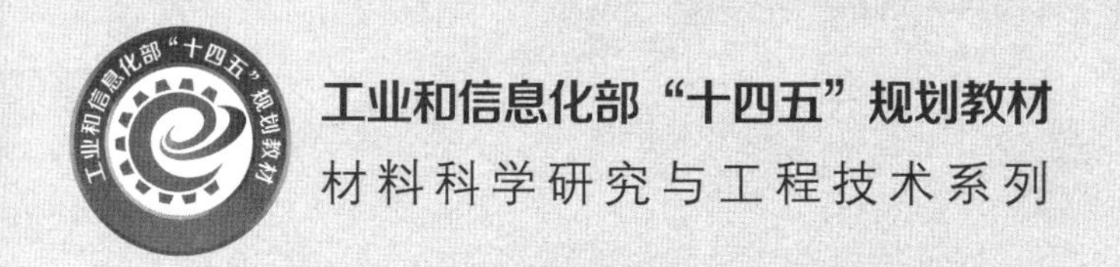

工业和信息化部“十四五”规划教材

材料科学研究与工程技术系列

膜科学与技术

Membrane Science and Technology

邵 路 张艳秋 主编

内 容 简 介

本书较为系统地介绍了膜科学与技术的基本概念以及膜制备工艺，包括微滤、超滤、反渗透、正渗透、纳滤、气体分离、渗透蒸发、膜蒸馏、膜生物反应器、燃料电池用质子交换膜、储能电池膜、智能膜及新型膜等，并配有习题。此外，本书还阐述了膜分离技术在城市污水处理、海水淡化、油水分离、废气净化、生物医药废水处理等工业过程的典型应用，力图体现膜分离技术的基础理论和工业应用在发展过程中的紧密结合，从而让读者更好地学习和掌握膜科学与技术的基本知识。

本书可以作为高等院校化工、环境、能源、材料等相关专业本科生、研究生的教材，也可以作为从事膜分离、水处理、环保等工作的相关技术人员的参考书。

图书在版编目(CIP)数据

膜科学与技术/邵路，张艳秋主编. —哈尔滨：哈尔滨工业大学出版社，2023.9
（材料科学研究与工程技术系列）
ISBN 978-7-5767-0946-9

Ⅰ.①膜… Ⅱ.①邵… ②张… Ⅲ.①膜材料 Ⅳ.①TB383

中国国家版本馆 CIP 数据核字(2023)第 127274 号

策划编辑　许雅莹　张永芹
责任编辑　杨　硕　张永芹
封面设计　刘　乐
出版发行　哈尔滨工业大学出版社
社　　址　哈尔滨市南岗区复华四道街 10 号　邮编 150006
传　　真　0451-86414749
网　　址　http://hitpress.hit.edu.cn
印　　刷　哈尔滨市工大节能印刷厂
开　　本　787mm×1092mm　1/16　印张 22.25　字数 528 千字
版　　次　2023 年 9 月第 1 版　2023 年 9 月第 1 次印刷
书　　号　ISBN 978-7-5767-0946-9
定　　价　68.00 元

前 言

膜分离技术是指在分子尺度上实现选择性筛分的技术，借助外界能量或者化学位差作为推动力，实现对两组分或多组分的气体或液体进行分离、分级、提纯或富集。分离过程的能耗约占据整个工业能耗的一半，开发具有高分离效率、低耗能的分离技术对节能减排和可持续发展至关重要。近年来，膜分离技术作为科技热点，因其高效、易操作、低能耗等优点受到了人们的广泛关注。随着膜分离技术近 20 年来的飞速发展，其应用已从早期的脱盐、水处理，拓展到化工、石油、冶金、电子、能源、医药等工业领域的高效回收、超纯分离及绿色生产等领域；也成为氢能利用和能源储存等新兴技术的关键部件。膜分离技术是实现可持续发展的重要前沿技术，是 21 世纪最有发展前景的高新技术之一。尤其在国家“双碳”战略引领下，作为低碳环保的膜分离技术受到国内外产业界和学术界的密切关注。膜技术在为解决人类面临的能源短缺和环境污染等问题中发挥了不可替代的作用，在国民经济发展中的重要性日益提升。

高性能膜材料是决定膜过程高效、稳定运行和操作能耗的关键，膜的表面、孔道物理化学结构将直接影响膜的选择性、渗透性及稳定性。膜材料合成、膜制备技术、膜结构调控与优化、先进的表征技术、性能强化，以及膜过程集成等都是膜技术领域的研究热点。高性能膜材料已经成为支撑水资源、能源、传统工业升级改造、环境污染治理等领域发展的战略性高技术产业。工业膜市场正处于国产化进程中，市场竞争正逐步加剧。根据我国“十四五”时期主要目标任务，高性能分离膜材料被列为国家关键战略材料领域发展重点及主要方向，其中包括水处理膜材料、特种分离膜材料和气体分离膜材料。随着我国从事膜分离技术法的科研人员越来越多，膜产业企业与膜技术研究院日益增多，相信在不久的将来，我国的膜分离技术必将达到全球领先水平。

本书详细阐述了膜分离过程的基本理论、膜材料和相关制备过程与膜应用，以及膜分离类型（包括微滤、超滤、反渗透、正渗透、纳滤、气体分离、渗透蒸发、膜蒸馏、膜生物反应器技术、燃料电池用质子交换膜技术、储能电池膜技术、智能膜技术、新型膜技术等）。本书总体概述了当前膜科学与技术的发展，从膜设计、制备与应用的基础研究技术与产业应用角度，简要概括近年来在水处理膜、渗透汽化膜、气体分离膜、离子交换膜、无机膜、膜反应器、新型膜方面取得的创新进展，并展望未来的研究方向与发展目标。

本书由哈尔滨工业大学邵路教授、张艳秋副教授共同编写,参与本书编写工作的相关人员包括杨晓彬、杨帆、郭靖、朱斌、闫琳琳、曾浩泽、王文广、李阳雪、黄军辉、杨延、王浩、温雅洁、周志伟、包鸿飞。

本书围绕膜和膜分离两大核心知识体系予以系统介绍,既能作为本科生、研究生的参考教材,也能为其他初学者提供必备的基本内容,并为广大膜研究工作者提供一定的借鉴与参考。本书可使广大读者开阔视野,对功能膜有一个更全面的认识和更深入的了解,以使现代膜技术能更好地应用和推动未来的科技。

限于编者水平,书中不足之处在所难免,恳请广大读者批评指正。

编 者

2023 年 6 月

目　　录

第1章 绪 论

1.1 人工合成膜的材料和结构

人工合成膜由多种材料制成,包括合成聚合物、生物聚合物(包括微生物聚合物)、陶瓷、玻璃、金属或液体。这些材料是惰性的或带有官能团性质的。例如固定离子,它们可以是中性的,也可以是带有电荷的。膜可以由单一类型的材料制成,也可以由不同类型的材料组合而成。在后一种情况下,各种材料可以组装成异质混合基体或形成复合多层薄膜。膜的构象可以是扁平的、螺旋缠绕的、管状的、毛细管状的、中空纤维的或囊状的。图1.1所示为技术相关合成膜的材料的结构示意图。虽然大多数技术相关的膜是由聚合物制成的,但市场上也有无机膜。由于环境问题,以生物聚合物为原料制备化学和机械稳定膜受到广泛关注。在选择性和渗透性方面对性能更好的膜的需求也有利于生物杂交膜的研究。

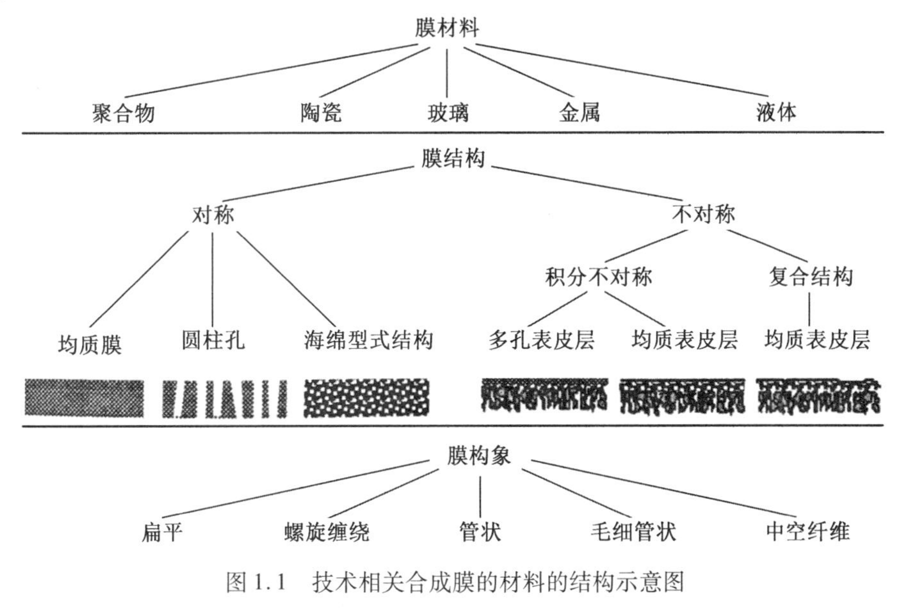

图1.1 技术相关合成膜的材料的结构示意图

1.1.1 对称膜和不对称膜

如前所述,人工合成膜可能具有对称或不对称结构,因此膜也可分为对称膜和不对称膜。

1. 对称膜

在对称膜中,整个截面上的结构和输运特性是相同的,整个膜的厚度决定了通量。对称膜目前主要用于透析和电渗析。

2. 不对称膜

在不对称膜中,膜截面的结构和输运特性各不相同。不对称膜由厚度为 0.1 ~ 1 μm 的"表皮"层组成,该表皮层位于厚度为 100 ~ 200 μm 的多孔结构上。表皮代表了不对称膜的实际选择性屏障。

不对称膜可以是致密的,也可以是多孔的。其分离特性取决于材料的性质或皮层中孔隙的大小。通量主要由表皮厚度决定。多孔的亚层仅作为最薄、最脆弱的表皮的支撑,对膜的分离特性和传质速率影响不大。不对称膜主要用于反渗透、超滤或气体分离等压力驱动膜工艺,因为不对称膜的独特性能,即高通量和良好的机械稳定性,可以得到广泛利用。制备不对称膜有两种技术:一种是利用反相过程,通过一个单一的过程,使表皮和支撑结构形成一个整体结构;另一种类似于复合结构,其中一层薄薄的阻挡层通过两步过程沉积在多孔下部结构上。在后一种情况下,屏障和支撑结构通常由不同的材料制成,可以沉积多个多孔下部结构,并且每一层可能具有不同的功能。

1.1.2 多孔膜

多孔结构是膜的一种非常简单的形式,其分离方式与传统的纤维过滤器非常相似。这些膜由一个固体基质组成,其孔径从 0.1 nm 到 10 μm 不等。待分离物质的分子尺寸在确定待用膜的孔径和相关膜过程中起着非常重要的作用。平均孔径大于 50 nm 的多孔膜被划分为大孔膜;平均孔径在 2 ~ 50 nm 之间的多孔膜被划分为介孔膜;平均孔径为 0.1 ~2 nm的膜称为微孔膜;致密膜没有单独的永久孔隙,但分离是通过自由体积的波动进行的。膜的分类示意图、相关过程及分离组分如图 1.2 所示。

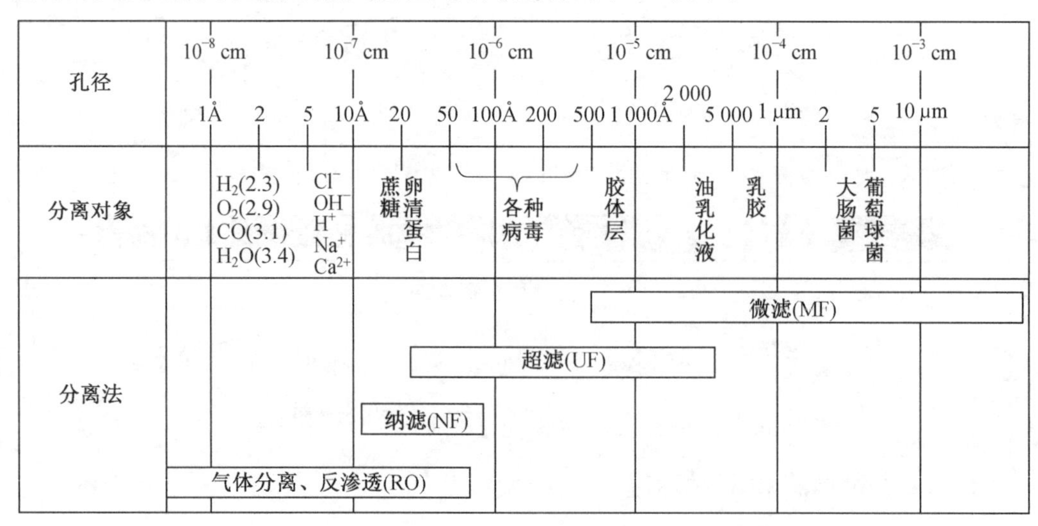

图 1.2 膜的分类示意图、相关过程及分离组分

(1 Å=0.1 nm)

在压力驱动膜工艺中,各组分的分离是通过以孔径和粒径为确定参数的筛分机制实现的。在热驱动膜分离过程中,以相平衡原理为基础进行分离,以膜孔的非润湿性为决定

参数。多孔膜可以由陶瓷、石墨、金属或金属氧化物以及各种聚合物等材料制成。它们的结构可以是对称的,即孔径不随膜截面的变化而变化,也可以是不对称的,即孔径从膜的一侧增加到另一侧,通常增加 10 ~1 000 倍。制备多孔膜的技术可能有很大的不同,包括简单的聚合物或陶瓷粉末的压制和烧结,模板的辐照和浸出,薄膜拉伸、成核轨迹蚀刻、相变和聚合物沉淀过程,溶胶-凝胶转换技术。多孔膜用于分离微滤、超滤或透析过程中大小差异较大或分子量差异较大的组分。

1.1.3 均质膜

均质膜仅仅是一种致密的膜,分子混合物在压力、浓度或电势梯度的作用下进行运输。混合物各组分的分离与它们在膜表面中的输运速率直接相关,膜表面中的输运速率由它们在膜基质中的扩散率和浓度决定。因此,均质膜称为溶液扩散型膜。它们可以由聚合物、金属、金属合金制备,在某些情况下,也可以由带正电荷或负电荷的陶瓷制备。由于均质膜中的质量输运是以扩散为基础的,因此其渗透性较低。均质膜主要用于反渗透、气体分离、渗透汽化等过程中分离大小相似但化学性质不同的组分。在这些过程中使用了由多孔结构支撑且均匀的薄膜结构。

1.1.4 离子交换膜

带电荷基团的薄膜称为离子交换膜。它们由携带固定正电荷或负电荷的高度膨胀的凝胶组成。离子交换膜的性能和制备工艺与离子交换树脂的性能和制备工艺密切相关。离子交换膜有两种不同类型:①阳离子交换膜,它含有固定在聚合物基体上的负电荷基团;②阴离子交换膜,它含有固定在聚合物基体上的正电荷基团。在阳离子交换膜中,固定的阴离子与聚合物空隙中移动的阳离子处于电平衡状态。而移动的阴离子由于其电荷与固定离子相同,或多或少被完全排斥在阳离子交换膜之外。由于不含阴离子,阳离子交换膜只允许阳离子的转移。阴离子交换膜携带固定在聚合物基体上的正电荷,因此,它们排斥所有阳离子,只对阴离子具有渗透性。无机离子交换材料虽然很多,但大多是以沸石和膨润土为基体;相对于高分子材料,这些材料在离子交换膜中并不重要。离子交换膜主要应用于电渗析或电解,也被用于电池和燃料电池的离子导电分离器。

1.1.5 液膜

液膜主要与便利运输相结合,便利运输是以"载体"为基础,载体选择性地将金属离子等某些成分跨液膜运输。一般来说,合成一层薄的液膜是没有问题的,但维护和控制这种薄膜及其性能是很困难的。在质量分离过程中,为了避免膜的破裂,需要某种类型的加固来支撑这样一个脆弱的膜结构。目前,有两种不同的技术用于制备液膜:在第一种技术中,选择的液体屏障材料通过表面活性剂在乳化型混合物中形成稳定的液膜;在第二种技术中,多孔结构由液膜相(支撑液膜)填充。液膜在萃取过程中,随着时间的推移,液相含量可能会扩散,因而这需要液膜具有一定的稳定性。离子液体和共晶溶剂的使用可以改善支撑液膜稳定性。

1.1.6 固定载体膜

固定载体膜由具有官能团的均相或多孔结构组成,官能团选择性地输运某些化合物。固定载体可以是离子结构交换基团,也可以是络合或螯合剂。例如,它们被用于共逆流运输和烷烃/烯烃混合物的分离。

1.1.7 其他膜

人们对以沸石和钙钛矿为原料制备的无机膜进行了研究,并在工业上进行了应用,其可以很好地利用分子筛的吸附和催化性能。优化后的无机膜比聚合膜具有更好的性能,但其机械强度(脆性)差、制造工艺复杂、成本高,限制了其大规模应用。

1. 沸石膜

沸石具有分子筛功能、较大的表面积、可控的主-底物相互作用和催化性能,一直被认为是膜结构和操作中应用的热点。沸石是一种三维的微孔晶体材料,具有清晰的孔隙结构和离散尺寸的孔道,可以通过具有清晰分子尺寸的孔洞(孔洞中含有铝、硅和氧)获得。沸石可分为小、中、大、超大型孔隙材料。它们可以被加工成对称的自支撑膜或不对称支撑膜。第一种类型由纯沸石相组成,第二种类型由在支架上形成的沸石薄层组成。沸石可以根据大小、形状、极性和不饱和程度来分离分子。多孔性、离子交换性、内酸性、热稳定性高、内表面积大等多种性能的结合,使其在无机氧化物中具有独特的选择性。

2. 钙钛矿

钙钛矿体系由于其对 O_2 和 H_2 的高选择性,以及晶体结构中的空穴,形成了一种新的输运机制,使其在气体分离、高温燃料电池和膜反应器中作为致密陶瓷膜具有很好的应用前景。钙钛矿型氧化物由于具有较高的电子导电性和离子导电性,近年来也受到人们的关注。它们已在高温超导体、压电材料、磁阻材料、氧离子和质子导体等领域受到了广泛研究。在实际性应用中,这些膜必须具有足够高的氧渗透率和结构稳定性,以适应高温和高氧以及高二氧化碳浓度等恶劣条件。钙钛矿膜可以通过将钙钛矿粉末压制成合适的形式,在 1 100 ~ 1 500 ℃ 的温度下烧结制成圆盘、片或管状。

1.1.8 膜制备

膜的结构、功能、输运性质、输运机理以及由膜构成的材料都有很大的不同。不同的膜,制造它们的方法也不同。一些薄膜是用简单的细粉烧结技术制备的,另一些薄膜是通过辐照和薄膜的轨迹蚀刻,或通过均匀的液体混合物或熔融成不均匀的固相来制备的。采用浸渍涂布法、界面聚合法和等离子体聚合法制备了复合膜;采用粉末烧结技术和溶胶-凝胶法制备了无机膜;以乳剂或多孔结构为载体制备了具有可移动选择性载体的液膜;将带正电或负电的基团引入合适的聚合物结构中,制备了固定载体和离子交换膜。基体材料和制备工艺的选择取决于膜的应用。在一些应用中,如气体分离或渗透汽化,膜材料作为阻隔层对膜的性能至关重要。而在微滤或超滤等其他应用中,膜材料并不像膜结构那样重要。膜最重要的特性是它的选择性输运特性和渗透性。这种选择性,结合显著的渗透性,是由材料形成的内在化学性质决定的。选择一种给定的聚合物作为膜材料并不是任意的,而是基于分子质量、链的柔韧性、链的相互作用等结构因素的特定的性质。结构因素决定了聚合物的热、化学和机械性能,这些因素也决定了渗透率。分子量分布是膜的一个重要性质。

聚合物的选择对多孔膜的渗透性影响不大,但对其化学稳定性和热稳定性以及吸附和润湿性等表面效应都有影响。相反,对于致密的非多孔膜,高分子材料直接影响膜的性能,因此玻璃化转变温度(T_g)和结晶度是非常重要的参数。一般来说,玻璃态的渗透率比橡胶态的渗透率低得多。聚合物链的流动性在玻璃态下受到很大限制,因为链段不能围绕主链键自由旋转。在橡胶状态下,链段可以沿主链自由旋转,这意味着链的高度可动性。热化学稳定性受刚性链、芳香环、链间相互作用、高 T_g 等因素的影响。随着聚合物稳定性的增加,其加工难度普遍增大。稳定性和加工性能是相互对立的。因此,在聚合物膜的制备过程中常选择适当的支撑层以改善力学性能。膜的制备方法最初是根据经验制定的。

1.2 多孔膜的制备

多孔膜由一种具有固定孔径的固体基质组成,孔径从 0.1 nm 到 10 μm 不等,可以由各种材料制成,如陶瓷、石墨、金属或金属氧化物以及聚合物。多孔膜的结构可以是对称的,即孔径不随膜截面变化;也可以是不对称的,即孔径从膜的一边增加到另一边,增加 10 ~1 000 倍。多孔膜主要用于微滤和超滤,可以根据以下方式分类:

(1)多孔膜的制成材料,由陶瓷或聚合物制成的。

(2)多孔膜的结构,即对称或不对称。

(3)多孔膜的孔径和孔径分布。

膜材料决定了膜的力学性能和化学稳定性。在实际应用中,该材料的亲水性或疏水性影响其性能。

目前,制备多孔膜最常用的方法是粉末压制和烧结、薄膜挤出和拉伸、薄膜辐照和蚀刻、相变或溶胶-凝胶工艺。多孔膜及其制备和应用见表 1.1。

表 1.1 多孔膜及其制备和应用

膜的类型	膜的材料	孔径/μm	制备工艺	应用
对称多孔结构	陶瓷、金属、聚合物、石墨	0.1 ~ 20	粉末压制和烧结	微滤
对称多孔结构	低结晶度的聚合物	0.2 ~ 10	薄膜挤出和拉伸	微滤、电池隔板
对称多孔结构	聚合物、云母	0.05 ~ 5	薄膜辐照和蚀刻	微滤、点过滤器
对称多孔结构	聚合物、金属、陶瓷	0.5 ~ 20	薄膜的模板浸出	微滤
对称多孔结构	聚合物	0.5 ~ 10	温度诱导的相变	微滤
不对称多孔结构	聚合物	<0.01	扩散诱导的相变	超滤
不对称多孔结构	陶瓷	<0.01	复合膜溶胶-凝胶工艺	超滤

1.2.1 烧结、轨迹蚀刻、浸出法制备对称多孔膜

1. 烧结

烧结是一种很简单的技术,即从有机或无机材料中获得多孔结构(表1.2)。

烧结的具体过程:将一种由一定尺寸的颗粒组成的粉末压成薄膜或平板,然后在材料熔点以下烧结。由聚合物粉末制备的烧结膜如图1.3(a)所示。这张照片显示了一种多孔膜的表面,这种多孔膜是由一种精细的聚四氟乙烯粉末压制和烧结而成的。该工艺得到的孔隙结构不太规则,孔隙率在10%~40%之间,孔径分布非常广泛。烧结膜制备的材料主要取决于所需要的力学性能以及材料在最终膜应用中的化学稳定性和热稳定性,是由氧化铝、石墨等陶瓷材料和不锈钢、钨等金属粉末制成。粉末粒径是决定最终膜孔大小的主要参数,一般在0.2~20 μm之间。孔径的下限由粉末的粒度决定。烧结膜可以制成圆盘、粉盒或细孔管,用于胶体溶液和悬浮液的过滤;也适用于气体分离,以及放射性同位素的分离。

表1.2 烧结方法

工艺示意图	使用的材料	具体材料
	聚合物粉末	聚乙烯 聚四氟乙烯 聚丙烯
加热	金属粉末	不锈钢、钨
	陶瓷粉末	氧化铝 氧化锆
	石墨粉末	碳
	玻璃粉末	硅质岩

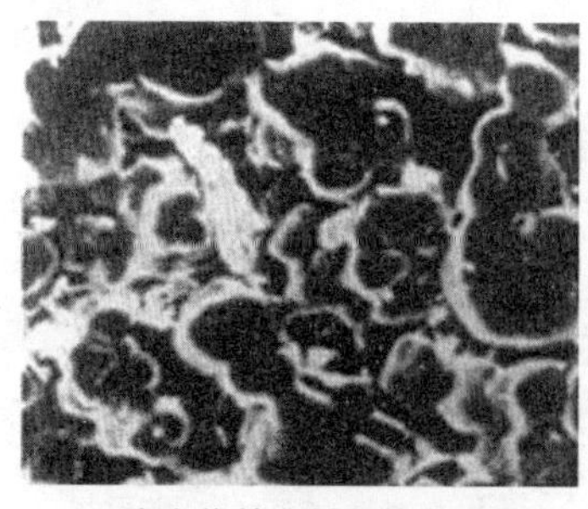

(a) 聚合物粉末制备的烧结膜

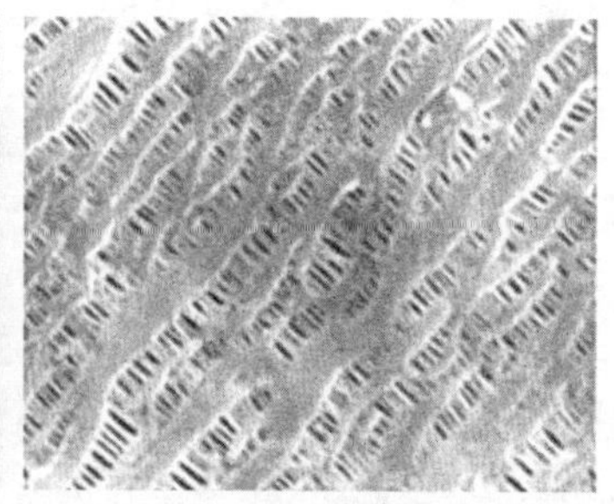

(b) 聚四氟乙烯制备的典型拉伸膜

图1.3 不同工艺制备出的膜结构

多孔碳膜也可以在600~800 ℃的惰性气氛中通过热解形成聚丙烯腈膜制备,孔径是1~4 nm。膜通常涂覆在多孔陶瓷支架上或制备成中空纤维,用于超滤和气体分离。然而,它们非常脆弱,因此在大规模的实际应用中很难处理。制备多孔膜的另一种相对简单的方法是拉伸具有部分结晶度的均匀聚合物薄膜。该技术主要用于聚乙烯或聚四氟乙烯

薄膜,这些薄膜是在接近熔点的温度下伴随着快速下降从聚合物粉末中挤压出来的。半结晶聚合物中的结晶沿拉伸方向排列。退火冷却后,在垂直拉伸方向上挤压膜。这导致了薄膜的部分断裂,得到了相对均匀的孔径(0.2~20 μm)。由聚四氟乙烯制备的典型拉伸膜如图1.3(b)所示。膜可以制成平板,也可以制成管和毛细血管。由于碱性聚合物具有疏水性,这些膜对气体和蒸气具有高渗透性,但对水溶液不透。可用于无菌过滤、血液氧化和膜蒸馏。由聚四氟乙烯制成的拉伸膜也可用作拒水织物。由于它的高孔隙率,这种膜具有高的气体和蒸气渗透性,但它在一定的静水压力下,完全不溶于水溶液。

2. 轨迹蚀刻法

多孔膜具有非常均匀的、近乎完美的圆柱形孔隙,这种多孔膜是通过一种称为轨迹蚀刻的工艺获得的。膜的制作过程分为两步,如图1.4所示。薄膜或箔(聚碳酸酯)受到垂直于薄膜的高能粒子辐射,粒子破坏聚合物基体并产生轨迹。然后将薄膜浸入酸性(或碱性)溶液中,沿着轨道蚀刻聚合物材料,形成均匀的圆柱形孔洞,孔径为0.2~10 mm,孔隙率为10%。

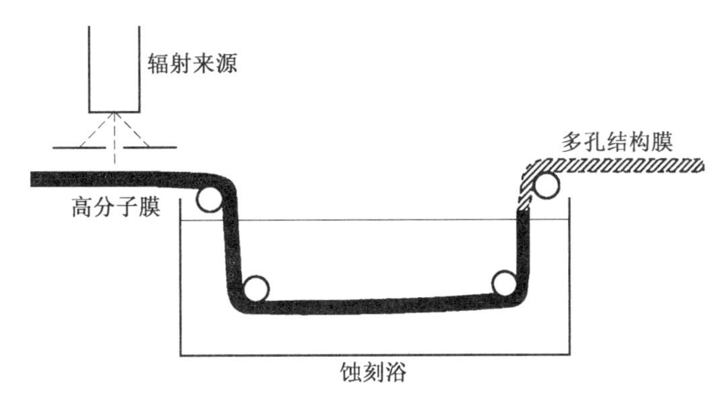

图1.4 轨迹蚀刻法

第一步,将一个均匀的0.6~1.5 mm厚的聚合物薄膜暴露在核反应堆的准直带电粒子辐射下,当粒子通过薄膜时,它们会在聚合物骨架的化学键受损处留下敏化轨迹。第二步,将辐照膜置于蚀刻槽中。在此槽中,沿轨道的损伤材料被优先蚀刻,形成均匀的圆柱形孔洞。轨迹蚀刻膜的孔密度由辐照器停留时间决定,孔径由蚀刻槽停留时间控制。这些膜的最小孔径约为0.01 μm。轨迹蚀刻膜的最大孔径由蚀刻工艺决定,约为5 μm。毛细管孔膜主要由聚碳酸酯和聚酯薄膜制备而成。这些聚合物的优点是,它们在商业上具有1~1.5 mm厚度的均匀薄膜,这是核反应堆获得的准直颗粒的最大穿透深度。由聚碳酸酯和聚酯薄膜制成的毛细管孔膜由于孔径分布窄、堵塞倾向低,在分析化学和微生物实验室以及医学诊断程序中得到了广泛的应用。毛细管孔膜用于工业规模生产超纯水的电子工业,其"冲洗"时间短,长期通量稳定性好,与其他膜产品相比具有一定的优势。由于它们的表面过滤特性,被膜保留的颗粒可以通过光学或扫描电子显微镜进一步监测。

3. 浸出法

其他制备多孔微滤膜的技术有微光刻法和模板浸出法。这些膜通常具有较小的孔径分布和较高的通量。模板浸出技术也应用于玻璃、金属合金或陶瓷制备膜。多孔玻璃与金属膜的制备工艺相对简单:将两种不同类型的玻璃或金属混合均匀。其中一种类型的溶解,得到一个有着明确孔隙大小的未溶解的网络材料。例如,对于多孔玻璃膜,三组分体系(如 $Na_2O-Ba_2O_3-SiO_2$)的均相熔体(1 000 ~ 1 500 ℃)被冷却,系统分离为两相,一相主要由不溶于水的 SiO_2 组成,另一相溶于水。最后由酸或碱浸出,并可获得宽泛的孔径范围,最小孔径可达 0.05 μm。

1.2.2 相转化法制备对称多孔聚合物膜

相变过程是将聚合物溶解在适当的溶剂中,然后在平板、皮带或织物支架上铺展成 20 ~ 200 μm 厚的薄膜,从而制备出最具商业价值的对称微孔膜。向该液膜中加入水等沉淀剂,将均相聚合物溶液分离为固相聚合物富集相和固相溶剂富集相。析出的聚合物形成多孔结构,其中含有或多或少均匀的孔隙网络。图 1.5(a)显示了一种由相变制成的多孔纤维素膜。

几乎任何聚合物都可以制成多孔相变型膜,这种聚合物可溶于适当的溶剂,并可在非溶剂中沉淀。通过改变聚合物、聚合物浓度、析出介质和析出温度,可以制备出孔径变化非常大的多孔反相膜,孔径为 0.1 ~ 20 μm,且具有不同的化学和力学性能。这些膜最初是由纤维素聚合物在室温下、相对湿度大约为 100% 的环境中沉淀而成。近年来,对称微孔膜也由各种聚酰胺、聚砜和聚偏二氟乙烯通过在水中沉淀聚合物溶液制备而成。这也是当今获得多孔结构最重要的技术。聚丙烯或聚乙烯也可用于制备多孔膜,但这些聚合物在室温下不易溶解,因此制备工艺略有不同。例如,聚丙烯在适当的胺中高温溶解,20% ~30% 的聚合物溶液在高温下分散成薄膜。然而,聚合物的析出并不是由非溶剂的加入引起的,而仅仅是通过将溶液冷却到形成两相体系的点而引起的。热凝胶法制备的多孔聚丙烯膜的扫描电子显微镜图如图 1.5(b)所示。膜的孔径取决于聚合物浓度、溶剂体系、溶液温度和冷却速率。这种膜制备技术通常称为热凝胶法。

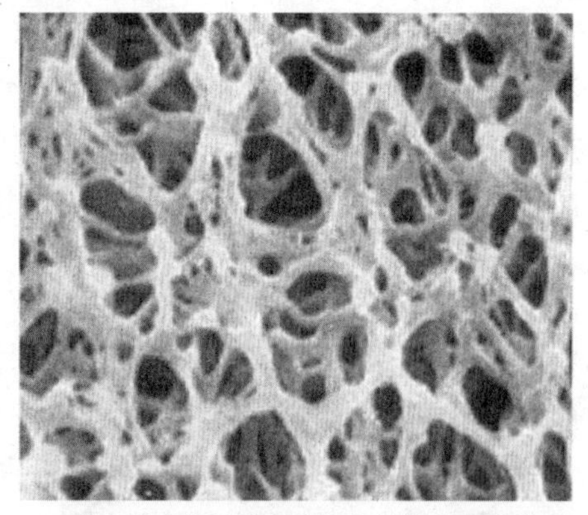

(a) 均相聚合物溶液经水蒸气沉淀法制备的多孔硝酸纤维素膜的扫描电子显微镜图

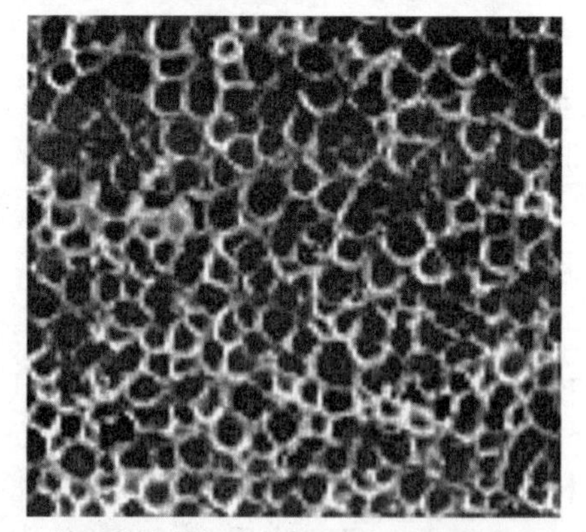

(b) 热凝胶法制备的多孔聚丙烯膜的扫描电子显微镜图

图 1.5 不同制备方法得到的不同膜结构

对称多孔聚合物膜在实验室和工业上广泛应用。典型的应用范围从澄清浑浊的溶液到去除细菌或病毒以检测病理成分,以及在人工肾脏中的血液解毒。分离机制是一个典型的深度过滤器,它将粒子困在结构的某个地方。多孔反相膜除了具有简单的"筛分"作用外,由于其内部表面非常大,往往表现出较高的吸附倾向。因此,当需要完全去除病毒或细菌等成分时，它们尤其适用。多孔反相膜适用于固定化酶，用于现代生物技术，并且广泛用于水质控制试验中微生物的培养。

1.3 不对称膜的制备

目前，在大规模分离过程中使用的大多数膜都具有不对称结构，其由很薄的致密皮层和比皮层厚得多的海绵状或指状微孔层构成的支撑底层共同复合而成，图1.6显示了两种不对称膜结构。非常薄的表皮代表真正的薄膜，它可能由均匀的聚合物组成，也可能含有孔隙。其分离特性取决于聚合物的性质或皮层中的孔隙大小，而质量输运速率则取决于皮层的厚度。多孔子结构仅作为薄而脆弱的表皮的支撑，对膜的分离特性和传质速率影响不大。

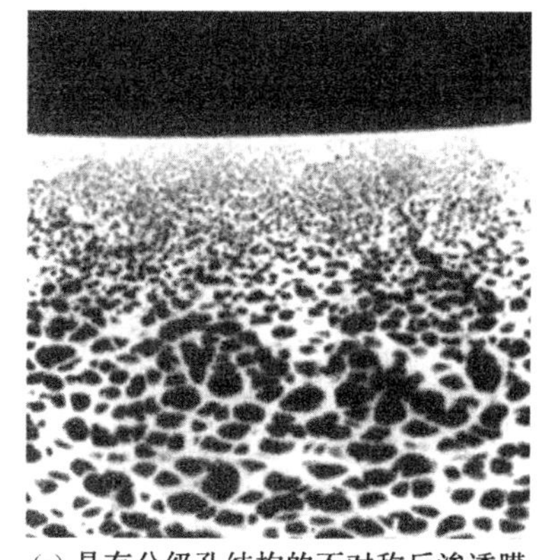

(a) 具有分级孔结构的不对称反渗透膜

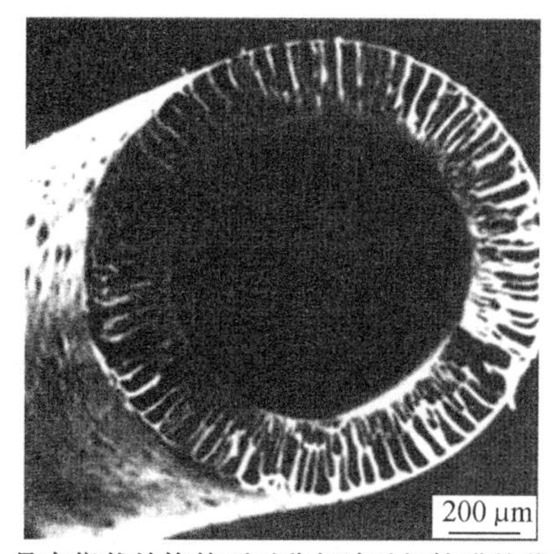

(b) 具有指状结构的不对称超滤毛细管膜的截面

图1.6 两种不对称膜结构

图1.7所示为浸没沉淀法制备毛细管膜的装置示意图。不对称膜主要用于压力驱动膜工艺，如反渗透、超滤或气体分离，因此高传质率和良好的机械稳定性等性能可以得到最好的利用。除了高的过滤速率外，不对称膜还非常耐污。传统的对称结构充当深度过滤器，并在其内部结构中保留粒子。这些被捕获的颗粒堵塞了薄膜，因此在使用过程中通量下降。不对称膜是一种表面过滤器，它将所有的不合格材料保留在表面上，这些材料可以被平行于膜表面的进料溶液施加的剪切力去除。

制备不对称膜有两种技术：一种技术利用了相转化过程，使膜的表皮和子结构由相同的聚合物组成，这种膜称为整体不对称膜。另一种技术是将极薄的聚合物薄膜沉积在预先形成的多孔子结构上，从而形成复合膜。

不对称膜的研制是超滤和反渗透技术发展的重大突破。这些膜由醋酸纤维素（CA）制成，其通量是对称结构的10～100倍，分离性能相当。然而，现在大多数反渗透膜都是复合结构。

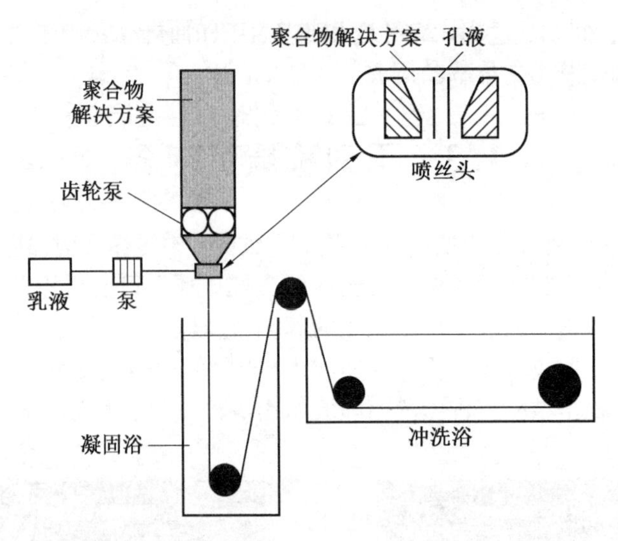

图 1.7 浸没沉淀法制备毛细管膜的装置示意图

1.3.1 反相法制备整体不对称膜

利用相转化过程形成一种膜,其中表皮和亚结构由相同的聚合物组成。不对称相转化膜可以由在一定温度下在适当的溶剂或溶剂混合物中可溶并且可以连续沉淀的聚合物制备。通过以下一般程序改变系统的温度或组成,从而达到同相:

(1)在一定温度下冷却为均质聚合物溶液。

(2)用两种或两种以上不同溶解性能的溶剂从均质聚合物溶液中蒸发挥发性溶剂。

(3)向均质溶液中加入非溶剂或非溶剂混合物。

这三个过程都会形成两个相,即形成膜孔的液相和形成膜结构的固相,这两个相可以是对称的、多孔的,也可以是不对称的,在多孔体相的一个或两个表面上有或多或少致密的表皮。这三个过程的唯一热力学假设是,在确定的浓度和温度范围内,系统具有可混溶间隙。

由温度变化引起的相分离称为温度诱导相分离,由向均匀溶液中加入非溶剂或非溶剂混合物引起的相分离称为扩散诱导相分离。在实际的膜制备中,采用一些组合的基本工艺,可以制备出结构和性能符合要求的膜。

1.3.2 扩散诱导相分离法制备实用膜

扩散诱导相分离过程由以下连续步骤组成:

(1)聚合物溶解在适当的溶剂中形成溶液。

(2)将溶液浇铸成 100~500 μm 厚度的薄膜。

(3)薄膜在非溶剂中淬火,通常是水或水溶液。

在淬火过程中,聚合物溶液分为两相:丰富的固相,即形成膜结构的聚合物;丰富的液相,即形成充满液体的膜孔的溶剂。通常情况下,首先析出且析出最迅速的薄膜表面的孔隙比薄膜内部或底部的孔隙要小得多,这导致了膜结构的不对称。

上述这种制备方法有不同的操作流程，例如，有时在沉淀前的蒸发步骤用于改变铸膜表面的成分，退火步骤用于改变沉淀膜的结构。

制备不对称膜的原始配方和随后的改进根植于经验。只有广泛使用扫描电子显微镜，提供必要的结构信息，才能使膜结构形成过程中所涉及的各种参数合理化。因此，在选择相应的制备参数时，可以从大量聚合物中通过扩散诱导相分离法制备对称和不对称的多孔结构。实际的相分离或反相不仅可以通过加入非溶剂来诱导，还可以通过控制溶剂/沉淀/聚合物三组分混合物中挥发性溶剂的蒸发来诱导。或者，从气相中吸收析出物也可以产生简单的双组分聚合物-溶剂铸造溶液的析出。这种技术是最初多孔膜的基础，目前仍有几家公司在商业上使用。

1.3.3 温度诱导相分离法制备实用膜

在温度诱导的相分离中，浇铸溶液的析出是通过冷却聚合物溶液实现的，聚合物溶液只有在高温下才能形成均匀的溶液，如聚丙烯溶解在 N，N-双(2-羟基乙基)脂胺中。温度诱导的相分离过程通常产生对称的多孔结构。在一定的试验条件下，也会产生不对称结构。温度诱导的相分离不仅适用于聚合物，还用于从玻璃混合物和金属合金中浸出多孔膜。

1.4 反相膜制备工艺的合理化

虽然相关文献中给出的方法与制备多孔结构的聚合物是非常不同的，但它们都是基于类似的热力学和动力学参数，如各个组件的化学势、扩散系数和整个系统的混合吉布斯自由能。确定各种工艺参数是了解膜形成机理的关键，是优化膜性能和结构的必要条件。

对相变过程中涉及的所有热力学和动力学参数进行定量处理是困难的。但是，借助由聚合物、一种或多种溶剂和非溶剂组成的混合物在恒定或不同温度下的相图对该过程进行现象学描述，对于更好地理解膜结构与不同制备参数之间的关系非常有用。但相图是平衡态的热力学描述。在膜形成过程中，相分离也是由动力学参数决定的，一般不能在宏观上得到热力学平衡，而且动力学的定量描述是困难的。仅仅根据聚合物/溶剂/非溶剂体系的相图对相分离过程进行一般的热力学描述，就可以提供关于反相过程得到的膜结构的有价值的信息。

双组分聚合物混合物的温度诱导相分离如图 1.8(a)所示，图中显示了聚合物和溶剂双组分混合物作为温度函数的相图。该图还显示了在低温下，各种组分之间的混相间隙。在一定温度以上，聚合物和溶剂在各组分中形成同源溶液。在其他温度下，系统在某些成分下是不稳定的，会分裂成两相。该区域称为混相区，被二项式曲线包围。如果将图 1.8(a)点 A 所示温度 T_1 下的某种组分的聚合物-溶剂混合物冷却到温度 T_2 由点 B 表示，它将分为两个不同的相，其组成由点 B' 和点 B'' 表示。点 B'' 表示聚合物富集相，点 B' 表示溶剂富集的聚合物稀相。直线 $B'B$ 和 $B''B$ 表示混合物中两相的含量之比，即总的孔隙率得到的多孔体系。当聚合物富集相中的聚合物浓度达到一定值时，其黏度增加到可以认为是固体的程度。聚合物富集相形成固体膜结构，聚合物稀相形成充满液体的孔隙。

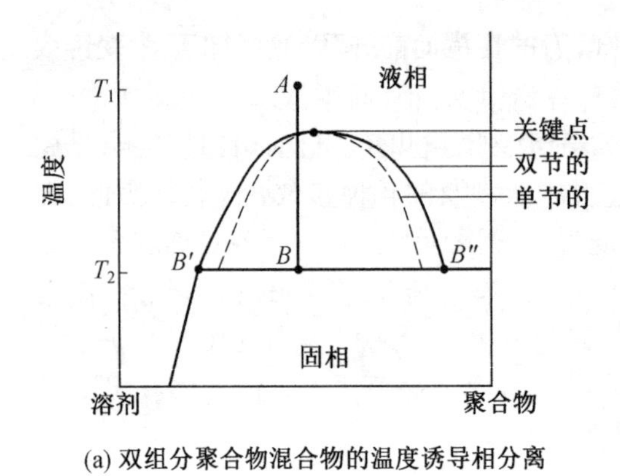

(a) 双组分聚合物混合物的温度诱导相分离

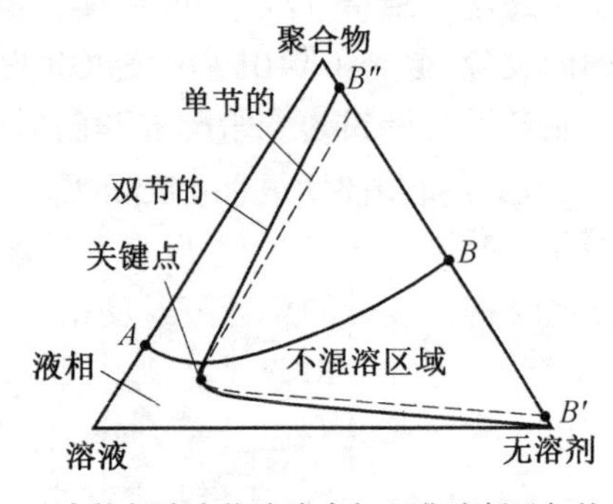

(b) 向均相聚合物溶液中加入非溶剂引起的相分离

图 1.8 多孔体系相图

向均相聚合物溶液中加入非溶剂引起的相分离如图 1.8(b)所示，为三组分等温相图。这种三组分混合物在许多组分中都存在可混相间隙。如果将非溶剂添加到由聚合物和溶剂组成的溶液中，其组成由溶剂-聚合物线上的点 A 所示。并且，如果以与非溶剂进入相同的速率从混合物中去除溶剂，混合物的组成将沿着 AB 线变化。当体系的组成达到混相间隙时，体系将分离为两个阶段，形成由二项式确定的混相间隙的上边界表示的聚合物富集相和由混相间隙的下边界表示的聚合物稀相。当溶剂完全被非溶剂取代时，混合物达到以点 B 为代表的组分，点 B 分别代表组成 B' 和 B'' 的固体聚合物富集相和液体聚合物固相的混合物。相对于在聚合物-溶剂混合物中加入非溶剂，相分离也可以通过从溶剂/聚合物/非溶剂混合物中蒸发溶剂来实现，溶剂/聚合物/非溶剂混合物用作膜的铸造溶液。

如图 1.8 所示，用相图描述多孔体系的形成，是基于热力学平衡的假设。它预测了在何种温度和组成条件下，一个系统会分裂成两个阶段。但它不会提供任何关于两相域大小及其形状的信息，例如，孔径形状是“手指”还是“海绵”样，以及膜的孔径分布。这些参数由混合物中各组分的扩散系数、溶液黏度、化学势梯度等动力学参数决定，而动力学参数是混合物中各组分扩散的驱动力。由于这些参数在构成实际膜形成的相分离过程中是不断变化的，所以不会达到平衡的瞬态。因此，动力学参数很难通过独立的试验来确定，也就不容易得到，这使得定量描述膜的形成机制非常困难。

如图 1.5 和图 1.6 所示，相变过程可以使对称膜和不对称膜具有不同于各种聚合物的结构。表 1.3 列出了目前在商业基础上使用的聚合物，它们通过反相法制备各种应用和工艺的膜。不同聚合物与常见有机溶剂的相容性见表 1.4。

表 1.3 反相法制备商用膜聚合物及其应用

膜材料	膜应用
醋酸纤维素(CA)	EP、MF、UF、RO
纤维素酯(混合)	MF、D
聚丙烯腈(PAN)	UF
聚酰胺(芳香族、脂肪族)(PA)	MF、UF、RO、MC
聚酰亚胺(PI)	UF、RO、GS
聚丙烯(PP)	MF、MD、MC
聚醚砜(PES)	UF、MF、GS、D
聚砜(PS)	UF、MF、GS、D
磺化聚砜	UF、RO、NF
聚偏氟乙烯(PVDF)	UF
聚乙烯(PE)	MF、UF
聚氯乙烯(PVC)	MF、UF

注:EP,电泳;MF,微滤;UF,超滤;RO,反渗透;GS,气体分离;NF,纳滤;D,透析;MD,膜蒸馏;MC,膜接触器

表 1.4 不同聚合物与常见有机溶剂的相容性

溶剂	甲醇	戊醇	四氢呋喃	己烷	二甲苯	甲苯	丙酮	乙醚
脂肪族聚酰胺(PA)(聚酰胺纤维龙-6)	SC	LC	NC	LC	—	—	LC	LC
芳香族聚酰胺(PA)(纤维)	SC	LC	NC	LC	—	—	LC	LC
聚酰亚胺(PI)	LC	—	NC	—	—	NC	—	—
聚丙烯(PP)	LC	LC	SC	NC	SC	LC	LC	LC
聚偏氟乙烯(PVDF)	LC	LC	LC	LC	LC	LC	NC	LC
聚砜(PS)	LC	LC	NC	LC	NC	NC	NC	LC
聚醚醚酮(PEEK)	—	—	—	LC	—	LC	NC	LC

注:LC,长兼容性;SC,短兼容性;NC,不相容

1.5 复合膜的制备

在反渗透、气体分离和渗透汽化等过程中,实际的质量分离是通过均匀聚合物层中的溶液扩散机制实现的。由于均匀聚合物基质中的扩散过程相对缓慢,所以这些膜应尽可能薄。因此,不对称膜结构是这些过程的必要条件。然而,许多对气体混合物或液体溶液中各种组分具有满意的选择性和渗透性的聚合物并不适合于相转化膜制备过程。这促进了复合膜的发展。图 1.9 所示为典型复合膜的示意图和扫描电子显微镜图。复合膜由 20 ~1 000 nm 厚的聚合物阻挡层组成,阻挡层覆盖在 50 ~100 μm 厚的多孔膜上。

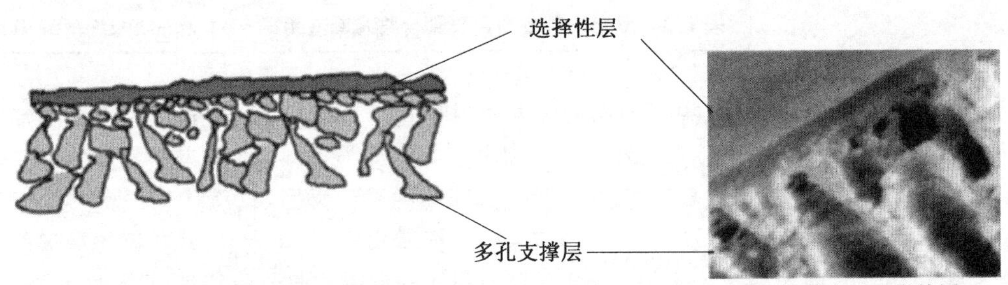

(a) 以聚二甲硅氧烷为选择层的复合膜在聚砜支撑结构上的多孔支撑层和选择性层示意图

(b) 扫描电子显微镜图

图 1.9 典型复合膜的示意图和扫描电子显微镜图

与整体不对称结构相比,复合膜的优点在于不同的聚合物可用于选择性层和多孔支撑层。这意味着,对于某些分离问题显示出所需的选择性。由于机械强度差或薄膜形成性能差而不适合制备成整体不对称膜的聚合物,可以用作复合膜中的选择性屏障。另外,适合于制备多孔结构但不具备特定分离任务的聚合物,可用作支撑结构。这大大扩展了用于制备具有给定分离任务的膜的各种可用材料。

制备复合膜需要两个步骤:①制备合适的多孔支撑层;②制备多孔支撑层表面的实际选择性层。复合膜的性能不仅取决于选择性层的性能,还受到多孔支撑层性能的显著影响。虽然实际选择性层几乎完全决定了复合膜的选择性,但其通量率在一定程度上也取决于子结构的孔径和整体孔隙率。组分通过复合膜选择性层的扩散路径示意图如图1.10所示,在多孔支撑层上显示出了理想的均匀选择性层。组分通过复合膜的传递过程主要分为选择性层传递和多孔支撑层沿孔壁的表面传递。该组分通过选择性层进入多孔支撑层孔隙的实际扩散路径始终大于选择性层的厚度,但小于最长路径 Z_{max}。假设多孔支撑层中的输运仅通过孔隙,则有效路径长度可以表示为整体膜孔率、选择性层厚度、多孔支撑层中孔隙半径的函数。

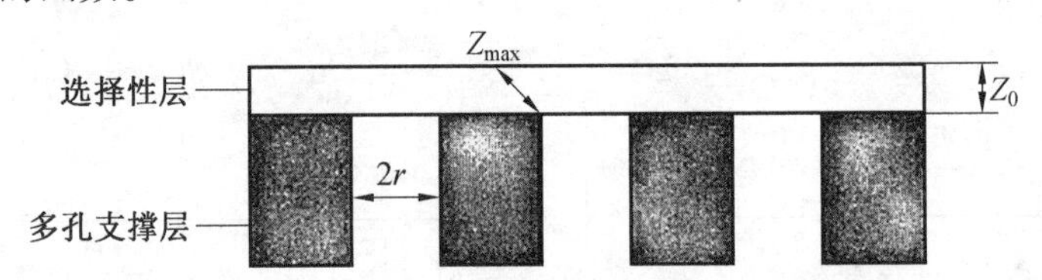

图 1.10 组分通过复合膜选择性层的扩散路径示意图

通过简单的几何考虑可以得到,有效扩散路径长度 Z_{eff} 受子结构表面孔隙率的影响较大。有效路径扩散长度约等于相对较高的表面孔隙率下的选择性层厚度。但是,当孔隙率小于 1% 时,假设选择性层厚度与孔隙半径近似相等,则孔隙率增加一个数量级。因此,通量以相同的幅度减小。几何考虑表明,多孔支撑层的表面孔隙率对膜通量有显著影响。多孔性应尽可能高,以获得最佳通量率的薄膜复合膜。为保证足够的机械强度,孔径不应明显大于膜厚。

用于制备聚合物复合膜的技术一般可分为以下四步:

(1)将阻挡层浇铸在水浴表面,然后将其叠层在多孔支撑层上。

(2)用聚合物、活性单体或预聚合物溶液涂覆多孔支撑层,然后干燥或固化加热或辐射。

(3)辉光放电等离子体在多孔支撑层上阻挡层的气相沉积。

(4)反应单体在多孔支撑层表面的界面聚合。

将 CA 的超薄膜浇铸在水面并将其转移到多孔支撑层上是制备聚合物复合膜最早的技术之一,但这种技术已不再使用。

将多孔支撑层浸入聚合物或预聚合物溶液中进行涂层的方法,主要用于制备气体分离和渗透汽化复合膜。特别是聚二甲基硅氧烷等聚合物,可作为可溶性预聚体,热处理过程中容易交联,因而在大多数溶剂中不溶于水,适合制备这种类型的复合膜。如果选择合适的多孔支撑层孔尺寸,预聚体就无法穿透多孔支撑层,很容易制备出厚度为 0.05 ~ 1 μm的较薄均匀阻挡层。采用浸渍涂层制备的复合膜如图 1.9(b)所示。

采用等离子体聚合法在若干多孔支撑层上制备了阻挡层。尽管通过等离子体极化在实验室规模上制备了具有脱盐性能的反渗透膜,其抗盐性能超过 99%,在盐水中测试通量为1.2 $m^3/(m \cdot d)$,但并没有用于大规模的工业生产复合膜。目前,制备复合膜最重要的技术是在多孔支撑层表面上反应性界面聚合。膜生产规模大,反渗透性能好。这种膜的制备过程相当简单,在6 MPa 的海水的压力中,该膜的水通量约为1 $m^3/(m \cdot d)$并且盐截留率超过 99%。将聚砜支撑膜浸泡在 0.5% ~1% 的聚乙烯亚胺水溶液中,与 0.2% ~ 1% 的甲苯二异氰酸酯正己烷溶液在膜表面进行界面反应。在 110 ℃下的热固化步骤中,与聚乙烯亚胺进一步交联。图 1.11 所示为哌嗪与三甲酰氯界面聚合形成复合膜的示意图。

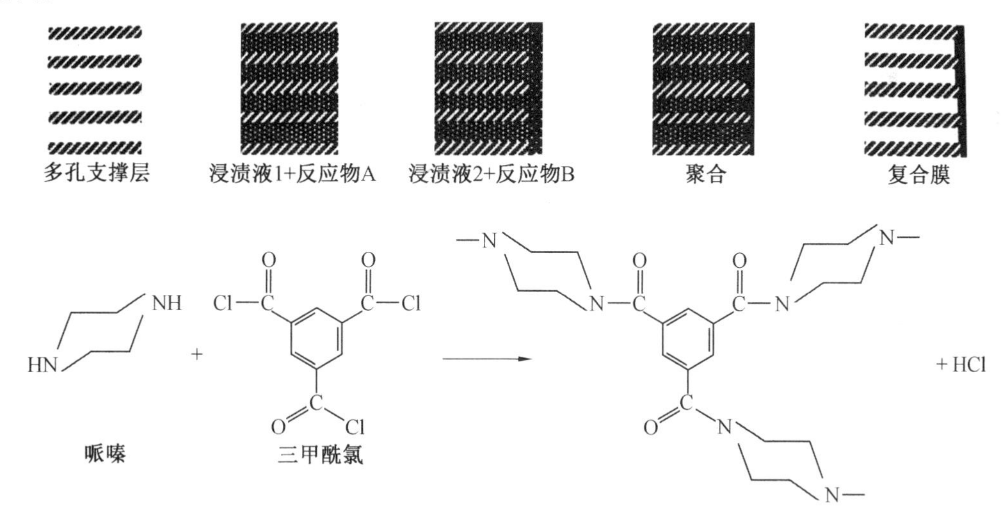

图 1.11 哌嗪与三甲酰氯界面聚合形成复合膜的示意图

这个过程涉及两种类型的反应。第一步,哌嗪与三甲酰氯的界面迅速反应形成聚酰胺表面表皮,而该表面以下的氨基保持未反应。在第二步热处理步骤中,这些氨基发生内交联。因此,最后的膜具有三层不同的孔隙增加层:①致密的聚酰胺表面表皮;②延伸到支撑膜孔隙的薄交联哌嗪层;③实际的聚砜支撑膜。

1.6 固体均匀膜的制备

许多复合膜的选择性屏障可以被认为是均匀的固体膜。在均匀固体膜中，整个膜是致密的、固体的，由无孔结构组成，由聚合物以及玻璃或金属等无机材料制成。均相膜由于对不同的化学成分具有较高的选择性，通常涉及分离分子尺寸相同或几乎相同的低分子质量组分，其中最主要的应用是气体分离。

钯或钯合金膜是一种重要的固体均匀膜，用于氢气的分离纯化。钯、钯合金和铂、银、镍等几种金属中氢的渗透率比其他气体高几个数量级。钯合金膜中氢的渗透率与温度高度相关，分离是在 300 ℃的高温下进行的。

膜一般由 10 ~50 μm 厚的金属箔组成。由于它们的高选择性，这些膜用于生产纯度超过 99.99% 的氢。

二氧化硅玻璃膜是一种均相结构，有望成为氦分离的选择性屏障。与金属膜一样，玻璃膜也在高温下使用。均匀的玻璃膜对氢离子也有很高的选择性，可用作 pH 电极的选择性屏障。

1.7 液膜的制备

液膜与便利的偶联运输相结合是很重要的。偶联运输利用选择性的“载体”，选择性地以较高的速率通过液膜运输某些成分，如金属离子。液膜从本质上是由分离两相的薄膜组成的，这两相可以是喹溶液或气体混合物。用于液膜的材料不能与水混溶，应具有较低的蒸气压，以保证膜的长期稳定性。在两个水相或气相之间形成一层薄膜是相对容易的。然而，在质量分离过程中，保持和控制这种薄膜及其性能是很困难的。目前有两种不同的技术用于液膜的修复。在第一种制备技术中，支撑膜是在多孔膜的孔隙中填充选择性液体阻挡材料，如图 1.12(a)所示。在第二种技术中，液膜通过表面活性剂在乳化型混合物中稳定为一层油膜，如图 1.12(b)所示。在液膜中，多孔结构提供了机械强度，充液孔提供了选择性分离屏障。这两种膜都可以用于从工业废水中选择性地去除重金属离子或某些有机成分。它们也被相当有效地用于分离氧和氮。另外，液膜的制备极其简单。为使膜的使用寿命最大化，液膜材料应具有低黏度、低蒸气压(即高沸点)的特点，并且在水溶液中使用时，应具有较低的水溶性。多孔子结构应具有较高的孔隙率和足够小的孔径，以支持静水压力下的液膜相；子结构的聚合物应该是疏水的，因为大多数的液膜是与水溶液一起使用的。在实践中，液膜是通过将聚四氟乙烯(如 Gore-Texs)或聚乙烯(如 cellgards)制成的疏水多孔膜浸泡在疏水液体中制备的。该液体可以是选择性载体，如在煤油中溶解的肟、叔胺或季胺。支撑膜的缺点是其厚度由多孔支撑结构的厚度决定，后者在 10 ~50 μm 范围内，比不对称聚合物膜的选择性屏障厚约 100 倍。因此，即使在渗透率较高的情况下，支撑液膜的通量也可能较低。

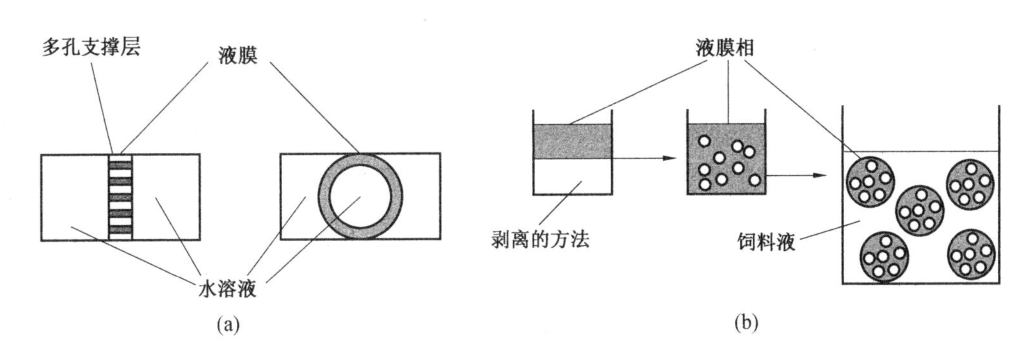

图 1.12 液膜的两种制备技术

无支撑液膜的制备较为复杂。这里将两种不混相,即疏水油膜相和水相(通常称为汽液分离溶液)混合,以形成连续油相中的水滴乳状液,然后通过加入表面活性剂来稳定。将该乳状液加入第二水相,第一乳状液的进料溶液在第二水相中形成液滴。总的结果是两个水相被形成液膜的油相分离。理想情况下,液滴是在这个过程中形成的,在这个过程中,水相被相对较薄的疏水相(膜)包围,膜被第二个连续的水相包围。实际上,如图1.12(b)所示,在一个疏水液滴中发现了几个水滴,扩散路径变长了,可以用另一种水溶液,将待除去的成分提供给原始乳状液,并通过膜进入内液。

1.8 离子交换膜的制备

离子交换膜由携带固定正电荷或负电荷的高度膨胀的凝胶组成。离子交换膜的性能和制备工艺与离子交换树脂的性能和制备工艺密切相关。与树脂一样,不同的聚合物基体和不同的官能团有许多可能的类型来赋予产品离子交换性能。虽然无机离子交换材料有很多,大多数是以沸石和膨润土为基础的,但这些材料在离子交换膜中是不重要的。

离子交换膜的种类包括:①阳离子交换膜,阳离子交换膜含有固定在聚合物基体上的负电荷基团;②阴离子交换膜,含有固定在聚合物基体上的正电荷基团。此外,阳离子交换层和阴离子交换层也有可能形成双极膜。

在阳离子交换膜中,固定阴离子与聚合物空隙中的移动阳离子处于平衡状态。阳离子交换膜的基体含有固定的阴离子。移动阳离子称为反离子;移动阴离子称为共离子,由于其电荷与固定离子相同,因此有一部分被完全排斥在聚合物基体之外。由于离子的排斥,阳离子交换膜只允许阳离子的转移。阴离子交换膜携带固定在聚合物基体上的正电荷,因此它们排斥所有阳离子,只对阴离子具有渗透性。

在实际制备离子交换膜时,采用两种不同的方法。一种非常简单的技术是将离子交换树脂和黏合剂聚合物(如聚氯乙烯)混合,然后在高于聚合物熔点的温度下将混合物挤压成薄膜。结果得到了一种离子交换材料结构域较大、黏结剂聚合物没有导电区域的非均质膜。为了获得具有良好导电性的离子交换膜,离子交换树脂的比例必须超过50%。这往往导致膜发生相当高的膨胀,并且造成其机械稳定性差。此外,离子交换粒子的尺寸应尽可能小,即直径为2 ~20 nm,以使薄膜具有低电阻和高选择性。尽管如此,这种方法仍然被广泛用于制备离子交换膜。

近年来，均相离子交换膜是通过携带阴离子或阳离子基团的单体聚合或将这些基团引入合适溶液或预成型膜中的聚合物而制备的。

1.9 颗粒膜的制备

颗粒膜是球形的膜，分为“球”和“胶囊”（图1.13）。球是固体基质颗粒，而胶囊有一个被材料包围的核心，这个核心有明显的不同。核心可能是固体、液体，甚至是气体。它们的优点是有一个大的表面积和尺寸范围（从纳米到微米）。这些特性使其适用于生物技术（生物催化和生物传感器）和制药（控制药物精准作用于靶细胞）领域。

在大多数情况下，颗粒膜是通过乳液形成和液滴凝固两个阶段得到的。乳液形成可以通过高速均匀化、超声或膜乳化来产生。液滴凝固的不同策略取决于使用的是预制聚合物还是单体。

在用预制聚合物生产颗粒膜的情况下，聚合物溶解在分散相中（通常是不溶于水的聚合物，如聚乳酸-羟基乙酸共聚物（PLGA）或聚己内酯（PCL）），乳液在聚合物溶剂蒸发时转化为颗粒悬浮液，允许其发生连续相扩散（溶剂扩散/蒸发）。另外，聚合物溶解在分散相（通常是一种水溶性聚合物，如海藻酸或壳聚糖）通过交联反应（在交联剂中存在如Ca^{2+}、戊二醛、三聚磷酸盐）或通过冷却/加热的方式和乳液转化成一个粒子悬浮凝胶。如果聚合物材料溶解在连续相中，则颗粒通过凝聚作用得到，凝聚作用的定义是将同种聚合物溶液部分地脱溶成聚合物富集相（凝聚液）和聚合物贫集相（凝聚介质）。凝聚是通过添加相分离（简单凝聚）的脱溶剂（如非溶剂）或两个相对带电聚合物之间的络合（复杂凝聚）来促进的。核心材料被凝聚的微滴包裹，这些微滴聚集在核心粒子周围形成连续的外壳。

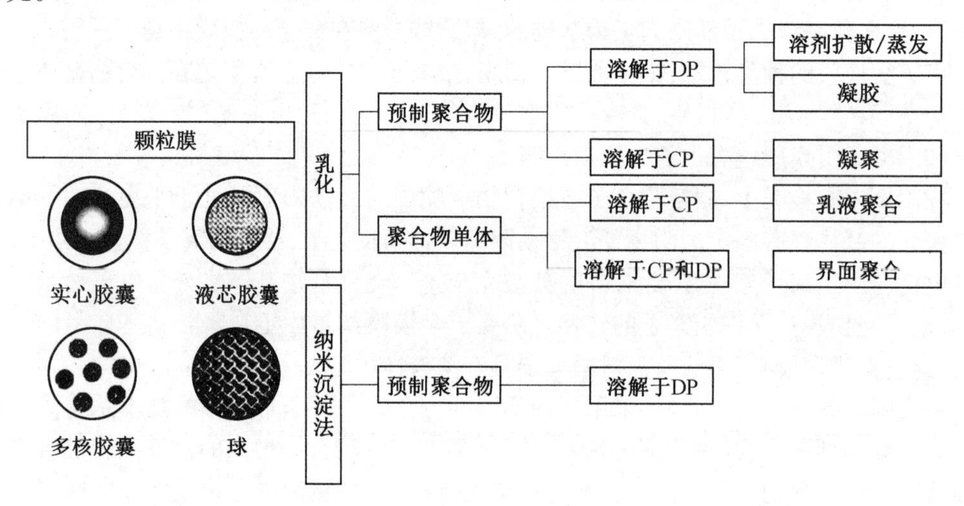

图1.13 颗粒膜的结构与制备方法

DP—分散相；CP—连续相

在单体生产颗粒膜的情况下，聚合过程可以由不同的机理引发。当溶解在连续相中的单体分子与可能是离子或自由基的引发剂分子碰撞时，可以引发聚合；单体分子也可以通过高能辐射(包括紫外线或强可见光)转变为引发基团以引发聚合。根据阴离子聚合机理,当引发的单体离子或单体自由基与其他单体分子碰撞时,链开始增长。可以在聚合反应终止之前或之后进行相分离和固体颗粒的形成。在界面聚合的情况下,涉及两个反应性单体或试剂,它们分别在两相(即连续相和分散相)中溶解,反应发生在两种液体的界面上。

颗粒膜也可以在一个步骤生产,而不需要形成乳液滴。这一过程称为纳米沉淀法或溶剂置换法。它涉及预制聚合物从其溶液中沉淀,并将聚合物溶剂扩散到聚合物的非溶剂中。

1.10 膜制备中的绿色溶剂

随着人们对环境问题的日益关注,用于膜制备的溶剂越来越受到人们的重视。尽管在膜制备中通常需要大量溶剂,但溶剂不是膜的直接成分,也不是膜本身的活性组分。为限制有毒、易燃,对环境不利的溶剂的使用,提出了用相变法制备膜的替代策略(表1.5)。溶剂具备在室温(非溶剂诱导的相分离)或至少在高温(温度诱导的相分离)下溶解聚合物的能力,得到的膜结构和性能与溶剂-聚合物链的相互作用严格相关。

采用无溶剂或温度诱导相分离方法,用替代的无毒溶剂制备了形貌(孔径分布、对称/不对称结构)和性能(截留值、透水率)与常规溶剂相当的平板和中空纤维膜。在某些情况下,无毒溶剂的使用为膜的制备开辟了新的前景,如CA衍生物和聚醚酰亚胺(PEI)膜的温度诱导相分离制备。

寻找用于膜制备的替代性绿色溶剂的可能性代表一个新的、有吸引力的研究领域,有望促进膜作为工业生产过程中的“更绿色”替代品的使用。

表1.5 聚合物膜制备用传统绿色溶剂与新型绿色溶剂的对比

制膜方法	聚合物	常规溶剂	可替代的无毒溶剂
非溶剂诱导相分离	醋酸纤维(CA)	N,N-二甲基甲酰胺(DMF)	乳酸甲酯
		N,N-二甲基乙酰胺(DMA)	乳酸乙酯
		丙酮	1-丁基-3-甲基咪唑硫氰酸酯([BMIM]SCN)
		1,4-二噁烷	—
		四氢呋喃(THF)	—
	聚偏氟乙烯(PVDF)	N,N-二甲基甲酰胺(DMF)	磷酸三乙酯(TEP) 二甲基亚砜(DMSO)
	聚苯胺(PAN)	N,N-二甲基乙酰胺(DMA)	—
	聚酰亚胺(PI)	N-甲基-2-吡咯烷酮(NMP)	—

续表 1.5

制膜方法	聚合物	常规溶剂	可替代的无毒溶剂
温度诱导相分离	聚醚醚酮(PEEK-WC)	N,N-二甲基甲酰胺(DMF) N,N-二甲基乙酰胺(DMA) 四氢呋喃(THF) 氯仿	γ-丁内酯(γ-BL)
	醋酸纤维(CA)	—	三甘醇(TEG) 2-甲基-2,4-戊二醇 2-乙基-1,3-己二醇
	聚偏氟乙烯(PVDF)	邻苯二甲酸二甲酯(DMP) 邻苯二甲酸二乙酯(DEP) 邻苯二甲酸二丁酯(DBP) 邻苯二甲酸二异辛酯(DHP)	磷酸三乙酯(TEP) 二甲基亚砜(DMSO) *o*-乙酰柠檬酸三丁酯(ATBC) 三丁基乙酰柠檬酸(三醋精)
	聚醚酰亚胺(PEI)	—	γ-丁内酯(γ-BL) 碳酸丙烯酯(PC) 聚乙二醇(PEG)

1.11 新兴膜工艺所需的膜性能

近几十年来,膜生物反应器、膜接触器等新兴工艺在工艺和产品创新方面展现出巨大潜力;然而,它们的工业成功取决于专门为这些应用设计的膜的可用性。

在膜接触器中,膜的作用包括使靠近膜侧的相接触,同时使它们保持分离(即溶剂膜萃取);以一种非常可控的方式(即膜乳化),使液相(如水)保持在孔外,同时使气相通过膜孔。在这些情况下,分离不是由于膜的选择性。

一般而言,接触器用膜必须具有一些一般特性:它们需要不被液相润湿,并且在合适的范围内具有较薄的厚度(以减少膜对质量传输的阻力)、较小的孔径和孔隙率,以最大限度地提高传质,而不会因液体进入导致的低压力而影响稳定性。

在膜乳化中,膜的作用是以细小液滴的形式将一相分散到另一不混溶的相中。对用于膜乳化的膜的特殊要求如下:膜材料优先被孔边界的连续相润湿,同时孔壁分散相亲和力增加或流体动力阻力降低(为了单独控制每滴的生产,提高了生产率),孔径分布均匀(以保证单分散液滴的生产),孔径大于 5 μm,孔隙率不大于 60%(防止液滴从膜表面的相邻孔中聚集),以及高的机械和耐化学性。

膜还具有许多潜在的生物和医学应用,包括传感、分离和释放生物分子。这些应用的膜应该具有狭窄的孔径分布,同时具有纳米级的结构来分隔生物分子,具有官能团来连接生物分子以及调节微环境的物理化学性质(强亲水性、高孔隙率和不污垢或低污垢性质)。此外,用于医疗器械的膜也必须具有生物相容性。

有机膜和无机膜可以被设计成满足特定用途的膜,而新应用的膜的设计必须经过仔细的研究,以提供制造新材料和改进材料所必需的化学、界面、机械和生物功能的组合参数。

1.12 新型膜过程的开发

1.12.1 膜萃取

20 世纪 80 年代初,一个将膜过程和液-液萃取过程结合的膜萃取(membrane extraction)过程开始出现。在膜萃取过程中,两不互溶相由多孔膜隔开,通过膜孔接触,两相中的一相能够润湿膜孔而另一相则不能润湿膜孔。两不互溶溶剂之间的传质发生在微孔膜孔口的液/液界面处,该孔口侧不被接触的溶液所润湿,从而防止了扩散进入另一相。微滤膜或超滤膜通常被用于膜萃取过程,为两个不互溶相提供接触界面。在此过程中,膜不发挥选择性,而只是起到为两相提供界面的作用。溶剂能够通过反萃取剂再次萃取溶质而获得再生,图 1.14 所示为膜萃取和反萃取过程示意图。

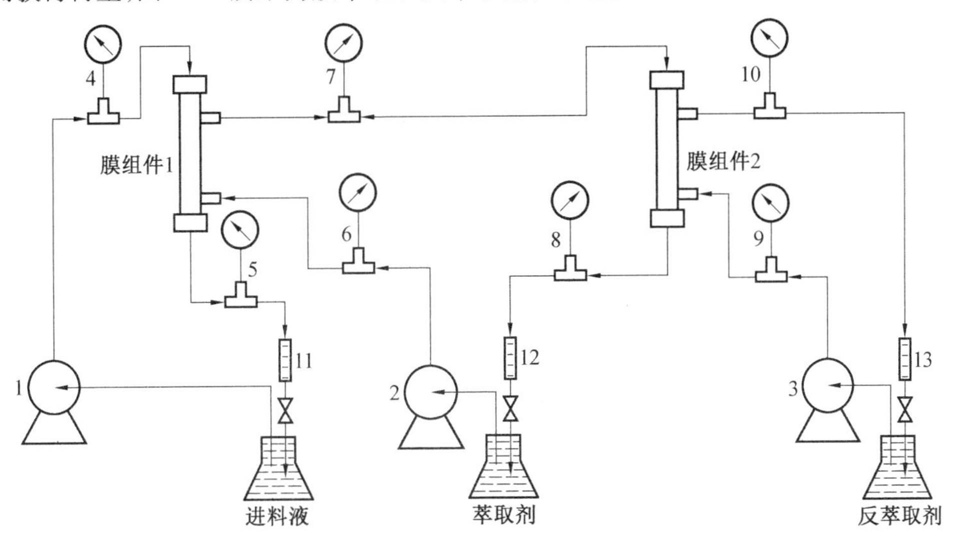

图 1.14 膜萃取和反萃取过程示意图

1 ~ 3 — 泵;4 ~ 10 — 压力表;11 ~ 13 — 流量计

膜萃取的传递过程是在把料液相和萃取相分开的微孔膜表面进行的。因此,它不存在通常萃取过程中液滴的分散与聚集问题。膜萃取的优点如下:①没有液体的分散和聚集过程,可减少萃取剂的夹带损失;②不形成直接接触的液-液两相流动,可使选择萃取剂的范围大大拓宽;③两相在膜两侧分别流动,使过程免受“反混”的影响和“液泛”条件的限制;④与支撑液膜相比,萃取相的存在可避免膜内溶液的流失。

膜萃取通常由载体辅助进行,载体在第一个膜组件中的界面处与溶质反应,并在另一个膜组件中的界面处释放。在载体介导的膜萃取过程中,萃取反应动力学起到很重要的作用,因此需要特别关注。溶质分配系数的浓度依赖性是另一个需要考虑的参数,它影响浓度梯度,并可能导致整体传质系数随浓度发生变化。早期的相关数学模型主要考虑静态传质系数、可变分布系数,而后期的模型则考虑了萃取与反萃取界面的形成与脱离反应动力学、基于反应动力学的阻力分析,这种反应动力学与依赖于溶质与载体浓度的总阻力有关,它的范围可能在 30% ~80% 之间。

1.12.2 膜结晶

膜结晶(membrane crystallization)操作旨在促进过饱和溶液形成晶体,结合了膜过程中的传质、传热原理。晶体在聚合物膜表面发生异相成核,过饱和度 S 是溶液中结晶的推动力,定义为实际溶质浓度 c 与平衡浓度 c^*(饱和浓度)之比。

通过膜选择性地去除溶剂,能够增加溶质的浓度,直至所需的过饱和度。或者,膜用于选择性地供给反溶剂以引起过饱和,从而产生分相。

传质机理取决于膜的具体类型:对于微孔疏水膜(在一定温度或浓度梯度下在气相中传质),采用粉尘气体模型(dusty gas model);对于薄膜复合膜(在一定压力或浓度梯度下在液相中传质),采用溶解-扩散模型(solution-diffusion model)。

1.12.3 促进传递

如图 1.15 所示,促进传递(facilitated transport)是在膜中进行的一种抽提(萃取)。

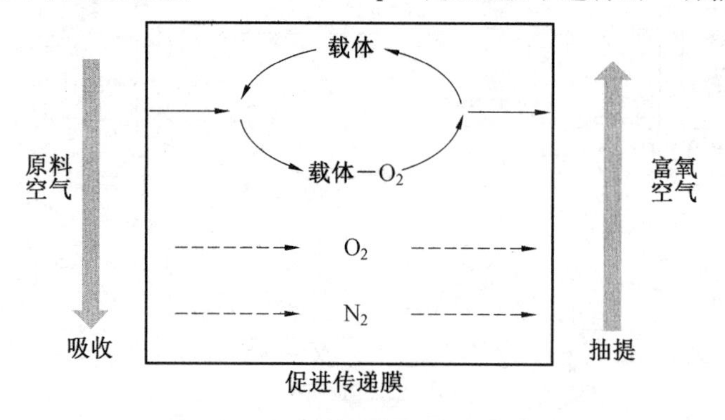

图 1.15 氧气促进传递原理示意图

促进传递膜与固态膜性能的对比见表 1.6。促进传递膜有以下特点:①具有极高的选择性;②通量大;③极易中毒。

表 1.6 促进传递膜与固态膜性能的对比

膜	扩散系数/($cm^3 \cdot s^{-1}$)	分离因子	厚度/cm
玻璃态聚合物膜	10^{-8}	4	10^{-8}
橡胶态聚合物膜	10^{-8}	1.3	10^{-4}
促进传递膜	10^{-5}	50	10^{-3}

对促进传递的研究是从活性生物膜开始的。后来促进传递被用于酸气处理、金属离

子回收和药剂纯化等方面,但是直至1975年,都未能在工业上应用。1980年以来,在促进传递上的主要研究工作集中于改进膜的稳定性。

表1.7列出了促进传递过程的应用。在金属离子分离中最有发展前景的是铜的分离,在气体分离中是从空气中分离氧和氮。

表1.7 促进传递过程的应用

应用领域		重要性[①]	前景	说明
金属分离	铜萃取	8	好	关键是有稳定且通量高、选择性好的膜
	铂净化	5	中	
	稀土回收	3	中	
气体分离	空气	10	好	此领域变化极快,应随时改变对策
	酸性气体	6	好	
	氢/甲烷	2	差	
生物化学品	日用品	2	中	不会大规模使用
	抗生素	8	极好	
	香料	5	中	
	蛋白质	1	差	
烃类分离	烯烃-烷烃	6	好	烯烃-烷烃分离需要更多的工作,其余项用其他膜过程更好
	芳香烃-脂肪烃	3	差	
	直链烃-支链烃	3	差	
	溶剂回收	6	差	
脱水	乙醇-水	2	差	渗透汽化和超滤更合适
	明胶-水	2	差	

注:①以10分为满分,用数字对促进传递膜在不同应用领域的重要性进行评价

1.12.4 膜反应过程

膜反应过程是将反应与膜分离两个具有不同功能的单独过程相耦合,旨在利用膜的特殊功能,实现物质的原位分离、反应物的控制输入、相间传递的强化等,达到提高反应转化率、改善反应选择性、提升反应收率、延长催化剂使用寿命、简化工艺流程和减少设备投资等目的。

膜反应过程最初被用于一些特定反应中,通过连续萃取出产物而打破反应平衡,以提高产品选择性和/或收率,例如,生物反应过程中连续地移除代谢产物,保持较高的反应收率;脱氢反应过程中不断地移除氢气,促进反应向目标产品方向进行;酯化反应过程中连续地分离出水,提高产品转化率和产物的收率。膜反应过程在其他反应中也展现出优势,如加氢反应、部分氧化反应或全部氧化反应。随着研究的开展以及膜材料的发展,膜反应过程的研究范围逐渐扩大,不再局限于打破反应的平衡限制,而是利用膜的选择渗透性,将产物从反应区域中分离出来,目的是保持催化剂活性的同时抑制副反应,边分离边反

应,使得反应可以连续稳定地运行。膜反应过程也可用作某种反应物的分配器,用于串联或平行反应中,控制反应物的输入方式和进料浓度。在某些催化反应中,甚至不需要膜具有渗透选择性,膜仅仅是在膜两侧流动的反应物之间起到控制反应界面的作用。

膜反应过程是通过膜反应器实现的。膜反应器根据膜材料不同,可分为无机膜反应器和有机膜反应器;根据膜材料的结构,可分为致密膜反应器和多孔膜反应器;根据膜的催化性能,可分为催化膜反应器和惰性膜反应器;根据膜的渗透性能,可分为选择渗透性膜反应器和非选择渗透性膜反应器等;根据催化剂的装填方式,可分为固定床膜反应器、流化床膜反应器和悬浮床膜反应器等。

膜反应过程主要应用于生物反应和催化反应领域。在条件较为温和的生物反应领域,膜反应过程首先是在研究开发相对成熟的有机膜领域得到发展,如在活性污泥法基础上发展的膜生物反应器,将膜过程与活性污泥的生物反应耦合成一个生物化学反应分离系统,取代普通生物反应器的二次沉淀池,具有固液分离效率高、选择性高、出水水质好、操作条件温和、无相变、适用范围广、装置简单、操作方便等突出优点,在废水处理领域具有广阔的应用前景。将酶促反应与膜分离过程相耦合构成酶膜反应器,依靠酶的专一性、催化性及膜特有的功能,集生物反应与反应产物的原位分离、浓缩和酶的回收利用于一体,能够有效消除产物抑制、减少副产物的生成、提高产品收率,广泛应用于有机相酶催化、手性拆分与手性合成、反胶团中的酶催化、辅酶或辅助因子的再生、生物大分子的分解等方面。

无机膜材料的发展为膜反应过程在催化领域苛刻条件下的应用开辟了途径。例如,以金属及其合金以及固体氧化物所制备的致密膜构建的致密膜反应器,利用致密膜对氢(如钯及其合金膜)或氧(如混合导体透氧膜)极高的选择性,提供反应所需的高纯氢气/氧气或移出反应生成的氢气/氧气,继而提高反应效率;以陶瓷膜为元件构建的多孔膜反应器,利用膜的选择性分离与渗透功能,实现产物或超细催化剂的原位分离,应用于加氢或氧化等石油化工生产过程中,使间歇反应过程转变成连续反应过程,缩短了化工生产流程,提高了产品收率。

膜反应过程的研究、开发与应用已取得显著成效。随着各种问题的解决和膜性能的提高,膜反应过程的应用前景十分广阔。

本章习题

1.1 膜分离过程的特点是什么?

1.2 膜反应过程的基本特征是什么?

1.3 膜是如何定义的?

1.4 膜是如何分类的?

1.5 膜分离基本原理是什么?

本章参考文献

[1] 时钧,袁权,高从堦. 膜技术手册[M]. 北京:化学工业出版社,2001.

[2] 郑领英,王学松. 膜技术[M]. 北京:化学工业出版社,2000.

[3] 叶凌碧,马延令. 微滤膜的截留作用机理和膜的选用[J]. 净水技术,1984,2:6-10.

[4] DAVEY J, SCHÄFER A I. Ultrafiltration to supply drinking water in international development: a review of opportunities, appropriate technologies for environmental protection in the developing world, edinburgh[J]. Springer Netherlands,2009.

[5] 松本丰,岑运华. 日本 NF 膜、低压超低压 RO 膜及应用技术的发展[J]. 膜科学与技术,1998,18 (5): 12-18.

[6] 陈翠仙,郭红霞,秦培勇,等. 膜分离[M]. 北京:化学工业出版社,2017.

[7] 刘茉娥. 膜分离技术[M]. 北京:化学工业出版社,1998.

[8] 邢卫红, 汪勇, 陈日志, 等. 膜与膜反应器: 现状、挑战与机遇[J]. 中国科学: 化学, 2014 (44):1469-1480.

[9] 邢卫红, 金万勤, 范益群. 我国膜材料研究进展[C]. 第四届中国膜科学与技术报告会论文集,2010.

[10] 李昆,王健行,魏源送. 纳滤在水处理与回用中的应用现状与展望[J]. 环境科学学报, 2016 (36): 2714-2727.

[11] 吴庸烈. 膜蒸馏技术及其应用进展[J]. 膜科学与技术, 2003 (23): 67-75.

[12] 陈龙祥, 由涛, 张庆文, 等. 膜生物反应器研究与工程应用进展[J]. 水处理技术, 2009 (35): 16-20.

[13] 袁权,郑领英. 膜与膜分离[J]. 化工进展,1992 (6):1-10.

[14] 高从堦. 膜科学——可持续发展技术的基础[J]. 水处理技术,1998 (1):14-19.

[15] EDDAOUDI M, MOLER D B ,LI H L, et al. Modular chemistry: secondary building units as a basis for the design of highly porous and robust metal-organic carboxylate frameworks[J]. Accounts Chem Res,2001,34:319-330.

[16] JIA Z, WU G. Metal-organic frameworks based mixed matrix membranes for pervaporation[J]. Micropor Mesopor Mat, 2016, 235:151-159.

[17] DREYER D R, PARKS S J, BIELAWSKI C W, et al. The chemistry of graphene oxide [J]. Chem Soc Rev, 2010,39:228-240.

[18] ZHU Y, MURALI S, CAI W, et al. Graphene and graphene oxide: synthesis, properties, and applications[J]. Adv Mater, 2010,22: 3906-3924.

[19] 戴猷元,王运东,王玉军,等. 膜萃取技术基础[M]. 北京:化学工业出版社,2015.

[20] 马润宇,王艳辉,涂感良. 膜结晶技术研究进展及应用前景[J]. 膜科学与技术,2003, 23 (4):145-150.

[21] WINSTON H, KAMALESH K S. Membrane Handbook[M]. New York: Van Nostrand Reinhold,1992.

[22] 邢卫红,陈日志,姜红. 无机膜与膜反应器[M]. 北京:化学工业出版社,2020.

第2章　微滤和超滤

2.1　微　滤

2.1.1　微滤技术简介

微孔过滤(microfiltration)简称微滤,用于微孔过滤的膜称为微滤膜。它是以压差为推动力,将滤液中大于膜孔径的分子或微粒(如分子量为50万g/mol或更高的蛋白质、细胞和细菌等)截留,小于膜孔径的粒子通过滤膜,从而实现溶液的净化或浓缩。一般来说,微滤膜是均匀的多孔薄膜,厚度为90~150 μm,膜孔径为0.05~10 μm,操作压为0.01~0.2 MPa。微滤膜分离技术已有近100年的历史,已被广泛应用于食品、医药、电子等行业以及饮用水处理和污水处理领域。例如,微滤膜可以从发酵液中分离所生产的蛋白质,有效地从药物中去除细菌和其他微生物,而不影响或破坏药物本身,这也使得微滤膜成为生物制药工业中首选的灭菌方法。1~10 μm尺寸的污染物还包括电泳胶体、油水乳液、靛蓝染料、红细胞和多种细菌。与水工业特别相关的是病原体,如贾第虫囊肿和隐孢子虫卵囊。隐孢子虫卵囊是一个4~6 μm大小的球形生物,对含氯消毒液有明显的抵抗力。常规的水处理设备难以清除这些杂质。市面上常用的微滤膜为其提供了一种非常有效的过滤手段,膜的制造成本相比过去20年也明显下降,因此,越来越多的膜产品被用于饮用水处理。目前,膜工艺的发展为降低成本也提供了有效和可持续的解决方案。此外,微滤膜在应用于废水处理时,常作为膜生物反应器的一部分进行水的净化和再利用。20世纪70年代左右是微滤膜发展极为迅速的时期(图2.1是微滤技术发展历程),其中影响最大的是Millipore公司(美国)和Sartorius公司(德国),并在全球开展生产、销售和研究工作。我国于20世纪五六十年代开始进行小规模的微孔膜过滤器试生产和应用。

目前,我国已有系列化的微滤膜,有机滤膜如混合纤维素膜、聚酰胺膜、聚碳酸酯膜、聚偏氟乙烯膜、聚丙烯膜、聚四氟乙烯膜、聚砜膜、尼龙膜等;此外,还有镍(Ni)滤膜、不锈钢滤膜、陶瓷滤膜和其他材质的微孔滤膜。其中,陶瓷膜更能抵抗化学物质的腐蚀,且可以在高温下使用。由氧化铝制成的陶瓷膜孔径可以达到100 nm左右,但对于更细的孔径,则需要镀上一层氧化铝或氧化钛或氧化锆涂层。法国Tami公司已经生产出了孔隙为0.2~1.4 μm的无机物膜。常用的微滤膜的材质、性能及应用领域见表2.1。微滤器元件形式多样,如多道管式、折叠式、板式等,能基本满足我国各领域的需求。

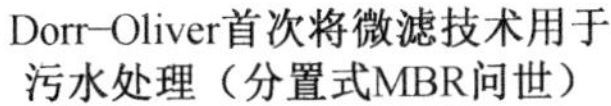

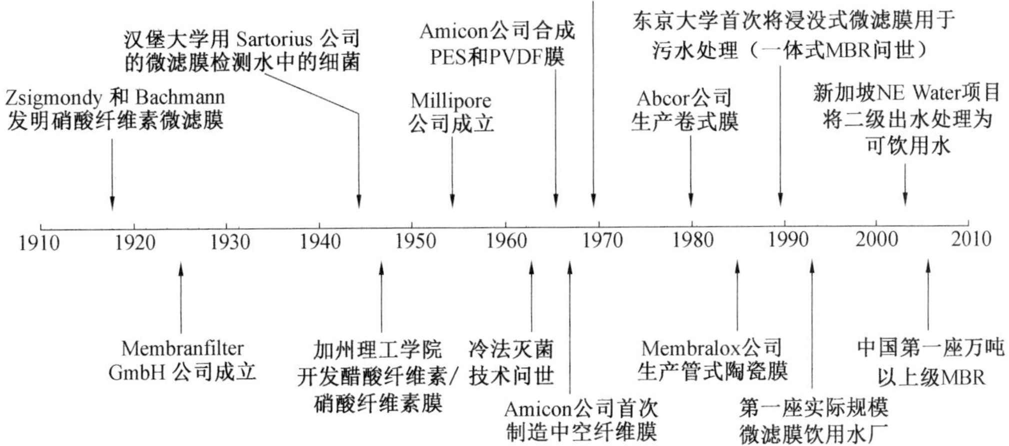

图 2.1 微滤技术发展历程

表 2.1 常用的微滤膜的材质、性能及应用领域

材质	性能	应用领域
聚砜 PS	亲水性 化学稳定性 机械强度高、耐高温	食物和饮料、药品、微电子水、血清等
尼龙 PA	亲水性 优良的化学兼容性 高抗拉强度 生命周期长	微电子水、化学物质 饮料
聚四氟乙烯(PTFE)	疏水性 可层压到聚丙烯支架上 耐化学性、耐热性 耐久性高、强度高	空气和气体 药物 腐蚀性化学物质
聚丙烯(PP)	疏水性 耐酸碱性 耐高温	化学物质 微电子学 药物
聚偏氟乙烯(PVDF)	优异的耐化学稳定性 优异的耐热性 易加工 机械性能	水处理 化学物质 生物领域

续表 2.1

材质	性能	应用领域
聚碳酸酯(PC)	亲水性 机械稳定性 热稳定性	药品 空气污染 实验室分析
纤维素	亲水性 有限的热稳定性 有限的机械稳定性	空气污染 微生物学 食物 药品
陶瓷	化学稳定性、耐酸碱、耐高温、机械强度高、脆性大、工艺复杂、成本高	生物发酵 化工 食品饮料 水处理领域

2.1.2 微滤操作模式及特点

微滤过程有两种操作模式：死端微滤和错流微滤。如图 2.2(a)所示，在死端微滤的操作过程中，进料液与渗透液的流动方向相同，即进料液垂直于膜表面方向透过膜，进料液在膜压差的驱动下进行分离，溶剂透过，而微粒物被截留在膜表面聚集形成滤饼层。随着时间的延长，滤饼层不断增厚，微滤过程阻力逐渐增大，如果保持压降，则造成通量下降；如果保持通量不变，则驱动压力需要增加。因此，死端微滤必须定期去除膜表面的滤饼层或者更换新的滤膜，是间歇性的。在操作过程中，泵将进料液输送进过滤单元，进料液沿着膜表面切线的方向流动，在压差的推动下，获得渗透液，如图 2.2(b)所示。由于进

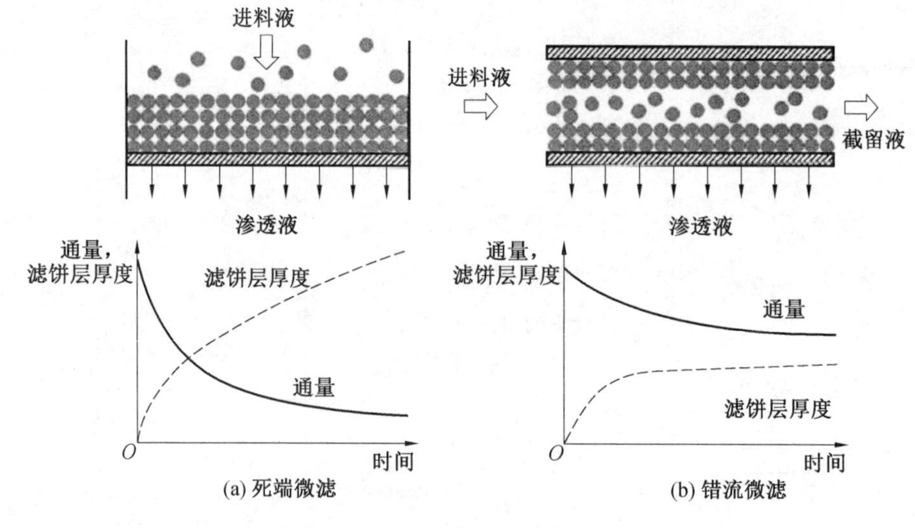

图 2.2 两种微滤过程的通量及滤饼层厚度随时间的变化

料液与膜表面存在剪切力,部分被截留的微粒物被冲走,因此,在错流过程中的滤饼层往往比较薄,对通量造成的影响小于死端过滤。

由于错流微滤过程中料液的流动能有效减弱滤饼层的形成和膜表面的浓差极化现象,因此通量衰减较慢或可以在较长的运行周期内都保持较高的分离通量。一般来说,膜表面滤饼层的厚度达到稳定后,通量也将达到稳定。但在实际应用的过程中,滤饼层形成后,在水压的作用下被压实,导致通量仍出现不断缓慢下降的现象。此外,膜污染也会严重影响微滤过程,若微粒沉积并进入膜孔内,通量也将随滤膜孔隙率的降低和阻力增大而衰减。

2.1.3 微滤膜分离机理

微滤膜分离的机理主要是基于孔径筛分机制,即对尺寸大于膜孔径的分子截留效果明显。微滤膜分离主要包括筛分过滤、滤饼层过滤和深层过滤,具体如下:①筛分过滤。过滤中,由于颗粒物、大分子尺寸大于膜的孔径而无法通过滤膜,被截留在微滤膜的表面。溶剂透过滤膜,实现分离。这种单一的筛分机制一般仅在进料液中颗粒含量非常少的过滤过程中,通常情况下,随着过滤的进行,颗粒会被截留在滤膜表面形成滤饼层,滤饼层也会对颗粒物进行截留。②滤饼层过滤。由于微颗粒在滤膜表面逐步堆积,形成滤饼层,不断增厚的滤饼层会起到主要的截留作用。一般来说,滤饼层过滤可以阻碍比滤膜孔径更小的杂质通过,但在过滤的初始阶段,部分颗粒仍会进入滤膜孔道内,此时滤出的流体中会含有未被分离的颗粒。③深层过滤。深层过滤是指利用颗粒物沉积在膜内部的间隙而进行分离的过滤。过滤时小于滤膜孔径的颗粒进入滤膜孔道中,但由于孔道弯曲细长,颗粒在范德瓦耳斯力、静电作用、化学吸附等作用下附着在孔道壁上。

错流微滤已在工业范围内得到广泛应用,对其机理的研究也取得了巨大的进步,出现了多种理论模型。目前应用最广泛的包括堵塞模型、滤饼层过滤模型和单颗粒模型三种:①堵塞模型。堵塞模型又分为标准堵塞模型、完全堵塞模型和中间堵塞模型,它们均假设过滤的阻力全部由膜孔的堵塞引起。其中,标准堵塞模型在三个堵塞模型中应用最广,其假设膜孔道内的有效体积减小量与渗透滤液总体积成正比,并将膜孔道内的形状简化为多个直径相同的圆柱体平行排列,这些圆柱的长度正好等于膜材料的厚度。②滤饼层过滤模型。滤饼层过滤模型则根据筛分机理建立,一般选用孔径小于固体颗粒平均粒径的膜材料,使大部分颗粒不能进入膜孔道内。颗粒受渗流阻力作用沉积到膜表面的颗粒形成滤饼层,随着过滤进程的运行,沉积的颗粒越来越多,滤饼层逐渐加厚,过滤阻力也不断增大,最终导致膜通量降低。③单颗粒模型。在单颗粒模型中,一般认为膜通量的稳定是指过滤阻力不再增大、滤饼层厚度保持动态稳定,滤饼层最外层的颗粒处于静力学的平衡状态,可通过对最外层的这些颗粒的受力分析,计算膜通量。

另外,错流使截留在膜表面的颗粒被反向扩散回主体料液中,Belfort 等人总结了惯性提升模型、剪切诱导扩散模型和布朗扩散模型三个模型在各自稳态条件下膜通量与颗粒直径的关系,如图 2.3 所示。其中,惯性提升模型主要针对大尺寸颗粒(颗粒粒径大于 30 μm)和高剪切速率的情况,惯性提升作用可以使得沉积在膜表面的颗粒反向扩散到流动的主体料液中去,使滤饼层逐渐达到动态平衡。剪切诱导扩散针对中等颗粒尺寸和剪切速率,适应的粒径范围在0.5~30 μm之间,剪切力可以促使膜表面的颗粒之间相互碰撞、翻滚,增加迁移概率。布朗扩散主导小尺寸颗粒(粒径平均小于0.5 μm)和低剪切速率情况下的微滤过程,该范围内的颗粒的布朗运动十分活跃,颗粒在流体内做的不规则无序运动反而有助于膜表面的颗粒离开壁面转向料液主体中。此外还有浓差极化等其他模型,但这些模型大多属于经验或半经验公式模型,对传质过程的解释不够全面。

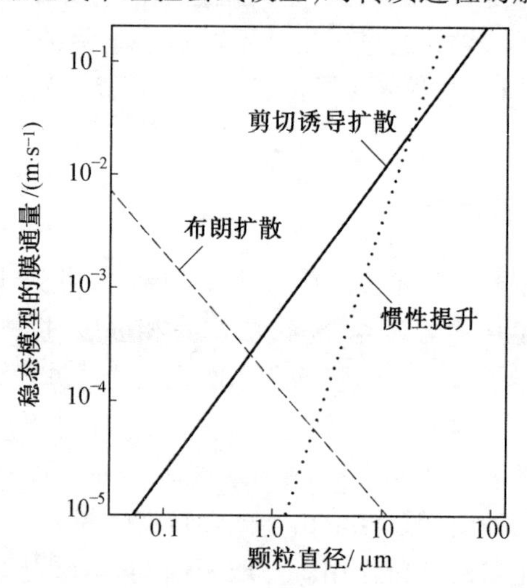

图2.3 错流微滤稳态模型的膜通量与颗粒直径的关系

微滤过程中的基本机理是孔径筛分效应,对尺寸大于膜孔径的分子有截留作用,若微粒被完全截留,并形成滤饼层,且通过滤饼层的流体以层流的形式流动,那么可用达西(Darcy)定律来描述流体流过滤饼层和膜的速率方程式:

$$J = \frac{1}{A}\frac{\mathrm{d}u}{\mathrm{d}t} = \frac{\Delta p}{\eta(R_m + R_c)} \tag{2.1}$$

式中,Δp 为施加在膜及滤饼层上的压差;η 是流体的黏度;R_m和 R_c分别是膜和滤饼层的阻力。

膜的阻力取决于膜的厚度、孔径及膜的结构,如孔隙率、孔径分布、孔的弯曲度,以及流体的黏度。当膜孔由垂直于膜表面的毛细孔组成时,膜的通量可由 Hagen - Poiseuille 方程计算

$$J = \frac{n_p \pi r_p^4 \Delta p_m}{8\eta l} \tag{2.2}$$

式中,n_p代表孔的数量(单位面积上);r_p 代表孔径;l 代表膜的厚度;Δp_m 代表膜两侧的压力差。

膜的阻力为

$$R_m = \frac{\Delta p_m}{\eta l} = \frac{8l}{n_p \pi r_p^4} \tag{2.3}$$

因此,膜的阻力与膜的厚度成正比,与孔径和孔密度成反比。

2.1.4 污染物概述

膜污染是指在过滤过程中,污染物在膜孔或膜表面堆积造成的恒定通量条件下跨膜

压差上升或恒定压力条件下膜通量下降。根据水清洗对膜污染去除的情况，可以将膜污染分为不可逆污染和可逆污染，而根据污染物的类别又可分为生物污染、有机污染和无机污染。

(1)生物污染。

生物污染是最常见的一种，尤其是在处理污水和水处理厂的应用中。生物污染的主要来源是自来水中的微生物，它们可以通过水流进入微滤膜，并在膜表面生长繁殖，形成“生物胶”。除此之外，空气中的微生物也可能对微滤膜造成污染。这些生物会增加微滤膜的阻力，影响其通量和分离效率，甚至导致微滤膜失效。目前，对于生物污染的控制方法主要包括物理清洗、化学清洗和气体灭菌等。

(2)有机污染。

与生物污染相比，在微滤膜污染中较为严重的是有机污染，尤其是在处理含有工业污染物的废水时。这些有机污染物可能来自化工厂、制药厂以及污水处理厂等。由于有机污染物的种类和浓度多样，它们会对微滤膜造成不同程度的损害，形成不同类型的有机膜污染，如胶质型污染、胶原蛋白型污染、精氨酸型污染等。这些污染会导致微滤膜的氢气通量降低、阻力增加，从而影响微滤膜的使用寿命和分离效率。目前，对于有机污染的控制方法主要包括化学清洗、高压气泡清洗和高压脉冲聚焦清洗等。

(3)无机污染。

无机污染也是微滤膜污染的一种重要类型。无机污染包括铁锈、钙盐、硫酸盐等。这些污染物会在微滤膜的表面形成结晶，导致膜孔堵塞，使得微滤膜的氢气通量降低、阻力增加。解决无机污染的方法主要包括物理清洗和化学清洗等。

总体而言，微滤膜污染是一个复杂的问题，其产生原因较多。针对不同类型的污染，需要采取不同的控制方法，并且在运营过程中要注意微滤膜的维护和管理，以延长其使用寿命，提高分离效率。

污染物在膜表面(或已经附着在膜表面上的层)沉积，或者在膜孔上方或孔壁上沉积，往往有以下几种形式。

(1)吸附：当膜材料表面存在活性位点与溶质或粒子之间存在特定的相互作用时，就会发生吸附。即使在没有渗透通量导致额外的水力阻力的情况下，颗粒和溶质也可以形成单层。如果吸附程度与浓度有关，则浓差极化加剧了吸附量。

(2)膜孔堵塞：当过滤时，膜孔堵塞会导致孔道闭合(或部分闭合)造成流量减少。

(3)沉积：沉积的颗粒可以在膜表面一层一层地生长，从而产生附加水力阻力。这通常被称为层积阻力。

(4)形成凝胶：对于某些大分子来说，浓差极化的水平可能导致在膜表面附近形成凝胶，例如，浓缩后的蛋白溶液可以形成凝胶相。

2.1.5 污染物对微滤膜的过滤影响

在过滤进料液时，分离通量往往低于相应的纯水通量，这主要是由于浓差极化的存在和分离中膜污染的问题。浓差极化是膜选择性的必然结果。被截留的溶质分子在膜表面的传质边界层区域中聚集，形成一个薄层，实际厚度取决于靠近膜表面的流体流动情况。

这些在表面积聚的分子会降低溶剂的活度,从而产生渗透压,降低了有效的跨膜压力驱动力,从而降低了溶剂的通量。浓差极化这一现象不可避免,但它是可逆的,在所有压力驱动的分离过程中都应该考虑浓差极化。膜污染,也就是污染物在膜表面的堆积,如吸附在膜表面的大分子、凝胶或沉积颗粒,会导致微滤过程的过滤阻力在短时间内升高,渗透通量迅速降低。而为了控制膜污染,需要反复循环过滤料液,增加了能耗、反冲洗和清洁过程物料成本,延长了设备系统的休整时间,影响膜的稳定运行和更换周期,因此膜污染成为微滤膜困扰工业应用的重要问题。膜污染的形成机理受到广泛研究,膜固有阻力(R_m)、膜孔堵塞阻力(R_p)、滤饼层阻力(R_c)和浓差极化阻力(R_{cp})被认为是导致膜通量衰减的主要阻力,图 2.4 为错流微滤过程中多孔膜结构各部分阻力及其分布情况。虽然膜污染现象无法消除,但其控制方法多样,目前对其控制方法的研究主要集中在进料液预处理、防止浓差极化、膜表面材料的改性、改变污泥混合液性质、优化操作运行条件和膜组件的清洗等方面。特别是近年来超浸润体系的理论发展,为抗污染膜表面的设计提供了方向。

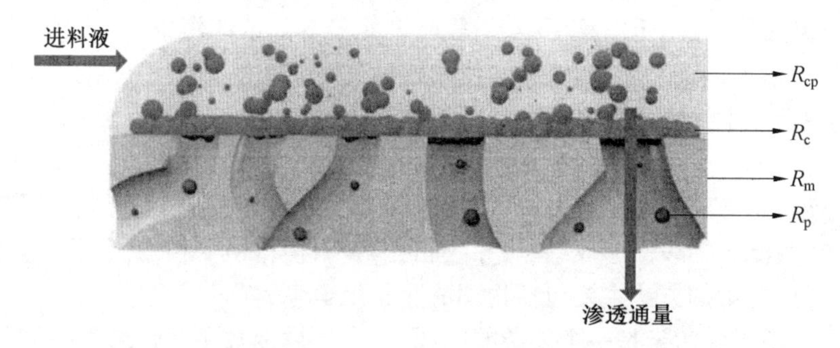

图 2.4　错流微滤过程中多孔膜结构各部分阻力及其分布情况

对于微滤膜,可以将减少膜污染的方法分为直接法和间接法。

(1)直接法。直接法,如使用湍流,显然与为降低浓度边界层的强度而采取的措施相似,这些方法包括紊流启动器(如改进的膜间隔)、旋转或振动膜和脉动流。在 20 世纪 90 年代,一种强制振动剪切增强处理系统出现,特别适用于高固体含量的进料。当进料在平行的膜单元之间缓慢泵送时,这些单元在与膜表面相切的方向上剧烈的振动会产生高剪切力,薄膜振动所产生的剪切力会使固体和污染物从膜表面分离并与主体进料混合。高剪切处理使膜在操作过程中更接近于纯水通量。

(2)间接法。间接法包括选择适当的操作模式,如选择错流、直接过滤或周期反冲洗。对于高污染进料来说,错流模式是必不可少的;但对于饮用水过滤来说,常选后两种模式,因为与传统的错流过滤相比,它们可以大大降低成本。其他间接法包括进料的预处理或膜的预处理,这两种方法的目的都是防止不必要的吸附。

在应对上述各种污染问题时,主要的膜清洗手段有化学清洗和物理清洗。化学清洗是一种效果较好的方法。微滤膜的污染有多种类型,不同的污染类型要采用相应的清洗剂来清除。对于不同的清洗剂,其作用机制也有所不同:①碱性清洗。将有机物溶解掉。碱性清洗剂会与物质表面的酸式部位发生反应,生成盐和水,并将硫酸、假单胞菌等细菌直接溶解。②酸性清洗。清除无机盐沉积和铁锈等物质。酸性清洗剂分解有机化合物的同时能够消除污染后留下的残留物。③氧化清洗。将极难降解的污染物分解为易于去除的物质。氧化剂的大量存在可使膜污染物被快速而彻底地氧化为易于处理的化学物质。在化学清洗的过程中应该根据不同清洗剂的特性选择合适的清洗方法和清洗剂类型及浓度,确保不会对微滤膜造成二次污染。④物理清洗。物理清洗可以在自然气氛下进行洗涤,将已经用清水冲洗过的微滤膜晾晒在空气中,让其受到自然气氛的影响而达到清洗和恢复膜过滤效率的目的。此方法适用于轻度污染的情况。⑤机械清洗。使用水枪以及刷子和清水对微滤膜进行反复冲洗。

2.1.6 微滤膜的应用

微滤是最早应用的压力驱动商业膜之一。根据物理分离的原理,微滤能够去除悬浮颗粒等微米级尺寸的物质,即病原体、大细菌、蛋白质和酵母细胞等。硝酸纤维素微滤膜首次由 Frick 于 1855 年报道。然而,直到 20 世纪 60 年代中期,微滤也仅限于小规模的工业应用。20 世纪 70 年代,褶皱膜滤芯的出现引起了微滤在制药、水处理和微电子工业中的大规模工业应用。目前微滤作为一种常用的分离与纯化技术,在饮用水、污水处理以及医药、食品等领域都有着广泛的应用。随着近年来环境问题日益严重和人们对安全饮用水的需求不断增加,微滤膜作为高效、可靠、经济的分离技术,正在逐渐成为污染物去除和水质提升的重要手段。

1. 饮用水处理

在城市饮用水处理中,微滤膜通常作为预处理工艺使用。它能够有效地去除自来水中的沉淀物、悬浮物、胶体物和微生物等杂质,提高后续处理工艺的稳定性和效率。此外,微滤膜还能够去除超过 0.1 μm 的病毒和细菌等微生物,从而保证水质的安全可靠。在饮用水处理中,微滤技术被广泛应用于预处理和最终过滤阶段,以提高水质。具体如下。

(1)预处理。微滤通常作为预处理步骤,在混凝、沉淀等其他处理方法之前使用。微滤可以通过去除水中的浑浊物、有机物和生物质等杂质,使得后续的处理更加容易和有效。

(2)终端过滤。微滤处理也可用于水的最终过滤。饮用水在出厂前需要进行精细过滤,以去除其中一些难以去除的细菌、病毒和微生物等,确保水质符合标准。

2. 污水处理

微滤膜在生活污水和工业废水处理中也有着广泛的应用。它可以有效地去除污水中的浮游物、悬浮物、胶体物以及微生物等有机杂质,并且具有高通量、低运行成本、易于操作等优点。此外,微滤膜还可以使用于膜法生物反应器中,将好氧和厌氧污泥与膜分离,从而提高废水的处理效率和出水质量。微滤膜应用于污水处理主要有以下几种场景。

(1)污泥浓缩。微滤技术可以用来浓缩污泥。传统的污泥浓缩方法通常采用离心、过滤或压滤等方法,但是这些方法的效率低、成本高。微滤可以通过选择不同孔径的膜来实现污泥浓缩和分离,同时避免了传统方法中产生的二次污染。

(2)污水处理。微滤技术也可用于污水处理。在二级处理工艺中,微滤器通常是放在生物反应器的出口处,以去除反应后产生的污水中的细菌和藻类等悬浮物。对于一些难以降解的物质,如油类物质,微滤则无法彻底去除。

(3)地下水处理。地下水中的污染物通常比较难处理,其中大部分的污染物都是悬浮颗粒物质,微滤技术可以有效去除这些固体颗粒物质,从而达到净化地下水的目的。

3. 医药行业中的应用

在医药制品生产中,微滤膜常用于对生产过程液体的最终纯化和去除细菌、毒素等有机物质。利用微滤膜作为过滤器,可以有效地去除颗粒状物质、细胞碎片、未消化的配料物、催化剂残留物、异物等杂质,确保产品的质量和安全性。

药物纯化是微滤在医药行业中最常见的应用之一。在药物研发和生产过程中,需要通过分离、去除杂质等方法来提高药物纯度。微滤通过使用特定孔径大小的过滤器,可以有效地分离颗粒、杂质和大分子物质,从而提高药物的纯度。目前对于基因药物的研发往往需要引入微滤过程。基因药物通常需要经过多个步骤的筛选和纯化才能得到高纯度的产品。其中一个重要的步骤就是使用微滤进行分离和纯化 DNA 或 RNA 分子,以获得高质量的基因治疗药物。

微滤技术还被广泛应用于疫苗生产。在疫苗的制造过程中,需要从发酵液或细胞培养基中去除杂质和微生物,以获得高纯度的疫苗制品。此时,微滤技术就起到了至关重要的作用。例如,在甲型 H1N1 流感疫苗的生产过程中,制药公司需要使用微滤器将病毒精选出来,然后进行杀灭和减毒处理,以制造成疫苗。

微滤技术可以被用来去除血浆中的病毒、细胞和蛋白质等杂质,以净化血浆制品。这对于许多严重疾病的治疗来说非常重要,如肝炎、艾滋病等。微滤也在分离血小板和白细胞时起到了重要的作用。微滤还可以通过过滤器的孔径选择性地分离不同大小的细胞,被广泛应用于干细胞和细胞治疗领域。例如,在造血干/成熟细胞分离、单个成纤维细胞和淋巴细胞分离等领域,都有微滤技术的应用。

在制药加工厂房中,由于生产过程需要保持洁净环境,因此微滤也可以用于净化室内空气。微滤器可以有效地去除空气中的灰尘、细菌、孢子等微小杂质,从而保证了制药过程的安全性和纯度。微滤技术还可以被用于医疗废物处理。在医院生活垃圾中,存在很多需要进行有效处置的医疗废物,如红细胞和血浆制品包装容器、输液器等。对于这些废物的处理,可以采用微滤技术实现其分离和净化。

总之,微滤技术在医药行业中应用非常广泛。不仅可以帮助制药公司生产出更高纯度、更安全的药品和生物制品,还可以为严重疾病的治疗提供重要的支持和保障。当然,微滤技术在医药行业中的应用远不止上述几个方面,还有其他诸如血液透析、免疫学研究等。无论是生产、研发还是治疗,微滤技术都为医药行业提供了强有力的工具和手段。

4. 食品行业中的应用

微滤膜在食品行业也有着广泛的应用,如果汁、啤酒、红酒、牛奶等需要进行澄清、过滤工艺的产品生产中。通过使用微滤膜,可以有效地去除液体中的悬浮物、胶体物、沉淀物等杂质,并且不会对原始产品的特性和营养成分造成影响,同时又能够提高商品的品质和市场价值。在果汁加工过程中,需要对橙汁、苹果汁、柠檬汁等进行澄清使其颜色更加透明并且去除其中的沉淀物和其他杂质。经过榨汁和初步处理后,果汁会通过微滤膜分离出它所含有的不同分子、结晶、胶体等颗粒,从而减少云雾、色素和悬浮物的量,达到澄清目的。在啤酒和葡萄酒生产过程中,需要对发酵液或浆液进行澄清与过滤,以去除其中的残渣、酵母,使其更加纯净和透明。这时可以通过微滤膜进行过滤,去除其中的杂质和微生物,提高酒液的品质和稳定性。在糖果、糕点等生产行业中,采用微滤膜可以去除混杂在原料中的微小颗粒、碎屑,从而使其更加洁净。例如,在面包加工中,微滤膜可以在制面时去除其中的杂质,从而保证面团的纯净度。在牛奶、酸奶、奶粉等乳制品生产中,微滤膜是一种重要的分离技术。它可以有效地去除其中的细菌、异物和杂质,提高产品的安全性和质量。同时,使用微滤膜还能够保留牛奶中的营养成分,如蛋白质和矿物质等。总体来说,微滤膜在食品行业中应用广泛,可以提高产品的品质和安全性,也能够确保生产过程中的环境卫生和净化。

2.2 超 滤

2.2.1 超滤技术简介

超滤(UF)是一种过滤精度介于微滤(MF)与纳滤(NF)间的膜分离技术。超滤技术因其低驱动压力(0.1~0.6 MPa)、高渗透性(0.5~5.0 $m^3/(m^2 \cdot d)$)及宽分子量截留范围(300~500 000 g/mol)等优点,现已广泛用于废水处理、医疗卫生及市政饮用水净化等领域。一般认为,超滤膜分离机理主要依靠"孔径筛分"作用。在低压驱动下,以UF膜作为分离介质,依据筛分理论对进料液中相对尺寸更大的组分进行截留,相对小尺寸组分则通过表面孔隙渗透穿过膜基质,实现各组分间的分离。超滤膜孔径范围为1~50 nm,不仅能够去除水体中颗粒物、胶体和天然有机物,还能截留几乎全部的致病微生物,在水处理领域具有广泛应用前景。1987年,美国建成世界上第一座以超滤技术为核心的水厂,日处理水量为225 t。次年,法国建成了第二座超滤水厂,日处理水量为250 t。随后,由于膜科学技术的发展,膜材料的价格和运行成本也随之下降,世界上其他国家也先后建立了不同规模的超滤水厂。截至2000年底,以超滤为核心的水处理厂达到了70座,日均产水规模达200万t。我国超滤技术发展十分迅速。2004年,我国第一座超滤水厂在杭州湾新区建立,日处理水量为30 000 t。在随后两个"五年规划"时期,超滤技术在我国水厂中得到了广泛应用,天津、东营、南通等城市建设了超滤水厂,日均处理规模达到了10万t以上。

2.2.2 超滤膜材料

根据膜材质差异,超滤膜材料主要分为无机和高分子膜材料两类。高分子超滤膜通常包括聚芳醚类、醋酸纤维素类、聚芳酰胺类、聚烯烃类、含氟聚合物类等。无机超滤膜通常以多孔金属、多孔陶瓷及分子筛三种类型为主;超滤膜的开发主要通过在无纺布上浸渍铸造聚合物结构(聚醚砜、再生纤维素、聚砜、聚酰胺、聚丙烯腈或各种氟聚合物)或在微滤膜表面复合铸造。疏水聚合物需经过表面改性,使其具有亲水性,从而减少污染、减少产品损失同时增加通量。无机超滤膜因其种类少、脆性大、分离效率低、成型加工困难等问题,应用受限,其中无机超滤膜材料(氧化铝、玻璃和氧化锆)由于成本高,目前只在腐蚀性条件下有所应用。高分子超滤膜则因其种类多、价格低、成膜性好、膜组件样式多等优点而被广泛应用。近年来依靠纳米技术的成熟,以聚合物膜基质中均匀分散纳米填料的有机-无机杂化膜制备技术得到快速发展。如图 2.5 所示,超滤膜通常被制备成盒式、螺旋状、中空纤维、管状、平板和无机单体模块等形状,用于商业应用。

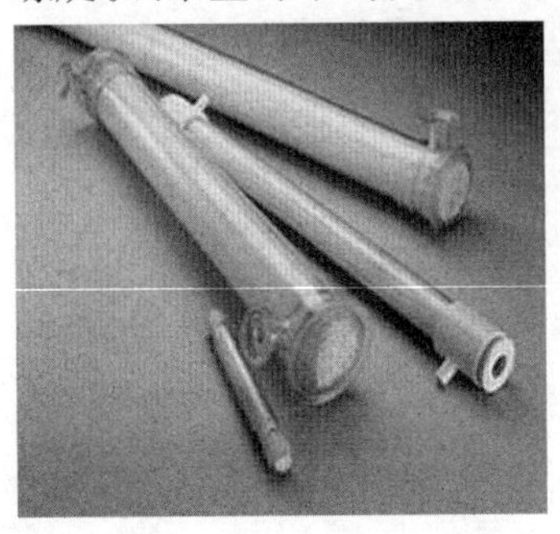

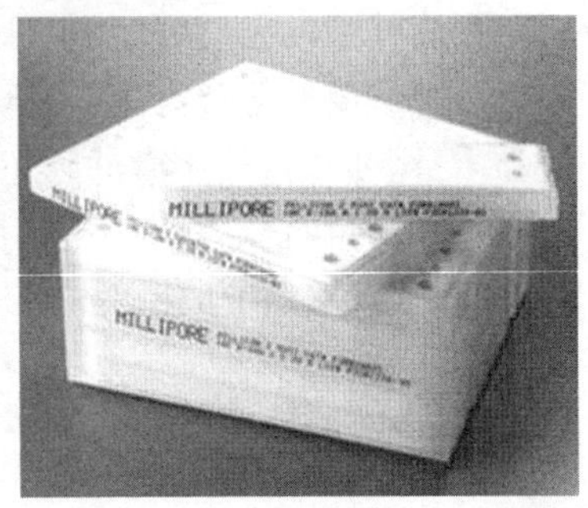

图 2.5 商用超滤膜组件

由中空纤维膜丝组成的陶氏 SFP2880、SFP2660 超滤膜组件运行模式如图 2.6 所示。其分别有一个进水端、产水端和浓缩端。当浓缩端关闭,超滤膜组件以全流过滤模式即死端过滤进行过滤。料液进入中空纤维间的间隙中,在压力的作用下,水分子进入中空纤维的内部,从产水端流出。而当浓缩端开启使部分浓水排放,进行错流过滤。错流过滤中水流在膜表面的剪切力能有效地减少滤饼层的沉积,抑制膜污染,因此更加适合于含有高浓度悬浮物的污水的处理。模组性能包括机械强度、密封性能、流量分布、可重复使用性、化学稳定性、低可萃取性、低成本、易于组装、可伸缩性、高产品回收率、高完整性等。这些属性的重要性在不同的应用领域中差异很大。纤维和管状膜组件成本低,泵送成本低,所以在水净化和果汁澄清等应用中不易出现堵塞的现象。螺旋状组件价格低廉,乳制品应用

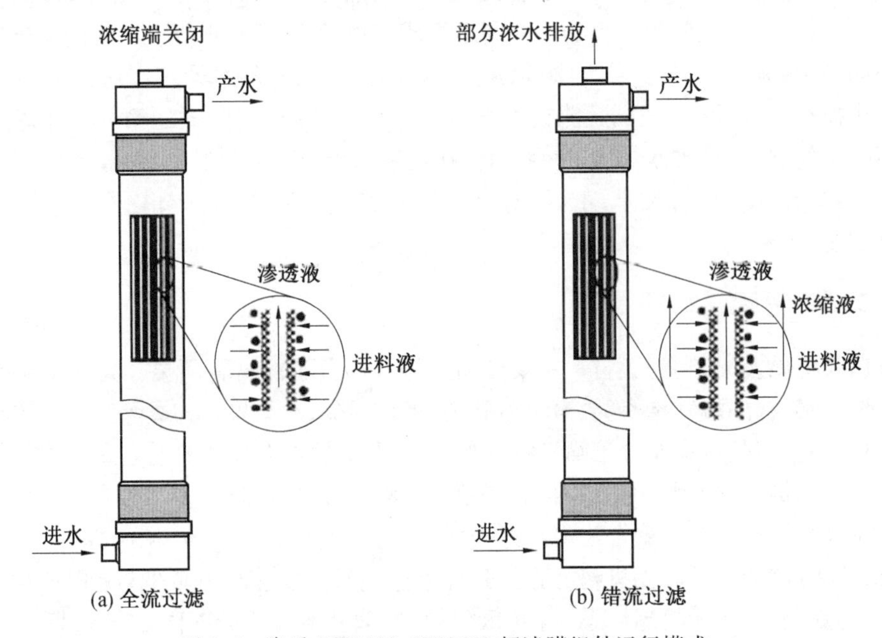

图 2.6 陶氏 SFP2880、SFP2660 超滤膜组件运行模式

的泵送成本相对较低。盒式组件相对来说更贵的现象也更高。然而,它们有更高的通量,更低的泵流量,在处理昂贵的蛋白质产品的制药中可重复应用。

2.2.3 超滤技术基本原理

在超滤过程中,部分溶质可以通过孔径筛分作用被膜截留在进料液一侧,而小分子溶质和溶剂可以通过膜,导致溶质在溶剂膜表面逐渐累积,膜表面的浓度大幅提高,在浓度梯度作用下,膜表面的溶质分子又调转方向向料液方向扩散,达到平衡状态时会在膜表面形成一种边界凝胶层,对溶剂等小分子的运动起阻碍作用,这种现象称为浓差极化,如图2.7 所示。这是一个可恢复的过程,但易加速多孔膜表面凝胶层的形成从而加剧膜的污染。浓差极化是超滤过程中不可避免的,但可以通过改善膜表面的料液流动状态来降低其影响。

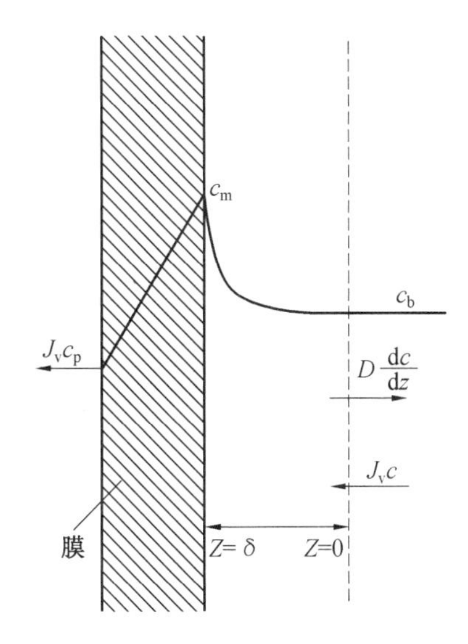

图 2.7 超滤过程中的浓差极化现象

c_b—进料液中溶质的质量浓度;c_m—膜表面的溶质浓度;δ—膜的边界层的厚度;c_p—滤液中溶质的质量浓度。根据边界条件:$Z=0$ 时,$c=c_b$;$Z=\delta$ 时,$c=c_m$

如图 2.7 所示的浓差极化现象,可由传质微分方程推得。在稳态超滤过程中的物料平衡算式为

$$J_v c_p = J_v c - D\frac{dc}{dZ} \tag{2.4}$$

式中,$J_v c_p = J_S$,为从边界层透过膜的溶质的质量;$J_v c$ 为对流传质进入边界层的溶质质量;$D\frac{dc}{dZ}$ 为从边界层向主体流扩散通量。

式(2.4)的物理意义是流入膜内的溶质质量等于带向膜表面的膜-溶液界面的溶质质量减去扩散回本体溶液的溶质质量。

化简式(2.4)可得

$$\frac{\mathrm{d}c}{J_{\mathrm{v}}(c - c_{\mathrm{p}})} = \frac{\mathrm{d}Z}{D} \tag{2.5}$$

两边积分可得

$$J_{\mathrm{v}} = \frac{D}{\delta}\ln\frac{c_{\mathrm{m}} - c_{\mathrm{p}}}{c_{\mathrm{b}} - c_{\mathrm{p}}} \tag{2.6}$$

当溶质扩散到膜表面的流量和膜表面的溶质返回主体溶液的流量时，达到动态平衡。定义传质系数 $k = \frac{D}{\delta}$，由于$c_{\mathrm{p}} \ll c_{\mathrm{b}}$ 和c_{m}，所以

$$\frac{c_{\mathrm{m}}}{c_{\mathrm{b}}} \approx \exp\left(\frac{J_{\mathrm{v}}}{k}\right) \tag{2.7}$$

式中，$\frac{c_{\mathrm{m}}}{c_{\mathrm{b}}}$ 为浓差极化比。其值越大，浓差极化现象越严重。浓差极化比也与膜和溶质相互作用的物化性质有关。

浓差极化对超滤膜性能有很大的影响，当膜面上截留溶质的浓度增加到一定值时，在膜面上会形成一层凝胶层，该凝胶层对料液流动产生很大的阻力，因而使得膜透过通量急剧下降。超滤特性一般可用透过通量（J_{v}）和表观截留率（R_{a}）两个基本量来表示。膜的透过通量用单位时间内、单位面积膜上透过的溶液量来表示：

$$J_{\mathrm{v}} = \frac{V}{At} \tag{2.8}$$

式中，J_{v} 为透过通量，L/(m^2 h)；V 为滤液体积，L；A 为分离膜的有效面积，m^2；t 为获得 V 体积滤液所需的时间，h。

溶质的截留率可通过溶液的浓度变化测出，即由进料液浓度和渗透液浓度可求出表观截留率（R_{a}），定义如下：

$$R_{\mathrm{a}} = 1 - \frac{c_{\mathrm{p}}}{c_{\mathrm{b}}} \tag{2.9}$$

式中，c_{b} 为进料液质量浓度，mg/L；c_{p} 为滤液中溶质的质量浓度，mg/L。

2.2.4 超滤膜的制备方法

相转化法是制备不对称超滤膜的常见方法。具体步骤是配制一定组分的均相聚合物铸膜液，采用不同的物理方法使溶液在周围环境中进行溶剂和非溶剂的传质交换，改变溶液的热力学状态，使其从均相的聚合物溶液中发生相分离，转变成一个三维大分子网络式的凝胶结构，最终固化成膜。

相转化法制备的超滤膜具有两面不对称的孔隙结构，如图 2.8 所示，通常表面具有一层较薄的表面选择层，而另一面则是指状孔结构。膜在厚度上的孔道结构不均匀，与均孔膜相比，不对称膜的孔道结构可以显著降低传质阻力、提高渗透通量，膜孔不易阻塞，易冲洗，可提高使用寿命。目前的超滤膜和反渗透膜多为不对称膜。一般而言，超滤膜多为指状结构，反渗透膜多为海绵状结构，微滤膜以对称结构为主，新型无机陶瓷膜多为不对称结构。

相转化法根据改变溶液热力学状态以致相分离的方法的不同，可以分为：非溶剂诱导

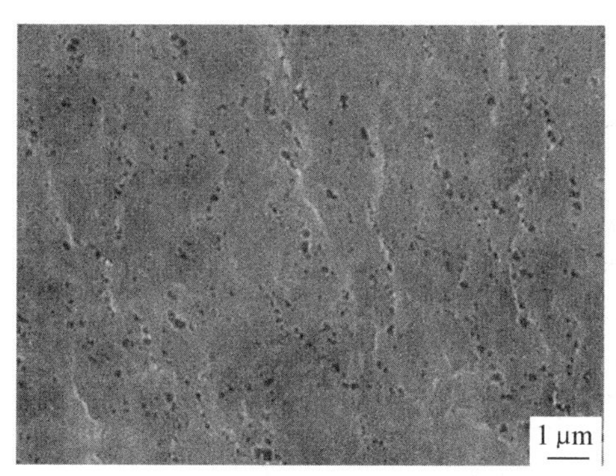

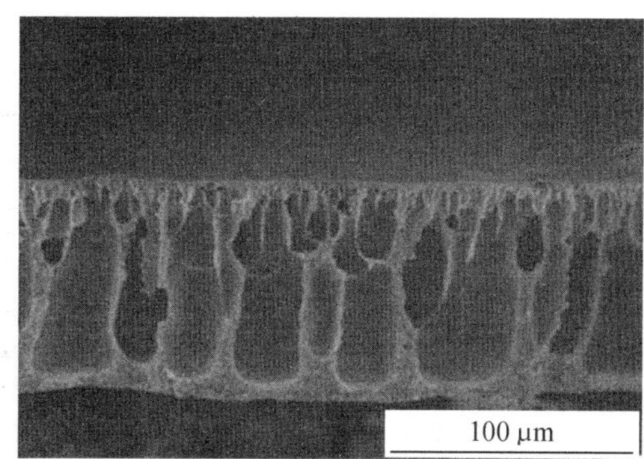

图 2.8 超滤膜的表面和截面

相分离法(NIPS)、热诱导相分离法(TIPS)和非溶剂汽致相分离法(VIPS)。

1. 非溶剂诱导相分离法

NIPS 也称溶液相分离法。与其他几种相转化法相比,溶液相分离法制备工艺简单,并且具有更多的工艺可调节性,能够根据膜的应用更好地调节膜的结构和性能,是目前制备超滤膜的最普遍的方法。NIPS 是将铸膜液浸入非溶剂凝固浴中,与溶剂发生双扩散使溶液产生分相成膜的一种方法。制膜过程至少包含聚合物、溶剂和非溶剂三种物质。其中非溶剂作为凝固浴存在,通常是水。NIPS 的具体过程是将聚合物溶液涂覆成膜后浸入非溶剂中,非溶剂与铸膜液中的溶剂交换,使均匀聚合物溶液逐步分相、凝胶、固化、成膜。为了保证双扩散进行,溶液中至少有一种溶剂和非溶剂是互溶的。有时为了改善膜表面结构,涂膜后需在空气中停留一定时间,产生部分溶剂蒸发后再浸入凝固浴。其成膜过程具体分为以下两个阶段。

(1)分相过程。当铸膜液浸入凝固浴后,溶剂和非溶剂将通过液膜/凝固浴界面进行相互扩散,当溶剂和非溶剂之间的交换达到一定程度时,铸膜液变成热力学不稳定体系,于是导致铸膜液发生相分离。这一阶段是决定膜孔结构的关键步骤,制膜体系的热力学性质以及传质动力学是主要的研究内容。

(2)相转化过程。制膜液体系分相后,溶剂、非溶剂进一步交换,发生了膜孔的凝聚、相间流动以及聚合物富相固化成膜。这一阶段对最终聚合物膜的结构形态影响很大,但不是成孔的主要因素,研究的内容主要是分相后到膜溶液相转化过程中的结构控制及其性能研究的固化这一过程,也称为凝胶动力学过程,相对于第一阶段的热力学描述和传质动力学研究,凝胶动力学研究得比较少。

2. 热诱导相分离法

VIPS 采用溶剂蒸发导致溶液相转变固化成膜。VIPS 流程示意图如图 2.9 所示,成膜过程中,通常采用溶解度和沸点不同的混合溶剂溶解聚合物,通过蒸发降低溶剂含量致使溶剂溶解能力降低,此时均匀溶液将产生分相、固化,完成相转化过程,经后处理形成多孔膜。

通过 VIPS 过程通常可以获得四种主要形态,如图 2.10 所示,即对称细胞结构、不对称细胞结构、对称结节结构以及对称双连续结构。①对称细胞结构。非溶剂通过新生聚合物溶液的横截面缓慢扩散使得横截面中的浓度梯度可以忽略不计,并且可以获得典型

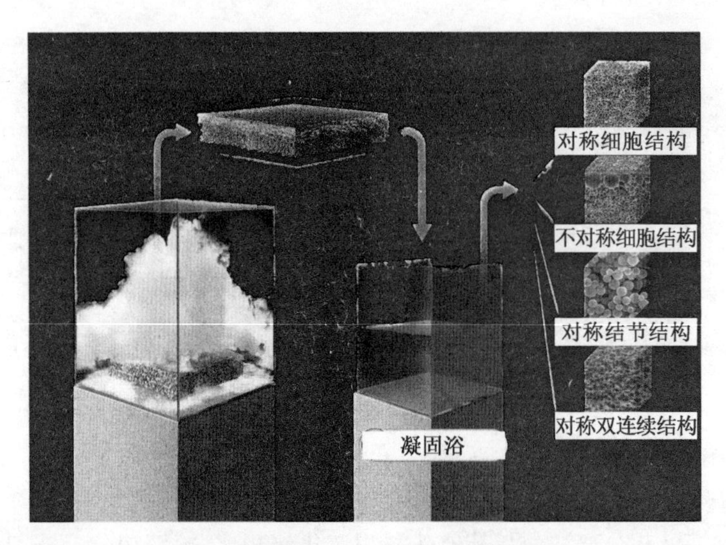

图 2.9　VIPS 流程示意图

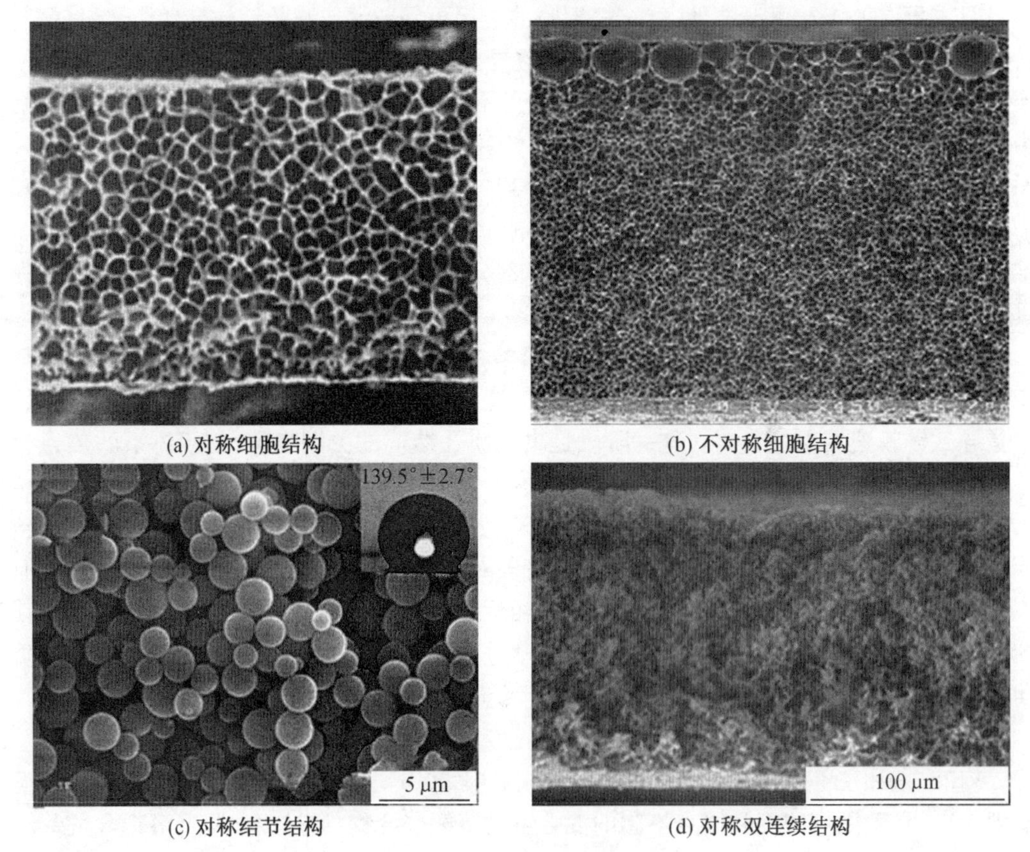

(a) 对称细胞结构　(b) 不对称细胞结构

(c) 对称结节结构　(d) 对称双连续结构

图 2.10　VIPS 过程获得的四种主要形态

的对称细胞结构。②不对称细胞结构。除了膜形成的对称结构外，VIPS 技术还能够产生不对称结构。这种结构的一种表现为不对称细胞结构，是由表面液体层引起的，最终导致浇铸聚合物溶液上的溶剂梯度。③对称结节结构。结节结构是 VIPS 制备的膜中遇到的另一种常见形态。这种结构通常由半结晶和结晶聚合物制成，主要是在制备膜的整个横截面上获得的。较慢的非溶剂进气速率（水蒸气）将使 VIPS 更倾向于聚合物结晶过程，导致固体球体和颗粒结构的形成。④对称双连续结构。与常见的致密的海绵状结构不同，这种对称双连续结构包含开放的孔隙结构，可以降低渗透阻力，从而提高渗透性。这种特殊结构可以通过控制相位反转速率来获得。

热诱导相分离法成膜是 Castro 在 20 世纪 80 年代初提出的一种简单的膜制备方法。有些高分子材料（如聚烯烃）在室温下不能溶解，当温度高于其熔化温度时，它们可以与一些小分子化合物（稀释剂）形成均匀的溶液。均相溶液冷却后发生固-液或液-液相分离而凝固。目前，国内外多家公司已成功应用 TIPS 工业化生产板式过滤膜和中空纤维膜，用于交叉流微滤工艺、等离子体去除工艺、膜蒸馏等透气雨衣、纸尿裤、医用绷带等。

作为生产微孔 PE 膜的主要方法，TIPS 与其他方法的区别在于膜微观结构更容易控制。例如，与 NIPS 相比，形成膜的均匀溶液通过热能去除转化为两相混合物，这比溶剂的非溶剂交换更快。

3. 非溶剂汽致相分离法

TIPS 的一般步骤如下：首先，为了形成均匀的混合物，在一对不锈钢板之间放置一定量的高熔点聚合物和低分子量稀释剂（液体或固体）混合物。在它们之间插入一个中心有方形开口的薄膜以调节膜厚度，如图 2.11 所示。样品通过加压高温加热熔化。需要指出的是，在此步骤中，初始温度（T_1）必须低于稀释剂的沸点。其次，将均匀的混合物形成所需的形状，通常是平板、管状或中空纤维。第三，通过以受控速率冷却（热淬火）诱导相分离，通过溶剂萃取除去稀释剂。最后，通过去除萃取剂（通常通过蒸发）产生微孔结构。该技术的关键点是通过去除均质涂料溶液的热能来诱导膜制造中的相分离。因此，TIPS 工艺是相转化路径、聚合物-溶剂热力学（相互作用）、冷却动力学、萃取剂选择和干燥条件之间的平衡。

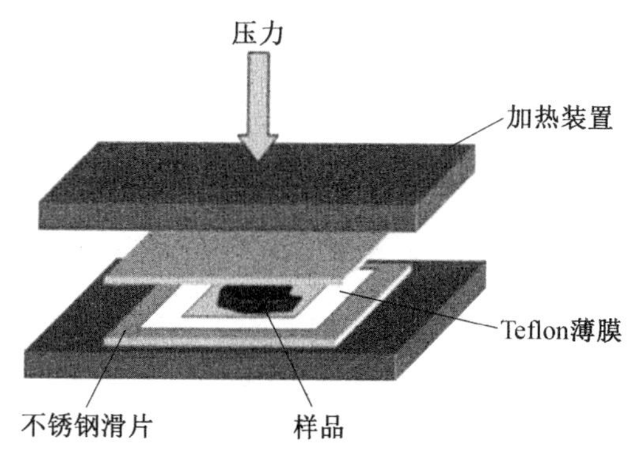

图 2.11 TIPS 工艺图示

在 TIPS 中，改变温度会导致聚合物在溶剂中的溶解度发生变化，并且可能发生相转化。根据聚合物/溶剂的热力学，可以达到临界温度的上限或下限，因此，温度的变化会导致相转化。传热是 TIPS 中调节相反转的主要参数。从热力学方面来看，TIPS 使用的均一铸膜液为热力学稳定体系，当将其浸入凝固浴后，体系逐渐由热力学稳定态过渡为热力学亚稳定态。结合图 2.12 的三元相图可知，一旦达到双节线后便形成混合体系，但该体系不稳定,极易发生分层、分相现象,这个过程发生的路径不同,则产生不同的分相效果。一般有两条路径:①从临界点上方进入亚稳定态区域;②逐渐接近双节线。该过程中会形成"聚合物贫相",并固化成多孔膜而达到热力学稳定态。

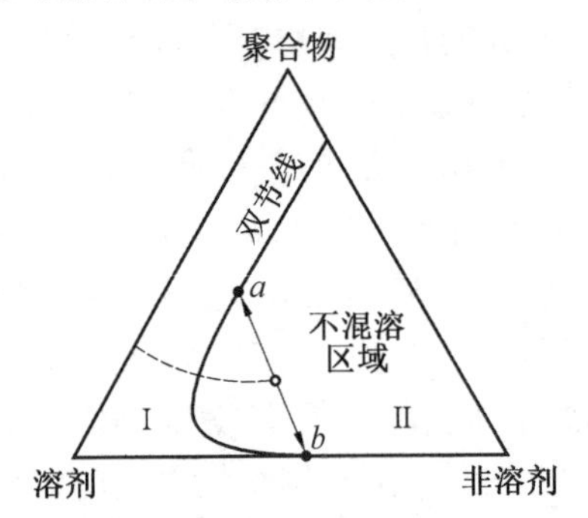

图 2.12 液-液相分离的三元相图

由于单一的制膜材料很难同时具有良好的成膜性、热稳定性、化学稳定性、耐酸碱性、耐微生物侵蚀性、耐氧化性和较好的机械强度等优点,因此常采用膜材料改性或膜表面改性的方法改善膜的性能,以满足不同的要求。

2.2.5 膜污染

膜污染会受到污染物与膜或污染物与污染物之间复杂的物理化学作用影响。在过滤过程中,超滤膜主要由筛滤作用实现对污染物的截留。因此,污染物的粒径与超滤膜孔径之间的相对大小决定了过滤过程中的膜污染机理。膜污染机理可以分为膜孔吸附、膜孔堵塞和滤饼层污染。污染物在外压作用下克服膜表面的水化层壁垒及静电排斥作用在膜表面及内部富集,造成膜孔窄化及膜孔堵塞。过滤初期归一化通量在短时间内迅速下降,随着过滤过程的进行,污染物在膜表面的溶质浓度高于主体溶液浓度,直至达到饱和,形成凝胶层,凝胶层充当新的分离层,引起膜污染的主要驱动力由污染物与膜之间的黏附作用转变为污染物与污染物之间的黏聚作用,截留分子量变小,小分子污染物在外界压力作用下扩散进入膜孔内部,并通过吸附架桥作用造成膜的孔隙率下降,此过程持续时间较长,一般在数小时到十几小时(图 2.13)。

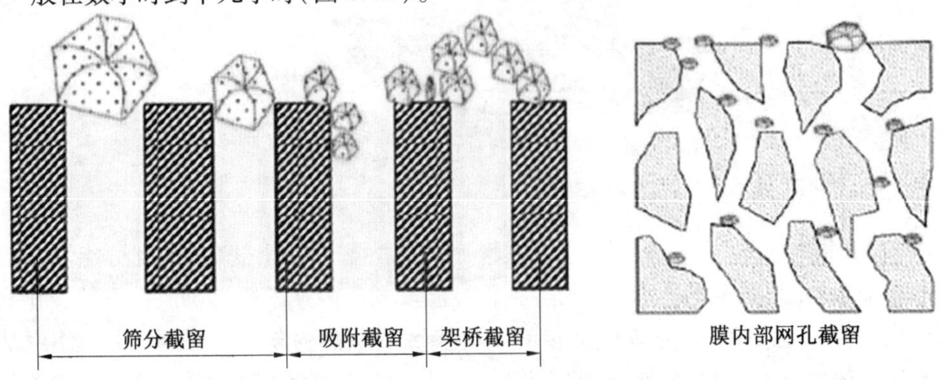

图 2.13 膜截留过程示意图(彩图见附录)

从污染物种类来看，可将超滤膜污染分为颗粒与胶体污染、有机物污染以及生物污染。此外，由于天然水体中污染物组分复杂，这三种污染物往往同时存在。不同污染物之间还存在协同作用，从而产生超滤膜的复合污染。根据膜污染的可逆性，可分为可逆污染与不可逆污染。可逆污染往往可以通过水力反冲洗、曝气或表面冲洗等物理方法直接去除；而不可逆污染通过物理方法无法去除，需要借助化学清洗消除。在不可逆污染较严重的情况下，膜通量不能通过物理清洗或简单的化学清洗恢复，意味着要对超滤膜进行彻底的化学清洗或对膜组件进行更换。此外，根据污染物在超滤膜上位置的不同，膜污染可以分为内部污染和外部污染。内部污染是污染物在过滤过程中堆积或吸附在膜孔中产生的，污染物堆积在膜表面则会形成外部污染。通常情况下，超滤膜内部污染与不可逆污染相关性较高，而外部污染主要形成可逆污染，水力反冲洗后能得到较好恢复。天然水体中溶解物性质各异，成分极为复杂。但是，识别污染物类型可以更加有效地研究不同污染物对超滤膜的污染机理，从而得到可靠的膜污染控制方法。通常情况下，膜污染物可以分为以下四类。

1. 颗粒物与胶体污染

颗粒物与胶体粒径分布范围较广，从几纳米到几百微米。与膜孔径大小接近的胶体会引起膜孔堵塞，而粒径更大的则会被截留在膜表面，形成滤饼层。滤饼层将会进一步提高超滤膜的截留性能。但渗透性会受到颗粒物形状与大小、颗粒物变形性以及操作条件等外界因素影响。膜压差上升会导致膜表面滤饼层厚度以及致密性增加，从而导致膜通量衰减速度增加。因为在较高的跨膜压差下，更多颗粒物或胶体堆积在膜表面，从而导致更高的膜污染阻力使滤饼层被进一步压缩。此外，胶体在膜表面形成滤饼层是一个动态的过程，在过滤初始阶段胶体在膜表面沉积或重排导致整体污染阻力增加。在此阶段，滤饼层不同位置的平均孔隙率和过滤阻力会略有不同。在第二阶段，由于滤饼层压缩和胶体变形，滤饼层孔隙率会进一步降低，污染阻力会快速上升。在第三阶段，污染物会在新形成的滤饼层上堆积，导致滤饼层整体孔隙率又逐渐增加。

2. 有机物污染

在饮用水处理中，有机物污染主要由天然有机物造成。天然有机物主要包含腐殖质、糖类和蛋白质等物质，其中腐殖质占天然有机物的 50% 以上。腐殖质成分较为复杂，分子量分布范围通常在 1 ~ 100 000 g/mol 之间，有富里酸和腐殖酸两种。其中腐殖酸在碱性条件下可溶，而富里酸在任何 pH 条件下均可溶。天然有机物中糖类、蛋白质等非腐殖质类物质通常占比 20% ~ 40%，其疏水性要低于腐殖质类物质。在天然有机物中，有机物分子量大小和亲疏水性等有机物特性是影响膜污染的关键因素。

3. 微生物污染

微生物污染主要是指微生物及其聚合物在膜孔或膜表面堆积产生的膜污染。在饮用水处理中，超滤膜微生物污染主要是来自水体中细菌和藻类的繁殖。研究表明，微生物污染在超滤膜污染中占据很大比例，超滤膜进水溶液中细菌及其胞外聚合物会显著降低膜通量。由于超滤膜在实际应用中化学强化反冲洗和化学清洗较为频繁，以及消毒后残余的氯可以有效灭活水体中细菌等微生物，饮用水处理中由细菌引起的超滤膜生物污染的相关研究较少。在污水处理中，由于膜生物反应器中有着较多细菌等微生物，细菌引起的生物污染研究较为广泛。在饮用水处理中另一种常见的生物污染则是藻类物质。藻细胞及藻类有机物均会产生严重膜污染。其中,藻细胞粒径在几微米至 100 μm,要远大于超滤膜孔径,在过滤过程中藻细胞能够完全被超滤膜截留,造成可逆污染。藻类有机物主要由多糖、蛋白质、腐殖质和一些小分子物质组成。而藻类有机物可进一步分为藻细胞生长代谢过程中释放的胞外有机物,以及藻细胞破裂产生的胞内有机物。与藻细胞和细胞碎片相比,藻类有机物引起的膜污染机理更为复杂,膜污染特性与藻类有机物的分子量分布、亲疏水性和所带电荷有关。研究表明,藻类有机物在过滤初期会造成膜通量严重下降,分子量较小的藻类有机物会吸附在膜孔中导致膜孔径变窄甚至堵塞膜孔从而产生不可逆污染;分子量较大的藻类有机物则会被截留在超滤膜表面形成滤饼层,该滤饼层会改变超滤膜原始特性,吸附或截留更多聚合物和低分子量有机物。藻类有机物还可以充当凝胶,藻细胞通过藻类有机物之间的缠结、疏水性、氢键与阳离子桥接等相互作用固定在膜表面,从而使藻细胞嵌入膜表面滤饼层或凝胶层中。

2.2.6 超滤膜的应用

因为装置简便、占地面积少、无相变、运行电压低、对材料要求较少、仪器简易等优点,超滤水装置的使用范围很快就由科学研究扩大到了具体工业领域,包括机械电子、医药、电泳材料、食品化工、饮料、医药,以及城市废水处理与利用等。

随着经济的发展,城市环境污染加重,农村环境恶化,水体污染物尤其是有机废水也日益增多。但是,常规的饮用水处理技术仅对常见的有机废水有效,对“两害”和藻类的消除效果并不好,而且消毒后容易产生有毒有害的副产品。新一代饮用水净化工艺不仅要提高处理效率、优化效果,还应强调在处理过程中避免产生有毒有害物质,从而提高资源和能源利用效率,降低污染负荷,改善环境质量。超滤技术可以满足新一代饮用水净化工艺的要求,去除饮用水中的“两害”、病毒、细菌、藻类和水生生物,确保饮用水安全。它已被美国和日本等国家的城市水厂广泛使用。超滤膜可以去除水中的大部分悬浮固体和胶体,但对于可溶性小分子作用不大,这阻碍了超滤技术在饮用水处理中的应用。目前,国内外许多学者已经发现,粉末活性炭(PAC)和超滤的联合系统可以将溶解的小分子污染物转化为颗粒状态,并可以通过超滤过程去除,这大大提高了超滤膜的发展潜力。目前,超滤膜技术还应用于发电厂循环废水、矿区冷却循环废水、纸浆和纸张漂白废水以及钢铁企业废水的处理。

吸附是一种很有前途的技术,它使用物理/化学方法来去除污染物以进行水处理。该技术具有操作简便、应用范围广等优点,并且对环境友好。因此,吸附剂与超滤膜相结合进行多功能去污近年来受到关注。具有吸附附加功能的超滤膜已被用于处理含重金属的水。混合基质超滤膜是此应用中最常见的膜。Wang 等人开发了一种新型改性超滤膜,通过将聚偏二氟乙烯(PVDF)与 2-氨基苯并噻唑通过相转化混合以去除六价铬。膜的高渗透率为 231.27 L/(m^2 · h · bar),超滤去除牛血清白蛋白(BSA)达到 91.71%。该膜还表现出 157.75 g/cm 的良好吸附容量用于铬离子,这种容量明显优于传统的 PVDF 膜。

膜过滤工艺在食品加工中的应用主要是在乳制品行业、饮料和蛋制品行业。与传统的浓缩工艺和分离操作(如过滤、离心、色谱等)相比,膜分离技术具有很大的优势,主要体现在以下几个方面:①更高质量的食品加工。客户对食品的要求已经演变为安全+新奇+多样性+营养。此外,膜分离工艺可以保存新鲜食品的营养,降低污染风险。②竞争力和经济。在传统食品的制备中,膜工艺有助于简化工艺流程(减少一些生产步骤)、改进生产工艺(去除对产品质量有负面影响的食品污染物等不必要的成分,使最终产品在质地上更优,并增加其保质期)和食品质量(温和的温度操作,对热不稳定的食品和香料具有非破坏性)。此外,膜工艺简单,易于实施,具有良好的自动化灵活性。③绿色、无害环境。膜工艺在澄清葡萄酒、啤酒、果汁等过程中避免使用污染材料(硅藻土)。使用硅藻土会导致一些问题,包括与粉尘接触有关的健康和环境问题,以及与将废饼填埋有关的问题。目前,许多学者采用超滤技术提取蛋白质、橙皮苷、多糖、三聚氰胺等物质。超滤膜技术不仅可以用于成分提取,还可以用于杀菌。例如,将超滤技术应用于酱油的灭菌和澄清,可以提高产品质量,延长保质期。

本章习题

2.1　与死端过滤相比,错流过滤的优势有哪些?

2.2　导致膜通量衰减的主要阻力有哪些?在膜过滤过程中,膜阻力受哪些因素的影响?

2.3　对于微滤膜来说,膜污染的分类及其表现形式有哪些?

2.4　改善膜污染的方法有哪些?

2.5　根据膜材质差异,超滤膜材料主要分为无机和高分子膜材料两类。请对目前商业化的超滤膜材料的性能进行对比。

2.6　浓差极化现象是什么?如何降低浓差极化的影响?

2.7　超滤技术的应用及其存在的主要问题有哪些?

本章参考文献

[1] 肖康. 膜生物反应器微滤过程中的膜污染过程与机理研究[D]. 北京:清华大学,2011.

[2] 张文娟. 考虑渗流边界和颗粒沉积的微滤过程模拟及强化[D]. 大连:大连理工大学,2017.

[3] 高凯斐. 纳米颗粒掺杂纤维素微滤膜的制备及其抗压强度与抑菌性能研究[D]. 杭州:浙江大学, 2020.

[4] 靳强,何义亮,邢卫红,等. 利用超声波清洗膜污染和减轻浓差极化[C]. 第二届全国环境化学学术报告会论文集, 2004:427-429.

[5] 万颖. 紫外高级氧化预处理控制超滤膜污染的效能及机理研究[D]. 大连:大连理工大学,2021.

[6] 王琦. 高性能聚芳醚腈液体分离膜的制备及其性能研究[D]. 上海:东华大学,2022.

[7] LUTZ H. Ultrafiltration: fundamentals and engineering[J]. Comprehensive Membrane

Science and Engineering, 2010,2:115-139.
[8] 朱长乐. 膜科学技术[M]. 北京:高等教育出版社,2004.
[9] 姬朝青. 关于反渗透、超滤过程中的浓差极化比及其表达式的研究[J]. 膜科学与技术,1992(3):15-20.
[10] 孙红光. 聚偏氟乙烯超滤膜表面亲水化改性及其分离性能研究[D]. 哈尔滨:哈尔滨工业大学,2020.
[11] 王吉超. 基于多巴胺仿生改性聚醚砜超滤膜及其抗污染性能研究[D]. 哈尔滨:哈尔滨工业大学,2020.
[12] 李素霞. 超滤技术的应用研究进展[J]. 现代农业科技,2018(2):184-185.
[13] 张捍民, 王宝贞, 张威. 预处理+超滤技术处理饮用水[J]. 城市环境与城市生态, 2001,14(5):48-50.
[14] 周大寨,朱玉昌,周毅锋,等. 芸豆蛋白质的提取及超滤分离研究[J]. 食品科学, 2008,29(8):386-390.
[15] 闫超, 黄建城, 刘昔辉,等. 超滤法提取分离甘蔗叶多糖的研究[J]. 生物技术, 2008,18(3):49-51.
[16] 李娟. 超滤技术在三聚氰胺生产工艺中的应用[J]. 化肥工业,2008,35(3):56-58.
[17] 马云, 杨玉玲. 超滤在酱油灭菌和澄清中的应用[J]. 调研综述,2005(3):16-18.
[18] 李十中,王淀佐. 抗生素提取过程中溶剂萃取技术新方法:超滤/萃取法[J]. 中国抗生素杂志,2000,25(1):12-15.
[19] 罗濛. 超滤技术在狂犬病疫苗生产中除内毒素的应用[J]. 中国药业,2008,17(16): 51-52.
[20] 倪锦辉,张薇薇. 单纯超滤疗法在顽固性心力衰竭中的应用[J]. 中国医药导报, 2008,5(14):42.
[21] 侯晓平,缪京莉,伦立德,等. 血液超滤抢救高龄老年心肺肾功能衰竭[J]. 临床内科杂志,2008,25(1):62-63.
[22] 李长林,伊雪,邬鹏宇,等. 超滤技术对体外循环所致犬脑组织损伤的防治作用观察[J]. 山东医药,2008,48(3):92.
[23] 杨建民,杨伟刚,荣文,等. 腹水闭合式超滤浓缩自体腹腔回输联合腔内化疗治疗晚期癌性腹水[J]. 上海医学,2008,31(3):206-207.
[24] 简讯,曾蜀春,李斌,等. 尿毒症合并顽固性腹水低温超滤浓缩回输腹腔后患者免疫功能变化[J]. 现代医药卫生,2008,24(1):5-7.
[25] ISMAIL N, VENAULT A, MIKKOLA J P, et al. Investigating the potential of membranes formed by the vapor induced phase separation process [J]. Journal of Membrane Science, 2020, 597(1): 117601.

第3章 反渗透

3.1 反渗透技术简介

反渗透(RO)是一种应用广泛的膜技术,用于水的净化以生产饮用水,主要用于海水淡化和微咸水处理、半导体工业超纯水的生产。这个过程的原理:使溶剂通过膜的分子结构,在此过程中捕获杂质和盐。在自然界中,当半透膜(即可渗透溶剂、不渗透溶质)将两个不同浓度的隔室分隔开来,根据自然渗透现象,水倾向于从低浓度隔室流向高浓度隔室。这样,浓溶液就会被稀释,直至隔膜达到平衡,跨膜通量为零。反渗透是指水从浓缩的膜中流过到稀释的溶液中。为了得到这个结果,必须对浓溶液施加高于渗透压差的外部压力(图3.1)。

因此,当半透膜分离两种溶液时(第一种用a表示,第二种用b表示),根据两相的浓度和静水压力可以区分三种不同的情况:

(1)溶液a和溶液b具有相同的静水压力,但溶液a中的溶质浓度高于溶液b中的溶质浓度。这种情况称为渗透,因为由于溶液a的渗透压较高,溶剂将从较稀的溶液b进入较浓的溶液a中。

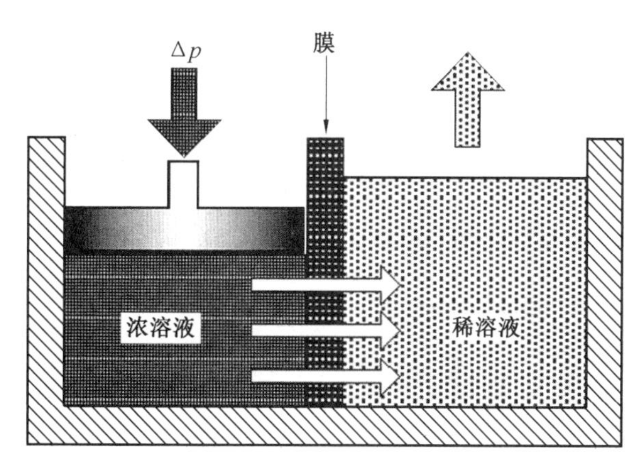

图3.1 反渗透现象

(2)两种溶液具有不同的静水压力,但静水压力差等于在相反方向上作用的两种溶液之间的渗透压力的差。这种情况称为渗透平衡,虽然两种溶液中的浓度不同,但不会有通过膜的溶剂通量。

(3)两种溶液具有不同的静水压力,但跨膜的静水压力差大于渗透压差,并且作用方向相反。因此,溶剂将从具有较高溶质浓度的溶液a流入具有较低溶质浓度的溶液b。这种现象称为反渗透。

图 3.2 说明了溶剂通过半透膜分离不同浓度的两种溶液时的通量，它与施加于较浓溶液的静水压力有关。

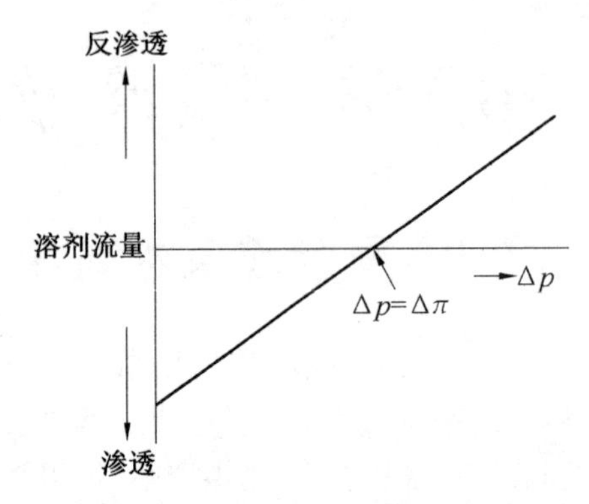

图 3.2　通量与静水压力之间的函数关系

为了使溶剂通过膜，施加的压力 Δp（在浓侧和稀侧之间）必须高于渗透压 π。从图 3.2 可以看出，当施加的压力小于渗透压时，溶剂从稀溶液流向浓溶液。当施加压力大于渗透压时，溶剂从浓溶液流向稀溶液。热力学上，渗透压 π 定义为

$$\pi = -\frac{RT}{V_b}\ln x_w \tag{3.1}$$

式中，V_b 是水的摩尔体积；x_w 是水的摩尔分数；R 是理想气体常数。

在稀溶液中，渗透压可以用与理想气体定律相同形式的范托夫定律来估计：

$$\pi = -\frac{n_s}{V}RT \tag{3.2}$$

$$\pi = CRT \tag{3.3}$$

式中，n_s 为溶液中溶质总物质的量；C 为溶质总浓度；V 为溶剂体积。

考虑到溶液中离子的非理想性和解离，范托夫定律可以改写为

$$\pi = i\varphi CRT \tag{3.4}$$

式中，i 表示解离参数，它等于每摩尔溶质溶解产生的离子和分子总数；φ 表示考虑非理想性的修正因子。

3.2　溶剂和溶质通量描述模型

反渗透膜一般具有不对称或薄膜复合结构，其中多孔的薄表层作为选择层，决定了传输阻力。从宏观上看，这些膜是均匀的。然而，在微观层面上，它们是两个相，在其中发生水和溶质的传输。

根据 Jonsson 和 Macedonio 的报道，已经建立了两种关于反渗透膜传输机制的模型来描述溶质和溶剂通过 RO 膜的通量。膜传质模型的一般目的是将通量与操作条件联系起来。传递模型的强大之处在于它能预测薄膜在各种操作条件下的性能。为了达到这一目的，该模型必须与一些基于实验结果确定的传输系数相结合。

当使用提出的理论描述膜传输时，可以在纯热力学条件下将膜视为一个“黑盒子”，

或者引入膜的物理模型。在第一种情况下获得的一般描述没有提供关于通量和分离机制的信息,在第二种情况下获得的通量和分离机理数据的正确性取决于所选择的模型。

传输模式可分为以下三类。

(1)基于不可逆热力学理论(不可逆热力学-现象学传输和不可逆热力学-Kedem-Spiegler 模型)的现象学传输模型。

(2)非多孔传输模型,其中膜应该是非多孔或均匀的(溶解-扩散、扩展-扩散和溶解-扩散-缺陷模型)。

(3)多孔传输模型,其中膜被认为是多孔的(优先吸附-毛细管流动、Kimura-Sourirajan 分析)。

大多数反渗透膜模型假定为通过膜的扩散或孔隙流动,而荷电膜理论则包含静电效应。例如,唐南(Donnan)截留模型可用于测定带负电荷的纳滤膜中的溶质通量。

图 3.3 给出了薄膜复合膜结构的示意图,它具有作为屏障的高选择性表层、选择性降至零的中间层和非选择性多孔子层,但它对膜的溶质截留特性几乎没有影响。因此,大多数反渗透膜的传输和截留模型都是几乎只关注表面薄层的单层膜,其传输模型如下:

$$\frac{1}{L_{\mathrm{p}}}=\frac{1}{(L_{\mathrm{p}})_{\mathrm{sl}}}+\frac{1}{(L_{\mathrm{p}})_{\mathrm{il}}}+\frac{1}{(L_{\mathrm{p}})_{\mathrm{pl}}} \tag{3.5}$$

传输模型有助于了解认识最重要的膜结构参数,并显示如何通过改变某些特定参数来改善膜性能。膜的主要本征参数之一为截留系数 σ,由 Staverman 引入,定义为

$$\sigma\equiv\frac{-l_{\pi p}}{l_p}=\left(\frac{\Delta P}{\Delta\pi}\right)_{J_{\mathrm{v}}}=0 \tag{3.6}$$

式中,σ 用于描述压力驱动力对溶质通量的影响,表示膜对溶质的相对渗透率,$\sigma=1$ 对应高分离膜,$\sigma=0$ 对应低分离膜,其中溶质显著随溶剂通过膜。

在 RO 中,本征截留率 $R_{\max}$ 与 σ 相关,通常与 $\sigma\leqslant R_{\max}$ 相关。Push 推导出 $R_{\max}$ 与 σ 之间的关系:

$$R_{\max}=1-(1-\sigma)\cdot\frac{\bar{c}_{\mathrm{smax}}}{c'_{\mathrm{s}}} \tag{3.7}$$

式中,$\bar{c}_{\mathrm{smax}}$ 是无限 J_{v} 下的平均盐浓度。

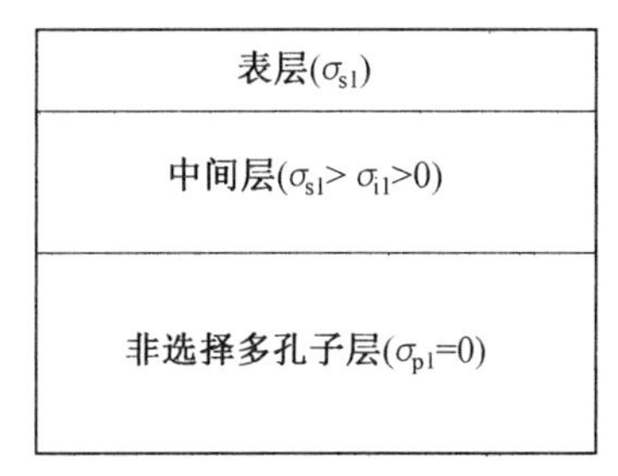

图 3.3 薄膜复合膜结构的示意图

3.2.1 现象学传输模型

1. 不可逆热力学现象学传输模型

当不清楚膜的传输机理和结构时，将膜视为“黑盒子”。在这种情况下，不可逆过程的热力学(IT)可以应用于膜系统。根据IT理论，解决方案中每个组件的流程与其他组件的流程相关。然后，通过膜的通量和作用在系统上的力之间可以建立不同的关系。

Onsager认为，通过现象系数 L_{ij}，通量 J_i 与力 F_j 相关：

$$J_i = L_{ii}F_i + \sum_{i \neq j} L_{ij}F_j \quad (i = 1, \cdots, n) \tag{3.8}$$

对于接近平衡的系统，交叉系数相等：

$$L_{ij} = L_{ji} \quad (i \neq j) \tag{3.9}$$

Kedem和Katchalsky利用线性现象学方程式(3.8)和式(3.9)推导出了现象学传输方程式(3.10)：

$$\begin{cases} J_v = l_p(\Delta p - \sigma \Delta \pi) \\ J_s = \omega \Delta \pi + (1 - \sigma) J_v (\bar{c}_s)_{\ln} \end{cases} \tag{3.10}$$

式中，参数 l_p 和 σ 是初始现象学相关系数 L_{ij} 的简单函数；J_v 是溶剂通量；J_s 是溶质通量；c_s 是平均盐溶度。

通常反渗透系统非平衡，因为跨膜的浓度差很大，使线性规律失效，而且这种分析没有提供太多关于传输机制的信息。

2. 不可逆热力学 Kedem - Spiegler 模型

Spiegler和Kedem通过重写溶剂和溶质通量的微分方程式(3.11)，绕过了“线性”问题：

$$\begin{cases} J_v = P_v\left(\dfrac{dp}{dx} - \sigma \dfrac{d\pi}{dx}\right) \\ J_s = P_s \dfrac{d\bar{c}_s}{dx} + (1 - \sigma)\bar{c}_s J_v \end{cases} \tag{3.11}$$

式中，P_v 为水渗透率；x 为垂直于膜的坐标方向；P_s 为溶质渗透率。

通过假设 P_v、P_s 和 σ 为常数，对方程式(3.11)进行整合，得到溶剂通量 J_v 和截留率 R 的方程：

$$\begin{cases} J_v = \dfrac{P_v}{\Delta x}(\Delta p - \sigma \Delta \pi) \\ R = \dfrac{\sigma\{1 - \exp[-J_v(1 - \sigma)\Delta x / P_s]\}}{1 - \sigma \exp[-J_v(1 - \sigma)\Delta x / P_s]} \end{cases} \tag{3.12}$$

式中，Δx 是膜厚。

方程式(3.12)可以重新排列如下：

$$\frac{c'_s}{c''_s} = \frac{1}{1 - \sigma} - \frac{\sigma}{1 - \sigma}\exp\left[-J_v(1 - \sigma)\frac{\Delta x}{P_s}\right] \tag{3.13}$$

然而，与现象学传输方程类似，Spiegler - Kedem模型也没有给出关于膜传输机制的信息。

3.2.2 无孔传输模型

1. 溶液扩散模型

溶液扩散模型假定:① 膜表面层是均匀的、无孔的;② 溶质和溶剂在表面层中溶解,然后独立扩散。水和溶质通量与它们的化学势梯度成正比。后者表示为溶剂跨膜的压力和浓度差,假定它等于溶质跨膜的溶质浓度差:

$$\begin{cases} J_v = A(\Delta p - \Delta\pi) \\ A = \dfrac{\overline{D}_v \overline{c}_v V_v}{RT\Delta x} \\ J_s = B(c'_s - c''_s) \\ B = \dfrac{\overline{D}_s k}{\Delta x} \end{cases} \tag{3.14}$$

式中,A 是水力渗透常数;B 是盐渗透性常数;c'_s 和 c''_s 分别是膜的进料和渗透侧的盐浓度;$\overline{D}_v$ 和 $\overline{D}_s$ 分别是溶剂和溶质在膜中的扩散系数;$\overline{c}_v$ 是膜中水的浓度;V_v 是水的偏摩尔体积;R 是通用气体常数;T 是温度;k 是溶质分配系数,定义为

$$k = \frac{\text{溶质(kg)/膜(m}^3\text{)}}{\text{溶质(kg)/溶液(m}^3\text{)}} \tag{3.15}$$

k 测定了膜材料的溶质亲和力($k > 1$)或排斥力($k < 1$)。

由以上等式可知,溶质和溶剂在膜相中的溶解度和扩散率不同,这在该模型中很重要,因为这些差异强烈地影响膜的通量。此外,这些方程证明了溶质穿过膜的通量与水的通量无关。

由于渗透液中的盐浓度 c''_s 通常远小于 c'_s,所以式(3.14)可以简化如下:

$$J_s = Bc''_s \tag{3.16}$$

式(3.16)表明水的通量与施加的压力成正比,而溶质通量与压力无关。这意味着膜选择性随着压力的增加而增加。膜的选择性可以用溶质截留率 R 表示:

$$R = \left[1 - \frac{c''_s}{c'_s}\right] \cdot 100\% \tag{3.17}$$

通过式(3.18)将 c''_s、J_v、J_s之间的关系相结合,膜截留率可以表示如下:

$$\begin{cases} c''_s = \dfrac{J_s}{J_v} \cdot \rho_v \\ R = \left[1 - \dfrac{\rho_v \cdot B}{A(\Delta p - \Delta\pi)}\right] \cdot 100\% \end{cases} \tag{3.18}$$

式中,ρ_v 是水的密度。

溶液扩散模型的主要优点是它的简单性。它的一个限制是,它预测在无限通量时截留等于1(Δp 趋于无穷),这是许多溶质无法达到的极限。因此,该模型适用于溶剂 - 溶质 - 膜分离接近1的体系。可以看出,当截留率为1时,等式被简化为溶液扩散模型。

2. 扩展的溶液扩散模型

在溶液扩散模型中,忽略了压力对溶质传输的影响。为了涵盖压力项,盐化学势梯度

必须写为

$$\Delta\mu_{s} = RT\ln\left(\frac{c'_{s}}{c''_{s}}\right) + V_{s}\Delta p \tag{3.19}$$

式中,$\Delta\mu_s$ 为膜上溶质化学电势差;V_s 为溶质偏摩尔体积。对于氯化钠和水的分离,Burghoff 等人建议忽略压力项。考虑压力时,特别是在有机水系统中,溶质通量由下式计算:

$$J_{s} = \frac{\overline{D}_{s}k}{\Delta x}(c'_{s} - c''_{s}) + l_{sp}\Delta p \tag{3.20}$$

式中,l_{sp} 是压力诱导的传输参数。式(3.20)已被证明对于醋酸纤维素膜的不同有机溶质是准确的。

3. 溶液扩散缺陷模型

溶质扩散缺陷模型是膜最常用的模型之一。它假设膜表面是均匀/非多孔的,且限制在截留的本征特性保持一致的条件下。

Sherwood 等人开发的溶液扩散缺陷模型(SDIM)认为膜在制造过程中表面存在小缺陷,溶剂和溶质可以通过它们而不发生任何浓度变化。因此,SDIM 既包括孔流,也包括溶质和溶剂通过膜的扩散,可以认为是溶质扩散模型与多孔模型的折中。此外,Jonsson 和 Boesen 证明了 SDIM 可以用来确定一个与截留系数相关的参数。根据模型,水和溶质通量可以写为

$$\begin{cases} J_{v} = \underbrace{k_{1}(\Delta p - \Delta\pi)}_{\text{扩散}} + \underbrace{k_{3}\Delta p}_{\text{孔流对水通量的贡献}} = (k_{1} + k_{3})\left(\Delta p - \dfrac{k_{3}}{k_{1} + k_{3}}\Delta\pi\right) \\ J_{s} = k_{2}\Delta\pi + \underbrace{k_{3}\Delta p c'_{s}}_{\text{通过膜的孔流量}} \end{cases} \tag{3.21}$$

式中,$k_3\Delta p$ 与压力驱动力成正比;k_1 和 k_2 分别是扩散水和溶质通量的传输参数;k_3 是孔隙通量的传输参数。

式(3.21)可以重新排列以给出折减因子:

$$\frac{c'_{s}}{c''_{s}} = \frac{c'_{s}J_{v}}{J_{s}} = \frac{(\Delta p - \Delta\pi) + \dfrac{k_{1}}{k_{1}}\Delta p}{\dfrac{k_{2}}{k_{1}}\dfrac{\Delta\pi}{c'_{s}} + \dfrac{k_{3}}{k_{1}}\Delta p} \tag{3.22}$$

式(3.21)结合式(3.10),σ 可以被解出:

$$\sigma = \frac{1}{1 + \dfrac{k_{3}}{k_{1}}} \tag{3.23}$$

式中,k_3 与 k_1 的比值用于度量孔隙流与扩散流的相对贡献。

该模型已成功应用于多种溶质和膜的性能描述,特别适用于那些分离率低于溶解和扩散测量值的膜。

3.2.3 多孔传输模型

多孔传输模型主要分为摩擦模型和微细孔隙模型两种。

1. 摩擦模型

摩擦模型认为,多孔膜的传输是由黏性流动和扩散流动共同作用的。因此,孔径被认为极小以至于溶质不能自由地通过孔,但是溶质 - 孔壁、溶剂 - 孔壁和溶剂 - 溶质之间会发生摩擦。摩擦力 F 与速度差呈线性比例,比例因子 X 被称为摩擦系数,该比例因子 X 表示溶质与孔壁之间的相互作用:

$$\begin{cases} F_{23} = -X_{23}(u_2 - u_3) = -X_{23} \cdot u_2 \\ F_{13} = -X_{13}(u_1 - u_3) = -X_{13} \cdot u_1 \\ F_{21} = -X_{21}(u_2 - u_1) \\ F_{12} = -X_{12}(u_1 - u_2) \end{cases} \tag{3.24}$$

式(3.24)是以膜为参照($u_3 = 0$)导出的,考虑到每摩尔溶质的摩擦力,则

$$F_{23} = -X_{23} \cdot u_2 = -X_{23} \frac{J_{2p}}{c_{2p}} \tag{3.25}$$

式(3.25)可以写为

$$F_{23} = -X_{23} \frac{J_{2p}}{c_{2p}} \tag{3.26}$$

Jonsson 和 Boesen 对这个模型进行了详细的描述,并且已经表明,由于 F_{21} 是溶质在质量系统中心扩散的有效驱动力,所以单位孔隙面积溶质通量 J_{2p} 由以下公式给出:

$$J_{2p} = \frac{1}{X_{21}} c_{2p}(-F_{21}) + c_{2p} \cdot u \tag{3.27}$$

施加的力和摩擦力的平衡关系为

$$F_2 = -(F_{21} + F_{23}) \tag{3.28}$$

忽略压强项,在稀溶液状态下,F_2 为

$$F_2 = -\frac{RT}{c_{2p}} \frac{\mathrm{d}c_{2p}}{\mathrm{d}x} \tag{3.29}$$

将 b 定义为将摩擦系数 X_{23}(溶质与膜之间)和 X_{21}(溶质与水之间)联系起来的符号:

$$b = \frac{X_{21} + X_{23}}{X_{21}} \tag{3.30}$$

结合上述方程,J_{2p} 为

$$J_{2p} = -\frac{RT}{X_{21} \cdot b} \frac{\mathrm{d}c_{2p}}{\mathrm{d}x} + \frac{c_{2p} \cdot u}{b} \tag{3.31}$$

溶质在体相溶液与孔隙溶液之间的分布系数 K 为

$$K = c_{2p}/c_2 \tag{3.32}$$

并且有 $J_v = \varepsilon \cdot u$,$J_i = J_2 \cdot \varepsilon$,$\xi = \tau \cdot x$,利用条件

$$c''_2 = \frac{J_{2p}}{u} \tag{3.33}$$

并将式(3.31)与边界条件结合:

$$\begin{cases} c_{2p} = Kc'_2 \quad (x = 0) \\ c_{2p} = Kc''_2 \quad (x = \tau \cdot \lambda) \end{cases}$$

得到 c'_2/c''_2 这一比值的方程：

$$\frac{c'_2}{c''_2}=\frac{1+\dfrac{b}{K}\left[\exp\left(u\varepsilon\dfrac{\tau\cdot\lambda}{c}\dfrac{X_{21}}{RT}\right)-1\right]}{\exp\left(u\varepsilon\dfrac{\tau\cdot\lambda}{c}\dfrac{X_{21}}{RT}\right)} \tag{3.34}$$

在这个推导过程中，K、b 和 X_{21} 被假设是独立于溶质浓度的。

2. 微细孔隙模型

利用 Spiegler 提出的作用力和摩擦力的平衡，Merten 建立了微细孔隙模型。它是 Jonsson 和 Boesen 提出的黏性流动与摩擦模型的结合。该模型的前提是合理地描述在溶液扩散模型与泊肃叶流动之间的区域中水和溶质的传输：① 溶液扩散模型应用于非常致密的、几乎被完全截留的膜和溶质；② 泊肃叶流动可以用来描述通过由平行孔组成的多孔膜的传输。

Jonsson 和 Boesen 表明，以下方程可用于确定 RO 实验中的 R_{max}：

$$\frac{c'_2}{c''_2}=\frac{b}{k}+\left(1-\frac{b}{k}\right)\exp\left(-\frac{\tau\cdot\lambda}{\varepsilon}\cdot\frac{J_v}{D_2}\right) \tag{3.35}$$

式中，D_2 是溶质扩散系数。由式(3.35)可得，最大截留 R_{max}(J_v 趋于无穷时)为

$$R_{max}=\sigma=1-\frac{K}{b}=1-K\frac{1}{1+\dfrac{X_{23}}{X_{21}}} \tag{3.36}$$

式(3.36)给出了截留与动力学项(摩擦系数 b)和热力学平衡项(K)的关系，Spiegler 和 Kedem 推导出了如下对应表达式：

$$\sigma=1-K\frac{1}{1+\dfrac{X_{23}}{X_{21}}}\left(1+\frac{X_{13}\bar{u}_2}{X_{21}\bar{u}_1}\right) \tag{3.37}$$

方程式(3.36)和式(3.37)除了校正项 $X_{13}\bar{u}_2=X_{21}\bar{u}_1$ 之外是相同的，对于高选择性的膜来说，校正项比 1 小得多，因为溶质在膜中的溶解度必须尽可能低。这可以通过选择合适的聚合物来实现。

3.3 荷电膜

3.2 节所示的模型可广泛应用于各种溶质的中性膜。然而，在含有固定电荷基团的薄膜中，可以观察到带电荷溶质的不同行为。事实上，结合溶剂和溶质特性的膜组分可以通过双静电层相互作用或其他阻碍作用来影响截留：如果含有离子的溶液与具有表面电荷的膜接触，则离子的通过将受膜上同电荷抑制，这种情况称为 Donnan 截留。此外，该膜还可以与进料液或膜上的离子交换基团交换离子。这可能导致膜结构的膨胀，并因此导致膜的传输特性发生变化。同理，所讨论的模型也可用于荷电膜，但传输参数是操作条件的强函数。

对于盐 $M_{zy}Y_{zm}$，电离成 $M^{zm+}Y^{zy-}$，动态平衡发生在膜所在盐溶液中。在平衡状态下，

在纳滤过程中通常使用负电荷膜的情况下，可以使用以下公式得到盐分布系数 $K^{□}$ 和截留 R'：

$$\begin{cases} K^* = \left[\dfrac{c_{y(m)}}{c_y}\right] = \left[z_y^{z_y}\left(\dfrac{c_y}{c_m^*}\right)^{z_y}\left(\dfrac{\gamma}{\gamma_m}\right)^{z_y+z_m}\right]^{1/z_m} \\ R' = 1 - K^* \end{cases} \tag{3.38}$$

式中，z_i 表示物质 i 的电荷；c_y 和 $c_{y(m)}$ 分别表示体相溶液和膜相中同离子 Y 的浓度；γ、γ_m 表示活性系数；c_m^* 表示膜的电荷容量。

式(3.37)和式(3.38)给出了溶质截留过程的定性描述，溶质截留过程是膜电荷量、进料中溶质浓度和离子电荷的函数。然而，他们没有考虑扩散和对流通量，这也是研究荷电膜时的重要部分。

3.4 限制因素

真实的反渗透过程受到浓度极化、膜污染、膜变质的限制。这些现象严重影响了膜的性能，降低了溶剂通量或分离性能，如盐的截留。因此，这些现象对膜分离过程的经济性产生负面影响，控制这些因素是膜系统设计中的主要问题之一。

3.4.1 浓度极化

膜对溶解物质的截留导致这些物质在膜附近积累，使膜表面物质浓度升高，这种现象称为浓度极化。因此，建立了膜表面溶液与本体溶液之间的浓度梯度，从而使在膜表面积累的物质通过扩散反向传输。虽然渗透侧也可能发生浓差极化，但在反渗透过程中通常被忽略，因为它比截留侧极化小得多。典型的浓度分布图如图 3.4 所示。

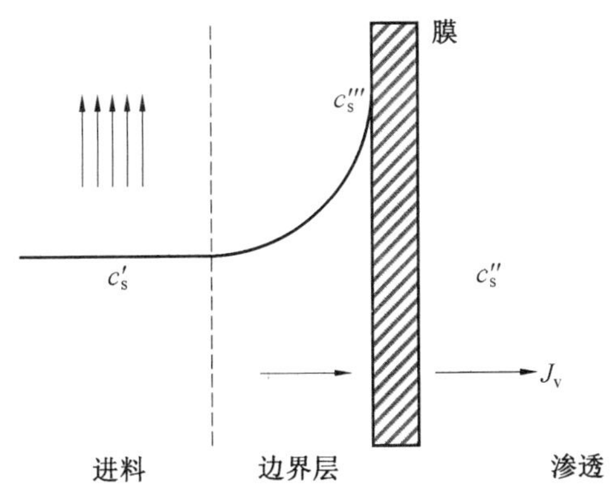

图 3.4 典型的浓度分布图

浓度极化对 RO 性能有以下负面影响。

(1) 浓差极化导致渗透压的增大，渗透压的增大与溶质在膜表面的集中成正比，从而使恒定静水压力下的跨膜通量减小。

(2) 滤液质量下降，因为通过膜的溶质渗漏量与膜进料侧表面溶质浓度成正比。

(3) 颗粒聚集在膜上，导致表面结块。

(4) 特别是二价离子的溶解度可以超过极限,导致膜表面形成沉淀层,对传质产生不利影响。

浓差极化使膜系统的建模复杂化,因为壁面浓度的实验计算比较困难。对于高进料流量,通常假设壁面浓度等于体积浓度,这是由高掺混造成的,但这种情况很少发生。在低流速下,这种假设不再适用,为了估计浓度极化的程度,最常用的技术是薄膜理论:

$$\frac{c'''_s - c''_s}{c'_s - c''_s} = \exp\left(\frac{J_v}{k}\right) \tag{3.39}$$

式(3.39)中 k 表示传质系数,可以用 Sherwood 相关法估计,如 Gekas 和 Hallstrom 推导出的:

$$\begin{cases} Sh = 0.023Re^{0.8}Sc^{0.33} & (\text{对于湍流}) \\ Sh = 1.86 \cdot (Re \cdot Sc \cdot d_h/L)^{0.33} & (\text{对于平流}) \end{cases} \tag{3.40}$$

通过促进本体进料溶液与靠近膜表面的溶液的良好混合,可以减小浓度极化现象。通过修改膜组件以加强混合,如在进料通道中加入湍流促进装置,或增加进料流率(从而增加轴向速度,促进湍流流动)。

3.4.2 反渗透膜污染

反渗透膜污染是由膜表面某些进料的沉积或吸附引起的,当所有操作参数,如压力、流量、温度和进料浓度保持不变时,随着时间的推移,会导致流量下降。膜污染可能是浓差极化的结果,但也可能只是膜表面吸附进料溶液组分的结果,特别是在微滤过程中,需要注意膜结构内的吸附。

根据膜表面沉积的物质,膜污染可分为以下四类。

(1)引起结垢的化学污染物。

(2)与薄膜表面颗粒沉积和胶体物质有关的物理污染物或颗粒物质。

(3)有机污染物,可与膜相互作用。

(4)生物污染物,它可以使膜变坏或形成生物膜层,从而使膜表面细菌生长而抑制膜通量。

对于前三种污染物,已经有了完善的、基于化学和膜的预处理,而生物污染仍然是最顽固和最不为人所知的膜污染形式之一。

1. 化学污染物

如果难溶盐,即二价和多价离子的浓度超过它们的溶解度水平,就会发生反渗透膜的结垢。在模块内的进料通道中浓度增加,回收率增加,结垢的风险增大。然而,通过溶解度水平仅能确定可能发生结垢的最小浓度水平。在实际操作中,由于结晶诱导时间长,即使在较高浓度下,也不会发生结垢,通常的做法是不超过溶解度极限。

最易引起结垢的是 Ca^{2+}、Mg^{2+}、CO_3^{2-}、SO_4^{2-}、二氧化硅和铁,如果超过溶解度极限,则 $CaCO_3$、钙、锶和钡的硫酸盐、CaF_2 和各种二氧化硅化合物是最有可能在膜表面结垢的化合物。Al、Fe 和 Mn 的氢氧化物通常在与膜接触之前析出。大多数自然地表和地下水显示高 $CaCO_3$ 浓度接近饱和。因此,通常使用朗格利尔饱和指数(LSI)评估盐溶液和斯蒂夫-戴维斯稳定指数(S&DSI)来评估海水的结垢趋势。

碳酸钙、硫酸盐和氟化钙的结垢可以通过添加抗垢剂来避免,如有机聚合物、表面活性剂、有机磷酸盐和磷酸盐等。以聚六偏磷酸盐(Calgon)为例,它会干扰晶体的成核和生长。二氧化硅的存在大大增加了反渗透脱盐过程的复杂性。由于受大量参数的影响,二氧化硅结垢沉淀的阈限难以预测。另一个困难是二氧化硅抗垢剂稀缺,无法突破水的回收率限制。此外,沉积在膜上的二氧化硅结垢很难去除,清洁费用昂贵。在存在二氧化硅的情况下,通常将回收率限制在约 120 mg/L 的二氧化硅饱和极限以下。防垢剂可以允许操作的二氧化硅质量浓度最大为 220 mg/L。

2. 物理污染物或颗粒物质

颗粒污染是进料液中的悬浮固体、胶体和微生物物质在膜表面沉积。悬浮固体和胶体物质为黏土矿物、有机材料、混凝剂如 $Fe(OH)_3$ 和 $Al(OH)_3$、藻类、额外的聚合物物质(EPS)和透明的前驱体聚合物颗粒等。

根据颗粒大小,自然水体中的颗粒物可分为以下四类。

(1)可沉积固体,>100 μm。

(2)超胶体固体,1 ~ 100 μm。

(3)胶体固体,0.001 ~ 1 μm。

(4)溶解固体,<10 Å。

对于含有胶体颗粒的进料,由于其颗粒尺寸微小或介质的静电截留作用,这些颗粒不易除去。在这种情况下,需要添加混凝剂或絮凝剂(如氯化铁、明矾和阳离子聚合物,但后者会造成膜污染)。在反渗透前,颗粒通过各种预处理,如滤芯、双介质滤芯等,可以很容易地去除大于 25 μm 的颗粒。通过淤泥密度指数(SDI)测试、浊度分析、zeta 电位测量和颗粒计数,可以监测悬浮物的存在。膜制造商需要一个浊度标准 NTU(气相测量浊度单位)<0.2、zeta 电位>30 mV 和 SDI<3 来防止膜颗粒污染。事实上,海滩水井中的进料溶液含有的胶体物质少得多,通常不需要进一步降低胶体含量。

额外的胶体物质可能是在碳钢泵、管道和过滤器中产生的腐蚀物进入了膜过滤系统。分析过滤后的滤器颜色也是鉴别黏着物或特殊沉淀物的有效方法。表 3.1 给出了一些过滤器外观的例子,以及可能对应的污垢来源的指示。这对于确定水中是否只有悬浮固体或是否有吸附的有机物至关重要。

表 3.1　根据 SDI 膜的外观推断污垢化合物的来源

颜色	推断
黄色/棕色	有机物
红色/棕色	铁
黑色/灰色	活性炭
颗粒	悬浮物

3. 有机污染物

有机污染物可以定义为给水中存在的有机化合物与膜表面的相互作用产生的污染。有机物包括蛋白质、碳水化合物、脂肪、油脂和芳香酸等(如腐殖酸)。实际上,腐殖质代表了自然水体中的有机物,其质量浓度在微咸水中为 0.5 ~ 20 mg/L,在表层海水中为100 mg/L。

溶解的有机物,如腐殖酸、蛋白质、碳水化合物和单宁酸是最严重的腐殖酸,通过常规处理很难去除。

有机污染物在自然水域中是存在危害的,因为它会使水有颜色,在水消毒时形成致癌的消毒副产物,还会络合重金属和钙等。此外,有机物在膜表面的吸附导致渗透率下降,有时甚至不可逆。结果表明,疏水污染物主要沉积在膜表面,有利于带正电荷的高分子化合物的吸附。亲水的膜被发现不容易受到有机胶体(即腐殖酸)的污染。

近年来,膜已经被广泛用于去除饮用水和其他用水中的天然有机物(NOM)。在此过程中有两个重要问题,即如何提高膜的效率和避免膜的不可逆污染,这影响了膜的性能和寿命。与膜性能有关的重要性质主要包括 NOM 的性质、亲水性和电荷以及分子量分布。同样,重要的膜性能包括孔隙大小或截留分子量(MWCO)、表面电荷和亲水性。此外,水的性质如 pH 和离子强度,以及特定离子如钙的存在,也会影响膜的吸附和污染情况。NOM 分为腐殖质或多羟基芳烃,非腐殖质如蛋白质、多糖和氨基糖。腐殖质比非腐殖质更疏水,是 NOM 的重要组成部分。其骨架的主要组成部分是脂肪单元(直链或支链碳单元)和芳香族单元(苯环单元)。

4. 生物污染物

微生物是无处不在的,所有的原水都含有微生物,如细菌、藻类、真菌、病毒和原生动物、生物碎片,如细菌细胞壁碎片。微生物与非生物颗粒的区别在于微生物具有在有利条件下繁殖和形成生物膜的能力。因此,生物污染是由于膜表面的生物膜(细菌)的生长。微生物进入 RO/NF 系统,找到一个大的膜表面,其中溶解的营养物从水中由于极化而富集,从而为生物膜的形成创造一个理想的环境。膜的生物污染可能严重影响反渗透系统的性能。其结果是从进料到浓缩的压差增大,最终导致膜元件挤压损坏,膜通量下降。有时甚至在渗透侧也会发生生物污染,从而污染产品水。生物膜很难去除,因为它保护微生物不受剪切力和生物杀灭剂的作用。此外,如果不完全去除,生物膜的剩余部分会导致快速再生。因此,常采用加强预处理的工艺和微生物活性控制方法来预防生物污染。

新的生物控制技术也在发展中。其中一个例子是通过中断负责细胞间通信的微生物之间的群体感应、生物膜的形成、其他聚合物排泄的定量猝灭。固定化定量猝灭酶通过干扰群体感应,在控制生物膜形成方面发挥了重要的作用。由于以酶为基础的定量猝灭(难以提取和纯化,不稳定)相关的问题,新的研究重点是利用产生定量猝灭酶的细菌。

总之,污垢会对膜系统产生不利影响,原因如下。

(1)膜通量下降是由于膜表面形成了一种渗透性降低的膜。

(2)由微生物产生酸性副产物而导致的膜生物降解,这些副产物集中在膜表面,造成的损害最大。

(3)增加溶质通过,从而降低了产品水的质量。

(4)增加能源消耗。为了保持相同的生产速度,必须提高压差和进料压力,以抵消污垢引起的阻力增加所带来的渗透率降低。但是,如果操作压力超过建议使用压力,可能会对膜元件造成损害。

利用流体动力学方法可以减小浓差极化,但膜污染的控制难度较大。可以通过以下方法防止膜污染:进料溶液的预处理;膜表面改性;膜组件的水动力学优化;使用适当的化学试剂进行清洗和反冲洗。

在目前的实践中,使用筛网、砂滤、过滤器进行机械预处理 RO 进料或对膜进行预处理来抑制颗粒污染。至于生物污垢,微生物黏附到膜上产生凝胶状层,是一个严重的问题,对一个 RO 工厂的运作,必须在反渗透操作前进行氯化预处理。

即使经过优化的预处理,膜污染也无法完全预防。因此,必须定期进行膜清洗。如果在设备运行的最初 48 h 内,规范化渗透流量减少 10% 以上,进料通道压力损失增加超过 15%,或规范化溶质截留比初始条件减少 10% 以上,则需对膜进行化学清洗。然而,即使通过化学清洗,也不可能完全清除膜污染,所以允许质量通量降低到原来通量的 75% 左右。

3.4.3 膜变质

各种化学物质会损害膜的活性层,导致膜的不可逆损伤,使膜截留能力降低,甚至破坏膜。用于反渗透水预处理或清洁的化学物质是导致膜性能恶化的最重要的化学物质之一。甚至这些化合物微量的存在就可能会氧化膜表面并破坏活性膜层。因此,需限制膜在氧化剂中的暴露。此外,聚合物膜或多或少对很低或很高的 pH 敏感。因此,对 pH 进行调节和控制以保证稳定运行是非常重要的。

3.5 反渗透膜材料

反渗透膜是反渗透技术的核心,膜的基本性能取决于膜材料,没有好的膜材料就无法得到性能好的膜。反渗透对膜材料的要求:制成的膜要有高脱盐率和高通量,以满足脱盐的经济性;要有足够的机械强度,以保证在所承受的压力下正常工作;另外,膜材料还应有良好的化学稳定性,耐水解、耐清洗剂侵蚀、耐强氧化消毒以及可在苛刻条件下应用;要有耐热性,以便能在较高温度下工作;要耐生物降解,不会因生物的活动而丧失其优异性能;要耐污染,可长期保持膜的性能,少清洗,长寿命。目前,国际上通用的反渗透膜材料主要有醋酸纤维素和芳香聚酰胺两大类,另外还有一些用于提高膜性能或制备特种膜的材料,如聚苯并咪唑(PBI)、聚苯醚(PPO)、聚乙烯醇缩丁醛(PVB)等耐氯耐热材料。其中,以芳香聚酰胺(PA)为功能分离材料的反渗透复合膜是现今商品膜产品的主流,本节将重点介绍聚酰胺类反渗透复合膜,包括膜材料、膜制备和膜产品。

工业化的反渗透复合膜超薄复合层是采用芳香族聚酰胺(PA)类材料,以界面聚合法制备的。界面聚合法要求在短时间内形成完整而致密的复合膜,采用多元(官能度 $f \geqslant 2$)胺和多元(官能度 $f \geqslant 2$)酰氯(或异氰酸酯)进行反应是最好的,两种单体至少有一种为芳香族化合物。为了获得耐久性好的膜,适度的交联是必要的,所以酰氯或多胺的分子中应有一个官能度大于 2。用于制备复合芳香聚酰胺反渗透膜的多元胺种类很多,其中,间苯二胺(MPDA)、邻苯二胺(OPDA)和对苯二胺(PPDA)是最常用的芳香族多胺。哌嗪(piperazine)是制备复合芳香聚酰胺反渗透膜的二元脂肪族仲胺,最早应用于 NS-300 的制备。另外,1,2-乙二胺(DMDA)、1,4-环己二胺(HDA)、1,3-环己二甲胺(HDMA)等脂肪族多胺也用于复合芳香聚酰胺反渗透膜的制备。

均苯三甲酰氯(TMC)是最常用的一种多元酰氯,日本和美国较早地进行了均苯三甲酰氯研制,但反应条件苛刻。5-氧甲酰氯-异酞酰氯(CFIC)和5-异氰酸酯-异酞酰氯(ICIC)是两种新型的功能性单体,Du Pont公司采用这两种单体制备了高通量、高脱率的复合芳香聚酰胺反渗透膜。两种单体均含有两个甲酰氯,前者有一个氧甲酰氯基,是一种氯代酸酯;后者有一个异氰酸酯基,是一种异氰酸酯。三个功能基团的位置与均苯三甲酰氯的一样,处于1,3,5-位置上。

1. 部分商品化的反渗透复合膜

1977年,北极星研究所(north star research institute)报道了NS-100反渗透复合膜的制备方法及性能。其超薄复合层是通过支化的聚亚乙基胺与甲基间苯二异氰酸酯(Toluene Diisocyanate,TDI)在聚砜支撑膜上界面聚合制得的。

从某种意义上说,NS-100反渗透复合膜是首次开发成功的非纤维素类复合膜,也是第一种采用界面聚合法制得的反渗透复合膜。它的水通量和对盐类、有机小分子的截留效果明显优于当时的其他反渗透复合膜。但是这种膜的耐氯性很差,特别是对次氯酸和次氯酸根离子。

NS-100反渗透复合膜的成功为反渗透复合膜的发展指引了一个方向,很多具有多胺基团的反应物被用来制备反渗透复合膜,其中多胺基聚氧乙烯效果最为显著。Riley等分别用间苯二甲酰氯(Isophthaloyl Chloride,IPC)和TDI与多胺基聚氧乙烯开发出了PA-300和RC-100两种工业化的反渗透复合膜。

1983年,Parrini报道了一种耐氯性能很好的反渗透复合膜材料——聚哌嗪酰胺,并用它制成了不对称的反渗透膜。Cadotte通过优化反应条件,发现可以采用哌嗪(Piperazine,PIP)和间苯二甲酰氯在多孔支撑膜上界面聚合制得反渗透复合膜,后来又掺入部分均苯三甲酰氯(Trimesoyl Chloride,TMC)调节水通量和溶质截留率,开发出了NS-300反渗透复合膜。

Cadotte在不断改进聚哌嗪酰胺类反渗透复合膜的同时,发现采用均苯三甲酰氯和间苯二胺在多孔支撑膜上界面聚合可制得一种高水通量和高溶质截留率的反渗透复合膜。这就是FilmTech公司推出的FT-30反渗透复合膜,这种膜表面呈明显的峰谷状结构。后来,经过工艺优化推出了自来水脱盐、苦咸水脱盐、海水淡化等一系列反渗透复合膜。1987年,流体公司(UOP Fluid Systems)推出的TFCL系列反渗透复合膜也具有相同的化学结构。其高压膜可用于海水淡化,低压膜则适用于苦咸水脱盐。1990年,海德能公司(Hydranautics,Inc)推出了CPA2反渗透复合膜,其功能超薄复合层由间苯二胺与间苯甲酰氯/均苯三甲酰氯通过界面聚合制得。其性能与FilmTech公司推出的FT-30反渗透复合膜相近。

2. 反渗透复合膜的制备

反渗透复合膜的制备分两步进行,先制备多孔支撑层,再制备超薄复合层。其中超薄复合层结构致密,具有选择性分离功能;多孔支撑层大多采用聚砜多孔膜,不具有选择性分离功能;增强层采用聚酯类无纺布或涤纶布,也不具有选择性分离功能。复合膜的超薄复合层制备方法很多,有水面形成法、稀溶液涂布法、界面聚合法等。当今大规模工业化应用的反渗透复合膜是采用界面聚合法制备出来的。

界面聚合是利用两种反应活性很高的单体(或预聚物)在两个不相溶的溶剂界面处发生聚合反应。制膜方法是将支撑体(通常是超滤膜)浸入含有活泼单体(多元胺)的水溶液中,然后将此膜浸入另一个含有活泼单体(多元酰氯)的有机溶液中,多元胺和多元酰氯反应在支撑膜表面形成致密的皮层,最后进行热处理。聚砜支撑膜先通过第一单体槽,吸附第一单体后经初步干燥,接着进入第二单体槽,并在这里反应制成超薄复合层,再经洗涤除去未反应的单体,经干燥后制得成品复合膜。这种复合膜与此前的反渗透膜相比,操作压力大幅度降低,水通量和氯化钠截留率都有较大程度的提高。这使得反渗透技术进入了一个高速发展的时期。

3. 影响反渗透复合膜性能的界面反应因素

影响反渗透复合膜性能的界面反应因素有单体的种类、聚合分子量、界面缩聚成膜的最佳单体浓度比、最佳反应时间、反应温度、反应的 pH 和溶剂体系等。单体种类的选择主要考虑单体的反应活性和官能度。最通用的聚合物复合膜是以均苯三甲酰氯(TMC)与间苯二胺(MPDA)反应制得。分子量控制主要是通过选择合适的多胺和酰氯及其溶剂,控制其浓度,保证环境和设备的洁净度,以及各种试剂的纯度,选择合适的催化剂和表面活性剂,调节多胺的 pH,控制反应时间和温度,以及后处理的温度和时间等手段来控制所形成聚酰胺分子量的大小。界面缩聚反应是非均相反应,具有明显的表面反应特征。能获得最佳膜性能的两种单体的浓度比为最佳浓度比(各自的浓度为最佳浓度)。显然,不同的单体,其最佳浓度比是不同的,就均苯三甲酰氯和多胺来说,最佳浓度比范围分别为 $0.1\times10^{-2}\sim0.5\times10^{-2}$ 和 $0.5\times10^{-2}\sim2.5\times10^{-2}$。

界面聚合反应的时间、温度、pH 对膜性能的影响很大,膜性能最佳情况下的反应时间为最佳反应时间,从试验可以得出 TMC 与多胺类反应的最佳反应时间范围为 5 ~ 30 s。pH 的最佳范围也以膜的性能为标准来衡量,酰氯与多胺的反应会放出氯化氢,氯化氢与多胺形成胺盐,降低胺的活性,不利于大分子的形成,所以调节反应介质中的 pH 也十分重要。实验表明,pH 的最佳范围为 8 ~ 11。酰氯与多胺的反应为放热反应,但热效应不大,温度太高会抑制反应进行,且使酰氯水解加快,不利于大分子形成;另外,温度高,体系黏度小,各种分子扩散快,反应速率也快,又有利于大分子形成。实验表明温度对膜性能的影响不大,所以常在室温下进行反应。对于有效率的工艺而言,膜应具有较高的通量值和截留率。此外,通过膜的溶剂通量与膜厚度近似成反比,因此反渗透膜具有不对称的结构,具有较薄的致密的顶层(层厚<1 μm)由多孔亚层支撑(层厚范围为 50 ~ 150 μm)。选择性渗透层具有非常精细的薄层结构,以限制与层厚度有关的传输阻力。选择层是建立在另一种更厚的基底上的,它具有更大的孔隙,可以满足膜的机械性能,而不会明显地阻碍水的渗透。

20 世纪 60 年代初,Loeb 和 Sourirajans 生产了首个不对称反渗透膜,这些膜的通量比当时任何已知的对称膜都高出 100 倍,这一发展为反渗透技术的商业成功铺平了道路。

从内部结构上看,NF/RO 的不对称膜主要有两种类型:不对称均质膜和复合膜。在不对称均质膜中,顶层和底层均由相同的材料组成。纤维素酯(特别是二醋酸纤维素和三醋酸纤维素)是首个商用材料,特别用于海水淡化,因为其对水的渗透性高,对盐的溶解度低。但是,这些材料化学稳定性差,随着时间的推移,会在温度和 pH 等操作条件下倾向水解(纤维素酯膜的典型操作条件为 pH 范围为 5 ~7、温度低于 30 ℃)。它们也受到生物污染的影响。反渗透膜常用的其他材料有芳香族聚酰胺、聚苯并咪唑类、聚酰肼和聚酰亚胺。聚酰亚胺可以在较宽的 pH 范围内(5 ~9)使用。聚酰胺(或通常含有酰胺基—NH—CO 的聚合物)的主要缺点是对游离氯(Cl_2)的敏感性,这导致了酰胺基的降解。

复合膜是由两个不同的部分组成的不同的聚合材料:①精细的用于截盐的选择层(0.05 ~0.5 μm)的材料(如聚酰胺),选择层通过在微孔层(30 ~50 μm)上界面聚合制备;②微孔层的材料如聚砜,它本身往往是不对称的,所有这些都附着在一个支撑介质(100 ~150 μm)上。

复合膜可以结合各种材料,并根据它们的应用提供最佳的性能。

3.6 反渗透膜组件

RO 工艺的应用、效率和经济性也取决于膜组件。有以下四种可能的膜组件。

(1)螺旋缠绕膜。它由一层连续的大膜和支撑材料组成,在一个包络式设计中,绕着一个穿孔的钢管卷起来。这个设计试图在最小的空间内最大化表面积。它的制造工艺成本较低,但对污染更为敏感。螺旋膜仅用于 NF 和 RO 应用。

(2)平板和框架模块使用由支撑板隔开的平板薄膜(夹层结构)。这些模块的包装密度低,因此相对昂贵。它们主要用于小规模应用中生产饮用水。

(3)管状膜。管状膜通常用于黏稠或质量差的流体,管状膜不是自支撑膜。它们位于由一种特殊的微孔材料制成的管子内部。这种材料是膜的支撑层。由于进料溶液流经膜芯,渗透液通过膜,并在管状壳体中收集。造成这种现象的主要原因是膜与支撑层的附着非常弱。管状膜的直径为 5 ~15 μm。由于膜表面的尺寸,管状膜不易堵塞。因此,这些模块不需要对水进行预处理。主要缺点是管状膜不太紧凑,每平方米安装成本高。

(4)中空纤维膜。模块中有几个小管或纤维(直径小于 0.1 μm),因此中空纤维膜堵塞的概率非常高。这种薄膜只能用于处理悬浮固体含量低的水。中空纤维膜的填充密度很高。中空纤维膜通常仅用于 NF 和 RO。

表 3.2 给出了 RO 膜组件的一般特征。

表 3.2 RO 膜组件的一般特征

膜组件	螺旋缠绕	中空纤维	管状	框架
典型包装密度/($m^2 \cdot m^{-3}$)	800	6 000	70	500
所需进料流量/($m^3 \cdot m^{-2} \cdot s^{-1}$)	0.25 ~0.5	0.005	1 ~5	0.25 ~0.5
进料侧压降/($kg \cdot cm^{-2}$)	3 ~6	0.1 ~0.3	2 ~3	3 ~6
膜污染倾向	高	高	低	中
易于清洁程度	较好	差	优秀	好
典型的进料流过滤要求/μm	10 ~25	5 ~10	不要求	10 ~25
相对费用	低	低	高	高

3.7 反渗透膜新材料

迄今为止,所有商用反渗透膜均由极性或亲水性孔隙组成,工业上仅使用了聚合物膜。然而,自 20 世纪 90 年代末以来,传统聚合物反渗透膜的研究进展相当有限。最近,纳米技术的进展导致了纳米结构材料的发展,这可能成为新的反渗透膜的基础。

在技术发展中,碳纳米管(CNT)和其他碳基材料,如石墨烯和氧化石墨烯(GO),以及无机膜、混合基质膜(MMM)和仿生反渗透膜作为近年来开发出来的膜,具有优异的渗透性、耐久性和选择性,尤其在水净化方面。

3.7.1 碳纳米管

碳纳米管由于其应用范围广,在过去的 20 年中被广泛研究。最近对氧化石墨烯薄片间碳纳米管中水流的一系列模拟和测量已经被预测并证明:如果孔壁没有氢键,即无滑移条件,水通过这种疏水通道的速度应该而且确实比亲水性孔隙快几个数量级。碳纳米管在膜表皮层中的规则排列是非常困难的,因此可用的实验数据远远少于模拟数据。为了获得良好的渗透性,碳纳米管必须在高密度下进行排列。为了减少水进入疏水孔隙所必须克服的能量屏障,CNT 的末端可以与亲水性基团功能化。这可以增加通量、机械和热稳定性以及抗污染能力,从而大幅度提高性能。还可以将不同的金属纳米颗粒(如铜、银、铂和二氧化钛)加入到碳纳米管中,以增强抗菌和抗生物降解效果。Holt 等人的实验结果表明,CNT 中水的流速比 Hagen–Poiseuille 方程预测的无滑移水动力流量高出 3 个数量级,当孔隙小于 20 Å 时,其通透性高于传统的聚碳酸酯膜。碳纳米管的两个额外的优点是:抗菌性质(碳纳米管能够使细菌细胞破裂,破坏代谢途径,并导致氧化)和能源消耗(碳纳米管的孔径介于 RO 膜和纳米氧化膜之间,但是碳纳米管不需要高压,因为其可以几乎无摩擦地通过,除非被结合到膜中)。然而,碳纳米管的合成以及掺入膜表面层非常难实现,需要更多的工作来发展快速合成方法,使亚纳米直径的单壁碳纳米管阵列对准,以及更多的抗盐截留方面的尖端功能化发展。

3.7.2 氧化石墨烯

石墨烯基材料由于具有极高的水接触角(大于 150°)被认为具有超疏水性质,纯石墨烯可以通过化学气相沉积法、光刻、模板技术、静电纺丝、电沉积、溶胶-凝胶法、叠层沉积法制备来形成不同的表面和粗糙度特性。以类金刚石(DLC)为原料制备膜,并用各种有机化合物通过化学气相沉积法合成膜。该结构具有 12% 的孔隙率和 1 nm 的孔径。DLC 膜非常硬,弹性模量是工程热塑性塑料的约 50 倍,是碳的 90%。这些膜在实验室中用于过滤有机溶剂中尺寸大于 1 nm 的有机溶质,它们的溶剂通量比通常用于有机溶剂的 NF 膜高出 3 个数量级。更多孔的石墨烯可以通过诱导缺陷进入层状结构获得(通过化学蚀刻或用电子束照射或离子轰击)或者对石墨烯进行化学改性使其变得更亲水。2012 年,奈尔等人证实了水可以以极高的速率通过分层氧化石墨烯薄片。GO 薄片可堆叠在一起,相互重叠,形成 0.1 ~ 10 μm 厚的层。两薄片之间的平均距离为 10 Å,当 GO 膜被化学还原时由于孔径从 10 Å 减小到 4 Å,膜对水的渗透性显著降低,分子动力学模拟表明,由于夹层间距低于 6 Å,水不能填满毛细管,但是当间距大于 10 Å 时,两层或更多的水层能够在薄层之间形成,贝尔福特等表明最佳的层间距在 6 ~ 10 Å 之间以在片材之间形成单层水。奈尔等人声称在这个尺度下,水能够以 1 m/s 的速度渗透。其主要缺点是石墨烯氧化还原程度难以控制,氧化石墨烯合成成本较高。此外,氧化石墨烯薄膜是由堆叠的氧化石墨烯薄片组成的,该过程必须经由漫长、复杂的路径;因此,由于单层石墨烯的合成路径较短,其性能优于 GO。然而,单层石墨烯太脆,多层石墨烯增加了阻力和合成路径长度。

GO 还可以通过化学改性以形成 GO 框架(GOF)。GOF 是一种纳米孔材料,由线性硼酸(或其他类似化学物质)柱状单元共价连接的氧化石墨烯薄片层组成,也称为连接体。Imbrogn 等表明 GOF 膜具有很高的水渗透性和耐盐性(高于 99.9%)。此外,Mi 报告提出,GOF 膜选择性地截留不同的物质,如离子(脱盐)、聚电解质(燃料或化学净化)或纳米颗粒(生物医学过滤)。

3.7.3 陶瓷/无机膜

陶瓷膜主要由氧化铝、二氧化硅、二氧化钛、氧化锆或这些材料的任何混合物制成。由于制造成本高,目前仅限于在不能使用聚合物膜的场合应用(如高操作温度、放射性/重污染进料和高反应性环境)。陶瓷膜具有鲁棒性。此外,分子动力学模拟结果表明,完全 Si ZK-4 沸石膜的离子截留率为 100%。虽然沸石膜的改进在过去 10 年中取得了巨大的进展,但其性能和经济性仍不及聚合物膜。沸石膜的厚度仍然比现有技术的聚合物 RO 膜的厚度高至少 3 倍,导致对水通量的更高阻力。因此,陶瓷膜需要比聚合物膜高至少 50 倍的膜面积,才能达到同等的生产能力。当考虑较高的密度和较低的包覆效果时,这个值可能会更高。此外,沸石膜被认为有很高的有机截留效果,但有机污染仅在运行 2 h后就造成了近 25% 的通量损失,尽管在化学清洗后实现了通量的完全恢复。

3.7.4 混合基质膜

混合基质膜是有机和无机材料的结合体,这一概念起源于 1980 年的气体分离领域。无机材料与有机反渗透薄膜复合膜的结合始于 21 世纪初。混合基质膜的主要目标是将每种材料的优点结合起来,如聚合物膜具有高密度、高选择性和长时间的使用经验,结合无机膜具有优越的化学、生物和热稳定性。例如,氧化钛(TiO_2)是一种光催化材料,广泛用于有机化合物的消毒和分解,这种特性使其对作为一种防污涂料具有很好的应用前景。用含大肠杆菌的进料水进行试验表明,TiO_2纳米粒子自组装芳香族聚酰胺(TFC)膜具有优越的抗生物降解性能,特别是在紫外激发的作用下,不影响原膜的通量和耐盐性能。

沸石纳米粒子也已被用于制备混合基质膜。制备了不同沸石负载量的 RO 膜,并观察了膜特性的变化:随纳米颗粒负载量的增加,膜更光滑,更亲水,膜负电荷更多。相对于不含沸石纳米颗粒的 TFC 膜,混合基质膜呈现其 90% 的通量,耐盐性能略有改善。

3.7.5 仿生反渗透膜

生物膜具有优良的水传输特性,这促使人们开始研究含有水通道蛋白(AQP)的膜,水通道蛋白是生物细胞膜中具有水选择性通道的蛋白质,AQP 是生物膜中的导水通道,具有独特的沙漏形结构,开孔为 2.8 Å,狭窄的孔隙阻止了大分子通过。据报道,含有细菌水通道蛋白质的膜,与商用 TFC GO 膜相比,渗透性至少提高一个数量级。为了使这种膜具有实际用途,必须进行许多实际问题的研究,例如,确定适当的支撑材料,了解膜的抗污能力,以及确定适当的操作条件。

3.8 反渗透膜技术的应用

目前,反渗透技术已发展成为苦咸水淡化、海水淡化、纯水和超纯水制备及物料预浓缩的最经济的手段,在水处理、电子、化工、医药、食品、饮料、冶金和环保等领域有着广泛的应用。

1. 苦咸水淡化

采用反渗透技术进行苦咸水淡化是解决水危机的一种途径。与传统的离子交换方式相比,反渗透法用于苦咸水淡化,具有效率高、能耗低的优点。由于不需要频繁的化学再生,避免了化学品污染物排放,同时装置占地小,操作简便,系统运行成本降低,因此该技术被广泛用于苦咸水淡化。

2. 城市污水再生回用

工业废水、市政污水通过二级生化处理后,再经膜法深度处理,就可以回用为工业净水,用作循环水、工艺水、冷却水等。国际上废(污)水回用、膜法处理已占总量的95%以上,国内也有一定规模的应用。

3. 工业废水处理和有用资源回收

应用实例:1 200 m^3/d 电镀镍漂洗废水处理工程。

我国有 1 万余家电镀厂,每年排放的电镀废水(主要是电镀和镀后的漂洗水)约 40 亿 m^3,其中电镀镍废水约 13 亿 m^3,每天排放约 400 万 t。由于电镀废水中含有重金属,无法改变其物理和化学形态,为“永久性污染物”,加上电镀工艺中加入各种化工原料,因此电镀废水给周围环境带来严重污染。电镀镍漂洗水一般含镍 40 ~ 300 mg/L,采用膜分离技术可以将漂洗水浓缩后返回电镀槽。杭州水处理中心与某电镀厂合作,采用反渗透膜技术进行电镀镍漂洗水的处理及镍回收。1 200 m^3/d 电镀镍漂洗水膜法回收工程由以下几部分组成:一级纳滤处理废水量 50 m^3/h,浓缩 10 倍;二级反渗透处理量为 5 m^3/h,浓缩 5 倍;三级海水膜反渗透处理量 1 m^3/h,浓缩 2 倍以上。三级总计浓缩 100 倍以上。

4. 海水淡化

反渗透技术已广泛应用于海水及苦咸水淡化、废水处理、超纯水制备、生物工程、医药等领域,在促进循环经济、清洁生产、改造传统产业、节能减排、技术进步、环境保护和人民生活水平提高等方面发挥越来越重要的作用。随着能源危机、水资源危机和环境危机的不断加剧,反渗透技术向更低的能耗方向发展,主要表现为:①高通量和高选择性反渗透膜的开发,如纳米复合膜、碳纳米管膜、石墨烯膜、仿生膜等,可从根本上降低反渗透过程本身的能耗;②抗污染、抗氧化、抗菌性反渗透膜的开发,可以减轻预处理要求、降低运行维护难度及成本、延长膜的使用寿命;③引入清洁能源,如太阳能、风能、生物能、水能、地热能、氢能、盐差能等;④开发反渗透技术与其他技术的耦合工艺,如热膜耦合工艺、纳滤-反渗透工艺、反渗透-正渗透耦合工艺、电驱动膜-反渗透膜耦合工艺。同时,随着反渗透技术应用体系越来越多,越来越复杂,如高温、强酸、强碱、有机溶剂等体系,反渗透膜品种趋向于多元化,以适应于各种体系。

本章习题

3.1 反渗透膜的原理是什么?

3.2 什么是聚合物复合膜?聚合物复合膜和单一的不对称膜相比有什么优势?

3.3 反渗透的脱盐率与什么因素有关?

3.4 反渗透膜的清洗方式有哪些?

本章参考文献

[1] 时钧,袁权,高从堦. 膜技术手册[M]. 北京:化学工业出版社,2000.

[2] 马成良. 我国反渗透技术发展浅析[J]. 膜科学与技术,1998,18(3):42-43.

[3] GEORGES B. Synthetic membrane processes:fundamentals and water applications[M]. New York:Academic Press,1984:224.

[4] 王晓琳,丁宁. 反渗透和纳滤技术[M]. 北京:化学工业出版社,2005.

[5] 高从堦,阮国岭. 海水淡化技术与工程[M]. 北京:化学工业出版社,2016.

[6] 周菊兴. 合成树脂与塑料工艺[M]. 北京:化学工业出版社,2000.

[7] 章思规,辛忠. 精细有机化工制备手册[M]. 北京:科学技术出版社,2000.

[8] MATSUURA T, SOURIRAJAN S. Fundamentals of reverse osmosis [M]. Ottawa: NRCC,1985.

[9] MATSUURA T,SOURIRAJAN S. Fundamentals of reverse osmosis[M]. Ottawa: NRCC, 1985:121.

[10] 高从堦,鲁学仁,张建飞,等. 反渗透复合膜的发展[J]. 膜科学与技术,1993,(3):1-7.

[11] 高从堦,杨尚保. 反渗透复合膜技术进展和展望[J]. 膜科学与技术,2011,31(3):1-4.

[12] 郎道,栗弗席兹. 统计物理学[M]. 杨训恺,译. 北京:人民教育出版社, 1964:342-344.

[13] 殷琦, 朱华杰. 海盐水溶液渗透压计算的探讨[J]. 水处理技术,1989, 15(6):340-343.

[14] MATSUURA T, SOURIRAJAN S. Reverse osmosis transport through capillary pores

under the influence of surface forces[J]. Industrial & Engineering Chemistry Process Design & Development, 1981, 20(2):273-282.

[15] 高从堦. PA 系列 RO 复合膜的初步研究[J]. 水处理技术,1987,13(2):77-82.

[16] SOURIRAJAN S. 反渗透与合成膜[M]. 殷琦,等译. 北京:中国建筑工业出版社,1987.

[17] 时钧,袁权,高从堦. 膜技术手册[M]. 北京:化学工业出版社,2000.

[18] LIU Y, LANG K, CHEN Y, et al. Effect of heat-treating and dry conditions on the performance of cellulose acetate reverse osmosis membrane[J]. Desalination, 1985,54(85):185-195.

[19] 刘玉荣,郎康民,陈一鸣,等. 聚酯织物增强的机制醋酸纤维素反渗透干膜[J]. 水处理技术,1985,11(6):19-23.

[20] CAMPBELL J, SIEKELY G. Fabrication of hybrid polymer/metal organic framework membranes: mixed matrix membranes versus in situ growth[J]. Journal of Materials Chemistry A, 2014,2(24):9260-9271.

[21] CADOTTE J E. Evolution of composite reverse osmosis membranes[J]. ACS Symposium, 1985,269:273-294.

[22] 高从堦,鲁学仁,鲍志国. 芳香聚酰胺系列反渗透复合膜的初步研究[J]. 水处理技术,1987,13(2):77-80.

[23] 朱长乐. 膜科学与技术[M]. 杭州:浙江大学出版社,1992.

[24] YI H, ZHEN X, CHAO G, Ultrathin graphene nanofiltration membrane for water purification[J]. Advanced Functional Materials, 2013,23(29):3693-3700.

第4章　正渗透

4.1　正渗透技术简介

正渗透(FO)也称渗透,是指水或者一种溶剂穿过一个半透膜的自发扩散。在从低溶质浓度一侧到高溶质浓度一侧的渗透压梯度下,水分子被驱动。在活性电池和许多过程中,这个现象是化学物质转移的基础。图4.1展示了正渗透过程中的流向,并与反渗透(RO)和压力延迟渗透(PRO)相比较。在正渗透过程中,高渗透压的溶液也称汲取液,该液体提供了传质动力,从进料液里汲取溶液。当压力加在汲取液上时,水流能够被使用来驱动外部的涡轮机获取渗透能,这被称为PRO;当然,赋予的压力要比溶液里的渗透压小。如果外部的机械压力高于渗透压,RO(反渗透)就会出现,纯水也就产生了。

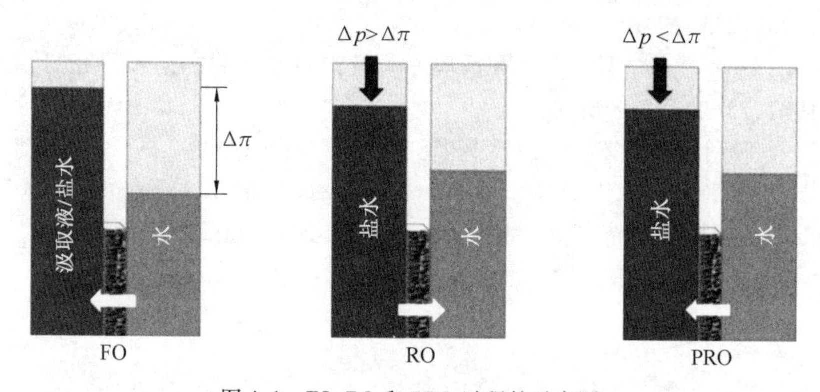

图4.1　FO、RO和PRO过程的示意图

(白色箭头表示水的流向。半透膜位于盐水和水之间或汲取液/水(在FO中)。黑色箭头表示能量的输入(在RO中)或输出(在PRO中)(作为体积通量的压力)。在RO中,施加的压力超过渗透压以将水从盐水驱动到水,但是在PRO中,输出压力将低于盐水的渗透压)

在反渗透建立之后,正渗透很快被提出,主要是在基于海水渗透能能量产生之后。正渗透已经吸引了在膜领域中大量的研究兴趣。从热动力学的观点上来看,正渗透过程本身是自发的,不需要能量(如果不包括循环能),这建立在直接使用汲取液的假设下。

正渗透技术有能够抗污染、方便清洗、耐受高含盐量的优势,因此对于高总溶解固体(TDS)和高污染的进料液的处理是合适的。例如,垃圾填埋场渗滤液、医药产品、石油和天然气产出水,以及高盐度盐水。FO技术在零排放或接近零排放过程中有很多实际应用。零排放(ZLD)是各种处理工艺的集成,可以将水与其他物质(包括溶解的有机和无机化学物质)完美分离。而与FO相比,其他膜过程具有需要进行大量的预处理,设计相当复杂,占地面积大等缺点。

FO 工艺已成功应用于紧急释放水袋和控制药物释放。

本章将介绍 FO 的原则和基本原理;概述传质过程和膜的表征;介绍膜技术发展和汲取液的发展;最后总结 FO 的潜在应用流程。

4.2 正渗透过程中的质量传递和膜表征

4.2.1 内部浓差极化

正渗透过程可以用 solution–diffusion 机理来解释,在没有外部浓差极化(ECP)和盐通道的情况下,广义通量为

$$J_w = A(\sigma\Delta\pi - \Delta p) \tag{4.1}$$

式中,A 代表膜的渗透系数(纯水);Δp 代表跨膜压差;σ 代表反射系数;$\Delta\pi$ 代表本体进料溶液和渗透物(纯水)之间的渗透压差。σ 是衡量膜对溶质的选择性的标准,通常为 0 ~ 1.21。为简单起见,反射系数假定为 1。式(4.1)仅在通量低或进料溶液非常稀时有效。当通量很高时,浓差极化(CP)发生在膜进料侧,因为膜表面溶质浓度明显比本体的高。这种浓度称为外部浓差极化。

在 FO 过程中,系统上没有施加额外的液压($\Delta p = 0$),因此,水通量仅由水渗透系数和渗透压差决定:

$$J_w = A(\pi_{draw} - \pi_{feed}) \tag{4.2}$$

式中,π_{draw} 和 π_{feed} 分别是汲取液和进料液的渗透压。理想 FO 过程中穿过膜的渗透压曲线如图 4.2 所示。

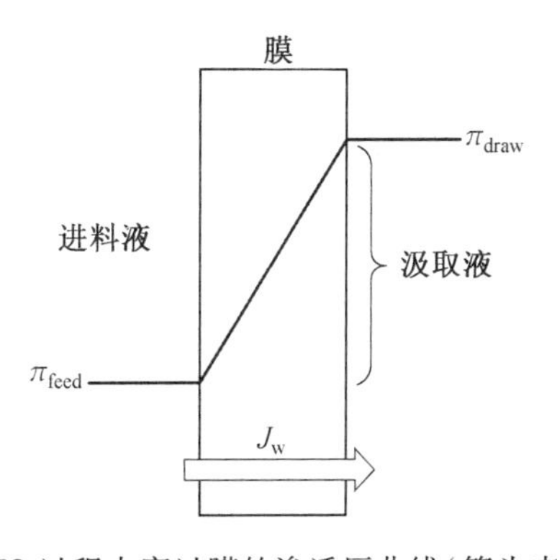

图 4.2 理想 FO 过程中穿过膜的渗透压曲线(箭头表示水流的方向)

外部浓差极化是膜过滤过程中的普遍现象。由于外部浓差极化,有效的渗透压差降低,这将导致通量下降。降低外部浓差极化的方法包括增加错流速度,利用间隔物,采用外部振动和超声波。图 4.3(a)展示了在 FO 过程中使用一个对称致密膜时的浓度分布。在进料侧和汲取侧分别存在浓缩和稀释的外部浓差极化。但是,即使在最优的外部过程条件下,实际上,文献也不断观察到对于许多膜材料,实验通量远低于预期,相比浓缩的进料溶液,有时低于 90%。此外,FO 膜通常在结构上是不对称的,具有薄的活性溶质截留层和多孔支撑。与仅存在外部浓差极化的 RO 不同,FO 遭受内部浓差极化(ICP)是因为

使用了多孔材料和不对称膜材料。

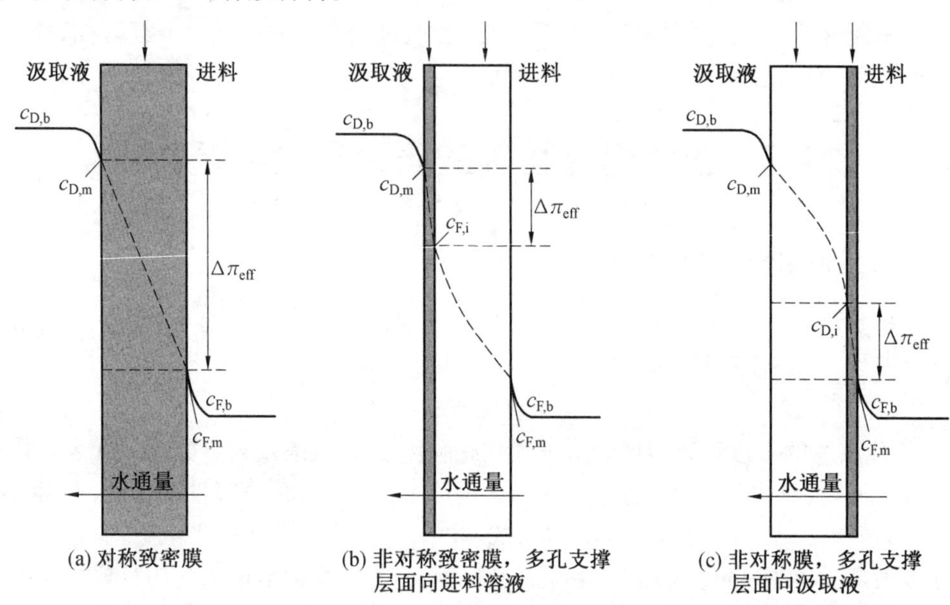

图 4.3 关于正渗透过程中膜结构和取向的溶液浓度分布的示意图

$c_{D,b}$—汲取液的本体溶质浓度；$c_{D,m}$—汲取液侧膜表面汲取液溶质浓度；$\Delta\pi_{eff}$—有效渗透压差；$c_{F,m}$—进料液液膜表面进料液溶质浓度；$c_{F,b}$—进料液的本体溶质浓度；$c_{F,i}$—膜内活性层进料侧进料液溶质浓度；$c_{D,i}$—膜内活性层汲取液侧汲取液溶质浓度

内部浓差极化可以分为两种类型:稀释和浓缩。由于膜结构不对称,取向为膜对 FO 过程产生重大影响。当活性分离层面向汲取液时,操作称为 AL-DS 模式(图 4.3(b)),或者 PRO 模式。另一方面,当进料溶液面向膜的活性分离层时,操作模式称为 AL-FS 模式或 FO 模式(图 4.3(c))。在 AL-DS 模式中,由于集中的外部浓差极化存在导致汲取液提取水,从而本体进料溶液浓度低于在膜进料溶液界面处的浓度。此外,由于从进料液汲取水到汲取液中,膜内部会产生浓缩内部浓差极化,并且在膜支撑表面和支撑/活性层界面之间形成浓度梯度。在 AL-FS 模式(图 4.3(c))中,在汲取液一侧,由于汲取液稀释,稀释的外部浓差极化预期在膜表面和本体汲取液之间。在多孔结构中,由于水的提取和溶质的消耗,形成了汲取液浓度梯度,并且在多孔结构中存在稀释的内部浓差极化。由于内部浓差极化在多孔支撑结构内产生,液压操作条件的优化没有任何影响,因此膜结构的优化对于 FO 的发展具有重要意义,这将在后面的段落中讨论。在进料侧,预计会有集中的外部浓差极化。

为了包括外部浓差极化效应并更准确地预测 FO 通量,McCutcheon 和 Elimelech 概述了基于表面渗透压与本体渗透压之间的指数关系的外部浓差极化模型:

$$\frac{\pi_{F,m}}{\pi_{F,b}} = \exp\left(\frac{J_w}{k_F}\right) \tag{4.3}$$

$$\frac{\pi_{D,m}}{\pi_{D,b}} = \exp\left(-\frac{J_w}{k_D}\right) \tag{4.4}$$

式中，k_F 和 k_D 分别是膜供料侧和汲取液侧的质量转移系数。基于边界层膜理论公式(4.5)，能够得到质量转移系数：

$$k = \frac{ShD}{d_h} \tag{4.5}$$

式中，Sh 和 d_h 分别是舍伍德数和渠道水力直径。式(4.5) 对于进料侧和汲取侧均是适用的。对于一个长方形渠道，其层流和湍流的舍伍德数分别计算如下：

$$Sh = 1.85\left(ReSc\frac{d_h}{L}\right)^{0.33} \quad (层流) \tag{4.6}$$

$$Sh = 0.04\,Re^{0.75}\,Sc^{0.33} \quad (湍流) \tag{4.7}$$

式中，Re 是雷诺数；Sc 是施密特数；L 是渠道的长度。为了将浓缩和稀释的外部浓差极化存在下的 FO 通量模型化，式(4.2) 也可以改写为

$$J_w = A(\pi_{D,m} - \pi_{F,m}) \tag{4.8}$$

为了包含浓缩的和稀释的外部浓差极化的影响，将式(4.8) 转化为

$$J_w = A\left[\pi_{D,b}\exp\left(-\frac{J_w}{k}\right) - \pi_{F,b}\exp\left(\frac{J_w}{k}\right)\right] \tag{4.9}$$

上述公式假设了在进料侧和汲取液侧均存在相同的质量转移系数。膜支撑结构和溶质扩散系数显著影响内部浓差极化，因为它们决定了溶质进出支撑结构的能力。Lee 等人定义了一个术语如式(4.10) 所示，表示溶质对膜支撑层内扩散的传质阻力即溶质截留性：

$$K = \frac{t\tau}{D\varepsilon} = \frac{S}{D} \tag{4.10}$$

式中，S 和 D 分别表示膜结构参数和溶质本体扩散系数；t、τ 和 ε 分别表示支撑层的厚度、弯曲度和孔隙率。膜结构参数 S 表征当一个溶质分子从本体汲取液到达活性层时必须穿过支撑层的平均距离，因此可表示内部浓差极化的程度。S 值越大，水分子扩散穿过膜所需的时间越长，因此内部浓差极化的程度越严重。进一步考虑内部浓差极化导致不同的通量预测方程。对于 AL－DS 模式(PRO 模式)，如图 4.3 所示，可以认为是浓缩内部浓差极化的校正模数($\exp(J_wK)$) 的校正因子表示如下：

$$J_w = A\left[\pi_{D,b}\exp\left(-\frac{J_w}{k_D}\right) - \pi_{F,b}\exp(J_wK)\right] \tag{4.11}$$

与此相似，对于 AL－FS 模型(FO 模型)，稀释内部浓差极化模数表示如下：

$$J_w = A\left[\pi_{D,b}\exp(-J_wK) - \pi_{F,b}\exp\left(\frac{J_w}{k_F}\right)\right] \tag{4.12}$$

以上公式包括外部浓差极化和内部浓差极化，并且假设了完全的溶质截留。但实际上，FO 膜并非完全没有泄漏，并且已经观察到了反向溶质流，量化为活性溶质渗透系数 B。溶质穿过半透膜的扩散(J_s) 用菲克(Fick) 定律来描述：

$$J_s = B\Delta C \tag{4.13}$$

式中，B 是溶质渗透系数；ΔC 是溶质浓度差异。通过引入通量预测模型中的 B，得到两个膜取向中的水通量：

浓缩内部浓差极化(AL－DS)：

$$J_w = \frac{1}{K}\ln \frac{A\pi_{D,m} - J_w + B}{A\pi_{F,b} + B} \tag{4.14}$$

稀释内部浓差极化(AL - FS):

$$J_w = \frac{1}{K}\ln \frac{A\pi_{D,b} + B}{A\pi_{F,m} + J_w + B} \tag{4.15}$$

式中,A 是水渗透系数;B 是溶质渗透系数;K 是在支撑层内的溶质截留性。

内部浓差极化模型显示 FO 水通量可以通过膜特性控制,即结构参数(S)、水渗透系数(A)和溶质渗透系数(B)。克服内部浓差极化问题的关键溶液之一是使用专为渗透驱动的膜方法量身定制的膜。迄今为止,报道了少数 FO 膜; 然而,实验 FO 水通量仍远低于理论预期数据。尚未开发出更有效的膜应用于 FO 技术。另外,FO 过程中的水通量显示出与膜的性质和体积渗透压差高度非线性的关系。使用内部浓差极化模型进行模拟可用于优化 FO 水通量,提供对膜定制的清晰洞察。

4.2.2 膜表征的关键参数

评价正渗透膜的关键参数包括通量、水渗透系数(A)、溶质渗透系数(B)、反溶质通量、结构参数(S)和反通量选择性等,这些参数主要取决于膜的结构和溶质类型。通量也取决于操作条件,包括汲取液和进料液的浓度、操作条件(如液压条件、流向和温度)。为了更简单地把不同组的膜性能进行比较,Cath 等人提出膜表征的标准,这将在下面进行介绍。

1. A 和 B 值

为了比较不同研究组的膜性能,Cath 及其同事建立了相关方法,其关系到表征过程中的操作条件。FO 膜表征的测试条件见表 4.1。A 和 B 值在 RO 过程中确定,在这里使用了 2 000 mg/L 的氯化钠(34.2 mmol/L)。这样一种选择是以如下事实为依据:大多数膜制备商使用这种溶液来测试他们的中低压反渗透膜的性能。操作条件设置为 20 ℃,错流速度为 0.25 m/s。

本征水渗透系数 A 是通过将水通量除以所施加的压强来确定的:

$$A = \frac{J_{RO}^{w}}{\Delta p} \tag{4.16}$$

观察到的 NaCl 截留率 R,是由本体的进料(c_b) 和渗透(c_p) 盐浓度的不同所决定的:

$$R = 1 - \frac{c_p}{c_b} \tag{4.17}$$

盐渗透系数 B 能够通过下面的公式计算:

$$B = J_{RO}^{w}\frac{1 - R}{R}\exp\left(-\frac{J_{RO}^{w}}{k}\right) \tag{4.18}$$

式中,k 是 RO 测试单元中的质量转移系数,由式(4.5) 确定。

表 4.1 FO 膜表征的测试条件

实验条件	数值	单位	备注
测试模式:RO 中 A 和 B 的测定(活性层对流)			
进料温度	20	℃	
进料压力	8.62(125 psi)	bar(psi)	对于高渗透性膜,使用 4.82 bar 对于同时高和低渗透性膜,建议在超过一个进料压力下测试,以确定膜的完整性
进料液质量浓度	0	mg/L NaCl	使用去离子水压膜,确定水渗透系数(A)
	2 000	mg/L NaCl	使用 NaCl 溶液做截留性测试,并确定盐渗透系数(B)
横向流速	0.25	m/s	和 FO 测试相似;最好没有进料间隔
测试模式:FO(活性层对流) 和 PRO((活性层对流))			
进料和温度	20	℃	
汲取液浓度	1	mol/L NaCl	58.44 g/L NaCl
进料液浓度	0	mol/L NaCl	去离子水
进料和 pH	未调节		接近中性,在聚合物测试的合适范围之内
进料和错流速度	0.25	m/s	通过流速乘以垂直于流动方向的流道截面积来定义进料通量和通量;在进料或者流道中没有空间;直流
进料和压力	< 0.2(3)	bar(psi)	在膜的两侧尽可能保持低且相近
膜取向			测试应当在 FO 和 FRO 模式下进行

注:1 bar = 14.5 psi = 10^5Pa

2. 膜通量、结构参数和反溶质通量

为了确定膜的 FO 性能,FO 操作的各种模式都应根据表 4.1 中列出的条件实施。更具体地说,1 mol/L NaCl 溶液通常被用作汲取液,去离子水作为进料液。但是,随着膜的更好渗透性的发展,通常选择 0.5 mol/L NaCl。通过膜的一片区域和一个确定的时间段下收集到的渗透液来确定通量。在 AL - FS 模式下的通量在这样的条件下是重要的;溶质截留性可以通过下式计算:

$$K = \frac{1}{J_w}\ln\frac{A\pi_{D,b} + B}{A\pi_{F,m} + J_w + B} \tag{4.19}$$

式中,$\pi_{D,b}$ 和 $\pi_{F,m}$ 代表靠近膜表面的本体汲取液的渗透压和膜表面的进料液的渗透压。$\pi_{F,m}$ 可以根据式(4.3)进行计算。基于以上数据,膜的结构参数可以通过式(4.10)计算。反溶质通量 J_s 能够基于进料流的截留率变化计算。

3. 反向盐通量选择性

通过水通量(J_w)和反溶质通量(J_s)的比值来定义 FO 膜的反向盐通量选择性,这可以用来评价 FO 过程的汲取溶质分离。反向盐通量选择性已由 Elimelech 等人定义。与膜透性和溶液渗透性有关的是以下几个方面的内容:

$$\frac{J_w}{J_s} = \frac{AnR_gT}{B} \tag{4.20}$$

式中,n、R_g 和 T 不是范托夫系数(汲取溶质分解成的物种的数量),而分别是宇宙气体常数和绝对温度。这个关系表明水和反溶质通量的比例是膜活性层的运输性能,不受膜支撑层的影响。因此,反向盐通量选择性是膜的特征参数,不应该随着操作条件和膜取向而改变。一个高的 J_v/J_s 值是必要的,它可以表示一个低的反向溶质通量和高的膜选择性。但结果显示,实验数据随着操作条件而变化,并且数值似乎会随着汲取液浓度提高而下降。因此,为了获得更多可信的结果,建议采用几个不同的汲取液浓度。

4.3 汲取液

汲取液通常包括水和汲取溶质。汲取液通过提供渗透压来驱动 FO 过程。因此溶液的渗透压是重要的,一个理想的稀溶液的渗透压(π)由范托夫方程给出:

$$\pi = n\varphi MRT \tag{4.21}$$

式中,n 是范托夫系数(指溶解在溶液中的化合物的单独微粒的数量,如 NaCl 的 $n = 2$,葡萄糖的 $n = 1$);φ 是渗透系数,一些通常可获得的盐(如 NaCl 和 KCl)的渗透系数由 Robinson 和 Stokes 的工作提供);M 是溶液的浓度;R 是理想气体常数($R = 0.082\ 057\ 1$ J/(kg·K));T 是溶液的绝对温度。大多数溶液的渗透压能够立即模式化(通过使用热力学软件,如 OLI 分析)。

在 FO 过程中,汲取液的选择已经成为一个重要的问题,选择一个合适的汲取溶质需要以下几点:① 产生一个足够高的渗透压;② 无毒;③ 与膜的相容性;④ 价格在可接受范围。但是对于过程的设计,反向盐通量、再生成本或者再浓缩(在 FO 稀释之后)也是非常重要的。接下来讨论汲取溶质在当代的地位和发展。

4.3.1 无机盐

氯化钠溶液经常被选用,因为它易溶、在低浓度下无毒,使用传统脱盐过程进行重浓缩相对简单(如 RO 或者蒸馏),而且没有剥落的危险。其他的化学试剂也被作为汲取溶质使用,包括 $MgCl_2$、Na_2SO_4、$CaCl_2$、$Ca(NO_3)_2$、NH_4HCO_3、KCl、$MgSO_4$、KSO_4、$(NH_4)_2SO_4$、KNO_3 和其他无机肥料。

Achilli 等人已经对一系列基于无机盐的汲取溶质进行评估,目的是建立 FO 应用中汲取溶质选择的协议。这份协议包括筛选程序、分析模拟和实验室测试。筛选程序得到

14 种合适的 FO 应用的汲取液分别是 NaCl、NH_4Cl、$MgCl_2$、$NaHCO_3$、Na_2SO_4、$CaCl_2$、KCl、$KHCO_3$、NH_4HCO_3、$(NH_4)_2SO_4$、K_2SO_4、KBr、$Ca(NO_3)_2$、$MgSO_4$。然后在实验室中通过水合技术创新(HTI)FO 膜测试 14 种汲取液来测得水通量和反向盐扩散。内部浓差极化可以通过减小汲取液在膜的支撑层和致密层中汲取液的浓度,来降低水通量和反向盐扩散。汲取液的重浓缩通过使用 RO 系统设计软件来评估。实验数据分析和模拟结果结合 FO 和 RO 过程中成本的考虑,其中 7 种溶液是最适合的。考虑 FO 通量、反向盐通量和 RO 渗透浓度这三个标准,没有溶质表现出优异性能。有 5 种汲取液在三个参数中的两个表现尤其优异,它们是 $CaCl_2$、$KHCO_3$、$MgCl_2$、$MgSO_4$ 和 $NaHCO_3$。$CaCl_2$ 和 $MgCl_2$ 由于其较高的水通量和较低的 RO 渗透浓度而排名较高; $KHCO_3$ 和 $NaHCO_3$ 由于其相对较高的水通量和较低的反向盐扩散; $MgSO_4$ 因反向盐扩散和 RO 渗透浓度相对较低。进一步考虑溶质和补给成本表明,成本最低的五种汲取液是 Na_2SO_4、$NaHCO_3$、NaCl、$KHCO_3$ 和 $MgSO_4$; NaCl 和 Na_2SO_4 主要是因为它们的高水通量,$KHCO_3$ 和 $NaHCO_3$ 主要是因为它们的反向盐扩散低,而 $MgSO_4$ 主要是因为它的 RO 渗透浓度低。此外,当含有水垢前体离子(如 Ba^{2+}、Ca^{2+}、Mg^{2+}、SO_4^{2-} 和 CO_3^{2-})时,矿物和盐的比例是值得考虑的。当进料溶液浓缩到各种微水溶性矿物质如 $BaSO_4$(重晶石)、$CaCO_3$(方解石)、$CaSO_4$(石膏)和 $Mg(OH)_2$(牛奶)的溶解度极限以上时,可能会在膜表面发生结垢。这些汲取液的不同特征突出考虑特定 FO 应用和用于选择最合适的汲取液的膜的类型的重要性。

耶鲁大学率先开发了热敏氨-二氧化碳汲取液,该溶液可以产生高压,后来又调试了浓缩的高盐废水的试验。浓缩汲取液是在水中通过溶解碳酸氢铵盐(NH_4HCO_3)制备的。该盐的较低分子量以及高溶解度导致非常高的渗透效率。计算表明,该汲取液可以产生远大于海水的渗透压。在适度加热(接近 60 ℃)下实现从汲取液中分离淡水,其中碳酸氢铵分解成氨和二氧化碳气体。然后可以使用相对低的能量通过低温蒸馏从溶液中除去气体。氨-二氧化碳汲取液已经针对多种应用进行了测试,包括脱盐和用于发电的可回收的汲取溶质。但是,进料中的汲取溶质的损失会污染进料溶液,并且汲取溶质的热解离不会完成,这意味着需要进一步精制蒸馏。

4.3.2 基于纳米颗粒的汲取溶质

无机溶质的优点是丰富且成本相对较低; 然而,它们的回收取决于能量密集型过程,如反渗透和蒸馏。如果实施正渗透过程的大规模应用,能量效率是汲取溶质选择的重要因素。汲取溶质的开发正成为研究焦点。

金属和金属氧化物纳米颗粒通常具有低于 100 nm 的直径。由于它们的尺寸非常小,纳米粒子显示出与它们的大块对应物大不相同的性质,包括表面效应,小尺寸效应,不寻常的催化、光学和磁性效应。例如,超顺磁性氧化铁纳米粒子(SPION)可以响应外部磁场,使它们易于操作。SPION 在生物分析、治疗、药物输送和生物成像方面已经发现了各种应用。此外,SPION 由于表面功能化和易于恢复(以节能和环保的方式实现)而具有很大的汲取溶质潜力。氨基官能化的 Fe_3O_4 纳米颗粒($NH_2-Fe_3O_4$)(图 4.4 中的 SEM 和 TEM 图像)已经通过用氨基丙基三乙氧基化物进行硅烷化来制备。通过用盐酸滴定,氨基官能化的纳米颗粒进一步转化成铵根离子。结果表明,磁性纳米粒子(MNP)具有合理的渗透压,并且浓度均匀。FO 通量与汲取液的质量分数呈近似线性关系。在 6.5 wt%(wt% 表示质量分数,下同)下,使用没有背部支撑的 RO 膜(BW30-4040)观察到 500 g/(m^2·h)的通量。因此,可以预计只要质量分数足够高,通量就会足够高。如果可获得合适的 FO 膜,则 MNP 可适用于大规模应用,从而为 FO 汲取试剂的开发提供新的方向。

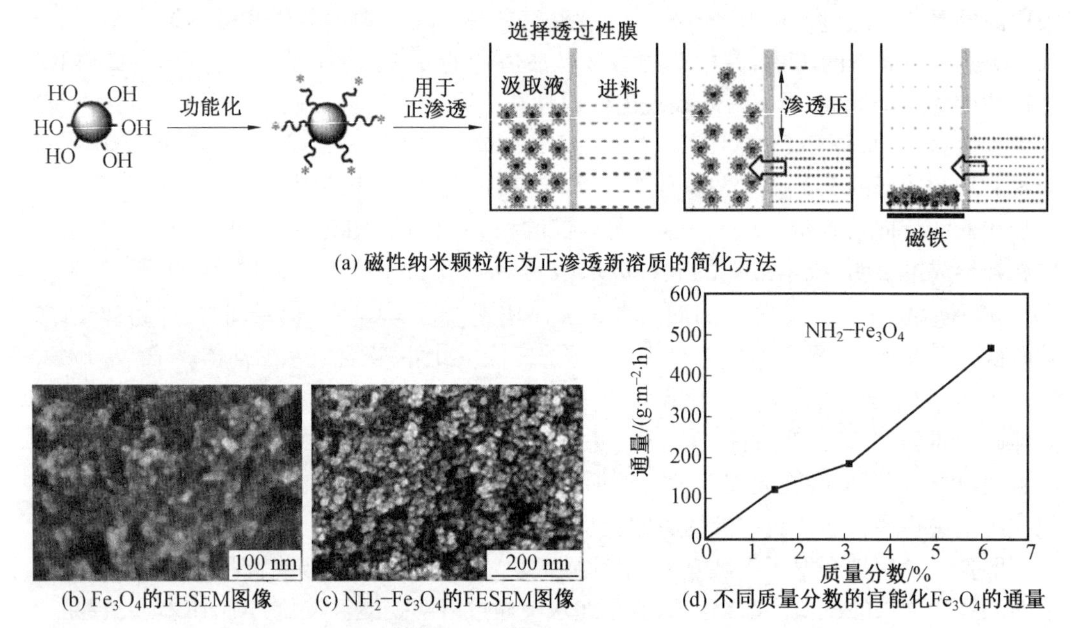

(a) 磁性纳米颗粒作为正渗透新溶质的简化方法

(b) Fe_3O_4的FESEM图像 (c) NH_2-Fe_3O_4的FESEM图像 (d) 不同质量分数的官能化Fe_3O_4的通量

图 4.4 磁性纳米粒子的合成步骤、SEM 图像以及水通量

Chung 及其同事已经制备了用 PEG 二酸修饰的 SPION。纳米颗粒的直径为 5 nm,比 Li 等人报道的要小得多。根据他们的结果,在 0.065 mol/L 的 PEG 二酸-4000,纳米颗粒产生 50 atm 的渗透压。这种压力是特殊的,因为根据范托夫方程,在这样的配体浓度下,假设范托夫系数为 2,预计最大渗透压为 3 atm。同样,他们报道了聚丙烯酸改性的 MNP,并且再次获得了相同的结果,其中在非常低的配体浓度下,报道了更高的通量。他们还报道了低 FO 通量的用聚(N-异丙基丙烯酰胺)和三甘醇(PNIPAM / TRI-MNP)功能化的热敏 MNP。最近,遵循类似概念的论文报道了基于强离子单体 2-丙烯酰胺基-2-甲基丙磺酸钠(AMPS)和热敏性的磁性聚(N-异丙基丙烯酰胺-共-2-丙烯酰胺基-2-甲基丙烷磺酸钠)(表示为 Fe_3O_4@P(NIPAM-co-AMPS))纳米凝胶。单体 NIPAM 在 Fe_3O_4纳米颗粒存在下通过沉淀聚合。同样,报道了具有相当低的水通量(0.6 L/(m^2·h))。

除了磁响应纳米颗粒之外,响应温度变化的热响应磁性纳米颗粒可以用作汲取溶质,以通过 FO 从咸水或海水中提取水。一个明显的优点是汲取溶质的有效再生和通过热促进磁分离回收水。然而,这种类型的汲取液所达到的渗透压太低而不能抵消海水的渗透压。Zhao 等人设计了一种基于多功能 Fe_3O_4纳米粒子的 FO 汲取液,该纳米粒子接枝有共聚物聚(苯乙烯-4-磺酸钠)-共-聚(N-异丙基丙烯酰胺)(PSSS-PNIPAM)。得到的汲取液展示出具有可用于海水淡化的高渗透压,因此具有令人满意的 2 ~ 3 L/(m^2·h)的通量。这是通过纳米结构中集成的三种基本功能组分实现的:①Fe_3O_4核心,其允许纳米颗粒与溶剂磁性分离;②热响应聚合物 PNIPAM,其使得颗粒能够可逆聚集以进一步在高于其低临界溶解温度(LCST)的温度改善磁性捕获;③提供远高于海水的渗透压的聚电解质PSSS。

测试了其他配体,例如聚甘油涂覆的磁性纳米颗粒(HPG-MNP)、聚丙烯酸钠(PSA)涂覆的磁性纳米颗粒(PSA-MNP)和涂有葡聚糖的 Fe_3O_4 MNP。然而,SPION 可能经历严重的聚集、化学或物理键合的官能团的降解,以及再循环后造成原本低通量的损失。这种复合纳米粒子的合成不易于获取;如果与很低的通量相结合,MNP 的应用将面临关键问题。此外,缺乏高渗透压、复杂的合成程序和低产率是纳米颗粒的明显缺点。

4.3.3 热或电响应水凝胶

具有碳填料的 PSA 表现出比原始水凝胶更高的溶胀度;作为汲取试剂,100 ~ 200 μm的颗粒显示出比具有较大颗粒尺寸(500 ~ 700 μm)的颗粒更大的流动性。碳填料改善了太阳能吸收并增强了水凝胶的热脱水。与正常的渗透过程类似,聚合物水凝胶汲取试剂产生的水通量随着进料中盐浓度的增加而降低。聚(NIPAM-co-AMPS-Na)(P(NIPAM-co-AMPS))水凝胶通过在 PSA 或聚乙烯醇(PVA)存在下聚合 NIPAM,合成了热响应性半 IPN 水凝胶。热敏聚合物 NIPAM 与超吸收丙烯酸单体、三嵌段共聚物水凝胶共聚合。基于离子液体(IL)单体的对苯二甲酸四丁基鏻(P4SS)和对苯乙烯磺酸三丁基己酯(P6SS)的热响应水凝胶在交联剂存在下通过本体聚合制备,并在 FO 中首次作为汲取试剂进行了探索。与来自 N-异丙基丙烯酰胺(NIPAM)和丙烯酸钠(SA)或 2-丙烯酰胺基-2-甲基丙磺酸钠 AMPS 的传统共聚物水凝胶不同,水凝胶中的热敏性和离子性质的组合通过 IL 单体微妙的结构设计实现。

在静态测试细胞中证实了使用热响应性 IL 汲取溶质和质子化甜菜碱双(三氟甲基磺酰基)酰亚胺([Hb][Tf2N])(可能是由于 IL 的体积有限)。该 IL /水汲取液具有上临界溶解温度并导致在 561 ℃和室温之间的相转化。在分层之后,富含 IL 的相被重新用作汲取,富含水的相被用作清洗水。可转换的极性溶剂(SPS)-二氧化碳、水和叔胺的混合物被提供为可行的允许一种新型的 SPS FO 工艺的 FO 汲取溶质。虽然这种类型的汲取溶质会产生足够的渗透压,但膜的降解是一个潜在的问题。

总体来说,已经制备了各种刺激响应性汲取溶质。通常,这些汲取溶质具有通过施加刺激而易于恢复的共同特征。然而,这些类型的汲取溶质的问题是严重的内部浓差极化和低通量;因此,在目前的状态下,进一步研究是必需的。

4.3.4 基于多价有机分子的汲取溶质

向有机化合物引入电荷会增加渗透压。在 FO 过程中探索聚丙烯酸钠盐(PAA-Na)作为聚电解质汲取溶质;PAA-Na 在水中高度溶解,产生非常高的渗透压(约 55 bar,0.72 g/mL)。与海水作为汲取液相比,观察到更低的反向泄漏。采用 FO-MD 工艺浓缩 PAA-Na 汲取液,将染料废水浓缩至相当稳定的流体。FO 和 MD 膜均未观察到 PAA-Na 的泄漏。聚(异丁烯-马来酸酐)(IBMA-Na)的钠盐被用作汲取溶质,产生 34 L/m^2 的通量。在活性层面对 DS(AL-DS)模式,质量浓度高达 0.375 g/mL;在 601℃下,反向盐通量为 0.196 g/h。提出了类似的 FO-MD 工艺作为聚电解质的再生过程,因为该化学品的玻璃化转变温度远高于膜蒸馏的温度。

合成 NIPAM 与不同量的 SA、PNIPAM-SA 作为汲取溶质。尽管 FO 工艺中的水通量限制在 0.347 L/(m^2·h)(纯水作为进料)的 4 wt% 汲取液中,但是汲取溶质的分离依然是一个突破。加热后,汲取溶质从亲水变为疏水,从而在高温下聚集;基于 4 000 g/mol SPES 的超滤(UF)膜可以回收稀释的汲取液并回收汲取溶质。由于它们的高渗透性、不同分子量的可变性、高水溶性,聚电解质聚(4-苯乙烯-磺酸钠)(PSS)作为汲取溶质被研究,最重要的是,可以设计具有精确分子量截留的 UF 膜以再生汲取溶质。Tang 的团队报道了这种水解的聚丙烯腈(PAN)超滤膜,并声称,基于 PSS 汲取溶质和其他类似纳米颗粒的膜,该膜可用于有价值的产品浓缩(如蛋白质和多糖)、资源回收(如油/水分离)和废水处理(如生物质保留)。

树枝状聚合物由于其几乎均匀的分子量、在球状结构外部具有大量配体基团和在树枝状配体之间具有大空腔而显示出巨大的潜力。EDTA 是最小的树枝状分子之一,将其作为 FO 过程的汲取溶质进行了测试。EDTA 的分子结构和渗透压如图 4.5 所示。在相似的分子浓度下,渗透压约为 NaCl 溶液的两倍,这表明 EDTA 分子在水中溶解后的范托夫系数较高。进一步的性能测试表明,EDTA 在 AL-DS 模式下也显示出更高的 FO 通量,但在 AL-FS 模式下遭受更严重的通量损失,因为较大分子结构的迁移率相对较低。但是,它可能适用于有毒盐或未适用的地方,如 MBR 和医疗应用。此外,可以通过稳定 RO 中的纳滤(NF)来实现恢复。测试了与 Triton X-100 偶联的乙二胺四乙酸(EDTA)-2Na 的海水淡化;使用 35 g/L NaCl 的模型海水作为进料和 1 mol/L EDTA-2Na 与 0.5 μm Triton X-100 偶联作为汲取,得到 4.6 L/h 的水通量。没有检测到反向盐扩散,EDTA-2Na 吸收可以使用 NF 膜再生,截留率为 95%。近年来报道了类似的工作,也评估了含有锌、锰、钙和镁的 EDTA 配合物,使用商业 NF 膜汲取溶质的吸收率提高了 98%。

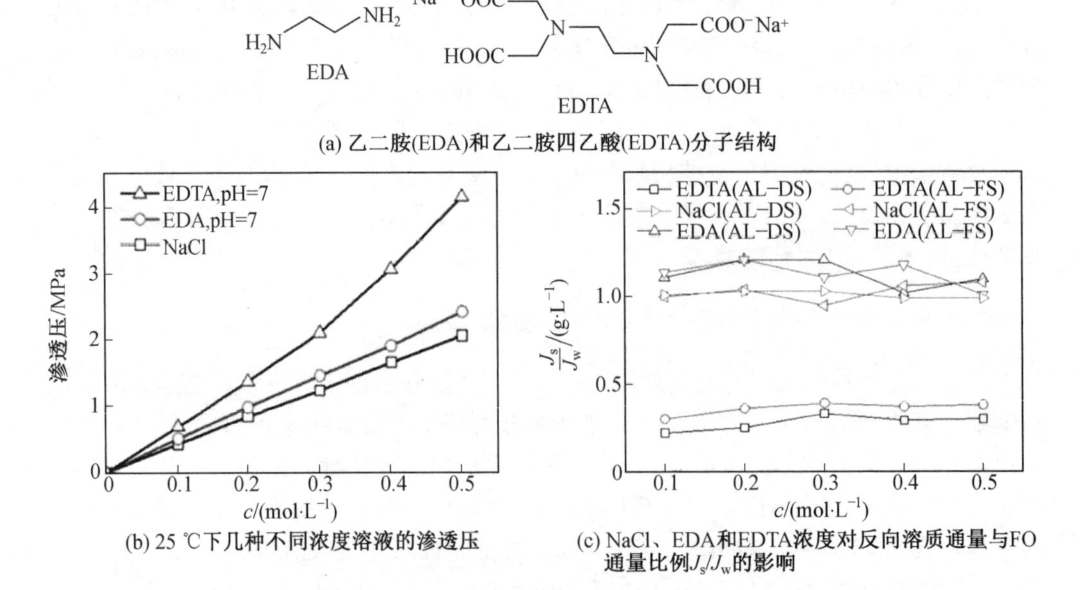

图 4.5 汲取溶质分子结构及其浓度对渗透压和 J_s/J_w 的影响

4.3.5　汲取溶质汇总

通常,无机盐是 FO 最常用的汲取溶质。化学主导着汲取溶质的发展。新型汲取溶质,如纳米颗粒、水凝胶、多价聚电解质类型有机或二氧化碳/胺,以及极性可切换的汲取溶质引起了人们的广泛研究;然而,需要系统的开发来提高效率。原则上,具有庞大化学或物理结构的汲取溶质对应于低溶质扩散率或大溶质电阻率。这在 AL-FS 模式下尤为重要,因为由于溶质电阻率较高而发生严重的内部浓差极化。在 AL-DS 模式的情况下,低扩散率对应于低质量转移系数(k),并且发生严重的外部浓差极化。尺寸的影响反映在大尺寸或多价电荷显著减少反向盐扩散的事实上。因此,当结合汲取溶质的成本、降低的汲取效率和膜材料时,非技术原理可以确定汲取溶质的选择。如果以 NaCl 盐为基准,显然,汲取溶质如磁性颗粒、水凝胶缺乏实际用途,主要是因为它们的水通量极低且成本相对较高。然而,在某些应用中,聚电解质汲取溶质可能与一些无机盐竞争。然而,化学的巨大想象力仍然是追求新颖的汲取溶质的动力,这有望在 FO 中提供突破。

4.4　正渗透膜的发展

天然和合成材料作为半透膜受到挑战,如猪、牛、鱼、火棉(硝化纤维素)、橡胶和瓷器的囊。材料的膜形态和物理化学决定了 FO 膜的性能。

4.4.1　三醋酸纤维素/醋酸纤维素(CTA/CA) FO 膜

由于相对较薄的膜厚度和更多孔的支撑结构,一种新的具有网状或非织造支撑膜实现了比那些标准 RO 膜更优异的 FO 性能。HTI 膜几乎是最有代表性的膜,因此 A、B 和 S 值以及膜的截留已经由不同的组表征。报道了平均 A 值为 0.80 L/(m^2 · h · bar),B 的变化较大。这是由于 B 不仅与 A 和截留有关,而且与测试设备的水力条件有关。NaCl 截留率约为 89%,平均 S 值约为 485 μm。2005 年,Cath 等人发表了基于 HTI CTA 膜的直接渗透与渗透蒸馏相结合的回收废水的方法。当汲取液是 100 g/L NaCl 溶液,并且进料是肥皂和湿气冷凝废水时,膜显示出 17.4 L/(m^2 · h)的通量。在 HTI CTA FO 膜成功开发之后,开发了一系列纤维素类型的 FO 膜,旨在改善通量和截留率。

双层 CA 膜的目的是降低内部浓差极化;然而,必须平衡降低的内部浓差极化和增加的运输阻力,以设计更好的 FO 膜。增加膜材料的亲水性也会降低内部浓差极化。由于可获得更多的羟基,CA 比 CTA 更亲水。然而,CA 膜比 CTA 膜具有更低截留率。因此,CTA 和 CA 的混合物可以提供渗透性和选择性之间的折中。Li 和同事还研究了双层 CTA / CA共混膜的形成,包括 CTA / CA、丙酮的加入、水凝固浴的温度。膜性能与商业 HTI 膜性能相当。通过添加在 0.01 ~ 0.1 wt% 范围内羧基官能化的 MWCNT(F-MWCNT)改进 CA 膜的表面性质,因此改善了透水性和脱盐率,并有所报道。

报道了有争议的在 50 μm 厚的尼龙织物上浇铸的 CA FO 膜然后进行热水退火的结果。膜的水渗透系数一般较低(在 0.014 ~0.13 L/(m^2 · h · bar)的范围内),但 NaCl 截留率高达 97% ~99.3%。各种化学品可作为成孔剂,如乳酸、马来酸和氯化锌,但未公开成孔剂与化学物理相互作用/分层之间的科学解释。醋酸纤维素膜的退火可以减少底层中的自由体积,这可能是对较低透水性下改进截留率的间接解释。用于浇铸膜的基材的影响表明,更疏水的基材将导致更开放的表面,这除了减少截留率之外还将对整个膜性能产生强烈影响。

总之,当需要高选择性时,CTA 是一种优异的 FO 膜材料。CA 和 CTA 的混合物可以产生令人满意的膜性能。然而,纤维素膜的制备总是涉及复杂的溶剂混合物,并且一些溶剂毒性是非常高的。已经报道了用于 CA 膜制备的绿色溶剂,如 IL,但是整体 FO 膜需要进一步的研究。与 TFC 膜不同,纤维素型 FO 膜具有光滑的表面和接近中性的表面电荷,因此本质上抗污染。然而,其窄的 pH 耐受范围限制了纤维素膜的适用性。但是迄今为止,基于纤维素的 FO 膜已经成为 FO 膜开发中的主要参与者,并且预计将在未来持续开发。

4.4.2 薄膜复合膜

通过界面聚合(IP)制备的薄膜复合(TFC)膜在最近的 FO 开发和研究中获得了相当大的关注。虽然摩根报道了通过 IP 的早期的 TFC 膜的概念,但 Cadotte 发现了用于各种应用的 TFC 膜制备的重大突破。从那时起,TFC 膜已经主导了现代 RO 和 NF 膜的生产。通常,TFC 膜由顶部薄聚酰胺(PA)选择性层和多孔膜支撑层组成。通过两种单体溶液如多官能胺水溶液(如间苯二胺(MPD)单体)和多官能酰氯(如均苯三甲酰氯(TMC))之间的原位 IP,可以形成薄的 PA 层。单体溶于非极性有机溶剂,如己烷。

对于 RO 应用,厚而致密的支撑是必要的,以承受高操作压力;然而,在 FO 过程中,额外的支撑层会引起严重的内部浓差极化。膜的结构参数是内部浓差极化的主要指标,其由支撑厚度、孔隙率和弯曲度决定。此外,载体的亲水性也可能在确定内部浓差极化的程度中起作用。

1. 支撑结构:大空隙或海绵

支撑结构中聚砜(PSf)浓度的优化表明,随着 PSf 铸膜液浓度的增加,发现了更高的结构参数。可以得出结论,理想的支撑层将允许在支撑层制备期间独立地控制块体和表层的结构依赖性。因此,膜性质 A、B 和 S 可以彼此不受约束地定制。假设大孔隙形成减少了支撑物的结构参数。Wang 等人报道了一种基于聚醚砜(PES)载体的中空纤维 TFC-FO 膜。IP 发生在 HF 膜的内侧。支撑层由海绵部分和类似手指的空隙部分组成。由于海绵状层的低孔隙率和高曲折度,类似海绵的孔有助于产生较低的 S 值,但海绵状层有助于产生高 S 值,因此减少海绵层的厚度将有助于改善 TFC 膜的性能。作为基准,膜展示出比 HTI CTA 膜和在 AL-FS 模式下使用 0.5 mol/L NaCl 汲取液和去离子水作为进料的相当的溶质通量高出 2 ~3 倍的通量。

关于指状底物的争论受到海绵状形态的挑战，如由亲水性磺化聚合物共混物制成的膜支撑物。在 PRO 模式下，获得了使用 2 mol/L NaCl 作为汲取液的针对去离子水的 33.0 L/(m^2 · h)和针对 3.5 wt% NaCl 模型溶液的 15 L/(m^2 · h)的最高水通量。结果表明，在支撑材料亲水的情况下，海绵状结构也可以达到很高的流动性。然而，作者没有弄清楚支撑亲水性的增加是否也改善了孔隙连通性和孔隙率，这也是减少结构参数的关键问题。事实上，简单地增加载体材料的亲水性并不能保证高 FO 通量或低结构参数。

Liu 等人介绍了采用双叶片铸造技术对基材的进一步改进。进一步的牺牲层铸造技术展示了一种比通常的单一层铸造方法更好的方法来制备具有开放式底部结构的支撑，如图 4.6 所示。支撑层在内部结构内显示出海绵状的顶部表面和类似手指的大孔隙。然而，共铸 PSf 支撑具有比单层铸造支撑（分别为 9.5 μm 和 36 μm）更薄的海绵层（2.2 μm）和更深的类似大孔（59 μm）。单层 PSf 支撑具有小孔，这与包含共铸 PSf 支撑的大的开放孔相反。

事实上，解决基质形貌、大孔隙或海绵之间的争议尚未得出结论。具有互连孔的海绵结构将显示出降低的溶质扩散阻力。由于存在可用于溶质扩散的自由空间，手指结构肯定是优越的，但是这种类型的形态导致低机械强度，因此是重要的关注点。

2. 改善载体亲水性

使用亲水性尼龙 6,6 基质作为载体，所得 TFC 膜显示出改善的水通量，这归因于“润湿孔隙率”的比率增加。类似地，多孔沸石纳米颗粒掺杂到 PSf 基底中以控制内部浓差极化，因为使用磺化聚合物或在 PSf 或 PES 中加入磺化聚合物的一系列研究工作表现出改进的性能：磺化聚苯砜（sPPSU）作为支撑基质，磺化聚醚砜与 PES，磺化聚醚酮（SPEK）/PSf 基质，SPEEK（磺化聚醚醚酮）与 PSf 和 SPSf 与 PES 共混。通过添加大量的水溶性添加剂，可以改善载体的亲水性，如聚乙烯吡咯烷酮（PVP）、还原氧化石墨烯（rGO）改性石墨氮化碳（g-C_3N_4）、CN / rGO（或简称 GO）。当将 2D 纳米材料添加到载体中时观察到最大的 FO 水通量。

SDS / 甘油后处理增加了 PA 的自由体积大小和自由体积分数。共聚焦显微镜图像显示，使用 TMC 作为连接分子制备的膜在与 NaCl 接触时显示出剧烈的形态变化：盐截留率减少（作为 RO 中时间的函数）和反向盐通量强烈增加（在 PRO 中作为汲取溶质浓度的函数）。

相反，使用双功能连接分子丙二酰和琥珀酰氯导致更稳定的盐膜，这主要是由于在 CTA 支持物中形成较少的带电基团并减少溶胀。

3. 活性层的开发

活性层的最相关特性在于对污染物的高截留率、高透水性和/或抗污性。PA 的固有表面物理化学性质使其易于在废水处理中被污染。表面改性是改善表面性质的重要类别之一。二氧化硅纳米粒子涂有超亲水配体（3-氨基丙基）三甲氧基硅烷（—NH_3/ NH_2）和

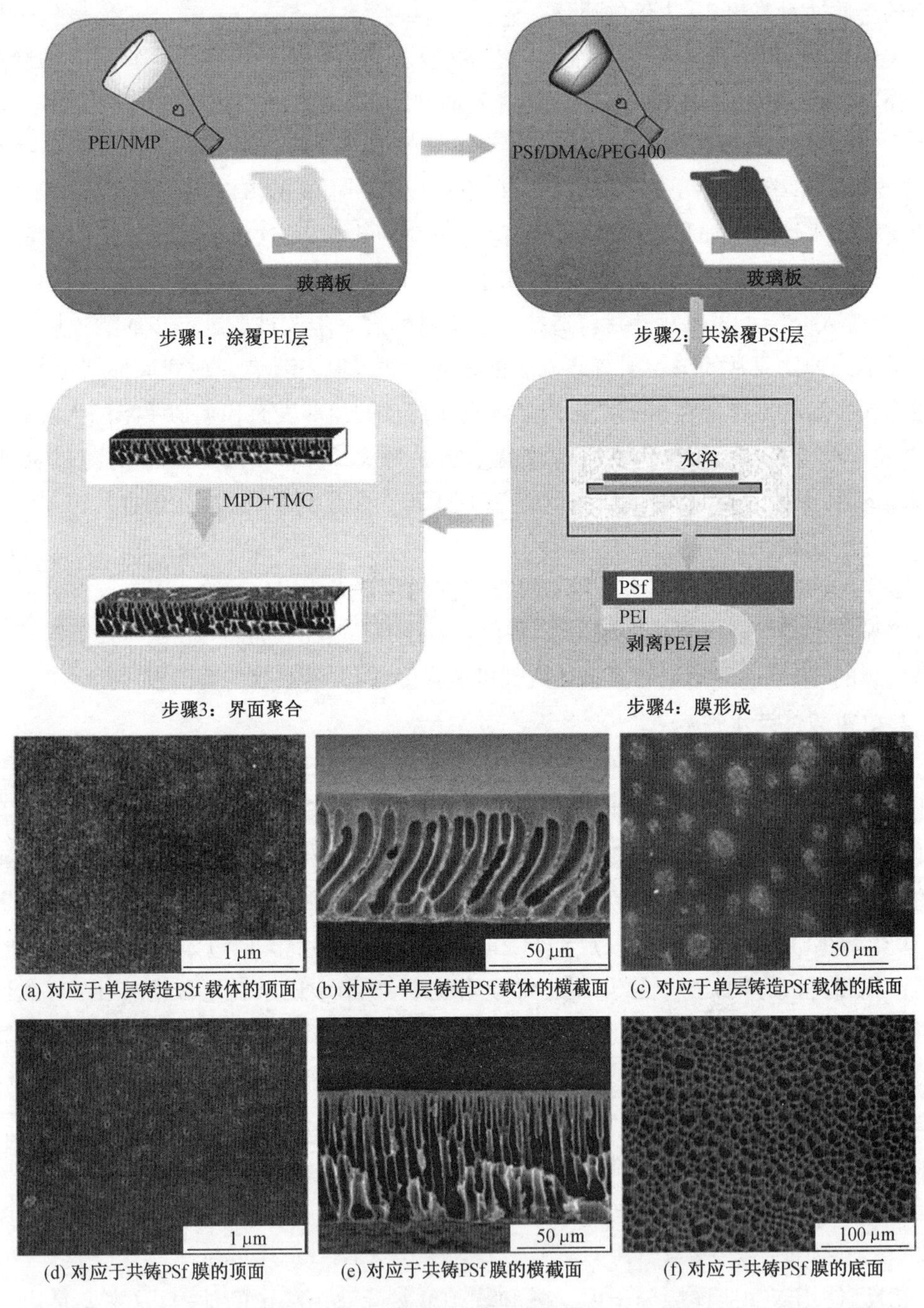

(a) 对应于单层铸造PSf载体的顶面 (b) 对应于单层铸造PSf载体的横截面 (c) 对应于单层铸造PSf载体的底面

(d) 对应于共铸PSf膜的顶面 (e) 对应于共铸PSf膜的横截面 (f) 对应于共铸PSf膜的底面

图4.6　共铸 PSf 支撑层的 TFC-FO 膜制备的示意图以及通过单层浇铸和共铸制备的 PSf 支撑层的 SEM 图像

(确定了 4 个步骤:首先,将 PEI / NMP 溶液浇铸到玻璃板上(步骤 1),然后将 PSf/DMAc/PEG400 溶液浇铸到第一层上(步骤 2);将玻璃板浸入水浴中,通过从 PSf 分层 PEI 得到双层膜,得到 PSf 载体(步骤 3);最后,依次施加 MPD 和 TMC 溶液,通过界面聚合在 PSf 载体上形成聚酰胺活性层(步骤 4))

N-三甲氧基甲硅烷基丙基-N,N,N-三甲基氯化铵,可与膜选择层上的天然羧基部分不可逆地结合。形貌或水/溶质膜选择层的渗透性保持完整,但膜表面的亲水性和润湿性得到改善;在新的膜材料和模型有机污染物之间测量到较低的分子间黏附力,表明在 PA 膜表面存在结合的水合层,这产生了污染物黏附的屏障。紧密结合的水合层和 TFC 活性层的天然羧基的中和为污染物的黏附提供了屏障。通过聚-L-赖氨酸(PLL)中间体使用逐层(LBL)或混合(H)接枝策略,氧化石墨烯(GO)纳米片附着于 TFC PA 选择性层。与原始膜相比,GO / PLL-H 修饰膜的存活细菌减少 99%,反向盐扩散减少。GO 功能化增加了表面亲水性,赋予膜抗菌活性而不改变其运输性能。表面修饰通过使沉积在膜表面上的细胞失活来减轻生物污垢的生长。将有机-无机杂化化合物-N-[3-(三甲氧基甲硅烷基)丙基]乙二胺(NPED)与 MPD 混合,采用该混合物作为胺单体,在水解 PAN 基质上合成 TFC-FO 膜。然而,观察到污染物减少的同时,盐截留率也减少了。其他材料,如银纳米颗粒(AgNPs)装饰的 GO 纳米片(作为有效的杀生物材料),也已经过测试,以赋予改善复合膜的亲水性和抗菌性。

水通道蛋白与 BW30 RO 膜相比,显示出更多倍的流动性和 97.5% 的对 500 mg/L NaCl 的截留。在 FO 中,在 0.5 wt% NaCl 汲取液和 DI 水进料(AL-DS 模式)下获得高达 55.2 L/(m^2 · h)的水通量,反向盐扩散低于 0.9 g/L。在反洗和化学清洗步骤中,膜具有化学稳定性和机械稳定性。结果显示,在目前整体和稳定活性层的仿生膜水回收的实际应用方面是有前景的。

为了实现 AQP 与基底或活性层之间的共价键合,已经用各种方法进行了测试(图 4.7)。跨孔膜设计涉及囊泡制备的多个步骤(在 ABA 嵌段共聚物囊泡中掺入 AqpZ),金层的载体表面改性以及半胱氨酸单层的化学吸附,转化为丙烯酸酯,并将囊泡转移到载体和破裂。支撑脂质双层(SLB)建立在 PDA 层(棕色)涂覆的多孔 PSf(灰色)载体之上。此外,将 MNP 包封在囊泡中;利用磁力来增强掺入 AQP 的脂质体在聚电解质膜上的吸附量。AQP 嵌入的囊泡可嵌入孔中,并在 FO 和 PRO 模式下进行测试。最后,在 AQP-囊泡处理过的膜中,交联囊泡通过酰胺化反应与功能性多孔 CA 载体结合,然后进行额外的聚合物涂层。与空心纤维膜相比,这些膜显示出 NF 特征,例如,AQP-VIM 膜显示出对 NaCl 的截留率为 61%、$MgCl_2$的为 75%(在 5 bar 时为 200 mg/L)。在 FO 过程中,$MgCl_2$ 用作汲取溶质,可能 NaCl 会显示出更高的反向盐通量。显然,膜的透水性比商用反渗透膜高得多。然而,为证明 AQP 对水流的贡献,必须排除膜的活性层中的缺陷区域,该区域尚未具有科学性。关于 AQP 结合的 RO / FO 膜的完整性以及蛋白质在过滤中的稳定性一直存在争议。

ABA嵌段共聚物囊泡　AqpZ-DDM混合物

(i) AqpZ在ABA嵌段共聚物囊泡中的掺入；DDM代表十二烷基-b-D-麦芽糖苷

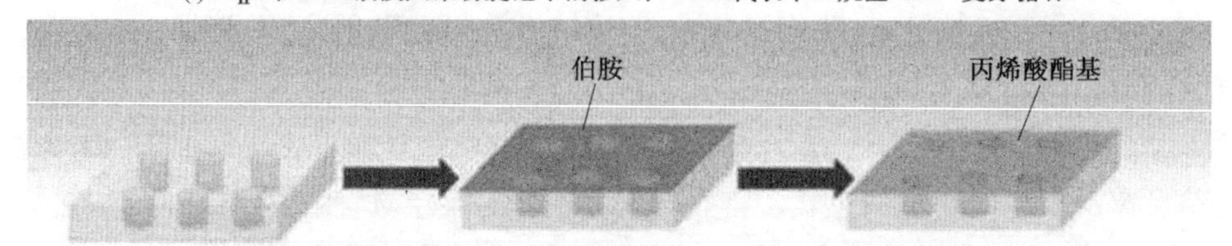

(ii) PCTE膜支撑层的表面改性。一系列具有不同平均孔径（50 nm, 100 nm, 400 nm）的PCTE膜首先涂覆有60 nm厚的金层，并通过化学吸附依次涂覆另一层单层半胱胺。伯胺基通过与丙烯酸共轭转化为丙烯酸酯基

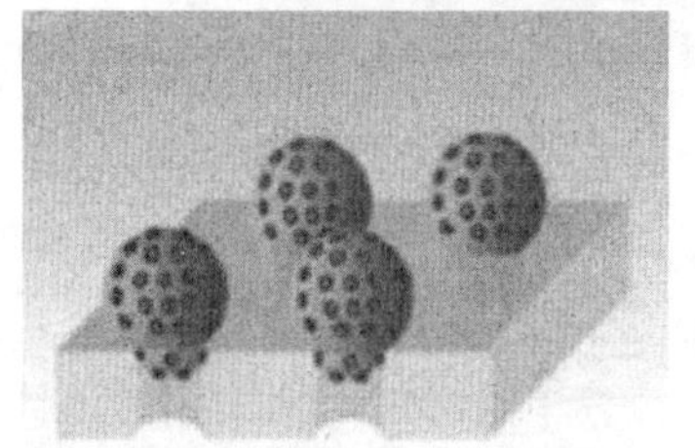

(iii) 压力辅助囊泡吸附在PCTE载体上

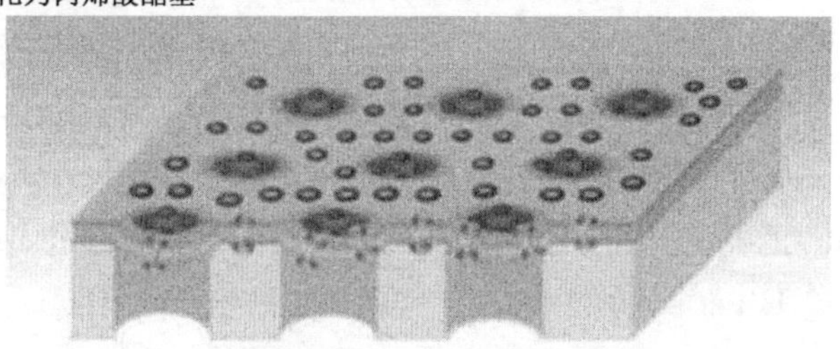

(iv) 共价偶联驱动的囊泡破裂和跨孔膜形成

(a) 穿孔膜设计和合成的示意图

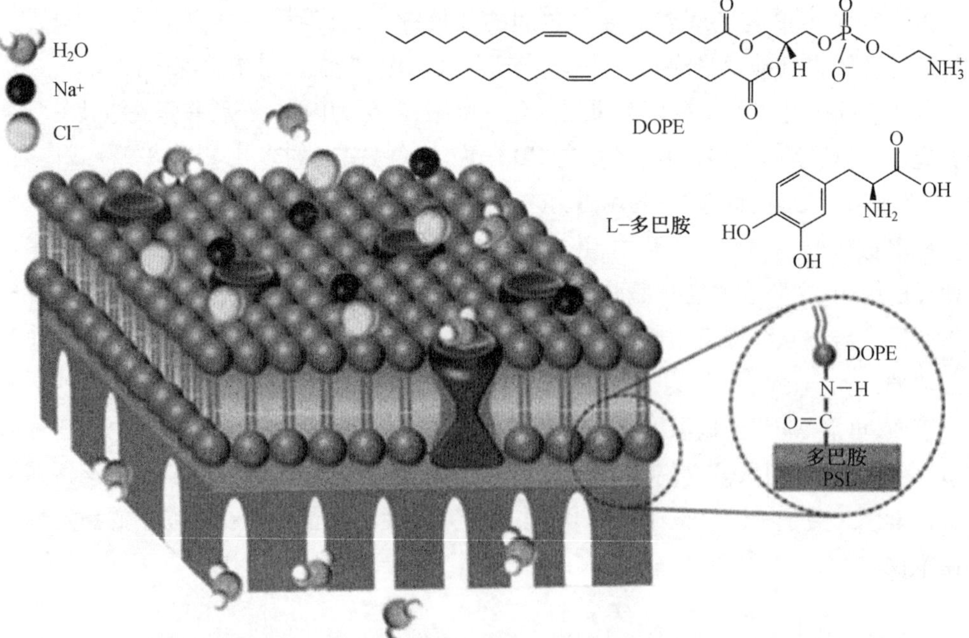

(b) 具有共价键的掺有AqpZ的SLB膜结构示意图（通过使用EDC / S-NHS作为催化剂，酰胺键连接的DOPE SLB建立在PDA层（棕色）涂覆的多孔PSf（灰色）载体之上）

图 4.7　实现 AQP 与基底或活性层之间的共价键结合的一些方法(彩图见附录)

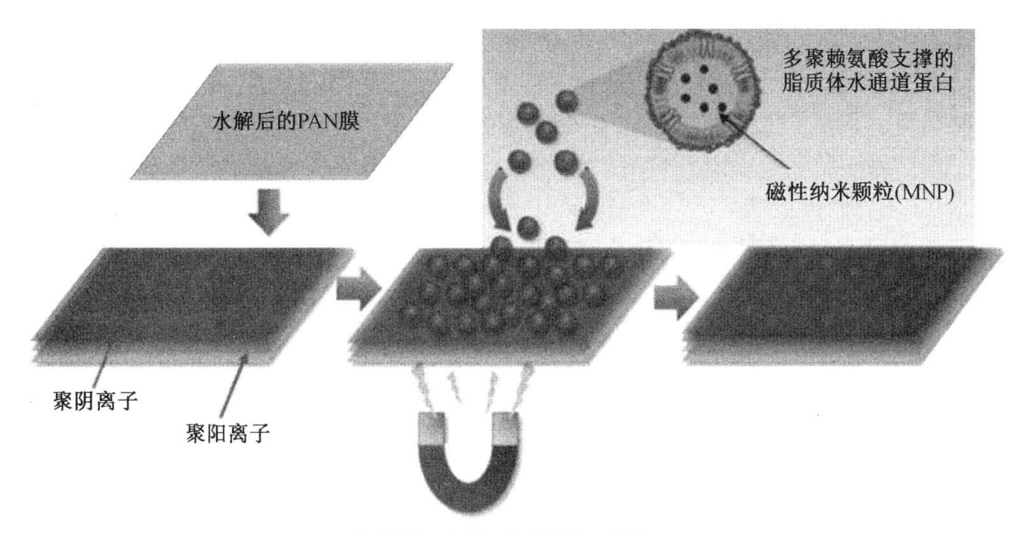

(c) 磁辅助LbL膜制备过程的示意图

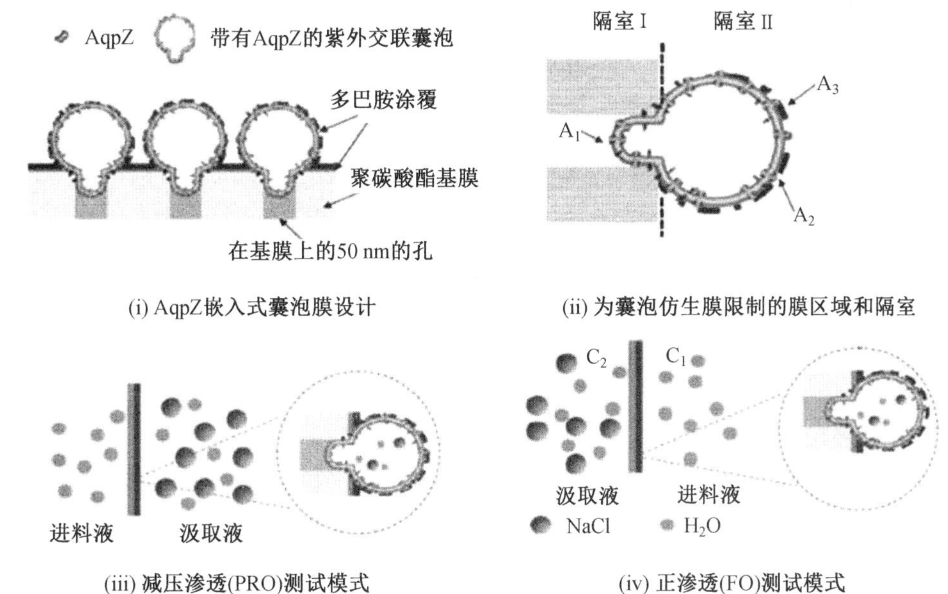

(i) AqpZ嵌入式囊泡膜设计　(ii) 为囊泡仿生膜限制的膜区域和隔室

(iii) 减压渗透(PRO)测试模式　(iv) 正渗透(FO)测试模式

(d) 示意图

续图 4.7

4.4.3　双表面层的 FO 膜

通常,正渗透膜包含致密分离层和多孔支撑结构组成的不对称结构。该结构在 FO 工艺中具有局限性:多孔结构倾向于聚集难以清洗的污垢,例如在 AL-DS 模式中,其进料溶液含有污染物。因此,尝试在开口多孔侧上进行制备额外涂层来解决该问题。通过 LBL 沉积制备的双层 FO 膜显示,基于 FO 的膜生物反应器或浓缩进料溶液,以及从进料中回收有价值的产物,都展现出高水通量和低污染倾向的组合。然而,通过在顶部和底部表面上应用 PA TFC 作为选择性层材料,在 AL-FS 和 AL-DS 操作模式下,双层 FO 膜显示出比单层 FO 膜的改善的对中性硼酸截留率。这些结果可能提供一种在更广泛的应用中去除物质的机制。通过聚多巴胺/碳纳米管的 IP 和 PSf 基质上的 TMC 制备双层膜可以减少结垢。减少结垢是双层 FO 结构的优势,但汲取溶质的扩散性降低将导致内部浓差极化增加。然而,汲取液浓度和进料溶液浓度对流体的影响与单层膜相似。有争议的报道声称在双层 FO 膜中内部浓差极化会降低。一份报告中使用双表面层 FO 膜未分离黏性汲取剂(蔗糖、柠檬酸铁络合物(Fe-CA)和聚乙二醇(PEG)单月桂酸酯)。其中,使用蔗糖和 PEG 单月桂酸酯作为汲取溶质,双层膜比单层膜显示出更高的 FO 通量。如果这些结果得到验证,双层膜可以扩大吸收溶液池的性能。

4.4.4 LBL 方法

LBL 方法是一种沉积方法,用于制造可控厚度的无缺陷薄层。LBL 方法涉及在带电表面上交替吸附相反电荷的材料,如聚电解质、纳米颗粒、黏土、GO 等,然后在每个吸附步骤之后漂洗以除去弱相关的材料。聚电解质吸附到载体上的原因是疏水相互作用或静电-疏水相互作用。

层厚度和性能的微调使得能够制造具有极低传质阻力的高选择性层,适用于膜分离应用,如渗透汽化、NF、RO 和 FO,其中高选择性是期望拥有的性能。同时,利用这种聚电解质膜层,如果 LBL 涂层没有化学交联,可以通过调节 pH 或使用表面活性剂分解来洗掉膜污垢。

使用 LBL 技术在 FO 膜中有一些应用;然而,初步结果显示这些膜具有低截留率。为了提高膜的性能,Tang 等在 LBL 层中采用了交联,其对 $MgCl_2$ 的截留率大大提高到 95.5%。该膜还显示出高抗污染性能。然而,LBL 技术的使用可能需要进一步探索,由于它更可能显示接近 NF 膜的性质,因此,微调层的性质将是关键问题。LBL 技术也被用于 GO 纳米片的沉积,已经证明了 FO 膜的制备过程中可以使用。GO 膜制备:通过 LBL 方法,由 GO 纳米片和阳离子聚电解质组装在支撑层中的前面(即密集)和背面(即粗糙的孔)。在 FO 和 PRO 模式中系统地测试 GO 膜和对照 PA 膜的结垢和清洗行为。该研究证明了在不对称膜的背面(即多孔)侧上的致密 GO 阻挡层对 PRO 的污垢控制的有效性。通过 LBL 沉积相反电荷的 GO 纳米片,在 PA-TFC 膜表面上涂覆 GO 多层,增强了对 PA-TFC 膜污染和氯诱导降解的阻抗。共 GO 涂层增加了表面亲水性并降低了表面粗糙度,改善了抗蛋白质污染的性能。此外,GO 纳米片的化学惰性特性充当底层 PA 膜的氯屏障,导致暴露于氯时的盐截留率降低。

4.4.5 其他类型的 FO 膜

基于由 Torlons 聚酰胺-酰亚胺(PAI)多孔基材制成的不对称微孔中空纤维,然后使用聚乙烯亚胺(PEI)进行聚电解质后处理,报道了具有带正电荷的 NF 分离层的整体中空纤维膜。PAI 中空纤维膜显示纯水渗透率为 2.19 ~ 2.25 L/(m^2 · h · bar),合理的 NaCl 和 $MgCl_2$排放分别为 49% 和 94% (1 bar)。该膜在 FO 模式下显示出 8.36 L/(m^2 · h) 和 9.74 L/(m^2 · h) 的 FO 流动,并且 J_s/ J_v 为 0.4 g/L,低于商业 CTA HTI 的 0.85 g/L。汲取液为 0.5 mol/L $MgCl_2$,这可能是由于 NF 特性的低截留率(DI 水作为进料)。已经为 FO 和 PRO 开发了由 PBI / POSS 外层和 PAN / PVP 内层组成的混合基质中空纤维膜。具有此优化浓度的膜在室温下显示最大水通量为 31.37 L/(m^2 · h),使用 2.0 mol/L $MgCl_2$作为 FO 工艺中的汲取液,PRO 工艺中的最大功率密度为 2.47 W/m^2,7 bar 时使用 1.0 mol/L NaCl 作为汲取液。同样,制备了双层聚苯并咪唑聚醚砜/聚乙烯吡咯烷酮(PBI-PES/PVP)中空纤维 NF 膜,用于富集和浓缩药物产品。两种类型的膜均显示出 NF 特征。显著低的传质阻力导致高通量;然而,单价离子的扩散是不可避免的。

4.4.6 下一代 FO 膜

在水渗透率与水/盐渗透率选择性的对数-对数图中,经常观察到折中关系和上限。FO 膜归属于 RO/NF 体系;图 4.8 描述了相同的比例关系。也有一些文章提到可设计的膜是未来的发展方向,读者可自行查阅。

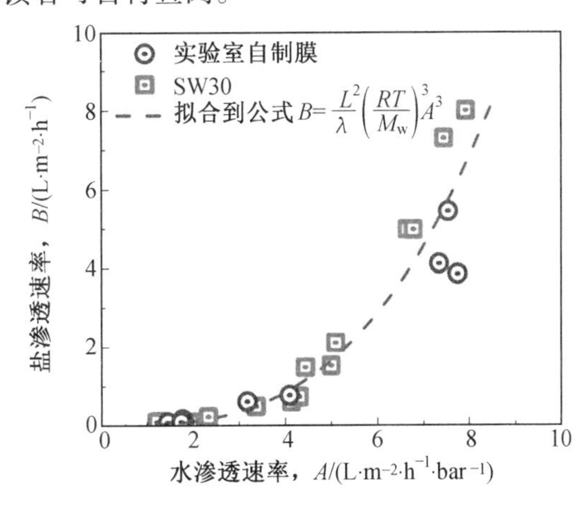

图 4.8 溶质扩散控制 RO、NF 膜的渗透率-截留权衡关系
(数据显示,随着水渗透率增加到 3,盐渗透率增加)

通过将孔径调整到小于 9.4 Å,发现没有正向或反向溶质通过膜。这项工作为功能化多孔石墨烯在水脱盐方面、FO 发电方面提供了光明的前景。层状 GO 膜因液体净化而受到越来越多的关注。在液体环境中,水合作用将 GO 纳米片之间的间距从 0.3 nm 的干燥状态增加到 0.9 nm。膜不稳定;水合离子之间的选择性也降低了。由于水合官能团的量减少,相似层状结构的 rGO 膜在液相中更稳定,但是显示出很高的电阻。rGO 膜在液相中更稳定。然而,通过将膜厚度减小到纳米级,使氢气和水分子可渗透,可以改善 rGO 的渗透性。

纳米管具有可修饰的表面和由组成大环化合物限定的均匀直径的内孔。这一发现为开发具有广泛应用的稳定的纳米结构系统奠定了坚实的基础,例如,仅通过生物纳米结构、分子传感以及水纯化和分子分离所需的多孔材料的制造来实现功能的重构模拟。堆叠可以在内腔或外表面中进行,化学修饰的刚性大环化合物可以产生具有限定尺寸的内部孔的自组装有机纳米管。进一步的发展会产生新的应用,如生物传感、材料分离和分子纯化。多功能纳米管模仿天然 AQP 蛋白高水分输送和离子选择性。然而,对宏观尺度的自组装似乎是一个相当大的工程挑战。进一步系统研究实现纳米结构管阵列的形成将为高性能脱盐膜的发展奠定坚实的基础。

FO 膜的防污染性能确实是一个非常重要的话题。然而,FO 结垢实质上与其他膜过程没有太大差别。污垢的相互作用和膜表面的化学物理特性决定了污垢状态。

4.5 正渗透技术的应用

FO 被描述为下一代海水淡化技术的低能耗工艺。渗透性药物传递系统和渗透稀释过程的简要介绍是本节的主要目标。讨论了基于 FO 的整体过程和 PRO 的潜力。

4.5.1 渗透性药物传递系统

渗透是生物学中的基本现象之一。穿过半透膜的渗透流体是从低溶质浓度(高化学势)到高溶质浓度(低化学势)区域的溶剂流。可以基于此设计受控药物输送系统简单的过程(图 4.9)。只要药物隔室中的渗透压在整个操作期间保持恒定,就可以保持恒定(零阶)释放。对于体外使用,使用类似于两室泵的多室泵,并且需要额外的隔室来供应溶剂。

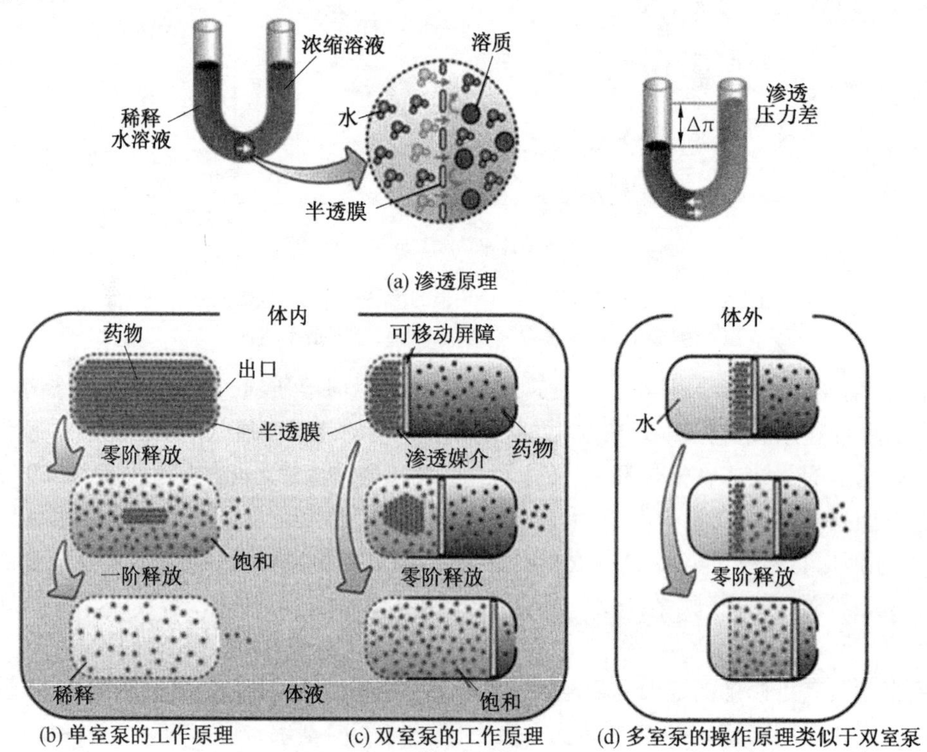

图 4.9　渗透性药物传递系统的简单过程(彩图见附录)

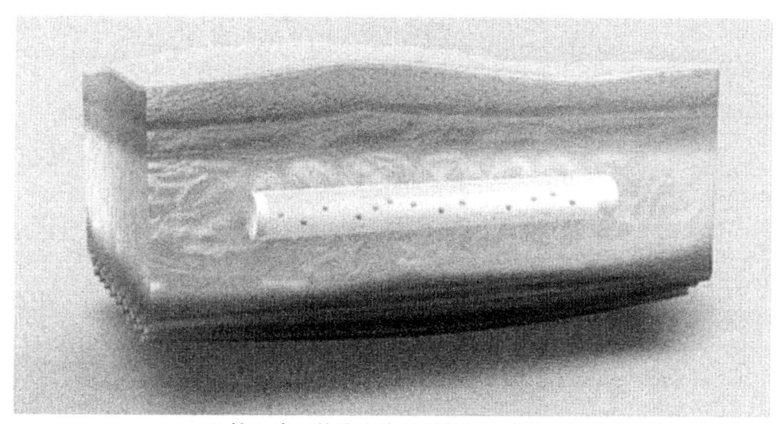

(i) 植入皮下的聚合物传送装置示意图

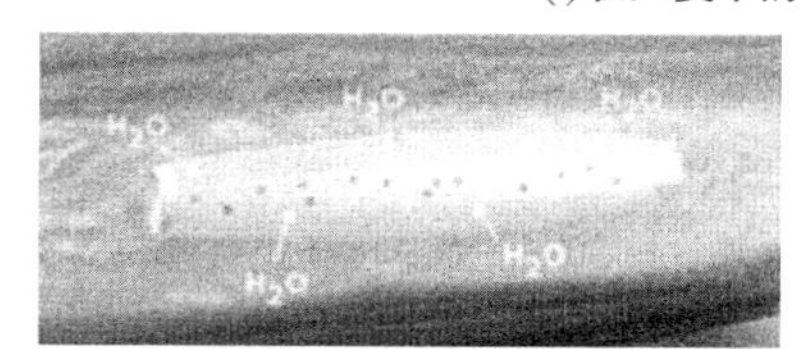

(ii) 渗透驱动的水吸收使胶囊膨胀

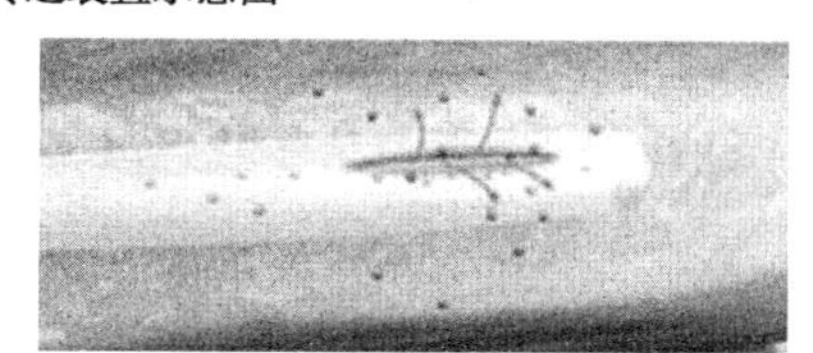

(iii) 液体静压力克服爆破压力；胶囊立即破碎并释放疫苗

(e)

续图 4.9

(虽然(b)和(c)使用体液作为溶剂并施用于体内,但(d)设计用于体外使用,并且需要额外的隔室供应溶剂)

4.5.2 工业渗透稀释应用

工业规模的渗透稀释过程可以在无机化学工业中识别。图 4.10 显示了使用地下盐水(UGB)作为起始材料的碳酸钠生产线的工艺流程图。UGB 通常存在于沉积池中,含有高浓度的盐。UGB 的盐度通常远高于海水。已经使用蒸发池将 UGB 浓缩至饱和点以获得粗盐。这种传统的脱水过程非常缓慢,并且具有非常大的占地面积。此外,收获粗盐的过程是能量密集型的,因为盐晶体必须在非常大的区域上收集并转运到中央处理点。根据工艺特点,采用 FO 浓缩 UGB 代替蒸发池,采用饱和 NaCl 汲取液,其中 FO 既可以强化蒸发过程,又可以减少原油溶解对淡水的需求。

另一个例子是冷却塔应用 FO 工艺,其中汲取液是浓缩冷却水,雨水用作进料。冷却水在维持许多工业过程的适当温度方面起着重要作用。由于冷却水中的渗透压有限,FO 通量受到限制(最初在 231 ℃时为 1.75 $L/(m^2 \cdot h)$)。

与 RO 技术相比,开发在低液压或无液压下运行的膜工艺可显著降低资金和运营成本。悉尼科技大学提出了肥料驱动的 FO(FDFO)海水淡化的概念,开发了通过废水回收实现的一种综合生物废水处理工艺的和用于封闭的水培的 FDFO 封闭的混合系统,以实现水-食物连结的可持续的方案。基于实验室规模的实验结果表明,商业液体肥料与传统的汲取液具有相似的性能(即水通量和反向盐通量),具有提供所需的大量和微量营养素的优点。发现了渗透反冲洗可以有效恢复初始水通量(即水通量恢复率超过 95%),说明 FDFO 过程的低污染潜力。这些结果可能有助于消除 NF 后处理,有助于减少占地面积

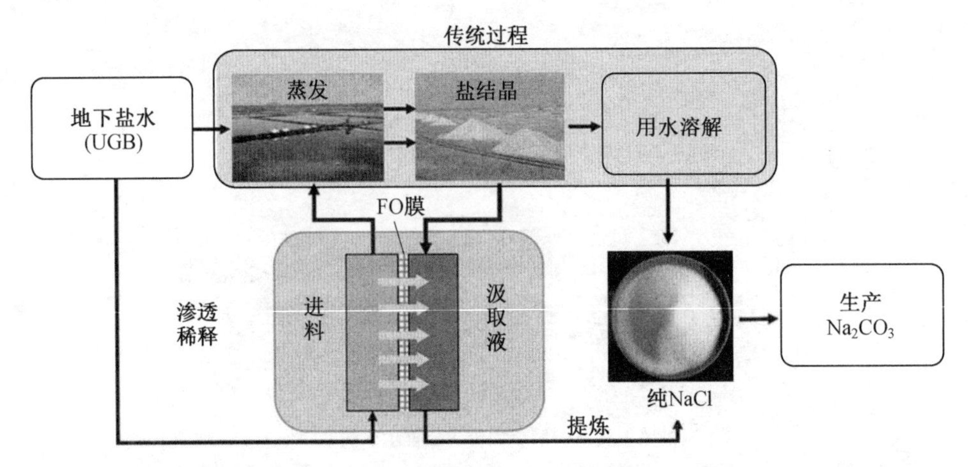

图 4.10 使用地下盐水(UGB)作为起始材料的碳酸钠生产线的工艺流程图
(传统的生产工艺从地下盐水的蒸发开始(10 wt% 固体,主要是 NaCl);将收获的盐溶解并送入生产线。在基于 FO 的过程中,盐的溶解与盐水的浓缩相结合)

和资本成本。报道了另一种渗透稀释过程,使用液体肥料作为汲取液。

4.5.3 其他基于 FO 的完整过程

渗透膜生物反应器(OMBR)技术最初由研究人员提出,作为生产纯水的 MBR 技术的一种有前景的替代方法。从那时起,很多人都对这个领域很感兴趣,仅仅是因为人们认为 FO 本质上是抗污染的,然而,从汲取到膜生物反应器的反向盐泄漏会使盐聚集,这对生物消化是有害的。污垢是另一个关键问题,精细的脱盐活性层必须能够耐受细菌和与有机物质长期密切相互作用,最终膜污染严重并可能损坏膜。

非常规天然气资源提供了获得相对清洁的化石燃料的机会,这可能会导致一些国家的能源独立。最近,研究人员开始探索和评估 FO-RO 混合工艺的处理性能和经济性,以便对受损或再生水和海水进行再利用。FO 从进料液中提取清洗水。对于水含盐量高的情况,这个过程不适用。

据报道,FO 膜已经被报道用于蛋白质浓缩、含油废水、砷(Ⅲ)去除和页岩气钻井流体回收(SGDF)的水回收。在这些耦合过程中,FO 过程是用于浓缩进料流,MD 工艺用于回收汲取溶质。将 MD 直接施加到上述进料流是不可行的,如含油废水、SGDF 或其他过程似乎比 FO-MD 方法(如砷(Ⅲ))更复杂。Li 等人报道了 FO 结合真空膜蒸馏(VMD)从 SGDF 回收水(图 4.11)。在混合 FO-VMD 系统中,水通过 FO 膜渗透到汲取液储存器中,并且 VMD 过程用于汲取溶质回收和清洗水生产。使用从我国钻井现场获得的 SGDF 样品,混合系统可以实现近 90% 的水回收率。再生水的质量与瓶装水的质量相当。

Hydration Technologies Inc.(HTI)已将其 CTA 膜商业化,以应用于 FO 工艺。由嵌入式聚酯纤维网支撑的 CTA 制成的 HTI FO 膜在淡盐水和海水淡化中已被广泛报道。很少有关页岩气开采产生的高盐废水处理的研究。此外,TFC- FO 膜也用于来自页岩开采的高盐度废水的脱盐。TFC 膜似乎显示出比 CTA 膜更高的水通量。发现 TFC 膜在浓缩页岩气体回流水中的污染比 CTA 膜更严重。估算基于 FO 处理来自石油/天然气工业废水

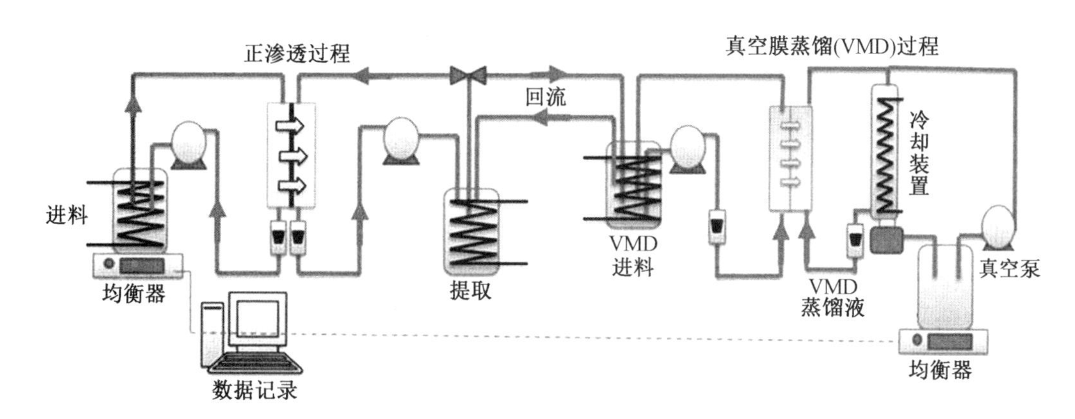

图 4.11 FO 结合真空膜蒸馏(VMD)从 SGDF 回收水

的工艺的成本显示,如果不加电压时进行废热供应,与 RO 和蒸馏相比,经济效益是可预见的。

4.5.4 渗透能发电

在讨论渗透能量或蓝色能量时,研究人员和电力行业热衷于将时间和金钱投入绿色技术。2015 年,美国共消耗了 97.5×10^7 亿 BTU,大致相当于 293 071 000 000 kW · h)。但科学研究可能会在未来取得突破。

例如,当全球 37 300 km^2 的河流排放量与海洋相遇时,可能获得的功率估计大于 1 TW,足以供应全球能源。然而,从 Statkraft 中失败的实验象征着这可能不是正确的选择。可能提取渗透能的五种天然来源是海水、RO 盐水、盐丘溶液、大盐湖和死海。每立方米稀释溶液的最大理论能量约等于相应盐水溶液的渗透压:典型海水为 27 bar,犹他州大盐湖为 375 bar,死海边界为 507 bar。以色列和约旦,海水反渗透植物盐水假定为 54 bar(回收率为 50%)、盐丘(地下地质结构)溶液为 316 bar。如果考虑到所有实际问题,如预处理、在开放的海洋中汲取海水、能量交换器的效率,以及恒定压力(如果在恒定压力下工作,能量可提取物低于理论预测),河水-海水对之间渗透产生的能量不足以供应所消耗的能量。高盐度的进料液是产生正电力以补偿消耗的电力所必需的。仍然需要解决诸如严重的膜污染、模块机械强度和模块间隔件设计等技术问题;在 PRO 的任何实际应用之前,对其他技术甚至其他绿色能源的经济可行性均应评估。

4.6 正渗透技术的未来发展趋势

FO 是一种新兴技术,不需要外部液压,因此可能是绿色脱盐过程。FO 已应用于应急水袋、控释泵和灌溉。显然,渗透性药物传递系统和渗透稀释是 FO 的最佳应用,FO 研究仍然是科学研究的兴趣所在。

仍然需要开发合适的 FO 膜和膜组件。存在基于一维或二维纳米材料的膜限制。FO 通量/选择性和成本的权衡在很大程度上决定了汲取溶质的选择。目前,无机盐(如果适用)仍然是最佳选择。其他基于纳米粒子的汲取溶质的开发仍处于科学研究水平。

总体来说,FO 从长远发展上看无法替代 RO,而是作为工业和医疗应用的基础和新技术。多学科交流在不久的将来是必要的。

本章习题

4.1 正渗透分离过程的特点是什么?

4.2 正渗透过程的基本特征是什么?

4.3 正渗透是如何定义的?

4.4 正渗透是如何分类的?

4.5 正渗透分离基本原理是什么?

本章参考文献

[1] CHUNG T S, ZHANG S, WANG K Y, et al. Forward osmosis processes: yesterday, today and tomorrow [J]. Desalination, 2012, 287: 78-81.

[2] HICKENBOTTOM K L, VANNESTE J, ELIMELECH M, et al. Assessing the current state of commercially available membranes and spacers for energy production With Pressure Retarded Osmosis [J]. Desalination, 2016, 389: 108-118.

[3] THORSEN T, HOLT T. The potential for power production from salinity gradients by pressure retarded osmosis [J]. Journal of Membrane Science, 2009, 335: 103-110.

[4] SHAFFER D L, WERBER J R, JARAMILLO H, et al. Forward osmosis: where are we now? [J]. Desalination, 2015, 356: 271-284.

[5] LI X M, ZHAO B, WANG Z, et al. Water reclamation from shale gas drilling flow-back fluid using a novel forward osmosis-vacuum membrane distillation hybrid system [J]. Water Sci. Technol, 2014, 69: 1036-1044.

[6] VIDIC R D, BRANTLEY S L, VANDENBOSSCHE J M, et al. Impact of shale gas development on regional water quality [J]. Science, 2013, 340:1235009.

[7] PEREZ-GONZALEZ A, URTIAGA A M, IBANEZ R, et al. State of the art and review on the treatment technologies of water reverse osmosis concentrates [J]. Water Res., 2012, 46: 267-283.

[8] TANG C Y, SHE Q, LAY W C L, et al. Coupled effects of internal concentration polarization and fouling on flux behavior of forward osmosis membranes during humic acid filtration [J]. Journal of Membrane Science, 2010, 354: 123-133.

[9] WEI J, QIU C, WANG Y N, et al. Comparison of nf-like and ro-like thin film composite osmotically - driven membranes—implications for membrane selection and process optimization [J]. Journal of Membrane Science, 2013, 427: 460-471.

[10] CATH T Y, ELIMELECH M, MCCUTCHEON J R, et al. Standard methodology for evaluating membrane performance in osmotically driven membrane processes [J]. Desal-

ination, 2013, 312: 31-38.

[11] TANG C Y, KWON Y N, LECKIE J O. Effect of membrane chemistry and coating layer on physiochemical properties of thin film composite polyamide RO and NF membranes. ii. membrane physiochemical properties and their dependence on polyamide and coating layers [J]. Desalination, 2009, 242: 168-182.

[12] PHUNTSHO S, HONG S, ELIMELECH M, et al. Forward smosis desalination of brackish groundwater: meeting water quality pequirements for fertigation by integrating nanofiltration [J]. Journal of Membrane Science, 2013, 436: 1-15.

[13] SAHEBI S, PHUNTSHO S, WOO Y C, et al. Effect of sulphonated polyethersulfone substrate for thin film composite forward osmosis membrane [J]. Desalination, 2016, 389: 129-136.

[14] FAM W, PHUNTSHO S, LEE J H, et al. Boron transport through polyamide-based thin film composite forward osmosis membranes [J]. Desalination, 2014, 340: 11-17.

[15] CHEKLI L, PHUNTSHO S, KIM J E, et al. A comprehensive review of hybrid forward osmosis systems: performance, applications and future prospects [J]. Journal of Membrane Science. 2016, 497: 430-449.

[16] DEY P, IZAKE E L. Magnetic nanoparticles boosting the osmotic efficiency of a polymeric FO draw agent: effect of polymer conformation [J]. Desalination, 2015, 373: 79-85.

[17] ZHAO D L, WANG P, ZHAO Q P, et al. Thermoresponsive copolymer-based draw solution for seawater desalination in a combined process of forward osmosis and membrane distillation [J]. Desalination, 2014, 348: 26-32.

[18] STONE M L, RAE C, STEWART F F, et al. Switchable polarity solvents as draw solutes for forward osmosis [J]. Desalination, 2013, 312: 124-129.

[19] KUMAR R, AL-HADDAD S, AL-RUGHAIB M, et al. Evaluation of hydrolyzed poly(i-sobutylene-alt-maleic anhydride) as a polyelectrolyte draw solution for forward osmosis desalination [J]. Desalination, 2016, 394: 148-154.

[20] OU R W, WANG Y Q, WANG H T, et al. Thermo-sensitive polyelectrolytes as draw solutions in forward osmosis process [J]. Desalination, 2013, 318: 48-55.

[21] TIAN E L, HU C B, QIN Y, et al. A study of poly(sodium 4-styrenesulfonate) as draw solute in forward osmosis [J]. Desalination, 2015, 360: 130-137.

[22] QI S R, LI Y, WANG R, et al. Towards improved separation performance using porous fo membranes: the critical roles of membrane separation properties and draw solution [J]. Journal of Membrane Science, 2016, 498: 67-74.

[23] HAU N T, CHEN S S, NGUYEN N C, et al. Exploration of edta sodium salt as novel draw solution in forward osmosis process for dewatering of high nutrient sludge [J]. Journal of Membrane Science, 2014, 455: 305-311.

[24] ZHAO Y T, REN Y W, WANG X Z, et al. An initial study of edta complex based draw

solutes in forward osmosis process [J]. Desalination, 2016, 378: 28-36.

[25] ARENA J T, MCCLOSKEY B, FREEMAN B D, et al. Surface modification of thin film composite membrane support layers with polydopamine: enabling use of reverse osmosis membranes in pressure petarded osmosis [J]. Journal of Membrane Science, 2011, 375: 55-62.

[26] WANG R, SHI L, TANG C Y, et al. Characterization of novel forward osmosis hollow fiber membranes [J]. Journal of Membrane Science, 2010, 355: 158-167.

[27] CATH T Y, ADAMS D, CHILDRESS A E. Membrane contactor processes for wastewater reclamation in space: ii. combined direct osmosis, osmotic distillation, and membrane distillation for treatment of metabolic wastewater [J]. Journal of Membrane Science, 2005, 257: 111-119.

[28] BOKHORST H, ALTENA F W, SMOLDERS C A. formation of asymmetric cellulose acetate membranes [J]. Desalination, 1981, 38: 349-360.

[29] JOSHI S V, RAO A V. Cellulose triacetate membranes for seawater desalination [J]. Desalination, 1984, 51: 307-312.

[30] LIU Y, LANG K, CHEN Y, et al. Effect of heat-treating and dry conditions on the performance of cellulose acetate reverse osmosis membrane [J]. Desalination, 1985, 54: 185-195.

[31] VÁSÁRHELYI K, RONNER J A, MULDER M H V, et al. Development of wet-dry reversible reverse osmosis membrane with high performance from cellulose acetate and cellulose triactate blend [J]. Desalination, 1987, 61: 211-235.

[32] KASTELAN-KUNST L, SAMBRAILO D, KUNST B. On the skinned cellulose triacetate membranes formation [J]. Desalination, 1991, 83: 331-342.

[33] CAI B, ZHOU Y, GAO C. Modified performance of cellulose triacetate hollow fiber membrane [J]. Desalination, 2002, 146: 331-336.

[34] IDRIS A, ISMAIL A F, NOORDIN M Y, et al. Optimization of cellulose acetate hollow fiber reverse osmosis membrane production using taguchi method [J]. Journal of Membrane Science, 2002, 205: 223-237.

[35] CAI B, NGUYEN Q T, VALLETON J M, et al. In situ reparation of defects on the skin layer of reverse osmosis cellulose ester membranes for pervaporation purposes [J]. Journal of Membrane Science, 2003, 216: 165-175.

[36] LIU C, BAI R. Preparing highly porous chitosan/cellulose acetate blend hollow fibers as adsorptive membranes: effect of polymer concentrations and coagulant compositions [J]. Journal of Membrane Science, 2006, 279: 336-346.

[37] RAHIMPOUR A, MADAENI S S. Polyethersulfone (PES)/cellulose acetate phthalate (CAP) blend ultrafiltration membranes: preparation, morphology, performance and antifouling properties [J]. Journal of Membrane Science, 2007, 305: 299-312.

[38] CHEN W, SU Y, ZHANG L, et al. In situ generated silica nanoparticles as pore-

forming agent for enhanced permeability of cellulose acetate membranes [J]. Journal of Membrane Science, 2009, 348: 75-83.

[39] NGUYEN T P N, YUN E T, KIM I C, et al. Preparation of cellulose triacetate/cellulose acetate (CTA/CA)-based membranes for forward osmosis [J]. Journal of Membrane Science, 2013, 433: 49-59.

[40] SAIRAM M, SEREEWATTHANAWUT E, LI K, et al. Method for the preparation of cellulose acetate flat sheet composite membranes for forward osmosis-desalination using $MgSO_4$ draw solution [J]. Desalination, 2011, 273: 299-307.

[41] CADOTTE J E, KING R S, MAJERLE R J, et al. Interfacial synthesis in the preparation of reverse-osmosis membranes [J]. J. Macromol. Sci. Chem., 1981, A15: 727-755.

[42] CADOTTE J E. Interfacially synthesized reverse osmosis membrane. US19790014164 [P]. 1981-07-07.

[43] VERÍSSIMO S, PEINEMANN K V, BORDADO J. Thin-film composite hollow fiber membranes: an optimized manufacturing method [J]. Journal of Membrane Science, 2005, 264: 48-55.

[44] HAN G, CHUNG T S, TORIIDA M, et al. Thin-film composite forward osmosis membranes with novel hydrophilic supports for desalination [J]. Journal of Membrane Science, 2012, 423: 543-555.

[45] LI X S, CHOU S R, WANG R, et al. Nature gives the best solution for desalination: aquaporin-based hollow fiber composite membrane with superior performance [J]. Journal of Membrane Science, 2015, 494: 68-77.

[46] WANG H L, CHUNG T S, TONG Y W, et al. Highly permeable and selective pore-spanning biomimetic membrane embedded with Aquaporin Z [J]. Small, 2012, 8: 1185-1190.

[47] DING W D, CAI J, YU Z Y, et al. Fabrication of an aquaporin-based forward osmosis membrane through covalent bonding of a lipid bilayer to a microporous support [J]. Journal of Material Chemical A, 2015, 3: 20118-20126.

[48] SUN G F, CHUNG T S, CHEN N P, et al. Highly permeable aquaporin-embedded biomimetic membranes featuring a magnetic-aided approach [J]. RSC Advance, 2013, 3: 9178-9184.

[49] WANG H L, CHUNG T S, TONG Y W. Study on water transport through a mechanically robust aquaporin z biomimetic membrane [J]. Journal of Membrane Science, 2013, 445: 47-52.

[50] XIE W Y, HE F, WANG B F, et al. An aquaporin-based vesicle-embedded polymeric membrane for low energy water filtration [J]. Journal of Material Chemical A, 2013, 1: 7592-7600.

[51] QI S R, QIU C Q, ZHAO Y, et al. Double-skinned forward osmosis membranes based

on layer-by-layer assembly-FO performance and fouling behavior [J]. Journal of Membrane Science, 2012, 405: 20-29.

[52] QIU C Q, QI S R, TANG C Y Y. Synthesis of high flux forward osmosis membranes by chemically crosslinked layer-by-layer polyelectrolytes [J]. Journal of Membrane Science, 2011, 381:74-80.

[53] PARDESHI P, MUNGRAY A A. Synthesis, characterization and application of novel high flux FO membrane by layer-by-layer self-assembled polyelectrolyte [J]. Journal of Membrane Science, 2014, 453: 202-211.

[54] SETIAWAN L, WANG R, LI K, et al. Fabrication of novel poly(amide-imide) forward osmosis hollow fiber membranes with a positively charged nanofiltration-like selective layer [J]. Journal of Membrane Science, 2011, 369: 196-205.

[55] SETIAWAN L, WANG R, LI K, et al. Fabrication and characterization of forward osmosis hollow fiber membranes with antifouling NF-like selective layer [J]. Journal of Membrane Science, 2012, 394-395: 80-88.

[56] GAI J G, GONG X L. Zero internal concentration polarization FO Membrane: functionalized graphene [J]. Journal of Material Chemical A, 2014, 2: 425-429.

[57] LI H, SONG Z N, ZHANG X J, et al. Ultrathin molecular-sieving graphene oxide membranes for selective hydrogen separation [J]. Science, 2013, 342: 95-98.

[58] NAIR R R, WU H A, JAYARAM P N, et al. Unimpeded permeation of water through helium-leak-tight graphene-based membranes [J]. Science, 2012, 335: 442-444.

[59] LIU H Y, WANG H T, ZHANG X W. Facile fabrication of freestanding ultrathin reduced graphene oxide membranes for water purification [J]. Advanced Materials, 2015, 27: 249-254.

[60] HEIRANIAN M, FARIMANI A B, ALURU N R. Water desalination with a single-layer MoS2 nanopore [J]. Nature Communication, 2015, 6: 8616.

[61] VIDIC R D, BRANTLEY S L, VANDENBOSSCHE J M, et al. Impact of shale gas development on regional water quality [J]. Science, 2013, 340: 1235009.

[62] CHEN G, WANG Z, NGHIEM L D, et al. Treatment of shale gas drilling flowback fluids (SGDFs) by forward osmosis: membrane fouling and mitigation [J]. Desalination, 2015, 366: 113-120.

[63] MCCUTCHEON J R, ELIMELECH M. Influence of concentrative and dilutive internal concentration polarization on flux behavior in forward osmosis [J]. Journal of Membrane Science, 2006, 284: 237-247.

[64] SABLANI S S, GOOSEN M F A, AL-BELUSHI R, et al. Concentration polarization in ultrafiltration and reverse osmosis: a critical review [J]. Desalination, 2001, 141: 269-289.

[65] STRATHMANN H. Membrane separation processes [J]. Journal of Membrane Science, 1981, 9: 121-189.

[66] TANG C Y, SHE Q, LAY W C L, et al. Coupled effects of internal concentration polarization and fouling on flux behavior of forward osmosis membranes during humic acid filtration [J]. Journal of Membrane Science, 2010, 354: 123-133.

[67] LOEB S, TITELMAN L, KORNGOLD E, et al. Effect of porous support fabric on osmosis through a Loeb - Sourirajan type asymmetric membrane [J]. Journal of Membrane Science, 1997, 129: 243-249.

[68] MEHTA G D, LOEB S. Internal polarization in the porous substructure of a semipermeable membrane under pressure-retarded osmosis [J]. Journal of Membrane Science, 1978, 4: 261-265.

[69] MCCUTCHEON J R, MCGINNIS R L, ELIMELECH M. desalination by ammonia-carbon dioxide forward osmosis: Influence of draw and feed solution concentrations on process performance [J]. Journal of Membrane Science, 2006, 278: 114-123.

[70] TANG C Y, KWON Y N, LECKIE J O. Effect of membrane chemistry and coating layer on physiochemical properties of thin film composite polyamide RO and NF membranes. ii. membrane physiochemical properties and their dependence on polyamide and coating layers [J]. Desalination 2009, 242: 168-182.

[71] WEI J, LIU X, QIU C, et al. Influence of monomer concentrations on the performance of polyamide-based thin film composite forward osmosis membranes [J]. Journal of Membrane Science, 2011, 381: 110-117.

[72] XIAO P, NGHIEM L D, YIN Y, et al. A Sacrificial-layer approach to fabricate polysulfone support for forward osmosis thin-film composite membranes with reduced internal concentration polarisation [J]. Journal of Membrane Science, 2015, 481: 106-114.

[73] CATH T Y, ADAMS D, CHILDRESS A E. Membrane contactor processes for wastewater reclamation in space: Ⅱ. combined direct osmosis, osmotic distillation, and membrane distillation for treatment of metabolic wastewater [J]. Journal of Membrane Science, 2005, 257: 111-119.

[74] BOKHORST H, ALTENA F W, SMOLDERS C A. Formation of asymmetric cellulose acetate membranes [J]. Desalination, 1981, 38: 349-360.

[75] JOSHI S V, RAO A V. Cellulose triacetate membranes for seawater desalination [J]. Desalination, 1984, 51: 307-312.

[76] LIU Y, LANG K, CHEN Y, et al. Effect of heat-treating and dry conditions on the performance of cellulose acetate reverse osmosis membrane [J]. Desalination, 1985, 54: 185-195.

[77] VÁSÁRHELYI K, RONNER J A, MULDER M H V, et al. Development of wet-dry reversible reverse osmosis membrane with high performance from cellulose acetate and cellulose triactate blend [J]. Desalination, 1987, 61: 211-235.

[78] KASTELAN-KUNST L, SAMBRAILO D, KUNST B. On the skinned cellulose triacetate

membranes formation [J]. Desalination, 1991, 83: 331-342.

[79] DAVE A M, SAHASRABUDHE S S, ANKLESHWARIA B V, et al. Enhancement of membrane performance with employment of cellulose acetate blend [J]. Journal of Membrane Science, 1992, 66: 79-87.

[80] NGUYEN T P N, YUN E T, KIM I C, et al. Preparation of cellulose triacetate/cellulose acetate (CTA/CA)-based membranes for forward osmosis [J]. Journal of Membrane Science, 2013, 433: 49-59.

[81] VERÍSSIMO S, PEINEMANN K V, BORDADO J. Thin-film composite hollow fiber membranes: an optimized manufacturing method [J]. Journal of Membrane Science, 2005, 264: 48-55.

[82] HAN G, CHUNG T-S, TORIIDA M, et al. Thin-film composite forward osmosis membranes with novel hydrophilic supports for desalination [J]. Journal of Membrane Science, 2012, 423-424: 543-555.

[83] WANG Y Q, OU R W, WANG H T, et al. Graphene oxide Modified graphitic carbon nitride as a Modifier for thin film composite forward osmosis membrane [J]. Journal of Membrane Science, 2015,475: 281-289.

[84] PARK M J, PHUNTSHO S, HE T, et al. Graphene oxide incorporated polysulfone substrate for the fabrication of flat-sheet thin-film composite forward osmosis membranes [J]. Journal of Membrane Science, 2015, 493: 496-507.

第5章　纳　滤

5.1　纳滤技术简介

随着全球经济和人口数量高速增长,水资源短缺和废水污染问题已成为制约人类社会生存和发展的瓶颈。废水污染不仅会破坏生态平衡,还有可能通过食物链的富集危害人体健康,废水的处理和回收已迫在眉睫。相较于传统的吸附、氧化、蒸馏、萃取等水处理技术,近年来蓬勃发展的膜分离技术具有高效、节能、环保等优势,目前已广泛应用于水处理、食品、化工、医药等领域。近年来,纳滤研究与发展十分迅速。从美国申请的专利看,"纳滤"一词的专利技术最早出现于20世纪80年代末,而到1990年时,只有9项专利,在之后1991—1995的五年中,增加了69项,到目前为止,全球有关纳滤膜及其应用的专利已千余项。Markets and Markets 市场调研公司预测,膜分离技术具有良好的应用和发展前景,2021年全球分离膜研究市场将达到119.5亿美元,并将以约10%的复合年均增长率持续增长。

微滤、超滤、纳滤和反渗透膜分离技术具有不同的孔径和分离范围,如图5.1所示。纳滤作为一种新型分离技术,于20世纪80年代由Film-Tech公司命名,其分离范围介于超滤和反渗透之间,具有独特的孔径(0.5 ~2 nm)和截留分子量(200 ~1 000 g/mol)。纳滤膜可用于除去抗生素、二糖、染料等小分子物质,广泛应用于医药、食品和印染等工业领域,是近年来的研究热点。目前使用的商品纳滤膜主要包括陶氏公司的NF40HF、NF40、NF200,日本东丽公司的UTC-20HF和UTC-60以及海德能公司的HNF系列等。我国从20世纪80年代后期开始纳滤膜的研制,在实验室中相继开发了CA-TA纳滤膜、S-ES涂层纳滤膜和芳香聚酰胺复合纳滤膜,并对其性能的表征及污染机理等方面进行了试验研究,取得了一些初步的成果。但有关纳滤膜的制备技术和应用开发都还处于起步阶段,因此开发新型纳滤膜材料填补国内空白已成为亟待解决的问题。

纳滤膜材料可根据结构的差异分为整体皮层不对称纳滤膜和复合纳滤膜,整体皮层不对称纳滤膜通过相转化法制备,其皮层较厚,通量较低。而复合纳滤膜通过在支撑的基膜上构筑更薄的选择性皮层克服了厚皮层的传质阻力,具有更可控和优异的分离性能,此外多样化的选择层设计拓宽了高分子材料在膜制备中的应用范围,推动了创新型膜材料的制备和研发。复合纳滤膜通常由层层自组装法、表面接枝法、界面聚合法和仿生黏合等技术制备,目前仿生黏合和界面聚合法因其操作简便、易于调控、适用范围广等特点最为广泛研究,已取得了很多研究成果。然而,对于苛刻的废液环境,如强酸的废水溶液,传统的纳滤膜很难保持结构和性能的稳定性,因此,开发新型高性能复合纳滤膜、优化制膜方法、调节膜结构和性能以迎接"挑战",成为进一步深入研究的关键。纳滤膜的分离具有以下特点:首先,纳滤技术与反渗透膜相比,具有操作压力低、水通量大的特点。纳滤膜与

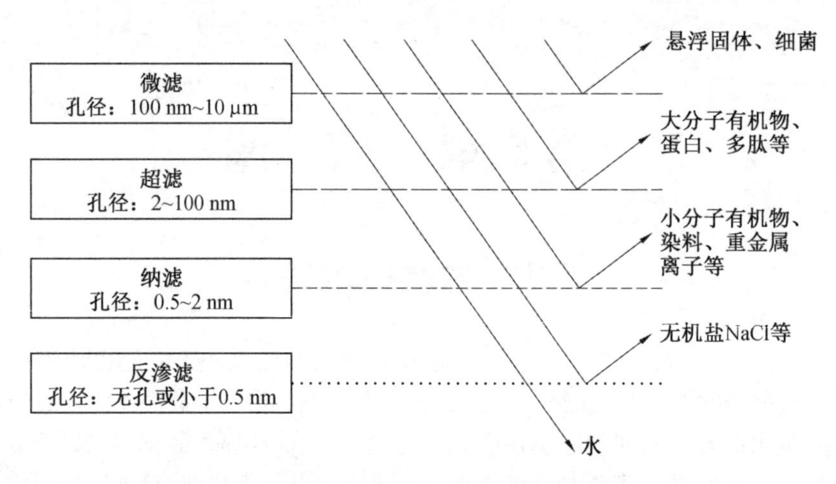

图 5.1 不同分离膜孔径以及分离性能示意图

超/微滤膜相比，又具有截留低分子量物质的能力。对许多中等分子量的溶质，如消毒副产物的前驱物、农药等微量有机物、致突变物等杂质能有效去除，从而决定其在水处理中的地位。它能截留透过超滤膜的小分子量有机物，透过被反渗透膜所截留的无机盐，填补了超滤和反渗透之间的空白。其次，与电渗析、离子交换和传统热蒸发技术相比，纳滤技术可以在脱盐的同时兼浓缩，在水的软化、净化，有机物与无机物混合液的浓缩与分离方面具有独特的分离优势；此外纳滤膜对不同价态的离子截留效果不同，对高价离子和二价离子的截留率明显高于单价离子。对阴离子的截留率按下列顺序递增：NO_3^-、Cl^-、OH^-、SO_4^{2-}、CO_3^{2-}；对阳离子的截留率按下列顺序递增：H^+、Na^+、K^+、Mg^{2+}、Ca^{2+}、Cu^{2+}；截留分子量在 200～2 000 g/mol 之间，适用于分子大小为 1 nm 的溶质组分的分离；对离子的截留受离子半径的影响。在分离同种离子时，离子价数相等，离子半径越小，膜对该离子的截留率越小；离子价数越大，膜对该离子的截留率越大；对疏水型胶体油、蛋白质和其他有机物具有较强的抗污染性。

5.2 纳滤原理

如图 5.2 所示，在原料侧施加一定的压力，在膜上下游压力差的作用下，溶液中的分子量低于 200 g/mol 的小分子物质、单价离子及水透过膜上的纳米孔流到膜的低压侧为渗透液，而分子量为 200～2 000 g/mol 的有机物质及多价离子被膜阻挡而留在膜的上游侧，从而实现了分子量大于 200 g/mol 的有机物、多价离子及分子量低于 200 g/mol 的有机物、单价离子及水的分离。纳滤膜的推动力是膜两侧的压力差。

纳滤膜具有特殊的孔径范围和制备时的特殊处理（如复合化、荷电化），使其具有较特殊的分离性能。纳滤膜的一个重要特征是膜表面或膜中存在带电基团，因此纳滤分离具有两个特性，即筛分效应和电荷效应。分子量大于膜的截留分子量（MWCO）的物质，将被膜截留，反之则透过，这就是膜的筛分效应（也称为位阻效应）。另外，纳滤膜的分离层一般由聚电解质构成，使膜表面带有一定的电荷，离子与膜所带电荷的静电相互作用使

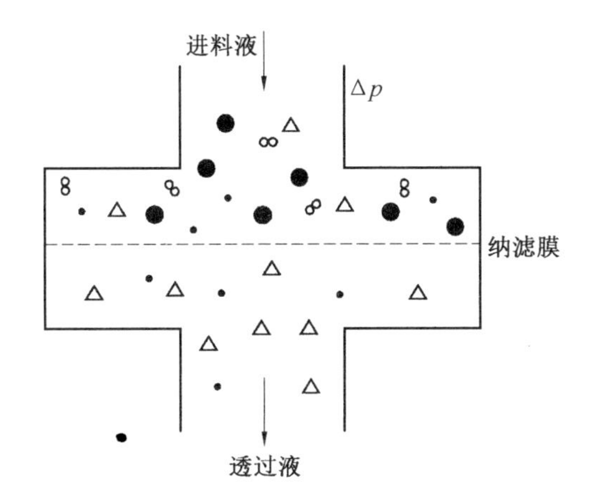

图 5.2 纳滤原理示意图

●代表分子量 200 g/mol 以上的有机分子;∞ 多价离子;

△单价离子; · 水及分子量低于 200 g/mol 的小分子

纳滤膜产生电荷效应(Donnan 效应)。对不带电荷的不同分子量物质的分离主要是靠筛分效应;而对带有电荷的物质的分离主要是靠电荷效应。大多数纳滤膜的表面带有负电荷,它们通过静电相互作用,阻碍多价离子的渗透。

5.2.1 纳滤膜的性能评价

1. 纳滤膜的电学性能

大多数纳滤膜是荷电膜,荷电性是决定纳滤膜分离性能的重要方面,对纳滤膜结构性能表征主要是对与其电性能有关参数的表征。纳滤膜的荷电性能主要用流动电位、Zeta 电位及膜表面电荷密度来表征。对于荷电纳滤膜,由于膜的高分子材料中引入了荷电基团,因此膜表面带有一定的电荷。膜内荷电基团的性质与荷电量的多少影响膜的分离效果。在溶液中,与膜同号电荷的离子会受到荷电膜强烈的排斥作用,异号电荷离子则会被吸附。如在一般的天然水中含有带负电荷的胶体微粒和杂质,当膜表面带有正电荷时,胶体杂质易沉淀于膜的表面或膜孔隙中造成膜的污染与毒化,使膜的性能下降。当膜表面具有与胶体微粒同号电荷时,膜不易被污染。另外,膜中荷电基团具有较大的亲水性,改变了膜的含水率,致使膜对一些低分子有机物有良好的脱除性。

(1)流动电位。

当对荷电膜一侧的电解质溶液施加一压力使电解质溶液通过荷电膜时,膜两侧就会相应地产生电位差(ΔE)。通过电位差测量出流动电位,它的大小反映了水携带反离子流动的能力。可用于判断荷电膜表面所带电荷的性质及其电性能的强弱,还可计算出流动电现象的一个重要参数:膜面的 Zeta 电位。Zeta 电位越高,离子迁移数越大,膜的选择性越好。

(2)Zeta 电位。

高分子材料中引入固定荷电基团或高分子固相对溶液中某些离子(正离子或负离子)的优先吸附(或排斥)在固液两相的界面形成双电层。Stern 层面是电子之间的接触面,也就是膜表面电荷附近的稳定离子层(Stern 层)和流动部分形成双电层。Stern 电位实际上影响着各层电荷的行为,能够表征膜的荷电性能,但是 Stern 电位不能被直接测出。Zeta 电位是 Stern 层与溶液之间的相对运动产生的剪切表面电位差,所以通过 Zeta 电位可以间接表征 Stern 层电位,进而反映膜的荷电性能(假定剪切面与 Stern 面是一致的)。Zeta 电位(ζ)的零电势被定义为在膜表面无限远处。可以测量流动电位,再通过公式计算得到 Zeta 电位值。实验中,Zeta 电位 ζ 和流动电位 ΔE 之间用著名的 Helmholtz-moluchowski 公式来表示:

$$\zeta = \frac{\Delta E \eta \kappa_s R_{el,s}}{\Delta p \varepsilon R_{el}} \tag{5.1}$$

式中,Δp 是测流动电位时 A、B 两端的实际压力;ε 是电解质的介电常数;η 是电解质溶液的黏度;R_{el} 是电解质溶液的电阻;$R_{el,s}$ 是标准溶液的电阻;通常取 0.1 mol/L KCl 溶液作为标准溶液,它的电导率 κ_s 可以用电导率仪直接测出。

(3) 膜表面电荷密度。

带电膜和电解质溶液中电荷的形成和分布情况各异。当吸附离子存在于 Stern 层中时,按电荷在体系中的分布和作用不同可分为:a. 在膜表面的固定电荷 $\sum^0$;b. Stern 层中的电荷 $\sum^s$;c. 在双电层的扩散层内的电荷 $\sum^d$。双电层的总电荷等于零,故体系表现为电中性。

$$\sum^0 + \sum^s + \sum^d = 0 \tag{5.2}$$

在测定膜的表面电荷时,需要溶液和膜表面发生相对运动。若溶液通过的孔或缝宽远远大于双电层的厚度,则各层的表面电荷密度之间的关系为

$$\sigma^0 + \sigma^s + \sigma^d = 0 \tag{5.3}$$

表面电荷的分布范围可具有一定厚度。比如,膜的表面电荷密度可位于靠近膜表面的某些地方。双电层的扩散部分的表面电荷密度 σ^d 一般是用膜表面一定区域内的一个柱形体内存在的总电荷表示。在距离膜表面 x 处的表面电荷密度可写为

$$\sigma^d(x) = \int_x^\infty \rho(x)\,dx \tag{5.4}$$

在含有不同的价态离子的电解质溶液中,动力学表面电荷密度 σ^d 可从下式中获得:

$$\sigma_d = \frac{\varepsilon \zeta}{\kappa^{-1}} \tag{5.5}$$

式中,κ^{-1} 是 Debije 长度,可以用如下公式计算:

$$\kappa^{-1} = \sqrt{\frac{\varepsilon \kappa T}{4e^2 N_A I}} \tag{5.6}$$

式中,ε 是介电常数;κ 是 Boltzmann 常数;T 是温度;e 是基本电荷电量;N_A 是阿伏伽德罗(Avogadro)常数;I 是离子强度,$I = 0.5 \sum z_i^2 c_i$,z_i 是化合价,c_i是浓度。

Stern 层的电性是由吸附离子引起的。其中一种吸附电荷的总量同离子浓度之间的关系符合 Freundlich 吸附等温线,Freundlich 吸附等温线通过一个能量定理来描述电荷密度和阴离子间的非线性关系:

$$\sigma_s(x_-) = a x_-^b \tag{5.7}$$

式中，a 和 b 是常数，并且表示阴离子在溶液中的百分数：

$$x_{-} = \frac{cv_{-} M_{H_2O}}{\rho - c[v_{+} M_{+} + v_{-} M_{-} - (v_{+} - v_{-}) M_{H_2O}]} \tag{5.8}$$

式中，c 表示电解质溶液的浓度；v 表示化学计量系数；M 表示摩尔质量；ρ 表示密度；下角标 -、+ 和 H_2O 分别表示阴离子、阳离子和水。

膜上的总电荷包括吸收层和分散层：

$$\sigma_{d} = \sigma_{0} + ax_{-}^{b} \tag{5.9}$$

2. 纳滤膜分离性能评价指标

(1) 截留率(R)。

无论溶质是否荷电，纳滤实验中溶质的截留率和在此截留率下溶剂的透过量均可以作为衡量纳滤膜的选择性和实用性的指标。

纳滤膜的截留率的定义如下：

$$R = \frac{c_{f} - c_{p}}{c_{f}} \tag{5.10}$$

式中，c_f、c_p 分别代表进料液浓度和渗透液浓度。

(2) 膜通量(J)。

纳滤膜的通量定义如下：

$$J = \frac{V}{At} \tag{5.11}$$

式中，V 为渗透液的体积，L；A 为有效膜面积，m^2；t 为透过时间，h；J 为膜通量，$L/(m^2 \cdot h)$。

5.2.2 纳滤过程的数学模型

为了预测某给定膜的分离性能(通量、截留率等)，纳滤膜的传质机理必须清楚。由于纳滤膜性能介于超滤膜与反渗透膜之间，因此其分离机理亦处于两者之间，或兼而有之。故目前研究的纳滤模型可分为三类：一类为不可逆热力学模型，将纳滤膜视为黑匣子，即不考虑膜微结构。其余两类皆考虑膜微结构，一类认为NF膜微结构接近于超滤膜，溶剂通过膜孔传递而溶质由于筛分作用被截留，称之为孔流模型(pore - flow model)。孔流模型有许多形式，如表面力孔流模型、细孔模型、DSPM模型、DSPM - DE模型、SEDE模型等，这些模型均与原料特性(如浓度、黏度等)及膜特性(如平均孔径、膜厚、荷电密度等)关联。另一类纳滤模型认为纳滤膜微结构更接近于反渗透膜，表层为致密结构，溶质或溶剂只有经过表层聚合物链运动造成的自由空间才能透过膜，即传递由三步组成，首先是溶解于膜聚合物材料中，然后扩散传递，最后从膜材料中脱附或解析出来。因此传递机理通常通过由 Lonsdale 等建立的溶解 - 扩散模型(solution - diffusion model)来解释，或由 Paul 修正模型与溶解 - 扩散机理的瞬时传递机理(transient transport mechanism)模型来解释。本节主要介绍不可逆热力学模型、溶解 - 扩散模型、孔流模型和电荷模型。

1. 不可逆热力学模型

由不可逆热力学而得到的纳滤模型有两种，一种为经典的 K - K 模型(Kedem -

Katchalsky model）和S－K模型（Spiegler－Kedem model）、一种为Maxwell－Stefan传递方程。其基本原理认为传递过程是一个不可逆的自由能连续消耗而熵增加的过程。Kedem和Katchalsky通过运用不可逆唯象理论和Onsager互易关系，提出了溶质和溶剂通量公式：

$$J_v = L_p(\Delta p - \Delta\pi)$$

$$J_s = P_s(c_m - c_p) + (1-\sigma)J_v\bar{c} \tag{5.12}$$

式中，J_v 是溶剂通量；J_s 是溶质通量；L_p 是水渗透系数；P_s 是溶质透过系数；σ 是反射系数；Δp 是膜两侧压差；$\Delta\pi$ 是渗透压；c_m、c_p 及 $\bar{c}$ 分别是膜面溶质浓度、渗透液浓度及膜两侧浓度的平均值。

后来，Kedem和Spiegler发展了这个模型，提出了通过膜的溶剂通量和溶质通量的微分关系式：

$$J_s = -P'\frac{dc}{dx} + (1-\sigma)J_v c \tag{5.13}$$

式中，P' 是膜的局部溶质透过系数，单位 m^2/s，定义为 P_s。将式（5.13）沿膜厚方向积分得到截留率表达式：

$$\begin{cases} R = \dfrac{\sigma(1-F)}{1-\sigma F} \\ F = \exp\left(-\dfrac{1-\sigma}{P_s}J_v\right) \end{cases} \tag{5.14}$$

式（5.13）和式（5.14）即为著名的S－K模型方程。S－K模型对溶质浓度范围要求较宽，可适于透过通量较大、浓度梯度较高的情况，常用于通过纳滤透过实验回归得到模型参数（溶质透过系数 P_s、反射系数 σ），进而分析膜的细孔结构。

2. 溶解－扩散模型

在20世纪70年代早期，Wijmans等根据溶解－扩散机理的假设建立了溶解－扩散模型。由于近似简化，该模型有不完善之处，忽略了重要的溶剂流动对溶质传递的影响，即对流效应，这已被Stafie等及Bhanushali等证明。因此Paul以三元的Maxwell-Stefan方程为起点，对传统的溶解－扩散模型进行了修正。修正的溶解－扩散模型对溶剂通量的描述是与修正前一致的，而对溶质通量，则包括了扩散和对流对溶质传递的影响，与表面力孔流模型和细孔模型类似，而最主要的区别却在于表面力孔流模型与细孔模型均假设膜层内存在压力梯度且孔内溶剂流动符合Hagen-Poiseuille方程。如果考虑到这三种模型的相同之处，则细孔模型更接近于溶解－扩散模型。因此，纳滤膜对溶质传递的机理可以分为两部分：①通过扩散传递，与扩散系数及浓度梯度有关；②通过对流传递，与溶质－溶剂摩擦系数及溶剂通量有关。对不致密或疏松程度不同的NF膜，这两部分对溶质总通量的贡献均不同。

由溶解－扩散理论可导出水和溶质（盐）在膜中的迁移遵循下列方程式：

$$J_w = A(\Delta p - \Delta\pi)$$

$$J_s = B(c_{1s} - c_{2s}) \tag{5.15}$$

式中，J_w 为水在膜中的透过通量，$L/(m^2 \cdot s)$；J_s 为盐在膜中的透过通量，$L/(m^2 \cdot s)$；A 为

纯水透过系数;B 为溶质透过系数;c_{1s} 为进水盐的浓度,mol/m^3;c_{2s} 为出水盐的浓度,mol/m^3。

3. 孔流模型

孔流模型均假设膜孔内流体流动符合水力模型,即可通过达西定律(Darcy's law)进行描述。对于纯溶剂,通量通常符合 Hagen-Posieuille 方程。Bowen 等在扩展的 Nernst-Planck (ENP)方程的基础上建立了一杂化纳滤模型,认为溶质通量包括三部分,即由膜两侧浓度梯度引起的扩散通量、由溶剂流动引起的对流通量、由膜两侧电势梯度引起的电移通量。

由于表面较致密的纳滤膜接近反渗透膜,而对于反渗透膜,溶质-膜相互作用关系决定了溶质通量,因此根据溶质-膜相互作用关系,相继有两种孔流模型被建立。一种为表面力孔流模型(surface force pore-flow model),考虑了两种因素:①溶质在溶液-膜界面的浓度分配,包括溶质与膜材料之间的界面力;②动力学效应,即溶质相对于溶剂的流动性。另一种为细孔模型(steric-hindrance pore model),溶质通量包括两部分:①由浓度梯度引起的扩散过程;②由溶剂流动引起的对流过程,但没有考虑电势梯度对溶质的传递。目前,孔流模型发展较快,其中包括细孔模型和基于 ENP 方程的电荷模型、DSPM 模型、DSPM-DE 模型、SEDE 模型等。

4. 电荷模型

电荷模型依据对膜的结构、膜内电荷及电势分布情形的不同假设分为空间电荷模型(space charge model)和固定电荷模型(fixed charge model)。空间电荷模型假定膜分离层由孔径均一、壁面上电荷密度均匀的微孔构成,微孔内的离子浓度和电场电势分布、离子传递和流体流动分别由 Poisson Boltzmann 方程、Nernst-Planck 方程和 Navier-Stokes 方程等来描述。空间电荷模型是表征电解质及离子在荷电膜内的传递及动电现象的理想模型。

固定电荷模型假设膜分离层为凝胶相而忽略膜的微孔结构,其上固定电荷分布均匀且对被分离的电解质或离子作用相向,可以认为是空间电荷模型简化形式的特例。该模型最早由 Tcorell-Meyer 和 Sievers 提出,因而通常又被称为 TMS 模型。固定电荷模型可以用于表征离子交换膜、荷电型反渗透膜和纳滤膜内的传递现象,描述膜浓差电位、膜的溶剂及电解质渗透速率及其截留特性。固定电荷模型与扩展的 Nernst-Planck 方程联立可以很好地表征荷电型反渗透膜对单组分和混合电解质溶液体系中各种离子的截留性能。固定电荷模型的优点是数学分析简单,这是因为固定电荷在膜中分布是均匀的这一假定,具有一定的理想性。此外,该模型也未考虑结构参数如孔径的影响。

5.3 纳滤膜材料

5.3.1 高分子纳滤膜材料

大多数商品复合纳滤膜的支撑膜均由聚砜类材料制成。聚砜类材料机械强度高,耐酸碱,有优异的介电性,对除浓硫酸和浓硝酸外的其他酸、碱、醇、脂肪族烃等相当稳定,可连续在 pH 为 1 ~ 13 的体系中运行。但聚砜作为疏水性聚合物,不易被水或其他高表面张力的液体浸润,作为纳滤膜支撑材料时,需要对其表面进行改性处理,以改善其性能。

复合纳滤膜的复合层材料有芳香聚酰胺、聚哌嗪酰胺、磺化聚(醚)砜、聚脲、聚醚、聚二烯醇/聚哌嗪酰胺混合物等,其化学结构式及对应的商品膜牌号如下。

①芳香聚酰胺类复合纳滤膜。该类复合膜主要有美国 Film Tec 公司的 NF-50 和 NF-70;日本日东电工 Nitto Denko 公司的 NTR-759HR、ES-10,日本东丽(Toray)的 SU-700,Tri Sep 公司的 A-15。②聚哌嗪酰胺类复合纳滤膜。该类复合膜主要有美国 Film Tec 公司的 NF-40 和 NF-40HF,日本东丽公司的 SU-600、UTC-20HF 和 UTC-60,美国 AMT 公司的 ATP-30 和 ATF50,日本日东电工 Nitto Denko 公司的 NTR7250。③磺化聚(醚)砜类复合纳滤膜。该类膜主要有日本日东电工公司开发的 NTR-7400 系列纳滤膜。④聚脲类复合纳滤膜。该类膜主要有日本日东电工公司的 NTR-7100、UOP 的 TEC (PA300、RC-100)。⑤聚醚类复合纳滤膜。这类膜主要有日本东丽公司的 PEC-1000;⑥混合型复合纳滤膜。该类膜主要有日本日东电工公司的 NTR-7250,由聚乙烯醇和聚哌嗪酰胺组成。美国 Desalination 公司的 Desal-5 也是此类膜,其表面复合层由磺化聚(醚)砜和聚哌嗪酰胺组成。

5.3.2 无机纳滤膜材料

与有机高聚物膜相比,无机陶瓷膜作为一类新型的纳滤膜有独特的优点,如耐高温、化学稳定性好、机械强度大、分离效率高等,因而成为高效节能对环境友好的膜材料。无机纳滤膜通常由 3 种不同孔径的多孔层组成,大孔支撑体可以保证无机纳滤膜的机械强度;中孔的中间层可以降低支撑体的表面粗糙度,有利于纳孔层的沉积;而纳孔层(孔径 2 nm)决定着无机纳滤膜的渗透选择性。广泛应用的陶瓷膜材料有 Al_2O_3、ZrO_3、TiO_2、HfO_2、SiC 和玻璃等,所采用的载体主要是氧化铝多孔陶瓷。添加 SiO_2 等物质作为助烧结剂有利于成型和烧结,但会降低陶瓷膜的性能。美国 US filter 对氧化铝载体改性,得到的陶瓷膜能够耐一定浓度的强碱,但仍不能在热的强碱溶液中长时间使用。ZrO_2 具有极高的化学稳定性,但价格昂贵,ZrO_2 分离膜通常以氧化铝作为基膜。Larbo 等制备出了孔径为 0.5 ~ 2.0 nm 的氧化铝复合纳滤膜,膜的通量可达 15 L/(m^2 · h)(20 ℃,1 MPa),其 MWCO 约为 500 g/mol。法国 CNRS 膜材料与膜过程实验室以 HfO_2 纳滤膜对含 Na_2SO_4 和 $CaCl_2$ 溶液的脱除性能的研究表明,pH 为 3 ~ 4 时膜对 $CaCl_2$ 的脱除率达 85% ~ 90%,而对 Na_2SO_4 的脱除率不足 5%;在 pH 为 10 ~ 12 时其脱盐性能则刚刚相反。

5.4 纳滤膜制备

纳滤膜的制备可追溯到 20 世纪 70 年代 Cadotte 等人对于 NS-300 系列膜的研究,当时大部分纳滤膜都是从反渗透膜衍化产生,如醋酸纤维素膜、芳香聚酰胺复合膜、磺化聚(醚)砜膜等。纳滤膜特殊的孔径范围和电荷作用使它与反渗透膜相比具有更低的操作压力,而与超滤膜相比又具有更精密的分离作用,因此自出现以来迅速发展并实现商业化,其制备的方法也不断丰富和创新,主要包括相转化法、表面接枝法、层层自组装法、界面聚合法和多酚仿生涂覆法等。按膜的荷电性分,根据膜中固定电荷电性的不同,可将荷电纳滤膜分为荷正电膜、荷负电膜和中性膜。按照膜结构的差异,可以分为整体不对称膜和薄层复合纳滤膜。按照应用场景不同分为水系纳滤膜和耐有机溶剂型的纳滤膜,如聚酰亚胺纳滤膜。

5.4.1 不对称膜的制备

相转化法是指将高分子聚合物和所需的添加剂溶解于有机溶剂形成均相的铸膜液,并通过气相析出、蒸发、浸没沉淀等条件诱导铸膜液转化为固体膜材料。其中浸没沉淀相转化法应用最为广泛,将定量的铸膜液均匀地浇铸到无纺布织物或玻璃板表面,并用刮刀匀速刮膜,浸没到非溶剂凝固浴中进行溶剂与非溶剂的交换(一般是水),与此同时聚合物相固化形成多孔不对称膜,常见的制备不对称纳滤膜的材料有三醋酸纤维素(CTA)、醋酸纤维素(CA)、聚酰胺(PA)、磺化聚砜、聚酰亚胺(PI)等。其中以 CA 制备的不对称纳滤膜研究及应用最多。这是因为醋酸纤维素来源丰富、价格便宜、制膜工艺简便、用途广泛、水渗透率高、截留率好、膜具有耐氯性,已应用于海水淡化领域。其缺点是抗氧化性能差、pH 使用范围窄(3 ~6)、易压密和易水解,限制了它在某些领域中的应用。为克服其本身的缺陷,可进行化学改性和接枝,如在纤维素主链中引入共轭双键、三键或环状键,提高抗氧化能力和热稳定性。鉴于纳滤膜的分离特性,还必须改变常规醋酸纤维素膜的组成和配比,特别是致孔剂。目前也有不少研究将诱导相转化的方法组合,以实现相转化的可控调节,如刘金盾等人通过干/湿诱导相转化法制备了可调控膜结构的聚酰亚胺纳滤膜,首先在空气中通过低沸点溶剂的蒸发使表面发生一定程度的转化,随后将铸膜液置于凝固浴中进一步相转化,所制得的膜结构由多种条件共同调控。

不对称型纳滤膜的制备方法即 L–S 法,由于纳滤膜的表面致密皮层较反渗透膜疏松,较超滤膜致密,因此,采用 L–S 法制备纳滤膜时,可以采用两种途径。一种是借助于反渗透的制备工艺条件,在此基础上,把制膜工艺条件向有利于形成较疏松的表面结构方向调整,如调整聚合物的浓度、添加剂的组成及动力学成膜等。另一种是借助超滤膜的制备工艺条件,使超滤膜表面孔变小后,采用热处理、荷电化或表面接枝等方法使膜表面致密化,以得到具有纳米级表面孔的不对称型纳滤膜。

5.4.2 复合膜的制备

复合法是目前应用最广,也是最有效的制备纳滤膜的方法。该方法是在多孔基膜上,复合一层具有纳米级孔径的超薄复合层。复合膜的优点是可以分别选取不同的材料制取基膜和复合层,使其性能(如选择性、渗透性、化学和热稳定性)达到最优化。由于这类膜的复合层和支撑层由不同的聚合物材料构成,因此每层均可独立地发挥其最大作用。与用相转化法制作的不对称结构膜相比,复合纳滤膜能制成具有良好重复性和不同厚度的超薄复合层;可以方便地调整膜的渗透性能和分离选择性,以及物化稳定性和耐压密性。

1. 多孔基膜的制备

多孔基膜的制备方法:对于高分子材料膜采用 L–S 相转化法,可由单一高聚物形成,如聚砜超滤膜;也可由 2 种或 2 种以上的高聚物经液相共混形成合金基膜,如含酞侧基聚芳醚酮-聚砜(PEKC-PSf)合金膜。高性能的多孔基膜是制备性能优良的复合纳滤膜的基础。由于聚砜化学和热稳定性好,故商品化复合纳滤膜大多采用聚砜多孔膜为支撑底膜。

2. 超薄复合层的制备

复合纳滤膜的传质阻力主要来自于超薄复合层。为了减小膜的传质阻力,应在保证分离要求的前提下尽可能减小超薄复合层的厚度。复合层的制备方法主要有涂敷法、界面聚合法、原位聚合法、接枝法、化学蒸气沉降法、等离子体聚合法、动力形成法等。除了涂敷法外,其他几种方法都是通过聚合反应形成很薄的聚合物层。

表面接枝技术通常由等离子体处理、紫外线辐照或化学处理膜表面引发,使接枝链与膜表面通过形成共价键相互连接。表面接枝技术是一种很有前途的膜表面改性方法。Deng 等人在聚酰胺膜表面接枝了超支化聚乙烯亚胺,由于超支化聚乙烯亚胺具有较强的亲水性和超支化空间结构,接枝后的复合膜表现出更亲水的表面特性,可以缓解膜表面与蛋白质污染物之间的静电吸引,提高复合膜的抗污染性能,此外接枝膜的渗透通量也较接枝前提高了 11.6%。近年来表面引发可逆加成-断裂链转移聚合(SI-RAFT)被认为是一种很有前途的接枝技术。Nadizadeh 等人报道了一种利用 SI-RAFT 聚合技术在膜表面稳定接枝两性离子聚合物的方法,所制备的接枝膜对蛋白质的不可逆吸附量明显下降,其可能的反应机理如图 5.3 所示。

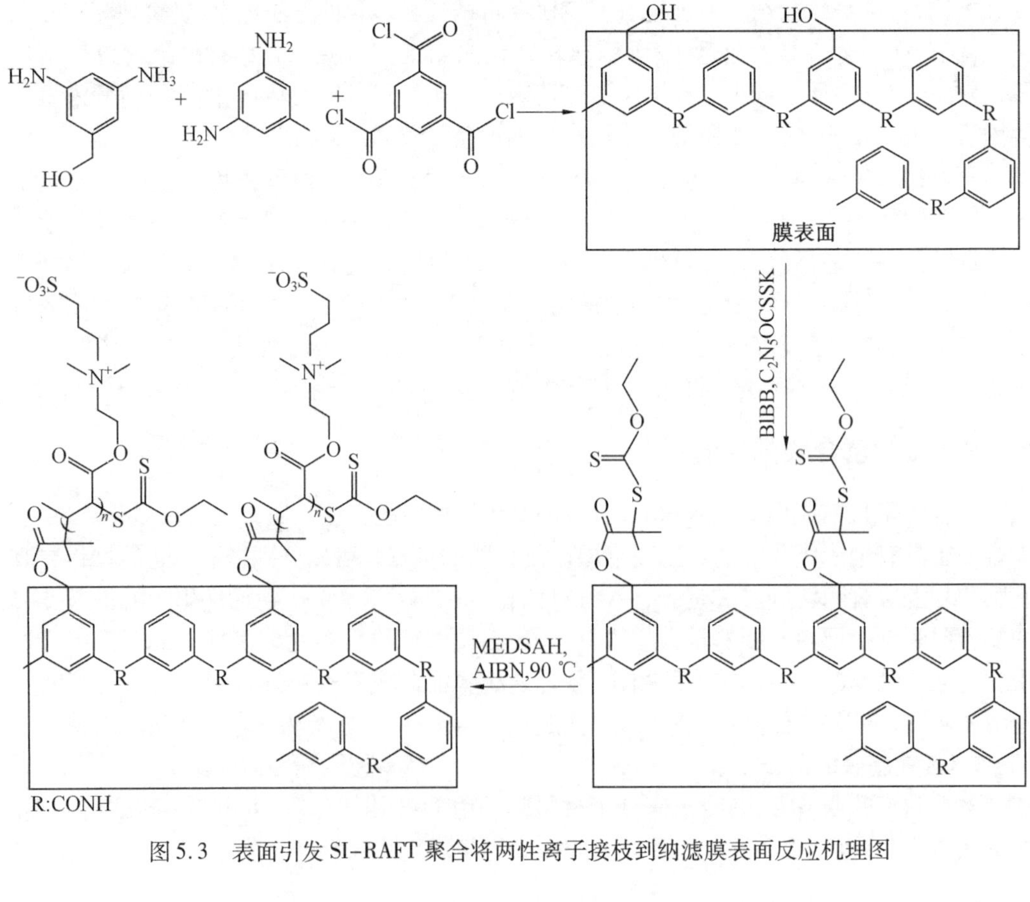

图 5.3 表面引发 SI-RAFT 聚合将两性离子接枝到纳滤膜表面反应机理图

层层自组装技术在纳滤膜中的应用通常是以氢键、配位作用、静电作用、电荷相互作用、共价作用为驱动力，使涂层自发地交替沉积，构筑选择层复合纳滤膜。这种方法具有操作简便、可控性强等优点，可以在纳米尺度上精确控制聚电解质、纳米材料、生物分子等多种材料制备的多层膜的厚度、成分和表面形貌等特征，近年来被广泛研究。Xiao 等人以单宁酸（TA）-Zn^{2+}为前驱体通过层层自组装的方法在聚醚砜基膜表面组装金属有机框架 ZIF-8 制备复合膜，其可能的反应机理如图 5.4 所示。通过层层自组装工艺可实现连续超薄 ZIF-8 选择层的可控制备，从而调节复合纳滤膜的分离性能。优化后的 ZIF-8 选择层复合纳滤膜的纯水渗透通量为 5.1 L/(m^2 · h · bar)，对 NaCl 的截留率为 55.2%，对 Na_2SO_4 的截留率可达到 93.6%。Kang 等人在聚丙烯腈基膜上通过层层自组装技术交替组装氧化石墨烯和氧化碳纳米管，形成了稳定的夹层结构复合膜，这种夹层结构提供的层间距可以降低传质阻力，改善渗透通量。Halakoo 等人在氯处理后的聚酰胺膜上通过聚乙烯亚胺和氧化石墨烯的自组装以及戊二醛的进一步交联，制备了用于醇类渗透蒸发脱水的薄层复合膜，通过调整双层膜的数量，可以调整膜的性能。

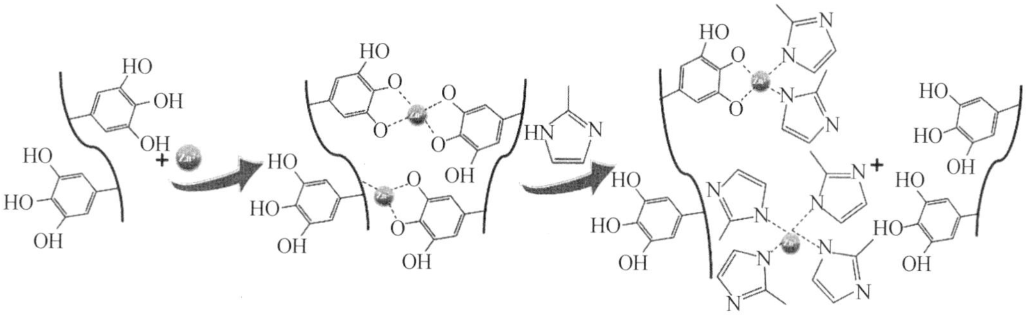

图 5.4 通过层层自组装法以 TA-Zn^{2+}网络为前驱体合成 ZIF-8 的反应机理示意图

界面聚合反应制备复合膜的机理如图 5.5 所示，界面聚合法制备纳滤膜是根据 Morgan 提出的界面聚合原理，将两种高反应活性的单体分别溶于水相和油相，限制这两种单体在互不相溶的水油界面快速发生缩聚反应，形成薄且致密的聚合物选择层，Cadotte 在 1980 年首次提出了使用界面聚合的方法制备聚酰胺选择层复合纳滤膜。因为聚合物的形成被限制在两相接触的界面上，反应单体更有可能遇到不断增长的聚合物链而不是其他单体，所以与本体聚合相比，在温和的反应条件下界面聚合可以获得更高的分子量，界面聚合法制备的选择层致密、分离性能优异、化学性质稳定，已成为纳滤膜制备的研究热点，且实现了商业化的应用。界面聚合的单体通常是二、三或多官能团单体。通常，其中一个相所含的单体是亲核试剂（即胺、醇等），另一相所含单体是亲电试剂（即酰氯化合物、异氰酸酯等）。用于界面聚合的亲电单体易与水反应，通常溶于有机相中，亲核单体溶于水相。形成聚合物的性质在很大程度上取决于单体的反应性和（局部）浓度，以及溶剂界面的稳定性和每个单体中反应基团的数量。两个双官能团单体通过界面聚合反应可生成线性聚合物链（如尼龙和聚碳酸酯）。而制备支化聚合物至少需要一种具有三个或更多反应性官能团的单体。支化和交联网络形成的程度取决于官能团的数量和反应活性。这种聚合物网络的性质与线性聚合物完全不同，线性聚合物的性质在很大程度上取决于其链-链相互作用和分子量分布。因为每个聚合物链都有相对较高的自由度，所以聚合物链可以在一定范围内发生运动。即使是玻璃状聚合物,也会发生链重组,这导致线型聚合物的稳定性及耐溶剂性能都较差。而多官能团单体通过界面聚合形成分子量很大的聚合物网络,这些网络有效抑制了聚合物的重组。这使得交联网络聚合物有较好的稳定性,在很多领域都有着广泛的应用。因此,选择合适的反应单体以及优化反应条件对复合纳滤膜的制备至关重要。

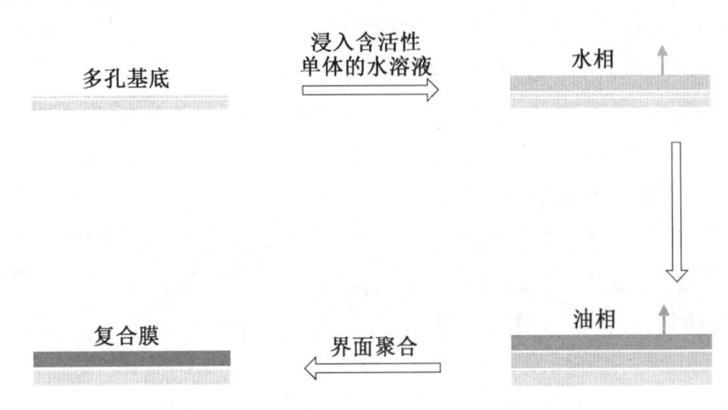

图 5.5 界面聚合反应制备复合膜的机理

界面聚合法是目前世界上最有效的制备纳滤膜的方法,也是制备工业化纳滤膜品种最多、产量最大的方法。已商品化的纳滤膜主要有纳滤系列、NTR 系列、UTC 系列、ATF 系列、ATP 系列、PA 系列膜等。界面聚合法是利用两种反应活性很高的双官能团或三官能团的反应单体(A 和 B),在互不相溶的两相界面处聚合成膜,从而在多孔支撑体上形成一超薄表层(0.1~1.0 μm)的方法,如图 5.6 所示。界面聚合法的优点是:反应具有自抑制性。这是由于当两相单体接触并进行反应时,在两相界面间会立即形成一层薄膜,界面处的单体浓度降低,未反应单体则需穿过薄膜互相接触后才能继续进行反应,这就使得反应的速率大大降低;到一定的时间后,反应则会完全受通过该薄膜的扩散控制。一般来说,薄膜的厚度应由反应时间来控制,反应时间在几秒到几十秒之间,可通过改变两种溶液的单体浓度,很好地调控选择性膜层的性能。界面聚合法制取高分子复合纳滤膜,用于界面聚合的单体中水相单体有二胺(如间苯二胺、哌嗪等)、聚乙烯醇和双酚等,有机相单体有二酰氯、三酰氯等。影响界面聚合反应的主要因素有:反应物的种类、两相溶液中的单体浓度、界面聚合的温度、界面聚合反应时间、添加剂的种类及浓度等。为了得到更好的膜性能,一般还需水解荷电化、离子辐射或热处理等后处理过程。该方法的关键是基膜的选取和制备、调控两类反应物在两相中的分配系数和扩散速度,以及优化界面缩合条件,使表层疏松程度合理化并且尽量薄。复合纳滤膜的表层化学结构和表面形貌对膜的性能也有很大的影响。

目前,传统的界面聚合已发展成为一种成熟的制膜方法,然而在基底上制备无缺陷的超薄复合膜仍具有很大挑战性,这主要与界面聚合反应快速、不可控有关。基于强共价键相互作用的界面聚合反应过程十分迅速,往往数十秒就能形成薄层,导致难以精确控制共价键的形成速率,使得形成的聚酰胺选择层厚度远高于预期的厚度,反而不利于膜渗透通量的提高。另外,活性单体之间反应过于剧烈往往会在反应过程中形成聚集体,包裹未反

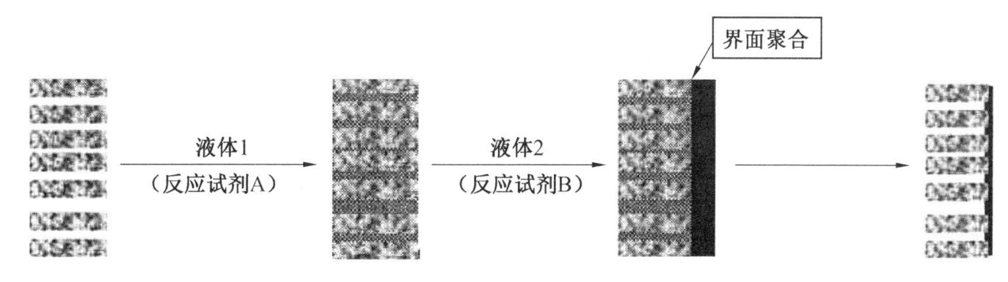

图 5.6 界面聚合法制备复合膜的示意图

应的基团或单体造成薄膜层的缺陷。因此,近年来人们围绕界面聚合可控性的研究进行了一系列探索,如图 5.7 所示。

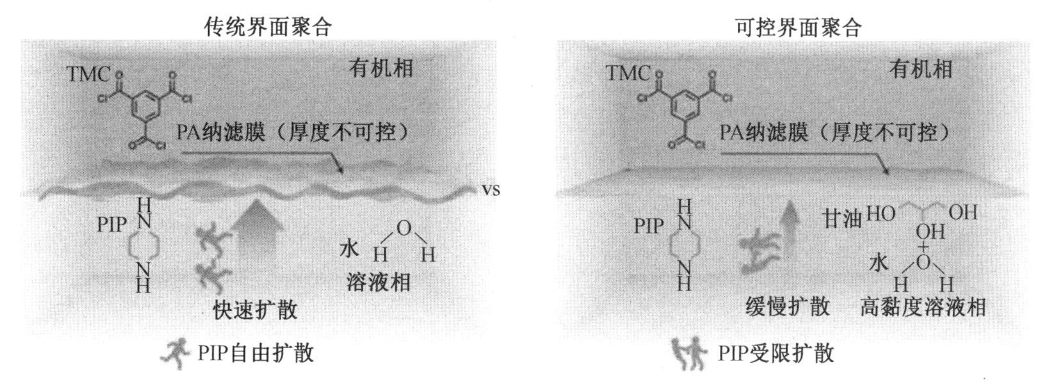

图 5.7 传统 IP 和可控 IP 合成聚酰胺纳米膜的示意图(彩图见附录)

界面聚合是受单体扩散而控制的反应,一般来说水相中的胺类单体向油相的扩散在反应中占据主导地位,因此,控制 IP 的关键是控制胺单体从水溶液向油-水反应界面的扩散,而黏度是影响溶液中溶质扩散的主要因素之一。可以设想,通过改变水溶液的黏度来调节二胺单体的扩散,能够巧妙地控制 IP 过程。基于此,Tan 等人受到图灵结构的启发,在水相中添加大分子聚乙烯醇(PVA),通过与哌嗪(PZ)发生氢键相互作用,增加了溶液的黏度,降低了胺类单体的扩散速率来控制界面聚合的反应速率,制备出了具有图灵结构的聚酰胺膜。类似地,Zhu 等人通过使用甘油作为一种水溶性且环境友好的添加剂来控制 IP 过程,高黏度的甘油可以在很大范围内用于调节水溶液的黏度,从而使 IP 过程可控,制备出超薄聚酰胺纳滤膜(15.1 nm),提高了膜的渗透通量,该膜对 Na_2SO_4 的截留率保持在 99.4% 以上。Ren 等人则将邻羟基多孔性有机聚合物(*o*-POP)加入水相溶液中,富含酚羟基的 *o*-POP 通过静电吸引和氢键的强烈相互作用限制了水相单体向有机相界面的扩散速率并增加了水相黏度,使膜表面发生皱缩,膜孔尺寸也有所增大,这种较大的孔径表面具有丰富的气泡、管状或环形管状结构,有效增大了膜的比表面积从而明显提高了水在膜中的传输效率。除此之外,单体的性质和浓度对于扩散速率的调节也具有重要的作用。例如,Bart Van der Bruggen 等人将 $CuSO_4/H_2O_2$ 引发的聚多巴胺(pDA)沉积到聚合物基膜上。这种方法不仅能够控制聚酰胺纳米膜的厚度,还显著降低了传统 IP 中通常使用的 PIP 和 TMC 浓度。水溶液的适度过滤使得超薄纳米膜能够方便地转移到多孔性基膜上,而不会破坏薄膜,同时微妙地控制 IP 反应时间。虽然通过减缓单体扩散速率能在一定程度上延长整体反应时间进而控制 IP 的反应过程,但起到的效果比较有限。因为从本质上来说,两活性单体之间的强共价键作用机制未变,反应依然十分剧烈,不易控制。因此,尝试改变相互作用机制或许能从源头上解决界面聚合不可控的问题,比如采用界面配位法调节配位相互作用。

涂覆法是通过对贻贝分泌强吸附力的黏液以及在礁石上紧密黏附现象的研究,人们发现结构式中同时含有大量的氨基和酚羟基的足丝蛋白,是强吸附力黏液的关键。受此启发, Messersmith 等人于 2007 年在 Science 上报道关于使用同时含有氨基和酚羟基的多巴胺,使其在弱碱性条件下氧化自聚,可表现出与足丝蛋白相近的黏附性。任何陶瓷、金属、半导体、有机物、惰性材料表面都可进行聚多巴胺的涂覆,涂层的厚度随涂覆时间的延长而增大,如图 5.8 所示。自此多酚仿生涂覆技术在膜分离中被广泛研究。虽然多巴胺的涂覆可有效改性膜表面,但其较高的成本限制了扩大的应用。而没食子酸(GA)、单宁酸(TA)等其他多酚单体也能发生与多巴胺类似的反应,作为涂覆材料受到了广泛的关注。

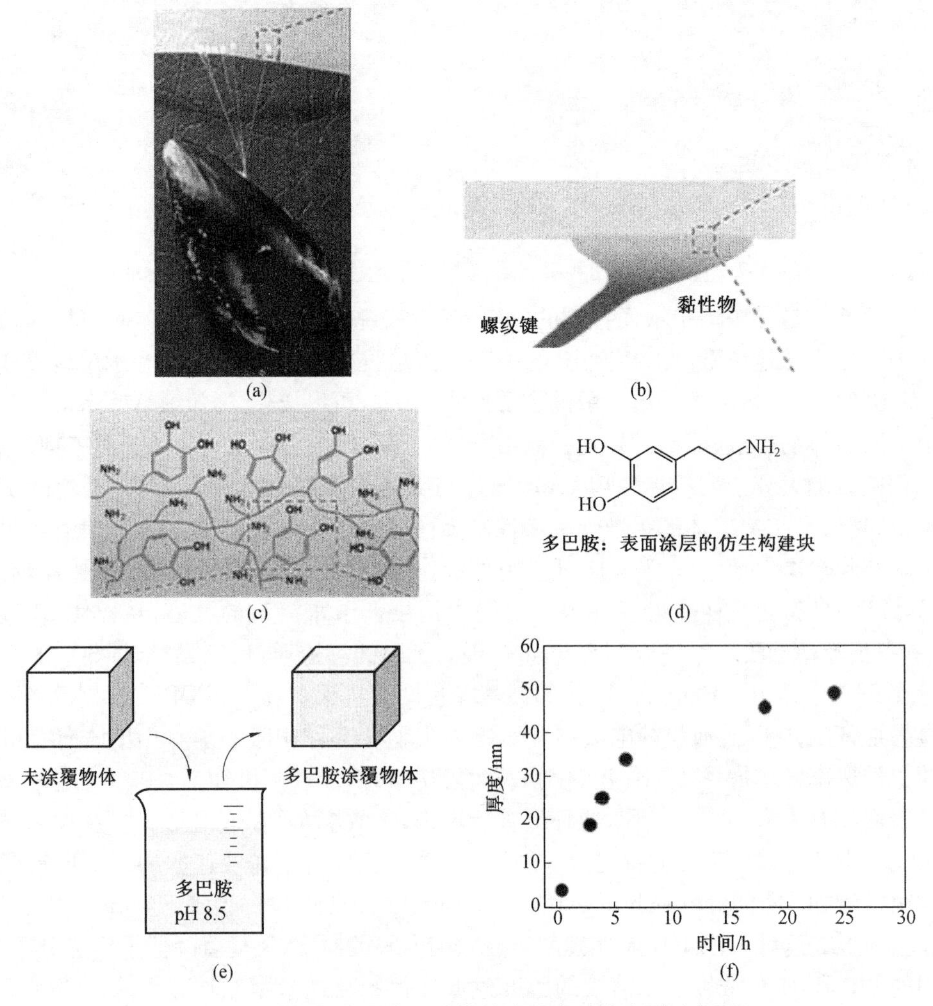

图 5.8　足丝蛋白和多巴胺结构式及多巴胺涂覆示意图

5.4.3 疏松纳滤膜的制备

疏松纳滤膜的制备材料分为有机类和无机类。无机类以 TiO_2 为主,但因制作成本高实际应用受到限制。有机类成本相对无机类较低,使用材料广泛,目前以有机无机杂化类如无机材料的亲水化改性氧化石墨烯(GO)、碳纳米管等,亲水性大分子,多酚类物质如多巴胺(DA)等为主。不同材料的制备方法主要分为相转化法、界面聚合法、共沉积法等。

1. 相转化法

相转化法是制备微滤、超滤大孔膜常用的方法,具有膜孔均匀分布等优点。其成膜膜孔主要受到铸膜液组成和相分离过程的影响,如何调控膜孔径是相转化法制备疏松纳滤的关键所在。研究发现向聚合物溶液中添加无机纳米材料有利于制备疏松纳滤膜。因为无机材料具有特殊结构和性能,当存在于聚合物溶液时容易改变相转化过程,进而对最终成膜的结构和孔径进行调整,能够提高分离膜的性能和通量。

2. 界面聚合法

界面聚合法是利用两相互不相容介质(水相和有机相)在多孔基膜上聚合形成超薄活性层的方法,成膜时间一般在 1 min 以内,具有多孔基膜与活性层单独优化的特点。如何调控界面聚合过程,形成疏松层是制备疏松 NF 的关键。基于此,许多学者以亲水性高分子作为水相,通过降低水相单体向有机相的扩散率,进而形成疏松活性层的方法,提高了膜离子通过率和水通量,同时高分子物质本身存在带电基团保留了有机物质的高截留。

3. 共沉积法

共沉积法是利用两种或多种液相物质共混,在多孔基膜上形成以共沉积层为分离层的方法。目前共沉积法主要为调控多酚类物质的共价聚合过程,进而形成疏松薄层,具有操作简单、过程可控的优点,但存在沉积时间优化的问题,如何调控共沉积时间是未来研究的方向。相比于界面聚合法,使用的植物多酚物质绿色环保、价格低廉,制备疏松 NF 膜具有一定的发展前景。

Haeshin Lee 等人受贻贝中黏附性足丝蛋白组成的启发,于 2007 年在 *Science* 上首次报道了一种通过在多巴胺(DOPA)水溶液中简单地浸涂基体来形成多功能聚合物薄膜涂层的方法。DOPA 分子中同时包含酚羟基和氨基,可在 Tris 溶液中进行氧化自聚成聚多巴胺(pDA),产生与贻贝足丝蛋白相似的黏性,使其可在诸如金属、有机物等多种材料的基体表面进行涂覆,pDA 涂覆层厚度与自聚时间有关。目前,从多巴胺单涂覆构筑复合膜的研究中发现,pDA 涂覆时间过长会使涂层厚度变大进而增大运输传质阻力,然而降低涂覆时间又会造成薄层缺陷较多导致分离性能欠佳。对此,Li 等人通过将聚乙烯亚胺(PEI)与聚多巴胺(pDA)进行反应来缩短涂覆时间来实现调控复合纳滤膜结构性能的目的。然而基于强共价键相互作用,pDA 和 PEI 反应十分剧烈反而导致了更厚的选择层,水通量仅有 4.2 $L/(m^2 \cdot h \cdot bar)$。如图 5.9 所示,Zhang 则通过在 pDA 和 PEI 反应体系中引入过渡金属,使共价键和配位键在形成过程中发生竞争,进而实现调控选择层结构的效果。基于多巴胺三元仿生共涂覆构筑的纳滤膜具有超薄的选择层(约 33 nm),以及 114 $L/(m^2 \cdot h \cdot bar)$的超高渗透通量。然而竞争反应形成的超薄三位一体涂层结构却较为疏松,难以截住小分子染料,对于无机盐的截留率也十分低,有待进一步的优化探索。

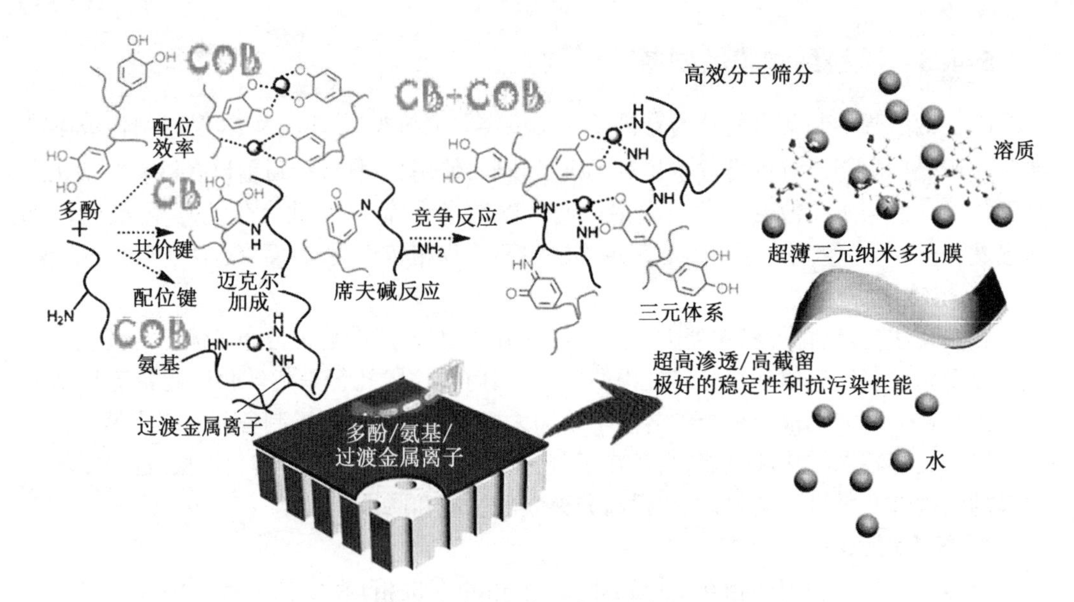

图 5.9　三元仿生共涂敷制备超薄膜示意图(彩图见附录)

总体来说,采用性质不同的构筑单元进行表面涂覆能够在一定程度上控制复合纳滤膜选择层厚度,但无法在纳米级别上对复合膜的性能进行调控。与此同时,虽然通过表面涂覆法制备的复合膜选择层厚度降低了,但膜往往比较疏松,通量提高却牺牲了分离选择性能,依然受制于 trade-off 效应。

5.4.4　无机膜的制备

化学气相沉积法是无机纳滤膜制备中应用较广泛的一种方法。该方法是先将某化合物(如硅烷)在高温下变成能与基膜(如 Al_2O_3 微孔基膜)反应的化学蒸气,在一定的温度、压力下于固体表面发生反应,生成固态沉积物,反应使基膜孔径缩小至纳米级而形成纳滤膜。化学气相沉积法必须满足下列 3 个条件:①在沉积温度下,反应物必须有足够高的蒸气压;②反应生成物除需要的沉积物为固体外,其他都必须是气体;③沉积物的蒸气压要足够低,以保证在整个沉积反应进行过程中,能保持在加热的载体上。

动力形成法是利用溶胶-凝胶相转化原理,首先将一定浓度的无机电解质置于加压循环流动系统中,使其吸附在多孔支撑体上,由此构成的是单层动态膜,通常为超滤膜。然后需在单层动态膜的基础上再次在加压闭合循环流动体系中将一定浓度的无机电解质吸附和凝聚在单层动态膜上,从而构成具有双层结构的动态纳滤膜。几乎所有的无机聚电解质均可作为动态膜材料。无机类有 Al^{3+}、Fe^{3+}、Si^{4+}、Th^{4+}、V^{4+}、Zr^{4+} 等离子的氢氧化物或水合氧化物,其中 Zr^{4+} 的性质最好。动态膜的多孔支撑体可用陶瓷、烧结金属、炭等无机材料。多孔支撑体的孔径与它的材质有关,孔径范围通常要求为 0.01~1 μm,适宜的范围在 0.025~0.5 μm 之间。厚度没有特别限制,只需保证足够的机械强度即可。通过控制合适的循环液组成及浓度、加压方式等工艺条件,可制得高水通量的动态纳滤膜。以前动态膜形成于炭或陶瓷管的内表面,近年来大多采用不锈钢管。影响动态膜性能的主要因素有多孔支撑基体的孔径范围、无机聚电解质的类型、浓度和溶液的 pH。

5.4.5 耐溶剂纳滤膜的制备

纳滤技术最近的一项创新是将压力驱动的膜 NF 工艺扩展到有机溶剂(OSs)。这种新兴的技术被称为有机溶剂纳滤(OSN),或者称为耐溶剂纳滤(SRNF)。在许多情况下,NF 过程涉及水相中带电溶质和其他化合物的分离,而相比之下,OSN 则用于有机-有机系统中分子之间的分离。另一个广泛应用于 OSs 体系的分离过程是基于膜的 PV 过程,即液体通过膜的不同渗透发生分离,液体通过膜的运输受到膜上蒸气压梯度的影响。一般来说,膜分离比蒸馏等热分离过程消耗的能量要少得多,在当前能源价格较高的情况下,这一点尤其值得关注。Sourirajan 在 1964 年首次发表了在非水体系中使用醋酸纤维素(CA)膜分离烃类溶剂。后来,Sourirajan 和他的同事们使用膜来分离 OS 混合物以及用 CA 膜分离有机和无机溶质。从 1980 年开始,Exxon 和 Shell 等大型石油公司以及 ICI 和 Union Carbide 等化工公司开始申请使用聚合物膜分离有机溶液中存在的分子的专利。图 5.10 简化了应用蒸馏和 OSN 技术浓缩 1 m^3 甲醇稀溶液所需能量的比较。本节将重点描述 OSN 的技术现状。

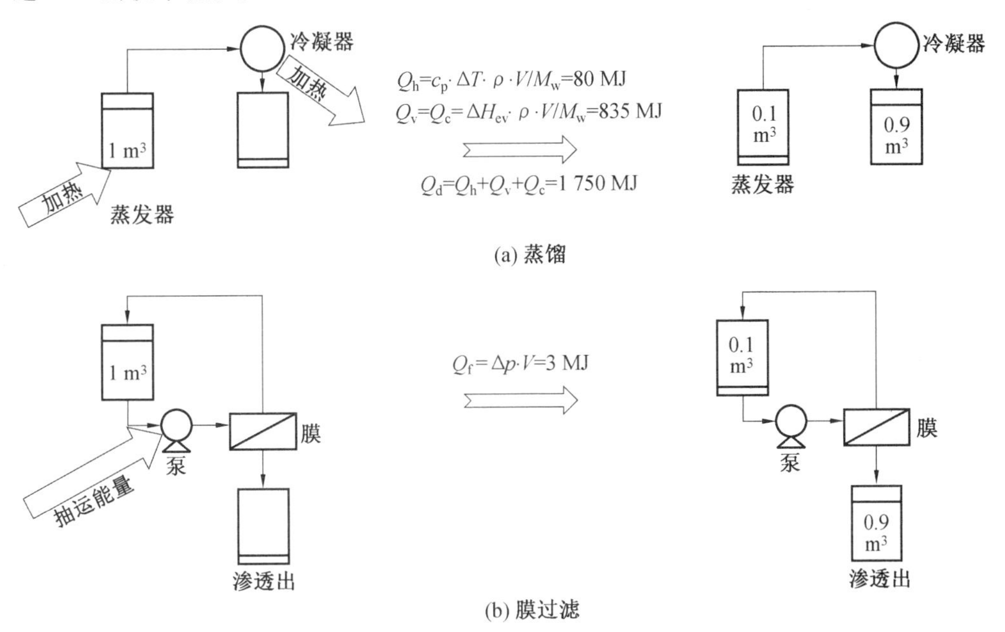

图 5.10 使用蒸馏和膜过滤,将 1 m^3 甲醇稀溶液中浓缩的能耗比较

Q_h—加热过程的热量;Q_v—蒸发过程的热量;Q_d—精馏过程的热量;Q_c—缩聚过程的热量;Q_f—过滤过程的热量;ΔT—温差;ρ—密度;V—体积;M_w—分子量;ΔH_{ev}—蒸发过程焓变

整体不对称膜已经被用作纳滤和超滤膜。目前已有各种化学稳定的聚合物材料可通过相转化法制备整体不对称膜,包括聚丙烯腈(PAN)、聚酰亚胺(PI-Matrimid)和聚酰亚胺(PI-P84)、聚苯胺(PANI)、聚苯并咪唑(PBI)和聚砜(PSf)/磺化聚醚酮(PSf)共混物;以及聚醚醚酮(PEEK)和聚丙烯(PP)。相转化制备的 UF 膜可以用作 TFC NF 膜的支撑膜。聚醚醚酮聚合物具有溶剂稳定性好、玻璃化转变温度高、机械强度高、疏水等特点,是

一种值得关注的 OSN 膜材料。酚酞基 PEEK(PEEKWC)ISA 膜是由商业 PEEKWC(一种含有 cardo 基团的 PEEK 聚合物)相转化来制备的。为了避免各种添加剂,如稳定剂和阻燃剂,制备了在 PEEK 骨架上加入叔丁基的改性膜(TBPEEK),以及制备了二胺交联骨架加入羧基的改性 PEEK 聚合物膜(VAPEEK)。研究了由实验室合成的 PEEK 聚合物(BPAPEEK 和 TBPEEK)制备 NF 膜的相转化过程,特别是聚合物浓度、共溶剂添加、蒸发时间、凝固浴组成和铸膜厚度对膜性能的影响。一种用于极性非质子溶剂(如 DMF 和 THF),在高温、碱性和酸性条件下进行 OSN 处理的非改性 PEEK 膜已被成功研发,并提出了一种通过干燥控制 MWCO 的方法。Hansen 溶解度参数、极性以及它们与摩尔体积的相互作用是影响 PEEK 膜在不同溶剂中干燥性能的最重要的参数。不同的改性或后处理方法可以提高 ISA 膜的长期稳定性,提高其分离性能。后处理对于用相转化法制备的 TFC 膜的 UF 支撑膜也是至关重要的。

聚合物膜的交联方法包括热交联、紫外交联和化学交联,交联可以提高 ISA 膜的化学稳定性和截留性能。最近的一篇综述详细讨论了关于不同应用的交联 PI 膜的工作。采用对二甲苯二胺交联 P84 薄膜使其在 DMF 等极性非质子溶剂中获得了较好的溶剂稳定性。以二甲苯二胺为交联剂,将相转化过程与 PI 膜的交联步骤相结合,工业聚酰胺-酰亚胺(Torlon)基膜首次用二异氰酸酯进行交联。用保孔剂对 P84-PI 膜进行后处理,防止干燥后膜的孔塌陷或老化。然而在使用 Jeffamine 400 作为交联剂时,保孔步骤可以与交联步骤相结合。结合精选交联剂和光引发剂系统的紫外光固化也可用于提高聚合物膜的溶剂稳定性。近年来,通过紫外光固化的方法制备了溶剂稳定型的 PSf 或 PI 膜。研究了光引发剂类型、交联剂功能和膜厚等因素的影响。交联 PI 膜也被用作 OSN TFC 膜的 UF 支持膜,它由两种不同的聚合物或相同的聚合物组成,但有两个独立的层。在高温下短时间加热可以改善对 PI-OSN 膜的截留性能,但另一方面会降低渗透率。将 P84-PI 薄膜从 0 ℃加热到 150 ℃时,可以观察到通量的急剧下降,是由于聚合物链在高温下重组成热力学上有利的结构,同时会导致膜的致密化。由其他聚合物材料制成的膜,如 PAN 和 PANI 也可以交联以增强其化学和热稳定性。

PBI 膜是一种新型的 OSN 膜,与聚酰亚胺等其他著名的聚合物膜相比,其化学稳定性较好。在 MeCN 中用二溴氧烯(DBX)或二溴丁烷交联的 PBI 膜对极端 pH 条件具有良好的耐受性。通过实验设计,研究了反应温度、反应时间、DBX 过量、DBX 浓度、反应溶剂(乙腈或甲苯)对膜交联度和整体性能的影响。[EMIM]OAc 离子液体为一种绿色溶剂,用于 PBI-OSN 膜的开发。为了进一步提高膜的稳定性,PBI 使用两种不同的交联剂(水中的戊二醛或正庚烷中的 1,2,7,8-二氧辛烷)进行化学交联。通过改变聚合物浓度和在铸膜液中加入挥发性溶剂,对非交联 PBI 膜的形貌进行了研究,并采用扫描电子显微镜进行了研究。随着涂料溶液中聚合物浓度的增加,膜层下的大孔隙减少,表皮层更致密。

还有一类重要的膜是 TFC 膜,它由一层超薄的“分离层”组成,该“分离层”位于一种与其化学性质不同的多孔支撑层上。这些膜的设计非常灵活,在特定应用的设计中具有一定的自由度。实际上,分离层和多孔支撑层的性能可以独立优化,以最大化膜的整体性能。TFC 膜支撑层的选择很重要,因为它必须提供机械稳定性,并允许形成无缺陷的分离层。作为 TFC 膜的 UF 载体,最常见的溶剂稳定聚合物是不对称 PSf、聚醚砜、PAN、聚偏氟乙烯(PVDF)、PP、PI 和 PBI 以及无机膜。

在多孔 UF 载体上形成 TFC 膜分离层的主要方法是:①在载体表面上界面聚合;②浸渍涂覆/溶剂浇铸聚合物溶液到载体上;③浸渍涂覆反应性单体或预聚物的溶液,然后用热或辐照进行后固化;④直接从气态单体等离子体沉积分离膜。

由 Cadotte 和 Petersen60 首创的界面聚合是通过在含有反应单体的两个不互溶相的界面上发生原位聚合反应,在不对称多孔载体层之上形成薄膜。水相的二胺和油相的酰氯化合物在 UF 基上快速反应形成一层薄的选择性聚酰胺(PA)层。据报道,用于 OSN 体系的 TFC 膜是由哌嗪/间苯二胺和三甲酰氯在 PAN 载体膜上合成的薄膜组成。为了允许基于己烷的应用,在聚合反应过程中添加了非反应性 PDMS。在耐溶剂的尼龙-6,6 载体上用聚乙烯亚胺(PEI)和二异氰酸酯交联 PA 膜,获得了专利。作为 PA 的替代品,聚(酰胺酰亚胺)可用于合成热和化学稳定的 TFC 膜。

聚丙烯膜用作 PA-TFC 膜的溶剂稳定载体。商品化亲水聚丙烯载体(Celgard 2400)与乙二胺和对苯二甲酰氯通过界面聚合制备 TFC 膜。在增强型 PSf 载体上用聚乙烯亚胺和异羟甲基二氯化合物进行界面聚合,制备了耐甲醇 TFC 膜,将 PSf 与磺化聚醚砜共混提高膜的甲醇稳定性。在交联 PI 载体上制备了在极性非质子溶剂(如 THF 和 DMF)中具有优异稳定性的 PA-TFC 膜。为了增强或激活溶剂通量,作者对 TFC 膜进行了活化后处理。为了改善非极性溶剂中的通量,用含有疏水基团的不同单体包覆这些膜上的游离酰氯基团。考察了不同溶剂稳定 UF 支撑膜的理化性质对界面聚合法制备的 TFC-OSN 膜性能的影响。亲水性在溶剂渗透过程中起着重要作用。采用所谓的“慢-快相分离”工艺,在 UF 双层 PI 中空纤维基板上制备了 PA。在此过程中,通过控制内外层掺杂的非溶剂与挥发性共溶剂的比例,在干喷湿纺丝共挤出的过程中,外层和内层分别经历了缓慢和快速的凝固过程。通过界面聚合可以形成厚度小于 10 nm 的独立 PA 纳米薄膜,然后作为分离层加入复合膜中。通过界面反应条件控制纳米薄膜形态,可以创建光滑或卷曲的纹理,具有不同的渗透性。这些薄膜与商业上具有等效溶质截留效果的薄膜相比,获得了两个数量级以上的渗透率。

研究人员提出了在交联 PI 支撑层上同时进行相反转、交联、单体浸渍支撑层等三步反应制备 PA 表层的新工艺。在他的方法中,在凝固浴中加入了二胺,以同时作为 PI 支撑层的交联剂和表层结构的单体。文献报道了 SRNF 薄膜(纳米)复合膜的最新进展。还可以通过涂覆具有不同组成的多孔层来制备 OSN-TFC 膜。聚合物的机械强度和化学稳定性、成膜性能、在不同溶剂中的溶解度和交联能力等参数影响了制备这些膜的聚合物选择。作为涂层材料研究的聚合物有 PDMS、PEI、poly(2,6-二甲基-1,4-苯氧化物)、聚(乙烯醇)、壳聚糖和其他纤维素衍生物、聚(醚-b-酰胺)、聚(丙烯酸)(PAA)、聚磷腈、聚(脂肪萜烯)、聚[1-(三甲基硅基)-1-丙烯](PTMSP)和聚氨酯。由于极性低,PDMS 主要用于非极性溶剂,但交联时在某些 OSs 中也具有化学稳定性。在交联 PI 支撑层上形成 PDMS 复合膜。与大多数弹性体一样,PDMS 在 OSs 中会大量膨胀,尤其是在非极性溶剂中。PTMSP 是一种高自由体积分数(高达 25%)的疏水玻璃聚合物。具有高渗透性的 PTMSP/PAN 复合 OSN 膜以及单独的 PTMPS 膜被制备。采用原位聚合的方法,在不同的 UF 载体膜上制备了具有聚吡咯(PPy)修饰表层的 OSN 膜。首次通过在聚合前将氧化石墨烯(GO)分散到吡咯乙醇溶液中,从而将 GO 引入 PPy/PAN-H 复合 OSN 膜。GO 膜也浇铸在陶瓷 Al_2O_3和 YSZ 中空纤维和聚醚砜平板上,并通过在制备成型后保持膜的湿润来使其稳定。GO 中空纤维膜的丙酮和甲醇渗透率比大多数商业膜高,在 OSN 工艺中的应用潜力巨大。文献综述了近年来制备纳米孔石墨烯膜和氧化石墨烯分子分离膜的研究进展,包括合成方法、分子分离的机理、面临的挑战及其在 OSN 中的应用。

研究人员制备了一种由聚双环戊二烯组成的高密度、高自由体积、无支撑的厚膜,并用于将许多常用的金属配体与分子量高或低于这些配体的其他分子分离开来。近年来,具有超高的自由体积,能够在加热时保持其纳米多孔性,被称为具有固有微孔(PIMs)的聚合物制备的膜被开发。以 PIM-1136 为原料,经纺丝涂层,在聚合物或陶瓷载体上进一步转移薄膜,制备出厚度可达 35 nm 的超薄游离膜,由于在温度超过 150 ℃的情况下,PIM-1 膜在热退火后保持了它们的渗透性,因此它们被命名为本征微孔膜,以表征它们与传统聚合物膜在退火处理后性能的关键差异。近年来研究人员尝试了一种设计交联刚性微孔聚合物纳米膜的新方法,即利用扭曲的单体通过原位界面聚合的方法,通过构建分子结构并形成厚度可降至 20 nm 的超薄聚芳酯纳米膜。

嵌段共聚物通过自组装形成不同的有序纳米结构,代表了用于高渗透膜的另一类有前途的新型高分子材料。以聚苯乙烯-b-聚环氧乙烷二嵌段共聚物与 PAA 均聚物共混物为模板,制备了 OSN 用纳米 TFC 膜。采用原位聚合法在 PAN 载体上制备了具有薄分段聚合物网络选择层的多功能复合膜。它们以亲水性双(丙烯酸酯)端的聚(环氧乙烷)作为不同疏水性聚丙烯酸酯的大分子交联剂来合成两亲性 SPNs。另一种可以在纳米尺度上精确控制薄膜厚度的技术是逐层组装技术。用这种方法可以形成很薄的聚电解质多层膜。通量和选择性可通过 LbL 循环数和所用聚电解质的化学组成精细调节。以 poly(allylaminehydrochloride)为聚阳离子,PAA 为聚阴离子,在水解 PAN 膜上制备了弱聚电解质的多层膜。这些弱聚电解质的独特之处在于电荷密度不是固定的,取决于涂层的 pH,为调节性能提供了新的参数变量。这些膜是用平行平板等离子体增强化学气相沉积反应器在氢氧化镉纳米链牺牲层上制备的。然后用盐酸乙醇溶液溶解纳米链层。采用适当的后处理方法可进一步提高 TFC 膜的性能。文献报道了几种提高 TFC 膜在水中性能的技术,如固化、接枝、等离子体、紫外线和化学处理。关于水性 TFC 膜的固化和化学后处理方法的更多细节可以在其他地方找到。这些技术中的大多数都没有被广泛应用于 OSN 膜。

有机-无机聚合物的混合物使新的薄膜结合了无机和聚合物材料的特性。聚合物基体中纳米结构,如纳米管、沸石纳米颗粒、黏土和富勒烯等,已在膜分离领域中得到广泛的研究,并可应用于 OSN。由二氧化钛纳米粒子组成的复合有机-无机聚酰亚胺膜制备成功。将 TiO_2纳米颗粒加入到交联 PI 膜基质中,在相转化前加入到浇铸液中,从而抑制了大孔隙,提高了亲水性,提高了机械强度。

在 CA 膜中加入金纳米颗粒可以增加溶剂的通量,而不会影响截留效果。在分离过程中,薄膜通过光辐照加热。对于用于 OSN 的其他聚合物,包括 PDMS 和 PI,进一步探索了这种方法。已经报道了在聚酰亚胺膜中加入金纳米颗粒的两种不同方法:原位化学还原金盐和使用预成型聚(乙烯吡咯烷酮)保护金纳米颗粒。在 P84-PI 基膜中加入有机-

无机杂化网络(3-氨基吡咯三甲氧基硅烷(APTMS))。该膜在强溶胀溶剂(包括丙酮、DMF和二氯甲烷)和温度高达100 ℃的条件下保持稳定,避免了使用聚乙二醇等保孔剂进行后处理。

制备了多孔聚酰胺酰亚胺中空纤维基板,并与APTMS进行了交联。合成的膜在DMF中稳定,具有良好的亲水性和机械性能。将官能化二氧化硅纳米球引入聚乙烯亚胺基体中,可以制备用于OSN的薄层纳米复合材料(TFN)膜。通过精馏沉淀聚合以聚合物层的方式将三种官能团截止到纳米球表面,以通过纳米球结构与膜界面相互作用来调节聚合物基体的自由体积空穴。通过MMM或原位生长(ISG)方法制备了杂化聚合物/金属有机骨架(MOF)膜。将MOF HKUST-1的预成型粒子分散在P84-PI铸膜液中可制备MMM,而ISG则成功地将UF载体浸入HKUST-1前驱溶液中,促进MOF在多孔结构内的生长,采用界面合成的方法在聚酰亚胺P84基膜上制备薄层HKUST-1(MOF-TFC)。测试了两种不同的制备方法,一种是在聚合物膜表面上生长HKUST-1层,另一种是嵌入在聚合物支撑膜表面。这些MOF-TFC获得了比ISG膜更好的渗透性。为了减少PDMS的溶胀,加入沸石可将PDMS转化为非常耐溶剂的OSN膜,且可在高达80 ℃的温度下应用。采用多孔结构的沸石可用来避免聚合物浸入,克服了加入填料时渗透率降低的问题。发现填料-聚合物黏附对膜的溶胀有显著的抑制作用。

为了提高基于PDMS的MMM的渗透率,采用微米级空心球silicalite-1作为填料,与传统沸石填料相比,提高了溶剂渗透率,且没有降低选择性。silicalite-1填充剂也显示PDMS膜的溶胀减少。研究了不同的MOFs([$Cu_3(BTC)_2$]、MIL-47、MIL-53(Al)和ZIF-8)作为PDMS基MMM的填料,通过N-甲基-N-(三甲基硅基)-三氟乙酰胺对MOF表面进行改性,增强了聚合物填料的附着力。

近年来,在交联PI多孔载体上原位界面聚合制备的PA薄膜层,通过在PA层中掺杂50~150 nm MOF纳米颗粒[ZIF-8、MIL-53(Al)、NH2-MIL-53(Al)、MIL-101(Cr)]合成了TFN膜。纳米级MIL-101(Cr)的加入使膜获得了最大的渗透增加,其笼型尺寸为3.4 nm。在PI基膜涂覆聚乙烯亚胺进行界面聚合过程前,在PA层内加入TiO_2纳米颗粒,与没有加入纳米颗粒的TFC膜相比,可获得更高的甲醇通量和良好的染料截留效果。为了提高膜在非极性溶剂中的机械和热稳定性,目前开发了第一种含氨基功能化纳米二氧化硅掺入聚醚酰亚胺中的MMM载体。另一类OSN体系MMM是通过在交联聚酰亚胺UF载体上加入不同直径的甲基丙烯酸酯纳米粒子进行自旋涂覆,再通过UV交联而成。通过简单地改变纳米颗粒层的大小和厚度来调节分离性能。粒子之间形成的纳米级间隙充当渗透通道。最后,通过将环糊精(CD)嵌入到亲水性聚合物膜(如聚乙烯亚胺)中制备了一系列TFN膜。在活性层中,CD的疏水性空腔充当非极性溶剂的通道,而聚乙烯亚胺基的自由体积空腔充当极性溶剂的有效通道,构建了双通路纳米结构。

陶瓷材料(碳化硅、氧化锆、氧化钛)耐高温,在溶剂介质中性能稳定,是制备膜的优良材料。陶瓷膜通常具有不对称结构,其中有一个或多个中间层的薄膜层被应用到多孔陶瓷载体上。载体膜决定了膜元件的外部形状和机械稳定性。常见的配置是干燥物料通过薄膜浇铸或压制而成的盘式组件,以及通过加入黏合剂和增塑剂挤压陶瓷粉末而成的管式组件。这些支撑物在1 200~1 700 ℃烧结后,根据初始颗粒大小和形状,获得孔隙大小在 1 ~ 10 μm 之间的开孔陶瓷体。在这种支撑物上涂上一层薄层,通常是使用分散在适当溶剂中的陶瓷粉末进行悬浮涂层。孔隙大小同样由粉末的大小控制,粒径最好为 60 ~ 100 nm,可以从中制备出孔径约为 30 nm 的膜(UF 的上限)。为了进一步减小孔径,通常通过所谓的溶胶-凝胶过程,添加一层薄的无缺陷层。这个过程通常从前驱体 alkoxide 开始,alkoxide 在水中或 OS 中水解,生成一种可进一步聚合形成多氧金属酸盐的氢氧化物。在这个阶段,溶液的黏度增加,这表明聚合已经开始。常在溶胶中加入黏度调节剂或黏结剂,然后通过浸渍或纺丝涂层在多孔载体上分层沉积,最终形成凝胶。最后,将凝胶干燥,通过控制煅烧和/或烧结,生产出真正的陶瓷膜。

扩展陶瓷膜分子分离范围的主要挑战是开发更小的孔径(约 1 nm)。长期以来,膜的 MWCO 处在 1 000 g/mol 左右。然而在 20 世纪末,开始研发掺杂氧化锆和二氧化钛的二氧化硅膜的基础上的 NF 膜。一种二氧化钛基 NF 膜,其孔径为 0. 9 nm, MWCO 为 450 g/mol,由德国 HITK 的一家公司以 Inopors 为名进行商业化,并于 2002 年在一家纺织品印染废水处理厂成功应用。

第一个测试的 OSN 膜是由多孔硅锆合金和二氧化钛制成的。现有的氧化膜具有亲水性,因此具有固有的高水通量。在非极性 OSs 中,由于溶剂通量低,其适用性较差。通过制备混合氧化物来解决这一问题的方法并不成功。作者团队发现了更好的解决方案即通过硅烷化合物与羟基的耦合改性孔隙表面。陶瓷膜的硅基化已经获得专利,并可从 HITK 获得。专利中举例说明的膜使用聚苯乙烯标准,在甲苯中显示出约 600、800 和 1 200 g/mol的 MWCO 值,并已被用于在非极性溶剂中截留过渡金属催化剂。文献中还介绍了通过陶瓷膜获得更好的 OSs 体系通量的其他工作。通过在 200 ℃下进行三甲基氯硅烷气相反应,使疏水基团接枝到二氧化硅-氧化锆膜顶层。亲水 γ-Al_2O_3/锐钛矿-TiO_2 多层膜和介孔 γ-Al_2O_3膜进行硅烷偶联处理改性,采用甲基化 SiO_2 胶体制备了 2 ~ 4 nm 孔洞的有机/无机混合膜。采用一种基于 Grignard 化学的表面改性方法,接枝用于溶剂过滤的功能化陶瓷 NF 膜。为了生成一个更具疏水性的膜表面,商业上可用的 1 nm TiO_2膜被一系列烷基(甲基、戊基、辛基、十二烷基)进行功能化改性。提出了一种在 α-氧化铝陶瓷膜上负载的介孔 γ-氧化铝(孔径 5 nm)与聚乙二醇接枝的方法,接枝膜表面显示出亲水性。研究人员提出了将膨胀热等离子体应用于有机桥接单体 1,2-双(三乙氧基甲硅烷基)乙烷合成全高选择性杂化二氧化硅薄膜的概念。通过调整等离子体和工艺参数,有机桥接基团可以保留在分离层中。到目前为止,这些膜只测试过 PV。

5.4.6 膜改性

在制膜过程中,往往需要对纳滤膜进行表面修饰来进一步提高膜的性能或者增加膜的长期稳定性。表面修饰技术能够改变孔结构、引入功能基团或者改变膜的亲水性等。表面修饰技术包括等离子体处理、化学反应改性、聚合物接枝、光化学反应和表面活性剂改性等。

1. 等离子体处理

等离子体是气体在高频下电解离子化产生的。

2. 化学反应改性

一些化学反应如磺化、硝化、酸碱处理、有机溶剂处理和交联等可用于改变基膜的荷电性、亲水性,或者是改变表面层及孔的结构,从而使被处理的膜具有纳滤膜的特点。

3. 聚合物接枝

以多孔膜表面的化学接枝来改善膜的分离特性是其中最为有效的一种,可以制备性能优良的纳滤膜。用于多孔膜的亲水改性、固定化酶膜和活性层析膜的制备。表面接枝的方法如紫外辐照、γ 射线辐照、低温等离子体辐照和高能辐照。

其中紫外辐照接枝是一种自由基接枝聚合反应,聚合物膜表面的化学键在紫外辐照下发生断裂,生成自由基。当在辐照体系中存在可反应的烯烃类单体时,自由基接枝反应就能在聚合膜表面和膜的孔径中进行,形成化学键合的接枝聚合物链。采用不同结构的单体,就能在聚合膜表面引入羟基、羰基、羧酸基等活性基团,使其呈现很好的亲水性。对于一些在紫外辐照下无法生成自由基的聚合物膜,则常需加入光敏剂等助剂。

5.5 纳滤工艺及应用

5.5.1 纳滤膜组件及设备

1. 纳滤膜组件的类型及特点

纳滤膜组件于20世纪90年代中期实现工业化,并在许多领域得到了应用。与反渗透膜一样,纳滤膜组件主要形式有卷式、中空纤维式、管式及板框式等。卷式、中空纤维式膜组件由于膜的装填密度大、单位体积膜组件的处理量大,常用于脱盐软化处理过程。而对含悬浮物、黏度较高的溶液则主要采用管式及板框式膜组件。工业上应用最多的是卷式膜组件,它占据了绝大多数陆地水脱盐和超纯水制备市场,此外也有采用管式和中空纤维式的纳滤膜组件。

2. 纳滤膜组件操作的组合方式

为了抑制膜面浓差极化和结垢污染,要保证卷式膜组件内料液的流速大于一定值,同时还要使膜装置保持较高的回收率,常常采用多个膜元件(2~6个)串接起来并放置在一个压力膜壳中。膜组件的排列方式有单段式、多段式及部分循环式。单段式适于对处理量较小回收率要求不高的场合,部分循环式适于处理量较小并对回收率有要求的场合,而多段式处理量较大并可达到较高的回收率。在实际操作中,螺旋卷式纳滤膜同反渗透膜一样,也是将2~6个膜元件串联在一个压力膜壳中使用。

5.5.2 纳滤技术的工业应用

纳滤是一种新型膜分离技术,该技术可以广泛应用于水的软化和有机污染物的脱除;制药工业中医药中间体浓缩、母液回收、氨基酸和多肽的分离、中药的分离及有效成分的提取、浓缩,可促进产品质量的提高。

1. 市政饮用水处理

生活污水、工业废水的排放加上农田径流、大气沉落等非点源污染,直接或间接地造成了饮用水水源的污染,其中以有机污染最为严重,污染有机物的种类急剧增加。通过流行病学调查研究和对污染物质毒理学的验证,发现很多物质与居民发病率具有很大的相关性,从而引起了人们对饮用水的卫生性与安全性的极大重视。常规的絮凝沉淀、过滤、消毒净化工艺已不能有效去除水中的病原菌、病毒及有机物污染物,不能保障饮用水的卫生与安全。因此,以去除饮用水中有机污染及有毒有害物质为目标的饮用水深度净化技术日益得到重视。李灵芝等分别以太湖水和淮河水为水源的两地水厂出水为研究对象,研究纳滤膜组合工艺对饮用水中可同化有机碳(AOC)和致突变物的去除效果。结果得知,纳滤膜对 AOC 的去除率为 80%,能确保饮用水的生物稳定性,对致突变物的去除率大于 90%,对两地不同原水均能生产出安全优质的饮用水。

2. 市政水软化

应用实例:美国佛罗里达州印第安河县(VERO Beach,Florida)纳滤软化水工程。

膜法软化是目前软化水厂采用广泛的水软化法,代替常规的石灰软化和离子交换过程。如科氏在印第安河县设计并安装总产水为 11 355 m^3/d 的两套膜装置,用于降低当地井水的硬度、TDS 和减少潜在的三卤代甲烷的形成。该系统满足了市镇用水供给。所用的纳滤膜为 TFC-S 8921 超低压聚酰胺复合纳滤膜,按 35∶19 排布,每根膜外壳中填装 6 支膜元件。该项目虽然在投资、操作和维修及价格等方面与常规法相近,但具有无污泥、不需再生、完全除去悬浮物和有机物、操作简便和占地省等优点。

3. 居民直饮水生产

应用实例:湖南省长沙市湘江风光带直饮水工程。

长沙市湘江风光带位于长沙市湘江大道,沿湘江南起湘江黑石铺大桥,北至月亮岛北端,建于 1995 年。它由十余个休闲健身广场、绿化带以及历史文化景观组成,集防洪、观光、旅游、休闲、健身等功能于一体。为方便市民的需要,政府在长沙湘江风光带设置了公共直饮水,是利用纳滤膜分离技术及多道过滤、净化、消毒工艺处理的可直接生饮的优质饮用水。直饮水中央净水站有先进的过滤、净化和消毒设备。该项目采用了纳滤膜为核心处理工艺,由湖南沁森环保公司提供膜技术及膜设备,采用其自行生产的 NF1-4040 纳滤膜组件。其工艺流程示意图如图 5.11 所示,图 5.12 是直饮水纳滤处理系统的实景照片。

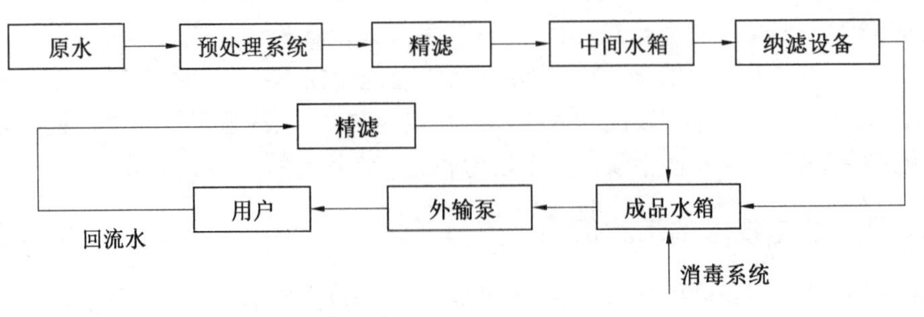

图 5.11　直饮水工艺流程示意图

图 5.12　直饮水纳滤处理系统的实景照片

5.6　纳滤技术的未来发展趋势

随着居民生活水平的不断提高及环境保护意识的不断增强,人们对生活污水、工业废水的排放要求逐步提高,对饮用水的使用要求也日趋严格,非常规水源开发也得以实现,新技术在水处理行业的应用正逐步兴起。市场上的净水处理技术,主要采用超滤膜和反渗透膜:超滤膜截留有限,无法滤除重金属和水垢。纳滤膜技术应用前景广阔。纳滤膜技术作为目前具有竞争力的工业分离和水处理技术,与我国目前提倡的打造节能减排社会,致力清洁生产、发展循环经济,实现可持续发展的理念是非常契合的,具有非常广阔的应用空间和发展前景。预计 2023 年我国纳滤膜行业市场规模将达到 112.65 亿元,年复合增速将超过 18%。纳滤膜由于其物理分离、出水水质高且稳定的特点,日益成为水处理领域的主流技术之一。近年我国膜行业市场容量达 1 720 亿元,纳滤虽占不到 3% 的市场份额,但其增长速度更快,年复合增长率达到 15.76%。近年我国纳滤膜行业市场规模达到 33.09 亿元,较上年增长 27.1%,高于上年同期增速 5 个百分点。

本章习题

5.1　纳滤的分离孔径是多少?有什么特点?

5.2　有机溶剂纳滤膜常用的聚合物材料有哪些?

5.3　纳滤膜的分离机理是什么?

本章参考文献

[1] BEQUET S, ABENOZA T, APTEL P, et al. New composite membrane for water

softening. Desalination. 2000,131:299-305.
[2] 汪锰,王湛,李政雄. 膜材料及其制备[M]. 北京:北京化学工业出版社,2003.
[3] 徐铜文. 膜化学与技术教程[M]. 合肥:中国科学技术大学出版社,2003.
[4] 梁希,李建明,陈志,等. 新型纳滤膜材料研究进展[J]. 过滤与分离,2006,16(3):18-21.
[5] 裴雪梅,陆晓峰,王彬芳,等. 高分子纳滤膜的研究及进展[J]. 功能高分子学报,1999,12(1):102-108.
[6] 李铧,王霖,张金利,等. 耐溶剂聚酰亚胺纳滤膜的制备与分离性能[J]. 化学工业与工程,2005,22(3):166-172.
[7] 葛目荣,许莉,曾宪友,等. 纳滤理论的研究进展[J]. 流体机械,2005,33(1):34-39.
[8] AMY K,ZANDER,N,KEVIN C. Membrane and solution effects on solute rejection and productivity[J]. Water Research,2001(35),18:4426-4434.
[9] WANG X L,ZHANG C H,OUYANG P K. The possibility of separating dye from a NaCl solution by using NF in dia-filtration mode[J]. Membrane Sci,2002,204:271-281.
[10] GARBA Y,TAHA S,CABON J,et al. Modeling of cadmium salts rejection through a nanofiltration membrane: relationships between solute concentration and transport parameters[J]. Journal of Membrane Science,2003,211:51-58.
[11] 王晓琳. 纳滤膜分离技术最新进展[J]. 天津城市建设学院学报,2003,29(2):82-89.
[12] WANG Xiao - Lin, TOSHINORI T, SHIN - ICHI N, et al. The electrostatic and sterichindrance model for the transport of charged solutes through nanofiltration membranes[J]. Journal of Membrane Science,1997,135:19-32.
[13] ZHU C Y, LIU C, YANG J, et al. Polyamide nanofilms with linearly-tunable thickness for high performance nanofiltration [J]. Journal of Membrane Science, 2021, 627: 119142.
[14] TAN Z, CHEN S, PENG X, et al. Polyamide membranes with nanoscale Turing structures for water purification [J]. Science, 2018, 360(6388): 518-521.
[15] REN Y L, ZHU J Y, CONG S Z, et al. High flux thin film nanocomposite membranes based on porous organic polymers for nanofiltration [J]. Journal of Membrane Science, 2019, 585: 19-28.
[16] ZHU J, HOU J, ZHANG R, et al. Rapid water transport through controllable, ultrathin polyamide nanofilms for high-performance nanofiltration [J]. Journal of Materials Chemistry A, 2018, 6(32): 15701-15709.
[17] SHEN Y J, FANG L-F, YAN Y, et al. Metal-organic composite membrane with sub-2 nm pores fabricated via interfacial coordination [J]. Journal of Membrane Science, 2019, 587: 117146.
[18] BOWEN W R, MOHAMMAD A W. A theoretical basis for specifying nanofiltration membranes dye/salt /water streams[J]. Desalination,1998,117:257-264.

[19] LEE H, DELLATORE S M, MILLER W M, et al. Mussel-inspired surface chemistry for multifunctional coatings [J]. Science, 2007, 318(5849): 426-430.

[20] ASHRAF M A, WANG J, WU B, et al. Enhancement in Li^{+}/Mg^{2+} separation from salt lake brine with PDA-PEI composite nanofiltration membrane [J]. Journal of Applied Polymer Science, 2020, 137(47): 28-36.

[21] 张艳秋. 多巴胺界面反应构筑高效复合纳滤膜及其分离性能研究 [D]. 哈尔滨:哈尔滨工业大学, 2020.

[22] BOWEN W R, MOHAMMAD A W. Diafiltration by nanofiltration prediction and optimisation [J]. AIChE, 1998,44:1799-1812.

[23] BOWEN W R, MOHAMMAD A W. Characterization and prediction of nanofiltration membrane performance-a general assessment[J]. Trans Inst Chem Eng 76A,1998,104:885-893.

[24] LABBEZ C, FIEVET P, SZYMCZYK A, et al. Analysis of the salt retention of a titania membrane using the "DSPM" model: effect of pH, salt concentration and nature[J]. Journal of Membrane Science,2002,208:315-329.

[25] WAHAB A, MOHAMMA D, LIM Ying Pei, et al. Characterization and identification of rejection mechanisms in nanofiltration membranes using extended Nernst-Planck model [J]. Clean Techn Environ Policy,2002,4:151-156.

第6章　气体分离

6.1　气体分离技术简介

工业气体在现代生产过程中扮演着不可或缺的角色。它们被广泛应用于化学、制药、能源、半导体等领域,以满足生产和研发过程中对气体质量、纯度、稳定性等要求的不断提高。随着科技的进步和工业需求的不断增加,对气体分离技术的需求也越来越高。气体分离技术是一种能够从混合气体中分离出目标气体的过程。这种技术可以通过物理、化学或机械方式将气体从混合气体中分离出来,以提高气体的纯度和稳定性。目前常用的气体分离技术包括物理吸附法、化学吸收法、膜分离法、压力摩擦法等。

气体膜分离技术是一种基于半透膜原理的气体分离技术,其优点包括高效节能、绿色环保等。与传统的吸附、蒸馏等气体分离技术相比,气体膜分离技术具有以下几点优势:首先,气体膜分离技术不需要使用化学试剂,对环境无污染,符合绿色环保的要求。同时,其耗能低,生产过程中无须加热或降温,能够节约大量的能源。其次,气体膜分离技术的分离效率高,可以对气体进行高效、快速的分离和纯化。由于半透膜的孔径大小在微米以下,可以区分不同分子大小和极性,从而达到对混合气体进行有效分离的目的。最后,气体膜分离技术操作简单、体积小、质量轻,便于实现自动化和小型化生产。这种技术可以应用于制氢、甲烷提纯、空气分离等多个领域,并且能够帮助企业降低生产成本、提高生产效率和产品质量。气体膜分离技术在气体纯化、分离和环保领域发挥着重要作用,是当前气体工业生产技术中不可或缺的一部分。

6.1.1　分离原理及特点

不同结构的膜材料对气体的传递方式和分离机理有着重要影响。比如,多孔膜的气体传递是通过分子在孔隙中的扩散和分子与孔隙壁的相互作用实现的;而非多孔膜的气体传递则主要是分子间的扩散作用。此外,气体在膜中的传递还受到膜材料的极性、亲疏水性等特性的影响。

1. 多孔膜

多孔膜分离技术利用气体分子在膜孔中的传输速率不同,实现对气体混合物的分离。多孔膜的分离性能取决于多种因素,包括气体种类、膜孔径和膜材料等。多孔膜的传递机理包括对流扩散、克努森扩散和分子筛分等,如图6.1所示。

(1)对流扩散。

当气体通过孔径时,气体分子将与孔壁碰撞,并在孔内发生扩散运动。在孔径远大于平均自由程的情况下,分子之间的碰撞概率远大于分子与孔壁之间的碰撞概率,因此,气体分子在孔内的运动主要受到分子之间的碰撞作用支配。

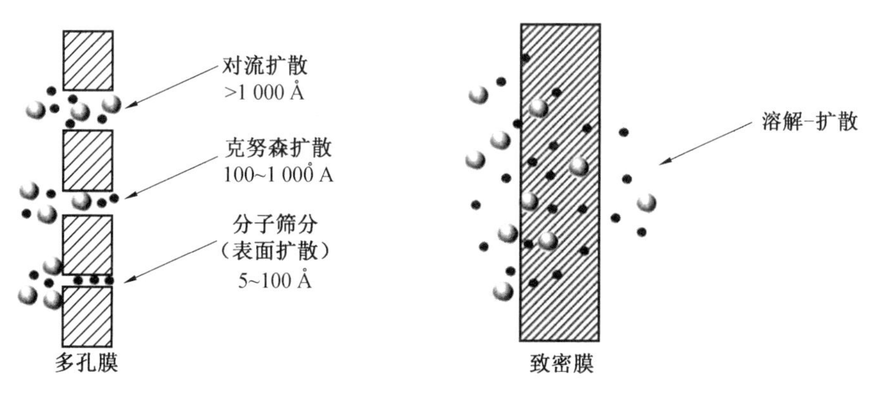

图6.1 气体在膜内的传递机理

气体通过膜孔的传递进程为对流扩散，也称为黏性流。依照 Hargen – Poiseuille 定律，对黏性流动，气体透过单位面积流量 q 为

$$q = \frac{r^2 \varepsilon (p_1 + p_2)(p_1 - p_2)}{8 \eta LRT} \tag{6.1}$$

进一步可简化为

$$q = J(p_1 - p_2) \tag{6.2}$$

式中

$$J = \frac{r^2 \varepsilon (p_1 + p_2)}{8 \eta LRT} = \frac{r^2 \varepsilon}{4 \eta LRT} \frac{p_1 + p_2}{2} \tag{6.3}$$

可见，q 取决于被分离气体黏度比。由于气体黏度相差不大，因此气体处于黏性流状态是没有分离性能的。

(2) 克努森扩散。

当气体分子通过一个膜孔时，其传递速率会受到孔径大小和气体压力的限制。在孔径很小或气体压力很低的情况下，气体分子与孔壁之间的碰撞概率将远大于分子之间的碰撞概率，这会导致孔内分子流动受到分子与孔壁之间碰撞作用的支配。这种扩散过程被称为克努森(Kundsen) 扩散。在克努森扩散过程中，气体分子的传递速度将受到孔径大小和孔壁材料的影响。依照分子扩散理论，气体透过单位面积的流量 q 为

$$q = \frac{4}{3} r \varepsilon \left(\frac{2RT}{\pi M}\right)^{1/2} \frac{p_1 - p_2}{LRT} \tag{6.4}$$

可简化为

$$q = J(p_1 - p_2) \tag{6.5}$$

式中

$$J = \frac{4}{3} r \varepsilon \left(\frac{2RT}{\pi M}\right)^{1/2} \frac{1}{LRT} \tag{6.6}$$

从式(6.6) 可见，气体渗透速率与分子量的平方根成反比，因此分子量越大的气体渗透速率越慢。根据这个规律，对于分子量相差很大的不同气体，它们的透过速度差异会非常明显，因此在分子量差异较大的气体混合物中，分子扩散分离的效果会更为明显。此外，分离效果还取决于分子的化学性质和孔径的大小等因素，因此需要根据实际情况来选

择合适的分离方法和设备。

(3) 表面扩散。

与分子扩散不同,表面扩散是一种通过气体分子在膜孔表面发生反应来传递物质的过程。在多孔膜中,气体分子在膜孔内部通过分子扩散的过程,当气体分子到达膜孔表面时,它们可以在膜孔表面吸附或解吸。表面吸附是指气体分子在膜孔表面吸附,并形成一个吸附层。在吸附层中,气体分子与膜孔表面发生相互作用,包括化学吸附、物理吸附和范德华力等作用。当气体分子吸附层中的浓度梯度增大时,气体分子从吸附层中解吸出来,继续通过分子扩散传递到另一侧的膜孔或孔壁。

(4) 毛细管凝聚。

当工作温度处于低温时,气体通过微孔介质,易冷凝组分的冷凝液达到毛细管冷凝压力,孔隙被易冷凝组分的冷凝液堵塞,从而阻止了非冷凝组分的渗透,显示了毛细管冷凝分离。

(5) 分子筛筛分。

筛分机理指的是,当多孔膜的孔径恰好集中在所需分离的分子体系中间,那么分子尺寸大的一方则会受到明显的传质阻力,从而将其截留,而直径小的分子受到的阻力较小能够通过膜孔,从而实现分离效果。

2. 非多孔膜

气体膜分离中的溶解扩散过程是指气体分子从高浓度侧通过膜到达低浓度侧的过程。其具体过程可以分为以下几个步骤:① 溶解。在气体膜分离中,气体溶解是在膜表面发生的。气体分子与膜表面上的活性位点相互作用,形成一个气体膜界面,进而发生气体溶解。溶解是气体进入膜内的必要前提。② 扩散。气体在膜表面形成一层浓度梯度,从高浓度侧向低浓度侧进行渗透。在扩散过程中,气体分子逐渐向低浓度区域扩散,从而达到浓度平衡。在出料侧,气体浓度低,气体分子的扩散速率逐渐降低,直至达到动态平衡。

亨利(Henry)定律可以用来描述气体在膜内的溶解过程,而 $c = sp$ 时,Fick 定律可以用来描述气体在膜内的扩散过程,假设为一维的稳态流动,气体的体积流量 Q 可以用下式描述:

$$Q = -DA\frac{\int \mathrm{d}c}{\int \mathrm{d}x} \approx DAS\frac{p_1 - p_2}{L} \tag{6.7}$$

式中,D 代表扩散系数;S 代表溶解系数;A 代表有效的膜面积;L 代表膜的厚度;p_1 和 p_2 分别代表膜两侧的压力。则可得到下式:

$$J = \frac{Q}{A(p_1 - p_2)} = \frac{P}{L} \tag{6.8}$$

式中,P 代表分离膜的渗透系数,$P = DS$,P 只与膜材料和气体的性质有关。混合气体中各组分的分压为

$$p_i = y_i p_{\mathrm{T}} \tag{6.9}$$

式中,p_{T} 为总压力;y_i 为气体组分 i 的摩尔分率,混合气体组分 i 透过膜的渗透率 J_i 可写为

$$J_i = \frac{Q_i}{A(p_{i1} - p_{i2})} = \frac{P_i}{L} \tag{6.10}$$

式中，p_{i1} 和 p_{i2} 别离为高压侧和低压侧组分 i 的分压；P_i 为组分 i 的渗透系数。

分离系数 α_{ij} 用于描述气体分离膜的选择性：

$$\alpha_{ij} = \frac{P_i}{P_j} = \frac{D_i}{D_j} \cdot \frac{S_i}{S_j} \tag{6.11}$$

式中，S_i/S_j 为溶解选择性；D_i/D_j 为扩散选择性。

玻璃态高分子膜的溶解系数较小，膜的分离性能主要受控于扩散系数。当渗透气体对膜存在较大的溶解系数值时，膜的分离性能主要受控于溶解系数。

Henry 定律和 Fick 定律是描述传递过程的经典定律，但它们忽略了混合气体中组分之间和它们与膜材料之间的相互作用，因此在描述某些膜材料时可能会产生误差。对于低压和具有较大自由体积的膜材料，如橡胶类型高分子，采用 Henry 定律是适合的。

但是，对于玻璃态高分子材料膜，采用 Henry 定律可能会导致负误差实验结果，因为它们的传递行为受到了更多的限制。在这种情况下，常常采用双吸附模型来描述传递行为。双吸附模型假设气体在高分子网络中同时存在 Henry 和 Langmuir 吸附，吸附浓度为二者之和。这种模型可以更好地描述高分子材料中气体的传递行为：

$$c = c_H + c_D = S_p + c'_H \frac{bp}{1 + bp} \tag{6.12}$$

式中，c'_H 是空腔饱和常数；b 是与温度和吸附热有关的常数；p 是气体压力；S_p 是单位质量固体 Henry 吸附气含量。

渗透气体与膜材料之间的相互作用会影响溶解系数和扩散系数。这种情况下，溶解系数和扩散系数不再是恒定值，而是会随着组分浓度的变化而发生变化。这是因为渗透气体与膜材料之间的相互作用，以及不同组分之间的相互作用，会产生耦合效应，从而影响渗透和扩散过程。

6.1.2 国内外技术发展简史

气体分离膜技术的历史可以追溯到 20 世纪 50 年代，当时发展出了首批聚合物膜，用于氧氮分离。这项技术是由美国哥伦比亚大学的人员首先发明的，该膜材料可以通过“自由体积原理”实现气体分离，即当分子尺寸越大时，聚合物膜就越难透过。

1960 年代末，用于分离气体的膜材料得到了进一步的改进和发展，这一时期也称为“膜材料的黄金时代”。在这个时期，日本和美国的科学家率先探索和研究了聚酰胺膜、聚醚酮膜、聚氨酯膜、硅膜等各种膜材料，并对其进行了性能测试和优化。其中，日本科学家丰田芳郎发明了具有高性能的聚酰胺膜，被认为是气体分离膜技术的重要里程碑之一。

在 20 世纪 70 年代，人们开始使用聚丙烯膜进行气体分离，这是一种具有高渗透性和较低能耗的膜材料。这一时期，美国和荷兰的科学家率先开发出了聚丙烯膜，并进行了大量的实验研究。其中，美国科学家提出了“交替吸附 - 解吸”技术，即交替在膜表面施加吸附和解吸压力，使分离效果得到了进一步的提高。

美国 Monsanto 公司在 1984 年研制出的“Prism” 气体膜分离装置是一项非常重要的技术创新。“Prism” 气体膜分离装置是一种通过膜材料对气体进行选择性分离的设备。该装置采用了一种特殊的聚酰胺膜材料,这种膜材料能够对二氧化碳和甲烷等气体进行高效分离。这种膜材料的特殊之处在于,它的孔径大小能够根据不同的气体分子大小进行调节,从而实现对不同气体的选择性分离。此外,这种膜材料的结构也非常稳定,可以在高温和高压等极端环境下长期运行。另外,同期其他的气体分离膜的生产商也开始使用新的膜材料,如多孔硅膜、有机 - 无机复合膜等。此外,德国的科学家发明了“玻璃微球浆膜技术”,即利用硅微球制备的膜材料,可以实现对多种气体的高效分离。

1990 年代末期,人们开始探索纳米技术在气体分离膜领域的应用。2000 年左右,利用碳纳米管等纳米材料制成的膜被用于气体分离。此外,还出现了其他新型膜材料,如离子液体聚合物膜、生物膜等。由中国科学院化学所的著名学者李如一团队提出的“原子压缩技术” 引起了广泛关注。该技术使用特殊的多孔聚合物膜,将气体分子压缩到其原子大小的几倍,从而实现了高效的气体分离。这项技术具有广泛的应用前景,如可用于天然气净化、制氢等领域。此外,近年来还出现了一些新的气体分离膜制备技术,如自组装技术、溶液喷雾技术、液晶聚合物膜技术等。这些新技术在膜的制备和性能优化方面都具有很大的潜力。

总体而言,气体分离膜技术在过去的几十年中取得了巨大的进步和发展,从最初的聚合物膜到现在的纳米材料膜、多孔聚合物膜等,膜材料的种类和性能得到了不断的拓展和提升。这些新的技术和材料的应用也为气体分离膜技术的发展带来了更广阔的前景和可能性。

6.1.3 膜性能评价指标

膜的气体渗透性能采用渗透性和选择性两个参数来评价。对于均质膜,膜的渗透性采用渗透系数(P) 表示,按式(6.13) 计算。渗透系数的物理意义是将推动力、膜厚、膜面积全部归一化处理后的膜渗透通量,可反映膜材料的本征渗透性。

$$P_i = \frac{Q_i l}{\Delta p_i A} \tag{6.13}$$

式中,P_i 是气体 i 的渗透系数,单位 Barrer(1 Barrer = 10^{-10} cm^3(STP)cm/(cm^2 · s · cmHg);Q_i 是气体 i 透过膜的体积流率,单位 cm^3(STP)/s;l 是膜的厚度,单位 cm;Δp_i 是气体 i 在膜两侧的分压差,单位 cmHg;A 是有效膜面积,单位 cm^2。

膜的选择性 α_{ij} 采用组分 i 和组分 j 的渗透系数之比来表示:

$$\alpha_{ij} = \frac{P_i}{P_j} \tag{6.14}$$

对于复合膜以及其支撑膜,膜的分离性能采用渗透速率(P/l) 表示,按式(6.15) 计算。渗透速率未对膜厚进行归一化,反映的是膜的真实通透性。膜越薄,渗透速率越大。

$$\left(\frac{P}{l}\right)_i = \frac{Q_i}{\Delta p_i A} \tag{6.15}$$

式中，$\left(\frac{P}{l}\right)_i$ 代表组分 i 的渗透速率，单位 GPU（$1\ GPU = 10^{-6}\ cm^3(STP)/cm^2 \cdot s \cdot cmHg$），其余参数意义与式(6.13)中相同。膜的选择性同样采用组分 i 和组分 j 的渗透速率之比来表示，同式(6.14)。

6.2 气体分离膜及其组件

6.2.1 气体分离膜

气体分离膜是一种利用分子在膜中传递速率差异，实现对不同气体分子的选择性分离的过程。这种分离过程是基于气体分子在膜中的渗透速率差异而实现的。具体地说，当在膜的两侧存在不同的气体分压差时，渗透速度较快的气体将会在渗透侧富集，而渗透速度较慢的气体则会在原料侧富集。

6.2.2 气体分离膜的制备方法

虽然致密的聚合物膜可以有效地分离不同的气体混合物，但是它们通常非常厚（20～200 μm），导致它们的渗透速率很低。将这些膜制得更薄（在0.1～1 μm之间）以改善它们的渗透性会遇到一些困难，因为薄膜通常缺乏足够的机械强度，同时还需要支撑结构。聚合物膜技术发展历史中的两个重要突破：不对称膜和复合膜。不对称膜由一个很薄的具有选择性的皮层和由同种材料构成的多孔亚层构成，是用相转化法制备的。复合膜则是由一个薄的致密皮层支撑在多孔亚层上，皮层和亚层是由不同的聚合物材料制成的。复合膜的优点在于可以选用适当的材料来得到最优的膜性能，如选择性、渗透性、化学和热稳定性等。

目前在一个支撑体上沉积一个（超）薄层的方法有：浸涂、喷涂、旋转涂敷；界面聚合、原位聚合、等离子聚合、接枝。除了溶液涂敷（浸涂、喷涂和旋转涂敷）外，其他几种方法都是通过聚合反应，形成很薄的新的聚合物层。在这里主要介绍使用广泛的界面聚合法和浸涂法。

1. 界面聚合法

界面聚合法是一种制备气体分离膜的有效方法，该方法可以制备出高稳定性、高选择性、高透气性的气体分离膜。在实际应用中，该方法也具有成本低廉、操作简单等优点，因此被广泛应用于气体分离领域。该方法通过在聚合物和无机物之间形成界面来制备具有气体分离性能的复合膜。其主要原理是通过两种不同化学性质的物质间的相互作用，形成一个稳定的界面，并利用这种界面来固定膜层。

其主要过程包括以下几个步骤。

(1)滤膜制备。需要制备出一层具有孔洞结构的滤膜，该滤膜通常由聚酰胺、聚碳酸酯等高分子材料制成。这一步的目的是为了在接下来的界面聚合过程中，控制界面反应发生的位置，避免反应物过度扩散而导致复合膜性能下降。

(2)预处理。制备好滤膜后，需要进行一系列的表面处理，如氧化、硫化等，以便后续的反应能够顺利进行。

(3)反应剂溶液制备。需要制备含有单体和交联剂的反应剂溶液。其中,单体是指用于聚合反应的单体分子,交联剂则是用于在反应过程中将单体交联成三维网状结构的化合物。

(4)反应过程。将制备好的反应剂溶液加到滤膜表面,并将其置于反应室中进行聚合反应。在反应过程中,单体会在滤膜孔洞中逐渐聚合形成聚合物层,并与滤膜表面形成紧密结合的复合膜。交联剂则会在反应过程中将单体交联成三维网状结构,增加复合膜的机械强度和稳定性。

(5)后处理。完成反应后,需要将制备好的复合膜进行一系列的后处理步骤,如洗涤、干燥、切割等,以便其可以实际应用。

需要注意的是,在界面聚合法的制备过程中,需要控制聚合物层的厚度、孔径大小和密度等因素,以确保制备出的复合膜具有优异的气体分离性能。此外,不同类型的复合膜需要选用不同的单体和交联剂,以满足不同的分离需求。

2. 浸涂法

浸涂法是一种广泛应用于气体分离膜制备的方法之一。该方法的基本原理是将具有气体选择性的聚合物或其他材料的溶液或浆料浸渍在基材表面,随后通过干燥或热处理等方式形成薄膜。

具体而言,浸涂法在气体分离膜制备中的应用包括以下步骤:选择合适的聚合物或其他材料作为膜材料,并将其溶解或悬浮在适当的溶剂或混合物中,形成膜材料溶液或浆料。选择合适的基材,并将其浸入膜材料溶液或浆料中,使其表面均匀地涂上薄膜材料。通过干燥、热处理或其他方式,使膜材料在基材表面形成均匀的薄膜。经过一系列的后处理步骤,如氧化、交联、加固等,使膜材料具有更好的气体分离性能和稳定性。

浸涂法在气体分离膜制备中的应用具有以下优点。①生产成本低。浸涂法是一种相对简单、易于控制的制备方法,不需要昂贵的设备和高技术的工艺,因此生产成本相对较低。②灵活性好。浸涂法可以用于各种类型的基材和膜材料,具有较好的适应性和灵活性。③可扩展性强。浸涂法可以进行大规模的批量生产,适用于工业化生产。④膜质量稳定。浸涂法可以获得薄膜质量较为稳定的气体分离膜,具有较好的气体分离性能和稳定性。

虽然浸涂法在气体分离膜制备中应用广泛,但是操作中会受到多种因素的影响,需要注意一些事项,以确保膜材料的性能和质量。①膜材料选择。膜材料的选择对膜的气体分离性能和稳定性具有决定性影响。需要根据气体的特性和应用要求,选择适合的膜材料。②溶液浓度和黏度。浸涂液的浓度和黏度对膜的厚度和均匀性具有影响。过高或过低的浓度和黏度都会影响膜的质量。③基材表面处理。基材表面的处理可以影响浸涂膜的附着力和表面质量。应选择适当的处理方式,如表面清洁、活化、涂覆黏合剂等。④浸涂工艺条件。浸涂工艺条件包括浸涂速度、浸涂次数、干燥温度和时间等。这些参数的控制对膜质量和厚度的均匀性具有影响,需要根据实际情况进行调整。⑤后处理工艺。后处理工艺包括交联、氧化等。后处理工艺可以改善膜的气体分离性能和稳定性,但是过度的后处理也会影响膜的质量。

6.2.3 气体分离膜组件

气体分离膜组件常见的有平板式、螺旋卷式和中空纤维式三种，其结构与液体分离膜相似。

1. 平板式膜组件

平板式气体分离膜组件是将气体分离膜铺设在平板式膜支撑体上的一种膜组件。其结构简单，易于制造和维修。平板式气体分离膜组件可以用于气体分离和气体浓缩，主要应用于石油化工、医药等行业。其优点在于：易于清洗和更换气体分离膜；可大面积使用，对大气量的处理能力较高；可实现模块化设计，方便使用和维护。但平板式气体分离膜组件也有一些缺点，如：气体分离效率较低；填充效率低占用空间较大，不便于在空间有限的场合使用；耗能较高。

2. 螺旋卷式膜组件

螺旋卷式膜组件是将气体分离膜螺旋卷绕在支撑管上形成的一种膜组件，其制备过程主要包括以下几个步骤：将两片平板膜用热封机或超声波焊接机进行密封，形成一个信封状的膜袋。在两个膜袋之间衬以网状距离材料，以保持膜袋之间的距离。将制作好的膜袋沿一根带有小孔的多孔管依次卷绕放置，形成多层膜袋的膜卷。为了保持膜袋之间的间距，可以在多孔管和膜袋之间夹入网状距离材料。卷绕完成后，将膜卷装入圆筒形压力容器中，形成一个完整的螺旋卷式膜组件。制备好的螺旋卷式气体分离膜组件需要进行检测和包装。检测主要包括气体分离性能测试、膜层厚度测量等。包装通常采用塑料薄膜、纸箱等材料，以保护膜组件不受损坏。

3. 中空纤维式膜组件

中空纤维式膜组件是由数百或数千根小直径的中空纤维管组成，这些管子被固定在一个模块中，管子的两端分别与进料端和产物端相连。气体混合物从进料端进入中空纤维管内，通过膜的孔隙进入膜内，而分离后的纯气体分子则从中空纤维管的外层排出。这种流向也被称为外部压力型，即气体分子在高压下从管内向管外扩散。在中空纤维式膜组件中，气体分子渗透进入中空纤维管后，会在膜内的孔隙中进行分离，不同的气体分子根据其大小、形状、极性、溶解度等特性，被不同程度地阻挡，从而实现气体分离。分离后的纯气体分子则从中空纤维管的外层排出，而未被分离的气体则从进料端排出。

需要注意的是，中空纤维式膜组件中的气体流向和具体应用有关，有些应用也可能会采用从外向内的流向，即气体分子在低压下从管外向管内扩散。由外向内的中空纤维式膜组件一般适用于高压下气体分离，通常需要具有较高的选择性和较高的通量。例如，用于分离天然气中的二氧化碳、甲烷等成分。由外向内的中空纤维式膜组件还适用于需要较高的阻隔性的气体分离，如用于分离氢气和氦气等。由内向外的中空纤维式膜组件一般适用于低压下气体分离，通常需要具有较高的通量和较高的选择性，如用于分离空气中的氮气和氧气等。此外，由内向外的中空纤维式膜组件还适用于烟气净化和有毒气体去除等领域。

6.2.4 国内外气体分离膜产品简介

在国外,气体分离膜技术已经得到了广泛的应用和推广。欧洲、北美和日本等地区的企业和研究机构不断地投入资金和精力研发气体分离膜材料、制备技术、膜模块和系统集成等方面的技术,从而不断提高气体分离膜的性能和应用范围。同时,这些国家和地区的气体分离膜技术在国际市场上也非常具有竞争力。它们的气体分离膜产品已经被广泛应用于石油化工、能源、环保等领域,并逐渐进入到新兴领域,如碳捕集和利用、生物质能源、医药等领域。以下是一些代表性的企业及产品。

(1)陶氏化学公司。

陶氏化学公司是一家全球领先的材料科学公司,其在气体分离膜领域的业务占据了重要地位。陶氏化学公司的气体分离膜主要应用于空气分离、氢气制备、天然气处理、气体分离、有机气体回收等领域。陶氏化学公司的气体分离膜主要有四大类:多层复合膜、中空纤维膜、平板膜和空气分离膜。多层复合膜是陶氏化学公司最常用的气体分离膜之一。该膜采用多层结构,通过不同的材料和厚度组合,可以实现对不同气体的高效分离。中空纤维膜是另一种常用的气体分离膜。该膜是一种多孔性的中空纤维结构,可以通过孔径大小的控制,实现对不同气体的选择性分离。平板膜是一种较为简单的气体分离膜结构。该膜主要由聚酰胺等材料制成,可以实现对氮气、氧气、二氧化碳等气体的分离。空气分离膜是一种专门用于空气分离的膜材料。该膜材料的特点是高通量、高选择性、高稳定性等,可以实现对空气中氧气和氮气的高效分离。陶氏化学公司在气体分离膜领域的技术和产品得到了广泛应用和认可,其产品已被广泛应用于石油化工、能源、环保等多个领域。

(2)Air Products and Chemicals。

Air Products and Chemicals,简称 Air Products,是一家全球领先的工业气体公司,总部位于美国宾夕法尼亚州的阿伦敦。该公司主要生产和销售用于各种应用的氧气、氮气、氢气、稀有气体、液化天然气(LNG)等工业气体以及相关设备和技术服务。Air Products 的气体分离膜主要应用于空气分离、天然气液化、氢气制备、石油化工、有机气体分离等领域。其中,空气分离是该公司的主要应用领域之一,其产品被广泛应用于制氧、制氮、制取高纯度气体等领域,以 HISYS® 最为著名。Air Products 在气体分离膜领域的技术实力较强,其独有的膜材料和制造工艺,使得其产品在气体分离效率、选择性、稳定性等方面具有竞争优势。此外,Air Products 还提供包括膜系统设计、设备安装、调试、维护和优化等在内的全套技术服务,以帮助客户实现最佳的气体分离效果和经济效益。

(3)Arkema。

Arkema 是一家总部位于法国的跨国化学公司,也在气体分离膜领域有一定的业务。Arkema 生产的气体分离膜主要应用于空气分离、天然气液化、氢气制备、石油化工、有机气体分离等领域。其气体分离膜产品品种齐全,包括聚酰胺膜、聚氨酯膜、聚碳酸酯膜等多种类型。其代表性的聚醚酰胺类的 Pebax 材料通常被用作聚合物膜的制备材料,可以与其他聚合物材料(如聚酰胺、聚氨酯等)复合,以提高膜的分离效率和稳定性。Pebax 的弹性和柔性特点使其能够为复合膜提供较好的稳定性和机械性能,同时还能保持较高的分离性能。因此,Pebax 被广泛应用于空气分离、天然气液化、氢气制备等领域。

(4)天邦膜技术公司。

天邦膜技术公司是我国气体分离膜领域的知名企业之一。该公司成立于 1999 年,总部位于江苏省张家港市,专注于高分子膜材料的研发、生产和销售。目前,该公司的主导产品是氮氢膜分离器及装置,已经在国内外 200 多家石油、化工企业得到应用。除了氮氢膜分离器,天邦膜技术公司还生产其他类型的气体分离膜,包括有机蒸气膜、富氧膜、富氮膜等。这些产品在石油、化工、食品、医药等行业中得到广泛应用。天邦膜技术公司的氮氢膜分离器及装置,具有提取氢气和氮气的能力,其中氢气提取浓度可达 99.5%,氮气最高浓度可达 99.7%。该装置具有结构紧凑、操作简便、能耗低等特点,使其在工业生产中得到了广泛应用。此外,天邦膜技术公司在气体分离膜技术方面取得了许多成果,多次获得国家科技进步奖等荣誉。该公司不断投入资金和人力资源,加强技术研发,为我国气体分离膜行业的发展做出了贡献。

(5)山东蓝景膜技术工程有限公司。

山东蓝景膜技术工程有限公司是一家专注于渗透汽化膜的研发、生产和销售的企业,总部位于山东省青岛市。公司的主要产品是渗透汽化膜及组件,公司持有大量相关专利。该公司的渗透汽化膜主要应用于各种有机溶剂的脱水工程,包括醇类、酯类、醚类、酮类、芳香族化合物、含氯烃化物、有机硅环体等。相对于传统的萃取蒸馏技术和分子筛技术,该公司的产品具有分离效率高、占地面积小、节能等优势。该公司拥有一支技术实力雄厚的研发团队,致力于推动渗透汽化膜技术的创新和发展。目前,该公司的渗透汽化膜已经在酒精、化工、医药、环保等多个行业中得到了广泛应用,并取得了良好的市场反响。

(6)欧科膜技术工程有限公司。

欧科膜技术工程有限公司是一家专注于膜技术研究、开发、生产和销售的企业,总部位于辽宁省大连市。公司的主要产品包括有机蒸气回收膜组件、氢气回收膜组件、油气回收膜组件、油田回注水超滤膜组件等,具有一定的核心产品和核心竞争力。该公司的产品主要应用于采油工业、炼油工业、石油化工业、煤合成氨工业、聚氯乙烯工业和油气回收等领域。此外,公司还专注于润滑油溶剂脱蜡过程中的溶剂回收膜分离系统、冶金行业膜蒸馏技术以及膜法脱硫等领域的研究。

6.3 气体分离技术的应用

1984 年,Monsanto 公司率先开发出高效的 Prism 膜分离器,它可以应用于从合成氨弛放气中回收氢等工业过程中。随着高性能膜材料和先进制膜工艺的研究、开发,气体膜分离技术在石油炼厂气和石化行业尾气中的氢回收以及其他领域的应用不断扩大,包括但不限于,合成氨生产中氢气的回收,石油炼制中的氢回收和加氢裂化,石化工业中的气体分离和纯化,天然气加工中的天然气液化和天然气脱水,空气分离中的氧气、氮气和稀有气体的制备,生物质能源生产中的气体分离和纯化,已成为具有重要意义的单元操作进程之一。

6.3.1 气体分离技术的应用领域及应用情况简介

1. H_2的分离回收

膜分离回收氢气目前是气体分离膜的最大和最重要的商业应用领域之一。通过使用选择性透过氢气的膜,可以从气体混合物中高效地分离氢气。这种技术已经在工业中得到了广泛应用,特别是在以下三个领域。①合成氨厂的氢气回收。合成氨是化肥生产中的一种重要原料。在合成氨的生产过程中,会产生大量的氢气。使用膜分离技术可以将氢气从废气中回收,从而降低成本并提高生产效率。②石油炼厂尾气中的氢气回收。石油加工过程中产生大量的氢气,这些氢气通常被视为废气排放。但是,使用膜分离技术可以将氢气从这些废气中回收,从而降低成本并提高资源利用率。③合成气(H_2/CO)比例调节。合成气是一种用于生产化学品和燃料的重要中间产物。使用膜分离技术可以从混合物中分离氢气和一氧化碳,并调节它们的比例,以满足生产需要。

(1)从合成氨厂弛放气中回收氢。

氨是一种用途广泛的化学品,被广泛应用于农业、医药、化工等领域。合成氨的生产是一个能耗较大的过程,其中氢气的消耗占了大部分。在合成氨反应中,氢气作为还原剂,在反应过程中与氮气反应生成氨气。而在氨合成反应中,氢气的利用率通常只有60%~70%,其余的氢气会以废气的形式被排放到大气中,造成能源浪费和环境污染。为了提高氢气的利用率,减少能源浪费和环境污染,合成氨工业中广泛采用氢气分离膜技术回收氢气。氢气分离膜是一种利用分子筛选原理,将氢气从废气中分离出来的膜材料。其原理是利用膜材料的微孔结构和气体分子大小的不同,使得只有氢气能够通过膜孔,而其他气体则被拦截在膜的一侧,从而实现氢气的回收。

目前,常用的氢气分离膜材料包括聚酰胺、聚酯、聚乙烯、聚对苯二甲酸乙二醇酯(PET)等。其中,聚酰胺膜是应用最为广泛的膜材料之一,因为其具有良好的分离性能和化学稳定性。另外,氢气分离膜的性能也与膜的厚度、孔径大小、表面特性等因素有关,因此在实际应用中需要根据具体情况选择合适的膜材料和工艺参数。

氢气分离膜技术的应用可以实现氢气的高效回收和再利用,从而降低氢气的消耗量和废气的排放量,提高氨合成反应的转化率和产品质量。同时,氢气分离膜技术还具有节能环保、操作简便、设备维护成本低等优点。与传统的氢气回收技术相比,氢气分离膜技术不需要大量的化学吸收剂,可以避免废水和固体废弃物的产生,减少对环境的污染。

在合成氨工业中,氢气分离膜技术的应用已经得到了广泛的推广和应用。目前,国内外许多企业和研究机构都在开展氢气分离膜的研究和开发。例如,中国石化、中国石油、中石化石油工程建设公司、中国科学院等机构都已经开展了氢气分离膜的研究和应用。

同时,氢气分离膜技术也存在一些问题和挑战。首先,氢气分离膜的制备工艺相对复杂,需要选择合适的膜材料和工艺参数进行制备。其次,氢气分离膜在实际应用中容易受到压力和温度等因素的影响,可能导致膜性能下降。此外,氢气分离膜的成本较高,需要进一步降低成本才能在工业应用中得到广泛推广。

(2)从石油炼厂尾气中回收氢。

氢气在石油化工领域中是一种重要的原料和能源,广泛应用于加氢裂化、氢化加氢、氢气脱硫、氢气加氢等生产过程中。同时，炼油厂生产过程中也会产生大量的尾气，其中含有高浓度的氢气，且压力较大，因此采用膜法回收尾气中的氢气具有明显优势。

炼油厂尾气处理是一项复杂的工作，其目的在于将废气中的有害物质去除，并回收可用的资源。氢气是炼油过程中的副产品，也是一种重要的工业原料。由于其在化学反应中的广泛应用，因此回收和再利用尾气中的氢气变得越来越重要。在传统的氢气分离过程中，需要耗费大量的能源，而氢气分离膜技术则是一种更加高效和经济的方法。使用氢气分离膜技术进行炼油厂尾气处理的主要步骤如下。①氢气分离膜的选型。根据炼油厂尾气中氢气的浓度、压力、温度等因素，选择适合的氢气分离膜类型和规格。②尾气的预处理。在进行氢气分离之前，需要对尾气进行预处理，以去除其中的杂质和其他气体，从而提高氢气分离的效率和纯度。③氢气分离。将经过预处理的尾气送入氢气分离膜设备中，利用氢气分离膜将其中的氢气分离出来。由于氢气分离膜具有选择性，只有氢气能够穿过膜层，其他气体则被拦截在膜的表面。④氢气的回收。通过氢气分离膜技术，将炼油厂尾气中的氢气分离出来后，可以对其进行回收和再利用。回收后的氢气可以用于燃料电池、加氢站、氢气制氨等工业生产过程中，降低生产成本和环境污染。

随着全球能源和环境问题的日益突出，石化行业将面临更加严峻的环境压力和市场竞争。因此，采用先进的环保技术和装备，实现清洁生产和可持续发展，已经成为石化企业的发展方向。氢气分离膜技术作为一种环保、节能、高效、低成本的氢气分离方法，将在炼油厂尾气处理中得到更广泛的应用和推广。

(3)合成气(H_2/CO)比例调节。

合成气通常由一定比例的氢气和一氧化碳组成，其比例对于不同的工艺过程有不同的要求。氨合成通常使用床层反应器，在该反应器中，需要使用大约 3∶1 的氢气和一氧化碳比例。这是因为氢气和一氧化碳是氨合成的前体，其比例能够影响反应速率和反应产物的质量。甲醇合成通常采用双反应器系统，其中一个反应器用于将一氧化碳和氢气反应生成甲醇，另一个反应器用于将未反应的气体再次与一氧化碳和氢气反应，生成更多的甲醇。在该过程中，需要使用大约 2∶1 的氢气和一氧化碳比例，以保证反应能够高效进行。聚合物工业通常使用合成气制造丙烯和乙烯等化学品。在该过程中，需要使用大约 1∶1 的氢气和一氧化碳比例，以获得高产量和高质量的产物。

相较于传统的深冷或变压吸附方法，其具有显著的节能和环保优势，同时还具备快速响应工艺条件变化的能力，使得生产过程更加灵活可控。首先，膜法相对于传统方法所需的设备和能源成本较低。在深冷或变压吸附中，需要利用低温或变压的方式对合成气进行分离和调节，这需要消耗大量的能量，且设备也比较复杂，投资和运行成本都较高。而膜法直接利用透过性膜对气体分子进行选择性分离，不需要降低温度或调节压力，因此能源和设备成本较低，具有很大的经济优势。其次，膜法可以更快速地响应工艺条件的变化，调节 H_2/CO 比例。在传统的深冷或变压吸附中，要调节 H_2/CO 比例通常需要改变工艺条件，如改变压力、温度等，调节过程较为缓慢。而膜法则可以通过改变膜组件的面积大小来实现对 H_2/CO 比例的快速调节，使得生产过程更加灵活可控。

在利用膜法对合成气进行分离和调节的过程中，常常需要保持气体的高压状态，以便直接用于合成反应或其他工艺过程。因此，在膜组件的选择中，需要考虑到对合成气压力损失的影响，以确保膜法的高效性和经济性。通常情况下，为了尽可能减小合成气的压力损失，可以选用中空纤维膜组件和螺旋卷式膜组件。

2. 膜法富氧

在氢气回收中，膜法技术可以有效地将氢气从废气中分离出来，从而实现氢气的回收和利用。相比之下，膜法富氧或富氮的原料气为空气，不含有害杂质，操作流程更为简单，在预处理阶段只需要除去空气中的少量水蒸气和可能的压缩机油滴。然而，由于空气中氧气浓度较低，需要采用渗透系数较大的高分子材料制成膜以提高生产能力，这将增加设备投资和操作费用。因此，膜法富氧适用于不需要超高纯度氧气的场合，如富氧助燃、医疗用富氧机等。或者与低温精馏、变压吸附等方法连用来制得高纯氧。

(1)膜法富氧助燃。

膜法富氧助燃是指通过增加空气中氧气的含量来提高燃烧效率和热值的一种技术。20 世纪 70 年代，膜法富氧助燃技术开始得到广泛关注。当时，德国的一些企业开始研究和开发膜法富氧助燃技术。到了 21 世纪初，随着环境保护意识的增强和能源消耗问题的日益凸显，膜法富氧助燃技术得到了更广泛的关注和应用，逐渐成为一种重要的能源节约和环境保护技术。它的优势主要有以下几点。①提高燃烧效率。膜法富氧助燃可以使燃烧反应更加充分，提高燃烧效率，降低燃料的消耗量和烟气中的污染物排放量。②增加热值。膜法富氧助燃可以增加燃料的热值，提高热效率，降低单位能量成本。③降低污染物排放。膜法富氧助燃可以减少燃料不完全燃烧产生的一些有害物质的排放，如二氧化碳、一氧化碳、氮氧化物等，对环境保护有一定的作用。④适用性广。膜法富氧助燃适用于各种燃料的燃烧，如天然气、煤、石油等，具有广泛的适用性。⑤操作简便。膜法富氧助燃的设备结构简单、操作方便，可以很容易地与现有的燃烧设备进行整合和应用。

(2)医用膜法富氧机。

医用膜法富氧机是一种应用膜法富氧技术的医疗设备，主要用于给予患者高浓度氧气治疗，改善体内氧气供应不足的状况，从而提高组织细胞的氧气利用率，促进机体的康复和治疗。医用膜法富氧机主要由氧气发生器、空气压缩机、气体分离膜组成，其工作原理是通过空气压缩机将空气压缩，使其中的氧气和氮气分离出来，然后通过气体分离膜将氧气和氮气分离，最终将高浓度氧气送入患者体内进行治疗。

医用膜法富氧机的发展历史可以追溯到 20 世纪 70 年代。当时，美国一家公共卫生研究机构开展了一项针对重症患者的研究，旨在提高这些患者的氧气摄入量，从而改善治疗效果。这项研究采用了膜法富氧技术，利用气体分离膜将氧气和氮气分离开来，从而获得高浓度氧气。随着研究的深入，膜法富氧技术逐渐得到了广泛应用，医用膜法富氧机也随之诞生。20 世纪 80 年代，医用膜法富氧机开始在世界各地的医疗机构中得到应用。随着技术的不断发展，医用膜法富氧机逐渐成为一种主流的氧气治疗设备，并在医疗领域得到广泛应用。

3. 在天然气工业中的应用

天然气是一种非常重要的化石能源，通常以天然气田的形式存在于地下。它主要由甲烷和少量的乙烷、丙烷、丁烷等轻烃组成，同时还含有一些硫化氢、氮气和二氧化碳等杂质。天然气是一种清洁能源，相对于其他化石燃料如煤炭和石油，它的燃烧产生的二氧化碳、硫化物和颗粒物等污染物更少。因此,天然气被广泛应用于工业、家庭和交通等领域,被视为推动清洁能源转型的关键能源之一。膜法在天然气工业中的主要应用有酸性气体的脱除、天然气脱湿和氦气提取等。

(1)酸性气体的脱除。

天然气中含有大量的二氧化碳,这些二氧化碳的去除对于提高天然气的热值和降低运输成本至关重要。利用膜分离技术,可以将二氧化碳从天然气中分离出来,提高天然气的热值。并且,部分地区的天然气中含有少量的硫化氢气体,酸性气体的脱除对于减少管道腐蚀具有重要的意义。

荷兰的 shell 公司在 20 世纪 80 年代中期就开始研究膜法天然气脱除二氧化碳技术,并于 1996 年在挪威的一个天然气处理厂成功地应用了该技术。Shell 公司目前是全球最大的液化天然气供应商之一,其采用的液化天然气生产过程中也广泛采用了膜法二氧化碳去除技术。

(2)天然气脱湿。

天然气脱湿是指利用膜分离技术从天然气中去除水分,提高天然气的干度。天然气中的水分会导致管道内腐蚀、结露和凝析,降低管道和设备的使用寿命,影响天然气的品质和运输安全。因此,天然气脱湿是天然气加工和输送过程中的重要环节。膜法天然气脱湿技术的原理是利用半透膜将水分从气体中分离出来。膜法天然气脱湿技术的膜材料主要有聚酯、聚酰胺、聚偏氟乙烯等,这些膜材料具有优异的分离性能,可以将水分分离出来。根据膜分离过程中气体和膜之间的压力差不同,可以将膜法天然气脱湿技术分为正压式和负压式两种。

20 世纪 80 年代末至 90 年代初,膜法天然气脱湿技术开始在美国的天然气加工厂得到应用。当时主要采用的是聚酰胺膜材料,这种膜材料有着较高的脱湿效率和稳定性,但也存在一些问题,如易受污染、易受损等。1997 年,美国 Honeywell 公司推出了一种新型膜法天然气脱湿技术,该技术采用了多层膜材料和一系列特殊设计的附件,可以实现更高的脱湿效率和更低的气体压力损失。这种技术大大改进了原有的聚酰胺膜技术,成为新一代膜法天然气脱湿技术的代表。2000 年,美国 Gore 公司推出了一种基于膜材料的新型脱湿器,该脱湿器采用了一种新型的膜材料,能够在高压力下实现高效脱湿,适用于各种天然气加工厂。近年来,新型的膜材料不断涌现,如聚醚膜、氟碳膜、纳米孔膜等。这些新型材料的出现,使得膜法天然气脱湿技术的性能和适用范围得到了进一步扩展和提高。并且,随着膜法天然气脱湿技术的不断发展,也涌现了一些新的系统集成技术。例如,将膜法脱湿与其他气体净化技术(如吸附法)相结合,可以实现更高效、更稳定的气体净化效果。

(3)氦气提取。

氦气是一种非常稀有的气体,在地球上的自然界中几乎不存在游离态的氦气。因此,大多数的氦气都是通过从天然气中提取获得的,而这也是氦气价格较高的原因之一。由于氦气和甲烷的分子尺寸较小,所以采用膜分离法进行氦气的富集具有天然的优势。

Air Products and Chemicals 也在膜分离法天然气提氦领域进行了大量研究和开发工作。该公司研发出了一种高效、低成本的膜分离技术,可以实现高纯度的天然气提氦。该技术已经在美国内布拉斯加州的哈里斯堡氦气厂得到了应用。该厂的膜分离系统采用 Air Products 独家开发的 PRISM 膜分离技术，通过一系列特殊膜过滤和分离工艺，从含氦气的天然气中提取出纯度高达 99.999% 的氦气。这种高纯度氦气在许多领域都有广泛的应用，如核磁共振成像、激光切割、半导体生产等。

虽然天然气中含有氦气，但氦气的含量非常低，一般只有 0.5%（体积分数）以下。所以，与传统的低温分离和压力摩擦法相比，膜分离法提取氦气的效率和纯度可能略低。但是通过膜技术先进行氦气浓缩，然后耦合其他工艺进行精制，是目前得到高纯氦较为理想的分离手段。

4. 有机废气的脱除

VOC 是挥发性有机化合物（Volatile Organic Compounds）的缩写，是指那些在常温下易挥发出来的有机化合物。这些化合物对人类和环境健康有着不良影响，大多具有一定的毒性，且部分已被列为致癌物，因此需要采取措施加以控制。

在 VOC 的处理过程中，主要有两种方式：一种是破坏性排除法，另一种是回收法。破坏性排除法是指将 VOC 直接转化为无害物质或者将其燃烧成二氧化碳和水等无害物质。常见的破坏性排除方法包括燃烧、光氧化、催化氧化等。其中，燃烧是一种常用的处理方法，可将 VOC 燃烧成二氧化碳和水等无害物质。光氧化则是利用紫外线或光催化剂将 VOC 分解为二氧化碳和水等无害物质。催化氧化则是利用催化剂将 VOC 氧化为二氧化碳和水等无害物质。破坏性排除法的优点是处理过程简单、效率高，但会产生一定的二氧化碳等温害气体。回收法是指将 VOC 从废气中回收并加以利用，这种方法可以减少 VOC 的排放和浪费。回收法主要包括吸附法、凝结法、膜分离法等。其中，吸附法是将废气中的 VOC 吸附到吸附剂上，再通过加热或者减压等方式将 VOC 从吸附剂上解吸出来。凝结法则是通过冷却废气将 VOC 凝结成液态，再进行回收。膜分离法是利用特殊的膜将废气中的 VOC 分离出来，达到回收的目的。回收法的优点是可以节约能源、减少污染，但处理成本较高，通常在高附加值的 VOC 回收中使用较多。

20 世纪 70 年代，欧洲和美国的研究机构开始研究膜分离技术在 VOC 处理中的应用，并取得了一定的进展。但当时的膜材料和技术水平还比较落后，难以满足 VOC 回收的需求。20 世纪 80 年代，随着膜材料和技术的不断进步，膜分离技术在 VOC 处理中得到了广泛应用。其中，以聚酰胺膜和聚醚酯膜为代表的有机膜材料开始应用于 VOC 处理中。这些有机膜具有较好的选择性和通透性，能够有效地将 VOC 从废气中分离出来。20 世纪 90 年代，膜分离技术在 VOC 处理中得到了进一步的发展。随着新型膜材料和膜结构的不断涌现，如亲水性有机硅膜、有机无机杂化膜、纳米孔膜等，膜分离技术在 VOC 处理中得到了更加广泛的推广和应用。同时，膜分离技术也在化工、制药、印刷等行业中的 VOC 处理中得到广泛应用。

目前，膜分离技术已经成为 VOC 处理中的一种成熟的技术。随着膜材料和技术的不断进步和创新，膜分离技术在 VOC 处理中的应用将会越来越广泛，对环境保护和资源节约也将产生越来越重要的作用。

6.3.2 气体分离技术在我国的工程应用实例

1. 天然气提氦

氦气具有低密度、低溶解度、不燃不爆、不毒不害等特点。此外，氦气也具有良好的热导性能和电绝缘性能，广泛应用于医疗、半导体、航天、核工业、科学研究等领域，如核磁共振成像、半导体制造、液体火箭发动机、航空仪表、氦气激光等。我国氦气资源相对匮乏，导致超过95%的氦气都需要进口。

中国石油天然气股份有限公司位于新疆哈密的氦气厂是我国较大的氦气生产企业之一，采用膜分离法技术提取氦气。该氦气厂的年产能力可达500万 m^3，主要用于满足国内外市场对氦气的需求。该厂采用膜分离法技术，通过将天然气通过特殊材料的膜分离器，将其中的氦气、氢气和其他杂质气体分离出来。具体来说，该厂采用的是聚酯类膜分离技术。聚酯膜是一种具有高选择性和高通量的膜材料，可以将氦气、氢气和其他杂质气体分离出来。该厂使用的聚酯膜的厚度通常在50～100 μm之间，这种厚度的膜既能保证分离效率，又能保证较高的通量，从而提高生产效率。该厂采用的膜分离系统由多级膜分离单元组成，其中包括膜分离器、压缩机、冷却器、干燥器、储气罐等设备。通过这些设备的协作，可以将天然气中的氦气、氢气等有用气体分离出来，并将杂质气体排出。

2022年，中国石化自主开发的首套氦气提纯装置的成功投产，标志着中国石化在氦气领域的研究和应用取得了重要突破。这一项目的成功实施，将为中国石化氦气产业的进一步发展奠定坚实的技术基础，同时也将对国内高科技产业的发展起到积极的促进作用。该项目采用了中国石化北京化工研究院自主研发的高效深度脱氢和膜法氦气分离等关键技术。其中，高效深度脱氢技术可以实现高纯度的氢气和氦气的分离，同时能够减少废气排放，达到环保的要求。而膜法氦气分离技术则是一种新型的分离技术，具有高效、节能、操作简单等优点，可以实现高纯度的氦气提纯。该项目的氦气来源于重庆石油LNG工厂的高含氦、高含氢的工厂尾气，通过提纯处理，将废气变废为宝，产出了99.999%高纯氦气产品。这一举措不仅能够实现对工业废气的有效利用，还可以节约氦气资源的消耗，对于保障氦气供应和提高资源利用率也具有积极的意义。

2. 氢气分离

中石化上海高桥分公司采用膜分离技术回收炼厂气中的氢气，成功提高了炼厂氢气资源的回收利用效率和经济效益。

据悉，该技术采用膜分离方法，通过优化生产过程，将原料气经过旋风分离等预处理过程后，进入膜分离器，经过膜的选择性渗透，回收氢气。在实际运行过程中，氢气的渗透率可达88%，而 $\varphi(H_2)\geqslant 93\%$ 的渗透气经冷凝器进入压缩机送出装置，具有较高的分离效率和稳定性。回收率可达90%，回收氢气量可达1 700 m^3/h，经济效益显著。

该方法在操作过程中，需要合理调整分离氢膜的组数，保证产品中氢气的浓度及回收率。另外，原料气的预处理过程必须将液态水及轻烃有效去除，否则会降低膜的分离效率。操作温度对分离效果也有较大影响，温度提高可提高氢气回收率，在合理范围内调整温度和膜组件的使用寿命也是必要的。

合理利用氢气资源是提高现代炼油厂核心竞争力的有效手段，而中石化上海高桥分公司采用膜分离技术回收炼厂气中的氢气,是一种可行、高效、经济的氢气回收途径,可以为炼厂提高氢气资源利用效率和经济效益,推动炼厂的可持续发展。

3. 有机蒸气净化回收

对于气相法生产聚乙烯装置中排放尾气含有大量有机组分的问题,直接排放至“火炬”中既造成能源的巨大浪费,同时也破坏了生态环境。针对这一问题,广州石化自主研发的多技术组合回收尾气装置采用了多种回收技术,实现了尾气的高效回收和综合利用。

该装置采用有机蒸气分离膜回收尾气中的丁烯和异戊烷,再采用变压吸附(PSA)技术将氢氮气与烃类气体分离,最后采用氢气分离膜回收氮气。经过工艺参数的优化调整,该装置实现了完全回收有机烃类(φ>90%),可回收大部分 N(2φ>98%),回收率显著。

在实际应用中,独山子石化使用膜回收系统来回收聚乙烯装置中的乙烯,通过工艺参数的优化调整,在最佳工艺参数条件下运行回收乙烯(100 kg/h),减少了乙烯的损失,增加了企业的经济效益,同时也实现了节能减排。某新建炼厂油气采用有机溶剂膜回收装置,在近一年的运行数据分析中,油气回收率达 90% 以上,尾气排放质量浓度控制在 25 g/m^3 以下,符合我国国家环保标准(GB 20950— 2007)的要求,有效减少了油品损耗量,防止对环境造成污染。

4. 烟道气捕集

在国家重点研发计划“煤炭清洁高效利用和新型节能技术”专项支持下,天津大学牵头,联合山东九章膜技术有限公司、中国科学院大连化学物理研究所和中石化南京化工研究院有限公司等全国多家单位,致力于开发和应用一种基于膜技术的二氧化碳(CO_2)捕集技术,并在工业实践中进行示范。该技术可以有效地捕集和分离 CO_2,并将其用于减少工业废气的碳排放量,从而减缓全球变暖的影响。

该项目的主要研究内容包括:开发一种高效的 CO_2 捕集膜材料,研究膜材料的制备工艺和性能优化;建立 CO_2 捕集的膜分离系统,并开展实验室和中试研究,性能指标 CO_2 捕集率≥90%、产品气浓度≥95%;进行 CO_2 捕集技术的经济性评价和环境影响评估,为其工业化应用提供科学依据。

截至 2021 年,该项目已经取得了一些重要进展,研发出了一种高效的 CO_2 捕集膜材料,开发出了相应的膜分离系统,并在实验室和中试条件下进行了验证。项目团队还进行了经济性评价和环境影响评估,证明该技术具有可行性和广阔的市场前景。预计该技术可以在工业生产中广泛应用,为我国的碳排放量削减做出重要贡献。

本章习题

6.1　丁基橡胶由于空气渗透系数低而被用作自行车轮胎。如轮胎内有 2 400 cm^3(STP)的空气,压力为 2 bar,轮胎完全变瘪需多长时间(假设推动力保持不变,轮胎厚度为 1 mm,表面积为 2 400 cm^2,空气渗透系数为 0.9 Barrer)?

6.2　在 1 bar 和 10 bar 下分别测得了如下图所示的二氧化碳在 PVC(聚氯乙烯)中的渗透系数。

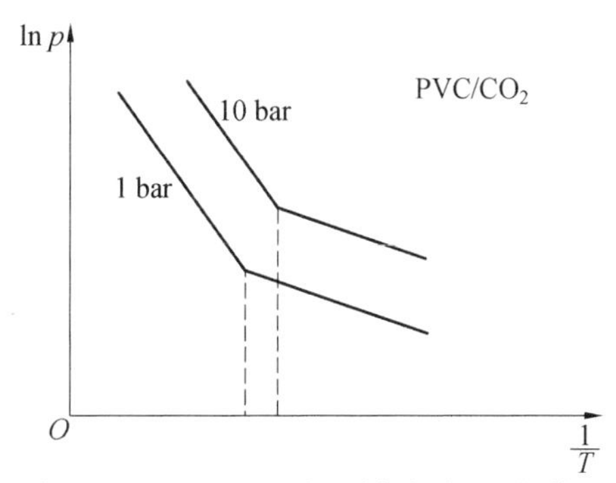

①请解释压力从 1 bar 升至 10 bar 所导致的转变点的变化。

②如果氮气为渗透气体,情况会怎样?

6.3　在不同温度及 5 ~70 bar 的压力范围内测定甲烷在某膜内渗透系数。结果表明渗透系数与压力无关,不同温度下 p 值如下:

T/℃	10	20	30	40
p/Barrer	1.8	3.5	6.3	10.1

①该材料是玻璃态还是橡胶态?

②计算活化能。

6.4　早在 1830 年 Mitchell 就做过气体分离实验。其中一个实验如下:在一广口瓶中充满氢气,瓶口盖一橡胶膜(见图)。氢气可视为理想气体。

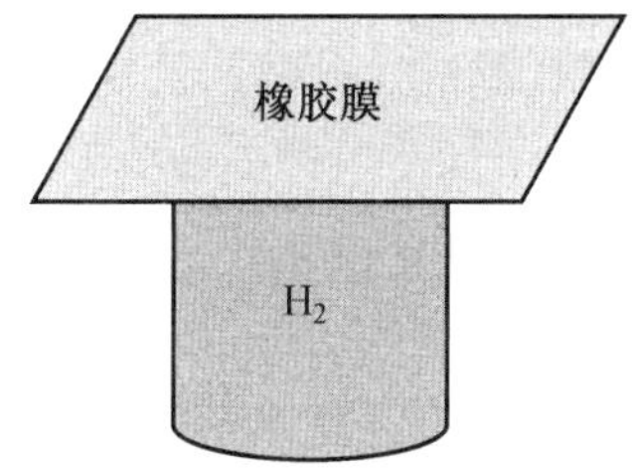

①叙述将发生什么现象,并给出图示。

②如瓶口不用橡胶膜而用一个氢渗透系数较橡胶膜降低 10% 的玻璃态聚合物膜盖住,将会发生什么现象?

6.5　气体的溶解度可用亨利定律(理想行为)和双吸附来描述。

①这两个膜型的差别是什么(请简要解释)?

②假设扩散系数为常数,给出这两种模型的渗透系数随压力变化的关系。

本章参考文献

[1] 许思维, 韩彩芸, 张六一, 等. 二氧化碳捕集分离的研究进展 [J]. 天然气化工, 2011, 36(4): 72-78.

[2] HEPBURN C, ADLEN E, BEDDINGTON J, et al. The technological and economic prospects for CO_2 utilization and removal [J]. Nature, 2019, 575(7781): 87-97.

[3] 杨晓龙. 传统能源企业可持续发展与低碳技术发展路径探析——以石油企业低碳转型为例 [J]. 科技进步与对策, 2013, 30(10): 98-102.

[4] HANNESSCHLAEGER C, HORNER A, POHL P. Intrinsic Membrane Permeability to Small Molecules [J]. Chem Rev, 2019, 119(9): 5922-5953.

[5] KOROS W J, FLEMING G K. Membrane-based gas separation [J]. J Membr Sci, 1993, 83(1): 1-80.

[6] BARRER R M, BARRIE J A, WONG P S L. The diffusion and solution of gases in highly crosslinked copolymers [J]. Polymer, 1968, 9: 609-627.

[7] ZHU B, JIANG X, HE S, et al. Rational design of poly (ethylene oxide) based membranes for sustainable CO_2 capture [J]. J Mater Chem A, 2020, 8 (46): 24233-24252.

[8] HAN Y, HO W S W. Polymeric membranes for CO_2 separation and capture [J]. J Membr Sci, 2021, 628:119244.

[9] WIJMANS J G, BAKER R W. The solution-diffusion model — a review [J]. J Membr Sci, 1995, 107(1-2): 1-21.

[10] ROBESON L M. Correlation of separation factor versus permeability for polymeric membranes [J]. J Membr Sci, 1991, 62(2): 165-185.

[11] ROBESON L M, LIU Q, FREEMAN B D, et al. Comparison of transport properties of rubbery and glassy polymers and the relevance to the upper bound relationship [J]. J Membr Sci, 2015, 476: 421-431.

[12] 全帅. CO_2捕集用高性能 PEO 基气体分离膜的制备及性能研究 [D]. 哈尔滨:哈尔滨工业大学, 2015.

[13] LIN H, FREEMAN B D. Gas solubility, diffusivity and permeability in poly(ethylene oxide) [J]. J Membr Sci, 2004, 239(1): 105-117.

[14] 姜旭. 高渗透性气体分离膜的制备与气体分离性能研究 [D]. 哈尔滨:哈尔滨工业大学, 2019.

[15] EBADI AMOOGHIN A, MASHHADIKHAN S, SANAEEPUR H, et al. Substantial breakthroughs on function-led design of advanced materials used in mixed matrix membranes (MMM): a new horizon for efficient CO_2 separation [J]. Prog Mater Sci, 2019, 102: 222-295.

[16] HENIS J M S, TRIPODI M K. A novel approach to gas separations using composite hollow fiber membranes [J]. Sep Sci Technol, 1980, 15(4): 1059-1068.

[17] 陈博. 双膜组件强化 CO_2混合气分离的研究 [D]. 大连:大连理工大学, 2016.

[18] 田志章, 李奕帆, 姜忠义, 等. 用于生物气提纯的促进传递膜 [J]. 化工学报, 2014, 65(5): 1594-1601.

[19] LIU M, NOTHLING M D, ZHANG S, et al. Thin film composite membranes for post-combustion carbon capture: polymers and beyond [J]. Prog Polym Sci, 2022. 126:101504.

[20] 王志，袁芳，王明，等. 分离 CO_2膜技术 [J]. 膜科学与技术，2011，31(3)：11-17.

[21] LI S, WANG Z, YU X, et al. High-performance membranes with multi-permselectivity for CO_2 separation [J]. Adv Mater, 2012, 24(24): 3196-3200.

[22] HU L, BUI V T, KRISHNAMURTHY A, et al. Tailoring sub-3.3 Å ultramicropores in advanced carbon molecular sieve membranes for blue hydrogen production [J]. Sci Adv, 2022, 8(10): eabl8160.

[23] LIN H, ZHOU M, LY J, et al. Membrane-based oxygen-enriched combustion [J]. Ind Eng Chem Res, 2013, 52(31): 10820-10834.

[24] CHUAH C Y, GOH K, YANG Y, et al. Harnessing filler materials for enhancing biogas separation membranes [J]. Chem Rev, 2018, 118(18): 8655-8769.

[25] WANG Y, PEH S B, ZHAO D. Alternatives to cryogenic distillation: advanced porous materials in adsorptive light olefin/paraffin separations [J]. Small, 2019, 15(25): e1900058.

[26] 卢衍波. 膜法天然气提氦技术研究进展 [J]. 石油化工, 2020, 49(5): 513-518.

[27] 魏昕，丁黎明，郦和生，等. 膜法氢气分离技术及其在化工领域的应用进展 [J]. 石油化工, 2021, 50(5): 472-478.

[28] 王志伟，耿春香，安慧. 膜法回收有机蒸汽进展 [J]. 环境科学与管理, 2009, 34(3): 100-105.

第7章　渗透蒸发

7.1　渗透蒸发技术简介

渗透蒸发(Pervaporation, PVAP)是一个有相变的膜渗透过程。膜上游物料为液体混合物,下游透过侧为蒸气,为此,分离过程中必须提供一定热量,以促进过程进行。在一定条件下渗透汽化膜的选择性可以非常高,因此对某些用常规分离方法能耗高,或费用高的分离体系,特别是近沸、恒沸混合物的分离,渗透汽化技术常可发挥它的优势,使这些用常规蒸馏难以分离的体系得到很好的分离,因为渗透汽化的分离因子除与组分的沸点(蒸气压)有关外,更与组分与膜的性质有关。

分离膜是两个相邻相之间的界面,起着一个选择性屏障的作用,调节物质在两个间隔间的运输。它用于特定的功能,包括气体和液体、离子或生物物质的分离。在渗透汽化中,液体混合物接触膜的一侧,渗透组分从另一侧蒸发(图7.1)。渗透汽化过程中的传质过程通常用溶液扩散机理来解释。渗透汽化过程可以考虑以下几个特征步骤。

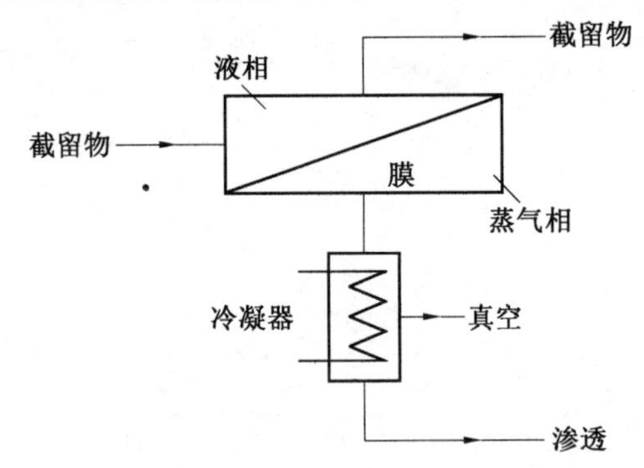

图7.1　真空驱动的渗透汽化过程

(1)进料成分(渗透剂)从上游液体混合物中吸附(溶解)到膜中。由于溶解度的差异,这种吸附步骤通常是对渗透剂的选择性富集。

(2)化学势梯度作为渗透剂在膜上扩散的驱动力。这一扩散步骤也对基于不同分子尺寸的选择性有很大贡献。

(3)渗透剂从膜向下游气相的蒸发。

这一过程的驱动力是膜上每一组分的分压或化学势梯度。在渗透汽化过程中,渗透剂的扩散率、溶解度和性质的差异会影响膜的通量(渗透系数)、选择性和长期稳定性等性能。为了提高渗透通量或产品总量,渗透侧始终保持在低于某一组分饱和压力的压力下,要么在真空下使用载体气体清扫蒸气。然后,渗透侧的蒸气凝结并回收为液体。渗透汽化过程被认为是唯一的膜过程,在这个过程中混合物的相变发生在通过膜(即从液相到气相的转变)的过程中。

基于膜的工艺(如 RO、NF、UF 和 MF)对水进行净化的机理涉及尺寸筛分从水中去除小颗粒。而渗透汽化是以溶液扩散、吸附扩散或筛分过滤机制为基础的。渗透汽化用于实现有机物的脱水(如乙醇的净化),从水溶液中去除有机物(如从水/空气中去除挥发性有机化合物),以及有机-有机分离(如异构体和芳香族/脂肪族的分离)。在所有液体分离技术(如蒸馏和吸附)中,渗透汽化过程在下列条件下最为有效:当液体混合物在共沸点分离时;当它们具有近似的沸腾温度时;当它们含有热不稳定的成分,或者它们是有机-有机混合物时。在这种分离机制条件下,渗透侧不可能回收未蒸发的组分(如金属、离子、肽或聚合物),因为它们可能停留在进料侧。

膜的性能很大程度上取决于膜材料的化学结构和微观结构,这两者都受到聚合物的分子量、杂质的存在、成膜过程、膜厚度和膜预处理的影响。因此,合成结构明确的新型高分子材料和无机材料作为膜材料不仅将有助于新型膜材料的发展,也将使膜的研究取得重大进展。

通过膜的渗透被认为是一个决定过滤速度的步骤。混合物的一小部分必须通过膜的选择性渗透来去除,以便将渗透液的量降到最低。例如,优先水渗透(水选择性)是大多数聚合物的一个特征。然而,到目前为止,已经有一些关于 VOC(挥发性有机化合物)选择性聚合物的报道。取代的聚乙炔是一个很典型的例子,它同时显示了 VOC 选择性和水选择性特性。因此,要想获得一种高效、经济可行的膜材料,就需要阐明它们的传输特性和分子结构之间的关系。这主要是因为膜的功能是由聚合物和无机材料的一级和二级结构所决定的。

7.1.1 分离原理及特点

1. 基础运输机制

分离膜可分为两大类(多孔膜和非多孔膜),根据膜的形态和渗透剂的性质不同,小分子通过这两类膜的传输机制也不同(图 7.2)。根据 IUPAC 对孔隙的分类,孔隙分为三类:微孔(超微孔为<0.7 nm,极微孔为>0.7 nm)、中孔(2 ~ 50 nm)和大孔(>50 nm)。

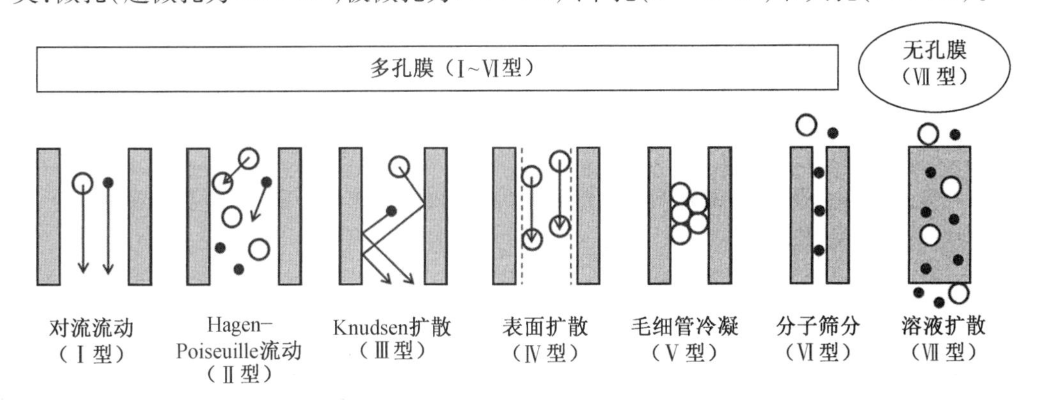

图 7.2 小分子通过膜的传输机制

在多孔膜中,扩散发生的机理很大程度上取决于膜的形态(即孔径)和扩散分子的大小。这些机制包括对流流动、大孔隙的 Hagen-Poiseuille 流动、中等尺寸孔隙的 Knudsen 扩散、表面扩散、毛细管冷凝和分子筛分等。如果膜的孔径与渗透液的孔径相比过大,则渗透液的流动服从简单的对流流动(Ⅰ型),该模型不具有分离特性。在 Hagen-Poiseuille 流动(Ⅱ型)中,当孔径大于渗透剂的平均自由程时,渗透剂的传输服从于大孔隙流体的流动规律。在 Knudsen 扩散(Ⅲ型)中,渗透剂与孔壁的碰撞比与其他渗透分子的碰撞更频繁。在表面扩散(Ⅳ型)中,渗透剂被吸附到表面,然后通过活化跳跃沿孔隙表面扩散。这通常发生在低温时,渗透剂不能离开吸附于表面是因为渗透剂与表面的相互作用强于它们自身的动能。发生这种表面扩散时也同时发生 Knudsen 扩散。Knudsen 扩散和表面扩散模型的结合机制(即气体传输机制)发生在孔隙尺寸较小的情况下,扩散渗透剂保持足够的动能离开表面但又由于另一侧孔壁的渗透而不能离开时。同时,在毛细管冷凝(Ⅴ型)中,渗透剂和孔壁之间的相互作用导致冷凝,进而影响通过孔隙的扩散。最后,在分子筛分中,孔的大小阻止大分子通过(Ⅵ型)。

另外,这里描述的无孔膜没有孔或完全致密的结构,这意味着可以控制在分子水平上的运输。因此,孔隙并不像气体分离和蒸气分离中所描述的那样控制渗透剂的通过。无孔膜与溶液扩散机制(Ⅶ型)相对应,孔隙并不像气体分离和蒸气分离中所描述的那样控制渗透剂的通过,渗透剂溶解在膜的表面,它的分子在膜内从一端扩散到另一端,然后从膜的另一端除去。

聚合物膜和无机膜分别采用非多孔结构和多孔结构设计。在聚合物膜中,渗透分子溶解并在瞬时分子空间中扩散到聚合物链段组合中,这些分子链段似乎是连续排列在非多孔膜内的。在无机膜中,渗透剂在固定的孔中扩散,这些孔是在多孔膜上连续制备的。这些分子吸附在孔隙的表面,因为有机化合物与无机材料有相互作用,这种行为导致 Knudsen 扩散(类型 III)、表面扩散(类型 IV)和毛细管凝结(类型 V)。在这方面,在聚合物膜和无机膜中发生的传输分别基于溶液扩散和吸附扩散机制。当各组分的溶液/吸附现象和/或扩散速度各不相同时,混合物就会分离。在图 7.2 所示的机理中,分子筛分具有最高的分离性能,在膜孔内仅存在较小的分子。和其他分子一样,这些小分子的这种传输过程表现出一种吸附-扩散机制。

2. 基础运输方程

通过 Fick 第一定律,可以发现在稳定状态下跨膜的组分通量(J_i)如下所示:

$$J_i = -D_i \frac{dC_i}{d_x} \tag{7.1}$$

当 D_i 为组分 i 的扩散系数时,dC_i/dx 是组分 i 在膜厚度 l 上的浓度梯度。如果膜表面的表面浓度分别为 C_{i1} 和 C_{i2}($C_{i1} > C_{i2}$),则该方程可重写为

$$J_i = -D_i \frac{C_{i1} - C_{i2}}{l} \tag{7.2}$$

此外,对于聚合物膜,用溶解度系数 S_i 作为各分压(p_{i1} 和 p_{i2})的函数来描述浓度 C_{i1} 和 C_{i2}:

$$C_{i1} = S_i p_{i1} \tag{7.3}$$

$$C_{i2} = S_i p_{i2} \tag{7.4}$$

因此，式(7.2) 变为

$$J_i = D_i S_i \frac{p_{i1} - p_{i2}}{l} = p_i \frac{p_{i1} - p_{i2}}{l} \tag{7.5}$$

通过膜组分 i 的渗透率(P_i) 可以用溶解度和扩散系数来表示，这是在下面的溶液扩散机制中提出的概念。

$$P_i = D_i S_i \tag{7.6}$$

进料液与膜的表面接触，而膜的另一侧因渗透成分的蒸发保持干燥。与气体分离膜和蒸气分离膜不同，渗透汽化膜的横截面具有梯度结构，进料侧为含液膜，渗透侧为水蒸气膜。

如图7.3所示，渗透汽化膜中的浓度梯度可分为三种类型。在 i 型中，浓度梯度在膜上呈线性分布，遵循式(7.1) 中的 Fick 定律，膜就像几种无机膜那样不会被进料溶液溶胀。

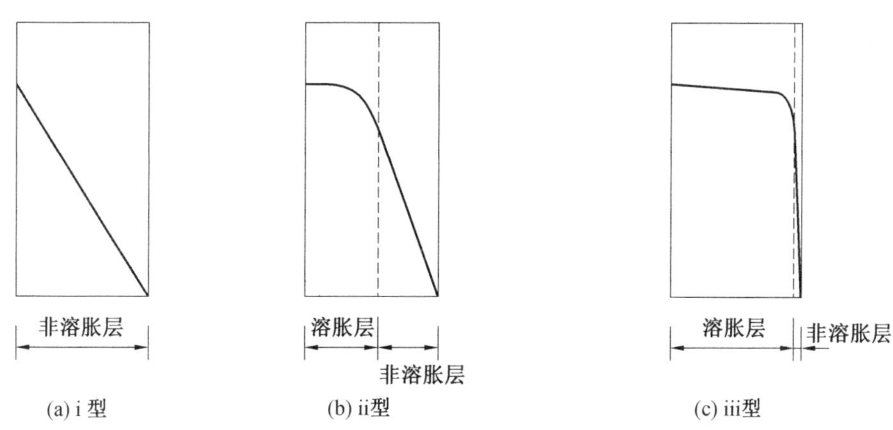

图 7.3　渗透剂在膜上的浓度梯度

当膜材料由聚合物和其他无机材料组成时，它们有时会因进料侧的液体而溶胀。相反，膜保持干燥，在渗透侧持续保持其形状(即 ii 型中等溶胀和 iii 型高溶胀)。在渗透过程中，聚合物膜被认为有两个层(即溶胀层和非溶胀层)。进料液中液体成分被选择性溶解并扩散到溶胀层中。由于聚合物链段在溶胀区域内液体的作用下伸展，所有的组分都达到了较高的扩散速度，这在很大程度上类似于其他组分的弱尺寸筛选行为。在溶胀层中，溶解度系数而非扩散系数，被认为是传输的主导因素。

上述组分可以选择性地溶解在溶胀层和非溶胀层之间的界面中。在这种情况下，需要注意的是，由于这种界面不像层压板膜那样可以清晰地分离出来，非溶胀层的厚度无法确定。接着渗透剂通过非溶胀层扩散，并以水蒸气的形式留在表面。不同于在溶胀层中发生的扩散过程，非溶胀层的聚合物链段密集，小分子的扩散阻力大。通过非溶胀层的运输行为与气体分离膜中描述的相似。因此，非溶胀层中输运的主导因素是扩散系数，而不是溶解度系数。非溶胀层也被称为干层、致密层或活性分离层。另外，非溶胀层通常比溶胀层薄。

3. 渗透率和渗透选择性

通过膜的组分 i 的通量(J_i) 定义为

$$J_i = \frac{Q_i}{At} \tag{7.7}$$

式中,Q_i 为组分 i 的渗透体积量;A 为膜的渗透面积;t 为测量时间。在测量的初始阶段,渗透率存在一定的滞后(即非稳定状态)。渗透测量开始后,在达到稳定状态前渗透产物的量逐渐增加。一般来说,Q_i 值要在稳态下记录。通量单位用 $g/(m^2 \cdot h)$、$kg/(m^2 \cdot h)$、$cm^3/(m^2 \cdot h)$、$m^3/(m^2 \cdot h)$ 表示,以及 SI 单位 $mol/(m^2 \cdot s)$。这是因为回收的液体产品通常是通过质量或体积来测量的。

由式(7.7)可知,归一化通量为

$$J_i = \frac{Q_i l}{At} \tag{7.8}$$

式中,l 代表膜的厚度。

在二元混合物中,组分 i 对组分 j 的选择性或分离因子(α_p)为

$$\alpha_p = \frac{\dfrac{Y_i}{Y_j}}{\dfrac{X_i}{X_j}} = \frac{Y_i(1 - X_i)}{X_i(1 - Y_i)} \tag{7.9}$$

式中,X_i 和 X_j 分别是原料溶液中组分 i 和组分 j 的质量或质量分数($X_i + X_j = 1$)。变量 Y_i 和 Y_j 分别是渗透溶液中组分 i 和组分 j 的质量或质量分数($Y_i + Y_j = 1$)。摩尔分数也可以与质量分数一起使用。可以使用分析器(如气相色谱仪)确定进料溶液和渗透溶液的组成。膜通量取决于膜的厚度,而归一化通量和渗透选择性与膜的厚度是完全无关的。

当膜厚度低至 100 nm 时,研究发现聚合物膜和无机膜都很有可能出现缺陷(如针孔),从而提高通量和降低选择性。然而,在一些情况下,如在非均相结构中,甚至在没有任何缺陷的较厚的膜中,仍具备较高的通量,因此渗透选择性也不能简单地与渗透率的倒数相关。例如,对于水溶液在氯化烃(如1,1,2－三氯乙烷)中的渗透汽化,由甲基丙烯酸三甲基硅和丙烯酸正丁酯组成的共聚物膜并不简单地遵守规则。这些厚度大于70 μm的膜对氯代烃/水选择性是恒定的,而这种选择性随着膜的变薄而逐渐降低。因此,在比较各种膜的通量时,必须选用厚度相近的膜。

最后,给出了多组分混合物中组分 i 相对于其他组分的渗透选择性(α_p):

$$\alpha_p = \frac{\dfrac{Y_i}{Y_{总} - Y_i}}{\dfrac{X_i}{X_{总} - X_i}} = \frac{Y_i(1 - X_i)}{X_i(1 - Y_i)} \tag{7.10}$$

式中,$X_{总}$ 和 $Y_{总}$ 分别为进料溶液和渗透溶液中组分 I 的总质量或总质量分数($X_{总} = Y_{总} = 1$)

4. 溶解度和溶解度选择性

在 IUPAC 推荐的定义中,吸附是指一个或多个组分在界面层中的富集。而吸收是指分子穿过表面层并进入内部结构。必须强调的是,有时很难、不可能或无所谓区分吸附和吸收。因此,使用更广泛的术语"吸附"更为方便,它包括了这两种现象。

在渗透汽化中,跨膜传输的第一步是膜表面液体组分的溶解,而最后一步是膜的另一

端的蒸气组分的蒸发。在平衡状态下，这些现象表示为膜的进料侧($K_{i-进料}$)和渗透侧($K_{i-渗透}$)组分i的分配系数。

$$K_{i-进料}=\frac{C_{i-进料膜}}{C_{i-进料溶液}} \tag{7.11}$$

$$K_{i-渗透}=\frac{C_{i-渗透膜}}{C_{i-渗透蒸气}} \tag{7.12}$$

式中，$C_{i-进料膜}$和$C_{i-渗透膜}$分别是膜上进料界面和渗透界面组分i的浓度；$C_{i-进料溶液}$和$C_{i-渗透蒸气}$分别是溶液中组分i在进料侧和渗透侧的浓度。

由于膜上存在浓度梯度，仅靠实验很难确定膜的分配系数，因此对于聚合物膜而言，表观溶解度系数被用来描述现象。而对于无机膜，则测定了本体膜的吸附等温线。IUPAC 和物理化学教科书对固体吸附的各种分析做了详尽的描述。

聚合物膜的表观溶解度系数与液体对膜的溶胀程度有关。液体混合物在平衡状态(即稳态)时对膜的溶胀程度是由以下方程得到的：

$$溶胀度=\frac{W_W-W_D}{W_D}\times 100\% \tag{7.13}$$

式中，W_W是平衡时吸附液体混合物的膜的质量；W_D是干膜的质量。在ⅱ型和ⅲ型中，溶胀程度在进料侧表面表现出明显的溶解性现象(图7.3)。

在二元混合物中，组分i相对于组分j的溶解度选择性(α_s)是从以下方面估算的：

$$\alpha_s=\frac{\frac{Z_i}{Z_j}}{\frac{X_i}{X_j}} \tag{7.14}$$

式中，X_i和X_j分别是混合物中组分i和组分j的权重；Z_i和Z_j分别是膜中组分i和组分j的权重。

渗透液(Z_i/Z_j)和进料组成(X_i/X_j)之间的三种类型的关系如图7.4所示。当组分i优先溶解在膜中或组分j被选择性地从膜中去除时，该关系被描述为A型(即$\alpha_s>1$)。当组分i和j的溶解度无差异时，出现B型线(即$\alpha_s=1$)。C型曲线与A型曲线相反(即$\alpha_s<1$)。在这三种类型中，B型很少被观察到。

溶解度用吉布斯混合自由能(ΔG_m)、混合焓(ΔH_m)和混合熵(ΔS_m)解释：

$$\Delta G_m=\Delta H_m-T\Delta S_m \tag{7.15}$$

式中，T是绝对温度。当ΔG_m值为负值时，组分相互溶解。然而，由于ΔS_m值通常是正的，意味着溶解度依赖于ΔH_m值。

在液体和膜材料混合的情况下，液体和膜材料的分子在接触之前是独立的相互作用。当液体的分子溶解在膜中时，需要注意在液体分子和膜材料之间产生了新的相互作用。然后，混合焓被描述为

$$\Delta H_m=H_{液}+H_{膜}-2H_{液-膜} \tag{7.16}$$

式中，$H_{液}$是液体的焓；$H_{膜}$是膜材料的焓；$H_{液-膜}$是液体与膜材料之间的焓。

混合焓用下列溶解度参数定义：

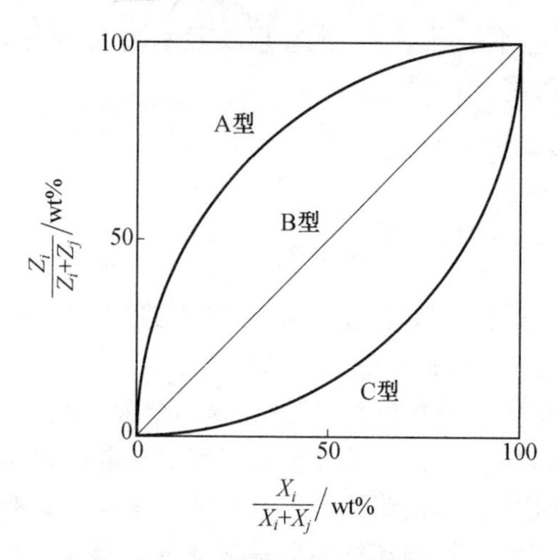

图 7.4 渗透液与进料组成的关系

$$\Delta H_m = V(\delta_{液} - \delta_{膜})^2 \varphi_{液} \varphi_{膜} \tag{7.17}$$

式中，V 是液体和膜材料的总摩尔体积；$\delta_{液}$ 和 $\delta_{膜}$ 分别是液体和膜材料的溶解度参数；$\varphi_{液}$ 和 $\varphi_{膜}$ 分别是液体和膜材料的体积分数。溶解度参数(δ) 可由内聚能(G_{coh}) 确定：

$$\delta = \frac{(G_{coh})^{\frac{1}{2}}}{V} \tag{7.18}$$

根据式(7.17)，ΔH_m 值始终是正的，这意味着混合过程为吸热。要产生负 ΔG_m 值，ΔH_m 值必须小于 $T\Delta S_m$ 值，而 $T\Delta S_m$ 值要求液体和膜材料的溶解度参数差异较小。当液体的溶解度参数与膜材料的溶解度参数相等时(即 $\delta_{液} = \delta_{膜}$)，混合焓为零，混合自由能为负值。在这种情况下，液体和膜材料是互溶的。

基于这一概念，当混合物中的一个组分具有与膜材料相似的溶解度参数时，可以预期该组分对膜的溶解度较大。反之，当一组分在混合物中的溶解度参数与膜材料的溶解度参数有很大差异时，该组分对膜的溶解度(即截留率) 就会降低。

然而，当液体分子与膜材料之间存在特定的强相互作用时，或者膜中存在比液体分子大得多的空洞或缺陷时，ΔH_m 值有时会变为负值。在这种情况下，无法用式(7.17) 计算。在式(7.16) 中，$2H_{液膜} > H_{液} + H_{膜}$，导致混合过程放热。

为了解液体在膜中的选择性溶解度特性，Hansen 的三维溶解度参数得到了广泛的认同：

$$\delta^2 = \delta_d{}^2 + \delta_p{}^2 + \delta_h{}^2 = \delta_d{}^2 + \delta_A{}^2 \tag{7.19}$$

$$V = \sum_Z {}^Z V \tag{7.20}$$

$$\delta_d = \frac{\sum_Z {}^Z F_d}{V} \tag{7.21}$$

$$\delta_p = \frac{\left(\sum_Z {}^Z F^2{}_p\right)^{\frac{1}{2}}}{V} \tag{7.22}$$

$$\delta_h = \left(\frac{-\sum_Z {}^Z U_h}{V} \right)^{\frac{1}{2}} \tag{7.23}$$

式中,δ 为总值;δ_d 为分散组分;δ_p 为极性组分;δ_h 为氢键组分;δ_A 为缔合参数(即 $\delta_p + \delta_h$);${}^Z F_d$ 是基团对分散的贡献;${}^Z F_P$ 是基团对极性参数的贡献;${}^Z U_h$ 是基团对氢键参数的贡献;V 是基团摩尔体积;${}^Z V$ 是组分摩尔体积。

溶解度参数的另一种测量方法是相对描述分子中氢键强度的方法(即 δ(差)、δ(中等)或 δ(强))。

例如,聚(1-三甲基硅基-1-丙炔)具有较少的极性结构,δ 值为15.8 $MPa^{1/2}$,这是用Fedor的基团贡献法估算的。聚(1-三甲基硅基-1-丙炔)在纯有机液体中的溶解度取决于 δ_A 而不是 δ_d(图7.5)。在 δ_d 值为14~19 $MPa^{1/2}$ 时,溶剂和非溶剂同时存在,而大多数溶剂的 δ_A 值小于10 $MPa^{1/2}$。结果表明,聚(1-三甲基硅基-1-丙炔)(PTMSP)较好地溶于 δ_A 较小的几种极性较小的液体。此外,PTMSP 可溶于 δ(差)值为13.5~19.4 $MPa^{1/2}$ 的液体。当液体和 PTMSP 的 δ 值彼此相似时,25 ℃ 时各种纯非溶剂在 PTMSP 膜中的吸收增加(图7.6)。这一趋势与式(7.17)所提供的规则相一致。即使它们的 δ 接近 PTMSP 值(如 δ(中等)),PTMSP 也不溶于极性液体。

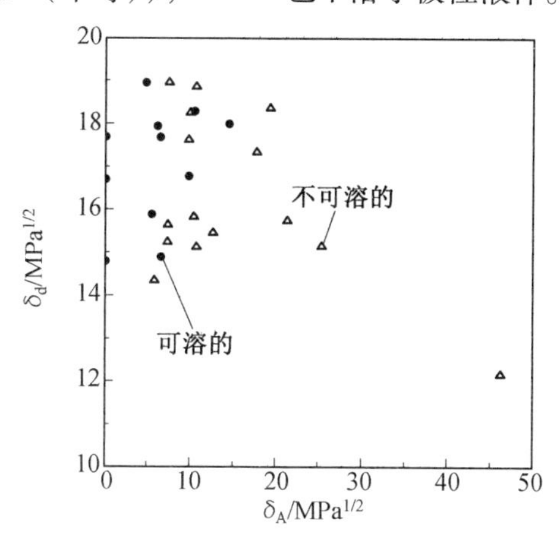

图7.5　在25 ℃ 时溶剂和非溶剂的 δ_d 和 δ_A 值的关系

然而,在等高线图中,所有液体分子都有一个电荷梯度(图7.7),很难精确地确定溶解度因子的边界,如在氢键中。这说明了用溶解度参数精确估计溶解度现象的局限性。

6. 扩散率和扩散选择性

原则上,Fick 定律(图7.3 ⅰ 型)描述了聚合物膜和无机膜的扩散系数。然而,它受到聚合物膜中组分浓度的强烈影响。浓度相关的扩散系数定义为

$$D = D_0 e^{\beta C} \tag{7.24}$$

式中,D 是浓度 C 处的扩散系数;D_0 是浓度被无限稀释 C 接近零时的扩散系数;β 是塑化因子,表示膜材料与组分之间相互作用,β 值越大,表明膜材料与组分之间的亲和力越强。

在图7.3中,当渗透侧保持在真空状态下时,小分子在 ⅱ 型和 ⅲ 型聚合物膜的干燥非溶胀层中的传输类似于气体分离膜。因此,渗透诱导塑化对干燥层和溶胀层都有影

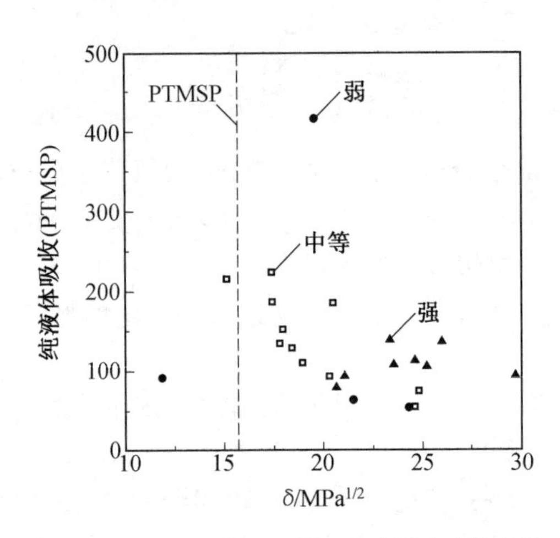

图7.6 PTMSP 非溶剂在25 ℃时的纯液体吸收

响。图7.8给出了CO_2在由二氯甲烷制备的4,4－(六氟异丙基)二苯酐(6FDA)－2,3,5,6－四甲基－1,4－二甲苯－二胺(TeMPD)聚酰亚胺膜(6FDA－TeMPD)中的平均扩散系数与压力的关系。给定温度为35 ℃,压力在40 atm(相对压力约为0.5),平均扩散系数随进料压力的增加而增大。图7.9给出了在相同的6FDA－TeMPD膜中,二氧化碳在一定时间内的扩散系数,与35 ℃时CO_2浓度的函数关系,随着CO_2浓度的增加,扩散系数增大。然而,在该研究中,在气体渗透性测定的临界塑化压力下,二氧化碳浓度值没有明显的相关性。在35 ℃临界塑化压力下的干燥的6FDA－TeMPD膜内CO_2的临界平均扩散系数为$(73 \pm 5) \times 10^{-8}$ cm²/s,尽管采用了浇铸溶剂或热处理等膜制备工艺。

在测量的初始阶段(即非稳态),在聚合物膜干燥层中的传输过程中,观察到聚合物链段的间歇弛豫,并表现出菲克扩散行为。一般来说,该扩散行为是非菲克扩散。动力学吸附分析提供了下列方程作为测量时间的函数:

$$C = C_p + C_R(1 - e^{-\tau t}) \tag{7.25}$$

当小分子的扩散速度远快于聚合物链段的弛豫时,在溶胀层和非溶胀层之间出现了明显的界面层。随着这个弛豫成为速率决定步骤,界面层在膜的横截面上以恒定的速度移动。这种行为被称为第Ⅱ类扩散。

$$c = k\,l^n \tag{7.26}$$

式中,k和n是可调参数。第Ⅱ类扩散发生在$n = 1$处。

气相或蒸气小分子通过聚合物膜的扩散与其分数自由体积(FFV)有关,当渗透剂分子与聚合物链段之间没有或只有很少相互作用时,这种关系是成立的。自由体积理论提供了下列等式:

$$D = A_D\, e^{-\frac{B_D}{FFV}} \tag{7.27}$$

式中,A_D和B_D是可调的参数,它们都代表了与渗透剂的尺寸和形状相关的本征扩散参数。

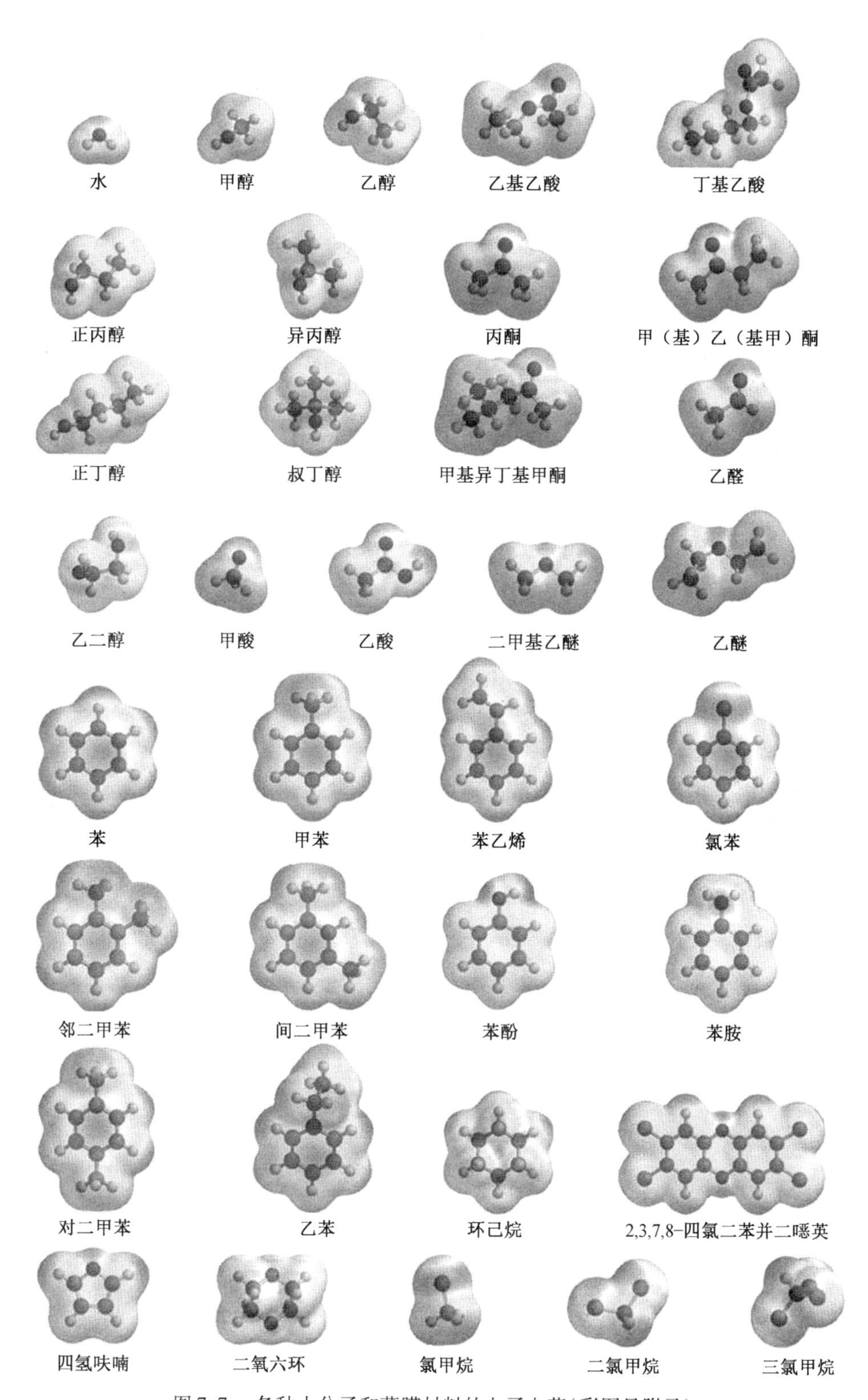

图 7.7　各种小分子和薄膜材料的电子电荷(彩图见附录)

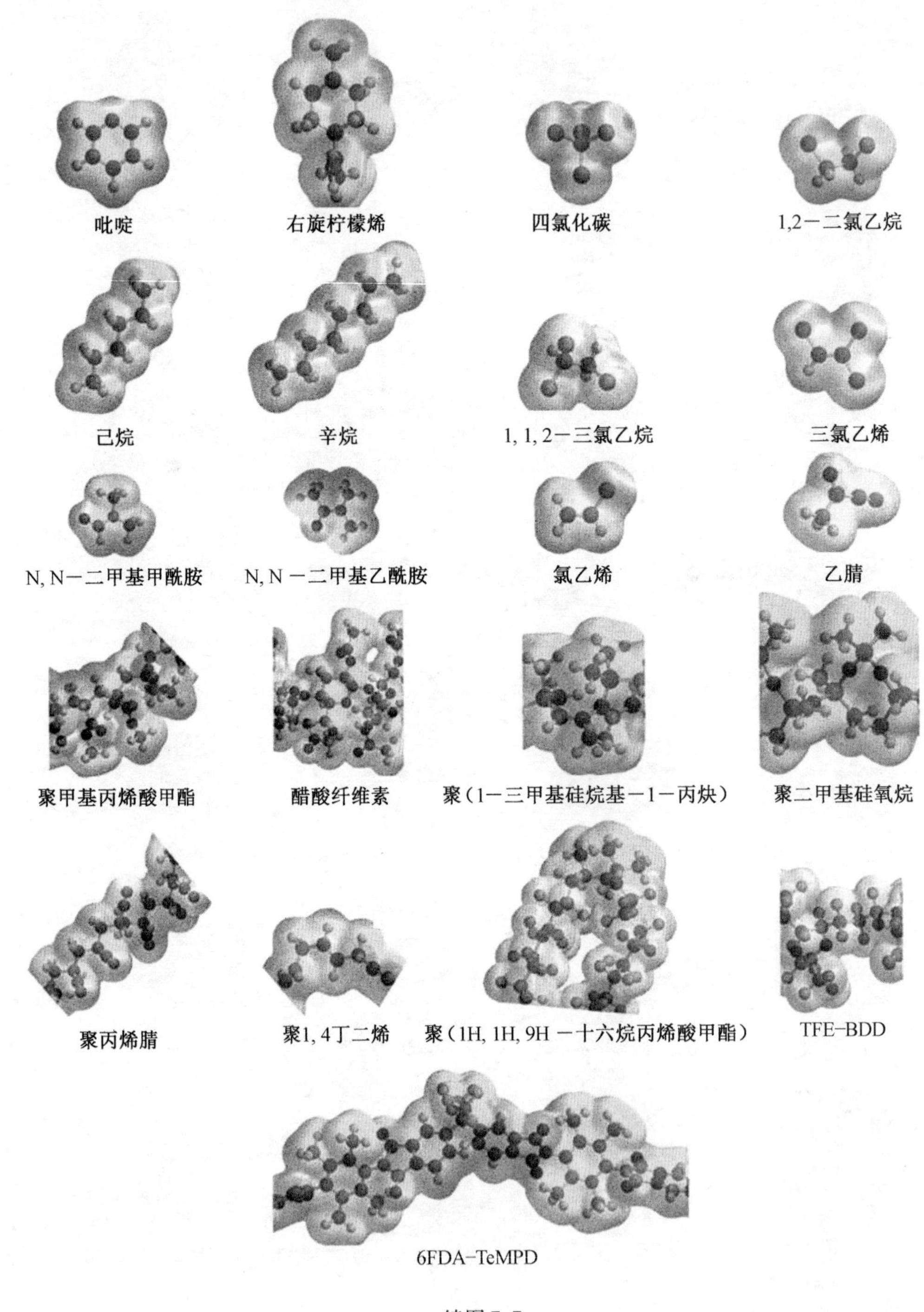
吡啶
右旋柠檬烯
四氯化碳
1,2－二氯乙烷
己烷
辛烷
1, 1, 2－三氯乙烷
三氯乙烯
N, N－二甲基甲酰胺
N, N －二甲基乙酰胺
氯乙烯
乙腈
聚甲基丙烯酸甲酯
醋酸纤维素
聚（1－三甲基硅烷基－1－丙炔）
聚二甲基硅氧烷
聚丙烯腈
聚1, 4丁二烯
聚（1H, 1H, 9H －十六烷丙烯酸甲酯）
TFE-BDD
6FDA-TeMPD

续图 7. 7

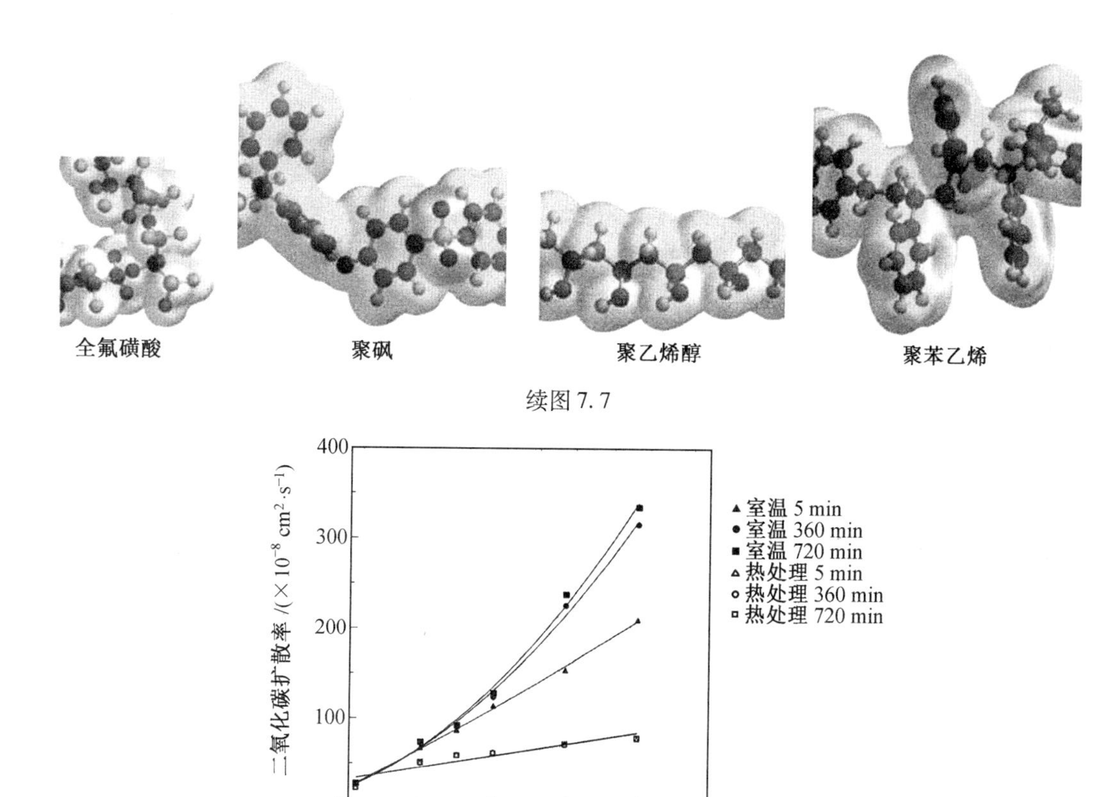

续图 7.7

图7.8 用二氯甲烷溶液铸造和热处理一定时间 35 ℃ 时 6FDA -TeMPD 中二氧化碳扩散率的压力依赖性

然而,这些参数还没有明确讨论。其中一个原因是,虽然小分子的尺寸和形状有不同的测量方法,但对于渗透剂大小和形状的最佳测量方法还没有定论。测量方法包括动力学直径、临界体积、范德瓦尔斯体积和由伦纳德 - 琼斯力常数决定的直径。如图7.7所示,分子的形状不是单原子结构。横截面面积(即最小扩散间隙)和分子长度(即扩散路径)影响膜中的扩散。此外,通过红外或拉曼光谱检测到分子中的几种振动(如拉伸振动、剪切振动和扭曲振动)。即使分子存在于膜中,这些振动也以不同的形式出现。

图7.10给出了在10 atm进料压力下(即相对压力约为0.1),处于干燥状态的普通玻璃态聚合物中二氧化碳扩散系数作为FFV的函数。式(7.27)所预期扩散系数随着倒数FFV的增大而趋于减小。然而,如图7.10所示,1/FFV值为5.5(即FFV为0.18)时,二氧化碳扩散率的数据散布在 $10^{-6} \sim 10^{-8} cm^2/s$ 范围内。相比之下,只有结构相关的聚合物,如聚碳酸酯、聚砜(PSf)或聚芳酯,才能得到更好的线性相关系数。这种行为说明了使用式(7.27)估计小分子扩散系数的局限性,并指出只有在结构相关聚合物中才能得到更准确的结果。

这些不太精确的关联是由于自由体积空间的分布,这可以用正电子湮灭寿命谱

(PALS) 来估计。利用参数 τ_n(ns) 作为空间尺寸,参数 I_n(%) 作为空间 τ_n 数量,空间尺寸随着 n 值的增加而增加,对于大多数聚合物,其值在 τ_1 和 τ_3 水平之间。到目前为止,仅报道了一些取代聚乙炔(如PTMSP) 和氟化聚合物(如聚2,2 - 双(三氟甲基) - 4,5 - 二氟 - 1,3 - 二氧 - co - 四氟乙烯(TFE - BDD)) 值在 τ_4 能级空间。气体扩散率与 $\tau_3^3 \times I_n$(ns^3%) 的倒数值相关,即与聚合物膜中 τ_3 能级空间的总体积倒数值相关,气体在PTMSP和TFE - BDD中的扩散被描述为 $\tau_4^3 \times I_n$ 和 $\tau_3^3 \times I_n + \tau_4^3 \times I_n$($ns^3$%),同时,$\tau_1$ ~ τ_4 能级空间在聚合物膜上的连通性也是决定气体扩散的重要因素。

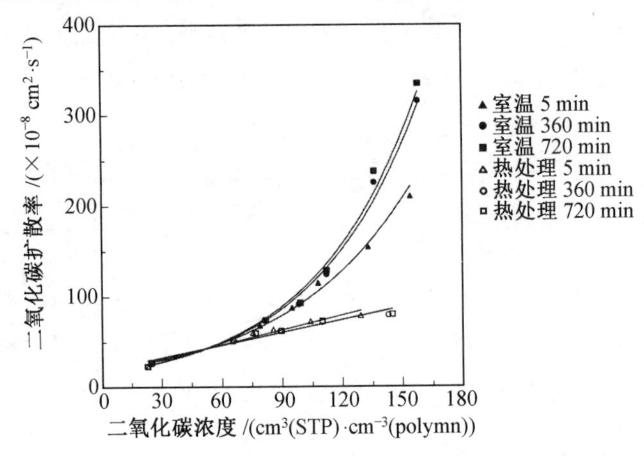

图7.9 二氧化碳在35 ℃下6FDA - TeMPD中的扩散率(以二氯甲烷为原料制备)与二氧化碳浓度的函数

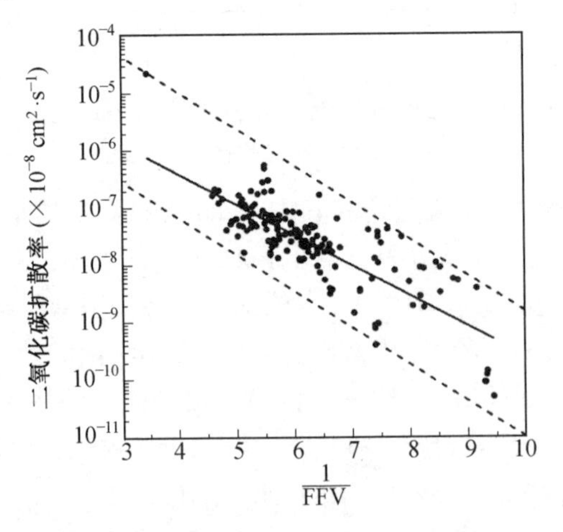

图7.10 35 ℃、压力10 atm(即相对压力约0.1)条件下,二氧化碳在各种聚合物中的扩散率作为分数自由体积倒数(1/FFV) 的函数

如前所述,经典的自由体积理论没有考虑渗透剂分子与聚合物链之间相互作用的影响。然而,聚合物膜的介电常数与分数自由体积相关,自由体积受聚合物极性的强烈影响。基于Clausius - Mossotti方程,小分子的扩散系数定义为介电常数 ε 的函数,并给出下式:

$$D = \gamma_D \, e^{\frac{-\beta_D}{1-\alpha}} \tag{7.28}$$

式中,γ_D 和 β_D 是可调参数。在6FDA基聚酰亚胺(PI)中,小分子的扩散系数与 $1-\alpha$ 的倒数呈线性关系。此外,基于6FDA的PI的 1 - a 值是其FFV值的1.6 ~ 2.2倍。正如式(7.27)所预期,FFV值主要依赖于膜中的自由体积空间。另外,$1-\alpha$(即由式(7.28)确定的FFV)取决于自由体积空间和摩尔极化等与电荷相关的因素,这些因素影响了气体分子与聚合物段之间的相互作用。整个聚合物系列的比较证明,这个因素为聚合物膜的自由体积中小分子的运输提供了更实际的调整。此外,FFV还依赖于自由体积空间和光学因子,如折射率和摩尔折射,这些因素影响电子结构和气体分子与聚合物链段之间的相互作用。根据由Lorentz - Lorenz方程得到的折射率,观察到基于折射率的FFV与6FDA基PI膜的透气性、扩散性和溶解度系数(式(7.29) ~ (7.31))之间呈线性相关。

$$P = A'_P \, e^{\frac{-B'P}{1-\varphi}} \tag{7.29}$$

$$D = A'_D \, e^{\frac{-B'D}{1-\varphi}} \tag{7.30}$$

$$S = A'_S \, e^{\frac{-B'P}{1-\varphi}} = \frac{A'_P}{A'_D} e^{\frac{-(B'P-B'D)}{1-\varphi}} \tag{7.31}$$

由折射率计算出的6FDA基PI的FFV值增大了1.16 ~ 1.37倍。这个结果表示PI密度影响电子结构的以及气体分子与聚合物分子之间的相互作用。这一发现得到了结论,PI电子结构随聚合物化学结构的变化而变化。

如图7.3的 ii 型和 iii 所示,当膜被进料溶液溶胀,根据Aptel的研究可以估算出膜中各组分的表观平均扩散系数(即液体溶胀层加上干燥非溶胀层)。组分 i 和 j 通过膜(厚度为 l)的通量 J_i 和 J_j 被定义如下:

$$J_i = \frac{\bar{D}_i k S_i}{l} \tag{7.32}$$

$$J_j = \frac{\bar{D}_j k S_j}{l} \tag{7.33}$$

式中,D_i 和 D_j 分别为组分 i 和组分 j 的表观平均扩散系数;S_i 和 S_j 分别为组分 i 和组分 j 的溶胀程度;k 为

$$k = \frac{1}{\frac{S_i}{\rho_i} + \frac{S_j}{\rho_j} + \frac{100}{\rho_m}} \tag{7.34}$$

其中,ρ_i、ρ_j、ρ_m 分别为组分 i、组分 j 和膜的密度值。

二元混合物中组分 i/组分 j 的扩散选择性(α_D)可以估计为

$$\alpha_D = \frac{\bar{D}_i}{D_j} \tag{7.35}$$

7.1.2 国内外技术发展史

膜科学和技术在气体/蒸气分离和水脱盐方面有着广泛的工业应用,如去除水中的小固体和离子。渗透汽化是分离液体混合物的膜技术过程之一。自1970年以来,渗透汽化

在材料和工艺的发展中得到了广泛的研究(图 7.11)。到 2006 年,相关研究的出版物有所增加,自 2005 年以来,几乎保持不变,即大约 250 种或更少的出版物。图 7.11 还表明,自 1917 年首次报道渗透汽化现象以来,渗透汽化过程一直是研究的热点。

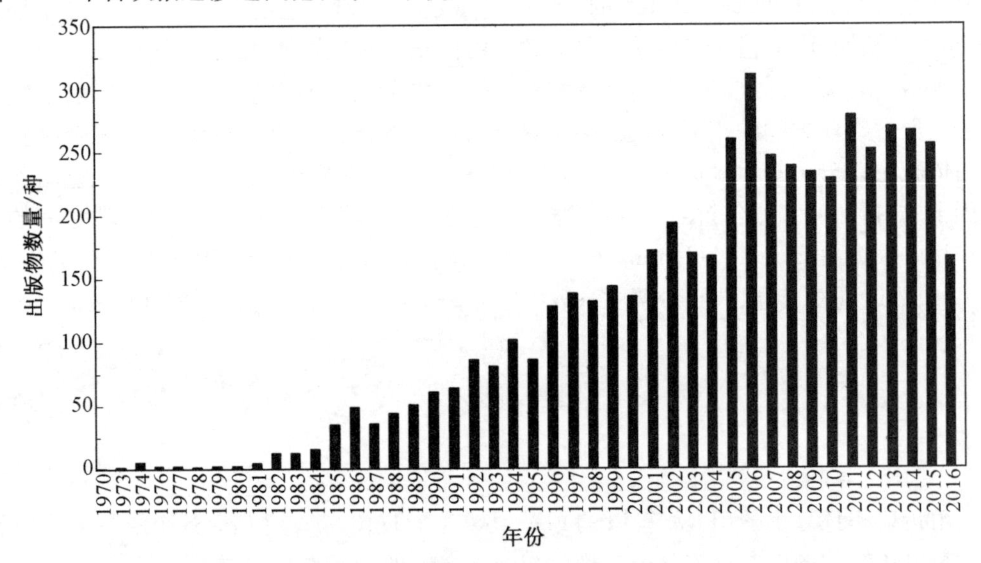

图 7.11 1970—2016 年在“Scopus”报告的渗透汽化的年度出版物

从历史上看,1917 年,Kober 发现水通过悬浮在空中的胶体袋进行选择性渗透。这一现象被定义为从“渗透”和“汽化”两个概念衍生而来的技术术语“渗透汽化”。1935 年,Farber 开发了一种渗透汽化技术,通过再生纤维素制备的玻璃纸袋蒸发水来浓缩蛋白质和酶的溶液。到 1956 年,Heisler 等人利用再生纤维素膜渗透汽化尝试分离液体混合物(如乙醇-水混合物)。Binning 在 20 世纪 50 年代末提出了渗透汽化过程的广泛应用。随后,渗透汽化过程被证明可用于液体混合物的分离,然而,由于当时已有分离技术(如蒸馏、萃取和吸附)满足使用,渗透汽化直到 70 年代才扩展到工业水平。1982 年,建立了第一个商业规模的液体分离膜系统,通过渗透汽化分离乙醇-水混合物。自那时以来,已经安装了数百个用于有机溶剂脱水的工厂。然而,这类渗透汽化过程在净水和有机-有机液体分离领域仍然很不发达,尽管这两种工艺已被证明适合于生产。因此,渗透汽化的许多研究涉及材料开发、应用、工艺设计以及渗透汽化膜中的传质模型和理论仍是研究热点,如一些著作和综述所示。

7.1.3 渗透蒸发膜材料的选择原则

用于渗透汽化的膜结构可分为两大类:致密膜或不对称膜。在工业应用中,不对称膜因其比致密膜具有更高的通量而得到广泛应用。不对称膜一般由膜通量较高的选择膜和渗透阻力较低的多孔膜组成。对于膜组件产品,工业上采用了平板膜和中空纤维膜两种膜组件。这些膜可通过溶剂浇铸(干湿)、中空纤维纺丝、溶液包覆、界面聚合和物理化学处理等多种技术来制备。随着膜基海水淡化技术的发展,相应的膜制备技术也有了很大的发展。

在溶液浇铸中，将聚合物溶液浇铸到平板（如玻璃板）上，并允许溶剂蒸发（干法）和/或相转化形成不对称结构（湿法）。在前一种方法中，溶剂在一定温度下完全蒸发后，通过浇铸液制备出致密的均一结构。另外，浇铸液被浇铸在一个平坦的表面上，然后浸入一个不相容的溶剂中，形成由相同材料组成的不对称结构。不对称结构通常具有致密的薄层（即选择层）、粗糙的多孔层。采用复合技术制备了不对称结构。聚合物溶液被涂覆在微孔基底（即多孔载体）上，以形成由不同材料组成的复合膜。这种复合膜也称为薄层复合膜。

自20世纪70年代以来，混合基质膜（MMM）作为提高气/汽分离和水处理聚合物膜系统性能的一种有效方法得到了广泛的关注。在这种情况下，填料被加入聚合物溶液中，充分混合，直到溶液变得均匀，以防止填料聚集导致膜缺陷。采用溶剂浇铸法、中空纤维纺丝法、溶液涂覆法、界面聚合法等方法制备了蒙脱土纳米复合材料。

在二元混合物中，组分 i 相对于组分 j 的渗透选择性或分离因子（α_P）定义为组分 i 与组分 j 的渗透率或通量之比（P_i/P_j），因此，可以表示为

$$\alpha_P = \alpha_S \cdot \alpha_D = \frac{P_i}{P_j} = \frac{S_i}{S_j} \times \frac{D_i}{D_j} \tag{7.36}$$

式中，第一项是溶解选择性，第二项是扩散选择性。

当双组分的扩散系数相近时，扩散选择性接近1，渗透选择性与溶解选择性近似相等：

$$\alpha_P = \alpha_S \cdot \alpha_D = \frac{P_i}{P_j} \approx \frac{S_i}{S_j} \tag{7.37}$$

相反，当双组分的溶解度相似时，溶解度选择性几乎为1。渗透选择性大约等于扩散选择性。

$$\alpha_P \approx \alpha_D = \frac{P_i}{P_j} \approx \frac{D_i}{D_j} \tag{7.38}$$

要求膜具有组分 i - 选择性（即 $\left(\frac{P_i}{P_i}\right) > 1$）或组分 j - 选择性（即 $\left(\frac{P_i}{P_i}\right) < 1$），当组分 i 的分子比组分 j 大时，在尺寸筛分扩散的基础上，扩散选择性始终为 $\left(\frac{D_i}{D_i}\right) < 1$。另外，溶解度系数与膜材料和液体的溶解度参数相关。如前所述，液体与膜的亲和力取决于它们的溶解度参数之间的一致程度。因此，当组分 i 的溶解度参数与膜材料的溶解度参数比较接近时，膜显示出混合物的组分 i - 选择性（即 $\left(\frac{S_i}{S_i}\right) > 1$），反之亦然。在扩散选择性是主要因素的情况下，$\left(\frac{S_i}{S_i}\right) < \left(\frac{D_i}{D_i}\right)$，膜表现出组分 j - 选择性（即 $\left(\frac{P_i}{P_i}\right) < 1$），而当溶解选择性是分离的主要因素时，$\left(\frac{S_i}{S_i}\right) > \left(\frac{D_i}{D_i}\right)$，该膜具有组分 i - 选择性（即 $\left(\frac{P_i}{P_i}\right) > 1$）。如本例所示，控制溶解度和扩散选择性是实现这两种类型的渗透选择性增加的必要条件。

溶解度和扩散系数具有浓度依赖性。当进料溶液中的成分发生变化时，各组分的溶解度和扩散系数也随之发生变化。因此，每个组分的渗透率也发生改变。这表明进料溶

液中的组分会影响膜的渗透选择性、溶解性选择性和扩散选择性。

图 7.12 给出了苯-苯胺混合物在 25 ℃下通过辐照聚乙烯(PE)膜的总通量与进料溶液中苯浓度的关系。与苯胺相比,苯能有效地使聚合物溶胀。随着进料溶液中苯浓度的增加(即与膜亲和力较好的组分增加),混合物的总通量显著增加。无论进料浓度如何,苯透过膜的速度始终快于苯胺。苯对苯胺的渗透选择性也随着进料溶液中苯浓度的增加而降低。苯分子使膜溶胀,很容易伴随着苯胺分子进入溶胀的聚合物链段。

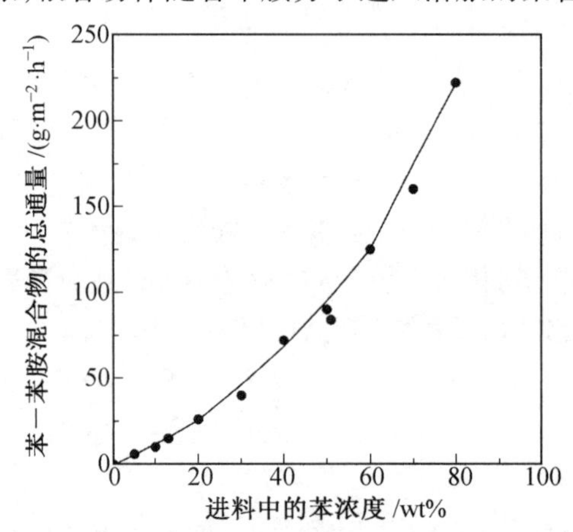

图 7.12 苯-苯胺混合物在 25 ℃下通过辐照 PE 膜的总通量与进料溶液中苯浓度的关系

7.1.4 渗透蒸发膜性能评价指标

1. 优先透过组分的性质

在渗透汽化中应以含量少的组分为优先透过组分,根据透过组分的性质选用膜材料。一般可分三种情况:①有机溶液中少量水的脱除,可用亲水性聚合物;② 水溶液中少量有机质的脱除,可用弹性体聚合物;③ 有机液体混合物的分离,这种体系又可分三类,即极性/非极性、极性/极性和非极性/非极性混合物。对极性/非极性体系的分离材料的选择比较容易,透过组分为极性可选用有极性基团的聚合物,透过组分为非极性应选用非极性聚合物。而极性/极性和非极性/非极性混合物的分离比较困难,特别当组分的大小、形状相似时更难分离。

2. 膜材料的化学和热稳定性

渗透汽化分离的物料大多含有机溶剂,特别是有机混合物分离体系,因此膜材料应抗各种有机溶剂侵蚀。

渗透汽化过程大多在加温下进行,以提高组分在膜内的扩散速率,尽量弥补目前渗透汽化膜通量小的不足,因此膜材料要有一定热稳定性。

3. 实验筛选

通过渗透汽化实验,测定膜的通量和选择性。实验筛选后的膜材料通常可分两类,即高选择性低通量和低选择性高通量,一般可对具有高选择性材料做进一步研究,因为增加通量比提高选择性要容易一些。

7.2 渗透蒸发膜及其组件

7.2.1 高分子膜

1. 溶解度选择性和扩散度选择性的组合

1982 年 8 月,第一个工业规模的液体分离膜系统建立,用于乙醇-水混合物的渗透汽化分离,在多孔的 PAN 载体上使用了交联聚乙烯醇致密层的复合膜,对乙醇或异丙醇水溶液具有水选择行为。

就聚合物膜而言,一类聚合物一般倾向于表现出水选择性或有机溶剂选择性。这种传输机制被认为是遵循溶液扩散机制的。表 7.1 总结了有机溶剂(VOC)-水分离膜的机制。由于有机物分子的尺寸大于水,(D_{VOC}/D_{H_2O})值小于受尺寸筛选扩散影响的聚合物比值。有机溶剂-水混合物与聚合物膜的亲和力取决于两者溶解度参数之间的一致程度。因此,亲水聚合物膜通常显示(S_{VOC}/S_{H_2O})<1(即表 7.1 中的水选择性膜 1),而疏水聚合物膜显示(S_{VOC}/S_{H_2O})>1(即表 7.1 中的水选择性膜 2 和 VOC 选择性膜 1)。在扩散选择性是主要影响因素的情况下,(S_{VOC}/S_{H_2O})<(D_{VOC}/D_{H_2O}),此时即使(S_{VOC}/S_{H_2O})>1(即表 7.1 中的水选择性膜 2),膜仍然表现出水选择行为。

在渗透汽化过程中,通过膜的渗透是决定速度的步骤,因此,混合物的一小部分必须通过膜的选择性渗透来去除,以尽量减少渗透液的量。优先水渗透(水选择性)是大多数聚合物的特点,目前已有一些关于 VOC 选择性聚合物的报道。取代的聚乙炔是一类同时具有 VOC 和水选择性行为的聚合物。

表 7.2 总结了各种 VOC 和水选择性取代聚乙炔膜的总通量和乙醇/水选择性。高渗透取代聚乙炔膜是乙醇选择性膜(即乙醇/水选择性>1),而低渗透取代乙炔膜是水选择性膜(即乙醇/水选择性<1)。厚度约 20 μm 的 PTMSP 膜总通量为 4.5×10^{-3} g·m/(m^2·h),乙醇/水选择性为 4.5。而聚(1-苯基-2-氯乙炔)膜的总通量为 0.23×10^{-3} g·m/(m^2·h),乙醇/水选择性为 0.21。

表 7.1 VOC-水分离膜的机制

水选择性膜 1	水选择性膜 2	有机溶剂选择性膜 1
$(S_{VOC}/S_{H2O})<1$	$(S_{VOC}/S_{H2O})>1$	$(S_{VOC}/S_{H2O})\gg1$
$(D_{VOC}/D_{H2O})<1$	$(D_{VOC}/D_{H2O})\ll1$	$(D_{VOC}/D_{H2O})<1$
$(P_{VOC}/P_{H2O})\ll1$	$(P_{VOC}/P_{H2O})\ll1$	$(P_{VOC}/P_{H2O})\gg1$

表 7.2 取代聚乙炔膜在 30 ℃下进行乙醇-水渗透汽化过程(乙醇进料浓度:10 wt%)的乙醇/水选择性和标准化通量

$\text{-(CR}^1\text{=CR}^2\text{)-}_n$ R^1	R^2	渗透压 /mmHg	厚度 /μm	乙醇/水选择性	归一化通量/ ($\times10^{-3}$ g · m · m^{-2} · h^{-1})	参考
			乙醇选择性			
CH_3	$Si(CH_3)_3$	1.0	20	12	4.5	114
苯基	C_6H_4-*p*-$Si(CH_3)_3$	2.0	53	6.9	4.2	115
苯基	苯基	2.0	46	6.0	5.9	115
β-萘基	C_6H_4-*p*-$Si(CH_3)_3$	2.0	32	5.3	6.9	115
苯基	β-萘基	2.0	45	3.4	14	115
Cl	*n*-C_6H_{13}	1.0	20	1.1	0.41	114
			水选择性			
CH_3	*n*-C_5H_{11}	1.0	20	0.72	0.57	114
H	叔丁基	1.0	20	0.58	0.65	114
H	CH(*n*-C_5H_{11})$Si(CH_3)_3$	1.0	20	0.52	0.40	114
CH_3	苯基	1.0	20	0.28	0.24	114
Cl	苯基	1.0	20	0.21	0.23	114

PTMSP 膜表现出(S_{EtOH}/S_{H2O})>1,而(D_{EtOH}/D_{H2O})值<1。然而,因为溶解度选择性是决定整个渗透选择性的因素(即(S_{EtOH}/S_{H2O})>(D_{EtOH}/D_{H2O})),所以对 PTMSP 膜而言,(P_{EtOH}/P_{H2O})>1(即表 7.1 中的 VOC-选择性膜 1)。有些取代的聚乙炔膜虽然具有疏水性,但具有水的选择性,如表 7.2 所示。它们优先吸附乙醇,因此,溶解选择性(S_{EtOH}/S_{H2O})>1,但随着整体渗透选择性(P_{EtOH}/P_{H2O})<1,在这种情况下,扩散效应可能更主要。(即(S_{EtOH}/S_{H2O}<(D_{EtOH}/D_{H2O}),表 7.1 中的水选择性膜 2)。

对于醇选择性的 PTMSP 膜的渗透汽化过程,通量和醇/水选择性随着醇分子尺寸的增大(如甲醇<乙醇<异丙醇)而降低。PTMSP 膜的渗透汽化特性取决于基于醇极性的溶解度。极性较差的 PTMSP 优先吸附极性较弱的醇。异丙醇/水比正丙醇/水的选择性高,这可能是由于异丙醇对 PTMSP 的亲和力高于正丙醇。

BTX 和二甲苯异构体的物理性质非常相似(表 7.3),然而,就 PTMSP 膜而言,正如表 7.3 中总结的那样,归一化通量和 BTX/水选择性各不相同。

表7.3 在渗透压力小于0.1 mmHg和25 ℃条件下，BTX-水二元混合物通过PTMSP膜时（厚度为120 μm），水与BTX的物理性质及渗透汽化数据

渗透剂	摩尔体积/($cm^3 \cdot mol^{-1}$)	偶极矩/D	溶解度参数/$MPa^{1/2}$	20 ℃的平衡蒸气压/mmHg	25 ℃的水溶性/($mg \cdot L^{-1}$)	BTX的进料浓度/($mg \cdot L^{-1}$)	BTX归一化通量/($kg \cdot \mu m \cdot m^{-2} \cdot h^{-1}$)	BTX/水选择性
水	18.07	1.8	47.9	17.5	—	—	—	—
苯	89.4	0.0	18.8	100	1 780	200	1.1	1 300
甲苯	106.9	0.4	18.2	22	470	200	1.5	1 900
邻二甲苯	121.3	0.5	18.0	5.0	171	100	0.93	4 600
间二甲苯	123.5	0.3	18.0	6.0	146	100	0.54	2 000
对二甲苯	123.9	0.1	18.0	6.5	156	100	0.62	1 600

在25 ℃时，归一化通量排序为甲苯>邻二甲苯>对二甲苯>间二甲苯。BTX/水选择性的排序为邻二甲苯>间二甲苯>甲苯>对二甲苯>苯。如前所述，PTMSP膜的总选择性与溶解选择性相关。二甲苯异构体具有相同的溶解度参数。二甲苯异构体的选择性排序与偶极矩的差异相关。偶极矩值越大，BTX/水选择性越大。归一化通量的排序与表7.3中物理性质的任何顺序都不一致，这表明了扩散行为对溶液扩散机制的影响。

表7.4研究了PLA膜对水-有机混合物的渗透汽化性能。总结了PLA膜中水和有机溶剂乙酸正丁酯、乙酸乙酯、乙酸和乙醇的混合物的渗透汽化性能。如表7.4所示，有机溶剂的通量随进料浓度的增加而线性增加，而在进料浓度为30 wt%时，水的通量几乎是恒定的。有机溶剂的选择性是溶解和扩散选择性的平衡。在这种情况下，水-有机溶剂的溶解度选择性在10 wt%进料浓度时小于1，在30 wt%进料浓度时则大于1，说明了渗透汽化过程由水选择性向有机溶剂选择性的转变。随着进料浓度的增加，各组分的溶解选择性也随之增加。在所有的进料浓度中，水/有机溶剂的扩散选择性均大于1，表明了水的选择性。因此，PLA膜的选择性可根据不同有机溶剂的性质，从有机溶剂的选择性转变为高的水选择性（图7.13）。在渗透汽化实验中，聚乳酸膜在水-有机溶剂混合物的渗透下略有结晶，但结晶度与有机溶剂的种类和进料浓度无关。这一结果表明PLA与水-有机溶剂混合物的相互作用对膜的渗透和分离行为影响不大。

表7.4 25 ℃时PLA膜（厚度为35~45 μm）有机-水溶液渗透汽化数据

进料质量分数/%	总通量/($kg \cdot m^{-2} \cdot h^{-1}$)	水通量/($kg \cdot m^{-2} \cdot h^{-1}$)	有机溶剂浓度/($kg \cdot m^{-2} \cdot h^{-1}$)	选择性（水/有机溶剂）	参考
水	4.87×10^{-3}	4.87×10^{-3}	N/A	N/A	73
0.01%乙酸正丁酯	5.53×10^{-3}	5.53×10^{-3}	5.85×10^{-6}	0.097	72
0.1%乙酸正丁酯	5.97×10^{-3}	5.91×10^{-3}	5.55×10^{-5}	0.115	72
0.2%乙酸正丁酯	6.03×10^{-3}	5.91×10^{-3}	1.13×10^{-4}	0.105	72

续表 7.4

进料质量分数/%	总通量/(kg·m^{-2}·h^{-1})	水通量/(kg·m^{-2}·h^{-1})	有机溶剂浓度/(kg·m^{-2}·h^{-1})	选择性(水/有机溶剂)	参考
0.1% 乙酸乙酯	5.21×10^{-3}	5.19×10^{-3}	1.87×10^{-5}	0.298	72
0.5% 乙酸乙酯	4.94×10^{-3}	4.89×10^{-3}	5.55×10^{-5}	0.415	72
1.0% 乙酸乙酯	5.65×10^{-3}	5.53×10^{-3}	1.25×10^{-4}	0.420	72
1.5% 乙酸乙酯	5.53×10^{-3}	5.34×10^{-3}	1.51×10^{-4}	0.518	72
1.0% 乙酸	5.58×10^{-3}	5.58×10^{-3}	1.08×10^{-6}	56.9	72
10% 乙酸	5.43×10^{-3}	5.42×10^{-3}	6.79×10^{-6}	90.1	72
20% 乙酸	5.57×10^{-3}	5.55×10^{-3}	1.93×10^{-5}	73.9	72
30% 乙酸	5.65×10^{-3}	5.61×10^{-3}	3.91×10^{-5}	63.1	72
10% 乙醇	5.50×10^{-3}	5.50×10^{-3}	0.15×10^{-7}	44 700	73
20% 乙醇	5.68×10^{-3}	5.68×10^{-3}	0.61×10^{-7}	39 100	73
30% 乙醇	3.64×10^{-3}	3.64×10^{-3}	2.42×10^{-7}	21 400	73

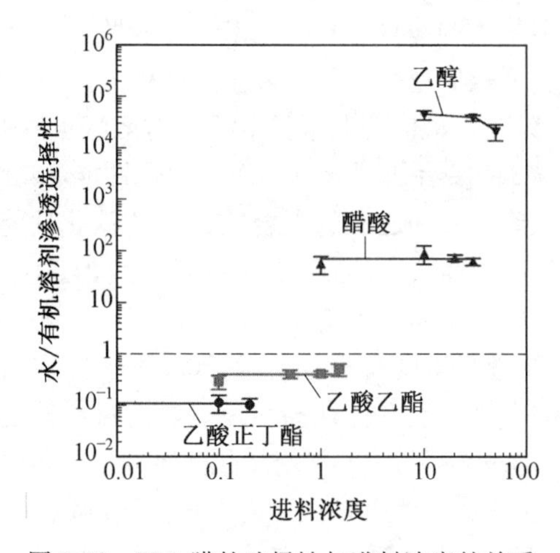

图 7.13 PLA 膜的选择性与进料浓度的关系

2. 亲和力控制

增强膜材料与混合物中给定的液体组分之间的亲和作用,可提高溶解选择性。在膜材料中引入疏水结构(即增加疏水性),可提高 VOC-水混合物的 VOC 选择性。

PTMSP 膜中乙醇/水分离的改性之一是将疏水 PDMS 接枝到 PTMSP 的 a-甲基碳上。在 30 ℃的乙醇-水混合溶液中,PTMSP 膜渗透汽化过程的通量为 1.2×10^{-3} g·m/(m·h),乙醇/水的选择性为 11。在接枝共聚物中 PDMS 含量为 12 mol%(mol% 表示摩尔分数,下同)时,接枝 PTMSP 膜的通量增加到 2.5×10^{-3} g·m/(m·h),乙醇/水的选择性也提高到 28。

与水相比 PTMSP 膜对其他 VOCs(如丙酮、乙腈、乙酸)的渗透率更快,如图 7.14 所示。在 30 ℃下,这种取代聚乙炔使乙腈-水混合物的乙腈含量从 7 wt% 提高到 88 wt%,

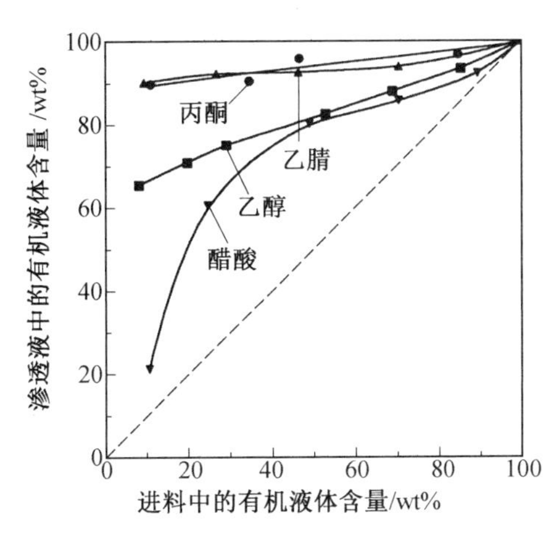

图 7.14 30 ℃下用于有机液-水渗透汽化的PTMSP 膜的渗透成分曲线

总通量为 7×10^{-3} g·m/(m·h)。乙腈/水的选择性为 101。随着进料溶液中 VOC 浓度的增加,总通量也随之增加,而除乙酸外其余有机物的 VOC/水的选择性均降低。在进料中乙酸浓度达到 25% 前乙酸的选择性是逐渐提高的,随着浓度进一步增加,选择性降低。

当在 PTMSP 的 a-甲基碳上引入 10 mol% 的三甲基硅基时,50 ℃下的通量和乙腈/水的选择性都提高了一倍。对于丙酮和二氧六环等溶剂,三甲基硅基改性的 PTMSP 膜也显示出比纯 PTMSP 膜更高的通量和更高的 VOC/水选择性。

将疏水的甲基丙烯酸氟烷基酯单体吸附在纯 PTMSP 膜上,然后用 γ 射线辐照,使其在膜内聚合。随着膜中甲基丙烯酸氟烷基酯含量的增加,总通量降低,氯仿/水选择性先增加后逐渐下降(图 7.15 和图 7.16)。在 25 ℃时,纯 PTMSP 膜对 0.8 wt% 的氯仿/水溶液的选择性为 860,而对含 18 wt% 1H,1H,9H-十六氟甲基丙烯酸酯(PHFM)并经 γ 射线辐照的 PTMSP 膜,其氯仿/水选择性大于 7 000。

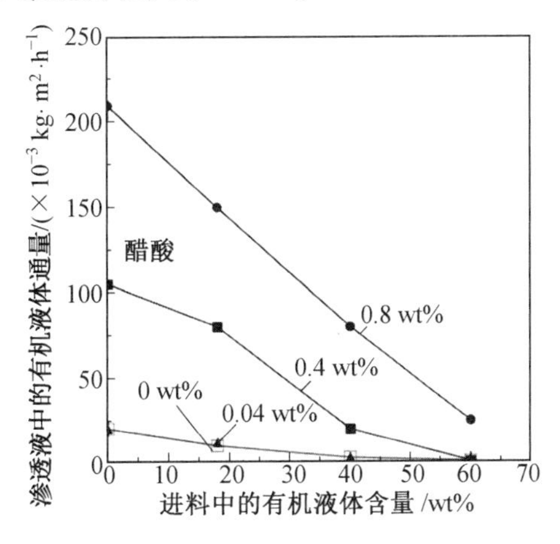

图 7.15 在 25 ℃下氯仿-水混合物通过含 1H,1H,9H-PHFM 并经过 γ 射线辐照的 PTMSP 薄膜的总通量与 PHFM 含量的关系

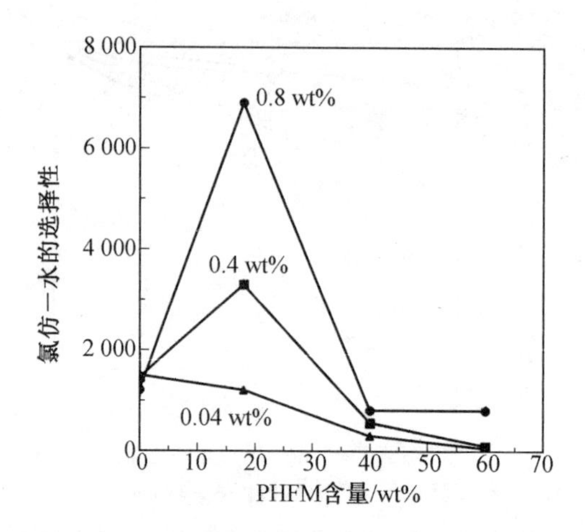

图7.16 在25 ℃下氯仿-水混合物通过含1H，1H,9H-PHFM并经过γ射线辐照的PTMSP薄膜对氯仿-水的选择性与PHFM含量的关系

在25 ℃时PTMSP与62 wt% 聚(1H, 1H, 9H-PHFM)的共混膜对丁酸乙酯/水的选择性约为600。丁酸乙酯的扩散率比水低得多，而它的溶解度却比水高得多。由于溶解是影响运输的主要因素，丁酸乙酯在这个改性聚合物中渗透比水更快。

在膜结构中引入苯基有望增强苯与膜之间的亲和作用。然而，在25 ℃渗透汽化分离苯-水混合物(苯质量浓度为600 mg/L)时，对于聚(1-苯基-1-丙炔)膜苯相对于水的选择性为400，而对聚1-苯基-1-丙炔膜选择性为1 600。随着PTMSP/PPP共混膜中PPP含量的增加，水通量逐渐下降，而苯通量几乎保持不变，直到PPP含量达到25 wt%。因此，PTMSP/PPP共混膜的苯/水选择性高于每种取代的聚乙炔膜，如PTMSP/PPP(75/25)共混膜的苯/水选择性为2 900。

在苯-环己烷混合物的渗透汽化分离中，含苯环化合物的取代聚乙炔膜表现出苯渗透选择性。在30 ℃时当进料溶液中苯含量为50 wt%左右时，聚二苯乙炔膜(PDPA)的苯/环己烷选择性为1.6，是醋酸纤维素的1/10左右。而46 μm厚的PDPA膜的总通量为191 g·m/(m·h)，是醋酸纤维素膜的560倍。当进料溶液中苯含量为10 wt%时，膜的选择性略高于50 wt%苯浓度时的选择性，但流量约为50 wt%苯浓度时的一半。用β-萘基取代PDPA中的苯基，提高了其选择性，但是降低了通量。因此，取代的聚乙炔在有机液体混合物的分离方面似乎没有什么潜力。

当在交联的PVC膜中加入β-环糊精时，该膜从正丙醇/异丙醇混合物中优先渗透正丙醇。对于含有10 wt%正丙醇的混合物，由40 wt% β-环糊精改性的PVC膜在40 ℃时可将此溶液浓缩为约45 wt%正丙醇的溶液。

聚四氟乙烯(PTFE)是一类具有有机选择性的高疏水聚合物。水(沸点为100 ℃)和叔丁醇(沸点为82.8 ℃)的混合物共沸温度为95.5 ℃。通过接枝N-乙烯基吡咯烷酮(即亲水性结构的引入)在25 ℃下，水/叔丁醇的水选择性为41。近年来，特氟隆AF(美国杜邦公司)、Hyflon AD(比利时苏威公司)、Cytop(日本朝日玻璃公司)研究了无定形全氟聚合物用于醇、N,N-二甲基甲酰胺(DMF)、N,N-二甲基乙酰胺(DMAc)和二甲基砜

(DMSO)的脱水。膜技术研究所(MTR,美国)制备了一种薄的无定形全氟聚合物,作为保护层涂覆在一层亲水的纤维素酯膜上。这种疏水性的全氟聚合物层可以有效地防止亲水基底膜在乙醇脱水过程中溶胀。例如,该膜对乙醇脱水过程中的高水浓度进料混合物具有很高的稳定性。因此,该方法可用于新型渗透汽化膜的开发。

离子对水的亲和力大于对 VOCs 的亲和力。当磺化聚乙烯膜中的阳离子(如 H^+、Li^+、Na^+、K^+、Cs^+)被取代时,这些膜表现出水选择行为,提高了水/醇选择性。例如,在 26 ℃时,当阳离子从 H^+变为 Cs^+时,水/乙醇的选择性从 2.6 增加到 725,水/异丙醇的选择性从 5.5 增加到 29 000 左右。比较该膜和另一个离子交换膜 Nafion811,选择性和通量的顺序并不仅仅遵循周期规律。

刚性芳香族聚合物聚苯并噁嗪酮、聚苯并噁唑(PBO)和聚苯并咪唑(PBI)已应用于有机溶剂脱水。这些膜具有优良的耐化学性和耐热性。例如,通过热重排制备的 PBO 膜于 80 ℃实验周期为 250 h 的条件下在异丙醇/正丁醇分离的渗透汽化过程中表现出良好的稳定性。制备亲水性壳聚糖改性 PBI 膜,用于异丙醇水溶液的渗透汽化脱水。壳聚糖层提高了水在壳聚糖改性膜中的溶解速率,同时提高了膜的透水性和选择性。该膜具有较高的稳定性,可用于低异丙醇浓度(即高水含量)的进料液。渗透汽化膜的磺化是另一种有效的改性方法。磺化可以提高渗透汽化膜的亲水性和磺酸基对水的亲和力,从而改善渗透汽化性能。

3. 提高稳定性

在水和各种 VOCs 混合物的渗透汽化过程中,无论聚合物结构如何,橡胶聚合物膜(如 PDMS)始终具有 VOC 选择性。由于橡胶聚合物膜与玻璃态聚合物膜相比机械强度较弱,可以通过在膜中引入玻璃状聚合物段对其进行改性,组分和相分离结构对渗透通量和分离性能有很大的影响。

例如,由 PDMS 和 PMMA 段组成的相分离接枝聚合物膜中 PDMS 含量约 40 mol%、进料中苯浓度为 0.05 wt%时,出现了其通量和苯/水选择性的过渡点。此时,膜中连续相由 PMMA 转变为 PDMS,膜通量和苯/水选择性大幅度提高。在接枝聚合物膜中,PDMS 含量为 68 mol%的膜对苯/水选择性最高,为 3 730。

将叔丁基杯[4]芳烃(CA)加入由 PDMS 和 PMMA 段组成的相分离接枝或嵌段聚合物膜中,由于 CA 对苯的特异性亲和性提高了其溶解选择性,从而提高了苯/水的选择性。例如,在 40 ℃的 0.05 wt%苯水溶液渗透汽化中,PMMA-b-PDMS(摩尔分数比为 29 : 71)膜和含 40 wt% CA 的膜的苯/水选择性分别约为 1 700 和 2 300。

共聚物膜由甲基丙烯酸三甲基硅酯(即该均聚物为玻璃)和丙烯酸丁酯(即该均聚物为橡胶)组成,在 0.2%和 0.4%氯化碳氢化合物水溶液中表现出 1,1,2-三氯乙烷、三氯乙烯和四氯乙烯的选择性行为。尤其是含 70%的丙烯酸丁酯的橡胶共聚物膜在 25 ℃时表现出 600 ~ 1 000 的氯代烃/水选择性。

交联还有望提高膜的渗透汽化性能和机械强度。交联法可分为两类,即热处理和化学处理,被用于羧基和二醇化合物之间的酯化反应以及二胺化合物用于酰亚胺环的交联。由甲基丙烯酸甲酯和甲基丙烯酸与 Fe^{3+}或 Co^{2+}交联形成的共聚物膜在 40 ℃下的苯-环己烷混合物中表现出对苯的选择行为。与聚甲基丙烯酸乙二醇酯交联的聚甲基丙烯酸甲酯膜在 40 ℃时也表现出对苯-环己烷混合物的苯选择行为。由于苯的氢组分(δ_h)值较大，苯的溶解度参数比环己烷大。因此，苯比环己烷亲水性更强，聚甲基丙烯酸乙二醇酯膜具有苯选择行为。此外，两种交联方法都能显著抑制溶液对膜的溶胀。用乙二胺蒸气对 PI 膜进行表面改性，可形成超薄的交联选择性膜。以 85/15 丙酮/水为原料，在 50 ℃条件下，改性膜通量为 1.8 kg/(m^2 · h)，丙酮渗透汽化脱水选择性为 53。在丙酮渗透汽化脱水过程中，除最佳交联参数外，涂料配方和膜形态对丙酮的脱水也起着至关重要的作用。

此外，操作温度对渗透汽化特性有很大的影响。在通过 PU 膜分离苯酚水溶液和通过交联 PDMS 膜分离 10 mg/L 1,2-二溴-3-氯丙烷溶液时，VOC/水选择性在 60 ~ 70 ℃时达到最大值。在 70 ℃以上，水汽压急剧上升，导致水扩散增加，D_{VOC}/D_{H_2O}降低，从而导致 P_{VOC}/P_{H_2O}整体下降。

7.2.2 无机膜

根据图 7.3 中的分离机理，分子尺寸筛分膜的选择性最高。与聚合物材料相比，无机材料在制备这类膜方面具有优势。1955 年，Kammermeyer 和 Hagerbaumer 尝试使用多孔 Vycor 玻璃膜分离均相液体混合物(如乙酸乙酯-四氯化碳、乙醇-水和苯-甲醇)(文中没有明确提到渗透剂在渗透膜界面处的相是蒸气还是液体)。

以硅溶胶、四丙基溴化铵、氢氧化钠和纯水(1 : 0.1 : 0.05 : 80)(图 7.17)为原料制备的硅石膜表现出对乙醇-水混合体系的乙醇选择行为。乙醇的通量与浓度无关，但在乙醇存在下，传输过程中水的通量减小。乙醇被选择性地吸附在硅质岩孔隙中，限制了水在孔隙中的迁移。

NaX 和 NaY 分子筛膜(SiO_2/Al_2O_3=3.6 ~ 5.3(X) 和 25(Y)，Na_2O/SiO_2=1.2 ~ 1.4(X) 和 0.88(Y)，H_2O/Na_2O=30 ~ 50)较好地吸附了甲醇，表现出对甲醇-甲基叔丁基醚混合物的甲醇渗透选择性。NaX 沸石膜在 50 ℃时的通量为 0.46 kg/(m^2 · h)，对甲醇/甲基叔丁基醚(质量分数比为 10 : 90)的选择性为 10 000。NaY 分子筛膜通量较大，但选择性较低；通量为 1.70 kg/(m^2 · h)，甲醇/MTBE 选择性为 5 300。

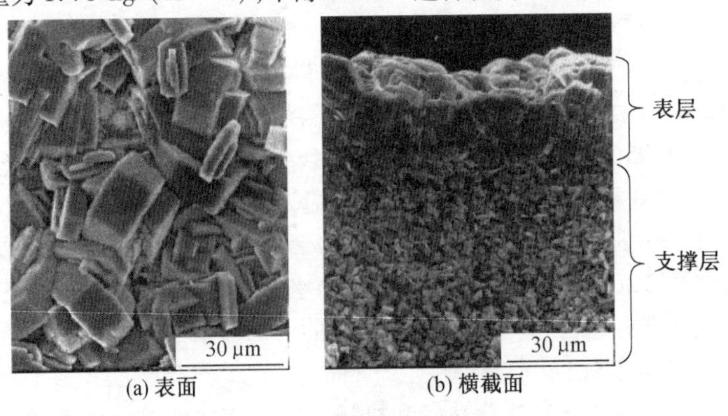

图 7.17 硅质膜表面和横截面的扫描电子显微镜照片

此外，在 75 ℃下，乙醇-水混合物(质量分数比为 90 : 10)的渗透汽化过程中，NaA 沸石膜(物质的量比为 Al_2O_3 : SiO_2 : Na_2O : H_2O=1 : 2 : 2 : 120)具有 2.2 kg/(m^2 · h)的

通量和10 000以上的水/乙醇选择性。其他NaA沸石膜(没有材料组成信息)在60 ℃的水-叔丁醇混合物(质量分数比为5.2∶94.8)中显示出21 863的水/叔丁醇选择性。NaA沸石膜(Al_2O_3∶SiO_2=55∶45)在120 ℃的水/甲醇混合物(质量分数比为10∶90)中显示了8.37 kg/(m^2·h)的通量和47 000的水/乙醇选择性。这些例子可以用吸附-扩散机制来解释,两个组分的流量不同,也就是说,两个组分都能穿透孔隙。然而,无模板的二次生长MFI型分子筛(直径约为0.6 nm)膜提供了更精确的宏观无缺陷结构,其在50 ℃下,对二甲苯或邻二甲苯的纯液体选择性高达69,对物质的量比为50∶50的混合液选择性为40。该膜制备技术在对二甲苯(直径约为0.58 nm)和邻二甲苯(直径约为0.68 nm)分子之间提供了较明显的分子筛孔。

采用水热法在α-氧化铝单层基底表面合成了其他沸石LTA(NaA)膜(Al_2O_3∶SiO_2∶Na_2O∶H_2O=1∶2∶2∶150),在75 ℃下对90 wt%的乙醇-水混合物显示4~6 kg/(m^2·h)的高通量和1 900~13 000的选择性。然而,NaA沸石膜在酸性和富水溶液中不稳定,因为它们在骨架中的氧化铝含量很高,可能会由于脱铝作用而导致分解。反之,在酸性条件下,含硅量高的沸石膜如T型沸石(Si/Al=3~4),发光沸石(Si/Al=5~6)和ZSM-5(Si/Al=5~15)173、174具有较高的稳定性。微波加热制备的菱沸石膜在75 ℃下,对90wt%的乙醇水溶液中,表现出7.3 kg/(m^2·h)的流量和2 000的选择性。此外,在不对称氧化铝载体上合成的钌钛矿膜在75 ℃下对90 wt%的乙醇水溶液表现出14.0 kg/(m^2·h)的高通量和10 000的高选择。

研究了不同Si/Ge比的ZSM-5分子筛膜渗透汽化分离丙酮的性能。对于Si/Ge物质的量比为41的膜,50 ℃时的丙酮/水选择性最高为330,60 ℃时的总通量最高,为0.95 kg/(m^2·h)。该膜对醇、酮、羧酸、酯类和丙醛的5%的水溶液具有较好的选择性,这是因为有机物优先被吸附。随着有机物料液相逸度的增加,有机/水分离选择性增加。

近年来,金属有机骨架(MOF)和多孔配位聚合物(PCP)或多孔有机骨架(POF)因具有高比表面积、孔容、热稳定性和永久孔隙等特性而备受关注。这些多孔材料由用于MOF的无机和有机单元以及用于PCP和POF的有机单元通过强化学键连接而成。因此,这些材料有望成为储气、催化、吸附和气/汽/液分离的潜在材料。在其应用中,可能会由于水导致结构的降解,因此在气体/蒸气分离、渗透汽化和液体分离方面也需要材料具有水稳定性能。作为渗透汽化工作,研究了MOF-5或IRMOF-1膜对二甲苯异构体、二甲苯/乙苯、二甲苯异构体/苯化合物,甲苯/邻二甲苯/1,3,5-三异丙苯(TiPb)的分离。使用不同的沸石咪唑框架(ZIFs)对渗透汽化进行了研究。例如,研究报道过正己烷/苯/均三甲苯在由六水硝酸锌和2-甲基咪唑制备的ZIF-8上的渗透汽化,由六水硝酸锌和2-硝基咪唑制备的ZIF-68上对二甲苯/1,3,5-三异丙苯/1,3-二辛基丁苯的渗透汽化,由醋酸锌和4-5-二氯咪唑为原料制备的ZIF-71上对醇/水和碳酸二甲酯/甲醇的渗透汽化,由乙酸锌和2-硝基咪唑、6-硝基苯并咪唑混合液制备的ZIF-78上对环己酮-环己醇混合物的渗透汽化。用1,3,5-苯三羧酸和硝酸铝非水合物制备的(Al(OH)[$O_2C-C_6H_4-CO_2$][$O_2C-C_6H_4-CO_2$]0.7(MIL-53)和MIL-96对EA水溶液进行渗透汽化脱水。在60 ℃下,MIL-53和MIL-96膜对水-EA混合物(7 wt%的水)的水通量分别为0.454 kg/(m^2·h)和0.070 kg/(m^2·h),对水-EA混合物(4.4 wt%水)中水/EA的选择性分别为

1 317 和 1 279。据推测,高选择性是由于膜表面的许多羟基可与水分子形成氢键。此外,MIL-53 膜在 200 h 以上的操作后表现出良好的长期稳定性。对 ZIF-8、ZIF-93(ZnN_4-醛甲基咪唑盐)、ZIF-95(ZnN_4-氯苯并咪唑)、ZIF-97(ZnN_4-羟甲基咪唑盐)和 ZIF-100(ZnN_4-氯苯并咪唑)进行了海水渗透汽化的原子模拟研究。模拟结果表明,ZIF-100 是一种基于孔径大小和骨架疏水性/亲水性的海水渗透汽化膜。

7.2.3 有机-无机杂化膜

混合基质膜或杂化膜在聚合物和粒子之间具有结合性。因此,混合基质膜不仅可以提高玻璃态聚合物的热稳定性、耐化学性、机械强度,而且可以提高玻璃态聚合物的分离性能和物理老化性能。混合基质膜可分为两类:化学键合和物理相互作用。物理相互作用包括聚合物和粒子之间的相容性、极性和氢键。

$$P_{\mathrm{eff}} = P_{\mathrm{c}}\left[\frac{P_{\mathrm{d}} + 2P_{\mathrm{c}} - 2\varphi_{\mathrm{d}}(P_{\mathrm{c}} - P_{\mathrm{d}})}{P_{\mathrm{d}} + 2P_{\mathrm{c}} + 2\varphi_{\mathrm{d}}(P_{\mathrm{c}} - P_{\mathrm{d}})}\right] \tag{7.39}$$

式中,P_{eff} 为 MMM 的有效渗透率;φ 为体积分数;P_{d} 和 P_{c} 分别为分散相和连续相的渗透率。由于 MMM 作为分离膜的有效途径已得到证实,因此有大量 MMM 使用沸石、二氧化硅、碳、金属氧化物、石墨烯和氧化石墨烯及其他作为渗透汽化应用材料。

研究了醋酸对高硅 ZSM-5 沸石填充混合基质膜的水/乙醇混合物长期渗透汽化的影响。乙酸降低了这些膜的乙醇去除效果。由于乙酸与乙醇和水争夺膜中的吸附位置,加入乙酸后乙醇和水的通量下降。这一结果是不可逆的,由于乙醇通量的减少,乙醇/水分离系数稳步下降。

研究了以氢氟酸刻蚀 ZSM-5 沸石和 PDMS 为原料制备乙醇/水分离 MMM 的方法。HF 刻蚀工艺可以有效去除沸石内部和表面的有机杂质,使 ZSM-5 的疏水性和表面粗糙度提高了。随着 HF 酸质量浓度从 0 增加到 0.056 g/mL,乙醇/水的分离系数从 9.2 增加到 16.7,通量从 0.149 kg/(m^2·h)下降到 0.134 kg/(m^2·h)。此外,随着沸石负载率从 10% 增加到 30%,乙醇渗透率和选择性都有所增加。

研究了 SiO_2(球状)和多壁碳纳米管(线性)填充的聚电解质复合物 MMM 在异丙醇脱水中的应用。纳米 SiO_2 的加入也改善了 MMM 的加工性能。5 wt% MMM 在 75 ℃时的通量为 2.3 kg/(m^2·h),选择性为 1 721。

以多面体寡聚硅氧烷(POSS)和壳聚糖为原料,制备了用于乙醇/水溶液脱水工艺的 MMM 膜。结果表明,在 30 ℃时含 5% 八价阴离子和 8-氨基苯基 POSS 的 MMM 对 10 wt% 水/乙醇溶液的选择性分别为 305.6 和 373.3。

制备了含海藻酸钠($C_6H_7NaO_6$)和聚乙烯醇(PVA)两种硅石微粒的 MMM。在 30 ℃时,其选择性分别为 1 141 和 17 991,溶剂通量分别为 0.039 kg/(m^2·h)和 0.027 kg/(m^2·h)。采用分子动力学模拟的方法,计算了 $C_6H_7NaO_6$ 和 PVA 聚合物与硅石-1 填料的界面相互作用能及其对液体分子的吸附能。MMM 对水的扩散系数大于对异丙醇的扩散系数,表现出较高的水选择性。随着进料水含量和温度的升高,扩散系数和渗透系数增大,选择性降低。

石墨烯是一种平面单层碳原子,紧密地包裹在二维蜂窝状晶格中,是所有其他尺寸石墨材料的基本构件。在脱硫过程中(本工作中使用的是正辛烷-噻吩混合物),采用物理共混法制备了 PDMS-石墨烯纳米片膜。在 40 ℃下当进料中噻吩含量为 1 312 mg/L 时,MMM(GNS/PDMS 质量比为 0.2 wt%)的通量为 6.22 kg/(m^2·h),比纯 PDMS 的通量高 65.9%,分离因子为 3.58,与纯 PDMS 相近。此外,由于 GNS 和 PDMS 之间的界面相互作用,MMM 的力学稳定性和抗溶胀性得到了显著的改善,这表明其具有良好的长期运行稳定性。

研究了商品化聚酰亚胺(PI)、Matrimid/β-环糊精(β-CD)亚纳米复合材料在异丙醇脱水过程中的分离性能。该复合材料的分离性能在通量和分离因子方面均优于纯的聚酰亚胺材料。然而,随着 β-CD 负载量的增加,出现了相分离现象。这是因为在高载荷下便会发生 β-CD 团聚现象。β-CD 的亲水性外腔和内腔以及 β-CD 分子与聚合物基体间的相互作用等特性,为水/异丙醇分离提供了额外的界面扩散通道,并为水/异丙醇的分离提供了尺寸区分和链硬化,表明低浓度的 β-CD 填充基质有助于提高分离性能。

在 MMM 中,MOFs 基 MMM 具有很大的气体分离和渗透汽化应用潜力,因为 MOFs 易于设计和改性,以及 MOFs 与聚合物有较好的相容性。例如,制备了由 ZIF-8 和聚甲基苯基硅氧烷(PMPS)组成的有机渗透汽化膜,研究了其在回收生物醇(异丁醇)时的渗透汽化性能。MMM($m_{ZIF-8}/m_{PMPS}=0.10$)在 80 ℃时从水中回收异丁醇(1.0 wt%)的分离因子为 40.1,通量为 6.4 kg/(m^2·h)。从近十年来对 MMM 的研究可以看出,MMM 的渗透汽化性能、通量、选择性、耐热性、耐化学性、机械强度和长期稳定性都有了很大的提高。尽管在商业化之前仍然存在一些挑战,但是基于 MOFs 的 MMM 可以作为下一种实用的渗透汽化材料。

7.2.4 国内外渗透蒸发商品膜产品简介

自从渗透汽化现象被 Kober 报道以来,研究人员对膜材料、传质理论和机理以及它们的应用进行了大量的研究,揭示了渗透汽化技术的潜力。表 7.5 和表 7.6 分别总结了渗透汽化过程和商业渗透汽化产品的实际应用。如表 7.5 所示,实际渗透汽化应用的主要目标分为三类:有机物脱水、有机混合物分离和去除水中的有机物。目前,国内外对渗透汽化过程的研究主要集中在膜材料、应用、模块(即产品)设计和质量传输理论等方面。正因如此,近年来已有 250 多个用于醇脱水的渗透汽化装置在运行。就膜组件结构而言,商业膜结构可分为平板结构和螺旋缠绕组件(如平板膜、管状膜、毛细管膜和中空纤维膜)。中空纤维膜由于纤维内部的浓差极化而受到限制。在膜材料方面,亲水膜已应用于有机溶剂脱水的工业渗透汽化应用中。例如,PAN 多孔基底上交联 PVA 选择性薄层组成的亲水膜是脱水的主要膜材料之一。这些膜(PVA 和 PAN)与水的亲和力比与乙醇和丙醇等醇的亲和力高。商业渗透汽化膜 PVA/PAN,已由瑞士 Sulzer CHEMTECH 作为 PERVAP 和瑞士 CM-Celfa 商业化。现在,Sulzer CHEMTECH 已成为渗透汽化领域的领先公司之一,在全世界安装了 100 多个渗透汽化装置。无机膜、NAA 管状膜、乙醇脱水组件均由日本 Mitsui 工程公司和 Shipbuilding 工业化生产。该膜具有较高的高温脱水通量和选择性。例如,由 Mitsui 生产的 A 型和 T 型沸石膜在 70 ℃时对水-甲醇混合物(质量分数比为 10∶90)的通量分别为 1.12 kg/(m^2·h)和 0.91 kg/(m^2·h),水/乙醇选择性分别为18 000和1 000。荷兰Pervatech公司生产用于有机溶剂脱水的亲水陶瓷膜,有机(或亲水)膜被研究作为渗透汽化膜。例如,PDMS膜作为一种商业膜材料用于去除水溶液中的VOCs。该渗透汽化膜具有广阔的应用前景,如芳香化合物回收、生物精炼和生物发酵以及汽油脱硫等。作为商用膜,MTR生产的PDMS和三元乙丙橡胶(EPDM)/PDMS复合膜,用于去除水中的VOCs。德国GKSS公司也提供了橡胶PDMS和聚醚-b-酰胺(PEBA)复合膜。PEBA复合膜最初用于处理废水中的酚类化合物。Sulzer CHEMTECH还用硅石/PAN复合膜制备了亲有机PDMS/PAN和PDMS,用于去除水溶液中的VOCs。

表7.5 渗透汽化过程的实际应用

应用	对象	膜
有机物脱水	醇($C_1 \sim C_4$、乙二醇)、酸(乙酸)、酯类(EA、乙酸丁酯)、醚(MTBE)、酮(丙酮、MEK)、芳香(高级醇、酮、酯)、氯化烃(二氯甲烷、二氯乙烷)、其他(四氢呋喃、苯酚、二甲基亚砜、DMF、1,4-二氧六环、吡啶、己内酰胺)	亲水膜
有机混合物分离	芳香族/脂肪族(苯/正构烷烃($C_6 \sim C_8$)、甲苯/正构烷烃($C_6 \sim C_8$)、芳香族/脂环类(苯/环己烷、甲苯/环己烷)、醇/酯类(甲醇/甲基叔丁基醚、乙醇/ETBE)、极性/非极性(醇/苯、醇/甲苯)、异构体(二甲苯)、烷烃($C_4 \sim C_8$)、醇($C_3 \sim C_4$)、烯烃/石蜡、其他(甲醇/四氯化碳、羧酸/酯/甲醇、甲醇/丙酮、苯乙烯/乙苯)	有机(疏水)膜
去除水中的有机物	VOCs(苯、甲苯、二甲苯、氯化烃、全氟碳氢化合物、己烷、EA、MTBE、MEK、丙酮、醇($C_1 \sim C_3$)、DMF、DMAc等)、芳香(高级醇、酮和酯类)、啤酒和葡萄酒(脱醇)	有机(疏水)膜

表7.6 商用渗透汽化产品的实际应用

制造	模块式	膜	材料	应用
Sulzer CHEMTECH(德国)	板框和螺旋缠绕	亲水、亲有机物和沸石	PVA / PAN、PDMS / PAN、PDMS /硅质岩/PAN	有机物的脱水、有机混合物分离、去除水中/空气中的有机物
膜技术与研究MTR(美国)	螺旋缠绕	亲有机物质	PDMS复合 三元乙丙橡胶/PDMS复合	去除水中/空气中的有机物
三井工程造船(日本)	管状	亲水性无机物	Naa、NaT、沸石	有机物脱水
GKSS(德国)	螺旋缠绕	亲有机物质	PEBA复合材料、PDMS复合材料	去除水中/空气中的有机物
Pervatech(荷兰)	管状	亲水	陶瓷(二氧化硅)	有机物脱水

7.3 渗透蒸发膜工艺流程及操作条件的确定

7.3.1 进料浓度和流量

当溶液浓度很低时,存在进料流量的影响。在这种情况下,膜进料侧边界层的存在会导致浓度极化。由于膜表面形成浓度梯度,浓差极化很容易而发生。这一现象也严重影响了气体/蒸气在潮湿条件下的分离应用,如后燃烧处理和天然气脱硫。这种浓差极化很大程度上取决于进料流量和膜进料侧的流体力学条件。从渗透剂的传质、膜的性质和实验条件如进料流量等方面对这种浓差极化现象进行了讨论。

在渗透汽化过程中,已经报道了不同膜中进料浓度的影响,如聚乳酸(PLA)、PTMSP、壳聚糖、聚二甲基硅氧烷(PDMS)、聚甲氧基硅氧烷(PDMS)、交联丙烯酸烷基酯、交联PVA、聚氨酯(PU)、PI、聚丙烯酸甲酯-丙烯酸共聚物(PMMA-co-PAA),报道了聚甲基丙烯酸缩水甘油酯(PGMA)、聚乳酸膜中有机化合物的渗透汽化性能。例如,乙醇、乙酸、乙酸乙酯(EA)、醋酸丁酯等有机溶剂在35 ℃下通过PLA膜的通量,随着进料浓度的增加呈线性增加,而水通量几乎是恒定的(即10^{-3})与有机溶剂的类型无关(图7.18)。

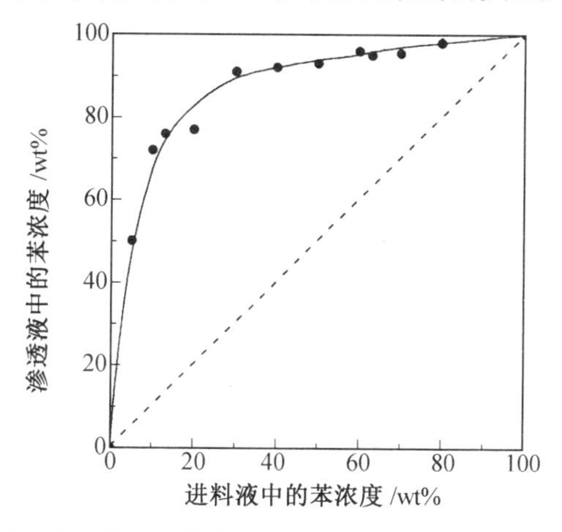

图7.18 苯和苯胺混合物在25 ℃下通过γ射线辐照的低密度PE膜渗透汽化过程中渗透侧和进料侧溶液中的苯浓度

7.3.2 进料和渗透压力

进料和/或渗透侧压力的组合提供了通量和渗透选择性的变化。

例如,纯己烷液体在30 ℃下通过PE膜时渗透压力设置为300 mmHg,高于己烷的饱和压力(图7.19),随着进料压力的增加,己烷的通量线性增加。相比之下,当渗透压力远低于己烷饱和压力时,流量几乎与进料压力无关。随着渗透压力的降低,在干燥的非溶胀层中分压或化学势的梯度出现了增加。因此,当渗透组分变得容易汽化时,通量或产物的总量就会增加。

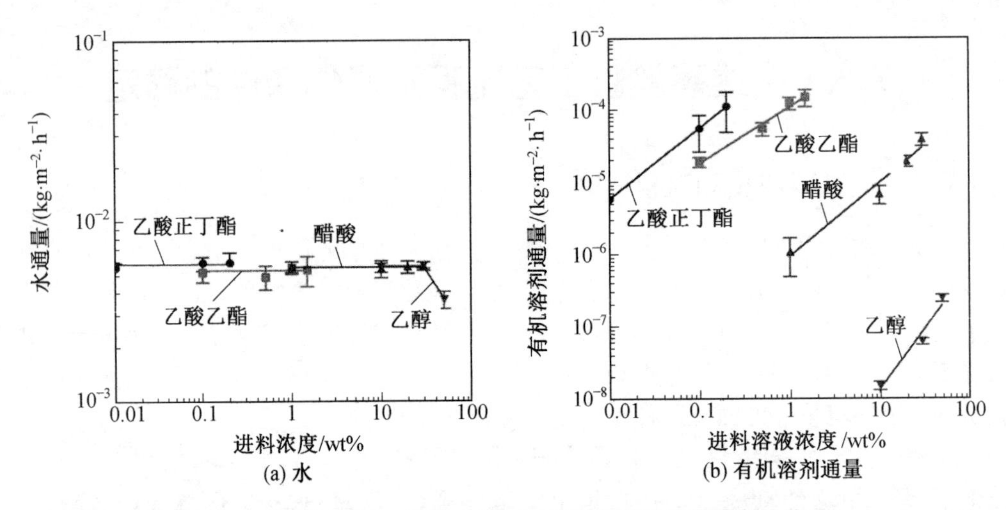

图 7.19　25 ℃下 PLA 膜中水和有机溶剂通量与进料浓度的关系

当渗透压力接近于零时,通量开始显示出较大的数值。对于正己烷-正庚烷二元混合物,渗透压力对渗透选择性有很大影响(图 7.18)。每个组分的蒸气压不同,因此在非溶胀层上产生不同的分压梯度。在这方面,与其他液体分离膜工艺(如反渗透和超滤)不同,在聚合物膜的渗透汽化过程中,通常不需要在进料中增加压力。渗透侧通过真空条件,或者使用载气清扫蒸气保持在低于给定组分饱和压力的条件下。

7.3.3　厚度

通过膜的渗透过程涉及一个速率决定步骤。随着膜厚度变薄,通量增加。理想情况下,均匀膜的通量与膜厚度的倒数成正比。本章阐述了不同的聚合物膜对渗透汽化的影响,如 PTMSP、交联丙烯酸酯、PVA、PU、(PMMA-co-PAA)、聚(乙烯基吡啶)、PSf、聚氯乙烯(PVC)、聚丙烯腈(PAN)、聚(四氟乙烯)-接枝聚(4-乙烯基吡啶)、PTFE-接枝聚(N-乙烯基吡啶)、壳聚糖、PDMS、聚辛基甲基硅氧烷、乙酸纤维素、聚苯并噁嗪。图 7.20 给出了 25 ℃时通过聚(乙烯基吡啶)膜的纯水通量,研究通量与薄膜厚度倒数的函数,呈现出明显的线性关系。

PSf、PVC 和 PAN 的水通量随膜厚的减小呈线性增加,而在 80 ℃时,水-乙酸混合物(质量分数比为 20∶80)的选择性随着膜厚度的减小和乙酸的通量增加而降低。薄膜选择性下降是由于乙酸/水的吸附和聚合物链段间的应力引起了裂纹和缺陷。丁腈橡胶中丁二烯和异丁烯(质量分数比为 60∶40)的渗透汽化中,当膜厚大于 100 μm 时,选择性保持不变,在膜厚为 17 μm 时,由于存在微孔缺陷,选择性较低。

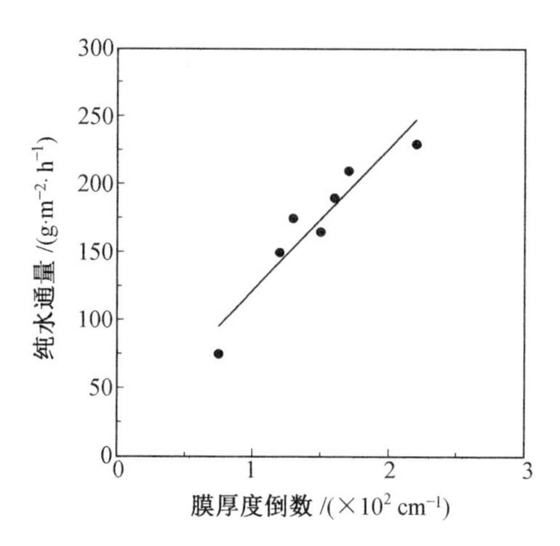

图 7.20　在 25 ℃时,纯水通量与聚(乙烯基吡啶)膜的倒数厚度的关系

7.3.4　温度

在膜材料和渗透剂中没有任何转变(如聚合物的玻璃化转变、液体的沸点),当渗透压力远低于给定液体的饱和压力时,温度对传质的依赖一般遵循 Arrhenius 定律。也就是说,传输参数对数与绝对温度(T)的倒数之间存在线性关系。渗透系数(P)表示为

$$P = P_0\, e^{\frac{-E_P}{RT}} \tag{7.40}$$

式中,P_0 是渗透的指前因子;E_P 是渗透的活化能;R 是气体常数。

用 van't Hoff - Arrhenius 规则给出了溶解度系数(S)和扩散系数(D)的表达式:

$$S = S_0\, e^{-\frac{\Delta H_S}{RT}} \tag{7.41}$$

$$D = D_0\, e^{-\frac{E_D}{RT}} \tag{7.42}$$

式中,S_0 和 D_0 是溶解度和扩散系数的指前因子;ΔH_S 是吸附热;E_D 是扩散活化能。用式(7.43)中的混合焓(ΔH_m)和冷凝热(ΔH_c)描述吸附热:

$$\Delta H_S = \Delta H_m + \Delta H_c \tag{7.43}$$

ΔH_c 值始终为负值,但如前所述,ΔH_m 值取决于情况。在溶液扩散机制的基础上,如式(7.6)所述,可以由式(7.40)和式(7.42)推导式(7.43)。

$$P = P_0\, e^{\frac{-E_P}{RT}} = S_0\, D_0\, e^{-\frac{\Delta H_S + E_D}{RT}} \tag{7.44}$$

因此,P_0 和 E_P 可以由下式推导:

$$P_0 = S_0\, D_0 \tag{7.45}$$

$$E_p = \Delta H_S + E_D \tag{7.46}$$

一般来说,随着温度的升高,溶解度减小,扩散系数增大。因此,吸附热为负,扩散活化能为正。当溶解度在渗透过程中占主导地位时,相对于扩散而言,渗透的活化能必须为负值,反之亦然。

定义了二元混合物中组分 i 在组分 j 上的渗透选择性或分离因子(α_p):

$$\alpha_p = \frac{P_i}{P_j} = \frac{P_{i0}}{P_{j0}}\, e^{-\frac{E_{Pi} - E_{Pj}}{RT}} \tag{7.47}$$

同样,溶解度选择性和扩散选择性如下所示:

$$\alpha_s = \frac{S_i}{S_j} = \frac{S_{i0}}{S_{j0}} e^{-\frac{\Delta H_{Si} - \Delta H_{Sj}}{RT}} \tag{7.48}$$

$$\alpha_D = \frac{D_i}{D_j} = \frac{D_{i0}}{D_{j0}} e^{-\frac{E_{Di} - E_{Dj}}{RT}} \tag{7.49}$$

操作温度对 PTMSP、PDMS、交联 PVA、PU、PI、PMMA-co-PAA、PGMA、壳聚糖和聚苯并噁嗪等聚合物膜渗透汽化的影响也得到了广泛的研究。

聚合物的玻璃化转变温度也是另一个重要的参数,因为聚合物的性能在这个温度上下有很大的差异。材料的玻璃化转变温度可以通过共混技术来改进,因此通常采用共混技术来改善聚合物的力学性能,使其更适合特定的工艺。

7.3.5 实验方法

在目前报道渗透汽化的期刊文章中,与中空纤维膜和管状膜相比,平面膜最常用于高分子材料。而管式膜更适用于无机材料。渗透汽化实验是在实验室中进行的,可以采用死端间歇式或者连续流动式。为了提供渗透的驱动力,渗透汽化膜的渗透侧要么在真空(即真空驱动的渗透汽化,图 7.21 和图 7.22)下维持,要么通过载气(氮气和氦气)清扫不凝结的蒸汽(即载气驱动的渗透汽化)。期刊文章中报道的大多数实验数据都是在给定的恒温条件下记录下来的。但是,当温度梯度出现在膜上时,渗透的驱动力就增强了。这种方法被称为热汽化,即进料液体在渗透之前加热。

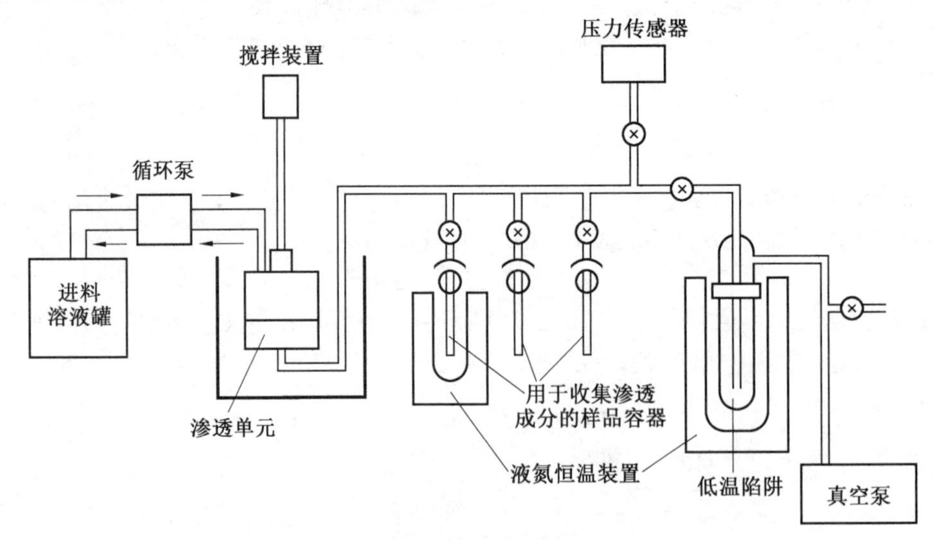

图 7.21 分批式真空驱动渗透汽化装置示意图

渗透蒸汽通常凝结为液体,这是通过使用冷凝器(如液氮)来实现的,然后确定渗透产品的质量或体积、膜面积以及测量时间利用式(7.7)计算通量。用气相色谱仪等分析仪器测定进料溶液和渗透溶液的组成,并利用式(7.9)和式(7.10)计算渗透选择性。

通常,流量和渗透选择性取决于进料溶液中的浓度。科学家已经报告了渗透成分、渗透选择性以及通量与进料成分之间的关系。

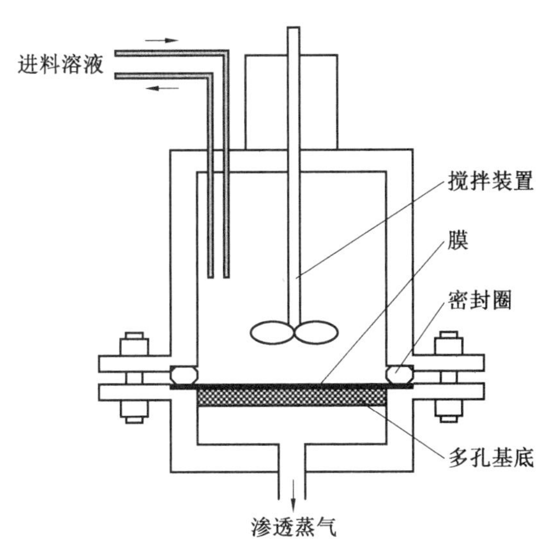

图 7.22　用于渗透汽化的分批式渗透装置示意图

如前所述,从液相到气相的相变是在通过膜的过程中出现的,其分压差约为 1 atm。因此,与其他膜分离过程相比,膜材料中的内应力较大。压力损失有时会导致温度和压力显著下降。因为渗透成分是从膜表面蒸发的,所以通常需要蒸发热。

分析了膜中液体混合物在平衡状态下的组成。试样膜在溶液中浸泡,直至达到平衡吸附状态。从样品中提取膜内的液体混合物并通过液氮冷却收集,如图 7.23 所示,可以使用气相色谱仪等分析仪来测定成分。例如,当所收集的产物被分成两相时,这两种组分都可以在最优溶剂中溶解。最后,利用式(7.14)计算溶解度的选择性。

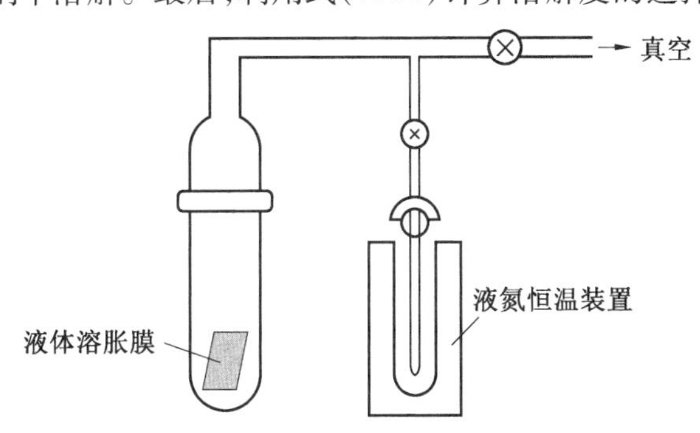

图 7.23　用于估计溶解度选择性的装置示意图

本 章 习 题

7.1　渗透蒸发膜的主要种类是什么?它们的各自的特点是什么?

7.2　渗透蒸发的测试影响因素有哪些?

7.3　如何得到一张具有理想分离性能的渗透蒸发膜?

本章参考文献

[1] BAKER R W. Membrane technology and applications [M]. Hoboken: John Wiley & Sons, 2012.

[2] BINNING R, LEE R, JENNINGS J, et al. Separation of liquid mixtures by permeation [J]. Industrial & Engineering Chemistry, 1961, 53(1): 45-50.

[3] NAKAGAWA T, KANEMASA A. Synthesis and permeability of novel polymeric membranes with high permselectivity for chlorinated hydrocarbons [J]. Sen'i Gakkaishi, 1995, 51(3): 123-130.

[4] VAN KREVELEN D W, TE NIJENHUIS K. Properties of polymers: their correlation with chemical structure; their numerical estimation and prediction from additive group contributions [M]. Amsteudam: Netherlands Elsevier, 2009.

[5] BARRER R, BARRIE J, SLATER J. Sorption and diffusion in ethyl cellulose. Part III. Comparison between ethyl cellulose and rubber [J]. Journal of Polymer Science, 1958, 27(115): 177-197.

[6] MIYATA S, SATO S, NAGAI K, et al. Relationship between gas transport properties and fractional free volume determined from dielectric constant in polyimide films containing the hexafluoroisopropylidene group [J]. J Appl Polym Sci, 2008, 107(6): 3933-3944.

[7] SATO S, OSE T, MIYATA S, et al. Relationship between the gas transport properties and the refractive index in high-free-volume fluorine-containing polyimide membranes [J]. J Appl Polym Sci, 2011, 121(5): 2794-2803.

[8] BAKER R W. Membrane technology and applications [M]. Hoboken: John Wiley & Sons, 2012.

[9] MASUDA T, TANG B Z, TANAKA A, et al. Mechanical properties of substituted polyacetylenes [J]. Macromolecules, 1986, 19(5): 1459-1464.

[10] ISHIHARA K, NAGASE Y, MATSUI K. Pervaporation of alcohol/water mixtures through poly [1-(trimethylsilyl)-1-propyne] membrane [J]. Die Makromolekulare Chemie, Rapid Communications, 1986, 7(2): 43-46.

[11] NAGASE Y, ISHIHARA K, MATSUI K. Chemical modification of poly (substituted-acetylene): Ⅱ. Pervaporation of ethanol/water mixture through poly (1-trimethylsilyl-1-propyne)/poly (dimethylsiloxane) graft copolymer membrane [J]. Journal of Polymer Science Part B: Polymer Physics, 1990, 28(3): 377-386.

[12] MASUDA T, TAKATSUKA M, TANG B-Z, et al. Pervaporation of organic liquid-water mixtures through substituted polyacetylene membranes [J]. J Membr Sci, 1990, 49(1): 69-83.

[13] NAGASE Y, TAKAMURA Y, MATSUI K. Chemical modification of poly (substituted-acetylene). V. Alkylsilylation of poly (1-trimethylsilyl-1-propyne) and improved

liquid separating property at pervaporation [J]. J Appl Polym Sci, 1991, 42(1): 185-190.

[14] NAKAGAWA T, ARAI T, OOKAWARA Y, et al. Modification of Poly (1-trimethylsilyl-1-propyne) membranes containing fluorinated monomers by γ-ray irradiation and their halogenated hydrocarbon separation properties for pervaporation [J]. Sen'i Gakkaishi, 1997, 53(10): 423-430.

[15] LIDE D R. CRC handbook of chemistry and physics [M]. Cachan: CRC press, 2004.

[16] NIJHUIS H, MULDER M, SMOLDERS C. Selection of elastomeric membranes for the removal of volatile organics from water [J]. J Appl Polym Sci, 1993, 47(12): 2227-2243.

[17] KONDO M, KOMORI M, KITA H, et al. Tubular-type pervaporation module with zeolite NaA membrane [J]. J Membr Sci, 1997, 133(1): 133-141.

[18] NOMURA M, YAMAGUCHI T, NAKAO S-I. Ethanol/water transport through silicalite membranes [J]. J Membr Sci, 1998, 144(1-2): 161-171.

[19] KITA H, FUCHIDA K, HORITA T, et al. Preparation of Faujasite membranes and their permeation properties [J]. Sep Purif Technol, 2001, 25(1-3): 261-268.

[20] FAN L, XUE M, KANG Z, et al. ZIF-78 membrane derived from amorphous precursors with permselectivity for cyclohexanone/cyclohexanol mixture [J]. Microporous Mesoporous Mater, 2014, 192: 29-34.

[21] DRIOLI E, GIORNO L. Comprehensive membrane science and engineering [M]. Sebastopol: Newnes, 2010.

[22] CHAPMAN P D, OLIVEIRA T, LIVINGSTON A G, et al. Membranes for the dehydration of solvents by pervaporation [J]. J Membr Sci, 2008, 318(1-2): 5-37.

第8章 膜蒸馏

8.1 膜蒸馏技术简介

膜蒸馏(Membrane Distillation,MD)是膜分离与蒸发过程相结合的一种新型膜分离技术。该技术不受渗透压的限制,用于反渗透技术难于处理或不能处理的高盐度电解质溶液的分离,能把溶液中溶质浓缩到过饱和状态,直到使电解质从溶剂中直接分离结晶;对于热敏性物质的浓缩具有技术上和经济上的优势;过程伴随相变,在分离过程汇总,进料液不用受热到沸点,仅需在膜的上下游提供20~40 ℃的温度驱动力,即可实现膜蒸馏过程,因此使用该技术可以利用低温热源,如太阳能、地热和工厂的废热。

在过去,膜蒸馏技术的应用并不常见。但在水资源短缺、水环境污染日益严重的今天,膜蒸馏受到广大科技工作者的热切关注,我国京、津、浙地区一大批年轻膜科技工作者参与研究,已取得一批创新性研究成果,估计在不久的将来,疏水性微孔膜的工业制备关键技术将被突破,膜蒸馏将同微滤、超滤、纳滤、反渗透、气体分离及渗透蒸发等技术一样,迎来工业化应用的春天。

8.1.1 分离原理及特点

1.膜蒸馏的原理

当不同温度的水溶液被疏水性微孔膜分隔开时,膜的疏水性使两侧的水溶液均不能透过膜孔进入另一侧,由于热侧水溶液与膜界面的水蒸气压高于冷侧,水蒸气会透过膜孔从热侧进入冷侧而冷凝,从而实现水溶液中溶质和水的分离,这与常规蒸馏中的蒸发、传质、冷凝过程十分相似,所以称其为膜蒸馏过程。膜蒸馏原理示意图如图8.1所示(若不特指,均为水溶液的膜蒸馏)。

1986年在罗马召开的膜蒸馏研讨会上,与会专家对这一过程进行了命名,他们定义膜蒸馏技术所需要的必需条件是:①蒸馏所用膜必须是多孔疏水膜;②膜蒸馏用于难以被分离液体;③传质过程中,进料液中易挥发的组分变为蒸气传过膜;④膜的上下游两侧的蒸气压形成传质推动力;⑤传质分离中,膜内部无毛细冷凝过程;⑥蒸馏膜并不影响进料液不同组分的相平衡;⑦膜的上游或者下游需要与待分离料液有接触。

2.膜蒸馏的特点

膜蒸馏技术具有其他传统分离技术无可比拟的优点。

(1)对于电解质水溶液的分离,不受渗透压的限制,能将溶液中非挥发性电解质浓缩到过饱和状态,直到从溶液中直接分离结晶。因此,它可以完成反渗透不能完成的分离任务,如处理反渗透的浓水、垃圾渗滤液的浓缩液、重金属废水等,并最终使水中的电解质与水完全分离。

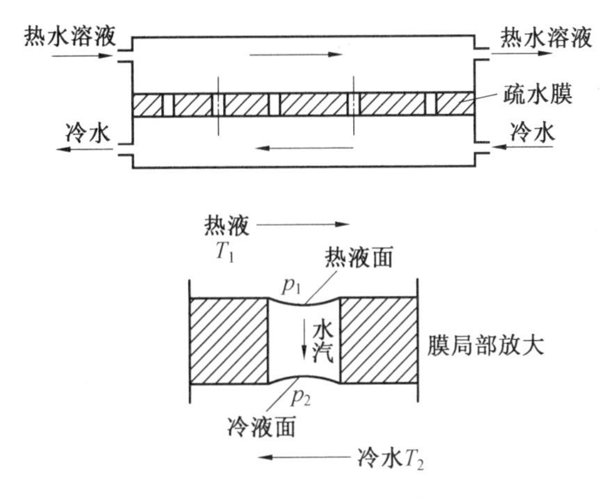

图 8.1 膜蒸馏原理示意图

(2) 膜蒸馏所需的驱动力较低,只需要上下游存在 20 ~ 40 ℃的温度梯度即可进行分离。

(3) 热侧溶液温度较低,有利于热敏性物质的浓缩。

(4) 对于溶质为非挥发性物质(聚合物、盐或大分子有机物等)的进料液而言,只有水分子能够透过膜孔,膜蒸馏分离的效率很高,产水浓度非常低,纯度非常高。

(5) 膜蒸馏所需要的压力不高,一般为常压、装置简易,过程条件简单,便于集成和控制。

8.1.2 国内外技术发展简史

20 世纪中期,Findley 报道了该项技术,可是受限于该时代的技术手段,只能选用一些如纸板、玻璃纸、石棉纸、树胶木板、玻璃纤维等材料以及某些防水掺和物制成隔离膜,所以效率不高。相继有一些研究者采用合成高分子材料如硅橡胶或聚氯乙烯、硝酸纤维素、尼龙等材料表面涂覆防水剂,采用 PVDF 或 PTFE 膜,试图使效率得到改善,并在海水脱盐方面得到应用。但 20 世纪中下叶,研究者多注重于其他分离手段,如吸附、蒸馏、催化和简单的过滤过程,膜蒸馏作为一种冷门的水处理手段,并没有受到太多关注。直到 20 世纪 80 年代,随着技术的更新和知识的积累,高分子制备的蒸馏膜具备了工业化应用的能力。1982 年,美国的 Gore 发表了题为“Gore-Tex Membrane Distillation”的论文,从此膜蒸馏研究进入新的发展阶段。文中报道了采用 PTFE 拉伸膜、卷式组件进行膜蒸馏的潜热回收情况,并论述了采用这种技术进行大规模海水脱盐的可能性,引起了人们的重视,有关膜蒸馏方面的论文日益增多。Gore 采用的卷式膜蒸馏组件结构示意图如图 8.2 所示。

初期,水资源的获取是膜蒸馏技术的初始目标,所以研究对象均为稀盐水溶液。1985 年,Drioli 教授开展了浓水溶液膜蒸馏研究工作,发现了饱和水溶液膜蒸馏时出现的膜蒸馏-结晶现象,此后膜蒸馏用于化学物质浓缩和回收的研究开始活跃。同年,大矢等日本学者把膜蒸馏用于处理发酵液,膜蒸馏技术第一次经历使用于共沸物或易挥发溶液,以有机物水溶液及恒沸混合物为对象的膜蒸馏研究工作得到开发。21 世纪开始,膜蒸馏技术

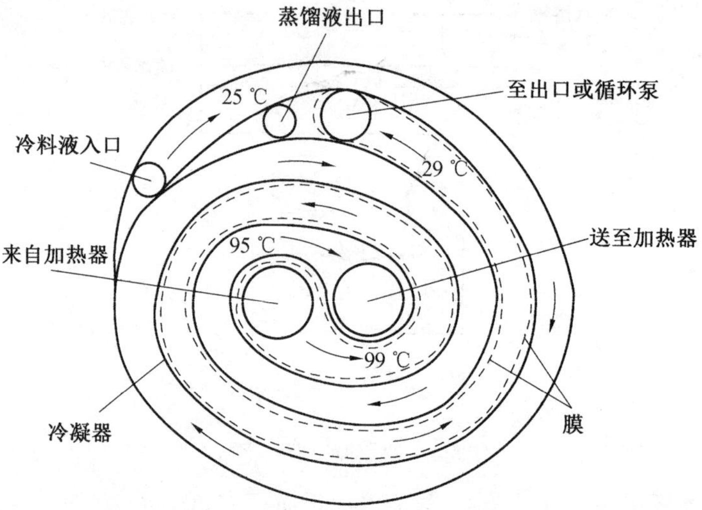

图 8.2　卷式膜蒸馏组件结构示意图

随着知识的积累和工艺的进步，工业应用的潜力十分巨大，迄今为止，膜蒸馏在“三传一反”等领域都有广泛的研究，可以期待将来规模化应用的场景，新的应用领域不断得到开发，膜蒸馏作为新型膜分离过程成为研究的热点。

进入 21 世纪以来，我国京、津、浙地区的一大批年轻膜科技工作者，投身于膜蒸馏技术的应用开发，参与其中的有清华大学、浙江大学、天津大学、北京化工大学、天津工业大学、北京理工大学、浙江理工大学等。目前，在疏水性微孔膜的制备、膜蒸馏应用技术、能量回收、膜传递机理等方面取得了一批创新性的研究成果，在海水淡化、重金属废水处理方面建立了中试应用示范工程。可以预期，不久的将来，有关疏水微孔膜的工业制备关键技术将取得突破，膜蒸馏技术将在我国率先实现工业化应用。

8.1.3　膜蒸馏过程的传质、传热

传质、传热机理是膜蒸馏过程中的重要研究内容。1969 年，Findley 首先对膜蒸馏的传质传热过程进行了研究，认为影响传质速度的主要因素是蒸气在膜孔中稳态气体的扩散过程，完整的传质传热方程必须考虑膜孔中气体的传热系数和膜的热导率，还要在以温差为推动力的基础上进行校正。

(1)膜蒸馏的传质。

膜蒸馏过程是由膜上下游两侧的气体浓度压降驱动的，用如下关系式来表示：

$$J = K_m \Delta p \tag{8.1}$$

式中，K_m 为膜蒸馏系数；Δp 为跨膜蒸气压力差。这两个参数代表了蒸馏膜本身的性能，不受到分离条件的影响。K_m 值可以通过多孔膜的分离机理来计算，三种微孔扩散机理分别为 Knudsen 扩散、分子扩散和 Poiseuille 流动。分离操作的具体机理与气体分子运动的平均自由程(λ)和膜孔径(d_p)有关，当 $\lambda \ll d_p$ 时，气体分子间，能量的直接损失是由气体分子间碰撞而引起的，该过程为传质的主要影响因素，传质过程应遵循 Poiseuille 流动规则，当 $\lambda \gg d_p$ 时，气体分子的动能主要经与孔壁碰撞而损失，该过程为此条件下对传质的

主要影响因素，传质过程遵循 Knudsen 机理，对于多孔膜而言，孔的直径是不均匀的，所以膜蒸馏传质不完全依靠单一的规则来解释，而是不同机理的结合。

一般文献中都采用平均孔径，并认为在三种传质机理中，Knudsen 扩散起主要作用，在不同的传质中，Knudsen 扩散是不可缺少的，例如，在直接接触式膜蒸馏实验中，可以单独采用 Knudsen 扩散机理处理，就得到很好的结果。较多的研究工作是采用 Knudsen-分子扩散机理，也有的可以由 Knudsen 扩散-Poiseuille 流动机理来描述，近期研究又提出基于 Knudsen-分子扩散-Poiseuille 流动的三参数 KMPT 模型来预测膜蒸馏系数和通量，得到较好的结果。

(2)膜蒸馏的传热。

对于热量的传递，膜蒸馏分离过程主要由两部分组成：①水蒸气在膜蒸馏过程中经汽化然后冷凝，水在膜的上游侧汽化而吸热，水蒸气在膜的下游侧冷凝而放热。②膜本身的导热。

直接接触式膜蒸馏是一种常见的膜蒸馏过程，在该种膜蒸馏传质过程中，热量的传递受到的影响微乎其微。与之相对应的，进料液的温度对传热有较大影响，例如，进料液温度较低时(<50 ℃)，膜蒸馏过程的热量主要经热传导过程损失。传热过程中的热量损失对膜的上下游温差有严重影响，进而会破坏传质过程。

8.2 膜蒸馏用疏水性微孔膜

8.2.1 膜材料及膜的特性参数表征

(1)膜材料。

膜蒸馏多采用疏水性的材料，用以制备不易被浸润的分离膜。通常，膜材料被要求耐高温，并对酸碱及有机溶剂有好的耐受性。常被用于制备蒸馏膜的适合材料有聚四氟乙烯(PTFE)、聚丙烯(PP)、聚乙烯(PE)、聚偏氟乙烯(PVDF)等。由于材料本身具有疏水的特性，蒸馏膜的制备工艺较为有限。

(2)膜的特性参数表征。

①部分膜蒸馏过程中，蒸馏膜的微孔不容易被润湿，这类蒸馏膜通常较为疏水，且孔隙率较高。在分离过程中，疏水膜的膜孔越大，蒸馏过程中的通量越大，但孔径并不是越大越好，为保证传质过程的稳定，膜上下游两端的液体不能浸润膜孔。液体进入膜孔的最低压力可以用下式来描述：

$$p = 2\gamma\cos\theta/R \tag{8.2}$$

式中，γ 代表液体的表面张力；θ 代表液体与膜的接触角；R 为膜的孔半径。为了保证在操作压力下膜孔不会被液体润湿，操作压力不可高于 p_0，同时所用的膜必须有足够的疏水性和合适的孔径。实验表明当采用膜的疏水性足够好时，膜的孔隙率在 60% ~ 80% 之间、孔径在 0.1 ~ 0.5 μm 之间较为合适。

② 水通量与膜结构参数的关系：

$$J \propto \frac{d^{\alpha}\varepsilon}{\delta_{m}\tau} \tag{8.3}$$

式中,J 为膜水通量;d 为平均孔径;α 为系数;δ_m 为膜厚度;ε 为膜的孔隙率;τ 为膜孔弯曲因子。

式(8.3) 表明,膜的水通量是与平均孔径、孔隙率成正比,与膜厚、膜孔弯曲因子成反比。

③N_2通量。N_2的通量越高,膜蒸馏中水蒸气的传质阻力越小,水蒸气通量越大。

8.2.2 疏水性微孔膜的制备及改性方法

目前主要制膜方法如下。

(1)拉伸法。

如 PTFE、聚丙烯等高分子材料,由于没有合适的溶剂,受到加工工艺的限制,只能采用拉伸法制成微孔膜。将晶态聚烯烃材料在高应力下熔融挤出成平膜或中空纤维膜,然后在稍低于熔点的温度下拉伸,产生贯通的裂纹孔,在张力下进行定形处理,得到微孔膜。

(2)相转化法。

PVDF(PVDF)是疏水性较强的高分子材料,可溶解在某些极性有机溶剂中,如 N,N-二甲基甲酰胺、N,N-二甲基乙酰胺、二甲基亚砜、N-甲基吡咯烷酮等,可以很方便地用非溶剂致相转化法(NIPS)制成不对称微孔膜,这已被人们所熟悉。

热致相转化法(TIPS)是近几年发展的微孔膜制备技术,它是将常温下高分子材料和稀释剂在高温下溶解,成膜后在一定条件下冷却导致相分离,然后用萃取剂将膜中稀释剂去除,得到微孔膜。用这种方法可以将 PP、PE、PVDF 等材料制成疏水微孔膜并用于膜蒸馏。

(3)表面改性法。

将亲水微孔膜表面疏水化改性后可用于膜蒸馏过程,如采用表面接枝聚合、表面等离子体聚合、表面涂覆等方法对亲水微孔膜进行表面改性,均可得到很好的结果,选择合适的表面改性条件,可以得到高通量的疏水微孔膜。

(4)共混改性法。

把合成的疏水大分子化合物(SMM、nSMM)与其他高分子材料如聚砜、PVDF、聚醚酰亚胺等共混,由于 SMM、nSMM 具有较低的表面能,在采用相转化法制膜时会迁移至膜表面,得到表面疏水的、适合用于膜蒸馏的分离膜。这种方法的优点是借助于相转化法一步制备出具有疏水表面的复合膜,疏水活性添加剂用量很少(质量分数<5%)。

(5)复合膜法。

为了提高分离膜的综合性能,常采用在聚丙烯网状底膜上复合 PTFE 膜制成的平板膜。也可制备疏水、亲水复合膜。疏水、亲水复合膜在膜蒸馏过程中表现出突出的耐污染性能。研究表明,在接触料液的疏水膜表面复合 PVA/PEG,制成复合膜,膜就不会被润湿,有效地提高了膜蒸馏通量。

8.3 膜蒸馏的操作方式及影响过程的因素

8.3.1 膜蒸馏的基本操作方式

通常，膜蒸馏分为四种，分别是直接接触式膜蒸馏（Direct Contact Membrane Distillation，DCMD）、气隙式膜蒸馏（Air Gap Membrane Distillation，AGMD）、吹扫式膜蒸馏（Sweeping Gas Membrane Distillation，SGMD）和真空膜蒸馏（Vacuum Membrane Distillation，VMD），这四种的区分依据是它们的挥发性组分在膜冷侧冷凝方式的不同，如图 8.3 ~ 8.6 所示。

（1）直接接触式膜蒸馏。

透过侧为冷的纯水，温度差使得膜在上下游引起水蒸气的压力差，并以此为驱动力实现下传质，膜下游较冷的纯水端用于将透过的水蒸气冷凝。

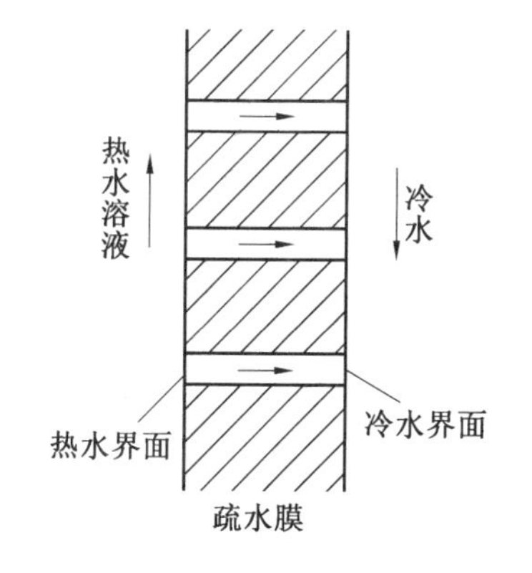

图 8.3　直接接触式膜蒸馏（DCMD）

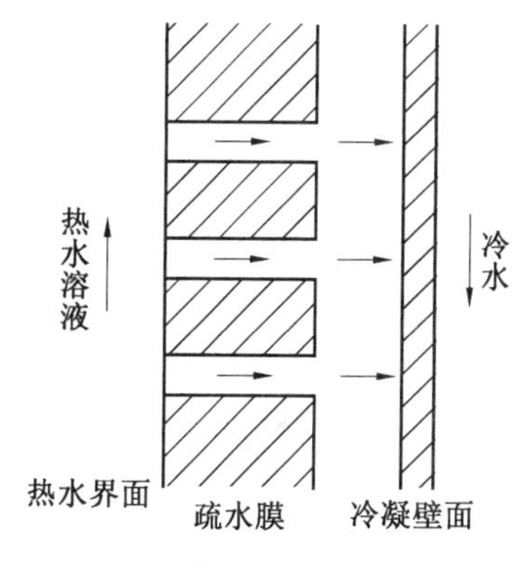

图 8.4　气隙式膜蒸馏（AGMD）

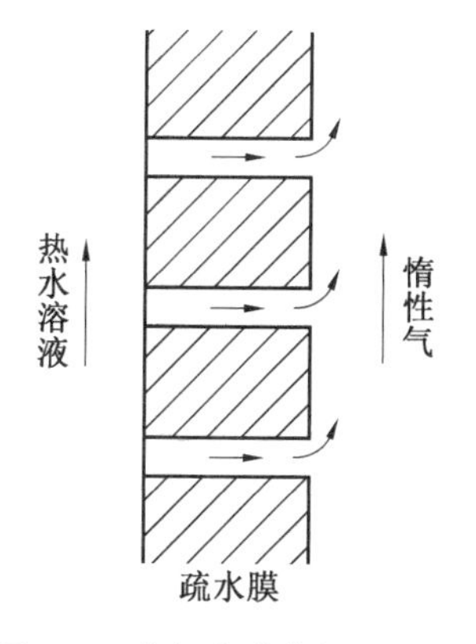

图 8.5　吹扫式膜蒸馏（SGMD）

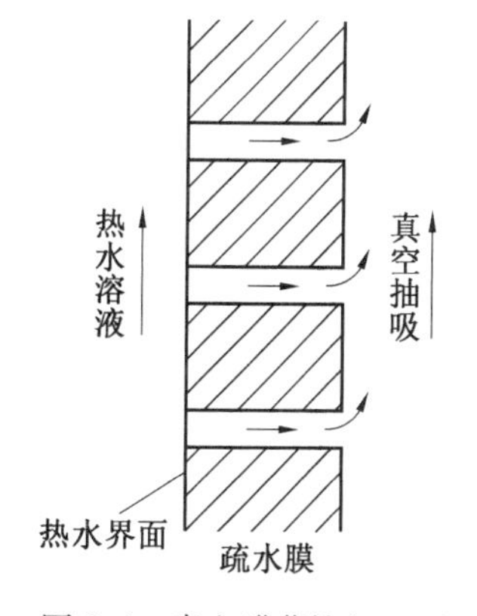

图 8.6　真空膜蒸馏（VMD）

在直接接触式膜蒸馏中，膜上游侧的热料液和下游侧冷的纯水都与膜直接接触，膜两侧温差引起的水蒸气压力差为传质推动力，透过的水蒸气直接进入冷却的纯水中冷凝。

直接接触膜蒸馏过程的装置和运行都比较简单,但是上下游的流体仅有一层薄膜相隔,导热损失较大,因而热利用效率较低。虽然冷侧需要持续制冷,热侧需要持续加热,但过程所需要的附属设备最少,操作比较简单,最适用于透过组分为水的应用,如脱盐、水溶液(果汁)浓缩等。

(2)气隙式膜蒸馏。

透过侧的冷却介质与膜之间有一冷却板相隔,膜与冷却板之间存在气隙,从膜孔透过进入气隙中的水蒸气在冷却板上冷凝而不进入冷却介质。气隙式膜蒸馏的透过侧空气与膜接触,增加了热传导的阻力,降低了传导热量的损失。但是,气隙式膜蒸馏的传质机理主要是以分子扩散为主,透过侧空气的存在,会使膜孔中存在滞留空气,并使透过蒸汽在穿过膜孔时阻力增加。与膜接触的气层厚度一般为膜厚度的 10 ~ 100 倍,可以视为静止空气层,也会使传质阻力增大,导致透过的通量较小。

(3)吹扫式膜蒸馏。

在透过侧通入干燥的气体吹扫,把透过的水蒸气带出组件的外面冷凝。吹扫式膜蒸馏同气隙式膜蒸馏一样适用于除去水溶液中的微量易挥发性组分。在气流吹扫式膜蒸馏中,透过侧为流动气体,克服了气隙式膜蒸馏中静止空气层产生传质阻力的缺点,同时保留了气隙式膜蒸馏中较高的热传导阻力的优点。但是,在收集透过侧组分方面存在较大困难,操作过程中为了减少传质阻力,要减小传质边界层的厚度,相应需要较高的吹扫气体速度,操作压力随之升高。目前研究工作开展相对较少。

(4)真空膜蒸馏。

在真空膜蒸馏中,膜的一侧与进料液体直接接触,另一侧的压力保持在低于进料平衡的蒸气压之下,透过的水蒸气被抽出组件外冷凝,增大膜两侧的水蒸气压力差,可得到较大的透过通量,常常应用于去除稀释溶液中的易挥发性组分。由于在 VMD 过程中,透过侧为真空,水蒸气分子与孔壁的碰撞占主要优势,以克努森扩散为主,热传导损失可以忽略不计。因此,真空膜蒸馏的传质压力差较大,传质推动力大,透过气体的传质阻力较小,与其他分离过程相比,膜通量也具有较大的优势,是目前研究比较多的操作方式。

在四种基本操作方式的基础上,在实际应用中,也可以采用两种方式的组合操作,例如气隙式和吹扫式相结合,在气隙中通过吹扫气流,由于有冷却板,吹扫气流处于恒定的低温,提高了透过通量。膜组件可设计成气流循环、能量回收的形式。也可以采取气隙式和直接接触式相结合,在气隙中不是气体而是液体(蒸馏液),冷却板将蒸馏液冷却,透过的水蒸气进入蒸馏液冷凝。

8.3.2 与膜蒸馏相关的膜过程

(1)气态膜过程(gas membrane process)。

当疏水微孔膜的一侧为含有挥发性物质的水溶液,另一侧为这种挥发性物质吸收剂的水溶液,挥发性物质就会不断透过膜孔被吸收剂吸收。该过程采用疏水微孔膜,以透过组分的蒸气压力差为驱动力,具备膜蒸馏过程的基本特征。在早期文献中称其为“气态膜”(gas membrane),近期文献常将其分类于“膜接触器”(membrane contactor)。应该注意的是膜接触器并不完全属于膜蒸馏过程,例如,很多报道关于采用疏水微孔膜从混合气体中脱除酸性气体或水蒸气的研究工作，虽然吸收剂溶液与疏水微孔膜接触，但处理对象是气体而不是水溶液，不属于膜蒸馏的相关过程。

气态膜过程的开发对于回收水溶液中微量挥发物质和含挥发物质工业废水的处理是很有意义的，如从废水中除掉 H_2S、NH_3、SO_2、HCN、CO_2、Cl_2 等。在这种膜过程中吸收剂用量少而效率高，对被净化的水溶液不会造成二次污染，挥发性物质可得到最大程度的回收，具有很好的应用前景。

（2）渗透蒸馏（Osmotic Distillation，OD）。

当疏水微孔膜一侧为待浓缩的料液，另一侧为高浓度的提取剂溶液，提取剂常采用各种盐类、甘油等。传质、传热机理研究表明，膜两侧水的活度差是渗透蒸馏的传质推动力，料液一侧的水蒸气透过膜孔进入提取剂溶液而使料液被浓缩，提取剂溶液被稀释，即使在没有温差或低温下该过程也可以进行，特别适用于对温度敏感物质的浓缩，如生物制品、药物、饮料、食品、果汁等。当然，严格地说渗透蒸馏膜两侧并不是没有温差，水在料液侧蒸发会吸热、增浓，水蒸气在提取剂侧冷凝会放热、稀释，这种微小的温度、浓度变化会对渗透蒸馏过程造成不利的影响。

（3）渗透膜蒸馏（Osmotic Membrane Disdillation，OMD）。

渗透蒸馏与直接接触式膜蒸馏相结合的膜过程，将其称为“渗透膜蒸馏”，即直接接触式膜蒸馏组件中冷侧为浓盐水，热侧为欲浓缩的溶液，在同一组件中同时运行膜蒸馏和渗透蒸馏两个膜过程，发现其通量大幅度提高，是两个单独膜过程通量的加和。由于具有较大的通量，近年来成为研究的热点之一，对其传质规律进行了深入研究，建立了数学模型，进行了数学模拟，得到很好的结果，为应用研究打下理论基础。由于渗透膜蒸馏是膜蒸馏和渗透蒸馏的耦合过程，具有更高的浓缩效率，用于浓缩水果汁显示更好的效果。

（4）水相溶气和脱气（dissolve gas and degas of aqueous phase）

在通常情况下，水中会不同程度地溶解 O_2、CO_2 等气体，在输送和使用过程中会造成管路和设备的腐蚀，因此，锅炉用水需采用化学药剂除氧，虽然可减轻设备的腐蚀，却带来水体的污染。如果溶气水与疏水微孔接触，在膜的另一侧抽真空，只要合理控制膜的孔径，不使水在真空下透过膜孔，仅使溶解的气体在真空下脱出，就是一种操作方便、成本低、效率高的脱气技术。“膜法锅炉给水除氧器”采用了这一原理。除工业用水的脱气处理外，该技术也可用于农业和农产品加工中，脱气水有很强的渗透能力。用于育种可缩短发芽时间；用于加工豆制品可缩短浸泡时间；用于制备果汁、果酱等可减少氧化变质，保持产品的色、香、味；用于生产饮料可增加 CO_2 的溶解度，改善饮料的口感。

水相溶气是水相脱气的逆过程，气体在压力下透过膜孔溶解在另一侧的水相中，无泡供氧技术是水相溶气的重要应用领域，在发酵、大规模细胞组织培养和生物水处理方面具有重要意义。

水相脱气和水相溶气的大规模应用一般采用中空纤维膜，并且中空纤维的外表面与料液接触，以减少压降，增大传递系数。

8.3.3 影响膜蒸馏通量的因素

(1)对于稀水溶液膜蒸馏。

①膜两侧的温差的影响。膜蒸馏通量随膜两侧的温差增大而提高,如图8.7所示,由于稀溶液的浓度对蒸气压的影响可以忽略不计,膜两侧温差为零时通量也为零,因此膜蒸馏通量随膜两侧温差的关系曲线是通过原点曲线。因为水蒸气压与温度不呈线性关系,所以通量与温度、温度差不呈线性关系。当冷侧溶液温度固定(20 ℃),升高热侧温度来增大温差时,曲线呈上凸状(曲线1);当热侧温度固定(50 ℃),降低冷侧溶液温度来增大温差时,曲线呈下凸状(曲线2)。

②热侧的温度的影响。图8.8所示为热侧温度对膜蒸馏通量的影响。当膜两侧的温差固定时,三角点温度差9.5 ℃,圆形点温度差5.0 ℃,蒸馏通量随热侧溶液温度的增加而增加,呈上凸状曲线,表明在温差固定的情况下,为增加通量而提高热侧温度比降低冷侧温度更加有效。

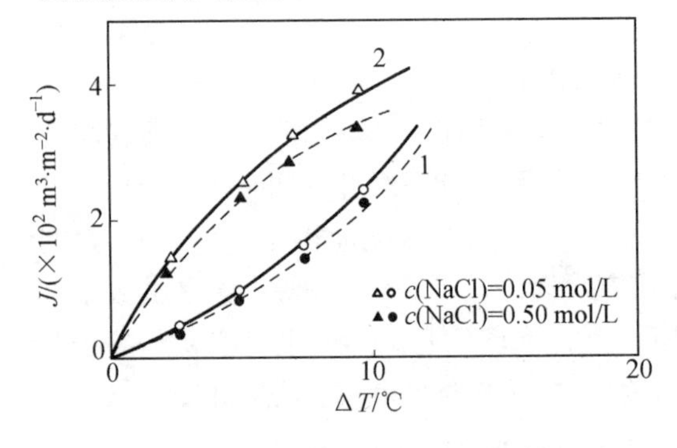

图8.7 膜蒸馏通量与温度差的关系

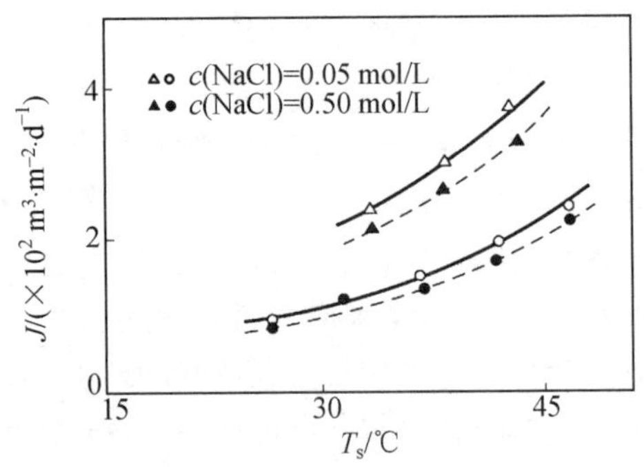

图8.8 膜蒸馏通量与热侧温度的关系

③膜两侧水蒸气压差的影响。图8.9所示为膜蒸馏通量与膜两侧水蒸气压差的关系,膜蒸馏通量与膜两侧水蒸气压力差呈正比,是一条通过坐标原点的直线。

由式(8.1)可见,在通常条件下,即浓度极化和温度极化均可忽略的情况下,常数K_m与温度无关,它可以用来表征膜蒸馏的效率,其物理意义是膜两侧单位水蒸气压力差时的膜蒸馏通量。从溶液的浓度和温度可以很方便地计算膜两侧的水蒸气压,根据式(8.1)的线性关系,可以用一次实验的蒸馏通量数据求出常数K_m,然后用常数K_m和不同温度条件下膜两侧的水蒸气压力差计算出在不同温度条件下的蒸馏通量,大量实验结果表明这样计算得到的蒸馏通量预测值与实验值是相符合的。

在挥发性溶质水溶液的膜蒸馏中,由于溶质是挥发性的,可以透过膜孔,所以该过程的技术指标不用溶质截留系数表示,而是用分离系数来表示。蒸馏液的组成取决于溶质挥发性的大小,例如膜两侧是相同浓度的乙醇水溶液时,由于乙醇挥发性比水强,蒸馏液中乙醇含量高,使冷侧的乙醇水溶液浓度升高;如果膜两侧是相同浓度的醋酸水溶液时,由于醋酸挥发性比水弱,蒸馏液中水的含量高,冷侧的醋酸溶液不断被稀释。

(2)对于浓水溶液的膜蒸馏-结晶。

①浓差极化和温差极化。膜蒸馏过程中的质量传递会导致膜表面溶质浓度不同于本

体料液浓度,在膜表面和本体料液之间形成浓度边界层,这就是浓差极化现象。同样由于热量传递,膜上游侧表面的温度会低于料液本体的温度,而膜下游侧表面温度高于渗透液主体的温度,形成温度边界层,这就是温差极化现象。图 8.10 表示在直接接触膜蒸馏过程中浓度、温度分布的情况。

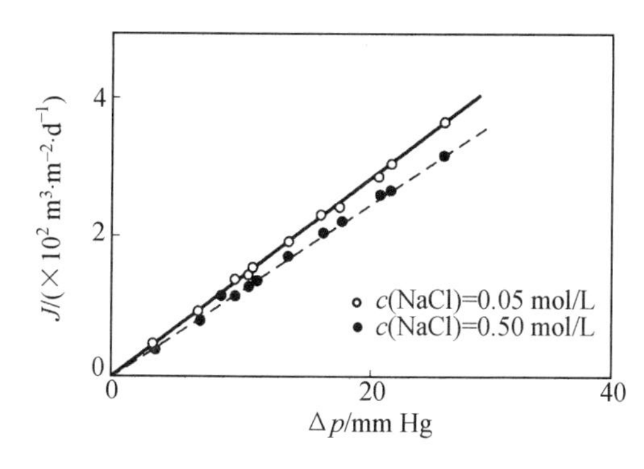

图 8.9 膜蒸馏通量与膜两侧水蒸气压差的关系

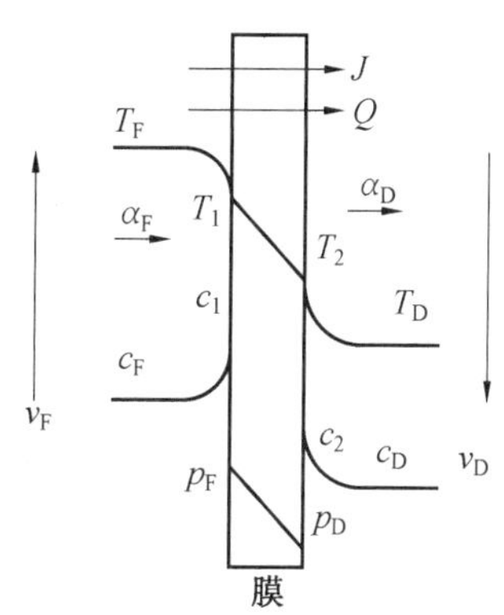

图 8.10 浓差极化和温差极化示意图

浓差极化和温差极化必然对膜蒸馏过程产生不利影响,使膜通量降低。大量研究工作表明,膜蒸馏应用中,必须考虑浓差极化和温差极化的影响,两者相比,温差极化影响更为严重,一般认为当浓度小于 5% 时,浓度边界层的影响可以忽略,而温度边界层比浓度边界层大得多。但对于渗透蒸馏过程中,由于膜两侧温差极小,可以忽略,浓度差极化对传质过程的影响起重要作用。

浓水溶液的膜蒸馏要比稀水溶液复杂得多,随着溶液浓度的增加,浓差极化和温差极化现象变得越来越严重,溶液的黏度、蒸气压下降和渗透压升高引起的各种干扰因素对膜蒸馏有显著的影响。不同性质溶质的浓水溶液也会表现出不同的膜蒸馏行为。

②膜两侧温度的影响。图 8.11 所示为膜蒸馏通量与膜两侧温差的关系。由于各种因素的干扰,浓水溶液膜蒸馏通量的方向不一定是从热侧到冷侧。热侧浓盐水溶液像渗透蒸馏中提取液一样,将冷侧的水蒸气吸收过来,所以膜两侧温差必须足够大以抵消这种提取作用。当膜两侧温差大于一定值时,通量为正,曲线形状与稀水溶液相似;当温差小于一定值时,通量为负(从冷侧纯水进入热侧溶液),其绝对值与温差呈线性关系。

③热侧溶液温度的影响。图 8.12 所示为膜蒸馏通量与热侧溶液温度的关系。热侧温度并不能决定通量的方向,而膜两侧温差是决定性的因素,温差大于一定值时通量为正,随热侧溶液温度增加而增加;温差小于一定值时通量为负,其绝对值随热侧溶液温度增加而增加,并呈线性关系。

④膜两侧水蒸气压差的影响。图 8.13 所示为膜蒸馏通量与膜两侧水蒸气压差的关系。与温度差的关系相对应,当水蒸气压差大于一定值时,通量为正,与水蒸气压差呈线性关系;水蒸气压差小于一定值时通量为负,由于受多种因素干扰,通量与膜两侧水蒸气压差的关系没有明显的规律。

⑤溶液浓度的影响。实验表明,膜蒸馏通量随溶液浓度的增加而降低,但不同性质的溶质表现出不同的膜蒸馏行为。例如,葡萄糖水溶液随着浓度的增加黏度迅速增大,流速

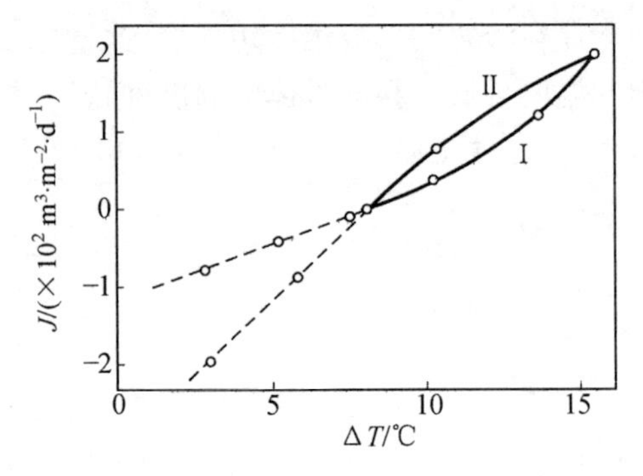

图 8.11　浓水溶液膜蒸馏通量与膜两侧温差的关系(5.3 mol/L NaCl 水溶液)

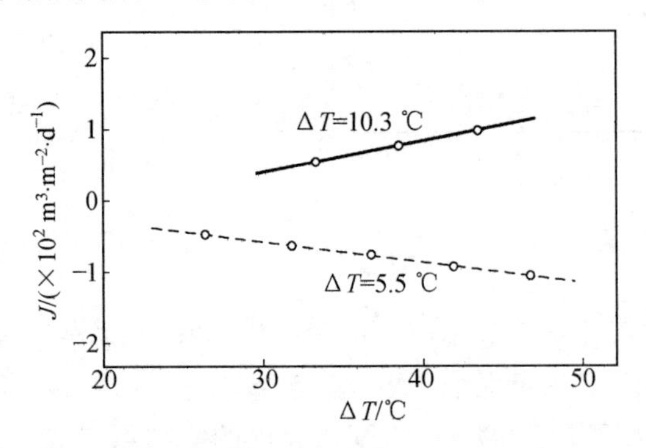

图 8.12　浓水溶液膜蒸馏通量与热侧温度的关系(5.3 mol/L NaCl 水溶液)

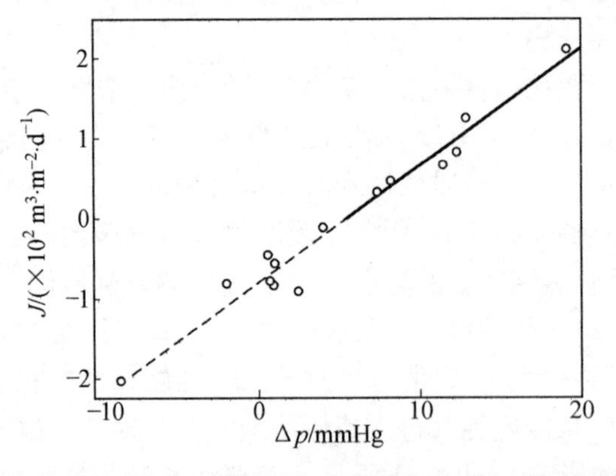

图 8.13　浓水溶液膜蒸馏通量与膜两侧水蒸气压差的关系

变慢会使浓差极化和温差极化现象都很显著,浓度增大到一定程度时通量逐渐趋于零(图 8.14)。氯化钠水溶液随浓度的增加黏度变化不大,所以浓差极化和温差极化现象不显著,虽然膜蒸馏通量随浓度的增加而逐渐降低,但到达过饱和状态时,仍然保持相当高的膜蒸馏通量。如图 8.15 所示,膜蒸馏仍然可以进行,使溶液达到过饱和状态,这时溶液中会不断析出氯化钠晶体,称其为“膜蒸馏-结晶现象”。这是一个很重要的现象,它表明膜蒸馏可以处理极高浓度甚至饱和的水溶液,是目前唯一能够直接从水溶液中分离出晶体产物的膜过程,可望在水溶液的浓缩和化学物质的回收领域得到应用。

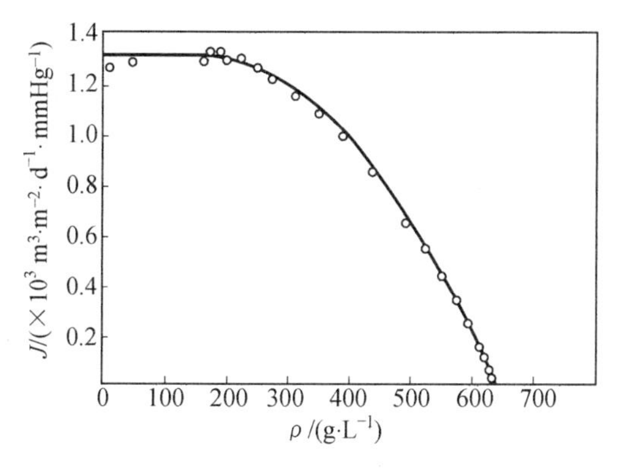

图 8.14　膜蒸馏通量与质量浓度关系(葡萄糖)

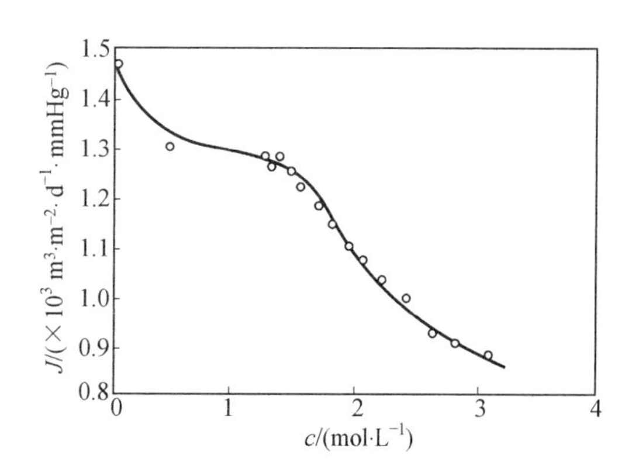

图 8.15　膜蒸馏通量与浓度关系(NaCl)

⑥ 膜蒸馏-结晶的必要条件。膜蒸馏-结晶是在溶液被浓缩到过饱和状态后产生的,但并不是在所有条件下都能把溶液浓缩到过饱和状态。实验表明,产生膜蒸馏-结晶现象的必要条件除了溶质须是易结晶的物质外,膜两侧必须保持足够大的温差,使膜蒸馏与诸多干扰因素相比一直处于主导地位。那么,对于某个体系需要多大的温差才能实现膜蒸馏-结晶呢? 以 NaCl 水溶液为例,在某一温度差的条件下进行浓缩,随着溶液浓度的增加,如图 8.16 所示,蒸馏通量逐渐降低,由正值逐渐变成负值(注:图 8.16 是由相同温差的两个实验结果拼接而成的,一个是稀水溶液实验,通量为正值,随着溶液被浓缩,通量逐渐趋于零;另一个是浓水溶液实验,通量为负值,随着溶液被稀释,通量也逐渐趋于零)。膜蒸馏通量为零时所对应的浓度可称其为“平衡浓度”。实验证明,平衡浓度与膜两侧温度差呈较好的线性关系,如图 8.17 所示。从图 8.17 可以得到任何平衡浓度所对应的温度差,当平衡浓度为溶液的饱和浓度时,所对应的温度差就是膜蒸馏-结晶所需要的最小温度差,也就是说,尽管浓缩对象是容易结晶的溶质,但如果选择的实验条件的温度差小于膜蒸馏-结晶所需要的最小温度差,结果是不会出现膜蒸馏-结晶现象的,只有大于这个最小温度差才能实现膜蒸馏-结晶。

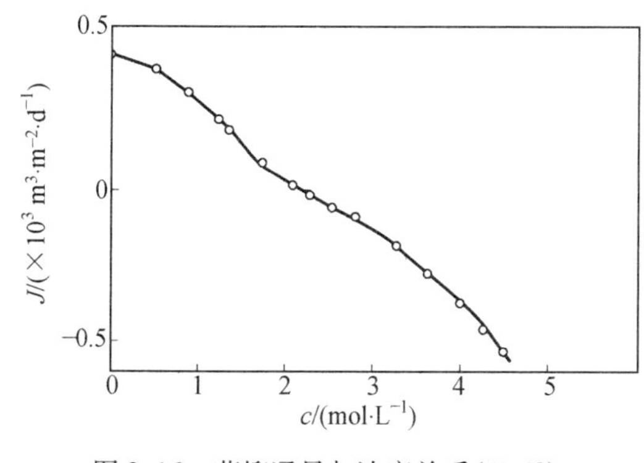

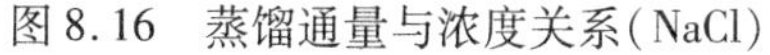
图 8.16　蒸馏通量与浓度关系(NaCl)

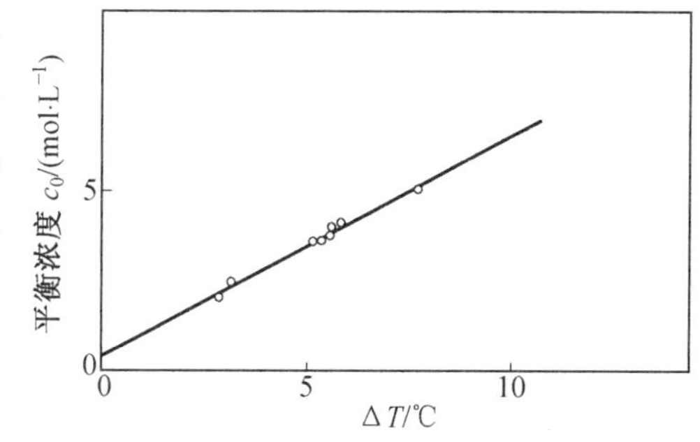

图 8.17　平衡浓度与膜两侧温度差的关系

(3)操作方式的影响。

在中空纤维膜组件的减压膜蒸馏操作中,操作方式对通量有明显影响,如图 8.18 所示,可分为内进/外抽(图 8.18(a))和外进/内抽(图 8.18(b))两种操作方式,在水溶液脱盐实验中对两种操作方式的总传热系数和总传质系数进行对比,认为外进/内抽式操作更有工业生产的价值。减压方式在直接接触式膜蒸馏操作中对通量也有很大影响,泵的连接方式不同可造成膜的上游侧或膜的下游侧压力的降低或升高,特别是加阀门控制流速的情况下,如图 8.19 所示。图 8.19 (a)是泵的通常连接方式,膜两侧的压力均升高,图 8.19(b)是膜的上游侧压力升高,下游侧压力降低,图 8.19 (c)是膜两侧压力均降低。实验结果表明,与通常情况图 8.19(a)相比,图 8.19(c)会使通量降低,而图 8.19(b)可使通量提高一倍。

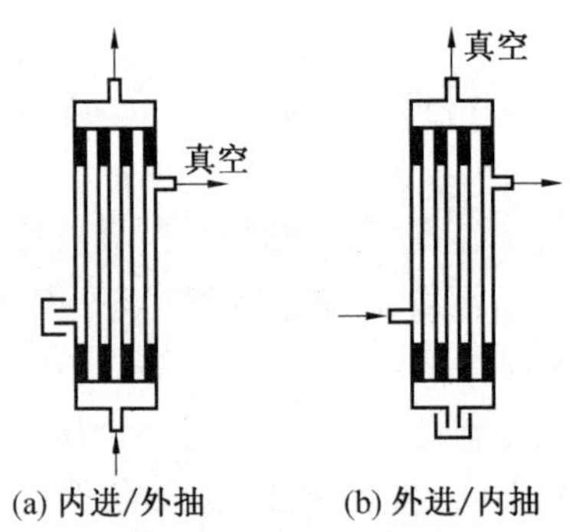

图 8.18　不同抽空方式

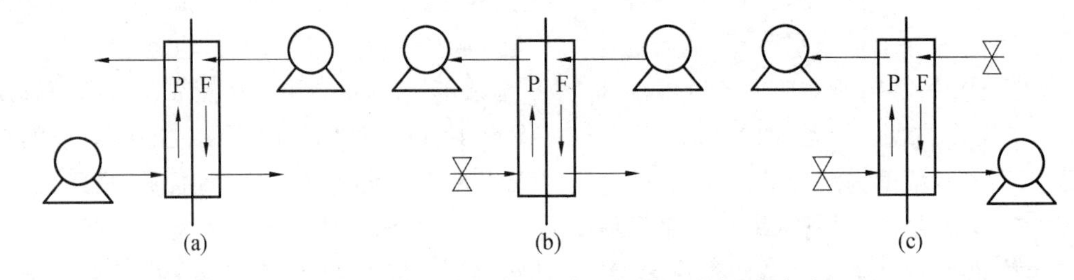

图 8.19　直接接触式膜蒸馏中,输液泵不同链接方式

气隙式膜蒸馏中,气隙所含气体的种类对透过组件的扩散速度有明显影响,用气隙膜蒸馏处理甲酸-水恒沸混合物时,使用 He、空气、SF_6三种气体实验,发现,气体的分子量越大越有利于恒沸混合物的分离,SF_6效果最好。

(4)膜结构参数的影响。

分离膜的结构包括膜厚、平均孔径、孔径分布、孔形态、孔隙率等参数,用于膜蒸馏的分离膜应该有足够大的孔径又不能使料液进入膜孔。

①增大膜的孔径和孔隙率对提高通量有利,但孔径太大易造成膜污染甚至润湿;小孔径及低孔隙率会增大传质阻力,减小膜的通量,但能减缓膜的润湿性。因此膜的孔径应适度为好。

②孔径分布窄的膜性能较为优越。

③膜厚度也直接影响膜的使用效果。减小膜厚,膜的水通量增加;但膜壁太薄,会使热损失增加,热效率降低,同时,薄壁膜长时间使用中容易被润湿使分离性能降低,研究认为适宜的厚度应为 30 ~ 60 μm 之间。

④膜孔形态对膜蒸馏效果也有影响，孔弯曲因子增大，水蒸气透过阻力增大，膜的通量降低。

8.3.4 膜蒸馏应用研究要解决的技术问题

(1)膜污染和膜去疏水化问题。

和其他膜过程一样，膜蒸馏过程也存在膜污染问题，而且膜污染会伴随膜的润湿，使膜蒸馏效率明显降低，所以近年来日益引起人们的重视。不同的应用对象所造成的污染原因和程度各有不同，应研究采用不同的方法对料液进行预处理，以消除或减轻膜污染。

从膜的结构设计考虑避免膜的润湿是很好的方法，例如，制成疏水/亲水复合膜，在疏水的 PVDF 膜上复合 PVA/PEG 亲水层，不但可提高通量，还可以阻止膜的润湿，延长膜的使用寿命。

膜污染往往发生在溶质浓度较高的长期运转过程中，例如，浓盐水的膜蒸馏-结晶过程中通量逐渐降低，归于盐结晶微粒在膜表面附着而引起膜的润湿；在处理离子交换树脂的再生废液过程中，会有盐沉积在膜表面，通量随之降低，如果预先加入 $Ca(OH)_2$处理并进行过滤，膜污染会显著减轻；在采用 NF/MD 集成膜过程制备饮用水时，如果将原水酸化至 pH=4，就会防止 $CaCO_3$在膜表面沉积；在水处理过程中，膜很容易被腐殖酸污染，研究发现可加入 Ca^{2+}与腐殖酸络合凝结在膜表面，使通量降低，但这种凝结物很疏松，容易用水和 0.1 mol/L NaOH 水溶液清除，通量得到 100% 恢复；在浓缩生产肝素产生的含盐废水时，通量因污染而衰减，如将废水煮沸后进行超滤预处理，污染情况会得到缓解；在处理含有天然有机物的 NaCl 水溶液(加工动物肠子的盐水)时，发现膜表面附着蛋白质、NaCl 的凝胶，通量很快下降，用 2% 柠檬酸处理会除掉部分污染层，将溶液煮沸并经超滤预处理可以减轻膜污染。

稀溶液也会发生膜污染，采用扫描电子显微镜和能谱检查不同处理对象的膜表面，常常会发现微生物污染，不但在料液接触侧，有时在透过侧和膜孔中也会发现，微生物污染和操作条件关系密切，在较高的温度、较高的盐浓度、较低的 pH 条件下可抑制微生物的生长。实际上料液的洁净程度对膜污染起重要作用，例如，采用聚丙烯中空纤维膜进行连续 3 年长期膜蒸馏实验，发现纯水不会使膜润湿，通量稳定不变，但用自来水时，膜表面会沉积 $CaCO_3$，通量从 700 $L/(m^2 \cdot d)$降至 550 $L/(m^2 \cdot d)$，经稀盐酸处理、水洗、干燥后，膜性能可以恢复。将相同浓度的海水和 NaCl 水溶液进行膜蒸馏脱盐的对比实验，发现 NaCl 水溶液进行膜蒸馏时膜污染并不严重，但海水膜蒸馏通量会因膜污染逐渐下降，并发现用超声波可以减轻海水对膜的污染程度。

(2)减轻浓差极化和温差极化。

浓差极化和温差极化是影响膜蒸馏效率的重要因素，凡是减小浓差极化和温差极化的措施都有利于提高膜蒸馏通量，最直接的方法是改变料液的流动状态。提高料液流动速度使其处于湍流可有效地减小浓差极化和温差极化，但这种方法会受到组件结构的限制。在料液的流道中放置隔离物是改变料液流动状态的另一有效方法，据称可使通量提高 31% ~41%。流道隔离物的几何形状对使用效果有很大的影响，对隔离物的形状进行优化也是很有意义的研究工作。采用超声波技术是减小浓差极化和温差极化的另一有效手段。有报道称,该技术的使用可将直接接触式膜蒸馏和渗透蒸馏的通量提高一倍和两倍。经过预处理使料液的黏度降低也可有效地减小浓差极化和温差极化,例如,在果汁浓缩过程中,由于物料黏度较高,浓差极化和温差极化现象十分严重。主要原因是果汁中含有蛋白质类的生物高分子,采用添加果胶酶和淀粉酶复合物脱出果汁中蛋白质,然后超滤澄清,使黏度降低,再进行膜蒸馏浓缩,通量得到大幅度提高。

(3)膜组件结构的优化设计。

组件结构的优化设计往往会极大地提高组件的膜蒸馏效率。Foster 等设计的膜组件结构考虑到潜热的利用,并可在加压的条件下操作。据预测,膜组件在 65 ℃、大气压下,通量可达到 30 kg/(m^2 · h),加压至 2 MPa,100 ℃操作,通量可达到 85 kg/(m^2 · h)。Rivier 等设计了恒温气流吹扫式膜组件,实际是气隙式和吹扫式膜组件的结合,由于吹扫气流始终保持低温,增大了传质驱动力而得到较大的通量。Ding 等人对于中空纤维膜组件的设计提出了数学模型,指出中空纤维膜内径的多分散性和在壳体中装填的不均匀性都会引起流动的不良分布,从而使通量降低,并且后者的影响更严重。

8.3.5 膜蒸馏的集成过程

各种膜过程均有各自的优点和局限性,而且在实际工业生产中会受到各种复杂因素的制约。为了使整个生产过程达到优化,采用任何单一膜过程都不能解决复杂的生产问题,需要把各种不同的膜过程合理地集成在一个生产循环中,这样在生产过程中采用的不是一个简单的膜分离步骤,而是一个膜分离系统,这个系统可以包括不同的膜过程,也可包括非膜过程,称其为"集成膜过程"(integrated membrane process)。

(1)膜分离过程之间的集成。

Drioli 教授是集成膜过程积极的倡导者,他提出了在海水淡化过程中采用集成膜过程的优点。在集成系统中,先用 MF、UF、NF 预处理除掉高价离子,然后用膜接触器除掉海水中溶解的 CO_2、O_2,经 RO 过程后余水采用膜蒸馏处理,可提高产水的质量,并使海水回收率提高到 87%。在研究了 RO 与 MD 集成进行海水脱盐过程的极化现象时指出,RO 过程以浓差极化为主导,MD 过程以温差极化为主导,MD 的集成有利于克服高浓度海水的渗透压。在研究集成过程的能耗时指出,RO 与 MD 集成进行海水淡化能耗偏高,但提高了整体系统的性能,如果有可利用的廉价热能时,这种集成体系是很可取的。由于在集成膜过程中,各个膜过程的优、缺点得到互补,可得到单一膜过程无法得到的结果,采用 UF 和 MD 集成过程处理港口舱底污水,UF 过程将油质量浓度减小至 5 mg/L 以下,然后经 MD 处理,油完全除掉,总有机碳除掉 99.5%,总可溶固形物除掉 99.9%。

采用 UF/OD 集成过程浓缩葡萄汁,经超滤后的料液黏度降低,使渗透蒸馏的通量增大,提高了浓缩效率;采用 MF/RO/OD 浓缩葡萄汁可达到较高浓度(60°Brix),更便于储存;采用 UF/RO/OD 集成对柠檬汁、胡萝卜汁、橙汁等进行浓缩,其中超滤使果汁澄清,反渗透除掉部分水,渗透蒸馏进一步浓缩到最终产品,该过程得到的产品保持了原来的色泽和香味,果汁中原有的抗氧化活性物质也损失较少。

(2)膜蒸馏与非膜过程的集成。

膜蒸馏过程与其他生产过程集成也能达到提高生产效率的目的,一种称为"膜蒸馏生物反应器”的体系制备乙醇的过程,实际是膜蒸馏与发酵过程集成料液中含有的CO_2减小了膜蒸馏的温差极化现象,提高了乙醇的透过通量,膜蒸馏过程不断将生成的乙醇脱除,使乙醇转化率从50%提高到95%。

解决饮用水问题始终是膜分离领域的重要研究方向,将膜蒸馏与多效蒸馏器集成制备纯净水,蒸馏器的余水作为膜蒸馏的进水,产水量提高了7.5%,能量利用率提高了10%。采用膜蒸馏与太阳能蒸馏器集成制备饮用水,太阳能蒸馏器中的热水用作膜蒸馏组件的进水,实验表明,大部分产水来自膜蒸馏,太阳能蒸馏器的产水不足总产水量的20%。突尼斯的地热资源十分丰富,但水质硬度高,不适合饮用和灌溉,采用膜蒸馏与流动床结晶器集成制备饮用水,流动床结晶器可除掉地下热水中的$CaCO_3$使水软化,气隙式膜蒸馏利用地热生产饮用水。在废水处理的模拟实验中,采用液相沉淀(LPP)与膜蒸馏集成方法处理核废水,达到“全分离”的目的。将膜蒸馏与光催化反应器集成在一起,处理酸性红18水溶液,在染料光降解的同时得到纯水,认为是很有前途的废水处理方法。

8.4 膜蒸馏技术的应用

8.4.1 海水和苦咸水脱盐制备饮用水

膜蒸馏过程的开发最初完全是以海水淡化为目的。近二十多年的研究表明,直接接触膜蒸馏的透过通量能够达到反渗透的水平甚至有所超过,减压式膜蒸馏用于海水脱盐也具有较好的发展前途,一种改进的减压膜蒸馏装置,在85 ℃时的产水通量甚至可达到71 kg/(m^2·h)。Singh等在直接接触式膜蒸馏处理中把盐水温度提高到128 ℃,得到的水通量达到了195 kg/(m^2·h),超过了反渗透处理的处理量。但膜蒸馏是个能耗较高的膜过程,只在有廉价能源可利用的情况下进行海水、苦咸水淡化才具有实用意义。例如,采用真空膜蒸馏制备的小型船用海水淡化装置,利用发动机冷却水的废热作能源,可得到99.99%的脱盐率和5.4 kg/(m^2·h)的产水通量。Raluy等采用太阳能膜蒸馏系统生产淡水,可以达到100 L/d。由于膜蒸馏对热量的品质要求不高,太阳能、地热、温热的工业废水都可考虑作为其能源。

近年来采用所谓“Memstill技术”的小型膜蒸馏海水淡化厂已经运行,其组件采用热量回收形式,生产淡水成本低于0.5美元/t,甚至可低至0.26美元/t。

另外要考虑可利用的廉价能源。对于干旱、少雨地区有丰富的太阳能资源可利用,所以采用太阳能生产饮用水是重要的研究课题,太阳能膜蒸馏装置成为研究的热点之一。目前,已有数套小型实验室规模的设备测试完毕,这些系统都能利用太阳能进行小容量的操作,而它的主要成本是在MD膜组件方面。如果能把低成本的太阳能膜蒸馏系统商业化,不仅偏远地区的人们能受益,城市居民也能使用它得到饮用水。图8.20是一种太阳能膜蒸馏系统的实景图。

利用地热资源也可使膜蒸馏的成本大幅度降低。对于干旱缺水的国家和地区,有丰富的太阳能和地热资源,利用这些资源制备饮用水以及用于膜蒸馏的其他浓缩是膜蒸馏脱盐的重要方向。

图 8.20　安装在加那利群岛上的太阳能膜蒸馏系统的实景图

8.4.2　化学物质的浓缩和回收

例如,可采用直接接触式膜蒸馏、吹扫式膜蒸馏、渗透蒸馏、减压膜蒸馏浓缩蔗糖水溶液,采用渗透膜蒸馏对蔗糖溶液的再浓缩;采用膜蒸馏进行硫酸、柠檬酸、盐酸、硝酸的浓缩,非挥发性酸截留率达 100%,挥发性酸在浓度高时有透过。在甘醇类水溶液的浓缩、透明质酸的浓缩、氟硅酸的浓缩、藻青苷染料的浓缩方面,取得很好的结果。

由于膜蒸馏可以在较低的温度下运行,对生物活性物质和温度敏感物质的浓缩和回收具有一定实用意义,可取得常规蒸馏不能达到的效果,例如,人参露和洗参水的浓缩、蝮蛇抗栓酶的浓缩、牛血清蛋白的浓缩、乳清蛋白的浓缩、L-赖氨酸盐酸盐糖浆的浓缩,都得到了较好的效果。

8.4.3　膜蒸馏-结晶用于回收结晶产物

膜蒸馏可用于工业废水处理和盐类生产,例如,从废水中回收牛磺酸、从天然盐水中提取芒硝、用盐水生产 NaCl,NaCl 的产量已达到 100 kg/(m^2 · d)的规模。利用膜蒸馏-结晶方法可以像传统重结晶方法一样把不同溶质分离开,如 Na_2SO_4 和 NaCl 水溶液的膜蒸馏结晶过程,水溶液中 $MgSO_4$ 和 NaCl 可进行分离。

8.4.4　溶液中挥发性溶质的脱除和回收

膜蒸馏从水溶液中脱除和回收挥发性有机物在环境保护领域更具有重要的实用价值,文献中大量报道了有关研究工作,如从水溶液中脱除甲醇、异丙醇、丙酮、氯仿、三氯乙烷,同时脱除乙醇和丙酮、丁醇和乙醇、甲基异丁基酮、卤代挥发性有机化合物等。

Lewandowicz 等把膜蒸馏应用到生产燃料乙醇的体系中。文献中提到把膜蒸馏组件和生物反应器连接,构成一个连续发酵体系(图 8.21),从而增大乙醇生产率,降低生产成本。

Varavuth 等用渗透蒸馏来进行酒的脱醇测试,发现用纯水作脱除液时,系统会有更好的醇通量、水通量以及脱醇效果。脱醇效果会随着操作温度和两边料液速率的升高而增

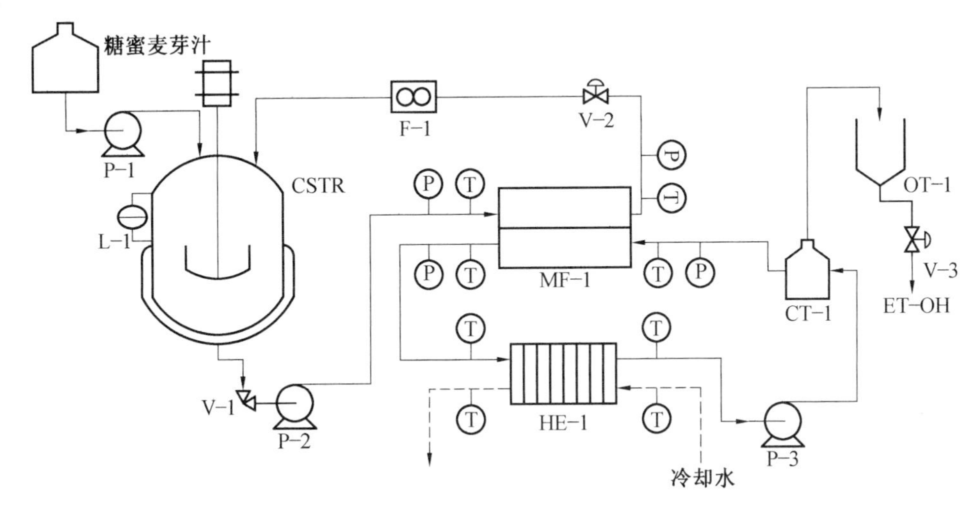

图 8.21 生产染料乙醇的流程

P-1～P-3—泵；L-1—液体传感器；CSTR—连续搅拌釜反应器；V-1～V-3—隔膜阀；HE-1—热交换器；P—压力传感器；T—温度传感器；MF-1—膜组件；CT-1—密闭槽；OT-1—开放槽；F-1—流量计

大。在系统工作 360 min 后，酒中醇的浓度最终能降低 34%，从而生产低度酒。图 8.22 为渗透蒸馏的装置流程图。

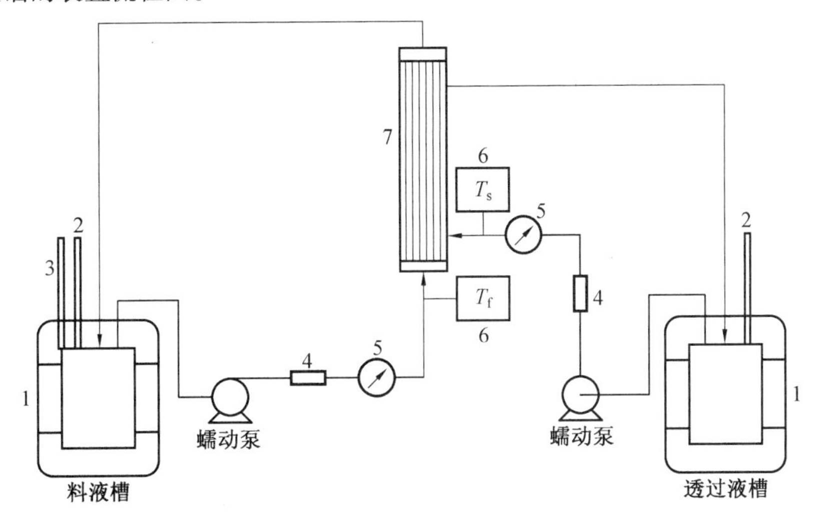

图 8.22 渗透蒸馏的装置流程图

1—恒温水槽；2—温度计；3—吸液管；4—流量计；5—压力表；6—热电偶；7—中空纤维膜

膜蒸馏脱除溶液中挥发溶质的原理被成功地用于气体分析，将膜蒸馏装置与质谱仪联机，用质谱仪测定脱除气体的量，对水溶液中溶解的氧、丙烷、乙醇的测定结果表明，质谱信号与水溶液中溶质浓度呈线性关系，这为挥发性溶质的在线测试奠定了技术基础。

恒沸混合物采用膜蒸馏处理，可打破固有的气-液平衡关系，得到较好的分离效果，如甲酸/水恒沸混合物的分离，丙酸/水恒沸混合物的分离。

从水溶液中脱除酸性挥发性溶质近年集中于盐酸的回收，如采用直接接触式膜蒸馏从金属酸浸液中回收 HCl，减压膜蒸馏从金属氯化物的水溶液中回收 HCl。

8.4.5 果汁、液体食品的浓缩

膜蒸馏过程可在相对比较低的温度下运行，并具有极高的脱水能力，特别是渗透蒸馏可以在室温下运行，对果汁、食品的浓缩是其他任何膜过程都无法比拟的。膜蒸馏和渗透蒸馏技术浓缩液体食品的优点在于：节能、保持食品原有的风味（包括色、香、味等）。其中果汁浓缩的研究工作较多，如超滤与渗透蒸馏浓缩，减压膜蒸馏浓缩葡萄汁，渗透蒸馏浓缩诺丽果汁、菠萝汁和橘汁，直接接触式膜蒸馏浓缩苹果汁，集成膜过程浓缩柠檬汁和胡萝卜汁，渗透膜蒸馏浓缩菠萝汁以及膜蒸馏浓缩黑加仑汁。这些工作有的仍处在实验室研究阶段，有的已经具有示范生产的规模。由于渗透蒸馏在常温下操作，更有利于果汁的保鲜，对比研究表明，采用渗透蒸馏浓缩澄清的果汁时，维生素 C 含量不受影响，抗氧剂活性保持恒定，而采用加热蒸发浓缩至 66.6°Brix 时，维生素 C 会损失 87%，抗氧剂活性会损失 50%。Vaillant 等报道了采用渗透蒸馏浓缩果汁的工业示范规模装置，在 30 ℃可以将果汁浓缩至 60 gTSS/100g（总悬浮固体），通量仍保持 0.5 kg/(m^2·h)，连续 28 h 通量没有衰减，浓缩后果汁外观和维生素 C 含量基本保持原来水平。Hasanoglu 等发现渗透蒸馏和真空膜蒸馏的连接使用，可以避免在果汁浓缩过程中香味化合物的大量遗失，使香味化合物的回收率平均达到 75%。同时，这两种膜过程的同时操作，可以降低能量需求从而减少成本。

8.4.6 废水处理

和其他膜分离过程一样，膜蒸馏是环境友好的分离技术，在工业废水处理方面具有很好的应用前景。采用膜蒸馏技术进行废水处理是利用该膜过程对挥发性溶质脱除功能和对非挥发性溶质浓缩的功能。前面已经介绍利用气态膜过程可以从废水中脱除 H_2S、NH_3、SO_2、HCN、CO_2、Cl_2等，对废水处理具有重要意义。采用气态膜过程脱除废水中的正戊酸，处理氰化物废水，已经达到商业化的规模，这表明膜蒸馏在废水处理应用领域中的潜力。从工业废酸液中回收 HCl 是在处理含挥发性酸性物质废水方面的典型应用，用吹扫膜蒸馏操作方式除掉废水中含有的挥发性有机污染物，采用减压膜蒸馏从废水中除掉微量的苯，以及用直接接触式膜蒸馏浓缩橄榄油废水中的多酚，都具有很好应用前景。

膜蒸馏对非挥发性溶质水溶液的浓缩功能同样在废水处理中得到应用，例如，采用超滤/膜蒸馏集成处理含油的废水，采用减压膜蒸馏处理丙烯腈工业废水、亚甲基蓝染料的废水，采用真空膜蒸馏法处理五种染料（雷马素马斯亮蓝 R、活性黑 5、靛蓝、酸性红 4、亚甲基蓝）溶液，都显示出膜蒸馏在废水处理方面的应用前景。

8.4.7 水中无机离子的去除

Qu Dan 等人发现 DCMD 具有比反渗透和纳滤膜更高的去除 As（Ⅲ）和 As（Ⅴ）的能力，两者的截留率均在 99.95% 以上，还发现 DCMC 具有较高的去除硼的能力（>99.8%），即使在进料质量浓度高达 750 mg/L 时，硼的截留率也没有多大的差别。与

反渗透技术进行对比，膜蒸馏技术具备处理高浓度废水的优势，对于反渗透而言，进料液浓度过高形成的渗透压阻止了该技术的运行，反观膜蒸馏技术中，进料液被压缩，形成趋近临界状态，可以方便快捷地分离进料液。相较于其他膜技术而言，膜蒸馏技术的过程特点使得它对于温敏处理工艺过程极具优势。在化学物质的浓缩与回收和液体食品的浓缩加工方面是膜蒸馏重要的发展方向之一。膜蒸馏-结晶是目前唯一能从水溶液中分离出结晶产物的膜过程，将会在化学物质分离、回收和废水处理方面得到更广泛的应用。

为了实现膜蒸馏的实际应用，大型膜组件的结构设计、工艺流程和操作条件的优化都是十分重要的研究课题。

随着技术的更新与发展，膜蒸馏技术在研究领域已经获得了长足的发展，随着高分子材料技术和膜生产工艺的提升，膜蒸馏技术已具备大规模工业化的潜力，在不远的未来，随着工业化处理高浓度废水的发展，膜蒸馏有着不可或缺的一席之地。

本章习题

8.1 膜蒸馏分离基本原理是什么？

8.2 膜蒸馏分离过程的特点是什么？

8.3 请比较膜蒸馏与渗透汽化的差异。

8.4 膜蒸馏是如何分类的？

8.5 反渗透与膜蒸馏过程都能制备超纯水，举例说明两种过程的异同。

本章参考文献

[1] SMOLDERS K, FRANKEN A C M. Terminology for membrane distillation [J]. Desalination, 1989, 72:249-282.

[2] FINDLEY M E. Vaporization through porous membranes [J]. Ind. Eng. Chem., Pro. Des. Dev., 1966, 6:226-230.

[3] FINDLEY M E, TANNA V V, RAO Y B, et al. Mass and heat transfer relations in evaporation through porous membranes [J]. AIChEJ., 1969, 15 (4):483-489.

[4] BODELL B R. Distillation of saline water using silicone rubber membrane: US3361645 A [P]. 1968-01-02

[5] RODGERS F A. Distillation under hydrostatic pressure with vapor permeable membrane: US3406096[P]. 1968-10-15.

[6] WEYL P K. Recovery of demineralized water from saline waters: US19640367485[P]. 1967-09-05.

[7] RODGERS A F. Stacked microporous vapor permeable membrane distillation system: US3650905[P]. 1972-03-21.

[8] BAILEY J B. Corrugated micropermeable membrane: USD3620895[P]. 1969-01-03.

[9] CHENG D Y. Composite membrane for a membrane distillation system: US11819280A [P]. 1982-2-23.

[10] Gore-Tex membrane distillation. Proc. of the Tenth Ann. Convention of the Water Supply Improvement Assoc[R]. Honolulu, 1982.

[11] DRIOLI E, WU Yonglie. Membrane distillation: an experimental study [J]. Desalination, 1985, 53: 339-346.

[12] 德里奥里,吴庸烈. 水溶液的膜蒸馏 [J]. 膜分离科学与技术,1985,5 (4):8-12.

[13] DRIOLI E, WU YONGLIE, CALABRO V. Membrane distillation in the treatment of aqueous solutions [J]. J. Membr. Sci., 1987, 33: 277-284

[14] 大矢晴彦,松本洁明,根岸洋一,等. ポリプロピレン多孔质中空丝膜を用いたエタノール水溶液の浸透气化浓缩分离 [J]. 膜(Membrane),1986,11 (4):231-238.

[15] 大矢晴彦,松本洁明,根岸洋一,等. ポリプロピレン多孔质中空丝膜を用いたアセトン-n-ブタノール-水系の浸透气化浓缩分离 [J]. 膜(Membrane),1986,11 (5): 285-296.

[16] MATSUMOTO K, OHYA H, DAIGO M. Separation of ethanol from culture broth by pervaporation with hydrophobic porous membrane [J]. 膜(Membrane), 1985, 10 (5): 305-306.

[17] 小田吉男. 机能性膜材料 [J]. 膜(Membrane),1985,10 (1):36-44.

[18] KONG Ying, WU Yonglie, XU Jiping. Separation of formic acid-water azeotropic mixture by membrane distillation [J]. Chinese Chemical Letters, 1992, 3 (6): 477-478.

[19] FINDLEY M E, TANNA V V, RAO Y B, et al. Mass and heat transfer relations in evaporation through porous membranes [J]. AIChEJ., 1969, 15 (4): 483-489.

[20] PHATTARANAWIK J, JIRARATANANON R, FANE A G. Heat transport and membrane distillation in direct contact membrane distillation [J]. J. Membr. Sci., 2003, 212 (1-2): 177-193.

[21] MARTINEZ-DIEZL, FLORIDO-DIAZ F J. Desalination of brines by membrane distillation [J]. Desalination, 2001, 137 (1-3): 267-273.

[22] KHAYET M, GODINO P, MENGUAL J I. Theory and experiments on sweeping gas membrane distillation [J]. J. Membr. Sci., 2000, 165 (2): 261-272.

[23] MARTINEZ L, FLORID D F J, HERNANDEZ A, et al. Characterization of three hydrophobic porous membranes used in membrane distillation: modeling and evaluation of their water vapour permeabilities [J]. J. Membr. Sci., 2002, 203 (1-2): 15-27.

[24] SCHOFIELD R W, FANE A G, FELL C J D. Gas and vapor transport through mricroporous membrane I. Knudsen and Poiseuille transition [J]. J. Membr. Sci., 1990, 53: 159-171.

[25] FERNANDEZ P C, IZQUIERDO G M A, GARCIA P M C. Gas permeation and direct contact membrane distillation experiments and their analysis using different models [J].

J. Membr. Sci. ,2002,198 (1):33-49.

[26] GUIJT C M, MEINDERSMA G W, REITH T, et al. Airgap membrane distillation 1. Modeling and mass transport properties for hollow fiber membranes [J]. Sepa. Purif. Technol. ,2005,43:233-224.

[27] DING Z W, MA R Y, FANE A G. A new model for mass transfer in direct contact membrane distillation [J]. Desalination,2003,151 (3):217-227.

[28] MARTINEZ D L, FLORIDO D F J, Vazquez G M I. Study of evaporation efficiency in membrane distillation [J]. Desalination,1999,126 (1-3):193-197.

[29] 唐娜,刘家祺,马敬环,等. 热致相分离聚丙烯平板微孔膜的制备 [J]. 膜科学与技术,2005,25 (2):38-41.

[30] WU YONGLIE, KONG YING, LIN XIAO, et al. Surface - modified hydrophilic membrane in membrane distillation [J]. J. Membr. Sci. ,1992,72:189-196.

[31] SUK D E, PLEIZIER G, DESLANDD Y, et al. Effects of surface modifying macromolecule (SMM) on the properties of polyethersulfone membranes [J]. Desalination,2002,149 (1-3):303-307.

[32] SUK D E, MATSUURA T, PARK H B, et al. Synthesis of a new type of surface modifying macromolecules (nSMM) and characterization and testing of nSMM blended membranes for membrane distillation [J]. J. Membr. Sci. ,2006,277:177-185.

[33] KHAYET M, MATSUURA T, MENGUAL J I, et al. Design of novel direct membrane distillation membranes [J]. Desalination,2006,192(1-3):105-111.

[34] KHAYET M, MATSUURA T, MENGUAL J I. Porous hydrophobic/hydrophilic composite membranes: estimation of the hydrophobic-layerthickness [J]. J. Membr. Sci. ,2005,266:68-79.

[35] KHAYET M, MENGUAL J I, MATSUURA T. Porous hydrophobic/hydrophilic composite membranes Application in desalination using direct contact membrane distillation [J]. J. Membr. Sci. ,2005,252:101-113.

[36] KHAYER, M MATSUURA T. Application of surface modifying macromolecules for the preparation of membranes for membrane distillation [J]. Desalination, 2003, 158: 51-56.

[37] COUREL M, TRONEL P E, RIOS G M, et al. The problem of membrane characterization for the process of osmotic distillation [J]. Desalination,2001,140 (1):15-25.

[38] MANSOURI J, FANE A G. Osmotic distillation of oily feeds [J]. J. Membr. Sci. , 1999,153 (1):103-120.

[39] PENG Ping, FANE A G, LI Xiaodong. Desalination by membrane distillation adopting a hydrophilic membrane [J]. Desalination,2005,173:45-54.

[40] PHATTARANAWIK J, JIRARATANANON R. Direct contact membrane distillation: effect of mass transfor on heat transfor [J]. J. Membr. Sci,2001,188 (1):137-143.

[41] BURGOYNE A, VAHDATI M M. Direct contact membrane distillation[J]. Sepa Sci Technol,2000,35 (8): 1257-1284.

[42] CHRISTENSEN K, ANDRESEN R, TANDSKOV I, et al. Using direc tcontact membrane distillation for whey protein concentration [J]. Desalination,2006,200:523-525.

[43] IZQUIERDO G M A, GARCIA P M C, FERNANDEZ P C. Airgap membrane distillation of sucrose aqueous solutions [J]. J. Membr. Sci,1999,155 (2):291-307.

[44] ALKLAIBI A M, LIOR N. Transport analysis of air-gap membrane distillation [J]. J. Membr. Sci. ,2005, 255:239-253.

[45] GUIJTC M, MEINDERSMA G W, REITH T, et al. Air gap membrane distillation 2. Model validation and hollow fiber module performance analysis [J]. Separation and Purification Technology,2005,43:245-255.

[46] HAYT M, GODINO P, MENGUAL J I. Nature of flow on sweeping gas membrane diseillation [J]. J. Membr. Sci. ,2000,170 (2):243-255.

[47] KHAYET M, GODINO M P, MENGUAL J I. Theoretical and experimental studies on desalination using the sweeping gas membrane distillation method [J]. Desalination, 2003,157:297-305.

[48] LAWSON K W, LLOYD D R. Membrane distillation. I. Module design and performance evaluation using vacuum membrane distillation [J]. J. Membr. Sci. ,1996,120 (1): 111-121.

[49] BANDINI S, SARTI G C. Concentration of must through vacuum membrane distillation [J]. Desalination,2002,149 (1-3):253-259.

[50] MOHAMMADI T, AKBARABADI M. Separation of ethylene glycol by vacuum membrane distillation (VMD) [J]. Desalination,2005,181:35-41.

[51] MENGUAL J I, KHAYET M, GODINO M P. Heat and mass transfer in vacuum membrane distillation [J]. Inter. J. Heat and Mass Transfer,2004,47:865-875.

[52] RIVIER C A, GARCIA-PAYO M C, MARISONI W, et al. Separation of binary mixtures by thermostatic sweeping gas membrane distillation: Ⅰ. Theory and simulation [J]. J. Membr. Sci. ,2002,201 (1-2): 1-16.

[53] GARCIA P M C, RIVIER C A, MARISON I W, et al. Separation of binary mixtures by thermostatic sweeping gas membrane distillation-Ⅱ. Experimental results with aqueous formic acid solutions [J]. J. Membr. Sci. , 2002,198 (2):197-210.

[54] UGROZOV V V, ELKINA I B, NIKULIN V N, et al. Theoretical and experimental research of liquid - gap membrane distillation process in membrane module [J]. Desalination,2003,157:325-331.

[55] UGROZOV V V, KATAEVA L I. Mathematical modeling of membrane distiller with liquid gap [J]. Desalination, 2004,168:347-353.

[56] ZHANG QI, CUSSLER E L. Hollow fiber gas membrane [J]. AIChE J,1985,31 (9):

1548-1553.
[57] GABELMAN A,HWANG S T. Hollow fiber membrane contactors [J]. J. Membr. Sci. , 1999,159 (1-2): 61-106.
[58] CELERE M,GOSTOLI C. Heat and mass transfer in osmotic distillation with brines, glycerol and glycerol salt mixtures [J]. J. Membr. Sci. ,2005,257:99-110.
[59] PETROTOS K B, LAZARIDES H N. Osmotic concentration of liquid foods [J]. J. Food. Eng,2001,49 (2-3): 201-206.
[60] ROMERO J, RIOS G M, SANCHEZ J,et al. Modeling heat and mass transfer in osmotic evaporation process [J]. AIChE J,2003,49 (2):300-308.
[61] GRYTA M. Osmotic MD and other membrane distillation variants [J]. J. Membr. Sci. , 2005,246:145-156.
[62] WU Yonglie, KONG Ying,LIU Jingzhi, et al. Osmotic distillation and osmotic membrane distillation. International symposiumon membranes and membrane processes. Hangzhou, China: european Society of membrane Science and technology [C]. Zhejiang Association of Science and Technology,1994:337-339.
[63] WANG Zhi, ZHENG Feng, WANG Shichang. Experimental study of membrane distillation with brine circulated in the cold side [J]. J. Membr. Sci. ,2001,183 (2): 171-179.
[64] WANG Zhi, ZHENG Feng, WU Yin, et al. Membrane osmotic distillation and its mathematical simulation [J]. Desalination,2001,139 (1-3):423-428.
[65] NAGARAJ N , PATIL G, BABU B R, et al. Mass transfer in osmotic membrane distillation [J]. J. Membr. Sci. , 2006,268:48-56.
[66] KOROKNAI B, KISS K,GUBICZA L, et al. Coupled operation of membrane distillation and osmotic evaporation in fruit juice concentration [J]. Desalination, 2006, 200: 526-527.
[67] BELAFI-BAKO K,KOROKNAI B. Enhanced water flux in fruit juice concentration: couple doperation of osmotic evaporation and membrane distillation [J]. J. Membr. Sci. ,2006,296:187-193.
[68] 张佩英. 水体膜法脱气与农产品加工[J]. 水处理技术,1993,19 (6):336-339.
[69] 沈志松, 钱国芬, 朱晓慧,等. 无泡式中空纤维膜发酵供氧的初步研究[J]. 膜科学与技术,1998,18 (6): 42-48.
[70] SENGUPTA A, PETERSON P A, MILLER B D, et al. Large-scale application of membrane contactors for gas transfer from or to ultrapure water [J]. Sepa. Purif. Technol, 1998,14 (1-3):189-200.
[71] 德里奥里,吴庸烈. 水溶液的膜蒸馏 [J]. 膜分离科学与技术,1985,5 (4):8-12.
[72] DRIOLI E, WU Yonglie, CALABRO V. Membrane distillation in the treatment of aqueous solutions [J]. J. Membr. Sci. ,1987,33:277-284.

[73] DRIOLI E, CALABRO V, WU Yonglie. Microporous membranes in membrane distillation [J]. Pure & Appl. Chem. ,1986,58 (12):1657-1662.

[74] GOSTOLI C,SARTI G C. Separation of liquid mixtures by membrane distillation [J]. J. Membr. Sci. ,1989, 33:211-224.

[75] UDRIOT H, ARAQUE A,VON STOCKAR U. Azeotropic mixtures maybe broken by membrane distillation [J]. Chem. Eng. J. ,1994,54:87-93.

第 9 章　膜生物反应器

9.1　膜生物反应器技术简介

近年来,人口不断增加,工业快速增长,导致对水的需求增加。淡水使用量的增加和未经适当处理的排放对世界构成了重大挑战。目前,有 20 亿人生活在缺水国家,据联合国儿童基金会 (UNICEF) 估计,到 2040 年,将有 25% 的儿童生活在严重缺水的地方。因此,有必要开发可持续且高效的废水处理技术,以实现更好的水循环管理和再利用。在过去的几十年中,膜生物反应器(Membrane Bioreactor, MBR)作为废水处理和再利用的有前途的技术之一受到关注。膜生物反应器是指将膜分离技术和生物处理技术相结合的新型污水处理技术,具有占地面积小、处理效率高、出水水质好等优点。在过去的三十年中,MBR 已被公认为一种新颖且有前途的技术,可以从水生环境中去除不同类型的微污染物。这些年来,MBR 在不同的工业操作中发现了巨大的应用潜力,尤其是废水处理和微污染物去除。但膜污染是阻碍 MBR 技术进一步使用的限制因素,目前仍存在一些需要改进的地方。在我国严峻的水危机形势以及污水排放及回用标准日趋严格的环境下,MBR 技术自 20 世纪 90 年代进入我国以来,展示出了强大的生机与活力,十几年来取得了迅速发展,并被誉为 21 世纪最有发展前途的高新污水处理技术之一。

9.1.1　膜生物反应器原理及特点

膜生物反应器是一种结合生物处理(好氧、厌氧)和膜技术处理废水的工艺。其目的是通过生物反应相与膜组分的完美结合来解决污水处理问题。在污水处理过程中,这两个组成部分发挥着各自的作用。该过程使用微滤或超滤分离生物处理产生的污泥,而不是像传统生物处理那样使用澄清器进行重力沉降。与传统的活性污泥 (CAS) 工艺相比,MBR 具有多项优势。与 CAS 相比,MBR 中的固体保留时间 (SRT) 更高,而 MBR 中的水力保留时间 (HRT) 低于 CAS 工艺。此外,在 MBR 中,污泥的分离效率更高。MBR 的出水水质在生化需氧量 (BOD)、悬浮固体和浊度方面要好得多,使其适合水回收并且需要更少的空间。MBR 还可以用于厌氧处理,通过使用上流式厌氧污泥床 (UASB)、膨胀颗粒污泥床 (EGSB) 或厌氧折流板槽反应器来代替传统的厌氧消化。与传统工艺相比,MBR 通过控制生物质浓度可以生产出化学需氧量 (COD) 较低的高质量出水。因此,MBR 污水处理技术是一项受到世界各国重视的高新技术污水处理技术。

MBR 工艺相对于其他传统工艺具有明显的优势,MBR 生产高质量的澄清水。MBR 系统(微滤或超滤)的指示性输出质量包括 MLSS<1 mg/L 和浊度< 0.2NTU(取决于膜的标称孔径)。传统活性污泥法(CAS)也是应用较为广泛的废水生物处理技术,与 CAS 工艺相比,MBR 工艺实现了独立的水力滞留时间(HRT)和污泥停留时间(SRT),这在 CAS

系统中很难控制，且它并不能用来去除抗生素。污泥可以通过膜组件在生物反应器中保持，这可以更好地控制系统中的 SRT 和 HRT，并提高 MBR 的生物降解效率。MBR 可以设计为较长的污泥龄，因此可以实现较低的剩余污泥产量，这也促进了硝化细菌的富集，从而提高了脱氮效果；膜生物反应器为某些耐氯病原体提供了屏障，因为膜的有效孔径小于 0.1 μm，比污泥中的病原菌和病毒小。综上所述，MBR 具有以下几点优势。

（1）MBR 生产高质量的净水。MBR 系统（微滤或超滤）的典型输出质量包括 SS（水中悬浮物）<1 mg/L 和浊度小于 0.2 NTU（取决于膜的孔径）。去除有机物的 MBR 来源于两个方面：一是生物反应器中有机污染物的生物降解；二是高分子量有机物的膜过滤。

（2）MBR 占用空间较小。消除了二次沉降和三次滤砂工艺，从而减少了工厂占地面积。在某些情况下，占地面积还可以进一步压缩，因为一些工艺过程如紫外消毒可以取消或最小化。

（3）MBR 工艺与 CAS 工艺相比，具有独立 HRT 和 SRT，这是 CAS 系统难以控制的。生物反应器中膜组件可以吸附污泥，可以更好地控制 SRT 和 HRT，提高 MBR 的生物降解效率。

（4）通过合理的设计，可以让 MBR 具有更长的污泥保留时间，从而实现低剩余污泥产量，这也促进了硝化细菌的富集，并提高了脱氮能力。

9.1.2 国内外技术发展简史

MBR 的应用历程如图 9.1 所示。18 世纪初，苏格兰的 Robert Thom 设计了第一个污水处理厂，它由一个砂滤池和一个装有混凝剂和絮凝剂的沉淀池组成。19 世纪末，法国引入臭氧作为消毒剂。从 20 世纪开始，科学进步和环境标准的制定带来了水和废水处理领域的一场革命。1912 年首次提出生物需氧量的概念，到 1914 年，活性污泥法有了重大突破。1916 年，法国用紫外线净化水。1926 年，德国建立了第一座大型水处理厂，由初级澄清池、曝气池和二级澄清池组成。20 世纪 20 年代，随着工业的不断发展，简单的活性污泥反应器开始流行起来，随着化学的复杂化，活塞流、顺序反应器、间歇式反应器等新工艺逐渐流行起来。20 世纪是人类更接近现代治疗技术的时期。尤其是 1970—1980 年间引入了序批式反应器、联合批式反应器、氧化沟、固定床填充介质技术、MBR 和 UASB 等处理技术。随后几年又开发了反渗透、超滤等技术，有效去除磷、农药和有害物质。第一个耦合活性污泥和膜技术是在 20 世纪 60 年代，美国开展的早期的膜与活性污泥法结合处理生活污水的研究，随即引起了广大研究者的兴趣，早期的研究主要集中在工艺的处理效果上。1968 年，Smith 在活性污泥工艺中用超滤取代二沉池，首次将生物活性污泥法和超滤技术结合处理城市污水。此后，MBR 技术在水资源有限的地区开发出一种更有效的选择。1990 年代，第一台大型机组安装在美国。在俄亥俄州的通用汽车工厂，该平台使用带有外部膜的侧流布置来处理废水。1998 年，北美首次引入了采用浸没式膜布置的全尺寸 MBR 设备。目前，全球有多家 MBR 技术供应商。其中一些公司，如 SUEZ Water Technologies & Solutions（美国宾夕法尼亚州特雷沃斯）、Kubota Corporation（日本大阪）、Memstar（美国德克萨斯州康罗）、Beijing Origin Water（中国北京）、Econity Co.，Ltd.（韩国京畿道）和 Mitsubishi Chemical Aqua Solutions Co.，Ltd.（日本东京）在世界不同地区建造了基于 MBR 的污水处理厂。Zenon Environmental Engineering Co., Ltd. 成立于 1980 年,开发了 Zeno-Gem MBR 工艺。1993 年,Zenon 收购了 Thetford。与此同时,日本政府启动了“水再生计划”以促进农业发展。

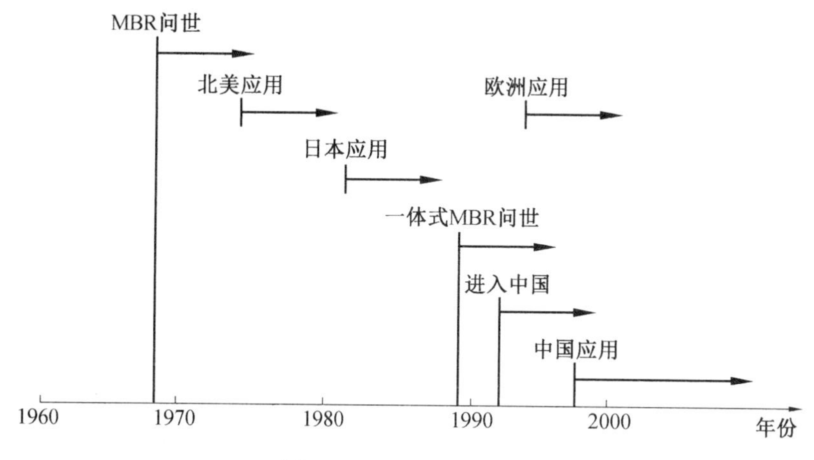

图 9.1 MBR 的应用历程

然而,由于膜材料在能源领域高昂的工业费用,最初的发展未能转化为广泛的工业应用。从那时起,膜材料、配置和工艺参数的进一步改进已使其在商业应用中得到利用。MBR 在工业和市政废水处理中的应用开始以来,其商业规模的发展势头强劲。目前,全球 MBR 市场估值为 33.5 亿美元,预计将达到 87.8 亿美元,复合年增长率为 7.6%。自 20 世纪 90 年代浸没式结构和高效膜材料进入快速发展以来,大量中型到超大型装置已投产。全世界有超过 5 000 家污水处理厂采用 MBR 技术。MBR 商业应用的增长在我国最高。尽管这是一项经过商业应用验证的技术,但就其可持续和低成本应用而言,仍有发展空间。

我国对膜生物反应器污水处理技术的研究较晚,但发展迅速。1991 年,岑运华首次报道了 MBR 在日本的应用情况。随后,一些大学和科研机构纷纷开展了关于膜生物反应器的研究,如清华大学、中科院生态环境研究中心、哈尔滨工业大学、天津大学和西安建筑科技大学等对膜生物反应器的各方面做了大量细致的研究工作。2002 年,MBR 的研发被列为“863”重大科技项目,推进了 MBR 技术在污水处理领域的应用。2006 年,我国诞生了首座 1 万 t/日以上规模的市政 MBR 污水处理项目,目前已有多个万吨以上规模的 MBR 工程项目相继投入运行。

随着我国水污染和水短缺问题的加重,我国的 MBR 研究正加快发展。MBR 广泛应用于城镇生活污水处理还有许多技术问题需解决,如如何有效控制膜污染、如何提高运行稳定性和降低运行成本等方面。另外,国产的专用于 MBR 的膜材料和膜组件还十分有限,这也制约了我国 MBR 技术的发展。

国内外学者对 MBR 做了大量的研究并取得了丰硕的成果,尽管膜污染和高能耗问题尚未得到彻底解决,但由于该技术具有传统工艺无法比拟的优势,特别是近二十年来有机高分子材料科学的迅速发展,因此 MBR 工艺在城市污水和工业废水处理领域得到了更多的应用。相信膜技术在各个相关学科的交叉带动下,必将成为今后人们控制水污染和解决污水回用问题的重要手段。

9.1.3 膜生物反应器的分类

MBR 主要由生物反应器、膜组件及控制系统组成。生物反应器是污染物被降解的场所,而膜组件则是 MBR 的核心部件。根据膜组件功能的不同,MBR 可通常分为分离膜生物反应器、曝气膜生物反应器和萃取膜生物反应器三类。①分离膜生物反应器,这种生物反应器是传统沉淀池的替代品,用于简单的分离混合废水中的大分子固体废物;②曝气膜生物反应器,主要是利用透气型膜处理高需氧废水;③萃取膜生物反应器,主要用于特定工业废水的处理,具有选择性,可根据不同废水的特性更换不同膜来达到处理废水的目的。

所用的膜组件通常基于中空纤维(HF)和平板(FS)膜。根据膜组件与反应器的组合方式,MBR 可分为一体式、分置式和复合式。

(1)一体式 MBR。一体式 MBR 是将膜组件置于反应器中,如图 9.2 所示,通过负压或虹吸抽取滤液。其优点是:①膜池与生化反应池采用一体化设计,不需要液体循环系统;②能源消耗相对较低;③占地面积比外部类型小。但一体式 MBR 的膜通量较低,污染后不易清洗和更换。膜通量没有分置式 MBR 的膜通量大,对比起来较容易形成膜污染。

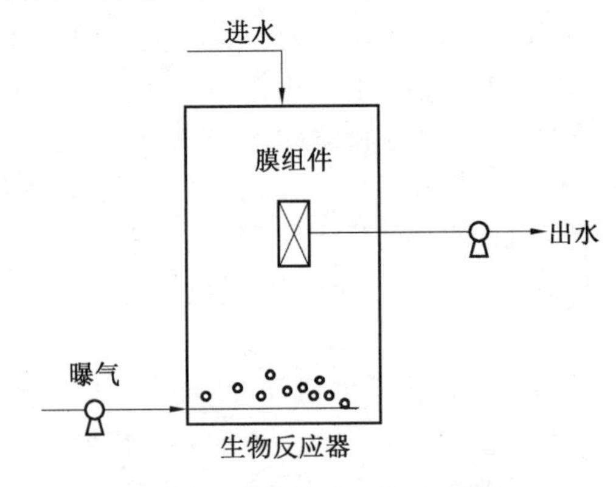

图 9.2 一体式膜生物反应器

(2)分置式 MBR 将膜组件和生物反应器分开。混合液经循环泵加压后送至膜组件。在压力作用下,混合液中的清澈液体通过膜,而活性污泥和其他固体悬浮物被阻隔并与浓缩液一起送回反应器。分置式 MBR 系统的主要优点是:①运行稳定可靠;②易于拆卸、清洁和更换膜组件。缺点是污染物容易因加压而沉积在膜表面,需要进行膜清洗循环。此外,混合液再循环所需的动力成本较高。当应用于生物技术和食品工业的废水处理时,必须面对由于蛋白质的存在而导致的膜污染。在这方面,开发了新的策略,通过使用聚乙二醇(PEG)、两性离子和聚电解质多层来增强膜的亲水性,从而提高膜的防污性能。分置式 MBR 如图 9.3 所示。

(3)复合式 MBR。复合式 MBR 同样是将膜组件置于反应器内部,经由负压或重力作用完成泥水分离过程,如图 9.4 所示。和一体式 MBR 不同,复合式 MBR 需要通过投加生物填料来形成复合系统,投加生物填料的主要用处在于提高反应器的耐冲击负荷,加强反

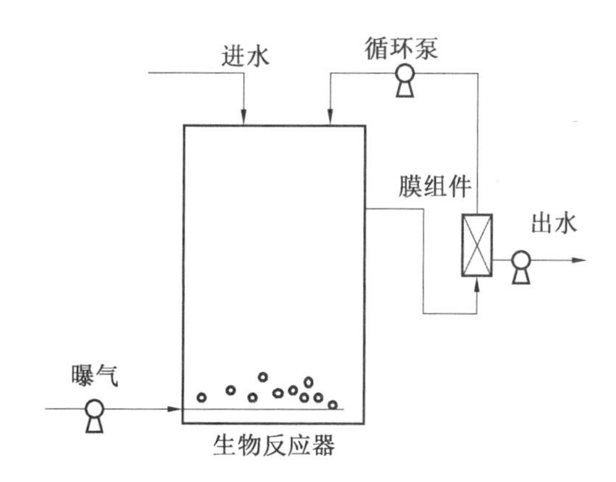

图9.3　分置式膜生物反应器

应器处理效果，同时添加的生物填料对改善膜面传质，减缓膜上污泥滤饼层的形成十分有用。

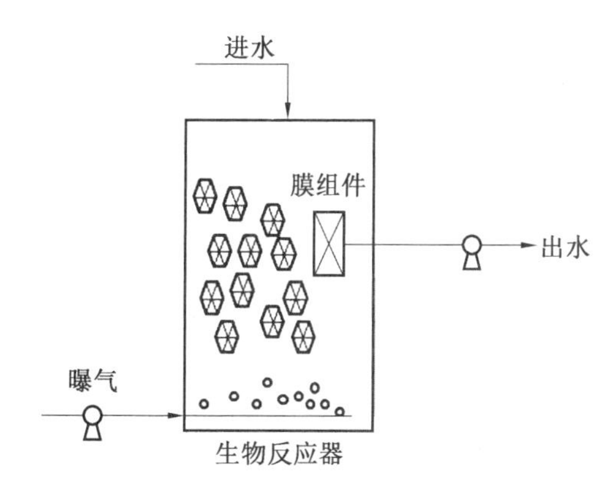

图9.4　复合式膜生物反应器

根据微生物是否需要氧气，MBR 可分为好氧膜生物反应器和厌氧膜生物反应器(图9.5)。好氧膜生物反应器的主要目标是去除有机碳和降低污水中的 COD。它是最基本的 MBR 类型，也是应用最广泛的一种，它主要用于处理生活污水。厌氧 MBR 工艺是膜分离技术与传统厌氧工艺的结合，它也常用于沼气生产。评估其在商业规模上的使用需要克服的具体挑战是甲烷回收和产物抑制，如氨或盐度，这会显著影响系统的效率。

AnMBR 是一种在厌氧环境中进行生物处理的装置，利用各种类型的膜进行固液分离，包括膜分离和厌氧消化系统。AnMBR 在厌氧生物处理技术和膜分离方面具有一定的优势，在出水水质高、能耗低、能量回收等方面也具有优越性。厌氧膜生物反应器有其自身的不足：①去除废水中氮、磷等无机营养物的能力有限，当出水对氮、磷敏感时，不能直接排放，需要深度处理后达标排放。②反应器启动时间比好氧反应器长，一般需要 2～3 个月才能正常启动。

此外，根据 MBR 配置的不同，还可以将 MBR 分为三大类：浸没式 MBR(iMBR)、横流式 MBR 和混合式 MBR。

(1)浸没式 MBR。浸没式 MBR 中膜组件位于厌氧反应器内部，具有尺寸紧凑，占地面积小和能耗低等优势。然而，浸没式 MBR 膜污染问题较为严重，其膜组件与污泥混合

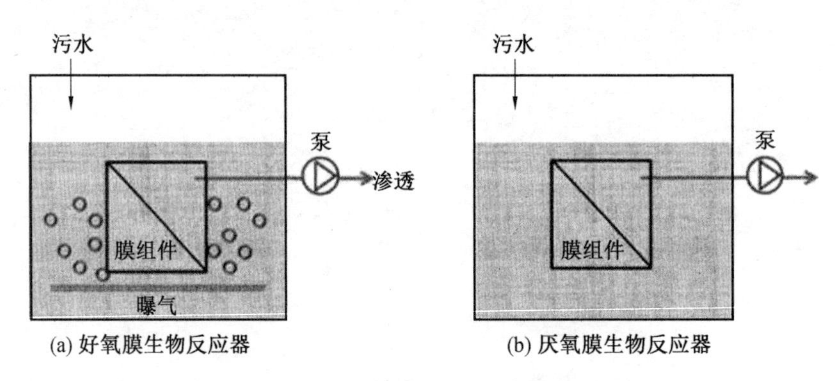

(a) 好氧膜生物反应器　　(b) 厌氧膜生物反应器

图 9.5　好氧膜生物反应器和厌氧膜生物反应器

物直接接触,直接从混合物中过滤水。因此,浸没式 MBR 适合处理较低渗透通量的污水。

(2)横流式 MBR。横流式 MBR 中膜组件位于生物反应器外部,反应器中的污泥混合物通过循环转移到外部膜组件,混合物的循环产生强烈的交错剪切,可以在一定程度上减轻膜表面的污染。因此,横流式 MBR 适合处理较高渗透通量的污水。

(3)混合式 MBR。混合式 MBR 与 iMBR 系统相似,但在反应器中填充了一些填料。该系统优于 iMBR,因为填料具有稳定处理过程效率和减少膜污染的功能。

除此之外,还有一些新型的膜生物反应器,如厌氧氨氧化膜生物反应器(SArMBR)、振动膜生物反应器(VMBR)、空气喷射膜生物反应器(ASMBR)、缓压渗透膜生物反应器(RO-MBR)以及微生物染料电池膜生物反应器(MFC-MBR)等。

厌氧氨氧化是氨(NH_4^+)在厌氧条件下氧化为氮气并且将提供的亚硝酸盐(NO_2^-)作为还原剂的过程。与传统的生物脱氮工艺相比,厌氧氨氧化可以减少 60% 的曝气量,减少 100% 的外源电子供体,减少 90% 的污泥产量。自 40 年前发现以来,基于厌氧氨氧化的工艺一直被认为是一种用于处理富氮废水的有前途的生物脱氮方法。但厌氧氨氧化菌生长缓慢,污泥冲刷严重,启动周期长,限制了其广泛的工业应用。MBR 被认为是运行基于厌氧氨氧化工艺的理想反应器,因为该膜可实现 100% 的生物质保留,以及 HRT 和 SRT 的完全分离。MBR 与厌氧氨氧化工艺相结合的优越性已在众多研究中得到证实。不同种类厌氧氨氧化 MBR 的系统配置包括纯厌氧氨氧化 MBR、单级部分亚硝化厌氧氨氧化(PN/A)MBR、移动床纯厌氧氨氧化 MBR、移动床 PN/A MBR、自成形动态厌氧氨氧化 MBR 和单级 PN/A 膜曝气 MBR。不同种类厌氧氨氧化 MBR 的运行性能见表 9.1。然而,厌氧氨氧化微生物的吸附和其他污染物往往会导致膜生物污染,这是一个长期存在的限制,对基于厌氧氨氧化的 MBR 的广泛工业应用提出了重大挑战。因此,基本了解膜污染的形成机制和膜污染控制策略对于厌氧氨氧化 MBR 的长期运行至关重要。厌氧氨化微生物的 MBR 主要以固液分离型膜-生物反应器为主,以膜组件、膜材料、生物反应器的组合方式以及压力驱动形式等作为分类依据,见表 9.2。

表 9.1 不同种类厌氧氨氧化 MBR 的运行性能

反应堆	水性(投食性) /(mg·L^{-1})	反应釜容积/L	温度 /℃	NRR/ ($g·N·L^{-1}·d^{-1}$)	膜尺寸/μm
纯厌氧氨氧化 MBR	合成废水 (($(NH_4)_2SO_4$:50; $NaNO_2$: >50)	4.8	35	0.35	0.1
纯厌氧氨氧化 MBR	合成废水 (($(NH_4)_2SO_4$:500; $NaNO_2$: 300)	13	33	约 0.5	0.2
单级 PN/A MBR	合成废水 (NH_4^+-N:100~300)	8	35±2	0.24	30~50
单级 PN/A MBR	合成废水 (NH_4^+-N:120~400)	3.2	33.5±1.5	1.45	—
单级 PN/A MBR	生活污水 (NH_4^+-N:88; COD:300)	5.5	25	0.97	13
自成型动态厌氧氨氧化 MBR	合成废水 (NH_4Cl-N:100~730; $NaNO_2$-N:120~780)	6.5	—	1.0	0.1
移动床厌氧氨氧化 MBR	合成废水 ($(NH_4)_2SO_4$:50~180; $NaNO_2$: 50~180)	7	37±0.5	约 0.36	0.03
单级 MBR	合成废水 (NH_4^+-N: 200)	4	35	0.77	0.1~0.3

注:"—",未提及;NRR,脱氮率

表 9.2 膜生物反应器的分类

分类依据	种类
膜组件功能	曝气膜生物反应器、分离膜生物反应器、萃取膜生物反应器
膜组件和生物反应器的位置	一体式膜生物反应器、分置式膜生物反应器、复合式膜生物反应器
膜生物反应器配置	浸没式 MBR、横流式 MBR 和混合式 MBR
压力驱动形式	外压式膜生物反应器、抽吸式膜生物反应器
需氧方式	好氧膜生物反应器、厌氧膜生物反应器
截留分子量大小	微滤膜生物反应器、超滤膜生物反应器、反渗透膜生物反应器
膜材料	有机膜生物反应器、无机膜生物反应器

9.1.4 膜生物反应器用膜的结构及其表征

膜作为 MBR 的主要单元,它必须具有足够的机械强度和较高的膜通量,还要具有高的选择度、耐污染性和稳定运行等特性。因为具有高选择度的膜通常具有较小的孔径,这种膜本身水力阻力较大(或者说膜通量低),膜孔的密度增加,膜通量也增大,表明材料的孔隙率越高越好。膜的整体阻力与其厚度成正比。膜孔径尺寸分布越宽,膜的选择度越差,因此任何膜的最佳物理结构都应当是:膜材料的厚度要薄,孔径尺寸分布要窄,表面孔隙率要高。

可用作 MBR 膜的材料种类繁多。它们在化学成分和物理结构上均变化较大,但是最重要的特性是它们如何实现物质分离的,根据所用超微滤膜的结构和形式的不同,膜生物反应器可以分为板式、卷式、管式、中空纤维式四种。不同形式的膜组件因其具有形式特点而应用于不同的领域。板式膜由于其具有结构简单、拆卸方便、易于清洗等优点而广泛应用于内置式膜生物反应器中。管式膜由于其具有高强度的支撑层和高精度的分离层,流道宽,可以承受较高的湍流度和高流速产生的剪切力,膜壁薄、不易污染等优点,常常应用于一些特殊的工业废水,特别是一些高浓度的有机废水(如垃圾渗滤液)、化工废水、医药废水等。卷式膜具有填装密度大、操作简单、行业标准一致等优点,适用于大多数水处理场所。

此外,一般会对膜进行一些表征测试来进一步分析膜的结构和性能。

1. 红外光谱(FT-IR)分析

红外光谱被称为"分子的指纹",根据分子化学键或官能团振动时会吸收特定波长的红外射线,从而形成该分子特有的吸收光谱。由于各分子的结构特征不同,每种分子都有其独特的红外吸收光谱,因此通过比较改性膜与原膜吸收红外射线后的光谱图,分析谱带频率位置的变化与振动强度,可推断膜表面含有的化学键信息和官能团变化。

2. 扫描电子显微镜(SEM)分析

SEM 通过电子束聚焦于膜表面,把表面的细微结构逐点扫描成像,直观反映出等离子体处理前后膜表面的粗糙度和孔径变化。

3. Zeta 电位测定

实验中通常采用流动电位法间接测定,即电解质溶液在不同压差下以层流状态透过膜时,在流经膜面膜孔的进出端会形成电位差,获得流动电位。然后利用 Helmholtz-Smoluehowski(H-S)公式计算得到膜面和膜孔的 Zeta 电位值:

$$\xi = \frac{\lambda \eta}{\varepsilon_o \varepsilon_r} \cdot \frac{\Delta E}{\Delta p} \tag{9.1}$$

式中,ΔE 为流动电位,V;Δp 为水头损失值,Pa;ξ 为 Zeta 电位值,V;η 为电解质溶液黏度,Pa·s;λ 为溶液电导率,147 μS/cm;ε_o 为真空介电常数;ε_r 为溶液相对介电常数,$\varepsilon_r = 6.933 \times 10^{-10}$ F/m。

图 9.6 为一种流动电位测试装置图。实验所用 Ag-AgCl 电极,由一对多孔银片和一根银环组成,选取 N4 级纯银丝($\phi = 1$ mm)在实验室自制获得,电势比较稳定,重现性较好。进水采用电解质浓度为 0.001 mol/L 的 KCl 溶液,经储液槽(10)中的潜水泵提升至

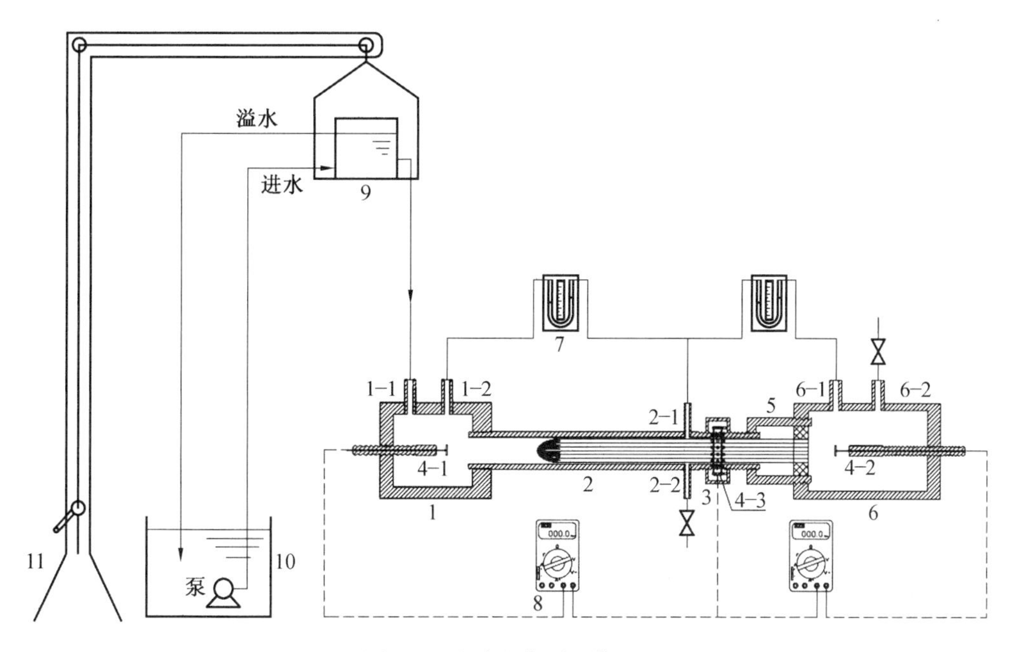

图 9.6 流动电位测试装置图

1—进水室;1-1—进水管;1-2—进水测压管;2—测样室;2-1—膜面测压管;2-2—膜面出水管;3—环形电极室;4-1,4-2—圆形多孔电极;4-3—环形电极;5—电极基座;6—出水室;6-1—出水测压管;6-2—膜孔出水管;7—U 形水银压力计;8—数字万用表;9—恒位水箱;10—储液槽;11—摇动支架

由摇动支架(11)调控高度的恒位水箱(9)中,然后自流进入进水室(1),再通过膜面出水管(2-2)、膜孔出水管(6-2)回流至储液槽中。测定流动电位前,应使电解质溶液在测试装置中连续流动 10 min,以确保溶液混合均匀,水流呈稳定的层流状态,装置中无气泡存在。在两对测压管(1-2 与 2-1,1-2 与 6-1)之间安装 U 形水银压力计(7),分别测定流经膜面、膜孔的压力差;采用数字万用表(8)连接两对电极(4-1 与 4-3,4-1 与 4-2),分别测量膜面、膜孔流动电位值。实验选取降压法在五个高度下测得相应压差下的流动电位,然后将流动电位值 ΔE 和水头损失值 Δp 进行线性回归,得到斜率 $\Delta E/\Delta p$,再根据 H-S 公式计算出膜面和膜孔的 Zeta 电位值。实验过程中,每个膜连续测定四次,结果取平均值,以保证实验精度和测量准确度。

4. 纯水通量

实验采用重力虹吸法,在不同压力(10.19 kPa、22.93 kPa、35.28 kPa 与 45.47 kPa)下连续测定 12 天改性前膜组件的去离子水通量,计算各膜的固有阻力,取其平均值作为修正前膜组件 R_m。然后采用同种方法测定校正后的 PVDF 膜改性前后的去离子水通量,并比较其固有阻力。每个压力下连续测定 4 次,记录膜组件出水 25 mL 的测试时间,公式如下所示:

$$J_0 = \frac{V}{A \times t} \tag{9.2}$$

$$R_m = \frac{\Delta p}{\eta J_0} \tag{9.3}$$

$$A_{m0} = \frac{R_0}{R_{m0}} \cdot A_0 \tag{9.4}$$

$$\omega = \frac{R_{m0} - R_{m1}}{R_{m0}} \times 100\% \tag{9.5}$$

式中,J_0 为膜的纯水通量,$L/(m^2 \cdot h)$;V 为膜组件出水体积,L;A 与A_{m0} 为膜与改性膜有效面积,m^2;t 为膜出水时间,h;Δp 为跨膜压差,Pa;η 为去离子水黏度,$Pa \cdot s$;R_m、R_0、R_{m0} 为膜、原膜与改性膜固有阻力,m^{-1};ω 为改性后膜R_m 降低率,%;R_{m0} 为膜改性前的固有阻力,m^{-1};R_{m1} 为改性后膜的固有阻力,m^{-1}。

5. 第一泡点和大量泡点压力测试

在泡点法测试装置上,装入处理过的膜试样,并加入无水乙醇,使膜与乙醇充分接触。缓缓开启阀门,使氮气通过膜面。仔细观察膜表面,记录膜面上出现第一个气泡时和出现大量气泡时所对应的压力。

9.1.5 膜性能评价指标

不同厂家生产的 MBR 膜生物反应器在原材料、制备方法上都各不相同,所以导致各类性能也差异很大。因此,通过膜的亲水性能、SRT、HRT、水通量、耐污染性能、使用寿命等对其进行性能评价。

1. 膜的亲水性能

MBR 膜生物反应器在制备过程中通常加入一些添加剂来改变膜材料的性能,从而改变膜的亲水疏水性,利用膜的接触角来表征膜的亲水性能,接触角越小亲水性越好。

2. 膜的 SRT 和 HRT

SRT 是活性污泥固体在厌氧消化器中保留的平均时间。HRT 是废水在厌氧消化池中停留的平均时间。SRT 的计算方法是将消化池中存在的固体质量(kg)除以每天离开消化池的固体质量(kg/d)。另外,HRT 是指液体(污泥)保留在反应器中的时间。HRT 的计算方法是将消化池中存在的污泥体积(m^3)除以每天离开消化池的已消化污泥体积(m^3/d)。SRT 和 HRT 通常以天数表示。

HRT 与 F/M(食物与微生物比)有着内在的联系,它表示有机负荷并且是 MBR 工艺的重要设计和操作参数。它还与反应器的体积和其他运营费用直接相关。另外,MBR 中有机物的去除取决于 SRT。这是因为随着 SRT 的增加,混合液中可溶性微生物产物(SMP)的浓度趋于降低。HRT 必须固定以优化去除效率和费用的约束。对于工业废水,通常需要在更长的 HRT 下运行以降解复杂化合物。然而,如果一项技术需要非常长的 HRT 才能达到所需的去除效率,则可以建议采用完全不同的处理方法。此外,较长的 HRT 有利于硝化作用。一项研究使用含有污染物的废水进行,这些污染物在氨质量浓度大于 100 mg/L 时会缓慢生物降解。结果发现,长时间的 HRT 可以增强 COD 去除和硝化作用。

3. 水通量

水通量是每单位时间每单位面积渗透膜表面的水量,通常标准化为特定温度。MBR 工艺的膜通常在 10 ~ 100 $L/(m^2 \cdot h)$ 的渗透通量范围内发挥作用。通量与跨膜压差

(TMP 或 Δp)相关,跨膜压差也称为驱动力。同样,膜的性能通过膜渗透性(K)进行评估。它是通过将渗透通量除以 TMP 得到的。

通量取决于膜材料和组件、TMP、废水类型和结垢。称为设计通量的关键参数表征总流量,包括中断和反冲洗。通常,需要对工业废水进行中试。对于浸入式膜,发现通量在 8~15 L/(m^2·h)范围内,而管状膜的该值更高,达 120 L/(m^2·h)。在设计过程中应牢记初始通量可能会发生变化。对于恒压操作,通量会降低。结果,必须增加压差以使通量保持在恒定值。这些现象是由胶体和其他成分的积累引起的,从而导致结垢。

膜污染的速率与通量呈指数关系,特别是在高于临界通量的值时,临界通量被定义为物理清洁方法无法控制污染的通量。当峰值流量达到临界通量以上的值时,MBR 会偏离其最佳值。为避免这种情况,工程师设计的 MBR 的设计流量是平均旱季流量的 2~3 倍。因此,安装了额外的膜单元来处理通常持续很短时间的峰值流量事件。

4. 膜的耐污染性能

膜污染是指在膜运行过程中,由于存在跨膜压差,水体中的黏性悬浮物和胶体等物质,在跨膜压差的作用下,聚集到膜的表面和内部,从而导致膜的水通量下降。耐污染性能表现在 MBR 膜的长期运行的稳定性上。

5. 使用寿命

就原料本身而言,不同原料的膜使用寿命不同,加之对膜材料进行改性,同样影响膜的使用寿命。使用寿命还与膜的运行条件有关,包括进水水质、反洗频率、膜组件的优化设计等,一般国内生产的 MBR 膜生物反应器使用寿命在 3~5 年。

9.2 膜生物反应器用膜及其组件

9.2.1 膜生物反应器对膜的结构及性能要求

MBR 所用膜根据其结构可以分为微孔膜、致密膜和复合膜(表 9.3)。微孔膜主要由疏水性高分子材料制成,具有传质阻力较小和价格便宜等特点,是目前大部分实验所使用的膜。致密膜是由硅橡胶等具有致密结构的材料制成,因其具有对氧选择性高和操作压力高等特点,可构建较高的溶解氧梯度,致密膜的分离在某种程度是通过透过组分与膜的膜材料之间的物理-化学反应实现的,它的选择度最高。复合膜结合了微孔膜和致密膜的优点,适用于大多数污水的处理,一般是在微孔膜上包裹一层薄的致密膜如聚氨酯或聚二甲基硅烷(PDMS),其传质阻力小并可长期运行,但制作过程复杂,成本较高,目前使用频率较低,扩大化使用有赖于膜技术的突破。

表 9.3　不同膜材料的结构及性能对比

膜材料	微孔膜	污水种类	COD 去除率/%	膜内径/μm	传质阻力	对氧选择性	使用寿命	成本
微孔膜	PVDF	化工废水	90	0.16	小	差	较短	低
	聚丙烯	高氨氮废水	90	0.32				
致密膜	聚丙烯	药物废水	80	—	大	好	长期使用	较高
	硅橡胶膜	甲醛废水	—	1.00				
	硅橡胶膜	垃圾渗滤液	90	0.30				
复合膜	复合中空纤维膜	反渗透浓缩液	—	0.60	小	较好	长期使用	很高
	复合中空纤维膜	生活污水	86	0.30				

膜生物反应器普遍采用有机膜,常用的膜材料为聚乙烯、聚丙烯等。分离式膜生物反应器通常采用超滤膜组件,截留分子量一般在 2 万 ~ 30 万。膜生物反应器截留分子量越大,初始膜通量越大,但长期运行膜通量未必越大。在国标 GB/T 33898—2017 中规定膜生物反应器中的膜组件宜采用超滤或微滤膜组件,膜的平均产水通量宜在 12 ~ 25 L/(m^2 · h)。不同膜材料的结构及应用领域见表 9.4。

表 9.4　不同膜材料的结构及应用领域

膜	生产过程	结构	应用领域
陶瓷膜	细粉的压、烧结	孔径 0.1 ~ 10 μm	MF、气体分离、同位素的分离
拉伸膜	对部分结晶的膜片进行拉伸	孔径 0.1 ~ 10 μm	有害物质的过滤、病毒过滤、医疗技术
浸蚀聚合物膜	辐射然后用酸腐蚀	孔径 0.5 ~ 10 μm 的圆柱状孔	分析化学、医疗化学、消毒过滤
液膜	在惰性聚合物基质中形成液膜	多孔基质中充满液体	气体分离、载体间接传质
对称微孔膜	相转换反应	孔径 0.05 ~ 5 μm	消毒过滤,渗析、膜蒸馏
整体不对称微孔膜	相转化反应或溶剂蒸发	膜表面孔径 1 ~ 10 nm	UF、NF,气体分离全蒸发过程
复合不对称微孔膜	将薄膜加到微孔膜上	膜表面孔径 1 ~ 5 nm	UF、NF,气体分离全蒸发过程
离子交换膜	多聚物材料的功能化	带有正负电荷的介质	ED

9.2.2 MBR 用膜的材料

为了减轻膜污染并延长膜寿命,已经为 MBR 开发了多种膜材料。膜材料可分为两大类:有机聚合物和无机膜。表 9.5 总结了 MBR 中常见的膜类型、孔径和其他特性。有机聚合物膜由现成的材料制成,主要包括聚醚砜(PES)、聚四氟乙烯(PTFE)和聚偏二氟乙烯(PVDF)。PVDF 和 PES 凭借其出色的热稳定性、耐酸碱腐蚀和显著的机械性能,在过去几十年中占据了薄膜市场的 75% 。近年来,具有更高膜通量和更好抗污染性的 PTFE 材料被越来越多地用作膜材料,因为具有更细纤维网孔的膜具有更强的吸附性能,并且长期受到不可逆污染的影响更小。此外,聚合物材料如聚乙烯 (PE)、聚丙烯 (PP) 和聚砜 (PSf)已被用作厌氧生物反应器膜。无机膜可分为金属膜、合金膜、陶瓷膜和玻璃膜,其中陶瓷膜和金属膜是无机膜的主要种类。与有机高分子膜相比,金属膜具有良好的可塑性、韧性和强度,能够很好地适应恶劣环境。而陶瓷膜具有机械强度高、耐腐蚀、膜通量高等优点。此外,基于聚偏氟乙烯与陶瓷膜过滤和处理性能的比较分析确定,陶瓷膜的超亲水性可以通过亲疏水排斥有效减轻膜污染。然而,目前商业化的陶瓷膜大多使用昂贵的材料,如氧化铝、二氧化钛和碳化硅,这限制了它们的大规模应用。

表 9.5 不同膜材料的基本参数

材质	模类型	孔径/μm	通量 /($L \cdot m^{-2} \cdot h^{-1}$)	制造商
聚乙烯	中空纤维	0.1~0.4	10~20	日本大机;日本三菱丽阳
聚丙烯	中空纤维	0.06~0.27	3.5~10/35~50①	浙大凯发华铝
聚氯乙烯	中空纤维	0.2	3~8.5	中国东华大学
聚偏氟乙烯	中空纤维	0.2	6~16	中国天津莫蒂莫
聚醚砜	中空纤维	0.02	5~14	德国 Memarane GmaH 公司
聚苯乙烯	中空纤维	$(10\sim50)\times10^3$②	40~80①	中国河海大学
聚偏氟乙烯	平板	0.1~0.4	20~30	辽宁大学汽油;日本东丽
聚丙烯	平板	0.06~0.14	35~50①	浙大凯发华铝
聚丙烯腈	平板	$(20\sim70)\times10^3$②	10~20	中国同济大学
聚醚砜	平板	0.2	20~30	上海自正环保
陶瓷	管状	0.2	70~175①	南京大学;中国科技大学
无机物	平板:金属	—	18.6	大连大学中国科技部;日本日立金属;中国清华大学
	不锈钢	0.2	8~38	
	涤纶网	100	14.8~33.3	

注:①加压侧流 MAR;②截留分子量,MWCO

与 PP 和聚丙烯腈(PAN)材料相比,两种较受欢迎的平板膜由 PVDF 和 PES 制成,分别由上海紫正环境技术有限公司和上海应用物理研究所生产。一些原始的研究论文绝大部分集中于中空纤维膜废水处理,而平板膜只有同济大学和国内少数研究所进行了深入研究。

陶瓷膜，由于其耐极端 pH、温度和压力以及对酸、碱和热水等严格清洗的耐受性等特殊性能，也在 MBR 工艺中进行了研究。

表 9.6 是几家公司的膜性能和 MBR 性能的总结比较。表 9.6 中引用的膜是由目前 MBR 领域的领导者生产的，其中包括本土公司和外资公司。空白格表示未查到文献资料。这里没有比较几家公司生产的膜的价格，但还是可以得出一个大概的情况，即国产公司的膜价格相对外资公司的要低。

表 9.6　几家公司的膜性能和 MBR 性能的总结比较

项目	泽农	三菱丽阳	天津摩提摩	久保	上海自正
膜组件特性					
聚合物	聚偏氟乙烯	聚乙烯	聚偏氟乙烯	聚乙烯	聚偏氟乙烯
过滤式	超滤	中频	中频	中频	中频
模块	中空纤维	中空纤维	中空纤维	平板	平板
亲水性	亲水	亲水	亲水	亲水	亲水
外径/mm	1.95	—	1.00	490(宽度)	460(宽度)
内径/mm	0.92	—	0.65	1 000(高度)	1 010(高度)
纤维长度/mm	1 650	663.5	1 010	6(厚度)	7(厚度)
孔径/μm	0.04	0.4	0.20	0.4	0.2
表面积/m^2	23/模块	105/模块	20/模块	0.8/面板	0.7/面板
法向通量/($L \cdot m^{-2} \cdot h^{-1}$)	25.5	10.3 ~ 16.7	15	25.5	20 ~ 30
MBR 性能					
最低限度/($g \cdot L^{-1}$)	12 ~ 30	—	<15	15 ~ 30	10 ~ 30
每模块曝气量/($m^3 \cdot h^{-1}$)	14	57 ~ 73	—	—	0.6/面板
SRT	10 ~ 100	—	<60	>40	40
污泥产量/(kg MLSS · kg BOD^{-1})	0.1 ~ 0.3	—	—	—	0.26
出水生化需氧量/($mg \cdot L^{-1}$)	<2	2 ~ 6	—	3 ~ 5	—
NH_3流出物/($mg \cdot L^{-1}$)	<0.3	—	—	<2	<2

陶瓷膜主要是由 Al_2O_3、TiO_2和 SiO_2等无机材料制备的多孔膜，其孔径为 1 ~ 50 μm。这些膜具有很高的化学、热稳定性和机械阻力，以及独特的分离性能，使用寿命长，是处理工业废水和油水分离的理想材料。近 20 年来，陶瓷膜在 MBR 废水处理中得到了广泛的研究。值得注意的是，陶瓷膜的放置使 MBR 能够在高混合液体悬浮固体浓度和高通量下运行。

金属（如钯、银、合金和钢）膜也用于 MBR，因为它们对极端酸性或碱性、温度和高压操作具有很高的耐受性。与陶瓷膜相比,金属膜具有更高的机械强度、导电性和选择性。Zhang 等人研究了平板不锈钢膜在曝气淹没 MBR 中处理合成生活废水的应用。Xie 等人也在 MBR 中使用不锈钢膜进行生活污水的合成处理。与高分子膜相比,陶瓷膜和金属膜可以通过高压反冲洗进行清洗,从而减少了清洗化学品的使用和影响。然而,陶瓷膜和金属膜的成本较高,这限制了其广泛的工业应用。

此外,混合基质膜作为一种新型的混合膜,已被报道用于 MBR 的废水处理。这些膜是在连续的聚合物基质中加入合成或天然无机化合物,以增强其化学和物理性质,包括电荷、孔径大小及分布、亲水性和表面粗糙度。近年来,一些高多孔、亲水的混合基质膜被开发出来并应用于 MBR 中。例如,Bilad 等报道了一种聚氯乙烯和硅基混合基质膜,具有增强的孔隙率、化学和热稳定性,并用于 MBR。

陶瓷和聚合物材料用作 MBR 模块中的膜。基于陶瓷材料的膜,例如氧化铝(Al_2O_3)、碳化硅(SiC)、二氧化钛(TiO_2)、氧化锆(ZrO_2)等,与其他膜类型相比,通常表现出卓越的过滤性能,这要归功于其出色的耐化学性、清洁灵活性和抗污染性。然而,高昂的制造成本限制了它们在实际生产中的进一步应用;因此,如聚丙烯腈、聚乙基砜等聚合物膜是污水处理厂中最常用的膜。市场上约 50% 的 MBR 模块基于 PVDF。基于 PVDF 的膜表现出高机械强度和增强的柔韧性,这使得基于 PVDF 的 MBR 成为生产商的良好选择。

9.2.3 膜生物反应器用膜组件和膜装置

工业上常用的膜组件形式有五种:板框式、螺旋卷式、圆管式、中空纤维式和毛细管式。前两种使用平板膜组件(图 9.7),后三者使用管式膜组件(图 9.8)。

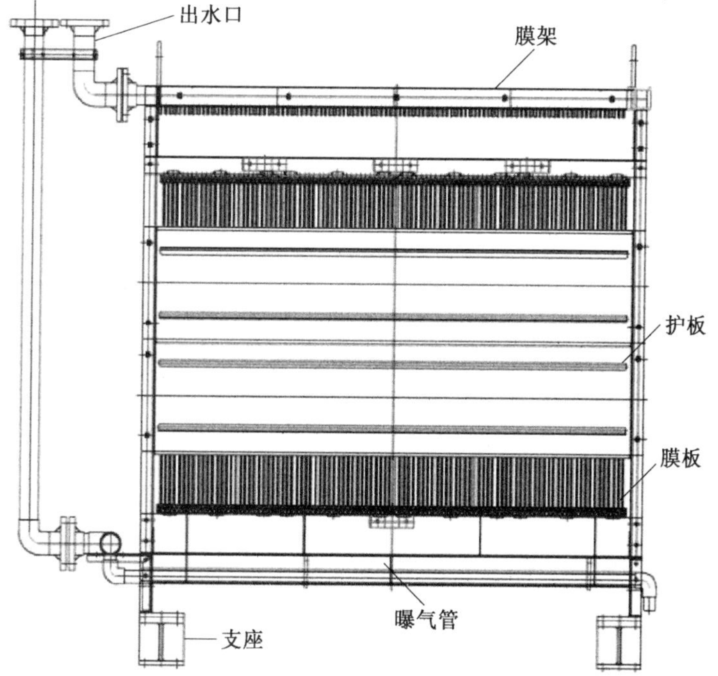

图 9.7 平板膜组件

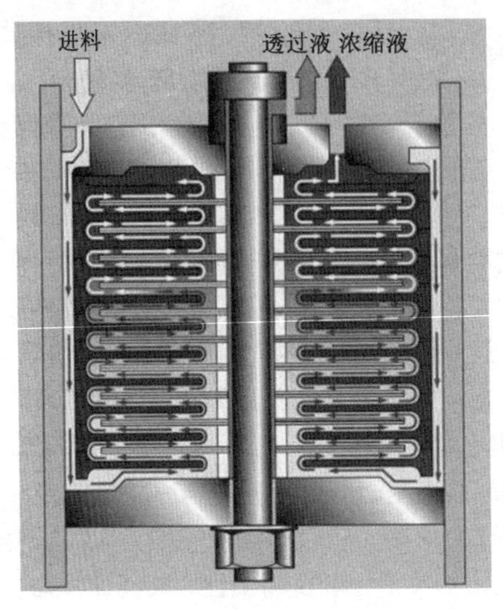

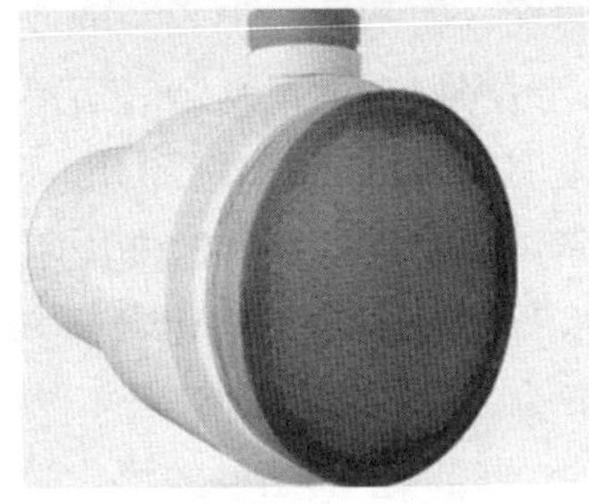

图9.8　管式膜组件

(1)板框式。

板框式是MBR工艺最早应用的一种膜组件形式,外形类似于普通的板框式压滤机。具有制造组装简单,操作方便,易于维护、清洗、更换等优点。但同时也存在密封复杂、压力损失大、装填密度小等缺点。

(2)螺旋卷式。

螺旋卷式膜组件主要部件为多孔支撑材料,如图9.9所示,两张膜(10)之间插入一块柔性的多孔片(产水收集层)(11)。该系统的结构类似于三明治,其三个边是密封的(12),第四边与多孔中心管连接。组装时在膜上铺一层网状材料作为支撑层(9)。加压的料液进入组件后,在支撑层中的流道沿平行于中心管方向流动,最后由产水收集层将产水输送至中心管后排出。螺旋卷式膜组件膜填装密度高,膜支撑结构简单,浓差极化小,容易调整膜面流态。但中心管处易泄漏,膜与支撑材料的黏结处易破裂而泄漏,膜的安装和更换困难。

(3)圆管式。

圆管式是由膜和膜的支撑体构成,有内压型和外压型两种运行方式。实际中多采用内压型,即进水从管内流入,渗透液从管外流出。膜直径在6~24 mm之间。管状膜被放在一个多孔的不锈钢、陶瓷或塑料管内,每个膜器中膜管数目一般为4~18根。管状膜目前主要有烧结聚乙烯微孔滤膜、陶瓷膜、多孔石墨管等,价格较高,但耐污染且易清洗,尤其对高温介质适用。

(4)中空纤维式。

中空纤维式膜组件(图9.10)外径一般为40~250 μm,内径为25~42 μm。具有耐压强度高、不易变形等优点。在MBR中,常把组件直接放入反应器中,不需耐压容器,构成浸没式膜生物反应器。此外,中空纤维具有高压下不变形的强度,无须支撑材料,可以将大量(多达几十万根)中空纤维膜装入圆筒型耐压容器内。纤维束的开口端用环氧树脂铸成管板。

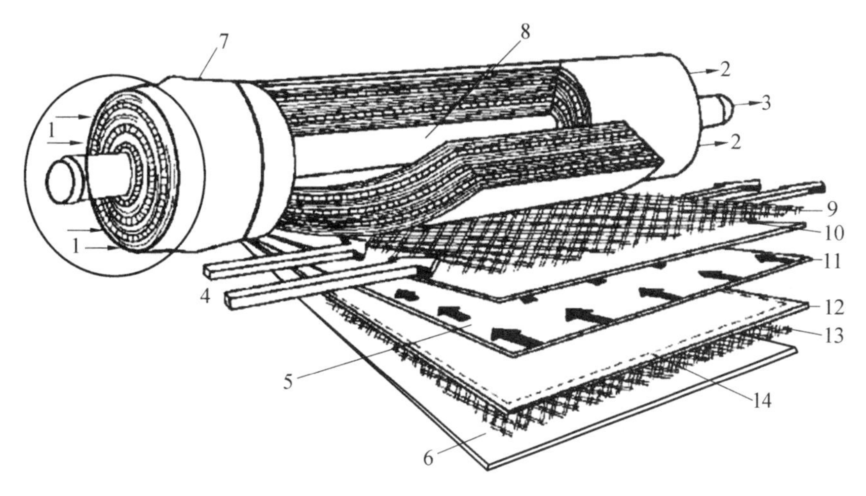

图9.9　螺旋卷式膜组件

1—进水口;2—浓水出口;3—产水收集管;4—原水水流方向;5—产水水流方向;6—保护层;7—膜元件与外壳间密封;8—产水收集孔;9—支撑层;10—膜;11—产水收集层;12—膜片间黏合线

图9.10　中空纤维式膜组件

(5)毛细管式。

毛细管式膜组件一般由直径5~15 mm的大量毛细管膜组成。料液通过毛细管中心而滤出。由于毛细管膜是用纤维纺织工艺制备的,毛细管没有支撑材料,因此其投资费用较低,且单位体积中膜的比表面积较大,但操作压力通常受到限制。当毛细管内径非常小时毛细管的堵塞可能也是个问题,因此在使用毛细管式膜组件的需要对料液进行有效的预过滤处理。

表9.7为不同类型膜组件比较。MBR膜组件设计要求对膜提供足够的机械支撑,流道通畅,没有流动死角和静水区;能耗较低,尽量减少浓差极化,提高分离效率,减轻膜污染;尽可能高的装填密度,安装、清洗、更换方便。膜组件的选用要综合考虑其成本,装填密度、应用场合、系统流程、膜污染及清洗、使用寿命等。

表 9.7 不同类型膜组件比较

膜类型	板框式	螺旋卷式	圆管式	中空纤维式	毛细管式
充填密度	低	中	低	高	中
清洗难度	易	中	易	难	易
压力降	中	中	低	高	中
是否高压操作	较难	是	较难	是	否
膜形式限制	无	无	无	有	有
价格/(元·m^{-3})	800~2 500	250~800	400~1 500	40~150	150~180
回收率	低	一般	低	高	低

9.3 膜生物反应器膜污染及其控制

膜污染是限制 MBR 在污水处理中应用的关键挑战,也是膜生物反应器不能在工业规模上广泛应用的主要原因之一。膜污染是指废水中的胶体、悬浮物、污泥絮体、溶解性有机物等颗粒物吸附沉积在膜表面,堵塞膜孔,最终导致膜通量下降的现象。考虑到导致膜污染的各种污染物,膜污染机制包括膜孔堵塞、凝胶层堵塞和滤饼层堵塞。膜孔堵塞是通过化学或生物作用引起物质在膜表面或膜孔内吸附,沉积而造成的,主要发生在过滤初期。在膜孔堵塞中,小颗粒(小于膜孔径)会在过滤过程中沉积在膜孔中,最终堵塞膜孔。造成膜孔堵塞的污染物主要有大分子有机物和胶体,这些污染物无法通过物理清洗完全去除,从而造成不可逆的污染。胶层堵塞是在靠近膜的污垢层表面形成一层致密的胶状物质,称为胶层。该过程通过在过滤过程中涉及溶解的有机物和金属离子的络合反应形成。滤饼层堵塞是过滤时粒径较大(大于膜孔径)的固体物质堆积在膜表面,经富集浓缩后形成滤饼层。在 MBR 中,形成滤饼层的大颗粒主要由污泥絮体组成,污泥特性(包括带电性、疏水性和 EPS 浓度)直接影响混合物中的污泥聚集,以及滤饼层的形成。泥饼层很容易通过反洗和曝气去除,由于滤饼层粒径大、孔隙率大、黏度低,会产生剪切力,因此,滤饼层堵塞被认为是一种可逆污染。

膜污染可根据污染物组成分为生物污染、有机污染或无机污染。

(1)生物污染。

生物污染又称生物膜污染,是细菌或细菌胶体通过增殖代谢产生生物膜吸附在膜表面,是膜过滤性能下降的主要原因。大尺寸污泥絮体被膜拦截并吸附在表面,造成膜严重污染,影响 MBR 的正常运行。对于微滤、超滤等用于废水处理的低压膜,生物污染是一个主要问题,因为 MBR 中的大部分污垢比膜孔大得多。生物污染产生于两种情况:一种是单个细胞或细胞簇在膜表面的沉积,另一种是细胞的增殖和形成生物层。许多研究人员认为,细菌分泌的 SMP 和 EPS 在膜表面的生物污垢和滤层的形成中也发挥着重要作用。他们还报道了膜表面的微生物群落与悬浮物表面的微生物群落有很大的不同。β-变形杆菌可能在成熟生物膜的形成过程中发挥了重要作用,导致了严重的膜污染。

(2)有机污染。

有机污染主要是微生物的代谢产物吸附在膜表面,形成凝胶层或沉积在膜孔内,从而导致堵塞或膜污染。有机污垢主要是指生物聚合物(蛋白质和多糖)在膜上的沉积。由于体积小,这些有机产物很容易沉积在膜表面和膜孔内,导致有机污垢比生物污垢更难去除。Metzger 对 MBR 中沉积的生物聚合物进行了较为详细的表征。膜过滤后,通过冲洗、反冲洗和化学清洗,将污垢层分为上层、中层和下层。结果表明,上污垢层由疏松多孔的泥层组成,其组成与污泥絮凝体相似。中间污垢层由 SMP 和细菌聚集物共同组成,多糖浓度较高。较低的一层是不能清除的污垢部分,以 SMP 为主,结合蛋白的浓度相对较高。该研究揭示了生物聚合物在膜表面的空间分布。傅立叶变换红外光谱、紫外-可见光谱、激发发射光谱、固体^{13}C-核磁共振光谱和高性能尺寸排阻色谱是研究有机污垢的重要分析工具。这些研究证实了 SMP 或 EPS 是有机污垢的来源,在 MBR 污垢的发展中起着重要作用。

(3)无机污染。

无机污染是无机物质通过化学沉淀或生物沉淀作用沉积在膜表面或膜孔壁。该过程导致膜孔闭塞或孔堵塞,并导致膜通量降低。化学沉淀主要由于集中极化而发生,生物沉淀主要由金属离子引起,金属离子在沉积的微生物和有机聚合物之间起桥梁作用,形成致密的滤饼层。与无机污染相关的离子包括 Ca^{2+}、Mg^{2+}、Fe^{3+}、Al^{3+}、SO_4^{2-}、PO_4^{3-}、CO_3^{2-} 和 OH^- 等离子体。此外,在适当的浓度下,金属离子(如 Ca^{2+})将与细胞外聚合物和可溶性微生物产物结合并桥接,从而增加絮凝物的大小。这可以有效减少膜表面有机污垢的沉积,但过高的金属离子浓度也会加剧无机污垢。因此,为了去除膜表面上的无机污染物沉积物,必须对表面进行化学清洁。

9.3.1 膜材料及膜结构、性能对膜污染的影响

膜表面形态(粗糙度)、亲水性/疏水性、表面电荷和膜孔径等膜特性会对膜污染产生不同程度的影响。膜材料是膜污染发生与发展的决定性因素之一,对 MBR 的运行效果和经济性有重要影响。由于膜材料、微生物和溶质之间的疏水相互作用,疏水膜的膜污染可能比亲水膜更严重。在膜生物反应器中,通常采用的分离膜为有机高分子材料,然而有机膜材料的亲水化程度较低,易对早期膜污染的发生产生不利影响。与亲水性/疏水性相反,膜表面粗糙度和表面电荷对膜污染的影响更大。因此,膜表面粗糙度越大,相应膜的比表面积就越大,尽管更多的污染物将被吸附在膜表面上。然而,粗糙度的增加也会增加膜表面的流体动力扰动程度,这将阻碍污染物在膜表面的吸附和沉积,从而延迟膜污染。此外,膜材料的荷电性也会对膜污染产生影响。由于膜材质本体带有极性基团或可离解的官能团,当膜组件浸入污泥混合液后在水化或解离作用下使膜面或膜孔带有电荷,并与混合液中带有电荷的污染物产生影响,改变膜的表面特性。由于污泥及胶体颗粒一般带负电,则膜表面负电荷量越大,膜与污染物之间的静电排斥力相应越大,污染颗粒不易在膜表面吸附与富积。水溶液中的胶体颗粒一般都带负电,混合使用与溶质带相同电荷的膜材料,可以通过静电斥力改善和减轻膜污染,从而提高膜通量。因此,选择具有一定粗糙度的膜材料可能会导致相对最小的负电位膜污染。膜的孔径也会显著影响膜污染,与

较小的孔径相比,较大的孔径具有较高的污染率。一般来说,MBR 使用孔径为 0.02 ~ 0.5 μm的膜。

9.3.2 污泥混合液特性对膜污染的影响

在膜生物反应器的实际应用中,污泥混合液特性是决定出水水质和膜分离性能的重要因素,同时也影响了 MBR 膜污染程度。其中溶解性微生物产物(SMP)和胞外聚合物(EPS)是表征污泥混合液特性的两个重要因素。因此,在目前的研究中,SMP 和 EPS 成为分析膜污染的重要指标。

溶解性微生物产物(Soluble Microbial Products,SMP)是微生物在降解环境中可利用基质、进行内源呼吸或者应对环境压力的过程中产生溶解性有机物。目前已有研究表明,MBR 运行条件差异及其所造成的微生物所表现出的不同生物学状态致使微生物上清液(主要为 SMP)对整体膜污染的相对贡献度达到了 17% ~81%,可见 SMP 是膜生物反应器中污垢的重要组成部分,且易造成膜孔径堵塞以及在膜表面形成凝胶层,并成为影响膜污染程度的主要因素。根据 SMP 组成成分的不同,可将其分为两类:一是肽类(MW> 1 g/mol),主要吸附于膜孔内,堵塞膜孔;二是多糖和蛋白质类(MW 为 100 ~1 000 g/mol),主要沉积在膜表面,形成凝胶层。在 MBR 系统处理污水时 SMP 浓缩在反应器内,且随着 SMP 浓度增大,膜阻力越大,膜污染越严重。

混合液体悬浮固体 (MLSS) 显著影响膜通量,因为 MLSS 浓度(质量浓度)越高,膜污染速度越快。较高的 MLSS 浓度会导致胶体、污泥絮凝物、大分子和微生物产物在膜表面的沉积增加。Wu 和 Huang 报道,在 MLSS 浓度高于 10 000 mg/L 时运行的 AnMBR 处理污泥黏度增加,并且膜渗透性随着污泥黏度的增加而降低。因此,与其他污泥特性(如 MLSS、污泥粒径和污泥黏度)相比,EPS 和 SMP 是导致膜污染的最重要因素。由于 EPS 和 SMP 在膜表面或孔隙上的沉积和吸附,液体会发生更快的布朗扩散。这也会导致凝胶污染层的形成,从而显著增加膜的过滤阻力。

9.3.3 操作条件对膜污染的影响

操作条件在 MBR 工艺中起着关键作用,优化操作条件和参数非常有利于减少和控制膜污染。操作参数包括 MBR 中的溶解氧浓度、曝气强度、抽吸和非抽吸时间之比(间歇过滤)、SRT、HRT、过滤模式、污泥浓度和温度等。

虽然上述措施在一定程度上可以有效控制膜污染,但由于孔隙堵塞、生物污染等原因,膜渗透率下降是不可避免的,一旦操作压力急剧升高到一定值,就需要进行膜清洗程序以恢复膜渗透率。反冲洗是中空纤维膜和陶瓷膜等耐高压膜去除堵塞在膜孔中和/或黏附在膜表面的颗粒和生物污垢的有效方法。一般来说,反冲洗包括每 30 ~60 min 反转过滤方向 5 ~30 s。国内还研究和开发了其他机械清洗方法。一些研究人员开发了一种具有增强的自机械清洁功能的中空纤维膜组件,适用于高污泥浓度和通量操作。还有一些研究人员采用海绵擦洗去除浸没式平板 MBR 中的污垢,还发现超声波的应用可以有效减少用于高强度合成废水处理的侧流式厌氧 MBR 中的膜污染。膜清洗已被深入研究并广泛用于去除膜污染和恢复膜渗透性,膜清洗中应用了多种化学试剂,如酸(盐酸、硫酸、柠檬酸等)、碱(氢氧化钠)、氧化剂(次氯酸钠、过氧水等)及其对污垢的影响确定移除。从这些研究中可以得出的一般结论是,酸可以有效去除无机污染物,而碱性溶液和氧化剂在去除有机物质和生物污垢方面表现良好。采用多步化学清洗可以达到更高的清洗效率,例如,次氯酸钠清洗后进行酸清洗和/或碱清洗。

运行方式与膜污染率密切相关,在 MBR 中,有两种运行方式:恒压和恒通量(恒流)运行。MBR 通常以恒定通量模式运行,因为它们可以更好地处理进水水力负荷的波动。此外,较长的 SRT 会导致污泥浓度增加,并由于死细胞的分解而释放大量 EPS,从而导致更快的膜污染速率。虽然较短的 HRT 可以提高污泥生长速率和污水处理效率,但它也会导致污泥浓度增加和膜污染增加。

9.3.4 减轻和控制膜污染的方法

膜污染在实际应用中是不可避免的,因此,控制或减轻膜污染的策略对于反应器的运行以及解决膜污染的原因和机制具有重要意义。目前,已经提出并应用了许多新的策略,以试图控制膜污染。

1. 膜材料改性与膜组件优化

膜表面改性是一种很有吸引力的缓解厌氧氨氧化膜污染的方法,因为这种方法效率高,对膜的成本和运行结果没有明显影响。PVDF 膜是 MBR 应用中最常见的材料,因为它们具有高耐酸碱性和低降解能力,但它们的疏水性使其容易产生生物污垢。由于其相对较高的疏水性和微生物代谢产物,厌氧氨氧化细菌在疏水膜上具有更大的膜污染可能性。据报道,亲水性聚合物或亲水性聚合物改性的亲水膜比疏水膜具有更低的膜污染可能性,因为疏水大分子溶质和细菌的吸附较少。他们对亲水改性膜在纯厌氧氨氧化 MBR 中的污染行为和机制的研究结果表明,与疏水膜相比,在死端过滤试验中对牛血清白蛋白的防污效果增强。然而,在长期运行中,亲水改性膜的过滤周期明显短于原始膜。这主要是由于亲水性多糖在亲水性改性膜上具有较高的吸附倾向,由于多糖、蛋白质、胶体生物质和亲水性物质之间的相互作用,容易形成薄而致密的凝胶层,增强了过滤阻力。在纯厌氧氨氧化 MBR 中使用表面涂层亲水改性尼龙织物膜。发现污垢形成率远低于原始膜的形成率。然而,改性膜的污染周期几乎比原始膜短四倍。

膜表面的亲水改性是控制 MBR 中膜污染的常用策略。目前,膜表面的极性有机官能团可以通过等离子体处理、表面接枝、表面涂层或表面共混等方法进行修饰。等离子体处理在膜表面形成亲水性官能团。表面聚合物接枝也是提高膜亲水性的有效方法,一些研究人员通过在聚丙烯膜表面接枝和聚合甲氧基聚乙二醇,观察到随着接枝度的增加,改性膜的通量是未改性膜的两倍。表面涂层也是一种表面改性方法,研究人员发现 TiO_2纳米粒子可以改善疏水膜的表面润湿性和渗透性,特别是当使用溶胶-凝胶法将 TiO_2加载到聚丙烯微滤膜表面时。

使用工程纳米材料(ENM)作为膜材料已成为近期深入研究的领域。工程纳米材料具有良好的抗菌和亲水性能,可以在减轻膜污染,特别是生物污染方面体现很大的优势。基于光催化剂降解污染物和对膜进行灭菌的能力,光催化剂改性膜也被用作控制纯厌氧氨氧化 MBR 膜生物污染的策略。硫化镉(CdS)和石墨碳氮化物(gC_3N_4)是两种流行的可见光活性材料，具有所需的带隙宽度和合适的带边位置。CdS/gC_3N_4基于原位可见光光催化的改性 PVDF 超滤膜被用于研究其在厌氧氨氧化 MBR 长期应用中的防污性能。光催化反应生成的·OH、h^+和e^-可降解有机污染物和灭活细菌，因此成功地减轻了膜污染。结果表明，与原始膜相比，改性膜在可见光照射下具有更好的亲水性和更高的透水性、更低的模型污染物通量下降率和更高的模型细菌抑制率。在超过 5 个月的纯厌氧氨氧化 MBR 运行期间，改性膜的平均污染周期是原始膜的 2.28 倍。

2. 污泥混合液调控

目前，改善污泥混合液特性的最直接有效的方法为使用添加剂，如吸附剂和絮凝剂。在 MBR 中，吸附剂会吸附胶体并溶解污泥混合物中的有机化合物，从而减少膜污染。粉末活性炭(PAC)是 MBR 中广泛使用的吸附剂，PAC 的加入可以控制结垢，包括污垢吸附及其随后的生物降解，以及提高临界通量，提高微生物絮凝体的强度，增强膜表面的颗粒。1999 年首次报道 PAC 可以减少膜生物反应器的污染，结果表明随着 PAC 用量增加到 5 g/L，污染阻力和滤饼层阻力持续下降。另外，PAC 为微生物的生长提供了载体，避免了污泥絮体在水力剪切作用下的破裂。然而，过多的 PAC 也会增加膜污染，因为过多的 PAC 会成为污染物。沸石、膨润土和蛭石等其他吸附剂也可用于减少膜污染。添加混凝剂也是控制膜污染的有效策略。常用的絮凝剂有铁盐类($FeSO_4$和$FeCl_3$)、铝盐类($AlCl_3$)、无机高分子(聚合硫酸铁、聚合氯化铝)、有机高分子(淀粉、壳聚糖等)。添加絮凝剂还可以增加污泥的粒径，降低上清液中有机物的浓度，从而减少膜污染。然而，添加絮凝剂会降低混合物的 pH，而 pH 的降低会影响微生物的活性。此外，过多的絮凝剂会沉积在膜表面，加重膜污染。

3. 运行条件优化

优化 MBR 运行参数对于控制膜污染至关重要，关键运行参数包括水动力条件、膜通量、HRT、SRT、MLSS、pH 和温度。增加浸没式 MBR 中气体冲洗的强度和持续时间，以及侧流式 MBR 中混合液体的流速，可以提供最佳的流体动力学条件来减轻膜污染。减轻膜污染的一个重要策略涉及在低于临界通量的过滤通量下进行膜过滤。因此，当过滤通量低于临界通量时，膜污染不太严重。然而，当过滤膜通量高于临界通量时，可以观察到更严重的膜污染。此外，操作参数极大地影响微生物的代谢，尤其是 SMP 的释放。较长的 SRT 可以促进固体物质的完全降解，但会降低絮凝物的尺寸，并增加污泥和 SMP 的浓度，从而导致膜污染增加。较短的 HRT 可以减小反应器体积，但会导致有机物代谢不充分，较高的有机物浓度也会加剧膜污染。

4. 膜的清洗

随着膜生物反应系统的持续运行，膜污染将持续加重，人们需要及时清洗膜组件。根据膜污染的可逆性，即膜污染的去除程度，膜组件清洗可分为物理清洗或化学清洗。

(1)物理清洗。

物理清洗方法主要以去除可逆污染物为主，主要的物理清洗方法有等压漂洗、反洗、气液混合冲击清洗、负压清洗、机械刮擦、电动清洗等。水力反冲洗，即将水从中空纤维膜丝的产水侧反方向注入，利用水的反向冲力，将粘接于膜外表面的污物冲洗掉。它只适用于中空纤维膜，其中污水的泵送过程是反向进行的，但它对平板膜的效率不高。气液混合冲击清洗即对膜生物反应器中的膜组件进行连续曝气冲刷,形成带有气泡的湍流,促使膜丝相互摩擦,使得膜表面沉积的污染物脱落。最近,通过注入沼气施加剪切力来控制膜污染得到了广泛的研究和应用,尤其是颗粒注入和旋转膜。研究人员测试了沼气注入控制MBR膜污染的性能,发现在较高的注入速率下,膜表面污染减少,膜渗透性增加。粒子喷射膜生物反应器,也称为厌氧流化床膜生物反应器,由流化颗粒活性炭(GAC)组成。这些溶液不仅以洗涤剂的形式对膜表面提供洗涤作用,还为微生物生长提供场所。与沼气喷射反应器相比,颗粒喷射反应器的能耗相对较低,可以很好地控制膜污染。旋转膜通过膜组件自身的旋转在膜表面产生湍流,从而减缓膜表面污染层的形成。此外,旋转膜组件可以搅动污泥混合物,近年来引起了研究人员的广泛关注。物理清洗的一大优点是清洗简单,不会引入新的污染物,对膜造成化学损伤的可能性很低。然而,物理清洗法仅对污染初期的膜组件有效,清洗效果并不持久。不可逆污染需要化学清洗。

(2)化学清洗。

化学清洗,就是利用化学反应去掉吸附在膜上的污染物。表9.8为膜污染的化学清洗原理。化学清洗剂包括酸类产品(柠檬酸、草酸和盐酸)、碱类产品(氢氧化钠)、氧化剂(次氯酸钠和过氧化氢)、螯合剂(EDTA)和表面活性剂。酸洗主要去除生物聚合物与盐类之间的化学沉淀,以及生物诱导矿化引起的无机污染,而碱洗主要去除沉积在膜表面的有机污染物。此外,蛋白质和碳水化合物等有机物在碱性条件下会水解成小分子。氧化剂主要去除生物和有机污染物,导致污染物和膜成分之间的相互作用减弱,污染物更容易从膜表面脱落。EDTA等螯合剂对金属阳离子具有很强的结合能力,可以通过架桥作用去除金属阳离子形成的有机污染物。然而,频繁接触化学试剂会损害膜的完整性并改变膜表面特性,这将影响正常的膜过滤行为。因此,物理和化学清洗相结合是减轻膜污染的有效策略。

表9.8 膜污染的化学清洗原理

清洗剂类型	作用原理	洗脱物质
酸	溶解(质子化)	金属络合物、无机垢
	水解	多糖类有机物
碱	水解	范围较广的有机物
	溶解(离子化)	有机酸
氧化剂	氧化	范围较广的有机物
螯合剂	螯合	金属络合物、无机垢
表面活性剂	溶解(亲疏水作用)	疏水有机物

5. 新型膜材料的探索

膜的孔径、孔隙率、表面电荷、粗糙度、亲水性/疏水性等特性已经被证明会影响MBR的性能,其中膜污染的影响尤为显著。膜材料由于其孔径、形貌和疏水性的不同,往往表现出不同的污染机制。在城市污水处理中,PVDF膜在防止MBR不可逆污染方面优于PE膜。三种膜的亲和力依次为:PAN<PVDF<PE。说明在这些膜中,PAN膜具有较强的耐

污性。

一般来说,由于污染物与膜之间的疏水相互作用,疏水膜比亲水膜更容易发生膜污染,因此,将疏水膜改性为相对亲水膜以减少膜污染的研究已引起人们的广泛关注。

9.4 膜生物反应器技术的应用

9.4.1 MBR 的应用领域及应用情况简介

MBR 已被证明是用于废水安全处置和再利用的最佳生物处理技术。然而,MBR 的主要限制之一是低分子量溶解固体的截留效率低,如痕量有机化合物(TrOC)、离子和病毒。事实上,三级处理的出水容易受到细菌活动的影响,只有在某些情况下和消毒后才能重复使用。出于这个原因,MBR 渗透液仅允许用于受限用途,如农业。三级处理以外的高级处理过程对于回收可饮用质量的水是必要的。在这方面,不同的研究认为将 MBR 与另一个下游分离步骤相结合是一种更好的废水处理方法。混合 MBR 系统可以满足可靠且经济实惠的技术的需求,当用于现场深度废水处理和中水回用时,可显著降低污水处理厂的废水负荷,并消除将废水输送到处理厂或收集废水的成本点,在某些情况下,这可能是淡水本身成本的两倍。当前,膜生物反应器技术广泛应用于污水处理中,可以有效处理多种污水,如工业废水、生活污水和医院污水等。

1. 工业废水处理

早在 20 世纪 80 年代,北美的一些研究人员和系统供应商就研究了 MBR 处理工业废水的工艺。随着 MBR 工艺在工业废水处理方面的研究和工业应用的不断深入,MBR 工艺在工业废水处理尤其是有毒难降解废水处理中得到了广泛的应用,但其规模越来越小。工业废水的成分非常复杂,处理难度较高。工业废水处理中较理想的 MBR 型是外置式,易于清洗和拆卸。MBR 系统广泛应用于食品加工废水、石油化工废水、医院废水、印染废水、屠宰废水等各种工业废水中。

工业废水除具有与城市污水相似的性质外,还具有更多的特殊性质,包括较难处理的污染物,或一些特殊的污染物,如重金属、微污染物等。在一些实际案例中,MBR 系统对这些污染物的去除效率高于 CAS 系统。

MBR 系统对石化废水中污染物的去除效果显著。采用 MBR 用于烯烃工艺废水处理时,TOC 和 COD 的去除率均达到 90% 以上。对于复杂的石油化工废水,TOC 和 COD 的去除率分别达到 92% 和 83%。对于重金属铬、锌和铅的去除率分别达到 95%、60% 和 62%。在生物反应器中,完整的固相保持和更多样化的微生物培养可以使 MBR 为内分泌干扰物的化学生物学降解提供合适的环境。MBR 提高了活性污泥浓度,通过膜的分离技术强化了生物反应器的功能,从而可以分别控制 HRT 和 SRT。微生物在反应器内得以充分生长繁殖从而能同步进行硝化和反硝化过程,最终实现对污水的深度净化。

2. 生活污水处理

MBR 技术提供了一种更加综合的方式,借此开发一种有效的水处理工艺是非常合理的。MBR 可以将常规水处理操作(包括混凝、絮凝、沉淀、过滤和消毒)组合成一个单元。

对于处理特殊水质的水,可以将 MBR 与一些特殊工艺相结合,如高级氧化工艺(AOP)、生物活性炭、粉末活性炭(PAC)等。虽然在这方面的研究文献不多,但近年来对这类应用还是进行了系统的研究。

3. 医院污水处理

微生物决定了 MBR 的生物处理。MBR 去除药物的生物过程一般包括生物吸附、生物积累、生物降解、挥发和光降解。与传统活性污泥系统相比,即使生长速度较慢(如硝化菌)、沉降性能较差(如丝状菌)的微生物也可以留在原料中,并由于膜排斥作用在 MBR 中成功增殖,有利于废水处理。对于医院废水中的某些污染物,主要通过调节营养物配比、控制溶解氧、投加化学品、增加污泥排泥量、增加水力滞留时间等方法控制微生物群落。医院污水一般具有较大的毒性,会含有一些细菌、病毒以及抗生素。

MB 中滤层(不可逆污垢)对细菌和病毒的去除有关键作用。由于酶和噬菌体的密度较大,细菌和病毒在固相中的失活比液相更为显著。细菌和病毒附着在生物上也有利于去除,因为在更高的 MLSS 浓度和更长的停留时间下进行操作可以促进有机体和病毒的去除。其主要机制如下:细菌和病毒黏附在 MLSS 上,MLSS 被膜保留;通过化学增强的反冲洗使细菌和病毒失去活性;在长时间的操作中,膜表面形成的滤层保留细菌和病毒;长时间的 HRT 和 SRT 使细菌和病毒被噬菌体或酶分解而失活。

在 MBR 系统中,抗生素的清除效率低于 60%。与流出物相比,进水中含有的非甾体类抗炎药和镇痛药(包括双氯芬酸、曲马朵和吲哚美辛)几乎没有变化,而美芬酸、扑热息痛(对乙酰氨基酚)、吗啡和甲胺唑代谢物易于生物降解,MBR 处理后其浓度降低 92% 以上。受体阻滞剂、利尿剂、维拉帕米代谢物 D617 没有被很好地移除,效率低于 55%。其他心血管系统制剂(贝扎贝特、维拉帕米和缬沙坦)的去除率超过 80%。在 MBR 中,麻醉剂硫喷妥、利多卡因、酶抑制剂西拉他汀和 H2-受体拮抗剂雷尼替丁在 MBR 过程中分别被消除 91%、56%、90% 和 71%。

9.4.2 膜生物反应器工程应用实例

1. 美国密歇根州大溪城污水处理厂应用实例

美国密歇根州大溪城污水处理厂的应用主要为处理其中 1 520 m^3/d 的工业废水。该部分工业废水 COD 高达 1 000 ~ 8 000 g/L,如果直接排入市政污水厂将会造成很大的 COD 负荷冲击。另外,通过 MBR 还能实现能源回收资源化。苏伊士水务技术与方案的罗敏博士介绍,该项目于 2020 年年底建成,经 MBR 处理后,工业废水进入污水厂的 COD 小于 500 mg/L,且保证了较低的 TSS(总悬浮固体)水平。

2. AnMBR 在食品加工厂的应用实例

美国南达科他州 Jack Li 牛肉干加工厂(以下简称 JL 厂)的应用案例中采用的是滨特尔外置式 AnMBR 工艺(图 9.11)。外置膜为管式超滤膜,该环节的污泥回流至厌氧反应器,同时起到搅拌作用。考虑到甲烷的可燃可爆性和回收沼气中 H_2S 气体的腐蚀性,滨特尔外置式 AnMBR 采用的是反冲洗方式而非沼气曝气来清洁膜。该工艺控制膜污染的方式有两点主要的益处,一是降低了沼气曝气控制膜污染而产生的额外能耗,二是降低了设备的抗腐蚀等级要求从而降低关键设备的投资和维护成本。

图 9.11　Pentair X-Flow AnMBR 工艺流程图

在升级为 AnMBR 工艺之前，JL 厂废水处理采用的是好氧曝气。随着 JL 厂的产量不断增加，产生的废水量和 COD 不断升高，好氧曝气已无法满足处理需求。因此，JL 厂选择了 AnMBR 工艺对系统进行升级改造。该项目的设计进水量为 350 t/d，进水 COD 为 14 000 mg/L，TSS 质量浓度约 3 000～6 000 mg/L。经过处理，COD 去除率可达到 98% 以上。近期由于 JL 厂产量再次增加，实际处理水量达到了 400 t/d，但目前的 ABR 系统仍能承载该负荷并有效运转。

3. 日本鹿儿岛的酿酒废水处理厂和日本神户的食品废弃物处理厂应用实例

近几年 AnMBR 技术发展迅速，在城市污水及工业废水处理中的应用受到世界范围内的广泛关注，大规模工程应用也逐年增加。例如，位于日本鹿儿岛的酿酒废水处理厂就使用了大规模 AnMBR（图 9.12（a）），其进水质量浓度为 77～110 g COD/L，日处理量为 20 m^3。位于日本神户的食品废弃物处理厂也使用了大规模 AnMBR（图 9.12（b）），其进水质量浓度为 70 g COD/L，日处理量为 30 m^3。

(a) 位于日本鹿儿岛的酿酒废水处理厂

(b) 位于日本神户的食品废弃物处理厂

图 9.12　位于日本鹿儿岛的酿酒废水处理厂和位于日本神户的食品废弃物处理厂

4. 华北油田住宅小区中水工程

本应用实例选择了华北油田回迁房建设住宅小区，其建筑面积约9.06万m^2，有居民1 190户。原设计小区内的生活污水经楼前化粪池进行简单处理后直接排入污水主管网，最终进入矿区周边沟渠。为了避免水资源的浪费，减少环境污染，决定在该小区兴建中水工程，即直接从主管网抽取生活污水作为原水，经收集和MBR处理，达到生活杂排水标准，其最终出路是用于小区绿化、冲厕及农田灌溉。中水工程工艺流程图如图9.13所示。

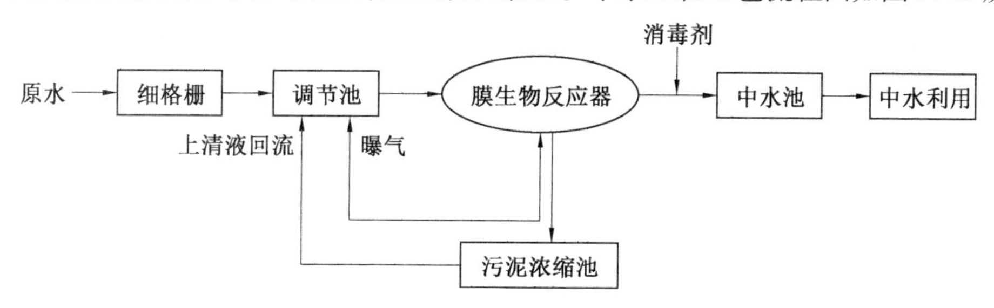

图9.13 中水工程工艺流程图

该中水工艺流程系统的设计原则是：采用低投资、低能耗、占地少、技术成熟的工艺路线，并最大限度地降低成本。考虑到小区的整体规划，将中水系统设计在小区下风向，以减少对周边环境的影响。同时其主体结构位于小区绿化带附近，以便于中水回用。该工艺流程系统以膜生物反应器为主体，还依次包括了调节池、中水池和污泥浓缩池等辅助设施，共占地约245 m^2。膜生物反应器将生物降解、沉淀、过滤为一体，减少了设备的投资，相应的故障点也得到减少。此外，为了节约运行成本，该膜生物反应器系统还计划通过自吸泵的间歇出水时间和鼓风机间歇曝气等方法调节出水量，以达到节省运行成本，保证中水回用效益的目标。

该中水工程于2006年10月投入运行，一年来日均污水处理量达到180 m^3/d，达到了设计要求，出水水质的各项指标均在杂用水标准的范围内，运行一年来，系统稳定，处理水量达到了设计要求的90%。系统运行比较稳定，污泥一直具有较好的生物相，在此期间无化学清洗，没有明显的污染衰减，没有进行排泥，达到了预期设计效果。一体式中空纤维膜生物反应器实验和工程应用处理生活污水能够达到回用水标准，水体氨氮的去除率达到98%以上，这主要归功于生物反应器的作用。

MBR已成为一种有前途且有效的技术，可从水生环境中去除各种类型的微污染物。近几十年来，MBR的应用有了长足的发展。最近的研究表明，基于MBR的方法在有效去除各种类型的微污染物（如杀虫剂、非甾体抗炎药、内分泌干扰物、病原体和化妆品）方面具有巨大潜力。MBR应用面临的最重要的操作挑战之一是膜内结垢的发生。因此，开发有前途的技术以减少MBR内的数量非常重要。为了克服这一挑战，使用一些方法，如预处理技术、改变膜的配置和修改操作条件，可能是有益的。此外，值得指出的是，膜的清洁技术对于减轻污染至关重要，目的是确保基于膜的系统长期有效地去除微污染物。尽管化学清洗方法在实际操作中缺乏功效实现，但仍需开发更有效的清洗方式。主要焦点必须归因于开发创新的清洁方法，以减少MBR中的结垢，同时消耗更少的能量。随着研究的不断深入，MBR工艺必将拥有更加广阔的应用前景。

本章习题

9.1 MBR 工艺相对于其他传统工艺有什么优势?

9.2 根据膜组件功能的不同,可将 MBR 分为哪几类? 并简要叙述这几类 MBR 的优缺点。

9.3 工业上常用的膜组件形式有哪些? 并详细介绍它们的优缺点。

9.4 请简要叙述膜材料和结构的膜污染的影响。

9.5 减轻和控制膜污染的方法有哪些?

9.6 当前,膜生物反应器技术广泛应用于污水处理中,请简要叙述其在污水处理中的应用。

本章参考文献

[1] HUANG X, XIAO K, SHEN Y. Recent advances in membrane bioreactor technology for wastewater treatment in China[J]. Frontiers of Environmental Science&Engineering, 2010, 4(3): 245-271.

[2] 肖康. 膜生物反应器微滤过程中的膜污染过程与机理研究[D]. 北京:清华大学,2011.

[3] SMITH C V. The use of ultrafiltration membrane for activated sludge separation in proceeding of the 24th annual Purdue industrial waste conference[C]. West Lafayette, Indiana, 1969.

[4] HARDT F W, CLESCERI L S, NEMEROW N. L. Solids separation by ultrafiltration for concentrated activated sludge[J]. JWPCF, 1970, 42(12): 1235-1248.

[5] CRETHLEIN H. E. Anaerobic digestion and membrane separation of domestic wastewater [J]. Wat Poll Control Fed,1978, (50): 754-763.

[6] TRAN T V. Advanced membrane filtration process treats industrial wastewater efficiently [J]. Chem Eng Prog, 1985,81(3): 29-33.

[7] BINDOFF A M, TREFFRY G. The application of cross-flow microfiltration technology to the concentration of sewage water sludge streams[J]. Int. Wat. Envi. Mgmt, 1988, 2: 513-522.

[8] SUZUKI T, SUWA Y, TOYHARA H, et al. Effects of organic loading, PH and DO concentration on the dissolved organic carbon removal by an activated sludge process with cross-flow filtration[J]. Bull. Nat. Res. Inst. &Res,1988, 8(1):25-29.

[9] YAMAMOTO K. Direct solid - liquid separation using hollow fiber membrane in an activated sludge aeration tank[J]. Wat Sci Tech,1989, 21(45):43-54.

[10] SATO H. Effect of activated sludge properties on water flux of ultra-filtration membrane used for human excrement[J]. Wat Sci Tech,1991,23(7-9):PP1601-1608.

[11] KIAT W Y. Optimal fiber spacing in externally pressurized hollow fiber module for solid liquid separation[J]. Wat Sci Tech, 1992, 25(10): 149.

[12] NAGANO A. The treatment of liquor wastewater containing high suspended solids by bioreactor system [J]. Wat Sci Tech, 1992, 26(3-4):887-895.

[13] MULLER E B. Aerobic domestic wastewater treatment in a pilot plant with complete sludge retention by cross-flow filtration [J]. Wat Res, 1995, 29(4): 1179-1189.

[14] NAGAOKA H. Modeling of bio-fouling by extra-cellular polymers on the membrane separation activated sludge system [J]. Wat Sci Tech, 1998, 38(4/5): 497-504.

[15] BUISSON H. The use of immersed membranes for plants[J]. Wat Sci Tech, 1998, 37(9): 89-95.

[16] ICK-TAE YEOM J. Treatment of household wastewater using an intermittently aerated membrane bioreactor [J]. Desalination,1999, 124(1-3):193-204.

[17] 岑运华. 膜生物反应器在污水处理中的应用[J]. 水处理技术,1991,17(5):318-323.

[18] 张军,王宝贞,聂梅生. 复合淹没式中空膜生物反应器处理生活污水的特性研究[J]. 中国给水排水,1999, 15(9):13-16.

[19] 陈梅雪,王菊思,攀耀波. 两种膜生物反应器处理印染废水的比较[J]. 中国给水排水,2002,18(7):42-44.

[20] 张绍园,闰百瑞. 二段式膜生物反应器处理城市污水的研究[J]. 工业用水与废水,2003,34(6):40-42.

[21] 李辰. 一体式膜生物反应器系统优化及脱氮性能研究[D]. 西安:西安建筑科技大学,2010.

[22] WANG S Y, LIU H, GU J, et, al. Towards carbon neutrality and water sustainability: an integrated anaerobic fixed-film MBR-reverse osmosis-chlorination process for municipal wastewater reclamation[J]. Chemosphere, 2022,287: 132060.

[23] LIU W, SONG X, HUDA N, et al. Comparison between aerobic and anaerobic membrane bioreactors for trace organic contaminant removal in wastewater treatment[J]. Environmental Technology&Innovation, 2020, 17: 100564.

[24] JIANG L Y, LIU Y, GUO F J, et al. Evaluation of nutrient removal performance and resource recovery potential of anaerobic/anoxic/aerobic membrane bioreactor with limited aeration[J]. Bioresource Technology, 2021, 340: 125728.

[25] YURTSEVER A, SAHINKAYA E, AKTA Z, et al. Performances of anaerobic and aerobic membrane bioreactors for the treatment of synthetic textile wastewater [J]. Bioresource Technology, 2015, 192: 564-573.

[26] HOU B, LIU XY, ZHANG R. Investigation and evaluation of membrane fouling in a microbial fuel cell-membrane bioreactor systems (MFC-MBR) [J]. Science of The Total Environment Volume, 2021, 814: 152569.

[27] 刘建军,吕凤,韩丰泽,等. MBR 技术在污水处理中的应用和研究进展[J]. 中南农业

科技,2022,43(1):96-100,126.

[28] WANG C S, TZE C A. Insights on fouling development and characteristics during different fouling stages between a novel vibrating MBR and an air-sparging MBR for domestic wastewater treatment[J]. Water Research Volume, 2022,212: 118098.

[29] LIU S Y, SONG W L, MENG M L. Engineering pressure retarded osmosis membrane bioreactor (PRO-MBR) for simultaneous water and energy recovery from municipal wastewater[J]. Science of The Total Environment Volume, 2022, 826: 154048.

[30] 任志鹏,陈小光.无泡式中空纤维膜生物反应器研究与应用现状[J].工业水处理,2022,42(1):38-47.

[31] TIAN H L, HU Y Z, XU X J, et al. Enhanced wastewater treatment with high o-aminophenol concentration by two-stage MABR and its biodegradation mechanism[J]. Bioresour. Technol., 2019, 289:121649.

[32] 陈瑜.基于MABRs亚硝化过程的高氨氮废水处理研究[D].哈尔滨:哈尔滨工业大学,2018.

[33] WEI X, LI B, ZHAO S, et al. Mixed pharmaceutical wastewater treatment by integrated membrane-aerated biofilm reactor(MABR)system-A pilot-scale study[J]. Bioresource Technology, 2012, 122:189-195.

[34] SYRON E, SEMMRNS M J, CASEY E. Performance analysis of a pilot-scale membrane aerated biofilm reactor for the treatment of landfill leachate[J]. Chemical Engineering Journal, 2015, 273:120-129.

[35] MEI X, GUO Z W, LIU J, et al. Treatment of formaldehyde wastewater by a membrane-aerated biofilm reactor(MABR): the degradation of formaldehyde in the presence of the cosubstrate methanol[J]. Chemical Engineering Journal, 2019, 372: 673-683.

[36] LAN M C, LI M, LIU J, et al. Coal chemical reverse osmosis concentrate treatment by membrane-aerated biofilm reactor system[J]. Bioresour. Technol,2018,270:120-128.

[37] 张雨辰.曝气膜生物反应器处理生活污水及强化除磷试验研究[D].济南:山东建筑大学,2019.

[38] HUANG X, XIAO K, SHEN Y. Recent advances in membrane bioreactor technology for wastewater treatment in China[J]. Frontiers of Environmental Science & Engineering, 2010, 4(3): 245-271.

[39] WANG Z, WU Z, MAI S, et al. Research and applications of membrane bioreactors in China: progress and prospect[J]. Separation and Purification Technology, 2008, 62(2): 249-263.

[40] 赵秋燕.复合式动态膜生物反应器处理印染废水的研究[D].合肥:安徽建筑大学,2017.

[41] ZHANG S, QU Y, LIU Y, et al. Experimental study of domestic sewage treatment with a metal membrane bioreactor[J]. Desalination, 2005, 177(1-3): 83-93.

[42] XIE Y H, ZHU T, XU C H, et al. Treatment of domestic sewage by a metal membrane

bioreactor[J]. Water Science and Technology, 2012, 65(6): 1102-1108.

[43] 李培显,李亮,赵世凯,等. 陶瓷平板膜在玻璃纤维湿法薄毡白水处理中的应用[J]. 净水技术,2022,41(8):101-107.

[44] ZOU L, VIDALIS L, STEELE D, et al. Surface hydrophilic modification of RO membranes by plasma polymerizarion for low organic fouling[J]. Journal of Membrane Science, 2011, 369:420-428.

[45] 钟智丽,张江范. 改性 PVDF 膜的制备及抗紫外线性能的研究[J]. 化工新型材料, 2015,43 (12): 88-91.

[46] CHOI J G, BAE T H, KIM J H. The behavior of membrane fouling initiation on the crossflow membrane bioreactor system[J]. Journal of Membrane Science, 2002, 203(1-2): 103-113.

[47] TANG C Y, KWON Y N, LECKIE J O. Fouling of reverse osmosis and nanofiltration membranes by humic acid-effects of solution composition and hydrodynamic conditions [J]. Journal of Membrane Science, 2007, 290(1-2): 86-94.

[48] SAYED S M, ANTHONY G F, DIANNE E W. Factors influencing critical flux in membrane filtration of activated sludge[J]. Biotechnology Technology and Journal of Chemical,1999(74): 539-543.

[49] GANDER M A, JEFFERSON B, JUDD S J. Membrane bioreactors for use in small wastewater treatment plants: membrane materials and effluent quality[J]. Water Sci. Technol., 2000(41): 205-211.

[50] 杨庆,陈莉,常青,等. 低温等离子体接枝改性聚丙烯中空纤维膜及其动电现象[J]. 高分子材料科学与工程,2009,25(10):64-66.

[51] KATAYON S, NOOR M, AHMAD J, et al. Effects of mixed liquor suspended solid concentrations on membrane bioreactor efficiency for treatment of food industry wastewater [J]. Desalination,2004(167): 153-158.

[52] 胡青,夏四清. 盐度对膜生物反应器处理含盐废水影响的研究进展[J]. 环境污染与防治,2012(1):60-63.

[53] 徐梦晏. 膜生物反应器技术在环境工程污水处理中的应用[J]. 中国资源综合利用, 2021(39):198-201.

[54] XU H F, FAN Y B. The influence of mechanical-cleaning membrane module on membrane flux[J]. Environ. Sci., 2004(25): 78-83.

[55] SUN Z L, CHEN S W, WU Z C. A study of treatment of wastewater form antibiotics production using submerged membrane bioreactor (SMBR) Ind[J]. Water Wastewater,2003 (34): 33-35.

[56] YU H Y, LIU L Q, TANG Z Q, et al. Mitigated membrane fouling in an SMBR by surface modification[J]. Journal of Membrane Science, 2008, 310(1-2): 409-417.

[57] LI L, YIN Z, LI F, et al. Preparation and characterization of poly(acrylonitrile-acrylic acid-N-vinyl pyrrolidinone) terpolymer blended polyethersulfone membranes [J].

Journal of Membrane Science, 2010, 349(1-2): 56-64.

[58] BAE T H, TAK T M. Effect of TiO_2 nanoparticleson fouling mitigation of ultrafiltration membranes for activated sludge filtration[J]. Journal of Membrane Science, 2005(1): 1-8.

[59] LIANG J, LIU L F, YANG F L. The configuration and application of helical membrane modules in MBR[J]. Journal of Membrane Science, 2012(392):112-121.

[60] ZHAO Y, GU P. Effect of powdered activated carbon dosage on retarding membrane fouling in MBR[J]. Separation and Purification Technology, 2006(1):154-160.

[61] MOHAMMED T A, BIRIMA A H, NOOR M, et al. Evaluation of using membrane bioreactor for treating municipal wastewater at different operating conditions [J]. Desalination, 2008(1):502-510.

[62] ASANTE S D, RATHILAL S, TETTEH E K, et al. Membrane bioreactors for produced watertreatment: a mini-review[J]. Membranes, 2022, 12(3): 275.

[63] SENGUPTA A, JEBUR M, KAMAZ M, et al. Removal of emerging contaminants from wastewater streams using membrane bioreactors: a review[J]. Membranes, 2021, 12(1): 60.

[64] KANAFIN Y N, KANAFINA D, MALAMIS S, et al. Anaerobic membrane bioreactors for municipal wastewater treatment: a literature review [J]. Membranes, 2021, 11(12):967.

[65] 同帜,赵惠珠,安永峰,等. A/O MBR(一体式)系统处理印染废水[J]. 水处理技术,2006(9):60-62.

[66] 贾宝琼. 膜生物反应器处理中药加工厂生产废水[J]. 工业用水与废水,2007(4):118-120.

[67] QIN J J, TAO G H. Feasibility study on petrochemical wastewater treatment and reuse using submerged MBR[J]. Journal of Membrane Science,2007(1):161-166.

第10章 燃料电池用质子交换膜

10.1 燃料电池技术简介

自20世纪起，全球经济发展迅速，对于能源的消耗日益增加，但是传统化石能源的总量正在急剧减少，难以满足需求。同时，大多数传统能源的利用都是采用直接燃烧的形式，一方面，这种方式的能源利用效率由于卡诺循环的限制并不高；另一方面燃烧也会产生大量的废气，这也会造成严重污染进而影响生态环境。因此，发展清洁、可再生的新能源技术已成为各国关注的重点。在众多新能源中，氢能被视为清洁高效、安全可持续的二次能源，是21世纪科研工作者们致力于发展的清洁能源和人类战略能源的方向。燃料电池技术便是将氢能利用的重要应用之一。

对于燃料电池而言，燃料和氧化剂中的化学能可以通过燃料电池这一电化学储能装置直接转化为电能，其优势便是不受卡诺循环的限制，并且能量转化效率较高（一般介于40% ~60%），若通过其他方式对余热进行转化并充分利用，能量转化效率甚至可以达到90%以上。除此之外，在应用燃料电池的过程中，其主要的反应产物主要是水和少量的二氧化碳，几乎不会产生氮氧化物（NO_x）和硫氧化物（SO_x）等有害气体。因此，若能够开发出高性能的燃料电池，对于解决目前全球所面临的能源短缺问题和环境污染问题等两大难题具有跨时代的意义。

燃料电池可分为很多种，并且分类方法也非常多，目前最常见的分类方式是根据电解质类型对其进行分类，包括质子交换膜燃料电池（Proton Exchange Membrane Fuel Cell, PEMFC）、碱性燃料电池（Alkaline Fuel Cell, AFC）、磷酸燃料电池（Phosphoric Acid Fuel Cell, PAFC）、熔融碳酸盐燃料电池（Molten Carbonate Fuel Cell, MCFC）和固体氧化物燃料电池（Solid Oxide Fuel Cell, SOFC）（表10.1）。若根据燃料电池反应温度进行分类，PEMFC和PAFC的反应温度一般在200 ℃以下，归为低温燃料电池，而MCFC和SOFC的反应温度可以达到600 ~1 000 ℃，属于高温燃料电池。若根据燃料种类的不同进行分类，可以将燃料电池分为氢燃料电池、甲烷燃料电池、甲醇燃料电池、乙醇燃料电池和金属燃料电池。

表10.1 燃料电池的分类

燃料电池类型	质子交换膜燃料电池（PEMFC）	碱性燃料电池（AFC）	磷酸燃料电池（PAFC）	熔融碳酸盐燃料电池（MCFC）	固体氧化物燃料电池（SOFC）
电解质	全氟磺酸型质子交换膜	氢氧化钾等碱性水溶液	磷酸水溶液	熔融态碳酸盐	氧化钇稳定的氧化锆

续表 10.1

燃料电池类型	质子交换膜燃料电池(PEMFC)	碱性燃料电池(AFC)	磷酸燃料电池(PAFC)	熔融碳酸盐燃料电池(MCFC)	固体氧化物燃料电池(SOFC)
反应温度/℃	50～100	90～100	150～200	600～700	700～1 000
功率	1～100 kW	10～100 kW	50 kW～1 MW	300 kW～3 MW	1 kW～2 MW
发电效率/%	45～60	60	40	>40	60
用途	备用电源 便携式电源 分布式发电 运输 特种车辆	太空 军事	分布式发电	电力公司 分布式发电	辅助电源 电力公司 分布式发电
优点	功率密度高 低温 快速启动 运行可靠	成本低 启动快 性能可靠	寿命长 技术发达	燃料适应性广 余热利用率高	全固态 无腐蚀 余热利用价值高
缺点	催化剂成本高 催化剂易中毒	寿命短 催化剂易中毒 电解质管理困难	启动时间长 余热回收率低	电解质具有腐蚀性 寿命短 启动时间长	成本高 材料选择苛刻 运行温度高

10.1.1 燃料电池工作原理

1. 质子交换膜燃料电池

质子交换膜燃料电池包括五部分，核心部件分别是质子交换膜(Proton Exchange Membrane，PEM)、催化剂层(catalyst electrode layer)、气体扩散层(Gas Diffusion Layer，GDL)和双极板(bipolar plate)等(图 10.1)。气体扩散层、催化剂层和聚合物电解质膜通过热压过程制备得到膜电极组件(Membrane Electrode Assembly，MEA)。中间的质子交换膜起到了传导质子(H^+)、阻止电子传递和隔离阴阳极反应的多重作用；两侧的催化剂层是燃料和氧化剂进行电化学反应的场所；气体扩散层的作用有五种，分别是支撑催化剂层、稳定电极结构、提供气体传输通道和改善水管理；双极板的主要作用则是分隔反应气体，并通过流场将反应气体导入燃料电池中，收集并传导电流，支撑膜电极，以及承担整个燃料电池的散热和排水功能。

质子交换膜燃料电池也称聚合物电解质膜燃料电池，其工作原理如图 10.2 所示。在质子交换膜燃料电池中电解质是关键材料之一，为一片很薄的聚合物膜，杜邦公司发明的商标为 Nafion® 的全氟磺酸型质子交换膜是其中的一种，这种聚合物膜能导通质子但不导电子。电极材料基本由碳组成，碳载铂(Pt/C)作为催化阴阳极反应的催化剂。PEMFC

工作温度约 80 ℃,单电池能产生约 0.7 V 的电压,实际使用时为了得到更高的电压,需将多个单电池串联起来组成燃料电池电堆。

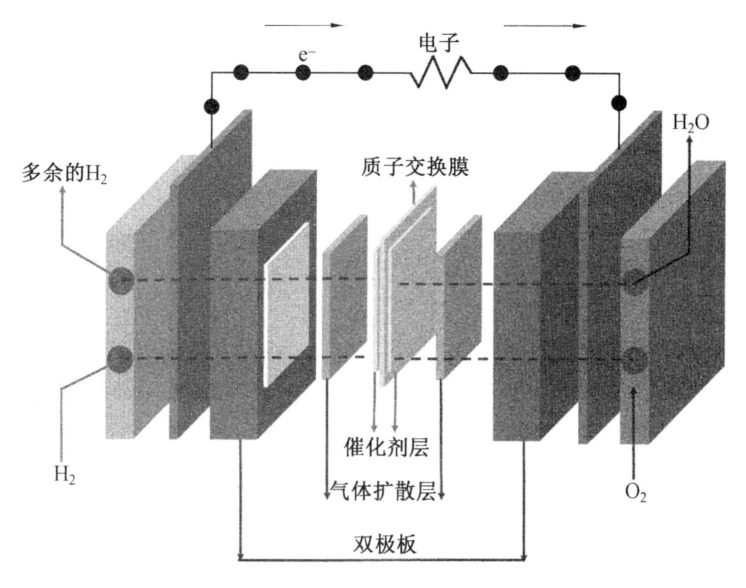

图 10.1 质子交换膜燃料电池结构图

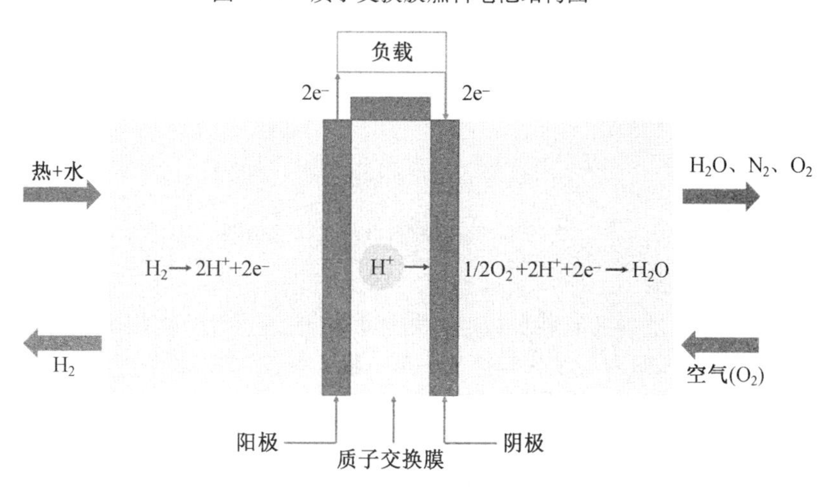

图 10.2 质子交换膜燃料电池工作原理图

燃料(H_2)进入阳极,通过扩散作用到达阳极催化剂表面,在阳极催化剂催化作用下分解形成带正电的质子和带负电的电子,质子通过质子交换膜到达阴极,电子则沿外电路通过负载流向阴极。同时,O_2通过扩散作用到达阴极催化剂表面,在阴极催化剂催化作用下,电子、质子和 O_2发生氧还原反应(Oxygen Reduction Reaction,ORR)生成水。电极反应如下:

阳极反应:$H_2 \longrightarrow 2H^+ + 2e^-$

阴极反应:$1/2O_2 + 2H^+ + 2e^- \longrightarrow H_2O$

总反应:$1/2O_2 + H_2 \longrightarrow H_2O$

由于质子交换膜只能传导质子,因此氢质子可直接穿过质子交换膜到达阴极,而电子通过外电路到达阴极,产生直流电。

2. 碱性燃料电池

碱性燃料电池发展较早,碱性燃料电池效率可达到70%,碱性燃料电池设计与质子交换膜燃料电池类似,不同之处在于碱性燃料电池所使用的电解质为强碱水溶液,如氢氧化钾、氢氧化钠等。当发生电化学反应时,氢氧根离子从阴极通过电解质溶液移动到阳极和氢气发生氧化反应生成水和电子,电子通过外电路到达阴极,和氧气、水发生还原反应生成更多的氢氧根离子。碱性燃料电池工作原理图如图10.3所示。碱性燃料电池正是因为使用了强碱溶液作为电解质,所以会受到空气中CO_2的影响,因此碱性燃料电池运行过程中必须注入纯H_2和纯O_2,当因CO_2的作用使电解质发生退化时,也可更新电解质溶液或清洗CO_2来解决。这些限制了碱性燃料电池在更多场合的应用。

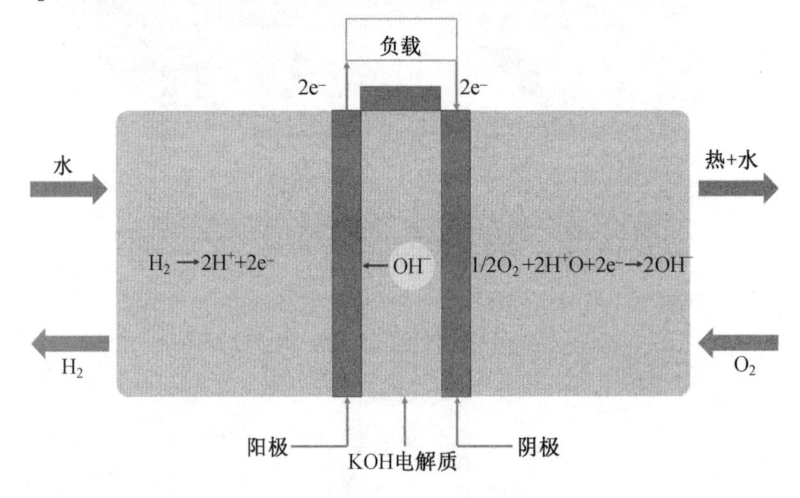

图10.3 碱性燃料电池工作原理图

3. 磷酸盐燃料电池

磷酸盐燃料电池是当前发展最快的一种燃料电池,这种电池使用液体磷酸作为电解质,通常位于碳化硅基质中。工作温度为150~200 ℃,仍需电极上的白金催化剂来加速反应,其阳极和阴极上的反应与质子交换膜燃料电池相同,但其工作温度较高,所以其阳极反应速度更快。

4. 熔融碳酸盐燃料电池

熔融碳酸盐燃料电池使用的电解质是碳酸锂、碳酸钠或碳酸钾的溶液,浸泡在槽中;由于在高达620~660 ℃的温度下工作,因而效率高达60%~85%。在高温下也可以更加灵活地使用多种类型的燃料和廉价的催化剂(主要是金属镍)。高的工作温度确保了电解质溶液的导电性。熔融碳酸盐燃料电池工作原理图如图10.4所示。熔融碳酸盐燃料电池可选用氢气、一氧化碳、丙烷、沼气、脱硫煤气或天然气等作为燃料。

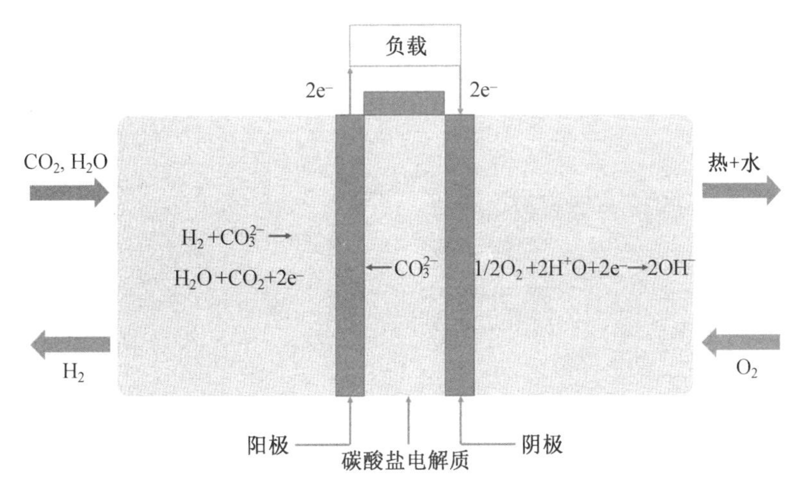

图 10.4 熔融碳酸盐燃料电池工作原理图

5. 固体氧化物燃料电池

固体氧化物燃料电池是建立在能够单向传导氧离子（O^{2-}）的固体电解质基础上的，其工作原理图如图 10.5 所示，人们最熟悉的固体电解质是氧化钇稳定的氧化锆（YSZ），即掺杂了五价氧化钇的氧化锆。作为掺杂离子，Y^{3+}引入 ZrO_2 晶格中后，在晶格中产生了氧空穴，进而通过氧离子在空穴中的跃迁而起到传输作用。只有温度达到 900 ℃以上时，这种 YSZ 型电解质材料的电导率才能达到令人满意的 0.15 S/cm。

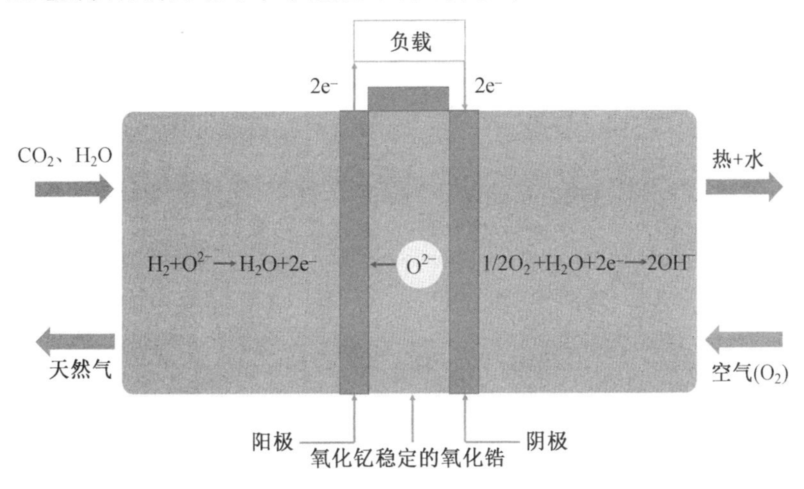

图 10.5 固体氧化物燃料电池工作原理图

6. 直接甲醇燃料电池

直接甲醇燃料电池和质子交换膜燃料电池结构相似，使用相同的聚合物电解质膜。直接甲醇燃料电池所使用的燃料为液态的甲醇燃料，与氢气相比，更有助于燃料电池商业化，并且更具有安全性。在使用过程中，液体甲醇的使用可以很轻易地实现燃料电池运行过程中燃料的加注。在直接甲醇燃料电池工作过程中，甲醇和水的混合物经扩散层进入催化层，在阳极催化剂的作用下直接发生电化学反应，生成 CO_2、6 个 e^-和 6 个 H^+。H^+经质子交换膜迁移到阴极，电子从外电路做功后到达阴极，O_2 经气体扩散层进入催化层并在阴极催化剂的作用下与流入阴极的 H^+ 发生电化学反应生成 H_2O，e^- 在外电路的迁移过程中产生了电流，实现了化学能到电能的转化（图 10.6）。

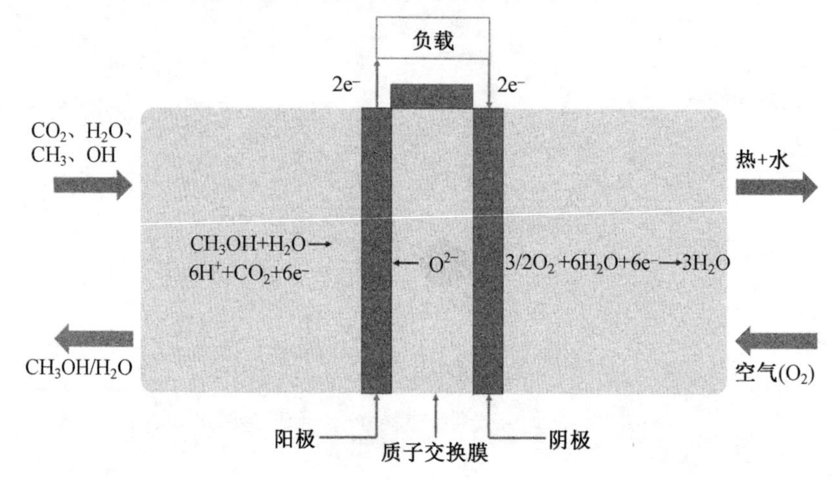

图 10.6　直接甲醇燃料电池工作原理图

10.1.2　质子交换膜的主要性能评价

质子交换膜作为燃料电池的核心部件之一，在质子交换膜燃料电池中扮演着极其重要的角色。其作用主要分为两部分：①阻隔阴阳极的气体与阴阳极电催化剂；②选择性地对质子传导而对电子绝缘。在燃料电池的实际应用中，质子交换膜需要满足如下几个要求。

（1）具有较高的质子传导能力。一般来说，在使用条件下质子传导率需要达到 0.1 S/cm的数量级。

（2）具有良好的气体阻隔能力，在干态与湿态条件下，同样能保证电池的效率。

（3）具有一定程度的化学稳定性，即在 PEMFC 实际运行过程中，质子交换膜的结构能够保持稳定性。

（4）环境友好，价格低廉。

20 世纪 60 年代初，美国通用电气公司的 Grubb 和 Niedrach 成功研制出聚苯甲醛磺酸膜，这也是世界上最早的质子交换膜，但其在干燥条件下易开裂。此后研制的聚苯乙烯磺酸膜（PSSA）通过将聚苯乙烯-联乙烯苯交联到碳氟骨架上获得，制成的膜在干湿状态下都具有很好的机械稳定性。20 世纪 60 年代，美国杜邦公司开发了全氟磺酸（PFSA）膜（即之后的 Nafion 系列产品），正是这种膜的出现，使得燃料电池技术取得了巨大的发展和成就。这种膜化学稳定性很好，在燃料电池中的使用寿命超过 57 000 h，Nafion 系列产品一直被广泛地关注与应用。

美国能源部（DOE）对于质子交换膜制定了一套技术指标，部分列于表 10.2。关于质子交换膜的在线测试，DOE 同样给出了一套标准，测试的部分条件见表 10.3。

表 10.2 DOE 对于质子交换膜的技术指标

指标	现状	2025 年目标
最大运行温度/ ℃	120	120
阻抗(最大运行温度下,水分压为 40 ~ 80 kPa)/(Ω · cm^2)	0.023(40 kPa) 0.012(80 kPa)	0.02
阻抗(80 ℃,水分压为 25 ~ 45 kPa)/(Ω · cm^2)	0.017(25 kPa) 0.006(45 kPa)	0.02
阻抗(30 ℃,水分压<4 kPa)/(Ω · cm^2)	0.02(3.8 kPa)	0.03
阻抗(-20 ℃)/(Ω · cm^2)	0.1	0.2
最大氧气渗透/(mA · cm^{-2})	<1	2
最大氢气渗透/(mA · cm^{-2})	<1.8	2
机械稳定性/圈	24 000	20 000
化学稳定性(要求氢渗透<5 mA/cm^2,或开路电源衰减<20% h^{-1})	614	500
价格/(美元 · m^{-2})	15.9	17.9

表 10.3 DOE 对质子交换膜测试的部分条件

循环	电池面积 25 ~ 50 cm^2,0% 相对湿度(2 min)循环至 100% 相对湿度(2 min)	
总时间	直至氢渗透> 2 mA/cm^2或 20 000 次循环	
温度	80 ℃	
气体	氢气-空气,流速 2 slpm	
压力	环境压力(无背压)	
项目	测试频率	目标
氢渗透	每 24 h	≤2 mA/cm^2
短路电阻	每 24 h	>1 000 Ω · cm^2

近些年来,全氟磺酸质子交换膜在质子传导、化学耐腐蚀性、机械强度等方面都能够满足大部分需求,但是以 Nafion 系列产品为代表的全氟磺酸质子交换膜仍然存在尺寸稳定性差、价格昂贵、燃料渗透高等问题。因此,针对高性能、高稳定性且廉价的质子交换膜的研究一直在广泛展开。目前针对质子交换膜的研究大致集中在以下几类膜:全氟磺酸质子交换膜、非氟磺酸质子交换膜、高温质子交换膜。

10.2 全氟磺酸质子交换膜

全氟磺酸质子交换膜由碳氟主链和带有磺酸基团的醚支链所组成，是先进的质子交换膜，也是目前在质子交换膜燃料电池中唯一得到广泛应用的一类质子交换膜。以 Nafion® 系列产品为例，其结构式如图 10.7 所示，其中，疏水部分为聚四氟乙烯骨架，亲水部分为带有磺酸基团的支链。在全氟磺酸结构中，磺酸根通过共价键固定在聚合物分子链上，与质子结合形成的磺酸基团在含水的情况下可以离解出自由移动的质子。每个磺酸根周围大概可以聚集 20 个水分子，形成微观的含水区域，当这些含水区域互相连通时可以形成贯穿整个质子交换膜的质子传输通道，从而实现质子的传输。目前关于质子交换膜的微观模型中，被普遍认同的是离子团簇模型，如图 10.8 所示。疏水的聚四氟乙烯主链构成晶相疏水区，亲水的磺酸基团支链与水形成离子团簇，离子团簇的直径约为 4 nm，相邻团簇之间距离 5 nm，其间以直径 1 nm 的通道连接。基于这种模型，全氟磺酸质子交换膜在吸水后，水以球形区域在膜内分布，在球的表面磺酸根形成固定的质子传输位点，游离的水合质子可以在这些位点之间进行传输，并通过离子团簇之间的通道形成贯穿的离子传输体系。当量质量（EW，单位为 g/mol）常用来表征全氟磺酸树脂的酸浓度，其数值等于含 1 mol 质子的干态膜质量。此外，还常用离子交换容量（IEC，单位为 mmol/g）来表示全氟磺酸树脂的酸浓度，其数值等于 1g 干态膜内质子的物质的量，IEC 与 EW 互为倒数。随着 EW 值的升高，单位质量内的质子传输位点数下降，膜的结晶度和刚性都会增加，而膜的吸水能力会下降，导致离子团簇的间距增加，最终导致质子传输能力的下降。而 EW 值过低则会导致质子交换膜的溶胀提高，吸水量增加，尺寸稳定性与机械性能下降，甚至导致膜的溶解。因此，需要控制 EW 在一定范围内，一般为 800 ~1 500 g/mol。

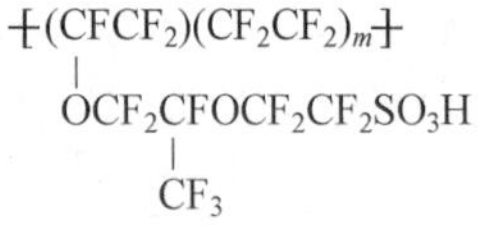

$$\left[\underset{\displaystyle \underset{\displaystyle \overset{|}{CF_3}}{OCF_2CFOCF_2CF_2SO_3H}}{(CFCF_2)}(CF_2CF_2)_m \right]$$

图 10.7 Nafion 树脂的结构式

20 世纪 70 年代左右，美国 DuPont 公司成功推出一款商业化的全氟磺酸性聚电解质材料，如 Nafion 系列质子交换膜，并因其在燃料电池中具有较好综合性能的优势，被广泛应用于质子交换膜燃料电池中，全氟磺酸性质子交换膜的结构独特，主链由疏水性极强的聚四氟乙烯碳氟骨架组成，在侧链的末端修饰了亲水性的磺酸基团。由于主链中的 C—F 键具有很高的键能（485 kJ/mol），且电负性较强的 F 原子（4.0）会对 C—C 键进行包覆，并利用电子云屏蔽作用保护 C—C 键不被破坏，从而提高主链的稳定性。这种独特的主链结构也使全氟磺酸材料具有较强的化学及热稳定性，其在燃料电池中的使用寿命已达到 60 000 h 以上，促进了其商业化进程。由于聚合物侧链修饰有大量的磺酸基团，以 Nafion 为代表的全氟磺酸膜具有较低的离子基团当量值（1 100 ~ 1 200 g/mol）和优异的质子传导率。质子交换膜的各项性能依然存在极大的提升空间，于是全球众多科研院所和研究机构相继开展了质子交换膜的研究工作，并且得到了多种全氟磺酸型膜材料，如美

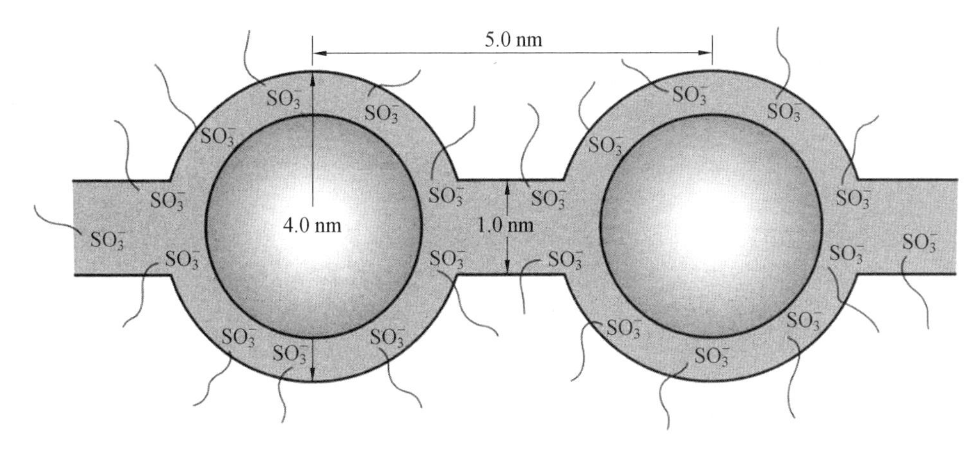

图 10.8 全氟磺酸膜的离子团簇模型

国杜邦公司的 Nafion 系列膜(Nafion-117、Nafion-115、Nafion-112 等)、美国陶氏(Dow)化学公司的 XUS-B204 膜、日本旭硝子和旭化成公司生产的 Flemion F4000 膜和 Aciplex F800 膜、比利时苏威(Solvay)公司的 Aquivion 膜,以及加拿大 Ballard 公司的 BAM 膜等。国内比较出色的生产厂家有山东东岳集团等。Flemion、Aciplex 和 Nafion 一样,支链全是长链,而 XUS-B204 含氟侧链较短,从而当量质量(EW)值低,且电导率显著增加,但因含氟侧链短,合成难度大且价格高,现已停产。Aquivion 膜为短支链膜,与长链的 Nafion 膜相比有其优势。肖川等测试了短支链的 Aquivion 膜与 Nafion-112 膜的性能,结果表明,Aquivion 膜比 Nafion-112 膜具有更优异的化学性能,通过其更高含量的磺酸基团来保持膜内的水含量,可维持较高的电池性能。

一般来说,材料的结构决定了材料的性能。全氟磺酸的质子传导率与其主链的长度 x、y 和侧链长度 m、n 的大小有关。当离子 EW 值确定时,全氟磺酸的侧链越短(或其 M_w 越低),其主链所占比重越高。因此,侧链长度和主链长度均控制着全氟磺酸离聚体的 EW 以及其相分离行为。此外,中和—SO_3^-的反离子基团在确定离聚体的结构方面也至关重要。目前,—SO_3^-质子化的形式应用范围最广。

人们普遍认为 Nafion 膜的微观结构符合反胶束离子簇网络模型。在水合状态下,亲水性较强的磺酸基团容易聚集成直径约为 4.0 nm 的离子簇,离子簇之间为 1 nm 左右的疏水骨架相连,从而产生亲疏水区域的微观相分离结构,而这种连续的微观相分离结构往往需要在水的驱动下形成,因此 Nafion 膜只有在水合状态才能起到促进质子高速传递的作用。

Nafion 膜具有高化学稳定性的主链、优异的质子传导率以及合适的微观相分离结构等优点,使其可以作为质子交换膜应用于燃料电池中。但在使用过程中,Nafion 膜仍有如下缺点。

(1)Nafion 的玻璃化转变温度较低,因此限制了其使用温度不能太高(应低于80 ℃)。从动力学角度出发,较低的温度对氧化还原反应速率产生了抑制作用,降低了电池的工作效率。

(2)Nafion 的质子传递必须要在水合状态下进行。当反应气体中的湿度较低时,

Nafion 的质子传导率会发生大幅下降，严重影响了其性能输出。

(3)对反应物的阻隔效率不够，例如，在直接甲醇燃料电池中，Nafion 与甲醇良好的亲和性，导致甲醇分子更易从电池的阳极渗透到阴极，造成开路电压的损失以及催化剂的中毒。

(4)高昂的成本。

(5)复杂且严苛的合成过程(图 10.9)，使得 Nafion 的产量偏低。Nafion 的合成需要多步反应，且反应条件苛刻。而含氟基质在降解后也会对环境造成污染。

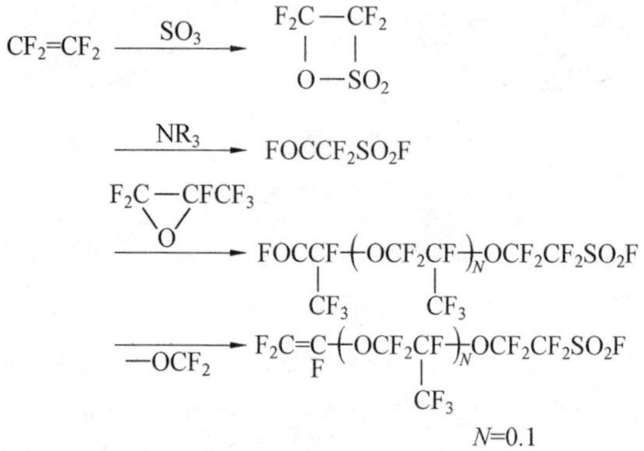

$CF_2{=}CF_2 \xrightarrow{SO_3}$ $F_2C{-}CF_2$ / $O{-}SO_2$

$\xrightarrow{NR_3}$ $FOCCF_2SO_2F$

$\xrightarrow{F_2C-CFCF_3 \ (O)}$ $FOCCF(CF_3){\left(OCF_2CF(CF_3)\right)}_N OCF_2CF_2SO_2F$

$\xrightarrow[-OCF_2]{}$ $F_2C{=}CF{\left(OCF_2CF(CF_3)\right)}_N OCF_2CF_2SO_2F$

$N=0.1$

图 10.9　Nafion 单体的合成路线图

1995 年，加拿大的巴拉德公司在全氟磺酸的基础上，生产了一种以聚偏氟乙烯(PVDF)为主链，以非氟芳香基为侧链的 BAM-3G 系列质子交换膜，其结构如图 10.10 所示。这类质子交换膜在保留了全氟磺酸膜原有的优势外，还具有较简便的合成过程。BAM-3G 系列质子交换膜中氟含量的降低也符合绿色环保能源开发的优势。但过高的离子交换量会导致膜的吸水溶胀，这会进一步制约其发展。

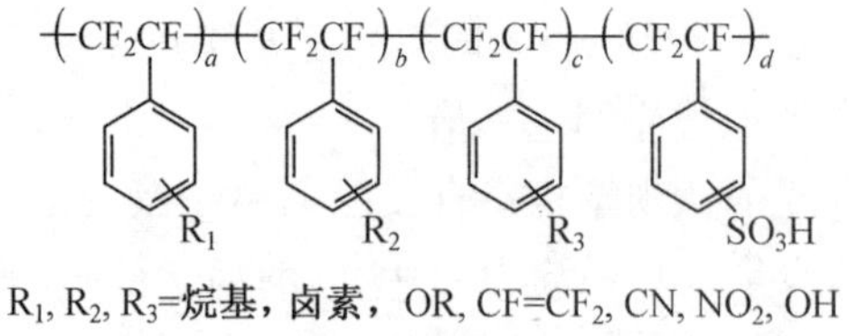

${\left(CF_2CF\right)}_a{\left(CF_2CF\right)}_b{\left(CF_2CF\right)}_c{\left(CF_2CF\right)}_d$ (侧基：$C_6H_4R_1$、$C_6H_4R_2$、$C_6H_4R_3$、$C_6H_4SO_3H$)

R_1, R_2, R_3=烷基，卤素，OR, $CF{=}CF_2$, CN, NO_2, OH

图 10.10　BAM-3G 系列质子交换膜的结构

10.3　非氟磺酸质子交换膜

目前，磺化芳香聚合物是非氟磺酸质子交换膜的主要膜材料，磺化芳香聚合物可以通过磺化功能聚合物或者利用磺化单体直接聚合法来进行制备。主要的磺化芳香聚合物包括磺化二氮杂萘聚醚砜酮(SPPESK)、磺化聚醚酮(SPEK)、磺化聚醚醚酮(SPEEK)和磺化聚砜(SPSU)等。与商业化的 Nafion 膜相比，基于这些磺化芳香聚合物的质子交换膜材料具有更优异的吸水性和阻醇性。有研究人员对高性能工程塑料二氮杂萘聚芳醚砜酮

(PPESK)进行磺化改性制备 SPPESK,其结构如图 10.11 所示。Nafion 膜与 SPPESK 膜在达到相同溶胀度的情况下,SPPESK 具有更高的吸水率(吸水率为 Nafion 膜的 2 倍),与 Nafion115 相比,SPPESK 膜的甲醇渗透系数更低(是 Nafion 膜的 1/32 ~1/40),尤其是在 60 ℃的条件下,CH_3OH/O_2单电池的开路电压更高(0.660 V),高于 Nafion 膜的开路电压(0.626 V)。然而,SPPESK 的电化学性能要低于 Nafion 膜的电化学性能。在测试条件为 30 ℃的条件下,81%磺化度(DS)的 SPPESK 膜的质子传导率(6.7 mS/cm)低于 Nafion115 膜的质子传导率(16 mS/cm)。同时,SPPESK 的质子传导率与温度十分相关,并且 SPPESK 膜的质子传导活化能(20.5 kJ/mol)要高于 Nafion115 膜的质子传导活化能(10.8 kJ/mol)。与全氟磺酸膜相比,非氟磺酸质子交换膜的酸性很弱,并且膜内具有狭窄曲折的微观质子传导通道,存在很多的死端,会影响膜的性能。必须提高非氟质子交换膜的磺化度从而提高离子交换容量,这可以提高非氟质子交换膜的电化学性能。91%磺化度的 SPPESK 膜在操作温度为 80 ℃的条件下具有与 Nafion 膜相当的质子传导率(90 mS/cm)。但是,SPPESK 膜的过度溶胀会导致机械性能降低,因此必须寻找到电化学性能与机械性能之间的平衡。

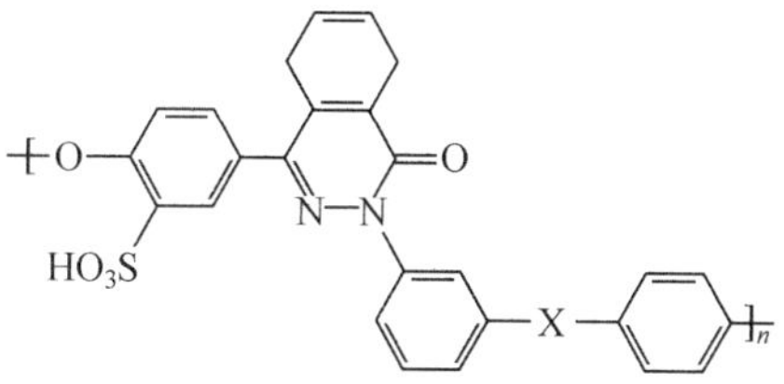

(X=SO_2, CO; 1:1)

图 10.11 SPPESK 的结构式

为了解决非氟质子交换膜电导率提高和机械强度下降之间的矛盾问题,大量的研究主要集中在非氟质子交换膜的改性,其主要分为两个方面:一方面可以采用共价交联的方法对其进行化学改性;另一方面可以采用共混、半互穿网络、酸碱复合以及掺杂无机组分的方法对其进行物理改性。

(1)共价交联法。

利用共价交联法可以将磺化材料的分子链通过共价键连接形成交联网络结构以抑制膜的溶胀。共价键具有较强的结合力,通过共价交联得到的膜具有更高的稳定性。此外,可以通过形成磺酰胺交联结构(二元胺类、二氯代烷、多元醇、聚乙醇等与磺酸基团反应以脱水缩合)抑制膜的过度溶胀。利用二胺对 SPPESK 膜进行交联后,交联结构可有效抑制膜的过度溶胀。二胺交联的 SPPESK 膜在 80 ℃的操作条件下,尺寸稳定性仍然较好,并且具有比 Nafion112 膜(16.4 mS/cm)更高的质子传导率(22.6 mS/cm)。此外,多元醇也可以作为交联剂对 SPPESK 进行交联,膜的机械性能和耐溶胀性显著提高,质子传导率会略微降低,但是仍然保持在高于 20 mS/cm 的水平之上。有研究者选用聚乙烯醇(PVA)这一优良的交联剂,聚乙烯醇上大量的羟基可以用于进行交联反应,并且聚乙烯醇与其他的聚合物之间具有优异的相容性,混合后可形成均匀的溶液,这也保证了交联后的膜具有均一性。例如,PVA 与 SPPESK 进行交联反应后形成的共价交联膜,经过简单的热处理,便可以使得 SPPESK 上的磺酸基团与 PVA 上的羟基发生交联反应,进而形成大规模的共价键立体网络。值得注意的是，膜的溶胀被这种共价交联网络所抑制，即使质子交换膜具有高磺化度（140%）的情况下具有较低的溶胀率，仍能保证较高的质子传导率。在操作温度为 60 ℃条件下，PVA（15%）+交联膜的质子传导率达到 20 mS/cm，约为具有较好机械性能的 SPPESK 膜（DS 为 81%）质子传导率（10.3 mS/cm）的 2 倍，甚至超过了高磺化度不稳定的 SPPESK 膜（DS 为 91%）的 17.2 mS/cm。

（2）共混法。

共混法也是一种可以有效抑制膜溶胀的方法，膜溶胀可被聚合物分子间的范德华力、部分极性基团之间的引力、氢键作用或者分子链相互纠缠产生的空间位阻所抑制。聚偏氟乙烯（PVDF）具有良好的机械强度、足够高的化学稳定性、较高的尺寸稳定性、低的燃料（H_2 和 CH_3OH）渗透性，以及出色的材料相容性等优点，可作为共混材料。若选用中等磺化度的 SPPESK（DS 为 106%）和 PVDF 分别作为基材和增强材料，并利用溶液共混法制备 PVDF/SPPESK 共混膜，其中，共混的 PVDF 可以形成憎水网络结构，则可以有效抑制膜溶胀。在 80 ℃下 PVDF 含量为 10% 的共混膜溶胀度仅为 21.7%，而质子传导率达到了 36 mS/cm，甚至超过 Nafion115 膜（34 mS/cm）。

（3）半互穿网络。

在两种聚合物组成的网络中，有一支未交联的线型分子穿插于已交联的另一种聚合物中，这可以形成半互穿网络结构。目前可以对非氟质子交换膜进行半互穿网络改性，利用交联聚合物网络对线性磺化聚合物的缠绕束缚，则可以抑制线性磺化聚合物的溶胀。例如，有研究人员将 SPPESK 与丙烯酸单体混合溶液中的丙烯酸单体进行原位聚合形成互穿的聚合物网络，膜在水溶液中的稳定性由于网络缠结互锁、组分间的协同作用和强迫相容性而提高，并且膜的吸水性和电性能也由于丙烯酸羧基的质子传导能力而得到补充。在室温下，该种半互穿网络膜的含水量提高到 SPPESK 原膜的 2.2 倍，质子传导率达到 19 mS/cm，分别为 SPPESK 原膜的 3.9 倍和 Nafion 膜的 1.2 倍，显著提高了抗溶胀性。90 ℃下其溶胀度（12.8%）是 Nafion 膜的 1/2。利用二丙烯酸交联聚乙二醇/磺化聚酰亚胺复合膜后，膜的交联结构提高磺化聚酰亚胺的耐水解性，即使是在 70 ℃的水中仍然具有优异的稳定性，同时其 90 ℃下的质子传导率仍然维持在 100 mS/cm 以上。

（4）酸碱复合。

也可以利用酸碱复合法构筑交联网络，即利用酸性基团和碱性基团之间强的离子键作用和氢键作用在膜内形成交联网络结构，这种交联网络结构不仅可以提高膜的机械强度和抗溶胀性能，而且可以有效提高膜的阻醇性能。例如，SPEEK 与聚四氟乙烯基吡啶（P4-VP）可以通过酸碱复合形成酸碱复合膜，当 P4-VP 的质量分数为 10% 时，酸碱复合膜的溶胀度显著下降（在 80 ℃条件下，与原膜相比下降了 41.2%），并且膜的高温导电性良好。并且在 95 ℃条件下，SPEEK56/P4VP-10% 复合膜的质子传导率（55 mS/cm）略高于 Nafion112 膜的质子传导率（51 mS/cm）。值得注意的是，这种方式同时降低了溶胀度和甲醇渗透率。继续提高 P4-VP 的质量分数至 50% 时，复合膜的甲醇渗透率降低至 5.81×10^{-8} cm^2/s（分别约为 SPEEK 原膜和 Nafion115 的 1/28 和 1/79）。Li 等制备了聚苯胺/SPEEKK 酸碱复合膜氢键网络提高膜结构的紧凑度，其展现出降低的水渗透率和甲醇渗透率。由于二者在膜内形成的氢键网络具有较强的质子传导能力，这也导致质子传导率得以提高。

(5)掺杂无机组分。

若在磺化聚合物中引入一些无机组分形成有机-无机杂化膜,这些无机组分(如杂多酸、二氧化硅(SiO_2)、蒙脱土以及磺化二氧化硅和磺化蒙脱土等)具有较强的吸水及保水能力。通过构建有机-无机杂化膜,杂化膜的保水性、质子传导性和机械强度均得到提高,这类膜也适用于中高温的操作条件(150 ℃)。以掺杂为例,通过提高操作温度从室温到 130 ℃,其质子传导率也从 80 mS/cm 提高到 150 mS/cm。对于为掺杂磷钨酸的磺化聚芳醚砜膜,其质子传导率仅仅从 70 mS/cm 提高到 90 mS/cm,这也间接证明了杂多酸具有非常优异的高温保水能力。然而,当其应用于电池系统中,杂多酸极易流失,这会影响膜的性能。此外,可以选用这一具有良好保水性能的无机材料,将纳米 SiO_2 直接掺杂后制备纳米 SiO_2 颗粒/磺化聚芳醚酮杂化膜以提高膜的保水性,在此过程中,必须考虑到在共混过程中纳米 SiO_2 的团聚问题,这也直接导致其在膜内的均匀性较差。溶胶-凝胶法是一种可以在磺化聚酰胺膜内原位生长纳米 SiO_2 颗粒的方法,并且可以促使纳米 SiO_2 颗粒在膜内的均匀分布。在此过程中,纳米 SiO_2 颗粒上接枝的有机磺酸基团有效提高了掺杂膜的质子传导率。在环境的相对湿度为 20% 的条件下,其质子传导率是聚酰亚胺原膜质子传导率的 30 倍。

10.4　高温质子交换膜

近些年来,研究人员将他们的关注重点倾向于高温质子交换膜燃料电池(HT-PEMFC),HT-PEMFC 的主要特点是工作温度较高(100 ~200 ℃),显著提高了传统 PEMFC 的工作温度(20 ~100 ℃)。但是,与熔融碳酸盐燃料电池和固态氧化物燃料电池相比,,PEMFC 和 HT-PEMFC 的操作温度仍然是较低的,它们仍然属于低温燃料电池。与 PEMFC 相比,HT-PEMFC 也具有很多的优势:电极的催化反应动力学过程可以通过提高温度实现。阴极氧还原反应(ORR)是电化学动力学的主要控制步骤,而阳极和阴极催化反应效率在高温条件下会更高。此外,CO 在铂基催化剂上吸附会导致催化剂中毒,而高温条件可以对此进行有效抑制。对于 PEMFC,高纯氢气(<25 μL/L CO,80 ℃)可作为其燃料,但是对于 HT-PEMFC,其对 CO 的耐受性会更高(1 000 μL/L,130 ℃;30 000 μL/L CO,200 ℃)。此外,若工作温度低于 80 ℃,电池体系中的水既存在液态也存在气态,若湿度在电池体系内继续升高,阴极水淹的现象不可避免,传质效率也会降低。当工作温度高于 100 ℃,磷酸掺杂膜对水含量的依赖性较低,扩散层容易达到湿度平衡状态,水管理系统也因而得到简化。假使过热现象产生(即散热速率低于产热速率),HT-PEMFC 会出现体系和环境较大的温差,散热会更容易,这也可以用于简化燃料电池热管理系统。

10.4.1　磷酸掺杂的聚苯并咪唑(PBI)膜

1995 年,磷酸掺杂的聚苯并咪唑作为固态电解质首次被应用于燃料电池,并且高温质子交换膜的最主要高分子膜材料仍然是聚苯并咪唑及其衍生物。自此以后,研究人员也开发出了很多具有其他结构的衍生物,图 10.12 也总结了它们的结构式,最具代表性的是3,3′-二氨基联苯和间苯二甲酸利用熔融聚合法和溶液聚合法得到的 *m*-PBI,这种结构的研究具有广泛性,因此也可以直接称其为 PBI。其中,PBI 这种聚合物可以被 N,N-二甲基乙酰胺(DMAc)、N-甲基吡咯烷酮(NMP)或者 N,N-二甲基甲酰胺(DMF)、二甲亚砜(DMSO)等有机溶剂溶解,待其溶解形成均一溶液后,可以利用常见的制膜方法(如刮膜法、溶液挤出法和溶液流延法等)制备成膜,膜的厚度可以根据需要控制(可制备膜的厚度为 15 ~ 200 μm)。

以 PBI 结构为基础,聚合物和磷酸之间的酸碱相互作用的提高会影响膜的性能。其中,含氮杂环的线性聚合物(如含吡啶、联吡啶、苯并[c]噌啉等)的合成可以促进磷酸吸附和质子传导。值得注意的是,在主链中引入的含氮杂环的结构和分布会影响聚合物的溶解性。例如,在主链上引入吡啶官能团后,增强了聚合物的极性,这可以改善其在非质子有机溶剂(DMAc、DMF、DMSO、NMP)中的溶解性。对于含有苯并[c]噌啉结构的聚苯并咪唑在非质子有机溶剂中溶解性会比较低,但是它更容易在甲磺酸(MSA)溶液中进行溶解。在 PBI 结构中引入羟基吡啶结构后,磷酸吸附会得到增强,并且分子链间的氢键作用也会提高,质子交换膜的力学强度会随温度升高而增加。苯并咪唑最小链节内有两个氮原子作为碱性位点,两个磷酸分子可以与重复单元发生酸碱相互作用。更多氮原子位点引入会增加重复单元的作用位点,可以有效增强磷酸的吸附特性。与未改性的 PBI 相比,双吡啶结构的聚苯并咪唑(Bipy-PBI)的平面质子传导率得到提高(达到 146%)。氢气/空气燃料电池的峰值功率密度提高了 32%,峰值功率密度最高可以达到 0.75 W/cm^2(120 ℃、无水条件下)。

膜的磷酸保留能力对于在长期工作状态下的电池寿命至关重要。聚合物的自由体积由于聚合物引入刚性单体后得到提升,这可以促进磷酸吸附和保留。对于支化型聚合物与线型聚合物,其主链的结构有明显的差别。由于刚性支化位点和长支链的协同作用,支化 PBI 的空间结构存在更多的自由体积,更多的磷酸会吸附,有助于增加燃料电池输出功率,因此目前研究者将关注重点转向可溶性支化 PBI。支化结构所形成的自由体积结构对吸附的磷酸有一定的包覆作用,可以阻止磷酸流失并且具有较高的长期稳定性。膜的自由体积会受到聚合物的溶剂化效应影响,咪唑环在甲磺酸溶剂分子的作用下发生质子化,质子化的咪唑环的氢键作用消失,并导致分子链间的结合力降低,最终导致膜结构的自由体积有所提升。

聚合物膜的离子传导率和长期稳定性与其微观形貌息息相关。在低温离子交换膜制备领域中,微观相分离的聚集态结构十分受到关注,目前也有为了研究促进离子有效传输而建立连续的亲水相。Nafion 膜由于侧链磺酸基团促进微观相分离形貌的形成而具有优异的质子传导率。建立微观相分离形貌的方法包括嵌段共聚、长侧链接枝、高密度磺化单体共聚、高温退火等。目前嵌段共聚法是最常见构建聚苯并咪唑的微观相分离结构的方法。一系列 *m*-PBI-*b*-*p*-PBI 嵌段共聚物可通过 *m*-PBI 和 *p*-PBI 的齐聚,齐聚物的链长度增加可以降低两相相溶性,并形成微观相分离形貌。在相近磷酸吸附含量的条件下,质子传导率随嵌段分子链段的分子量的提高呈现上升趋势。*m*-PBI 的溶解性高于 *p*-PBI 的溶解性,并且两种分子链嵌段共聚产物的溶解性优于 *p*-PBI,同时降低了压缩蠕变柔

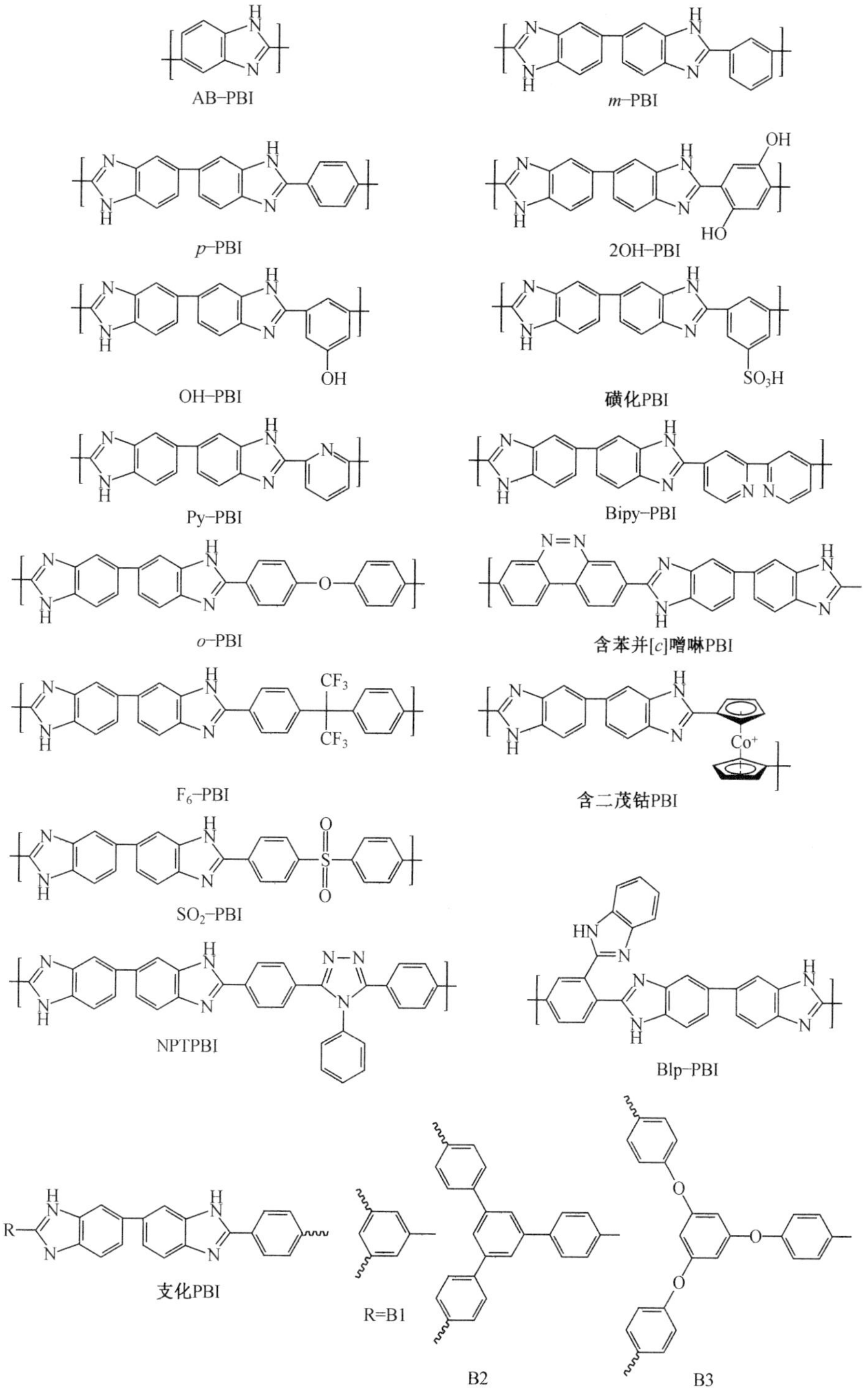

AB-PBI

m-PBI

p-PBI

2OH-PBI

OH-PBI

磺化PBI

Py-PBI

Bipy-PBI

o-PBI

含苯并[*c*]噌啉PBI

F_6-PBI

含二茂钴PBI

SO_2-PBI

NPTPBI

Blp-PBI

支化PBI

R=B1

B2

B3

图10.12　常见的PBI分子结构式

量,意味着热-力学性能提高。在 160 ℃条件下,为期 2 年的稳定性测试中电压衰减率为约 0.67 μV/h。通过制备支化嵌段共聚物,微观相分离也可以与支化结构相结合,支化位点的存在降低了线性链段的缠结,制造了更大的自由体积。而且在嵌段结构和微观相分离结构的协同作用下,其质子传导率比支化聚合物的质子传导率更高。

线性链段的缠结由于支化位点的存在而降低,这导致更大的自由体积产生。而且在嵌段结构和微观相分离结构的协同作用下,质子传导率高于支化聚合物的质子传导率。通过多聚磷酸(PPA)溶液聚合法制备 PBI,经过直接铺膜、PPA 水解成 PA 等过程可以得到较高磷酸掺杂含量,可以通过压缩蠕变来表征此种方法所制膜的热-力学新性能,关于压缩蠕变的直接研究相对有限。而通过磷酸浸泡法制备的高温膜磷酸掺杂含量较低,膜的拉伸性能,包括拉伸强度、断裂伸长率和弹性模量等受到更多的关注。此外,设计交联结构也可以有效地提高膜的力学性能,包括 PBI 高温热处理(350 ℃)、SN2 位点交联、添加小分子交联剂等。从制备过程来看,通过磺酸基进行共价交联需要高温处理,磺酸基与聚合物主链上的苯环结构发生 Friedel-Crafts 反应,生成的 C—SO_2—C 共价键具有良好的化学稳定性和热稳定性,防止酸掺杂过程引起的过度溶胀。

此外,通过合成磺化 p-PBI,热处理后主链上的磺酸基团和苯环发生自交联,其不会溶于 DMAc。相比于商业化 m-PBI,具有更高的质子传导率(质子传导率提高 40% 以上),在 600 mA/cm^2 单电池长期稳定性测试中,商业化 m-PBI 电压衰减率为 308 μV/h,而自交联膜的电压衰减率仅为 16 μV/h。然而,无论是通过离子交联还是共价交联,磷酸吸附含量会随着交联度的提高而下降,这对促进质子的高效传输是不利的。为了弥补交联结构引起的磷酸吸附含量下降,可以引入含有咪唑的交联网络促进磷酸的吸附。

近些年,在质子交换膜的制备过程中引入了离子液体提高膜的性能,含氮杂环的离子液体(IL)室温熔融盐的沸点一般低于 100 ℃,并且离子传导率较高(10^{-4} ~ 1.8×10^{-2} S/cm)、蒸气压较低、电化学窗口宽泛和热稳定性良好。根据阳离子/阴离子结构不同,离子液体的黏度、亲水性、离子电导率等性质有所差异,目前咪唑阳离子型离子液体研究最为宽泛。PBI/IL 复合膜在高温条件下具有较高的质子传导率,但是共混掺杂方式引入的离子液体多数以游离态形式保存在聚合物分子链之间,在长期的工作环境下容易流失。通过在侧链上利用硅氧烷水解反应构建笼状结构可以限制离子液体流失。[BMIm]H_2PO_4中咪唑阳离子的芳香环结构与 PBI 具有良好的相溶性,并且提高了膜的磷酸吸附能力。但是引入[BMIm]H_2PO_4后,聚合物分子链间的距离增加,分子链间作用力下降,进而导致力学强度降低。对于液体保留测试,144 h 后不具有笼状结构的膜内[BMIm]H_2PO_4含量下降到 2%,而具有笼状结构复合膜内[BMIm]H_2PO_4含量在 72% 左右。然而,离子液体可以通过这种方式保留,但是掺杂到复合膜中的离子液体非常有限(<10%)。此外,通过构建交联结构可以制备掺杂含量更高的交联结构,所制备的聚离子液体为包含咪唑阳离子和环氧官能团的线性分子结构,环氧基团与聚苯并咪唑上的—NH 位点发生反应形成交联网络结构,PIL 掺杂含量提高到 40%。在富含咪唑基团 PIL 的作用下,复合膜的磷酸吸附能力得到提升。但同时聚离子液体的大量引入,导致膜的力学强度降低(从 134 MPa 到 42 MPa,掺杂磷酸后,所制备复合膜力学强度保持在 7 MPa 以上,满足燃料电池使用指标。

10.4.2 含氮杂环体系的质子交换膜

传统 PBI 聚合物中大量的—NH 结构会形成氢键网络，进而形成紧密堆积的聚集态结构，这种结构在长期高温的工作环境中是适用的。尽管提高聚合物分子量可以维持吸附磷酸后的力学强度，但是 PBI 溶解性随着 PBI 分子量增加而降低，因此不利于制膜。近年来，其他含氮杂环或者含阳离子聚合物作为高温质子交换膜材料逐渐得到科研工作者的关注，如叔胺、季胺、咪唑、三唑、四唑、吡啶、哌啶、吡咯、喹啉等。特别是一些阳离子官能团碱性较强，与磷酸分子间有着良好的结合力，是开发可替代 PBI 材料的有效策略。

聚芳醚酮是一类具有较高热稳定性（>300 ℃）和化学稳定性的高分子聚合物，可广泛应用于低温质子交换膜和碱性阴离子交换膜。季铵化聚芳醚酮（QPAEK）掺杂磷酸作为高温质子交换膜，磷酸吸附含量为 117% ~356%。若进一步提高离子交换容量会导致磷酸吸附过度而溶胀，因此可以通过控制适当的离子交换容量来调节磷酸吸附含量。加入二氨基单体作为交联剂可以防止溶胀导致的力学强度降低，力学性能满足燃料电池的测试需求，峰值功率密度为 323 mW/cm^2。此外，可以利用三甲胺、三乙胺、三丙胺、1-甲基咪唑修饰聚醚醚酮高温膜。修饰膜具有较高的力学强度（> 60 MPa），尽管浸泡磷酸以后强度有所降低，但是依然能够保持 5 ~ 30 MPa，这与 PA/PBI 复合膜的力学强度接近（5 ~ 10 MPa）。理论上阳离子官能团的碱性强弱（pK_a）和空间结构都会影响磷酸吸附，然而从实验结果来看，pK_a 最大的三乙胺并未呈现出最好的磷酸吸附能力，反而得到如下的磷酸吸附结果：1-甲基咪唑>三甲胺>三乙胺>三丙胺。因此说明官能团 pK_a 对磷酸吸附的影响并不突出。反而是随着烷烃链的增长，阳离子和磷酸二根离子间相互作用减弱，造成了磷酸吸附含量下降。咪唑官能团呈现平面环状结构，与季胺官能团多面体结构相比，阳离子中心与磷酸相接触的空间更大，因此表现出最高的磷酸吸附含量和质子传导率。

为了进一步探索不同咪唑结构对聚砜基高温膜的影响，在咪唑 C2 位置和 N3 位置设计不同的烷烃链或者苯环结构，共讨论了 5 种不同保护结构。发现 N3 位置被癸烷和苯环保护以后获得了较高的抗氧化稳定性，同时癸烷修饰咪唑展现出最高的磷酸吸附含量和质子传导率。在咪唑环状平面结构的基础上，癸烷的长链可能创造了更大的自由体积，这会促进磷酸吸附。（季胺-磷酸二氢根）对提高质子传导率和控制磷酸流失方面的作用也值得探讨。在 PA/PBI 膜中，磷酸和咪唑官能团之间的相互作用为 17.4 kcal/mol（1 kcal=4.18 kJ），磷酸容易因为湿度的增加而流失。季胺官能团和磷酸二氢根之间的相互作用为 151.7 kcal/mol，在加强的离子间相互作用下，磷酸掺杂膜对湿度的耐受性提高，有效防止水分子引起的磷酸过快流失。不仅如此，由于水分子可以参与质子的传递过程，随着相对湿度升高到约 40%，膜的质子传导率达到峰值。三乙胺修饰聚砜（PSf-TEA-100）高温膜降解机理如图 10.13 所示。由于相对湿度的依赖性发生变化，燃料电池的使用温度得到拓宽，可以在 80 ~ 160 ℃稳定运行，简化了温度 100 ℃以下的水热管理，在 120 ℃条件下 500 h 氢氧燃料电池测试中，未观察到明显的电压降。

除了聚合物主链结构和官能团结构，磷酸吸附位点的分布也会对质子交换膜的性能产生影响，侧基多磷酸吸附位点可以提高磷酸吸附效率，在三叔胺接枝的聚砜结构中（TDAP-PSU），吸附相似含量的磷酸却可以保持良好的尺寸稳定性。与单个叔 DMA-PSU

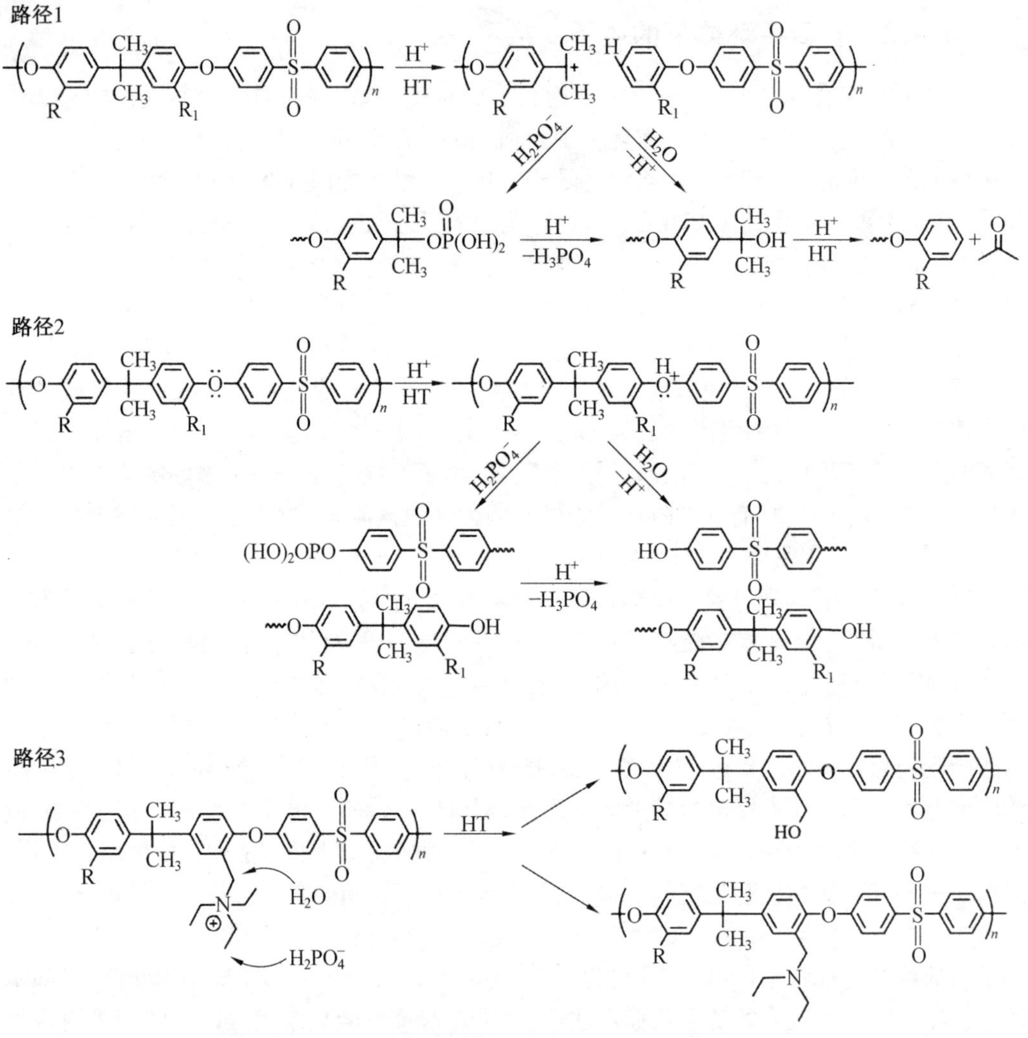

路径1

O CH$_3$ CH$_3$ R R$_1$ S O O n H^+ HT CH$_3$ H R R$_1$ $H_2PO_4^-$ H_2O $-H^+$

CH$_3$ O OP(OH)$_2$ CH$_3$ R H^+ $-H_3PO_4$ CH$_3$ OH CH$_3$ R H^+ HT O R + O

路径2

CH$_3$ CH$_3$ R R$_1$ O S O O n H^+ HT CH$_3$ CH$_3$ H O R R$_1$ $H_2PO_4^-$ H_2O $-H^+$

(HO)$_2$OPO S O O HO S O O H^+ $-H_3PO_4$ CH$_3$ OH CH$_3$ R R$_1$ CH$_3$ OH CH$_3$ R R$_1$

路径3

CH$_3$ CH$_3$ R O S O O n HT N H_2O $H_2PO_4^-$ CH$_3$ CH$_3$ R HO O S O O n CH$_3$ CH$_3$ R N O S O O n

图 10.13　三乙胺修饰聚砜(PSf-TEA-100)高温膜降解机理

结构相比,TDAP-PSU 的磷酸吸附溶胀更小,分子链间的结合力更强,因此膜的力学强度高于单个叔胺接枝聚合物。所得到的电池峰值功率密度高于单叔胺接枝聚合物,达到 453 mW/cm^2,长达 140 h 的高温质子交换膜燃料电池稳定性测试未见电流密度衰减。

咪唑修饰聚芳醚酮可以作为高温膜的替代材料,Yang 等在咪唑修饰的基础上建立了双交联网络结构,通过聚苯乙烯和聚芳醚酮的双交联网络共同提高力学强度和化学稳定性。在双网络结构作用下,磷酸掺杂膜的力学强度可以接近 10 MPa,相对于未交联结构有着明显提高。与已报道咪唑修饰聚砜结构对比,在质子传导率与力学强度的平衡关系中处于中上水平,说明咪唑双交联网络能够同时具备较高的磷酸吸附含量和质子传导率。在长达 600 h 的高温质子交换膜燃料电池稳定性测试中,电压降为 39 μV/h,具有良好的稳定性。聚芳基哌啶聚合物(PAPs)是一类主链上不含醚键的亚芳基哌啶聚合物,可以通过联苯单体与 N-甲基-4-哌啶酮经过 Friedel-Crafts 反应一步制得。相比于聚芳醚酮砜,主链上无明显吸电子基团,因此往往表现出良好的抗氧化稳定性。主链上甲基吡啶可以通过卤代烷烃进行质子化，增加聚合物碱性。Lu 等利用聚芳基哌啶（PPT 和 PPB）制备了高温质子交换膜，在吸附磷酸以后膜的力学强度高达 12 MPa，高于常见 PA/PBI 膜。而且 PA/PPT 产生了有助于质子传输的微观相分离结构，在磷酸吸附含量相同的情况下，PA/PPT膜的质子传导率远高于 PA/PBI 膜，氢氧燃料电池的峰值功率密度高达 1 220.2 mW/cm^2，是 PA/PBI 燃料电池的 1.85 倍。值得注意的是，在 1 600 h 的燃料电池稳定性测试中未出现明显衰减，具有优异的稳定性，证明聚芳基哌啶聚合物在高温质子交换膜的应用中具有很大潜力。

本章习题

10.1 请写出燃料电池的分类方法以及分类名称。

10.2 请写出几种常见的燃料电池反应方程式。

10.3 在燃料电池的实际应用中，质子交换膜需要满足什么要求？

10.4 请列出几种抑制非氟磺酸质子交换膜溶胀的方法。

10.5 请列出集中提高 PBI 膜性能的方法，并解释其机理。

本章参考文献

[1] 刘建国，李佳. 质子交换膜燃料电池关键材料与技术［M］. 北京：化学工业出版社，2021.

[2] GRUBB W T, NIEDRAC L W. Batteries with solid ion-exchange membrane electrolytes 2 low-temperature hydrogen-oxygen fuel cells [J]. Journal of the Electrochemical Society, 1960, 107: 131-135.

[3] WILEY R H, VENKATACHALAM T K. Sulfonation of polystyrene crosslinked with pure m-divinylbenzene. Journal of Polymer Science Part a-1-Polymer Chemistry [J], 1966, 4: 1892.

[4] PRATER K. The renaissance of the solid polymer fuel-cell [J]. Journal of Power Sources, 1990, 29: 239-250.

[5] LEMAL D M. Perspective on Fluorocarbon Chemistry [J]. The Journal of Organic Chemistry, 2004, 69(1): 1-11.

[6] ZATON M, ROZIERE J, JONES D J. Current understanding of chemical degradation mechanisms of perfluorosulfonic acid membranes and their mitigation strategies: a review [J]. Sustainable Energy & Fuels, 2017, 1(3): 409-438.

[7] ZHANG Y, WAN Y, ZHAO C, et al. Novel side-chain-type sulfonated poly(arylene ether ketone) with pendant sulfoalkyl groups for direct methanol fuel cells [J]. Polymer, 2009, 50(19): 4471-4478.

[8] BOSE S, KUILA T, NGUYEN T X H, et al. Polymer membranes for high temperature proton exchange membrane fuel cell: recent advances and challenges [J]. Progress in

Polymer Science, 2011, 36(6): 813-843.

[9] KUSOGLU A, WEBER A Z. New Insights into Perfluorinated Sulfonic-Acid Ionomers [J]. Chemical Reviews, 2017, 117(3): 987-1104.

[10] HSU W Y, Gierke T D. Ion transport and clustering in nafion perfluorinated membranes [J]. Journal of Membrane Science, 1983, 13(3): 307-326.

[11] MISHRA A K, KIM N H, JUNG D, et al. Enhanced mechanical properties and proton conductivity of Nafion - SPEEK - GO composite membranes for fuel cell applications [J]. Journal of Membrane Science, 2014, 458: 128-135.

[12] WANG B, CAI Z, ZHANG N, et al. Fully aromatic naphthalene-basedsulfonated poly (arylene ether ketone)s with flexible sulfoalkyl groups as polymer electrolyte membranes [J]. RSC Advances, 2015, 5(1): 536-544.

[13]段宇廷. Nafion基复合质子交换膜微观结构定向调控及稳定性研究[D]. 长春:吉林大学, 2022.

[14] OKAZOE T, WATANABE K, ITOH M, et al. A new route to perfluorinated vinyl ether monomers: synthesis of perfluoro (alkoxyalkanoyl) fluorides from non-fluorinated compounds [J]. Journal of Fluorine Chemistry, 2001, 112(1): 109-116.

[15] KRAYTSBERG A, EIN-ELI Y. Review of Advanced Materials for Proton Exchange Membrane Fuel Cells [J]. Energy & amp; Fuels, 2014, 28(12): 7303-7330.

[16]贺高红, 焉晓明, 吴雪梅, 等. 燃料电池非氟质子交换膜的研究进展[J]. 膜科学与技术, 2011, 31(3): 140-144+155.

[17] GU S, HE G, WU X, et al. Synthesis and characteristicsof sulfonated poly (phthalazinone ether sulfone ketone) (SPPESK) for direct methanol fuel cell (DMFC) [J]. Journal of Membrane Science, 2006, 281(1-2): 121-129.

[18] KREUER K. On the development of proton conducting polymer membranes for hydrogen and methanol fuel cells [J]. Journal of Membrane Science, 2001, 185(1): 29-39.

[19] 吴雪梅,贺高红,顾爽,等. 胺交联的磺化聚芳醚砜酮荷电膜的制备及微观结构[J]. 功能材料,2006, 37(8):1341-1344.

[20]MIKHAILENKO S, WANG K, KALIAGUINE S, et al. Proton conducting membranes based on cross-linked sulfonated poly (ether ether ketone) (SPEEK) [J]. Journal of Membrane Science, 2004, 233(1-2): 93-99.

[21] GU S, HE G, WU X, et al. Preparation and characteristics of crosslinked sulfonated poly (phthalazinone sulfone ketone) with poly (vinyl alcohol) for proton exchange membrane [J]. Journal of Membrane Scioence, 2008, 312(1-2): 48-58.

[22] GU S, HE G, WU X, et al. Preparation and characterization of poly (vinylidene fluoride)/sulfonated poly (phthalazinone ether sulfone ketone) blends for proton exchange membrane [J]. Journal of Applied Polymer Science, 2010, 116 (2): 852-860.

[23] WU X, HE G, GU S, et al. Novel interpenetrating polymer network sulfonated poly

(phthalazinone ether sulfone ketone)/ polyacrylic acid proton exchange membranes for fuel cell [J]. Journal of Membrane Science, 2007, 295(1-2): 80-87.

[24] LEE S, JANG W, CHOI S, et al. Sulfonated polyimide and poly (ethylene glycol) diacrylate based semi-interpenetrating polymer network membranes for fuel cells [J]. Journal of Applied Polymer Science, 2007, 104(5): 2965-2972.

[25] 荣倩, 顾爽, 贺高红,等. SPEEK/P4VP 酸碱复合质子交换膜的制备与性能[J]. 高分子材料科学与工程, 2009, 25(8): 126-129.

[26] LI X, LIU C, XU D, et al. Preparation and properties of sulfonated poly (ether ether ketone) s (SPEEK)/polypyrrole composite membranes for direct methanol fuel cells [J]. Journal of Power Sources, 2006, 162(1): 1-8.

[27] KIM Y, WANG F, HICHNER M, et al. Fabrication and characterization of heteropolyacid ($H_3PW_{12}O_{40}$)/directly polymerized sulfonated poly (arylene ether sulfone) copolymer composite membranes for higher temperature fuel cell applications [J]. Journal of Membrane Science, 2003, 212(1-2): 263-282.

[28] SU Y, LIU Y, SUN Y, et al. Using silica nanoparticles for modifying sulfonated poly (phthalazinone ether ketone) membrane for direct methanol fuel cell: a significant improvement on cell performance [J]. Journal of Power Sources, 2006, 155(2): 111-117.

[29] MIYATAKE K. TOMBE T, CHIKASHIGE Y, et al. Enhanced proton conduction in polymer electrolyte membranes with acid - functionalized polysilsesquioxane [J]. Angewandte Chime-International Edition, 2007. 46(35): 6646-6649.

[30] 李金晟, 葛君杰, 刘长鹏,等. 燃料电池高温质子交换膜研究进展[J]. 化工进展, 2021, 40(9): 4894-4903.

[31] WAINRIGHT J S, WANG J T, WENG D, et al. Preparation and characterization of novel pyridine - containing polybenzimidazole membrane for high temperature proton exchange membrane fuel cells [J]. Journal of Membrane Science,2016, 502: 29-36.

[32] CHEN J C, HSIAO Y R, LIU Y C, et al. Polybenzimidazoles containing heterocyclic benzo[c] cinnoline structure prepared by sol - gel process and acid doping level adjustment for high temperature PEMFC application [J]. Polymer, 2019, 182: 121814.

[33] YANG J S, XU Y X, ZHOU L, et al. Hydroxyl pyridine containing polybenzimidazole membranes for proton exchange membrane fuel cells [J]. Journal of Membrane Science, 2013, 446: 318-325.

[34] BERBER M R, NAKASHIMA N. Bipyridine-based polybenzimidazole membranes with outstanding hydrogen fuel cell performance at high temperature and non-humidifying conditions [J]. Journal of Membrane Science, 2019, 591: 117354.

[35] NI J P, HU M S, LIU D, et al. Synthesis and properties of highlybranched polybenzimidazoles as proton exchange membranes for high temperature fuel cells [J]. Journal of materials Chemistry C, 2016, 4(21): 4814-4821.

[36] LEYKIN A Y M, ASKADSKII A A, VESILEV V G, et al. Dependence of some properties of phosphoric acid doped PBIs on their chemical structure [J]. Journal of Membrane Science, 2010, 347(1/2): 69-74.

[37] DING L M, WANG Y H, WANG L H, et al. simple and effective method of enhancing the proton conductivity of polybenzimidazole proton exchange membranes through protonated polymer during solvation [J]. Journal of Power Sources, 2020, 455:227965.

[38] MAITY S, HANA T. Polybenzimidazole block copolymers for fuel cell: synthesis and studies of block length effects on nanophase separation, mechanical properties, and proton conductivity of PEM [J]. ACS Applied Materials & Interfaces, 2014, 6(9): 6851-6864.

[39] PINGITORE A, HUANG F, QIAN GQ, et al. Durable high polymer content m/p-polybenzimidazole membranes for extended lifetime electrochemical devices [J]. ACS Applied Energy Materials, 2019, 2(3): 1720-1726.

[40] WANG L, WU Y N, FANG M L, et al. Synthesis and preparation of branched block polybenzimidazole membranes with high proton conductivity and single-cell performance for use in high temperature proton exchange membrane fuel cells [J]. Journal of Membrane Science, 2020, 602: 117981.

[41] AILI D, CLEEMANN L N, LI Q F, et al. Thermal curing of PBI membranes for high temperature PEM fuel cells [J]. Journal of Materials Chemistry, 2012, 22(12): 5444-5453.

[42] YANG J, AILI D, LI Q, et al. Covalently cross-linked sulfone polybenzimidazole membranes with poly (vinylbenzyl chloride) for fuel cell applications [J]. ChemSusChem, 2013, 6(2): 275-282.

[43] WANG C G, LI Z F, SUN P, et al. Preparation and properties of covalently crosslinked polybenzimidazole high temperature proton exchange membranes doped with high sulfonated polyphosphazene [J]. Journal of the Electrochemical Society, 2020, 167: 104517.

[44] NAMBI K N, KONOVALOVA A, AILI D, et al. Thermally crosslinked sulfonated polybenzimidazole membranes and their performance in high temperature polymer electrolyte fuel cells [J]. Journal of Membrane Science, 2019, 588: 117218.

[45] LI X B, MA H W, WANG P, et al. Highly conductive and mechanically stable imidazole-rich cross-linked networks for high temperature proton exchange membrane fuel cells [J]. Chemistry of Materials, 2020, 32(3): 1182-1191.

[46] KRISHNAN N N, JOSEPH D, DUONG N M H, et al. Phosphoric acid doped crosslinked polybenzimidazole (PBI-OO) blend membranes for high temperature polymer electrolyte fuel cells [J]. Journal of Membrane Science, 2017, 544: 416-424.

[47] NAMBI K N, KONOVALOVA A, AILI D, et al. Thermally crosslinked sulfonated polybenzimidazole membranes and their performance in high temperature polymer electrolyte

fuel cells [J]. Journal of Membrane Science, 2019, 588: 117218.

[48] MA W J, ZHAO G J, YANG J S, et al. Cross-linked aromatic cationic polymer electrolytes with enhanced stability for high temperature fuel cell applications [J]. Energy & Environmental Science, 2012, 5(6): 7617.

[49] ZHANG N, WANG B L, ZHAO C J, et al. Quaternized poly (ether ether ketone)s doped with phosphoric acid for high-temperature polymer electrolyte membrane fuel cells [J]. Journal of Materials Chemistry A, 2014, 2(34): 13996-14003.

[50] YANG J S, WANG J, LIU C, et al. Influences of the structure of imidazolium pendants on the properties of polysulfone-based high temperature proton conducting membranes [J]. Journal of Membrane Science, 2015, 493: 80-87.

[51] LEE K S, SPENDELOW J S, CHOE Y K, et al. An operationally flexible fuel cell based on quaternary ammonium-biphosphate ion pairs [J]. Nature Energy, 2016, 1: 16120.

[52] LEE Y M. Fuel cells: operating flexibly[J]. Nature Energy, 2016, 1:16136.

[53] ZHANG J J, ZHANG J, BAI H J, et al. A new high temperature polymer electrolyte membrane based on tri-functional group grafted polysulfone for fuel cell application [J]. Journal of Membrane Science, 2019, 572: 496-503.

[54] YANG J S, JIANG H X, WANG J, et al. Dual cross-linked polymer electrolyte membranes based on poly (aryl ether ketone) and poly (styrenevinylimidazole-divinylbenzene) for high temperature proton exchange membrane fuel cells [J]. Journal of Power Sources, 2020, 480: 228859.

[55] BAI H J, PENG H Q, XIANG Y, et al. Poly(arylene piperidine)s with phosphoric acid doping as high temperature polymer electrolyte membrane for durable, high-performance fuel cells[J]. Journal of Power Sources, 2019, 443: 227219.

第11章　储能电池膜

11.1　储能电池简介

随着化石燃料资源的短缺和日益严重的环境生态问题,人们开始追求更清洁、更环保的能源。随着社会的进步以及日益增加的能源需求,可利用的能源形态也随之不断发展。目前主要的化石能源包括煤炭、石油、天然气,人们对生活方式和生活质量的向往加速了化石能源的消耗,但使用化石能源的背后也伴随着一些隐患,主要包括能源储量以及生态气候的问题。所以目前大力发展的清洁能源,主要包括水力、风能、太阳能等,然而风能以及太阳能受环境条件影响因素比较大,具有很大的不稳定性,而且许多小型的风能以及太阳能无法入网,导致很大的能源浪费。化石能源所存在的隐患以及清洁能源的不稳定性等问题可以利用储能器件来解决,发展高容量和低成本的储能设备成为解决非持续能源利用问题的重要手段。目前可循环使用的储能技术包括铅酸电池、锂离子电池和氧化还进料液流电池。

1. 铅酸电池

铅酸电池的能量密度为35 W·h/kg,寿命大于800次,效率仅有70%～75%。镉镍电池的能量密度也大约为35 W·h/kg,寿命大于1 000次,但效率更低,只有60%～70%,并且有记忆效应,具有较差的可逆性。在技术以及相关政策的支持下,锂离子电池已经有相当大的市场及应用领域,并且有很大的发展前景,目前使用的锂离子电池能量密度已经超过300 W·h/kg,很快就会达到400 W·h/kg的级别,其具有良好的循环寿命以及95%左右的效率,且具有较好的可逆性。所以锂电池的能量密度、循环寿命、能量转换效率等优势使其可以成为主流的新能源储能器件。

2. 锂离子电池

锂离子电池(Lithium-Ion Battery, LIB)由于其能量密度高、寿命长和自放电率低而成为目前占主导地位的移动电源。它已经广泛应用于日常生活,如电动汽车、笔记本电脑和数码相机,它也是最常见的储能电池。锂离子电池的安全性一直备受关注,成为制约高能量密度锂离子电池发展的主要问题。作为锂离子电池的重要组成部分,其隔膜的性能对电池的容量和性能有显著影响,对电池的安全性起着重要作用。电池在工作过程中存在着严重的安全隐患。这种不安全行为主要源于其热失控。通常会引起火灾或严重的爆炸事故。已经证实,锂离子电池中存在一系列潜在的放热副反应,例如,固体电解质界面(SEI)膜的热分解、锂离子和电解质之间的进一步放热反应、电解质和正极材料的热分解等。电池在短路、过充、过热或高倍率充电等滥用情况下工作时,会在短时间内释放大量热量,内部温度会升高,这些放热副作用会相继触发。一旦热量无法快速散发,就会导致电池持续升温,最终燃烧甚至爆炸。同时,热失控的原因有很多,其中内部短路是主要原因。在此过程中,隔膜通常会发生一系列明显的变化,如气孔堵塞、内部升温引起的热收缩、外部冲击引起的击穿和不可控的枝晶生长等。因此,通过对隔膜进行各方面改性来提高锂离子电池的性能和安全性对锂离子电池的发展是非常重要的,尤其是对于现在的研究热点动力电池而言,开发高性能锂离子电池隔膜尤为重要。

3. 氧化还进料液流电池

氧化还进料液流电池是一种电化学储能装置。这类电池没有固态反应,不发生电极物质形态改变,且价格便宜、寿命长、可靠性高、操作和维修费用低。此后,陆续出现的Ti/Fe、Cr/Fe、Zn/Br、V/Br/Fe/Br 等氧化还进料液流电池得到了一定的发展,其中,Cr-Fe电池得到美国宇航局的系统研究,仍为目前国内外研究最广泛的一种液流电池体系。但由于半电池的可逆性差及难有合适的选择性隔膜来排除 Cr 和 Fe 的相互污染,虽然对电池进行了改进,但性能还不能达到实用化的目的。随后又研究开发了单一金属溶液为电解质的电池,如 Cr 系、Ce 系、V 系,而 V 系电解质的液流电池优势明显。

11.1.1 储能电池工作原理

以全钒氧化还进料液流电池为例,全钒氧化还进料液流电池是以不同价态的钒离子溶液为正、负极活性物质的二次电池。1984 年首次提出全钒液流电池的新概念,克服了以前液流电池活性电对离子透过隔膜造成的交叉污染的固有问题。之后,他们在制备高浓度的钒电解质溶液方面取得突破,制备的溶液在较宽的温度范围内长期放置而不结晶,表明钒可以作为液流电池的电解质。随后其研究小组对该电池正负极电对的反应过程和电极材料进行了初步的研究,并因此获得美国和澳大利亚等国的专利。

钒电池由正极和负极两个半电池与隔膜组成。钒电池正极和负极两个半电池分别由集流板、惰性电极、活性物质(电解质溶液)组成;正极和负极两个半电池的活性物质分别采用和溶液电对;隔膜将两个半电池分开以防止正极和负极活性物质混合。图 11.1 描述了钒电池的充电机制,放电机制是的它的逆过程。电池充电后,正极活性物质变为 V(Ⅴ)离子溶液(黄棕色),负极为 V(Ⅱ)离子溶液(紫色);放电后,正、负极分别为 V(Ⅳ)(蓝色)和 V(Ⅲ)(绿色)离子溶液;电池在充放电的过程中,半电池溶液中的 H^+ 选择性地通过隔膜导电构成内部回路,集流体与外接电源或负载相连形成外部回路。

正极:
$$VO^{2+}+H_2O \underset{放电}{\overset{充电}{\rightleftharpoons}} VO_2^++2H^++e^- \tag{1}$$

负极:
$$V^{3+}+e^- \underset{放电}{\overset{充电}{\rightleftharpoons}} V^{2+} \tag{2}$$

以锂离子电池为例,锂离子电池主要包括五个部件:正极、负极、电极液、隔膜、封装材料,如图 11.2 所示。电池的性能主要由正极、负极、电极液、隔膜四个组成部分决定。

(1)正极材料。

正极材料是锂离子电池性能的关键因素,对锂离子电池的倍率性能和电容量有着重要的影响。这要求正极材料具有比容量大、稳定性高、结构稳定、电子导电性和离子扩散系数高、环境友好、价格便宜等优点。目前主流的正极材料大部分都是过渡金属的氧化物,包括层状结构的钴酸锂($LiCoO_2$)、尖晶石结构的锰酸锂($LiMn_2O_4$)、层状结构的

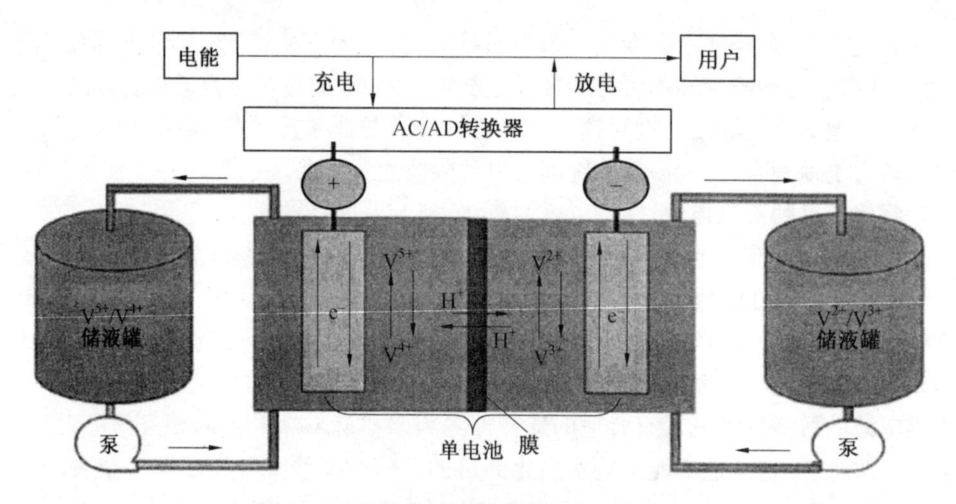

图 11.1　钒氧化还进料液流电池工作原理

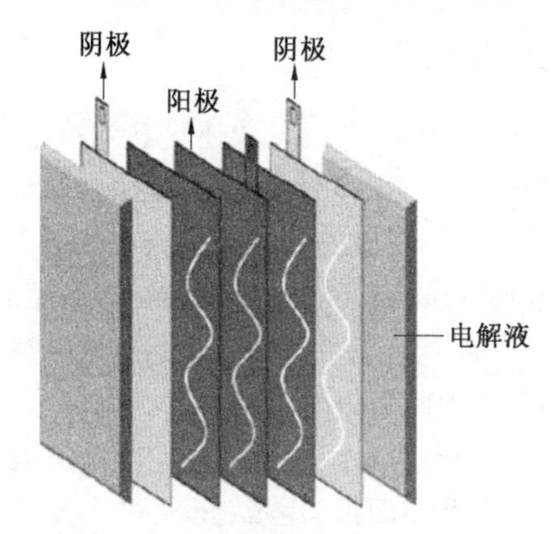

图 11.2　锂离子电池结构示意图

($LiNiO_2$)、橄榄石结构的磷酸铁锂($LiFePO_4$)以及层状结构的三元正极材料镍钴锰酸锂($LiNi_{1-x-y}Co_xMn_yO_2$)。一般使用铝箔作为集流体。

(2)负极材料。

主要采用嵌锂化合物代替锂金属电极,有效抑制锂枝晶,提高安全性及电池的性能。要求负极材料具有嵌锂电位低、比容量高、可逆性好、能形成较好的固态电解质界面膜(SEI)、电导率高、环境友好、价格便宜等特点。目前常见的是负极材料是石墨、硅碳材料、锡基负极材料、过渡金属氧化物和合金类。

(3)电解液。

LIB 的电解质溶液是一种复杂的体系,由溶剂混合物、锂盐和任意数量的添加剂组成。电解液需要具备宽的使用温度、黏度低、相对介电常数高、宽的电化学窗口、无毒、环境友好、热稳定性高、低成本等特点。目前 LIB 中使用的电解质溶液包括碳酸乙烯(EC)和线性碳酸酯(如碳酸甲酯(EMC)、碳酸二甲酯(DMC))作为溶剂,结合 $LiPF_6$作为锂盐。

(4)隔膜材料。

隔膜存在于正极和负极之间,将正负极隔开,防止正负极直接接触导致短路发生安全事故,阻隔电子,此外要可以吸收一定的电解液,为锂离子提供转移的通道。隔膜作为重要的组成部分需要具备高的化学及电化学稳定性、较高的电解液亲和性、高热稳定性、较强的机械性能、较高的孔隙率、环境友好性、成本低等优势。目前商业化的隔膜有聚烯烃(聚乙烯、聚丙烯)隔膜、聚烯烃陶瓷复合隔膜,以及其他聚合物隔膜。

锂离子电池的基本原理为锂离子在正负极之间的脱锂/嵌锂行为,是一种化学能与电能的相互转换过程。以 $LiCoO_2$/石墨电池为例,如图 11.3 所示。当电池充电时,锂离子从正极材料脱出,在电场的作用下经过电解液通过隔膜最终嵌入负极材料,电子从外电路由阴极到达阳极。此时负极为富锂状态;正极为贫锂状态。放电时则相反,锂离子从负极材料脱出最终嵌入正极材料,电子从阳极转移到阴极。锂离子电池在充放电过程中正负极之间的脱锂/嵌锂的数量决定了电池容量与效率。

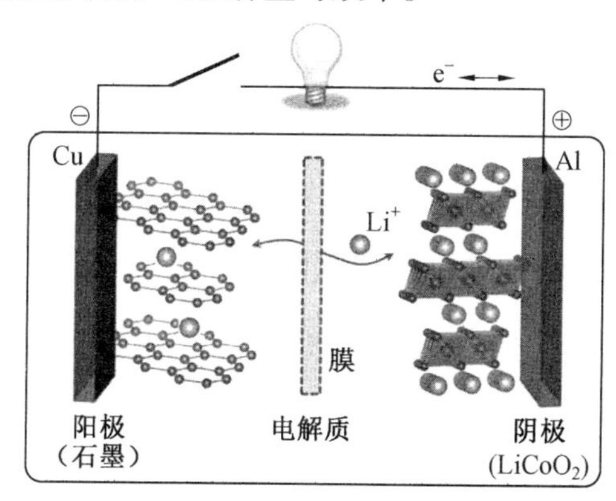

图 11.3 锂离子电池工作原理(彩图见附录)

为保持电荷的平衡,充、放电过程中 Li 在正负极间迁移的同时,有相同数量的电子在外电路中来回定向移动从而形成电流。隔膜在其中扮演着电子隔绝的作用,阻止正负极直接接触,其多孔结构可在一定条件下允许电解液中锂离子自由通过而阻止电子自由穿过,因此,隔膜对于保障电池的安全运行起着至关重要的作用。在特殊情况下,如事故、刺穿、电池滥用等,发生隔膜局部破损从而造成正负极的直接接触,从而引发剧烈的电池反应造成电池的起火爆炸。因此,为了提高锂离子电池的安全性能、容量及循环使用寿命等,保证电池的安全平稳运行,隔膜需满足以下几个性能条件:①隔膜必须有良好的热稳定性,耐高温;②合适的厚度及均匀的孔径分布;③较高的熔断阻隔性;④良好的电化学稳定性及热稳定性,不会在充放电过程中发生分解;⑤较高的孔隙率,满足锂离子选择透过性;⑥较好的绝缘性能及力学性能;⑦良好的电解液浸润性及亲和性;⑧具有合适的热闭孔温度。

11.1.2 储能电池膜的主要性能评价指标及其表征

以锂离子电池隔膜为例,锂离子电池对其隔膜性能的具体要求如下。

(1)化学稳定性。

隔膜具有较高的介电系数,绝缘的隔膜在正负极之间保证电池在充放电过程中不存在电子的传导。锂离子正负极材料具有强氧化还原的特性,而且电池工作电压较高,隔膜对于有机溶剂要具备化学稳定性,避免隔膜在使用过程中与溶剂发生反应从而降解失去功能;较宽的电化学窗口保证隔膜在高压下部产生分解。

(2)机械性能。

隔膜在出厂时需要进行卷绕,并且在组装电池的过程中,需要将隔膜进行反复叠层或者卷绕,在电池的使用中,可能会发生一些碰撞、挤压。在这些情况下,需要隔膜具有一定的机械性能,确保隔膜不轻易损坏以保证正常使用。

(3)自关闭性能以及热稳定性。

隔膜是锂电池安全使用的关键之一。在电池过充、过放或者置于高温的情况下,电池的温度会有所上升,温度上升至一定程度,隔膜需要自动闭孔来阻止电池的进一步反应,防止温度进一步上升。即使电池温度超过临界值,隔膜也要保证不会发生收缩破裂及分解现象,防止正负极发生接触短路。

(4)适当的厚度。

虽然隔膜本身不参与电池的反应,但隔膜存在于电池内就会占用一定的空间。隔膜较薄可以提供足够的接触面积,可以增加电池中活性物质的量,提高电池的容量。但厚度太薄也有一定的弊端,可能导致隔膜的机械性能降低引起物理破坏及电压击穿,给电池带来安全隐患。

(5)电解液的亲和性。

隔膜本身不参与电化学反应,不传导锂离子,但作为电解液的载体,为锂离子的传输提供通道。因此需要隔膜具有较高的吸液率及保液性,为锂离子提供更多的传输通道,降低隔膜的内阻,提高隔膜的离子电导率,并对电池的循环容量及倍率性能有所提升。同时,隔膜需要具有良好的电解液浸润性,较快的电解液吸收速率能够保证电池生产的效率。

(6)孔径分布及孔隙率。

隔膜材料作为电池的重要组成部分,其最基本的性质是要具有微孔结构来吸液电解液以及让锂离子自由通过,因此电池的性能与隔膜的微孔结构密切相关。孔隙过大,将会导致正极和负极产生机械接触引起短路;孔径太小,锂离子不能顺利地通过隔膜传输,从而使得电池的内阻增大,影响电池的性能;如果存在微孔在隔膜上分布不均,将会导致电池局部沉积不均匀从而产生锂枝晶,影响电池的性能及安全。孔隙率的大小会影响锂离子在隔膜中的传输性能和电解液的吸液率。一般隔膜的孔隙率在40%～50%之间,过低的孔隙率会导致隔膜的吸液率低,内阻增大,锂离子电导率低,电池能量密度随之变低;较高的孔隙率则会降低隔膜的机械性能。

表征技术是建立隔膜的本征物化特性与电池电化学性能之间关联的关键。在科学研究以及工业化生产中,已发展了丰富的锂离子电池隔膜材料的分析和测试技术。下面详细综述隔膜材料的物化特性和电化学性能的具体检测与评估方法,旨在为隔膜材料研究者和锂离子电池制造商提供切实可行的测试标准。

隔膜表面微观形貌的表征技术主要有扫描电子显微镜(SEM)和原子力显微镜(AFM),二者均能直接观察隔膜表面的孔隙分布、孔特征并可测量孔尺寸等,且具有分辨率高、破坏性小等优势。

隔膜的三维孔结构特征是影响电化学性能的关键,可采用聚焦离子束扫描电子显微镜(FIB-SEM)和X射线计算机断层扫描(CT)实现。除了对隔膜的表面及三维结构进行可视化表征,隔膜的孔隙率、透气性和曲折度等微观结构参数也至关重要,常用的计算方法如下:

隔膜的孔隙率(ε)可通过下式计算获得:

$$\varepsilon = (1 - M/\rho V) \times 100\% \tag{11.1}$$

式中,M 为样品质量;V 为样品体积;ρ 为样品密度。

隔膜的曲折度(τ)可通过下式计算:

$$\tau = l_s/d \tag{11.2}$$

式中,l_s 为离子通过隔膜的路程;d 为隔膜的厚度。

由于离子通过隔膜的路程较难测量,可通过下式近似得到隔膜的孔道曲折度:

$$\tau = (N_m \cdot \varepsilon)^{-1/2} \tag{11.3}$$

式中,N_m 为 MacMullin 值。

除了采用以上计算法获得隔膜的微观结构参数,还可采用压汞孔隙率测定法(MIP)、透气性测量法和Brunauer - Emmett - Teller (BET)法等进行表征。MIP法是一种多孔材料表征技术,已被纳入ASTM D - 2873标准测试方法中,可用于测量隔膜的孔隙率和孔径分布。但这种测试方法存在"瓶颈"效应,它测量的是孔的最大入口,而非孔的实际内部尺寸。

隔膜对电解液的润湿性及吸液率取决于隔膜材料的物化特性,包括隔膜的表面张力、孔隙率、孔径和曲折度等参数。在锂离子电池中,隔膜的电解液润湿性显著影响锂金属负极枝晶的生长,这是因为润湿性好的隔膜可为离子传输提供充足的通道,利于电流在电极表面的均匀分布,从而可提供更小的有效电流密度。组装成电池之后,电解液润湿性差的隔膜,在以下几个方面影响电池性能:① 增加内阻,降低电池倍率性能;② 影响电池的放电容量;③ 降低存液能力,导致长循环时电解液易干涸;④ 导致枝晶生长。

为了验证隔膜润湿性的好坏,可对其进行吸液率和润湿性测试。电解液吸液率的测试方法为:将隔膜浸入在电解液中2 h后取出,用滤纸擦拭隔膜表面多余的电解液,分别记录隔膜在浸泡前后的质量。吸液率(EU)可通过下式计算获得:

$$\mathrm{EU} = \frac{W_{\mathrm{wet}} - W_{\mathrm{dry}}}{W_{\mathrm{dry}}} \times 100\% \tag{11.4}$$

式中,W_{dry} 为原始隔膜的质量;W_{wet} 为隔膜浸入电解液后的质量。

锂离子电池隔膜常用的润湿性表征方法主要有接触角和爬液行为测试。

隔膜的力学性能主要包括拉伸性能、穿刺性能和压缩性能。拉伸强度是反映隔膜在使用过程中受到外力作用时维持尺寸稳定性的参数,拉伸强度低将导致隔膜变形后不易恢复原尺寸而引起电池短路。隔膜的拉伸强度测试方法是在恒定的拉伸速率下,将隔膜沿着单轴拉伸直至断裂,并测量这一过程中试样承受的负荷值。负荷值除以试样宽度即为隔膜的拉伸强度,具体操作可参照标准GB/T 1040.3—2006。

在锂金属电池制造及充放电过程中,小金属颗粒及锂枝晶可能对隔膜产生垂直于电极平面的周期性变化的穿刺力。为了评估隔膜承受电极颗粒及枝晶造成的压力,需要表征隔膜的穿刺强度。隔膜穿刺强度的测试方法可以根据GB/T 6672—2001标准进行,将隔膜置于夹具中固定,设置一定的穿刺速率,测试结束后取出隔膜,测定针孔四周的四点厚度,从而可计算出穿刺强度。

锂离子电池隔膜要求在 100 ℃ 下保温 1 h 的热收缩率小于5%,从而确保锂离子电池在高温下能够安全工作。隔膜的热收缩率通常可通过测量隔膜在一定温度和时间下退火前后的尺寸,并通过下式计算得出,具体的操作步骤可参考标准 GB/T 36363—2018。

$$\text{Shrinkage} = \frac{D_i - D_f}{D_i} \times 100\% \tag{11.5}$$

式中,D_i 为退火前隔膜的面积;D_f 为退火后隔膜的面积。

隔膜的热学性能常用热重分析法(TGA)和差示扫描量热法(DSC)进行测量,TGA 技术可获得隔膜在升温过程中的质量变化,用于研究隔膜的热稳定性和组分;DSC 技术用来测试隔膜在升降温过程中的热量变化,可用于研究隔膜的熔融行为以及获得隔膜的热闭孔温度。红外热成像分析可以有效观察隔膜的热量分布。具有良好导热性的隔膜通常在电池运行中可以获得均匀的热量分布,以防止局部热聚积。

隔膜的化学稳定性主要包括隔膜在电解液中的耐腐蚀性和尺寸稳定性,即要求隔膜在电解液中不发生反应以及胀缩等。目前关于隔膜化学稳定性的表征方法还未有统一的规定。在实验室中可采用如下方法测试隔膜的化学稳定性:取一定质量和尺寸的隔膜在 50 ℃电解液中浸泡4 ~6 h 后取出,洗净、干燥后进行称量和测量尺寸,比较隔膜在浸泡前后的质量和尺寸变化,即可分别获得隔膜耐电解液腐蚀的能力和隔膜的胀缩率。目前,锂离子电池中所用的商业聚烯烃隔膜可以满足化学稳定性的要求。隔膜的电化学稳定性要求隔膜能在电池充放电过程中保持惰性,避免发生反应而干扰电池的功能,可采用线性伏安扫描测试(LSV)来评估。

锂离子电池隔膜的离子电导率可通过下述方法测试:将隔膜在 1 mol/L $LiPF_6$/EC∶EMC∶DMC (体积比为 1∶1∶1)电解液中浸泡 2 h,取出后将隔膜夹在两片不锈钢电极间,在充满氩气的手套箱中组装成电池,并利用电化学工作站测定其交流阻抗,测试条件:开路电压下,交流微扰幅度 5 mV,频率范围 1 ~10^5 Hz。离子电导率可通过下式计算:

$$\sigma = d/(R \times S) \tag{11.6}$$

式中,σ 为离子电导率;d 为隔膜的厚度;S 为隔膜的有效面积;R 为隔膜的电阻。

MacMullin 值(N_m) 是含电解液隔膜的电阻率与电解液本身的电阻率之比。与离子电导率相比,MacMullin 值的优势在于消除了电解液的影响。图 11.4 所示为简化的交流阻抗谱示意图,可用来确定电池电阻。R_{SEI} 为隔膜串阻。在电池中,实际测量得到的体积电阻(R_b) 包括了由于隔膜存在而导致的电极间的介质电阻(R_s) 和电解液本身的电阻(R_0),因此还需测量电解液的电阻即可根据下式获得 N_m:

$$N_m = R_s / R_0 \tag{11.7}$$

电池隔膜不仅要求在电解液中能提供高的离子迁移速率,还要求具有较高的离子选择性。在电池运行过程中,电解液中的离子电导率是由阴阳离子的迁移共同提供的,这意味着高离子电导率并不代表 Li^+ 的迁移效率高,因此还需要关注 Li^+ 的迁移数。锂离子电池中 Li^+ 的迁移数量占电解液中所有离子迁移数量的比例即为 Li^+ 迁移数,以 t_+ 表示:

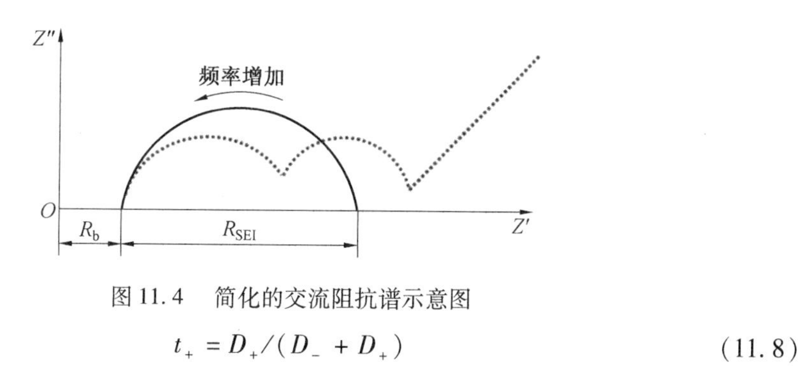

图 11.4 简化的交流阻抗谱示意图

$$t_+ = D_+/(D_- + D_+) \tag{11.8}$$

式中，t_+ 为 Li^+ 迁移数；D_+ 为 Li^+ 扩散系数；D_- 为阴离子扩散系数。

11.2 全氟磺酸类改性膜

PFSA 膜的特征在于良好的机械稳定性，优异的化学惰性、热稳定性和高质子传导性。由于这些独特的特性，它们多年来一直是汽车 PEMFC 的首选材料。PFSFC 膜在 PEMFC 中的应用始于大约 50 年前，美国太空计划 Gemini 首次成功实现了低温 PEMFC。尽管它们具有高成本和一些重要限制（稍后将讨论），但因为具有固定原生质基团的更好的质子传导膜而不可商购，它们现在也被使用。

11.2.1 Nafion 膜

Nafion 由 Du Pont 开发，具有相同结构的聚合物如 Flemion、Aciplex 和 Fumion F 分别由 Asahi Glass Company、Asahi Kasei 和 FuMA-Tech 生产。Nafion 膜与常规离子交换膜的不同之处在于它们不是由交联的聚电解质形成，而是由具有—SO_3H 基团封端的侧链的热塑性全氟化聚合物形成。

最近，3M 公司开发了一种不同于 Nafion 的 PFSA 离聚物，用于略短的侧链，它包括线性全氟化丁基链，在一侧带有—SO_3H 基团，并在另一侧通过醚键连接到主链上，即

$$\left[\underset{\substack{| \\ OCF_2OF_2CF_2CF_2SO_3H}}{CF}—(CF_2CF_2)_m \right]_n$$

由于存在电负性氟原子，—CF_2—SO_3H 基团的酸度非常高（Hammet 酸官能团的值为 -12）。因此，这种特定的聚合物电解质在一个大分子中结合了主链的高疏水性和磺酸超强酸基团的高亲水性。Nafion 是通过磺酰氟乙烯基醚与四氟乙烯的共聚合成的，得到磺酰氟前体，它是热塑性的，因此可以挤成所需厚度的膜。这些前体膜具有类似 Teflon 的结晶度，并且当前体转化成如 Na^+形式时，这种形态也持续存在。在—SO_3H 形式中，对于质子渗透必不可少的成簇形态仅在水合解离形式中实现。磺酰氟前体的挤出可引起纵向的微观结构取向，导致 Nafion 膜的溶胀和质子传导性质的一些各向异性。

1. Nafion 形态学

人们普遍认为，在水的存在下，磺酸基团聚集形成相互连接的离子簇（由离子化的磺酸基团、水合质子和水分子组成），导致疏水-亲水结构域的纳米相分离（图 11.5）。

尽管连接的亲水结构域负责质子和水的运输，但疏水结构域有助于材料的形态稳定性，避免水中的过度溶胀，因为交联在离子交换树脂中发生。

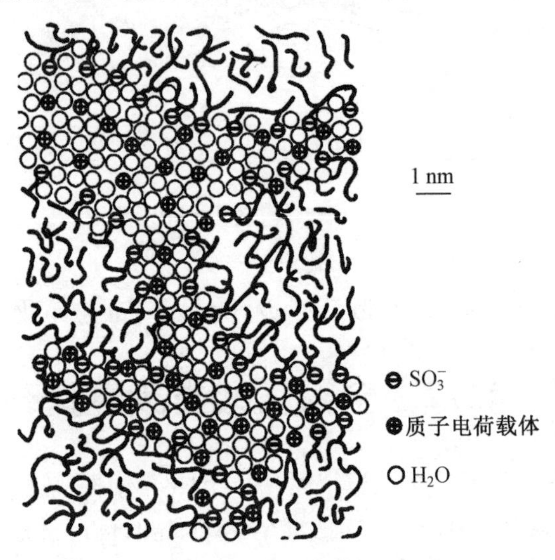

图 11.5　Nafion 的疏水/亲水结构域中纳米相分离的示意图

Nierion 中的离子聚集首先由 Gierke 提出，根据他的模型，离子簇的形状近似球形，具有倒置的胶束结构。簇直径、每簇的交换位点数和每个交换位点的水分子数随水含量线性增加。为了解释质子的渗透，提出球形离子簇通过约 1 nm 直径的窄通道在碳氟化合物骨架网络中相互连接。随着水合作用的增加，簇大小的增长被认为是通过簇大小的扩展和磺酸盐位点的重新分布的组合发生的，以在高度水合的 Nafion 中产生更少的簇。尽管这种模型获得了相当广泛的认可，但很明显，簇的球形形状过于简单化了。

在许多其他形态模型中，回顾格勒诺布尔小组在小角度 X 射线散射（SAXS）和中子散射技术的基础上提出的模型，并将该技术用于探测在 1 ~ 1 000 nm 范围内溶胀的 Nafion 膜的结构。根据该模型，水合 Nafion 的结构通过离聚物链聚集成细长的聚合物束而形成，其直径为 4 nm，长度大于 100 nm，被电解质溶液包围。后来，Schmidt-Rohr 表明，相同的 SAXS 数据可以通过所谓的“平行圆柱模型”来模拟，其中随机填充的水通道被离聚物侧链包围，从而形成反胶束圆柱体。对于体积分数为 20% 的水，水通道的直径平均为 2.4 nm。此外，细长的 Nafion 微晶与水通道平行。

尽管该模型相比基于球形簇和细长聚合物束的模型更好地匹配 SAXS 数据，但是反胶束柱的形成似乎在能量上是不利的，因为它意味着质子与带负电的磺酸盐基团的分离以及它们在气缸内的积聚。基于这些考虑，Kreuer 等人提出了一种分层结构，其中具有均匀厚度的局部平坦的含水区域允许质子比在圆柱形水通道中更有效地与磺化基团相互作用。发现该结构布置与 SAXS 图案的演变一致，直至水体积分数为约 0.5%。

Fujimura 和 Haubold 之前已经基于 SAXS 数据和 Termonia 基于纳米级别的随机模拟过程提出了分层结构。最近，Alberti 还建议采用分层形态来证明 Nafion 1100 膜的各向异性膨胀，该膜在 120 ℃的水中进行热处理，同时在两个金属盘之间进行压制。

当 Nafion 在不同温度/RH 条件下单轴拉伸时，局部平坦水域的模型与 SAXS 和取向依赖性 NMR 观察到的结构性质的变化一致。NMR 数据显示，Nafion 在 70 nm 尺度上实际上是各向同性的，并且通过单轴拉伸诱导长程各向异性。在高 RH 和低温(小于 80 ℃)下，外部应力应该通过机械强度较大的疏水区域传递，因此拉伸过程会改变软水域的厚度均匀性，从而导致 SAXS 光谱中容易引起所谓的离聚物峰的严重衰减。另外，在低 RH 和更高温度下，疏水结构域软化，而水性结构域由于低含水量而变得更强。在这些条件下，应力主要通过平坦的含水区域传递，其保持厚度基本上不变，因此离聚物峰不会衰减。

2. 不同温度下液态水的吸水量

Hinatsu 和 Zawodzinski 研究了 Nafion 117 在不同温度下在液态水中平衡时的吸水量。由于没有报告达到平衡值所需的时间，最近，Alberti 等通过确定每个温度下的水吸收量作为平衡时间的函数来再次调查水的吸收。此外，由于水吸收受到所检查样品的热退火的影响，所有测量均通过使用明确定义的热处理(120 ℃在空气中 15 h)进行。发现 Nafion 117 膜(厚度 180 μm)需要很长时间(150 ~ 225 h)才能达到平衡。此外，1 h 后的平衡百分比在低温下足够高，但随着液态水温度的升高而明显降低。

若总吸水量是两个不同过程的结果，则可以解释长的平衡时间和动态速率随温度的降低，第一个非常快，第二个非常慢。快速过程可以合理地归因于薄膜内的水扩散，而缓慢过程可以与 Nafion 构象随温度的改变相关联。在不同温度下获得的平衡 λ 值如图 11.6所示。当温度再次降低时，水合过程不可逆，这与其他学者报道的一致。如图 11.6 中箭头所示，在给定温度下达到的水合倾向于保持在较低温度(较高水合的记忆)，这种行为与全氟化离聚物的黏弹性有关。

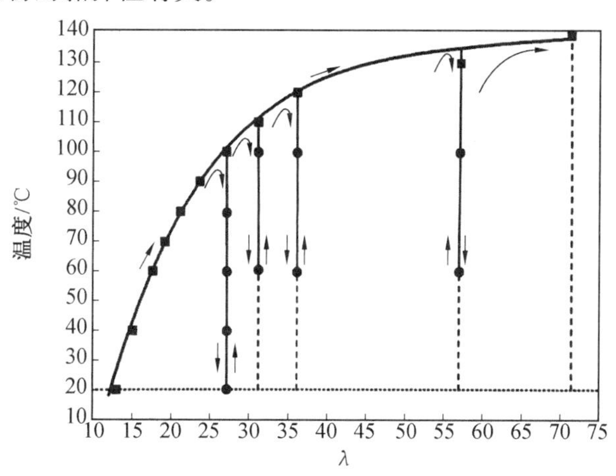

图 11.6 20 ~ 140 ℃下液态水中平衡时 Nafion 117 样品的吸水量

3. Nafion 的水蒸气吸附等温线

在膨胀压力平衡溶剂吸收驱动力的基本假设下(即水的渗透压及其溶剂化离子和溶剂的趋势)，提出了几种解释水蒸气吸收 Nafion 的模型。

在这些模型中，Alberti 的模型做出如下总结。弹簧施加的压力可以通过理想的试验来量化，其中弹簧被移除并且水通过降低外部水活度(RH) 来平衡水进入渗透室的趋势。孔保持不变:施加的弹簧对渗透池施加的压力越强，维持水合恒定所需的 RH 越低。因此，Alberti 建议将差异(1 - RH) 定义为反弹力的指数(n_c)。

$$n_{c} = 100(1 - RH) \tag{11.9}$$

这允许从液态水中的水合数据确定 n_c,其中假设 $\lambda_{hyd} = 7$。

$$n_{c} = \frac{100}{\lambda - \lambda_{hyd} + 1} \tag{11.10}$$

式(11.9)表明对于等温线0,具有给定 n_c 值的Nafion膜的吸水等温线根据以下等式转换为高RH值 n_c/100RH单位,即

$$\lambda = \lambda_{hyd} + \frac{RH - \frac{n_{c}}{100}}{1 - \left(RH - \frac{n_{c}}{100}\right)} \tag{11.11}$$

归因于 n_c 的物理意义通过确定在液体水中平衡的Nafion样品的拉伸模量(E)来试验支持,其中 λ 值在5 ~ 90范围内(图11.7)。在20 ℃,E 值(以MPa表示)可以拟合为

$$E = \frac{500}{\lambda - 6} \tag{11.12}$$

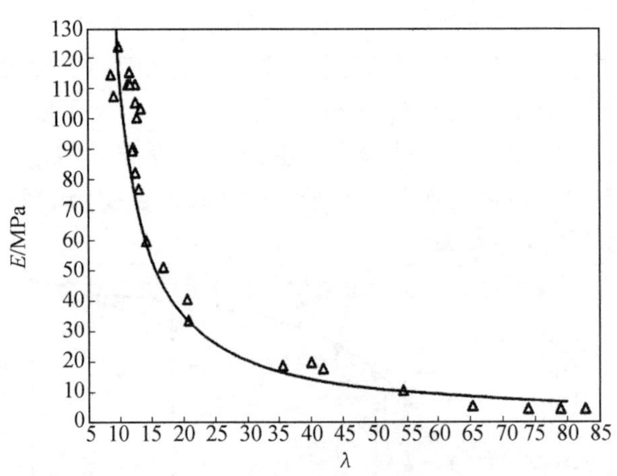

图11.7 Nafion 117在20 ℃液态水中平衡时试验拉伸模量作为吸水率 λ 的函数

由于当 $\lambda_{hyd} = 7$ 时式(11.12)与式(11.10)形式上相同,因此可以得出结论,n_c 与 E 成比例,n_c 是用于量化离聚物的拉伸模量的合适参数。

考虑到Nafion的黏弹性,当系统快速冷却时,弹性弹簧将保持永久变形。在Gregor模型中平衡内渗透压的弹性弹簧必须更正确地由聚合物黏弹性弹簧代替。通过降低RH除去或减少渗透压,从而导致 λ 和 n_c 值的滞后。因此,正如Alberti所指出的,n_c 指数也可以作为离聚物实际构象的指标,其重新确定了离聚物膜的先前历史的所有影响。例如,对于Nafion 117膜,获得13.6或1.5的 n_c 值,其在用 H_2O_2 初始标准处理后,在空气中在120 ℃下热退火15 h或在130 ℃下水热处理。随后,将两个膜组在不同温度下平衡360 h,保持RH值恒定为94%。当温度升高时,初始 n_c 值为13.6的样品降低其反弹性指数,而初始 n_c 值为1.5的样品则相反。因此获得两个值系列,分别对应于欠饱和和过饱和的水合样品。可以观察到,n_c 值中的滞后随着温度的升高而显著降低,并且实际上降低至约140 ℃。

在二甲基亚砜(DMSO)或三丁基磷酸酯存在下退火的膜的 n_c/T 曲线相对于接收膜

的曲线图的变化被用于获得退火程度和退火期间生长的微晶的熔化温度的定量信息。

4. 提高膜的耐久性

减轻 PFSA 离聚物降解的主要策略包括新增强膜的开发、新电极材料的开发,以及将过氧化氢分解催化剂或自由基淬灭剂并入膜/电极中。

增强材料的制备可以通过两种主要途径实现:聚合物结构的化学改性和物理增强。化学改性包括膜退火和聚合物的化学交联,用于减少膜的溶胀并改善其机械耐久性。在可交联官能团的聚合物结构中加入磺酰氟和磺酰胺基团似乎是最合适的方法之一。

第二种方法包括通过开发新的氧还原反应电催化剂消除过氧化氢和自由基生成的潜在催化活性位点。Rodgers 等与 Pt/C 催化剂相比,研究了 PtCo/C 催化剂对膜耐久性的影响。他们的研究表明,使用 PtCo/C 电极可降低氟化物排放率、氢交叉和 Pt 带形成方面的膜降解。Ramaswamy 等还报道了用富含钴的催化剂测试的膜的更高耐久性,并提出了在自由基清除剂的聚合物基质中掺入作为高活性氧物质的化学捕集剂。加入金属颗粒如 Ce、Mn、Pd、Ag、Au 或 Pt,金属氧化物 CeO_2、MnO_2,以及对苯二甲酸后表现出抗化学降解能力的提升。

通过部分离子交换引入铈和锰离子的想法最初是由 Endoh 等开发的。表明聚合物与阳离子自由基清除剂发生离子交联可以显示出改善的机械性能和更高的化学稳定性。Coms 表示,阳极或阴极电极与自由基清除剂的掺杂对膜电极(Membrane Electrode Assembly,MEA)耐久性产生类似的影响。然而,除了明显的优点之外,在 MEA 中掺入 Ce 或 Mn 离子会导致膜电导率降低,从而进一步导致 FCs 性能损失。

另一个重要问题是离子的位置稳定性。如 Coms 等所报道的,在热压过程之后,掺入催化剂层中的铈离子迁移到聚合物膜中。可以预测,清除剂能够在 FCs 工作条件下从最初的离子交换膜迁移到电极,并进一步用废水洗掉。清除剂浓度的降低可以反映效率的同时降低,这使得该方法不适合长期使用。

Trogadas 及其同事基于在聚合物基质中掺入氧化铈,证明了阳离子自由基清除剂的替代方法。Nafion-CeO_2复合膜在加速降解试验后显示氟化物排放速率降低一个数量级以上。这些发现归因于通过非化学计量的 CeO_2的多种氧化态淬灭高度氧化的物质。为了调整 Ce^{3+}/Ce^{4+}的比率,Trogadas 等提出了两种策略。第一种方法是基于粒度控制,因为氧空位和 Ce^{3+}形成的浓度可能取决于粒径;第二种方法则使用 Zr^{4+}掺杂二氧化铈粒子以改善 CeO_2微观结构的稳定性和储氧能力。在使用 CeO_2作为自由基清除剂的 Trogadas 的开创性研究之后,一些作者研究了 MEA 组分中 CeO_2添加剂的膜耐久性。与各种类型的自由基清除剂类似,CeO_2也可以结合在膜和电极结构中。Wang 等研究了通过"自组装"途径制备的 Nafion-CeO_2纳米复合膜(图 11.8)并通过原位溶胶-凝胶法将二氧化铈纳米颗粒掺入聚合物结构中。

复合材料在 100% RH 下显示出略低的质子传导率,而在 RH 低于 75% 时,其显示出比原始 Nafion 更高的值。原位和非原位加速降解测试显示与未改性的膜及通过重塑 CeO_2-Nafion 胶体悬浮液制备的 Nafion - CeO_2膜相比,自组装的 Nafion - CeO_2膜具有优异的耐久性。最后,Pearman 等对复合材料进行了原位和非原位膜降解试验,所述复合材料由多孔 PTFE 负载的氧化铈组成,所述氧化铈浸渍有醇中的 5% 1100 EW PFSA 分散

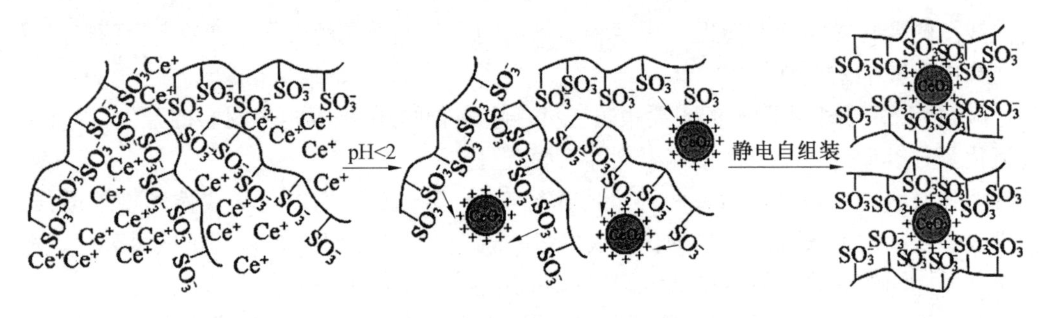

图 11.8　自组装 Nafion-CeO_2复合材料的形成示意图

体。新膜的机械增强与二氧化铈的自由基清除能力相结合,导致开路电压(OCV)保持试验在 500 h 内具有高耐久性。最近,Ketpang 等通过将氧化铈纳米管(CeNT)引入 Nafion 制备复合膜,用于在低 RH 下操作的 FC。他们的研究证明,与纯 Nafion NRE - 212 和 Nafion - CeO_2 复合膜相比,金属氧化物纳米管的结合能够显著改善 FC 性能。此外,当在 18% RH、80 ℃下操作 96 h 时,Nafion - CeNT 复合膜的氟化物排放速率是商业 Nafion NRE - 212 膜的氟化物排放速率的 1/20。在干燥条件下出色的 FC 性能和耐久性主要归因于易溶于水的扩散能力,以及 CeNT 填料的有效羟基自由基清除性能。

虽然快速筛选技术(如 Fenton 试验)通常用于预测抗氧化剂起自由基清除剂作用的能力,但目前还没有筛选方法来评估这些添加剂在 FC 环境中的稳定性。

Banham 等证明,通过使用紫外-可见光(UV-vis)谱法监测抗氧化剂在 1 mol/L H_2SO_4中的溶解,可以对 MEA 中这些材料的稳定性进行可靠的预测,从而允许准确预测测试结束(EOT)性能。Banham 对含有 CeO_x添加剂(以及基线 MEA)的 MEA 进行原位 MEA 加速应力测试,结果表明含有 CeO_x的 MEAs 的 EOT 性能与新开发的 UV-vis 方法预测的化学稳定性的顺序相同,也提供了抗氧化剂溶解对性能有显著不利影响的证据。

11.2.2　复合 Nafion 膜

在旨在开发具有合适的电化学和机械性能以及高于 80 ℃的工作温度的聚合物质子传导膜的方法中,优选在纳米尺度上将无机固体(填料)掺入聚合物基质中。在这些复合体系中,填料-聚合物相互作用的范围可以从强(共价、离子)键到弱物理相互作用。无机填料,如金属氧化物、磷酸锆/磷酸盐或杂多酸(HPA)已广泛用于 PEM 系统,使得 PEMFC 在高于 80 ℃的温度下的性能得到持续的改进。这些填料主要具有亲水性,并且主要与离聚物基质的亲水性组分相互作用。最近,其他亲水性填料如氧化石墨烯(GO)和改性碳纳米管(CNT)也已用于 PEM 中。膜性能的改善通常包括降低对反应气体和自由基物质的渗透性,若填料与纯聚合物相比具有更高的质子传导率,则可以促进氧化降解,减少溶胀,增强水管理和机械性能,以及改善导电性。尽管文献数据主要涉及 Nafion/亲水填料体系,但一些学者还研究了疏水填料对 Nafion 膜性能的影响。在大多数情况下,发现了机械性能的改善。令人惊讶的是,还观察到质子传导性的显著增加,这通常根据聚合物-填料相互作用在聚合物基质中的结构改变来解释。下面专门描述 Nafion 基复合膜的主要类型和性质,包括 Nafion/亲水填料复合膜、Nafion/疏水填料复合膜和含有电纺纳米纤维的 Nafion 复合膜。

1. Nafion/亲水填料复合膜

就 Nafion/亲水填料复合膜材料而言，文献报道了许多基于金属氧化物 MO_2 与 M=Si、Ti、Zr 的复合膜的实例。它们基本上通过原位生长方法制备，包括在预成形和溶胀的 Nafion 膜中或在水-醇 Nafion 分散体中水解金属醇盐。掺入 Nafion 中的 MO_2 的负载量（质量分数）大多在 1～7 的范围内。金属氧化物颗粒的存在有利于保持膜的水合，改善机械性能并且降低液体醇交叉。

这种复合材料的进一步发展在于 MO_2 颗粒表面的官能化，其中亲水酸基团如磺酸基团共价键合到氧化物表面。就磺化二氧化硅而言，主要的合成方法是通过与浓 H_2SO_4 或 $ClSO_3H$ 反应通过硅烷醇键直接磺化 SiO_2 或通过用适当的试剂（氧化剂试剂、水）处理复合膜，可以将有机硅烷前体与有机侧链（硫醇、氯磺酰基）一起使用，该有机侧链可以转化为磺酸基。

通过 TiO_2 与（3-巯基丙基）三甲氧基硅烷（MPTS）反应，然后将硫醇氧化成磺酸基团，制备磺化二氧化钛颗粒。

通过在室温下用 H_2SO_4 处理 ZrO_2，然后在 600 ℃下煅烧湿粉末，得到硫酸化氧化锆，硫酸盐基团牢固地键合到氧化锆的表面。

在所有情况中对于填充有未改性氧化物的纯净 Nafion，观察到 Nafion 基复合膜的质子传导性的改善。就提供的较高功率密度而言，Nafion/磺化二氧化钛复合材料显示出直接甲醇 FC 性能的明显增强，最大改进约 40%，并且相对于未填充的 Nafion 膜，甲醇交叉较低。此外，Nafion/硫酸化氧化锆复合膜在 20% RH 和 70 ℃下的电导率比无添加剂膜的电导率高约两倍。

最近，已提出通过使用四种类型的硅烷偶联剂来改性丝光沸石填料：γ-环氧丙氧基丙基三甲氧基硅烷（GMPTS）、MPTS、（3-巯基丙基）三乙氧基硅烷（MPTES）和（3-巯基丙基）甲基-二甲氧基硅烷（MPDMS）等硅烷处理的丝光沸石作为 Nafion 膜的填料。MPTS、MPTES 和 MPDMS 的巯基通过氧化转化为磺酸基。与重铸 Nafion 膜相比，复合材料表现出较低的乙醇渗透性和较高的选择性，并且在复合材料中，Nafion/MOR-MPTES 膜在所有条件下相对于其他膜显示出优异的质子传导性，且在几乎所有条件下具有最低的乙醇渗透性。

Nafion/磷酸锆膜是另一类众所周知且广泛研究的复合体系。Zirco-磷酸铟（ZrP）由具有分层结构的亲水性颗粒组成，采用两种主要方法分散在 Nafion 基质中：

①通过离子交换质子与锆阳离子物质的离子交换，随后用磷酸水溶液处理膜，在预制离聚物基质内原位生长填料。

②从含有离聚物和 ZrP 前体的溶液中共沉淀填料和离聚物。

用这两种方法制备的复合材料表现出相似的行为。基本上，它们显示出更大的含水量和更高的机械强度，相对于纯净的 Nafion，甲醇扩散减少，而质子传导性没有显著受益于填料的存在，因为除其他外，填料的导电性低于 Nafion。

正如 Nafion/金属氧化物复合材料所报道的，ZrP 的层表面与磺酸基等酸性基团的官能化导致相对于 Nafion 117 和母体 Nafion/ZrP 复合膜的膜电导率和刚度的改善。

HPA 是另一类适用于 Nafion 膜的无机高亲水性填料。HPAs 除电催化活性外具有强酸性和水合形式的高质子传导性。通过用 HPA 溶液浸渍预成形的膜或通过将 Nafion 溶液与适量的 HPA 混合然后浇铸来获得含有 HPA 的复合 Nafion 膜。

与纯聚合物相比，Nafion/HPA 膜表现出更高的吸水率，更高的质子传导率，特别是在低 RH 和高于 100 ℃的温度下，并且随着温度的升高 FC 性能提高；然而，它们具有降低的拉伸强度，并且在水性介质中填料浸出所遭受的 MEA 处理。此外，HPA 具有低表面积，这不利于聚合物基质中的填料分散。解决这些问题的可能策略是将 HPA 的质子与阳离子进行离子交换，从而将添加剂从低表面积水溶性酸转化为高表面积水不溶性酸盐。减少 HPA 浸出和增加表面积的问题的另一种方法是将 HPA 固定在金属二氧化物载体上。

Jiang 等于 2013 年提出了一种新型的基于 meso-Nafion 的多层膜，将 meso-Nafion 层夹在两个 Nafion 层之间，其浸渍磷钨酸（PWA），由于多层结构膜 PWA 浸渍，显示纯 Nafion 电化学性能的改善和浸出问题的减少。

2. Nafion/疏水填料复合膜

虽然文献提供了几种基于 Nafion 和亲水性无机填料的替代 PEM 系统，但是很少有论文报道在 PFSA 膜中使用基于有机改性无机材料的疏水性填料。尽管预期这些填料具有与全氟化主链的化学亲和力，但相对于纯离聚物，质子传导性的惊人改善以及机械稳定性的提高将在后面进行介绍。

聚合的八硅氧烷立方分子被包裹在 Nafion 基质中并且含有质量分数为 5% ~15% 填料的复合材料显示出甲醇渗透性的降低和单一直接甲醇 FC 相对于重铸 Nafion 的功率密度输出的改善。可以推断，疏水性填料限制了质子传导通道的随机延伸并促进了 Nafion 分子的有序组装。用氟化疏水基团（分别为全氟十二烷基和硅油）官能化的二氧化硅和二氧化钛颗粒也用作 Nafion 膜的填料。除了改善的机械性能之外，填充有疏水性填料的复合膜表现出比原始离聚物更好的电化学性质。具体而言，Safronova 等发现，在 20 ~ 100 ℃的范围内，含有质量分数为 5% 疏水性二氧化硅的 Nafion 膜的质子传导率比 100% RH 的原始离聚物的质子传导率高近一个数量级，而 Di Noto 等发现，在 85 ℃和 100% RH 下，尽管吸水量较少，但填充质量分数为 15% 疏水性二氧化钛的 Nafion 膜的最大 FC 功率密度比原始 Nafion 高约 1.5 倍。

He 等人还报道了填充有氟烷基改性二氧化硅的 Nafion 膜的制备和表征。在 80 ℃下与参考 Nafion 膜相比发现复合物相对于纯聚合物的吸水率较高，这与 FC 功率密度增加 34.4% 有关。观察到填料实际上具有两亲性表面，这是由于疏水性氟化基团和残留—OH 基团共存（图 11.9）。

3. 含有电纺纳米纤维的 Nafion 复合膜

静电纺丝技术用于通过聚合物溶液/熔体的带电射流产生直径在微米至纳米范围内的超细纤维。静电纺丝已成功用于生产 FC 膜的纳米纤维垫，以改变形态和改善机械性能。可以用不同的方法通过静电纺丝生产质子传导膜：①静电纺丝非导电或导电性较低的聚合物，形成多孔基质并起机械增强作用，同时孔中填充高质子传导组分；②高质子传导聚合物的静电纺丝，形成用第二聚合物增强的多孔纤维垫，以提供机械稳定性；③基于作为质子传导聚合物基质的增强剂的无机化合物的电纺纤维的合成。

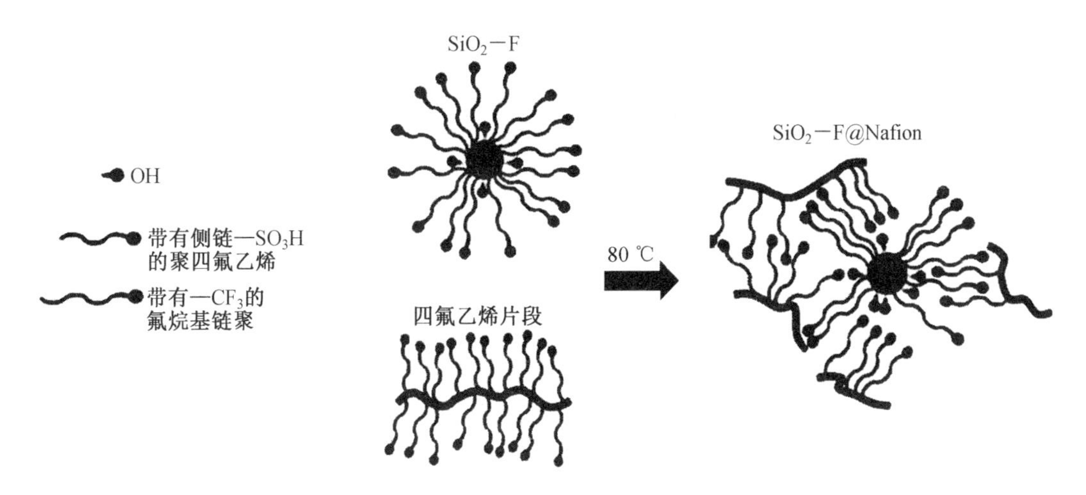

图 11.9 SiO_2-F 纳米颗粒的两亲性表面性质的示意图和在高温下通过 SiO_2-F 表面上的碳氟链更大程度地自由重排水通道的示意图

Nafion 官能化 PVDF 电纺纳米纤维用于通过浸渍法制备 Nafion 复合膜。Nafion 在纤维表面的存在改善了纤维与 Nafion 基质之间的界面相容性,提供了沿纳米纤维表面的质子传导途径,改善了 Nafion 复合膜的机械性能,改变了 Nafion 基质的晶体结构,并降低了膜的甲醇渗透性。Shabani 等制备了基于部分磺化聚(醚砜)(S-PES)的无珠纳米纤维制成的静电纺丝垫。用 Nafion 溶液浸渍 S-PES 纳米纤维垫。

Nafion 和其他 PFSA 聚合物的静电纺丝是十分困难的,并且需要在静电纺丝溶液(通常为 PEO 或 PVA)中存在高分子量载体聚合物。Pintauro 等发现 Nafion 电纺垫的质量主要受空气湿度、聚合物溶剂、载体聚合物分子量、静电纺丝电压和静电纺丝流速的影响。

也可以制造无机纤维垫的静电纺丝。硫酸化 ZrO_2 电纺纤维垫用于增强 Nafion 基质,发现对于体积分数为 20% 的纤维,在 80 ℃和 100% RH 下达到 0.31 S/cm 的质子传导率。

此外,还使用反应性同轴静电纺丝方法制造磷酸锆/氧化锆纳米纤维,其中锆前体和磷源在溶液中一起搅拌。纳米纤维被掺入短侧链 PFSA 离聚物中,因此与铸造和商业短侧链 PFSA 膜相比,产生具有增加的机械性能和质子传导性的膜。

11.3 非氟化膜

克服 PFSA 膜极限的另一种方法是基于具有多芳烃或无机-无机骨架的非氟化离聚物基质的设计。

聚芳族离聚物被认为是全氟磺酸离聚物的替代物,主要是因为芳族碳原子具有良好的抗氧化性。在大多数情况下,这些聚合物的结构由(—Ar—X—)单元构成,其中 Ar 是芳基(如苯基);X 是氧原子或硫原子(它赋予聚合物链一定程度的柔韧性和加工性)或聚酮中的—CO—基团、聚砜中的—SO_2—、聚酯中的—COO—、聚酰胺中的—NHCO—。聚合物重复单元可以由单个(—Ar—X—)单元或不同单元的组合组成。

11.3.1 聚(醚酮)类

聚(醚酮)是一类通过不同的醚(E)和酮(K)单元连接的聚亚芳基,取决于两个单元之一的普遍性,这些聚亚芳基可以富含醚(如 PEEK)、酮(如 PEKK)或平衡(如 PEK)。

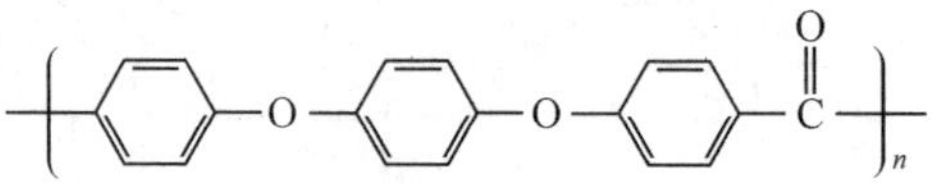

PEEK

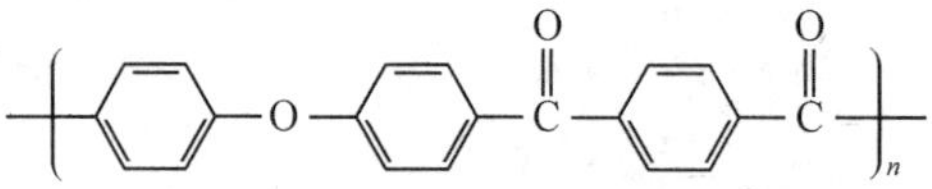

PEEK

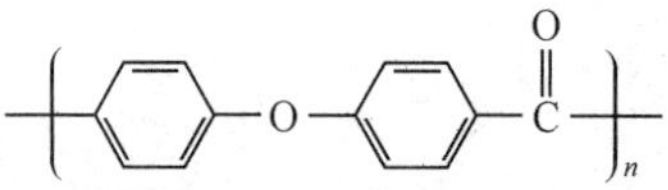

PEK

PEEK—聚(醚醚酮);PEKK—聚(醚酮酮);PEK—聚(醚酮)

磺化聚(醚醚酮)(S-PEEK)具有许多用于 FC 的有益属性,包括良好的热稳定性、机械强度和足够的导电性,其通过聚合物主链的磺化引入。

PEEK 的磺化是二阶亲电反应,用于将带电基团添加到聚合物链中以使它们可离子交换。优选在两个醚(—O—)连接之间的芳环上进行取代。S-PEEK 聚合物通常通过将聚合物或直接磺化单体后来制备。结合 SAXS 和 S-PEEK 膜作为水和离子含量的函数,不同的离子交换形式表明,由于 PEEK 基质的不溶性,后磺化过程导致磺酸基团沿聚合物链的非均匀分布和离子域中的非均匀反离子分布。通过在 PEEK 重复单元中引入 phtalide 单元可以克服 PEEK 不溶性的问题。这种 PEEK 衍生物(称为 PEEK-WC)可以很容易地磺化,并且所得的磺化聚合物显示出优异的电化学性能,低燃料交叉,以及相对于 Nafion 非常好的热化学性质。

磺化剂的选择和磺化过程是影响 S-PEEK 行为的最重要因素。最常见的磺化剂包括硫酸、氯磺酸、纯的或复合的三氧化硫和乙酰硫化物。其中,浓硫酸用于避免聚合物降解和交联反应。在这种情况下,PEEK 磺化仅在对苯二酚链段的四个化学等价位置上发生,并且由于—SO_3H 基团的吸电子去活化作用,磺化度(DS)不能克服 100% 的值。磺化影响 PEEK 聚合物的化学特性,降低结晶度,并因此改变聚合物的溶解度,这严格依赖于 DS。低 DS S-PEEK 聚合物可溶于 DMF、DMSO 或 NMP 中。对于 DS > 50%, S-PEEK 在室温下也可溶于 DMA,而对于高 DS, S-PEEK 在 80 ℃下在甲醇/水混合物中变得高度溶胀,并且在 DS = 100% 时,它们可溶于热水中。

对于具有不同 IEC 的样品,在各种温度和 RH 条件下测定 S-PEEK 的质子传导率。在恒定温度下,电导率对 RH 的依赖性在很大程度上受到 DS 的影响,使得 DS 越低,电导率对 RH 变化越敏感。此外,相对于 Nafion 电导率,RH 变化对 S-PEEK 电导率的影响更大:当 RH 从 100% 降低至 66% 时,Nafion 和 S-PEEK 的电导率(IEC 为 1.6)指数分别降低 4 和 10。

这可能是由于 Nafion 中磺酸官能团的酸性更强,以及 Nafion 全氟化主链与 S-PEEK 的多芳烃主链相比具有更高的柔韧性和疏水性,导致 Nafion 和 Nafion 中的纳米相分离更大。因此,在更连续的传导途径中,即使在低水合水平下也是如此。

聚合物-溶剂相互作用在 PEM 微结构组织中起决定作用,因此对质子传递途径起决定作用。使用溶解在 DMA 中的 S-PEEK 制备的膜比用 DMF 制备的膜结构更具导电性,DMF 与磺酸基团形成非常强的氢键。因此,残留的 DMF 痕迹可以存在于膜中,阻挡部分磺酸基团并将它们排除在质子传递之外。然而,由 DMF 溶液制备的 S-PEEK 膜比由 DMSO 溶液制备的膜更具导电性。

残余浇铸溶剂(RS)的量是影响 S-PEEK 膜性能的重要因素之一。Liu 等研究了一系列已经制备出具有受控 RS 含量的 S-PEEK 膜。即使在用 1 mol/L H_2SO_4处理并随后用水洗涤后从膜上除去所有 RS,这些处理过的膜的形态和性质也根据 RS 量而不同。对于具有更大量 RS 处理过的膜,观察到更大和更好连接的亲水域和更高的自由体积分数。水平衡膜的质子传导率随着 RS 含量的增加而增加,直至达到最大值,该最大值几乎是具有最小 RS 的膜的两倍。随着 RS 含量的进一步增加,观察到质子传导性的降低,而膜的吸水率随 RS 含量的增加而持续增加。如前所述,高 DS 值导致水中大量溶胀甚至膜溶解。另外,高 DS 和水的存在对于有效的质子传输是必不可少的。机械稳定性和质子传导性之间的最佳平衡可以通过引入用于实现复合聚合物的第二相或通过溶剂热处理在大分子链之间形成共价交联键来实现。具体而言,在少量残留的浇铸溶剂 DMSO 存在下,通过在 150 ℃以上热处理使 S-PEEK 链与砜桥交联,产生 SO^{2+} 亲电子试剂并通过亲电芳族取代形成共价交联。该方法证明可成功改善聚合物的刚度和机械强度。

交联的 S-PEEK 膜(更通常是交联的 SAP)的质子传导性可以受到许多因素的显著影响,例如,交联密度和其均匀性,交联剂的种类和交联诱导的微结构变化。与未交联的聚合物相比,经常观察到质子传导性的损失,这不仅是因为通过交联消耗—SO_3H 基团,而且还可能是由于质子传输的较窄水合通道。在近期的深入研究中,探索了一些防止交联 SAP 质子传导性降低的方法。这些方法包括:①高初始 DS;②引入额外的羧酸或磺酸基团;③交联剂的优化交联度或链长,可调节吸水量和自由体积;④通过形成精细纳米级相分离可以有助于高质子传导性的优化微结构;⑤在交联的高吸水性树脂(Superabsorbent Polymers,SAP)基质中引入另外的无机固体酸。采用这些方法,交联的 S-PEEK表现出比 Nafion 或未交联的 S-PEEK 略低或相当,在某些情况下甚至更高的质子传导性。因此,与 Nafion 相比,交联的 SAP 提供了接近甚至更高的性能。然而还需要进一步仔细的设计和优化以改善整体性能。

各种交联的 S-PEEK 膜的质子传导率通过互补的两点测量来确定:在 25 ~ 65 ℃之间的完全湿润条件下和在 80 ~ 140 ℃之间的 RH 的函数。热交联的 S-PEEK 膜在 100 ℃下显示出高达 0.16 S/cm 的电导率,FC 施加所需的 0.1 S/cm 的值可以在高于 20 的水合数下达到,其与非溶胀膜相容。基于这些结果,若在操作期间保持足够的水合水平,则可以明确地提出交联的 S-PEEK 尤其适用于在 100 ℃以上工作的中温 FC。

还制备了一系列使用磺化二胺作为交联剂的 S-PEEK/Nafion 交联膜。使用该交联剂将 Nafion 引入 S-PEEK 聚合物中解决了共混膜的不同组分之间不相容的问题,并且交联剂上的磺酸基团弥补了交联过程中消耗的那些。与原始的 S-PEEK 膜相比,交联膜显示出改善的机械性能、热稳定性和尺寸稳定性以及适当的质子传导性。随着 Nafion 的引入,甲醇渗透率降低,交联膜的选择性远高于原始 S-PEEK 膜的选择性,这是在 DM-FC 中应用的必要条件。S-PEEK 膜也已成功制备并优化用于钒氧化还原电池应用。与 Nafion 117 相比具有更低的比面积电阻(由于更低的厚度)和更慢的自放电率,这导致稍高的电压效率、库仑效率和能量效率。S-PEEK 膜在高度氧化的电解质中表现出优异的稳定性。尽管已经对微生物 FC(MFC)中的各种类型的 PEM 进行了多项研究,但对于 S-PEEK 在这种电化学装置中的应用还没有进行太多研究。Ghasemi 等合成了 S-PEEK 膜,其 DS 在 20.8% ~76% 范围内,并应用于 MFC 中,以比较它们的功率密度产生、成本效率和库仑效率。结果发现,通过增加 DS,发电量和库仑效率均达到 DS=63.6% 的最大值。

11.3.2 聚(磷腈)

在无机-无机聚合物中,聚(磷腈)由于其良好的热稳定性和化学稳定性而被认为是用于开发质子传导膜的合适材料。聚(磷腈)通式$\mathrm{+P(R'R'')QN+}_n$,它们的主链由交替的磷和氮原子组成,其中每个磷原子带有两个侧基(R′、R″)。

聚(磷腈)相对于烃类聚合物的主要优点是最终聚合物的性质可以通过从母体聚(二氯磷腈)(PDCP)开始的取代反应进行微调,因为氯原子可以被各种不同的有机基团取代。芳氧基取代的聚(磷腈)被认为是用于 PEM 应用的最合适的聚(磷腈),因为它们结合了阻隔性能和高的热、机械和化学稳定性。此外,通过 γ 辐射交联聚合物的可能性允许改善机械和阻隔性能。

几种聚(二烷基磷腈),R′和 R″为甲基、乙基、丙基;丁基和己基被认为是由于它们在 N 原子处质子化的能力而制造固体质子传导电解质。

质子化的聚(二丙基磷腈)(PDPrP)被证明是最适合此目的的材料。通过热分析,核磁共振光谱和阻抗测量研究了与聚(苯基硫醚)复合材料中 H_3PO_4质子化的 PDPrP 的质子传导率和结构稳定性,作为温度高达 79 ℃,RH 在 0 ~33% 范围内的函数。在 52 ℃和 33% RH 下,最高电导率为 10^{-3}S/cm。

用磺化聚[(羟基)丙基,苯基]醚(S-PHPE)代替 PPS 使得该复合物即使在干燥环境中也具有高导电性(在 127 ℃为 7.1×10^{-3}S/cm),因为存在 S-PHPE 的强酸性磺酸基团。

还将包括—SO_3H、—PO_3H_2和磺酰亚胺的酸性基团引入聚合物基质中。两种主要方法可用于制备磺化聚(磷腈)。在第一种方法中,已经磺化的芳基氧化物、醇盐或芳基胺取代 PDCP 中的氯原子。例如,PCDP 可以与亲核试剂羟基苯磺酸一步反应,利用疏水性氨基离子的"非共价"保护磺酸官能团,在反应完成后可以容易地除去。此外,磺化烷基链可以锚定在聚(氨基磷腈)上或固定在苯环中具有合适反应性官能团的聚(芳氧基磷腈)上。

根据第二种方法,磺化可以在预形成的聚(磷腈)的未取代的芳氧基侧基上进行。使用氯磺酸、浓硫酸、发烟硫酸和 SO_3作为磺化剂。用氯磺酸和发烟硫酸磺化引起一些链断裂,这取决于温度和反应时间,而在 SO_3和骨架氮原子之间初始形成络合物之后,发生具有 SO_3的侧基磺化。

非交联磺化聚合物(双(3-甲基苯氧基)磷腈)在 25 ℃下的电导率在 IEC 范围为 0.8 ~1.6 meq/g时随着水的吸收从 10^{-8} ~ 10^{-7}增加到约 0.1 S/cm,膜膨胀体积分数在

0 ~ 50% 范围内。

此外,IEC 为 1.4 meq/g 的交联磺化聚合物(双(3-甲基苯氧基)磷腈)具有高电导率(在 65 ℃下 0.08 S/cm)和低甲醇扩散系数(在 45 ℃下 $8.5\times10^{8}cm^{2}/s$)。磺化聚[双(苯氧基)磷腈](S-BPP)用于与交联的六(乙烯氧基)环三磷腈(CVEEP)形成互穿网络。由此获得的膜表现出良好的机械性能和热稳定性,具有 1.62 ~ 1.79 meq/g 的高 IEC。含有质量分数为 50% CVEEP 的膜的电导率在液态水中 25 ℃时为 0.013 S/cm,在 75 ℃和 12% RH 下为 5.7×10^{-3}S/cm。

最近,开发了基于聚磷腈的共聚物以获得用于直接甲醇 FC 的有效质子交换膜:通过原子转移自由基聚合然后磺化将嵌段聚苯乙烯接枝到聚磷腈上,其优先在聚苯乙烯位点处发生。通过 TEM 对膜的形态学研究显示由疏水性聚磷腈主链和亲水性聚苯乙烯磺酸链段之间的极性差异导致的纳米相分离结构。与 Nafion 117 相比,最好的膜表现出更高的电导率(在 80 ℃,完全水合条件下高达 0.28 S/cm)以及显著降低的甲醇渗透性。

还合成了非氟化磺化聚磷腈并表征其用作电极黏合剂。当使用 DMA 作为阴极催化剂油墨的溶剂时,在 80 ℃和 95% RH 下,H_2/空气气氛 FC 中使用这种黏合剂的 FC 功率输出与 Nafion 相同。

磷酸盐基团最初通过磷-氧-碳键连接到聚磷腈上。然而,这些聚合物易于水解和热分解,因此不适用于 FC 应用。然后通过碳酸-磷键连接磷酸酯基团,开发出更稳定的聚合物。磷酸官能化的聚(芳氧基磷腈)显示出比 Nafion 显著更低的甲醇渗透性。

例如,用 4-甲基苯氧基或 3-甲基苯氧基侧基共取代的苯基磷酸官能化的聚(磷腈),IEC 在 1.17 ~ 1.43 meq/g、室温、完全水合状态下具有 0.01 ~ 0.1 S/cm 的离子电导率。在 80 ℃下,与 3 mol/L 水溶液接触的 3-甲基苯氧基取代的聚(磷腈)的甲醇穿透率约为 Nafion 的 1/12,为磺化聚磷腈类似物的 1/8。

通常,当考虑电导率与磁导率之比时,发现磺化聚(磷腈)在低于 85 ℃的温度下优于 Nafion 117,而磷酸化的聚(磷腈)在范围从 22 ~ 120 ℃的宽温度下优于 Nafion 117。

含有 17% 芳基磺酰亚胺侧基和 83% 对甲基苯氧基侧基的交联聚(磷腈)在室温、完全水合状态下使用基于这种聚(磷腈)的 H_2/O_2 FC,80 ℃下在 1.29 A/cm^2下实现最大功率密度 0.47 W/cm。这是在 FC 工作条件下的少数聚(磷腈)膜的例子之一,尽管聚(磷腈)离聚物似乎适合于基于由非原位物理化学表征产生的性质的 FC 应用。

最新论文研究也集中在开发填充有层状双氢氧化物(LDH)、二氧化硅和磷钨酸的复合聚磷腈膜上。特别是使用 Br 形式的季铵化[双(4-甲基-苯酚)磷腈]和 MgAl LDH 来制造复合膜,目的是改善离聚物的阴离子电导率。在某些情况下,在溶剂蒸发过程中,将外部 AC 电场施加到 LDH-聚磷腈浇铸溶液中,以使 LDH 血小板在膜跨平面方向上取向。

LDH 的存在对 OH 形式的膜的离子电导率具有有益的影响,在 30 ℃时,对于具有随机取向的 LDH 的复合膜,在纯离聚物上从 2.74 mS/cm 升至 11.2 mS/cm。对于具有取向填料的膜,升至 16.0 mS/cm。复合膜在断裂拉伸强度方面也表现出机械性能的明显改善。

本章习题

11.1　Nafion 改性方法有哪几种?

11.2　Nafion/聚合物共混膜相比于 Nafion 膜的优势是什么?

11.3　Nafion/无机添加物杂化膜的优势是什么?

本章参考文献

[1] 汪南方. 全钒液流储能电池非氟隔膜的制备与性能研究[D]. 长沙:中南大学, 2012.

[2] 杨克聪. 高性能隔膜在锂离子电池中安全性能的研究[D]. 武汉:武汉工程大学, 2022.

[3] YOO S, HONG C, CHONG K T, et al. Analysis of pouch performance to ensure impact safety of lithium-ion battery [J]. Energies, 2019, 12 (15): 2865.

[4] LI J L, DANIEL C, WOOD D. Materials processing for lithium-ion batteries [J]. Journal of Power Sources, 2011, 196 (5): 2452-2460.

[5] ZHANG L C, CHEN C H. Electrode materials for lithium ion battery [J]. Progress in Chemistry, 2011, 23 (2-3): 275-283.

[6] MA G Q, WANG L, ZHANG J J, et al. Lithium-ion battery electrolyte containing fluorinated solvent and additive [J]. Progress in Chemistry, 2016, 28 (9): 1299-1312.

[7] FRANCIS C F J, KYRATZIS I L, BEST A S. Lithium-ion battery separators for ionic-liquid electrolytes: a review [J]. Advanced Materials, 2020, 32 (18): 1904205.

[8] 韩啸, 张成锟, 吴华龙, 等. 锂离子电池的工作原理与关键材料 [J]. 金属功能材料, 2021, 28 (2): 37-58.

[9] HUANG X S J. Separator technologies for lithium-ion batteries [J]. Journal of Solid State Electrochemistry, 2011, 15: 649-662.

[10] SCHMIDT-ROHR K, CHEN Q. Parallel cylindrical water nanochannels in Nafion fuel-cell membranes[J]. Nature Materials, 2007, 7: 75-83.

[11] LIU F, XING D, YU J, et al. Nafion/PTFE Composite Membrane for PEMFC. Electrochemistry, 2002, 8: 86-92.

[12] ANTONUCCI P L, ARICO A S, CRETI P, et al. Investigation of a direct methanol fuel cell based on a composite Nafion (R)-silica electrolyte for high temperature operation [J]. Solid State Ionics, 1999, 125: 431-437.

[13] BARADIE B, DODELET J P, GUAY D. Hybrid Nafion (R)-inorganic membrane with potential applications for polymer electrolyte fuel cells[J]. Journal of Electroanalytical Chemistry, 2000, 489: 101-105.

[14] FINSTERWALDER F, HAMBITZER G. Proton conductive thin films prepared by plasma

polymerization[J]. Journal of Membrane Science, 2001, 185: 105-124.

[15] TAZI B, SAVADOGO O. Effect of various heteropolyacids (HPAs) on the characteristics of Nafion ((R)) - HPAS membranes and their H_2/O_2 polymer electrolyte fuel cell parameters [J]. Journal of New Materials for Electrochemical Systems, 2001, 4: 187-196.

[16] DI NOTO V, LAVINA S, NEGRO E, et al. Hybrid inorganic-organic proton conducting membranes based on Nafion and 5 wt% of M_xO_y(M=Ti, Zr, Hf, Ta and W), Part Ⅱ: relaxation phenomena and conductivity mechanism[J]. Journal of Power Sources, 2009, 187: 57-66.

[17] YAO Y, LIN Z, LI Y, et al. Superacidic Electrospun Fiber - Nafion Hybrid Proton Exchange Membranes[J]. Advanced Energy Materials, 2011, 1: 1133-1140.

[18] WAN H, YAO Y, LIU J, et al. Engineering mesoporosity promoting high-performance polymer electrolyte fuel cells[J]. International Journal of Hydrogen Energy, 2017, 42: 21294-21304.

[19] PRABHAKARAN V, ARGES C G, RAMANI V. Investigation of polymer electrolyte membrane chemical degradation and degradation mitigation using in situ fluorescence spectroscopy[J]. Proc Natl Acad Sci USA, 2012, 109: 1029-1034.

[20] WANG F, HICKNER M, KIN Y S, et al. Direct polymerization of sulfonated poly (arylene ether sulfone) random (statistical) copolymers: candidates for new proton exchange membranes [J]. Journal of Membrane Science, 2002, 197 (1-2):231-242.

[21] UEDA M, TOYOTA H, OUCHI T, et al. Synthesis and characterization of aromatic poly (ether sulfone)s containing pendant sodium sulfonate groups [J]. Journal of Polymer Science Part A: Polymer Chemistry, 1993, 31 (4): 853-858.

[22] WANG F, HICKNER M, JI Q, et al. Synthesis of highly sulfonated poly(arylene ether sulfone) random (statistical) copolymers via direct polymerization [J]. Macromolecular Symposia, 2001, 175 (1): 387-396.

[23] CHEN D, WANG S, XIAO M, et al. Preparation and properties of sulfonated poly (fluorenyl ether ketone) membrane for vanadium redox flow battery application [J]. Journal of Power Sources, 2010, 195 (7): 2089-2095.

[24] MAI Z, ZHANG H, LI X, et al. Sulfonated poly(tetramethydiphenyl ether etherketone) membranes for vanadium redox flow battery application[J]. Journal of Power Sources, 2011, 196 (1): 482-487.

[25] GAO Y, ROBERTSON G P, GUIVER M D, et al. Synthesis and characterization of sulfonated poly (phthalazinone ether ketone) for proton exchange membrane materials [J]. Journal of Polymer Science Part A: Polymer Chemistry, 2003, 41 (4): 497-507.

[26] GAO Y, ROBERTSON G P, GUIVER M D, et al. Sulfonation of poly(phthalazinones) with fuming sulfuric acid mixtures for proton exchange membrane materials [J]. Journal of Membrane Science, 2003, 227 (1-2): 39-50.

[27] KERRES G A. Development of ionomer membranes for fuel cells [J]. Journal of Membrane Science, 2001, 185 (1): 3-27.

[28] XING D, KERRES J. Improved performance of sulfonated polyarylene ethers for proton exchange membrane fuel cells [J]. Polymers for Advanced Technologies, 2006, 17 (7-8): 591-597.

[29] KIM S, YAN J, SCHWENZER B, et al. Cycling performance and efficiency of sulfonated poly (sulfone) membranes in vanadium redox flow batteries [J]. Electrochemistry Communications, 2010, 12 (11): 1650-1653.

[30] CHEN D, WANG S, XIAO M, et al. Synthesis of sulfonated poly (fluorenyl ether thioether ketone)s with bulky-block structure and its application in vanadium redox flow battery [J]. Polymer, 2011,52 (23): 5312-5319.

[31] 张守海,邢东博,颜春,等.液流电池用季铵化聚醚砜阴离子交换膜材料的研究[J].合成化学,2007, 15 (B11): 225.

[32] CHEN D, WANG S, XIAO M, et al. Sulfonated poly (fluorenyl ether ketone) membrane with embedded silica rich layer and enhanced proton selectivity for vanadium redox flow battery [J]. Journal of Power Sources, 2010, 195 (22): 7701-7708.

第12章 智能膜

12.1 智能膜技术简介

在自然界中,生物体中存在许多对环境信号做出反应的现象。例如,植物的气孔可以根据外界光照强度、二氧化碳浓度和温度的变化而自我调节气孔的开闭。细胞膜能够根据物理/化学信号刺激来调控膜内的通道从而控制细胞内外的物质交换。人们通过模仿生物体的一些独特功能来设计具有智能属性的新型材料,因此,智能膜材料应运而生。

智能膜是多种多样的智能材料中的一种,智能膜通常由传统膜材料和智能功能材料共同组成,其中以高分子智能膜材料最具有潜力。近年来,智能膜材料因其具有可调控的膜透过性,能够实现分子的选择性,为调控生物催化反应进程提供新的思路。智能膜材料不但具有传统膜材的各种性能,而且又可以对环境做出响应来改变自身的一些特性,如选择性、渗透性、通量等。所以智能膜在生化物的分离纯化、水处理、药物释控、人工器官、化学传感器等领域具有广阔的应用前景。

智能膜按照膜的结构可以分为整体型智能膜和开关型智能膜两类。整体型智能膜将实现刺激响应的智能材料直接制备成多孔膜,从而实现膜的内部结构和性能随外界环境进行变化。开关型智能膜是将实现刺激响应的智能材料,通过物理法或者化学法(化学接枝、静电组装及化学涂敷等)固定在多孔基膜上,从而通过改变环境来改变膜的孔径以及渗透性能。随着环境信息的变化,膜孔大小会发生相应的变化,也就是说智能高分子在膜孔中发挥着“开关”的作用。按照高分子智能膜对环境刺激的响应的不同分为温度响应型、电场响应型、离子强度响应型、葡萄糖浓度响应型、光照响应型以及分子识别响应型等不同的类型。

智能膜的制备方法比较见表12.1,由于可直接进行成功制膜的智能材料很少且不易,一般通过改性的方法来间接制备智能膜。改性的手段可分为改性成膜法和基材膜修饰法。所谓基材膜修饰法,是在不改变基材膜主体结构的情况下,在膜结构中引入智能分子,引入的方式也分为物理手段和化学手段。此方法基材膜的选择可以有很多,而且容易分析改性膜的结构,进而便于研究智能膜的响应机理和结构的联系。例如,四川大学的谢锐等人通过自由基聚合的方法在多孔尼龙膜(Nylon-6)的孔内制造交联的NIPAAm水凝胶来制备热响应膜,并研究了温敏水凝胶在多孔尼龙膜孔内的分布情况以及其响应性能的可重复性;南京大学黄建等人通过使用等离子体(氩)在聚乙烯(PE)微滤膜表面接枝PNIPAAm,制备了PE温敏膜并对其性能进行了研究。

改性修饰成膜法则是将智能分子与高分子膜材料通过物理共混或者通过共价键合的方式进行结合,然后制备成膜。其中共价键合的方式一般是无规共聚和嵌段共聚。无规共聚是通过单体的加聚反应得到无规共聚物以制得高分子的膜材料,常用的有聚丙烯腈

(PAN)以及一些烃类聚合物,例如,日本长岗工业大学的研究人员通过无规共聚的方法将丙烯酸(AA)和甲基丙烯酸(MA)链段与丙烯腈结合,形成无规共聚物,然后通过相转化成膜法制备了具有 pH 响应性能的聚丙烯腈超滤膜,并研究了其在酸碱环境下羟酸节段构象的变化引起的膜性能的改变。通过形成嵌段共聚物进行改性一般是直接对成膜所用的高分子材料进行化学改性来使其与智能分子结合。常用的改性方法有化学接枝法、臭氧预处理等,例如,华南理工大学 Chen 等人将聚偏氟乙烯(PVDF)与聚(2-(N,N-二甲基氨基)乙基甲基丙烯酯)(PDMAEMA)侧链通过 PVDF 引发的 ATRP 进行结合,然后制得了 pH/温度双重响应的智能膜,并通过控制聚合的各种条件研究接枝链长对形貌和分离性能的影响。

表 12.1 智能膜的制备方法比较

分类	制备方法	优点	缺点
基材膜改性法	物理固定法	操作简便	容易脱离
	化学改性法	条件容易控制	反应体系中一些副产物不易去除,反应速度慢
	等离子体接枝法	反应迅速,无污染	反应条件要求比较苛刻,膜面积要求较小
	辐射接枝法	反应速度快、基材膜适用范围广	设备昂贵,要求高,会损伤基材膜
改性成膜法	物理法	简单易行,操作简便	膜性能会发生很大改变
	化学改性法	获得改性后的高分子再进行制膜,膜的性能较稳定	反应体系中的一些溶剂对环境污染较大

总体来说,物理方法虽然简单易操作,但是得到膜的均匀性和稳定性受损,而化学方法形成的膜稳定性较强,基本克服了物理方法的缺点,但是所使用的溶剂通常为有机溶剂,对环境污染性大。

目前,多孔膜材料可以实现对不同物质的选择性分离,已在环境、能源、气体分离、生物医疗及分析检测等领域得到了广泛的应用。尽管目前所报道的智能膜具有一定的智能响应性和可控性,但是鉴于智能膜材料的厚度和生物相容性对生物催化反应有重要影响,单分子层结构的、具有良好生物相容性的智能膜材料依旧鲜有报道,难以满足调控生物催化领域的应用需求。智能高分子膜因其独特的环境响应性能,在生产和生活的许多领域具有重要的应用价值,并且膜的智能化和功能化将成为未来膜材料的主要发展方向。

12.2 智能膜材料及其工作原理

智能膜材料可根据智能组分在膜材料的位置分为三类(图 12.1):①智能材料在膜的表面。这些分布在膜表面的智能材料能够根据外界信号的变化来调控膜表面的特性(如荷电性、亲疏水性)和调控膜表面的微观形貌。表面荷电性的转换、亲疏水性的转换、微观形貌的转换能够实现膜表面与其他物质结合能力的转换,从而增强膜的分离性能和自清洁性能。②智能材料在膜的孔表面或孔道上,这些孔表面的智能材料能够调控膜的有效孔径大小,从而赋予多孔膜不同的渗透性能和选择性能。这种可调孔径的智能膜通常被称为智能开关膜,其工作特性属于阀门机制。当充当开关的功能组分体积膨胀时,膜的孔道闭合,从而阻止物质的透过;当功能组分体积收缩时,膜的孔道开启,这时物质可以自由透过。③智能材料均匀地分布在高分子膜内部。这类膜也被称为均质凝胶膜。均质凝胶膜在环境刺激过程中会发生整体膨胀或整体收缩,从而改变膜的渗透性或选择透过性。这类膜的工作特性属于凝胶扩散机制。当凝胶溶胀时,渗透物质的扩散速率加快;当凝胶收缩时,渗透物质的扩散速率减慢。

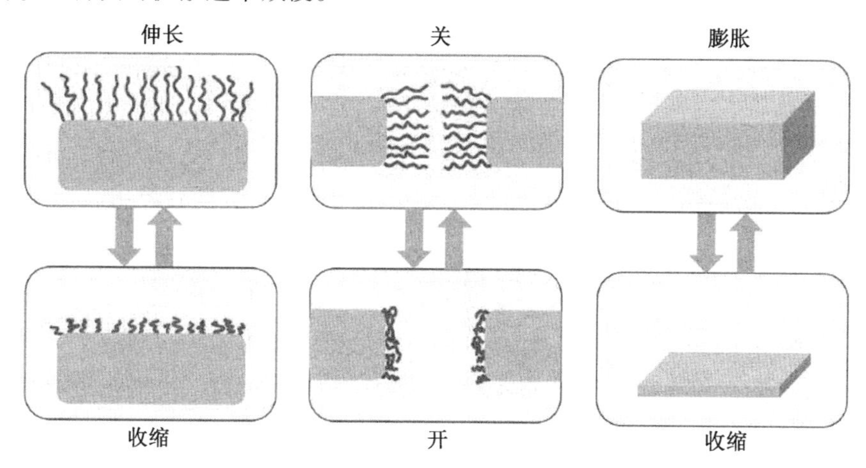

图 12.1 环境刺激响应智能膜的三种类型

除此之外,根据各种环境刺激(如光热、电场磁场、化学刺激、温度、pH、光照)不同,智能膜大致可以分为以下几类。

12.2.1 温度响应型智能膜

温度响应型智能膜是指能够根据环境温度的变化而自我调控孔径尺寸的功能多孔膜。在众多的环境刺激信号中,温度是最容易设计和控制的一种外界信号。因此,温度响应型智能膜得到许多研究人员的广泛关注。到目前为止,用于制备温度响应智能膜的功能材料基本上是聚(N-异丙基丙烯酰胺)(PNIPAM)。此外,具有温度响应的高分子还有聚(N,N-二乙基丙烯酰胺)(PDEAM)、聚(N-乙烯基己内酰胺)(PNVCL)、聚(N-乙烯己内酰胺)(VCL)、聚甲基丙烯酸苄酯(PBMAA)和聚乙烯吡咯烷酮(PVP)等。

PNIPAM 是一种经典的温度敏感型高分子,它具有响应速度快、构型变化大和响应温度温和等优异的响应性能,成为近年来温敏型材料的研究热点。当环境温度低于 32 ℃,高分子链中的酰胺基团与水分子迅速形成氢键,导致高分子吸水膨胀。当环境温度高于 32 ℃,高分子链中的酰胺基团与水分子的键合能力减小,导致高分子失水收缩。这个引发高分子构型发生剧烈改变的温度称为其最低临界溶解温度(LCST)。由于 PNIPAM 具有优异的温度响应性能,以 PNIPAM 充当功能组分的智能膜通常具有较为优异的响应性能。1967 年,Scarpa 报道 PNIPAM 在 32 ℃ 表现出 LCST,它才逐渐受到广泛关注。

PNIPAM 的响应机理可以理解为当温度高于低临界溶液温度(T>LCST)时,PNIPAM 上的酰胺基团(—$CONH_2$)与水分子形成氢键作用,此时 PNIPAM 的链处于伸展状态,表现为长链状;当温度低于低临界溶液温度(T<LCST)时,PNIPAM 与水分子在之前形成的氢键被破坏,其链变为收缩构象,正是这种链构象的转变使其具备了温敏响应性能。

目前,研究较多的聚合物温敏基材主要有聚偏氟乙烯、尼龙和纤维素类等,由于这些聚合物基材具有较好的机械强度,使其在各种环境中得以广泛应用。新加坡国立大学的 Kan 和 Neo 通过在 N-甲基吡咯烷酮溶液中对臭氧预处理的 PVDF 和 NIPAAm 进行热诱导接枝共聚,实现对 PVDF 的改性并得到 PVDF-g-PNIPAAm 共聚物,并将其通过相转化法得到微滤膜。新加坡国立大学研究团队开发了一种新的成膜方法,即用 O_3 预处理 PVDF 聚合物,制备方法如图 12.2 所示。该方法可以在 PVDF 主链上引入过氧化基团,然后再通过热引发自由基聚合,可逆加成-断裂链转移聚合亲水性功能单体,由此来制备 PVDF 主链,随后再通过相转化法制备得到智能聚合物膜材料。研究了膜性能受温度的影响,实验表明微滤膜的孔径随铸膜液温度增高而略微变大,且具有较为突出的温敏性能。

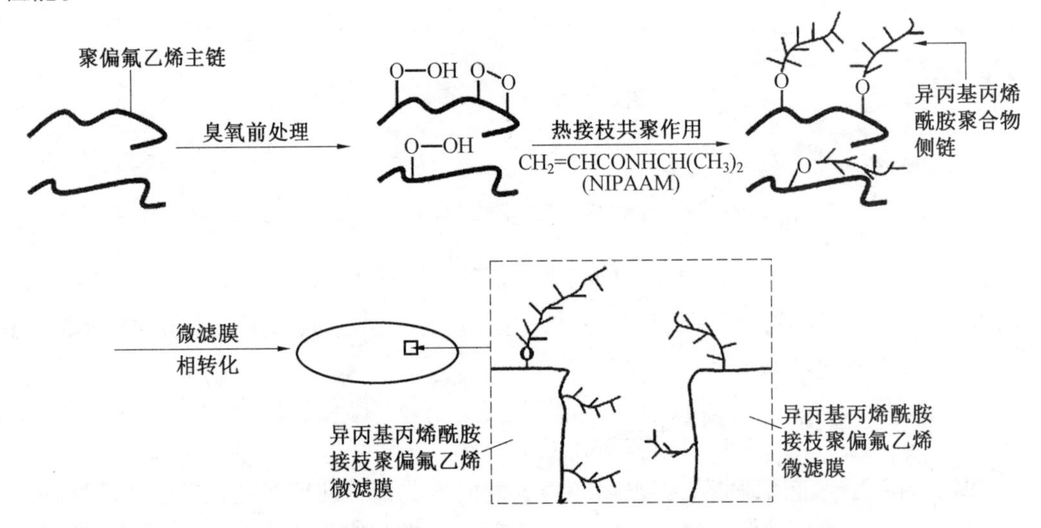

图 12.2 PVDF-g-PNIPAAm 温敏膜的制备流程

一些研究人员采用同轴静电纺丝技术制备了抗紫外线智能调温纳米纤维膜,以聚丙烯腈(PAN)/ZnO 为护套,十八烷为芯,成功地将氧化锌(ZnO)和十八烷掺入纳米纤维中。该复合纳米纤维具有优良的综合性能,最高熔融焓为 111.38 J/g,UPF 值为 86.21。这种多功能纳米纤维膜在户外产品、电子元器件保护和军事产品中具有广阔的前景。此外,还可以用碱处理、电晕放电以及化学接枝的方法对聚合物温敏基材改性。例如,德国莱布尼茨聚合物研究所 Tripathi 等人对已经商品化的聚对苯二甲酸乙二醇酯(PET)微滤膜通过聚多巴胺接枝 PNIPAAm 制成温敏膜,如图 12.3 所示。轨道蚀刻的 PET 膜首先用聚多巴胺官能化,然后在温和的碱性条件下接枝氨基封端的 PNIPAM。在每个修饰的过程中都观察到孔径的减小但膜孔完整。通过不同溶液温度下的水渗透性和蛋白排斥,证明了膜的热响应性能。同时研究了膜的防污性能和水通量回收率,最终表明此温敏膜具有良好的防污能力。

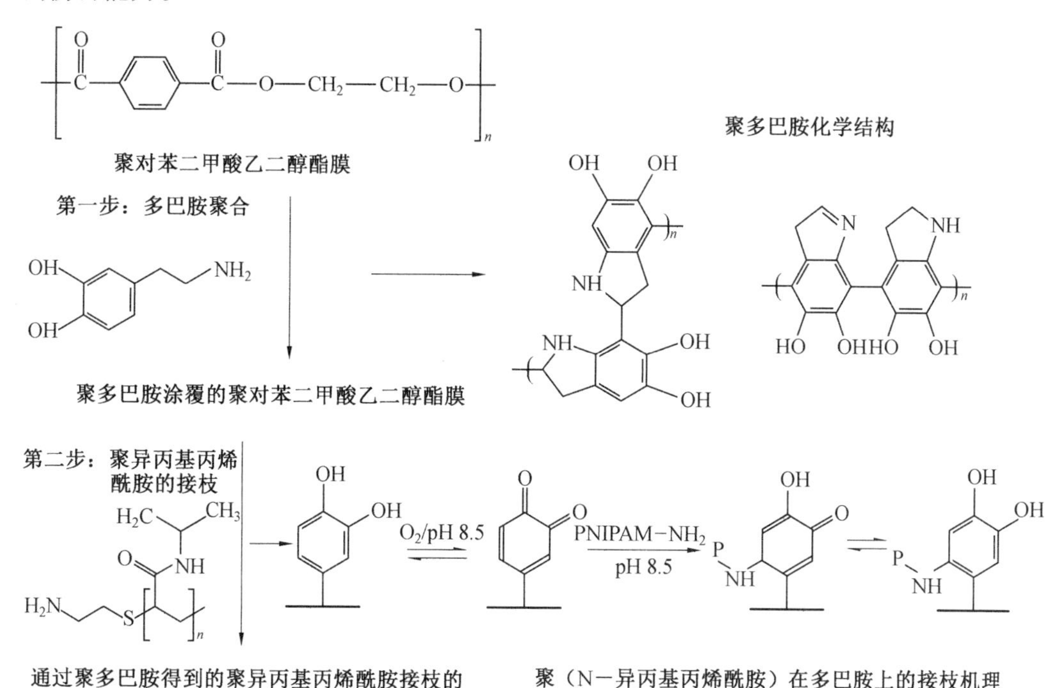

图 12.3 膜功能化示意路线图

12.2.2 pH 响应型智能膜

pH 响应型智能膜是在膜表面或孔道表面构筑有 pH 响应的聚电解质的多孔功能膜。聚电解质是一种含有弱酸或弱碱基团的聚合物，其构型会随环境 pH 的不同而发生改变。常用于 pH 响应型智能开关膜的聚电解质有聚丙烯酸及其衍生物、聚乙烯吡啶和含叔氨基团的聚合物。常见的 pH 响应型聚电解质总结于表 12.2。弱酸性聚电解质（如聚丙烯酸）在 pH 较高时（pH>电离稳定常数（pK_a））会发生解离和质子化；相反，弱碱性聚电解质（如聚乙烯吡啶）在 pH 较低时（$pH<pK_a$）会发生质子化。发生质子化的聚合物链之间由于荷有相同的电荷而发生静电排斥，使得聚合物链变为伸展构型，此时聚合物的体积增大。当弱酸性聚电解质在 pH 较高时（$pH>pK_a$）或弱碱性聚电解质在 pH 较低时（$pH<pK_a$），疏水作用起主要作用，聚合物链的质子化作用得到消除而呈蜷缩构型。因质子化程度的差异，pH 响应智能开关膜的渗透性能还会受渗透液中离子强度的影响。在聚合物链发生质子化和去质子化的同时，聚合物链的亲水性/疏水性也随之变化。聚合物链的亲疏水性和膜的孔径大小都会影响膜的渗透性能。

表 12.2 常见的 pH 响应型聚电解质

类型	pH 响应型聚电解质
弱酸性聚电解质	聚丙烯酸(PAA)、聚甲基丙烯酸(PMAA)、聚(2-丙烯酰胺基-2-甲基丙磺酸)(PAMPS)
弱碱性聚电解质	聚乙烯吡啶(P4VP)、聚甲基丙烯酸(2-N,N-二乙胺基)乙酯(PDEAE-MA)
其他	聚丙烯酸甲酯(PMA)、聚(乙二醇)甲基丙烯酸酯(PEGMA)、蛋白质、肽类

pH 响应型的高分子膜是在基材膜上面接枝具有响应性的聚电解质,从而实现定点定位控制释放,以及响应性分离,在酶的固定、物料分离、化学阀、药物释放等领域具有广阔的应用前景。对于阴离子型聚电解质,一般含有官能基团—COOH,如聚丙烯酸(PAA)和聚甲基丙烯酸(PMMA)等,它们在低 pH 下,质子化作用和疏水作用起主导作用,导致含羧基基团的聚合物链卷曲,使微孔膜上的孔径变大,从而有利于渗透介质的通过。在高 pH 下,聚合物链上电荷密度增大,聚合物链段上的电荷相互排斥,聚合物链舒展,微孔的孔径变小,渗透介质难以通过。聚合物弱电解质的链段构象的转变点由聚合物的值来决定。这个机理被称为“通透孔机理”,它适用于响应型膜。在高值情况下的聚阴离子膜呈现开放状态,而在低值的情况下则呈现出关闭的状态。这一行为可以用“通透聚合物机理”进行解释:聚合物溶胀,渗透物质扩散;聚合物收缩,渗透物质扩散受阻。而对于含叔胺基的甲基丙烯酸酯类单体而言,其中的叔胺基团与这种碱溶胀型基团相反,是一种酸溶性基团。在低 pH 时,由于叔胺基团质子化,聚合物链因为电荷间的互相排斥而舒展,微孔的孔径变小,渗透介质难以通过。在高 pH 时,基团质子化作用减弱或者消失,聚合物链段上的电荷间的互相排斥力减弱而使聚合物之间的吸引力增强,聚合物的总体水力直径减小,聚合物链卷曲,使微孔膜上的孔径变大,从而有利于渗透介质的通过。当接枝在智能开关膜孔道的聚电解质伸展时,膜的孔道闭合,此时渗透介质难以通过;当聚电解质卷曲时,膜的孔道开启。聚电解质的弱酸和弱碱基团可以与化学药物以价键的方式结合,因此,这些 pH 响应型智能膜在酶的固定、药物控制释放、化学阀门和 pH 响应物质分离等领域具有广阔的应用前景。

12.2.3 光照响应型智能膜

在众多的外部刺激中,光具有瞬时性、高精度、可远程控制、无污染条件,更精确的空间和时间调节,以及作为能源为系统提供动力的能力等优点,被广泛应用于智能膜材料的控制中。

智能膜的光照响应特性的实现依赖于光敏组分在不同波长光照下会发生分子构象和形态的改变。光敏组分通常为偶氮苯及其衍生物、多肽、螺环吡喃及其衍生物和三苯基甲烷衍生物等。光敏高分子中含有光敏基团,在某一特定波长光的辐射下,光敏基团会发生光解离或分子异构化,使光敏组分的分子长度、偶极距和构型发生变化。例如,含有偶氮苯基团的高分子经紫外光辐射,其偶氮苯基团会发生从反式构象转变为顺式构象的光致异构化。当在可见光下照射时,偶氮苯基团又自动从顺式构象恢复到反式构象。螺环吡喃经紫外光辐射会发生开环反应,在加热或可见光照射下又能可逆地恢复到初始态。螺吡喃化合物的特征在于存在苯并吡喃部分,该部分通过螺碳原子连接到杂环部分(通常是二氢吲哚),暴露于紫外光后,激发的螺吡喃(SP)发生杂环裂解,开环并导致苯并吡喃双键的顺反异构化,从而形成含有酚盐阴离子和带正电的吲哚(MC)。同时,MC 可以通过可见光照射或加热转化变回 SP。SP 异构体是无色的,这是由于在 200 nm 和 400 nm 之间的紫外区域发生吸收,而 MC 吸收光谱经历了显著的红移,使 MC 在可见光区域吸收,吸收最大值在 550 ~ 600 nm,因此,它是强烈着色的。与光致变色一起,螺吡喃还表现出敏感性和对其他刺激做出反应的能力,其中包括温度(热致变色)、pH(酸致变色)、溶剂性质(溶剂化致色)、金属离子的存在和结合、氧化还原电位和机械刺激。MC 异构体在水溶液中的不稳定性是一个众所周知的问题,其中 MC 由于亲核攻击而发生水解分解。因此,有人提出通过增加周围电子密度来降低碳碳双键的脆弱性。三苯基甲烷衍生物经紫外光辐射后会发生解离而生成有色的阴离子和阳离子,在加热下又能可逆地恢复到初始态。不同的光照响应型膜是因为分离膜中引进不同的偶氮苯及其衍生物。转换可见光与紫外光的条件,可调节渗透通量,并能重复实施并快速响应。

光照响应智能膜可通过控制光的施加和解除来控制膜的渗透性能。Liu 等人通过将偶氮衍生物固定在多孔硅的孔内,所制备的膜展现出快速和可逆的光响应性能。Park 等人将经螺环吡喃取代的甲基丙烯酸甲酯固定在多孔玻璃的孔内,制得具有光响应的智能开关膜。还可以采用有机偶氮衍生物修饰多孔玻璃管,获得光响应膜,在氙灯的刺激或移除下来调控膜的渗透性能。此外,聚甲基丙烯酰胺接枝的氧化石墨烯膜和含有光敏聚多肽的膜也具有光照响应特性。

目前,化学接枝、共混和吸附是制备光照响应智能膜的常用方法。由于光照响应分子主要通过功能基团的分子键长度、分子偶极距和分子链段构象的改变来实现其响应特性,这些构象变化对多孔膜孔道的调控能力有限,因此光照响应型智能膜的响应性能(如开关因子和响应速度等)都不及一些温度或 pH 响应型智能膜。

12.2.4 葡萄糖浓度响应型智能膜

褚良银和 Cartier 等人在葡萄糖浓度响应型智能膜系统方面进行了研究,褚良银等人成功制备了葡萄糖浓度响应型智能膜,它的制备及响应原理示意图如图 12.4 所示。首先把羧酸类聚电解质接枝到多孔膜上,制成 pH 感应智能膜,然后把葡萄糖氧化酶(Glucose Oxidase, GOD)固定到羧酸类聚电解质开关链上,从而使得开关膜能够响应葡萄糖浓度变化,这种智能膜的开关根据葡萄糖浓度的变化而开启或关闭。结果在无葡萄糖、中性 pH 条件下,羧基解离带负电,接枝物处于伸展构象,使膜孔处于关闭状态,胰岛素释放速度慢;反之,当环境葡萄糖浓度高到一定水平时,GOD 催化氧化使葡萄糖变成葡萄糖酸,这使得羧基质子化,减小静电斥力,接枝物处于收缩构象,使膜孔处于开放状态,胰岛素释放速度增大。于是,可以实现胰岛素随血糖浓度变化而进行自调节型智能化控制释放。可以看出,所有影响 pH 敏感型膜的扩散透过率的因素都会对这种葡萄糖浓度感应型开关膜有影响。通过改变接枝链的密度、长度或膜孔密度还可以调节该系统的胰岛素渗透性对葡萄糖浓度的敏感性。

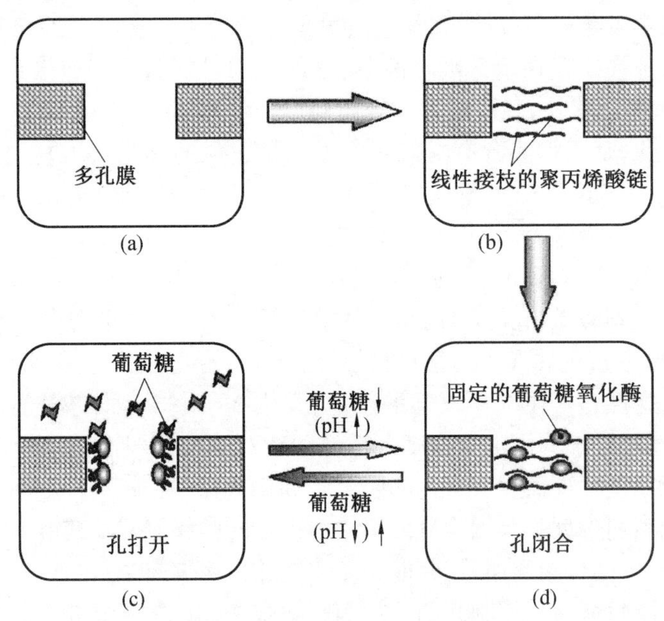

图 12.4　葡萄糖浓度响应型膜的制备及响应原理示意图

Akamatsu 和 Yamaguchi 通过等离子体诱导聚合接枝法将 NIPAM 和 AAPBA 接枝到多孔膜上,制备了温度和葡萄糖响应型智能膜。当葡萄糖存在时,膜孔内接枝的高分子上的苯硼酸基团识别葡萄糖而发生溶胀,膜孔关闭,渗透通量降低。然而,这种响应葡萄糖膜孔关闭的开关模式不适合血糖浓度升高时释放胰岛素等治疗糖尿病药物。还有研究人员通过微流控方法将 NIPAM 和 AAPBA 聚合成凝胶微囊膜,微囊在识别葡萄糖之后,作为囊壁的凝胶膜整体溶胀三维网络变大,可以释放出微囊内部的模型药物,很好地实现了葡萄糖浓度刺激响应型药物释放。

12.2.5　化学分子识别型智能膜

化学分子识别型智能膜是在基材膜上接枝具有分子识别能力的主体分子和构象可变化的高分子链。褚良银等人采用离子体引发填孔接枝法和化学反应法制备了分子识别型的温敏膜。当膜孔中聚合物链在识别客体分子后,两者生成包合结构,使得聚合物链与之前相比会朝着低温迁移,因此这也造成了聚合物链发生由伸展到收缩的相变过程,从而使膜孔发生由“关”到“开”的变化;当在识别了客体分子后,两者生成包合结构使得聚合物链与之前相比会朝着高温迁移,因此这也造成了聚合物链发生由收缩到伸展的相变过程,而使得膜孔发生由“开”到“关”的变化。

化学分子识别型智能膜是可以根据环境中分子或离子的类型、浓度的改变而做出响应的功能膜。它的功能基团通常是具有分子识别或响应能力的主体分子和高分子链。分子识别智能膜响应特异分子的过程是因为特异分子与膜上功能材料的基团之间的相互作用而发生的。根据分子间的作用机理,可以将化学分子识别型智能膜分为以下四类。

1. 盐浓度响应型智能膜

浓度响应型智能膜通常以含有离子基团的聚合物作为功能组分，这些功能在盐浓度的作用下会发生质子化或去质子化效应，从而影响聚合物构型和功能膜孔径的变化。由于浓差极化等因素存在，膜的渗透性能会随盐浓度的增加而减少，而盐浓度响应型智能膜常表现出相反的渗透特性。例如，以聚（甲基丙烯酰氧乙基三甲基氯化铵）（PMTA）作为功能开关的智能膜，其渗透性能随盐浓度的增加而增加。这是因为 PMTA 在盐浓度的作用下荷正电荷，这与基质膜的荷电性相反，导致分子链卷曲，膜的孔径增大。类似的，以两性离子聚（磺基甜菜碱甲基丙烯酸酯）（PSBMA）改性的 PES 膜也具有盐浓度响应性能。有研究人员发现在膜孔中接枝聚（N-异丙基丙烯酰胺-甲基丙烯酸）（PNM）二嵌段聚合物，所制备的膜具有正向的盐浓度响应行为。他们认为盐浓度响应的 PNM 功能开关的开闭主要受聚合物链的霍夫迈斯特（Hofmeister）效应的影响。此外，氧化石墨烯膜（GOM）具有反向的盐浓度响应，这是因为盐浓度降低了 GO 片的荷电性，从而削弱 GO 片之间的排斥力，导致膜的孔径减小。

2. 氧化还原响应型智能膜

氧化还原响应型智能膜是通过功能组分的氧化和还原状态的结构转变，使得膜的渗透性能发生改变。目前，用于氧化还原响应型智能膜的功能组分主要是含有二硫基团、二茂铁基团的氨基酸或高分子，通常它们的氧化/还原态会随环境中的氧化剂或还原剂的添加而发生改变。氧化还原响应性多孔膜在生物传感器的酶捕获膜、微流体反应器、门控过滤、催化、控制固定和控制释放方面展现出巨大的潜力。Elbert 等人制备了一种基于氧化还原响应聚（2-（甲基丙烯酰氧基）乙基二茂铁羧酸酯）（PFcMA）和末端官能化聚乙烯二茂铁（PVFc）功能化的有序介孔二氧化硅薄膜。二茂铁单元作为聚合物链的组成部分，其氧化/还原态以及聚合物的电荷都是变化的，可用于氧化还原“门”控制的离子迁移过程。

3. 释放型分子/离子响应型智能膜

这类型的膜通常由某种环境响应基团和特定的反应基团构成。它的作用机制是环境中的分子/离子与膜中特定的反应基团发生反应释放出新的物质，释放的物质会作为刺激物使膜内的环境响应基团发生构型变化，从而调控膜的孔径大小。葡萄糖响应型智能开关膜是一种典型的释放型智能开关膜，它的功能组分通常由 pH 响应基团（以聚丙烯酸为例）和能够产生酸性产物的酶（以葡萄糖氧化酶为例）构成。当没有葡萄糖存在时，溶液呈中性，此时聚丙烯酸高分子链为伸展构型，膜孔闭合；而有葡萄糖存在且浓度较高时，葡萄糖与葡萄糖氧化酶反应生成酸，溶液呈酸性，此时聚丙烯酸高分子链为收缩构型，膜孔开启。

4. 结合型分子/离子响应型智能膜

这类型膜的功能组分可以与特定分子或离子以价键的方式结合，从而影响功能组分的响应性能和引起膜的孔径发生改变。近年来，冠醚、卟啉、环糊精等具有分子或离子识别能力的主体化合物得到膜科学家们的关注。他们将主客体化学的分子识别特性、智能高分子的环境响应特性和膜分离的能耗低、效率高特性相结合，形成结合型分子识别响应型智能膜。主客体化学中的分子识别是主体分子和客体分子之间的结构互补和相互识别的作用。这类膜可在物质分离领域发挥重要作用。Ito 等利用 18-冠醚-6 作为分子识别的传感器和温敏性高分子聚(N-异丙基丙烯酰胺)作为执行器来构筑具有离子识别能力的智能开关膜。离子响应型智能膜的响应机理示意图如图 12.5 所示。当冠醚与特定离子以配位键结合时,PNIPAM-冠醚的低临界溶解温度(LSCT)会向高温偏移。当环境温度处于 PNIPAM 的 LSCT 和 PNIPAM-冠醚的 LSCT 之间时,聚合物链在无特定离子存在的条件下呈收缩状态,智能开关膜的孔开启。当加入特定离子之后,PNIPAM-冠醚的 LSCT 的温度升高,聚合物为伸展状态,膜的孔径减小。此外,以 PNIPAM-丙烯酰胺苯-15-冠醚-5 作为主客体分子识别驱动开关的尼龙-6 多孔膜展现出正向 K^+响应特性。

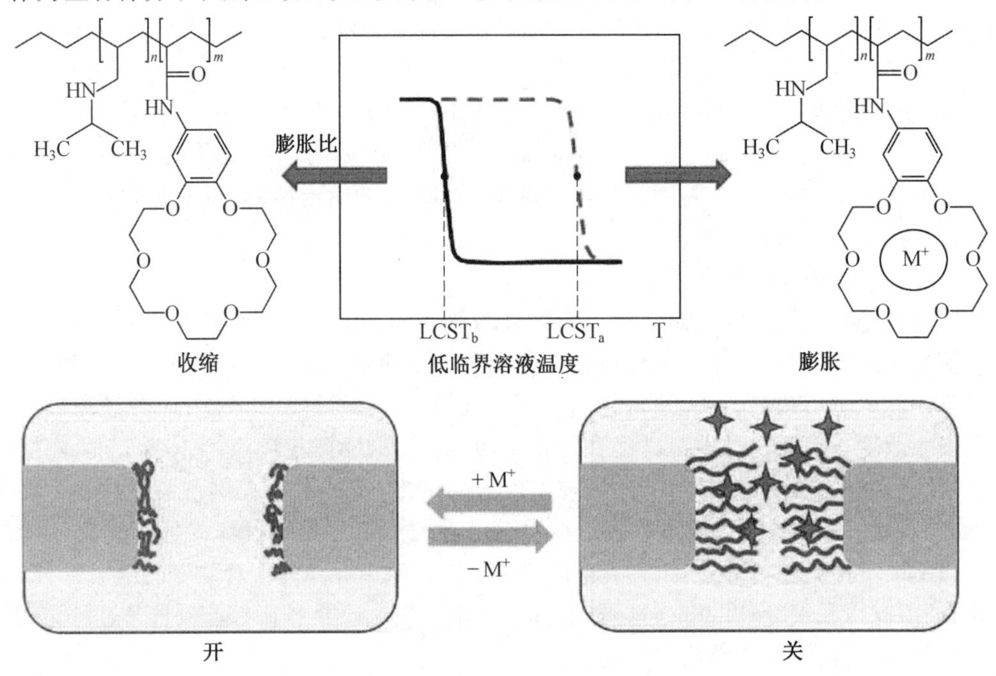

图 12.5 离子响应型智能膜的响应机理示意图

12.3 智能膜系统

12.3.1 智能平板膜

平板膜是膜的一般形式,而且平板膜最易用于结构和性能的表征。因此,大多数智能膜的研究均是通过对平板膜的研究,本章中上述大部分内容都为智能平板膜。除平板膜以外,迄今研究最多的智能膜系统是智能微囊膜。

12.3.2 智能微囊膜

由于高分子智能膜技术是在不同的学科交叉中不断发展起来的,并且在国内外已经发展成为生物、材料、医学、化学和化工等多学科领域工作人员的研究热点。微囊膜能包囊多种多样的化学物质,这样就能通过选择适当的微囊膜进行化学物质的控制透过。由于微囊膜具有总表面积大、内容积大和膜性能稳定等特点,迄今已广泛地应用在许多领域如化学、纺织、生物、医药、环境、石油和农药工业。

微囊膜因其具有长效、高效、靶向、低副作用等优良的控制释放性能，在药物控制释放等领域具有广阔的应用前景。微囊膜系统的研究与开发已经有很长的历史，并且取得了大量的研究与应用成果，在科学界和工程界至今仍显得生机勃勃，不断涌现出新的概念及新的成果。此外，由于内载物从微囊中的释放速率一般是由通过薄微囊膜的扩散速率所控制，所以与凝胶或微球相比微囊膜的释放速率具有更灵敏的环境刺激响应性。功能性微囊被认为十分适合于作为控制释放系统特别是药物送达系统，因为目前控释药物制剂的研究热点正在从传统的一级或零级释药系统向对病灶更具针对性的定时、定位释药系统转变，以达到高效、低副作用的目的。如果这种药物载体得以应用，则药物只在病变组织部位释放，不仅能有效利用药物，以获得最优治疗效果，而且不会在其他正常部位产生任何毒副作用。这种药剂形式被称为"梦的药剂"，并被认为是将来人类征服癌症等疑难杂症的有力工具。从 20 世纪 80 年代开始，环境情报感应型智能化微囊膜作为一种新型微囊膜日益受到重视和关注。

1. pH 响应型智能化微囊膜

智能化微囊膜在药物控制释放等方面的应用前景非常广阔，如 pH 响应型智能化微囊膜可用于药物定位释放（结肠靶向式药物送达）、蛋白质的控制释放、酶反应的"起/停"控制、废水生物处理脱氮过程中 pH 控制等。

虽然 pH 响应型智能化微囊膜的制备方法各不相同，但其控制释放机理却大同小异。由于在不同 pH 环境下聚电解质的构象会发生变化，从而影响微囊膜的扩散透过率，这样就实现了能响应环境 pH 的控制释放。以在半透性微囊膜表面接枝 pH 感应性聚电解质而得到的 pH 响应型微囊膜为例。如图 12.6 所示，对于接枝带负电聚电解质（聚羧酸类）而言，当环境 $pH>pK_a$（电离稳定常数）时，聚电解质的官能团因离解而带上负电，由于带负电官能团之间的静电斥力接枝链处于伸展构象，渗透率随之增大；当环境 $pH<pK_a$ 时，聚电解质的官能团因质子化而不带电荷，链段处于收缩构象，使微囊表面官能层致密，从而使扩散透过率变小。相反，对于接枝带正电荷聚电解质（如聚吡啶类），当环境 $pH>pK_a$ 时，聚电解质的官能团不带电荷使链段处于收缩构象，微囊表面官能层致密而使扩散透过率较小；但当环境 $pH<pK_a$ 时，聚电解质的官能团因质子化带正电官能团之间的静电斥力使链段处于伸展构象，微囊表面官能层变得松散而使扩散透过率也随之变大。Ito 等人用

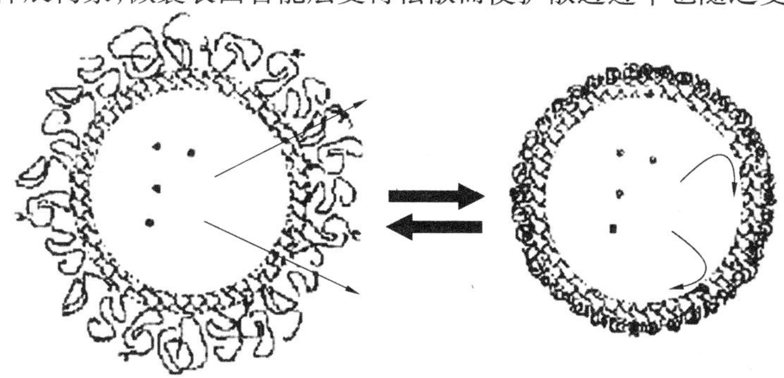

图 12.6 接枝在微囊膜表面的聚电解质层随环境 pH 变化而发生构象变化的示意图

原子力显微镜观察到了聚电解质在不同 pH 环境下伸展和收缩构象，证实了上述关于聚电解质构象变化的机理。

pH 响应型智能化微囊膜由于具有对环境 pH 信息感知、信息处理以及响应执行一体化的“智能”，不仅能够实现包囊物质的定点、定量、定时控制释放，而且能完成酶反应“起/停”控制，以及在难以接近的地方进行脱氮过程中的 pH 控制等特殊任务，受到了国际上科研工作者的广泛关注。可以预见，pH 感应型智能化微囊膜有着光明的应用前景，特别是在制药、生物医学工程、生物化工、环境工程等领域将尤为突出，pH 响应型智能化微囊膜的研究和应用将会继续解决人类目前面临的一些技术难题。

2. 温度感应型智能化微囊膜

由于温度变化不仅自然存在的情况很多，而且很容易靠人工实现，所以迄今对温度感应型微囊载体的研究较多。采用温度感应型药物载体剂型可以对肿瘤组织进行靶向治疗，载体内部的药物因环境温度的升高而释放，在肿瘤组织部位的定位局部加热可依靠局部超声加热法来完成，致使药物仅在需要治疗的部位释放，而对其他正常组织部位不产生任何毒副作用，达到靶向治疗的目的。近来有研究人员提出了一种在膜孔接枝聚异丙基丙烯酰胺（PNIPAM）“开关”的温度感应型控制释放微囊膜。这种微囊膜具有对温度刺激响应快的特点，膜孔内 PNIPAM 接枝量较低的情况下，主要利用膜孔内 PNIPAM 接枝链的膨胀–收缩特性来实现感温性控制释放。当环境温度 T<LCST 时，膜孔内 PNIPAM 链膨胀而使膜孔呈“关闭”状态，从而限制囊内溶质分子通过，于是释放速度慢；而当环境温度 T>LCST时，PNIPAM 链变为收缩状态而使膜孔“开启”，为微囊内溶质分子的释放敞开通道，于是释放速度快。在膜孔内 PNIPAM 接枝量很高的情况下，膜孔即使在环境温度 T>LCST 时也呈现不了“开启”状态（膜孔被填实），这时则主要依靠 PNIPAM 的亲水–疏水特性来实现感温性控制释放：当环境温度 T>LCST 时，膜孔内 PNIPAM 呈亲水状态；而当环境温度 T>LCST 时，膜孔内 PNIPAM 变为疏水状态。由于溶质分子在亲水性膜中比在疏水性膜中更容易找到扩散“通道”，所以在环境温度 T<LCST 时的释放速度比在 T>LCST 时要高些。

3. 血糖感应型智能化微囊膜

糖尿病是一种严重危害人类健康的慢性疾病，在西方国家其死亡率仅次于恶性肿瘤、心脑血管疾病而居第三位。胰岛素是糖尿病的常规治疗药之一，一般采用皮下注射的方式用药，由于胰岛素在体内的半衰期短，普通针剂需频繁注射，长期的治疗令病人痛苦不堪。血糖感应型胰岛素给药智能高分子载体系统是为了克服上述缺点而提出的新型给药系统，可以根据病人体内血糖浓度的变化而自动调节胰岛素的释放。采用智能高分子给药系统以期实现胰岛素的控制释放，自 20 世纪 70 年代以来一直是国内外功能高分子材料和药剂学等领域的研究热点。这种智能化给药系统不仅可以随时稳定血糖水平，提高胰岛素利用率，而且延长给药时间、减轻糖尿病人的痛苦，受到了国际上广泛的关注和重视。作者近来把聚丙烯酸接枝到多孔聚酰胺微囊膜上，制成智能开关型 pH 感应微囊，然后把葡萄糖氧化酶固定到聚丙烯酸开关链上，从而使这种微囊膜的开关根据葡萄糖浓度的变化而开启或关闭。在没有葡萄糖的中性 pH 环境下，聚丙烯酸接枝链上的羧基离解并带负电荷，电荷之间的静电斥力使聚合链伸展而关闭膜孔，微囊内药物释放速度慢；相反地,在葡萄糖存在的情况下,GOD 催化葡萄糖氧化为葡萄糖酸,微囊膜周围 pH 下降,使接枝链上羧基质子化,聚丙烯酸侧链间静电斥力下降,接枝链变成卷曲状而使微囊膜孔开启,微囊内药物释放速度迅速加快。于是,可以实现胰岛素随血糖浓度变化而进行自调节型智能化控制释放。通过改变接枝链的密度、长度或微囊膜孔密度还可以调节该系统的胰岛素渗透性对葡萄糖浓度的敏感性。为了促进靶向式药物载体的实现,人们已经设计和开发出了多种不同结构类型的环境感应型微囊膜体系。要实现药物的定点、定时、定量释放,环境感应式微囊膜系统对环境情报的快速感知和迅即应答释放速度(即快速感应释放速度)是这类载体系统的必备要素之一。由于受体内血液流动性等因素的影响,如果载体感应释放速度不够快,就很难准确实现药物的定点、定时、定量释放,所以研究者们一直在努力探求如何提高环境感应型靶向式控制释放载体对环境情报的感应释放速度。然而,尽管人们已经进行了诸多努力,但这类微囊系统结构及控释机理仍尚存在一定问题,即其内载药物溶质分子的释放要靠微囊膜内外的浓度差作为扩散推动力,其感应释放速度不能突破溶质扩散速度之限,所以“快”不起来。至今,如何有效地提高环境感应型微囊膜系统的感应释放速度,仍是研究者们孜孜以求的目标。

另外,环境感应型智能化微囊膜由于还受到药物生物活性及稳定性、载体材料的生物降解性及生物相容性、药物装载效率、药物智能释放水平等因素的制约,目前仍多处于研究开发阶段,还需要进一步完善。

12.4 智能膜的应用

膜技术已被认为是一种成熟的工业方法,涉及人们生产和生活的方方面面,并以其节能省时、操作方便、设备占用空间小、无相变、无添加剂等卓越特性,在全球可持续发展和循环经济等方面发挥着越来越重要的作用。如今,应用场景的复杂性逐渐增加,这对膜技术提出了更高的要求。例如,传统膜很难一次分离多种尺寸或扩散系数的混合组分,或控制一种特定组分的分离和释放过程,因为它们不可改变的膜结构和表面性质意味着固定的渗透性和选择性。传统多孔膜不可改变的孔径和不可改变的表面特性限制了它们在智能分离和可控渗透方面的应用。因此,设计和构建具有自我调节孔径或润湿性的膜是非常需要的。

近年来,能够对外界化学/物理刺激产生响应并改变自身结构(如表面特性、孔径等)的智能膜材料受到研究人员的广泛关注。环境刺激响应型智能膜结合了智能材料的优势,赋予了传统分离膜智能化的属性。天然细胞膜可以对环境刺激做出反应,然后打开或关闭跨膜通道,以调节细胞与环境之间的信息、质量和能量传递。通过向自然细胞学习,科学家们将各种刺激响应材料融入膜基质中,构建出智能膜,可以识别温度、pH、光、磁场、电场、氧化还原和特定离子/分子等环境信号,然后响应环境刺激通过调整它们的物理和化学性质,如孔径和表面性质,从而实现可调的渗透性和选择性。这种仿生智能膜源于自然界,具有独特的生物学特性,有助于打破传统膜的局限性,在水处理、液气分离、微尺度流量控制、催化、节能和太阳能电池中实现光能转换。此外,智能膜被认为在生物医学应用中最具有重要意义和商业前景,尤其是在控释药物、生物分离和组织工程等方面。对于药物控释,传统的给药系统难以避免中毒和药物浪费的风险。通过合理的结构设计和响应材料的选择,智能膜可以精确控制药物的释放时间和位置,从而有效地解决了这些问题。对于生物分离,智能膜结合了低压降、处理时间短、流速高、设备易于接近和优异的防污性能等优点,有助于降低生产能耗和设备成本,提高生物分子的生产效率和产品收率,这在医疗保健领域具有重要意义。对于组织工程,智能膜能够从培养基中快速、无损地收获细胞片,与传统的细胞组织培养相比,有效减少有害酶的水解和机械刮擦,有利于细胞保护和流程简化。

12.4.1 物质分离

智能膜用于物质分离的原理主要有以下三种,分别是尺寸筛分、亲和分离和基于膜表面浸润性转换进行分离。

基于尺寸筛分的智能膜相比于切割分子量单一的传统分离膜,具有两种或多种切割分子量,可实现可调控的渗透性能和分离性能。近来,研究者采用层层交替沉积和原位交联聚合等方法制备了 pH 或 pH/温度双重响应型智能膜,并通过调节环境 pH 和温度来实现对不同分子量分子的截留。Zhu 等通过原位交联聚合将聚(N-异丙基丙烯酰胺-co-丙烯酸)[P(NIPAM-co-AA)]共聚物引入聚砜膜的表面和孔内,成功制备出具有 pH/温度双重响应的智能开关膜,并详细考察了单体丙烯酸(AA)和 N-异丙基丙烯酰胺(NIPAM)的添加比例对智能开关膜响应性能的影响。水通量实验结果表明,当 AA 和 NIPAM 添加比为 2∶3 制备得到的智能膜具有较好的综合响应性能,其 pH 响应系数(pH 为 1.5 和 12.5 时膜水通量之比)约为 23.4,温度响应系数(温度为 50 ℃和 25 ℃时膜的水通量之比)约为 2.1。智能膜可根据环境溶液中 pH 和温度的变化具有不同的切割分子量,实现混合物的分离,如图 12.7 所示,以不同分子量的聚环氧乙烷(PEO)为模型分子,当溶液温度恒定为 25 ℃,溶液 pH 由 1.5 提高至 12.5 时,M2-3 膜的切割分子量由 1 045 700 g/mol 变为 223 100 g/mol。当溶液 pH 恒定为 1.5,溶液温度由 25 ℃提高为 50 ℃时,M2-3 膜的切割分子量由 1 045 700 g/mol 变为 1 493 200 g/mol。

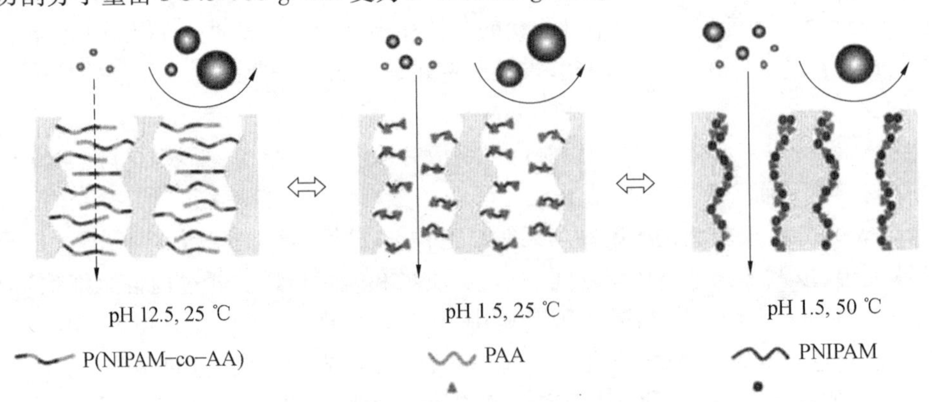

图 12.7 pH/温度双重响应型智能膜截留不同分子量分子的示意图

基于亲和分离的智能膜主要是利用智能高分子的环境刺激响应性能改变膜表面的亲和配基与分子之间的相互作用力,从而实现物质分离甚至膜再生。最典型的方法是采用接枝法将带有亲和配基的智能高分子链引入膜表面和膜孔中，利用亲和配基与特定分子的相互作用实现物质分离，再利用外界环境刺激调节亲和配基与特定分子间的亲和作用力，实现智能膜的再生。基于亲和分离的智能膜可广泛用于蛋白质、手性分子和重金属离子等物质的分离。

据报道，研究者采用在基材膜上化学接枝智能高分子或将智能高分子修饰的共聚物静电纺丝成膜的方法制备智能膜，并利用特定的环境刺激信号调控智能膜的表面浸润性，实现可转换的如油水分离等分离过程。

12.4.2 物质检测

通常，用于物质检测的智能膜是将作为“执行器”（actuators）的智能高分子上修饰超分子（如 β－环糊精、冠醚等）或生物大分子（如脱氧核糖核酸（DNA））等“传感器”（sensors）得到的智能开关引入膜基材中制备而成。“传感器”能识别特定离子、分子或大分子，如钾离子（K^{+}）、铅离子（Pb^{2+}）、8－苯胺－1－萘磺酸铵盐（ANS）、凝血酶等，引起智能膜表面和膜孔中的智能高分子链的亲疏水性、荷电性等改变，智能高分子链的构象状态随之变化，从而改变智能膜的渗透性。因此，通过监测智能开关膜的渗透性变化，便可监测环境中特定离子/分子的存在甚至定量确定其浓度。

研究人员开发了一种基于溴甲酚绿（BCG）的 pH 传感指标，用于海洋鱼类新鲜度的无损实时监测。指示剂采用三层结构设计，采用高疏水性、透气性的聚四氟乙烯（PTFE）膜作为内层，隔离包装内的水分；采用 BCG 涂层滤纸作为变色层，指示鱼的新鲜度；采用透明单向透水（TUP）膜作为外层，隔离环境中的水分。当用于监测储存在 4 ℃下的鲈鱼和鲑鱼的新鲜度时，该指示器呈现出从黄色到绿色，最终变成蓝色的可见颜色变化，这意味着鱼已经变质了。因此，pH 传感指标可作为一种具有成本效益和应用前景的鱼类新鲜度智能监测指标。还有研究人员将聚（N－异丙基丙烯酰胺－co－苯并 18－冠－6－丙烯酰胺）（PNB）高分子微球物理共混在 PES 铸膜液中，再通过蒸气诱导相分离（VIPS）法成功制备出具有 Pb^{2+}响应性能的智能开关膜。该智能开关膜的制备过程与响应机理如图12.8所示。在 VIPS 延时相分离过程中，PES 膜基材形成三维互穿骨架结构，同时 PNB 微球逐步迁移到膜孔表面，因此该智能开关膜兼具高通量与优异的响应性能。当溶液中存在 Pb^{2+}时，PNB 微球上的冠醚分子会与 Pb^{2+}形成带正电的包结物，PNB 高分子链由于静电作用而相互排斥，此时膜表面与膜孔内的 PNB 微球发生等温膨胀，随着 Pb^{2+}浓度的增加，膜孔中包结物数量增加，膜孔径减小，通量下降。实验结果表明，当溶液中的 Pb^{2+}浓度从 0 依次增加到 10^{-9} mol/L 和 10^{-4} mol/L 时，智能开关膜的通量依次减小，约为 6 400 L/(m^{2}·h)、3 000 L/(m^{2}·h)和 500 L/(m^{2}·h)。该智能开关膜可以利用通量的变化实现对 Pb^{2+}的高精度检测，并可以通过提高操作温度实现膜再生，在实时监控饮用水安全等方面具有潜在的应用前景。

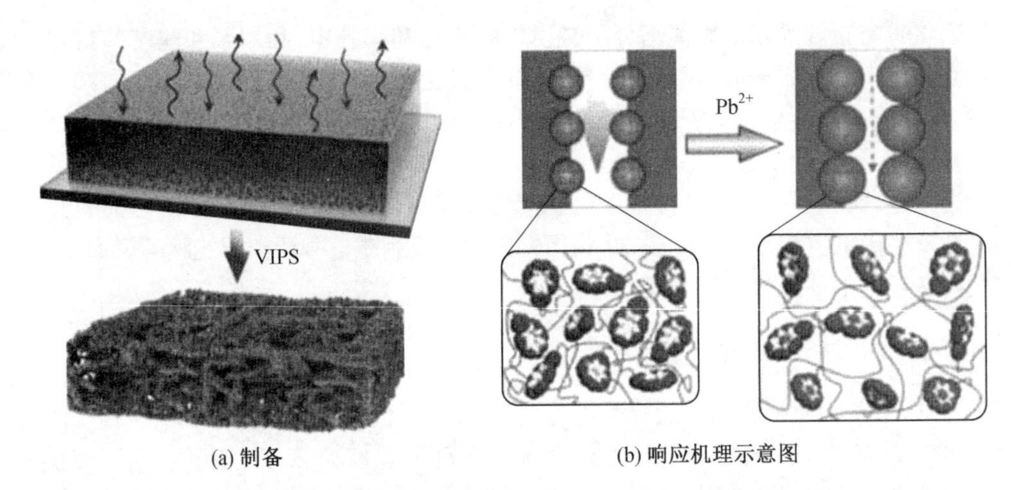

(a) 制备　　(b) 响应机理示意图

图 12.8　Pb^{2+}响应型智能膜的制备与响应机理示意图

12.4.3　水处理

在膜分离过程中,料液中的固体颗粒(如无机颗粒、蛋白质、细菌等)会附着在膜表面或膜孔内,引起膜污染,从而导致膜分离效率下降、使用寿命缩短。因此,开发具有抗污染或自清洁功能的分离膜材料对解决膜污染问题具有重要意义。目前,研究者们多采用共混或接枝的方法在膜表面修饰两亲性聚合物或两性离子聚合物,以提高分离膜的亲水性来制备抗污染膜。当引入的两亲性聚合物或两性离子聚合物具有环境响应特性时,分布在膜表面及孔内的智能高分子可根据特定的环境刺激信号增强膜表面的亲水性等,进而减弱膜表面与料液中污染物的相互作用,达到缓解膜污染或者膜污染后再生的目的。目前,用于抗污染/自清洁的智能膜已成为制备抗污染及自清洁膜材料的新方向。

近年来,研究者采用在膜基材中物理共混智能高分子凝胶微球(如聚(N-异丙基丙烯酰胺-co-甲基丙烯酸)、聚4-乙烯基吡啶(P4VP)等),或在商品膜上涂覆智能高分子(如梳型高分子聚丙烯腈-g-螺吡喃),从而制备可响应外界 pH、光等刺激而实现膜再生的抗污染智能膜。例如,将 P4VP 微球在成膜过程中加入聚偏氟乙烯(PVDF)铸膜液,并通过调节凝固浴的 pH(pH=2,3,4,5 和 6)来调控液体诱导相分离(LIPS)过程中 P4VP 微球从膜内部向膜表面的迁移速度,从而获得表面均匀分布大量 P4VP 微球的 PVDF 智能膜。该智能膜具有优异 pH 响应性和自清洁性能。当环境溶液中 pH 低于 P4VP 微球的体积时,膜表面及孔内分布的 P4VP 微球的吡啶基团上 N 原子质子化,P4VP 高分子链带正电而相互静电排斥,使得复合膜的膜孔径减小且表面亲水。此时,污染物和膜表面的相互作用减弱,从而使得膜表面吸附的污染物自动脱落。通过调节环境溶液中 pH,便可利用智能膜的 pH 响应性能实现自清洁的目的。还有研究人员通过共价接枝弱聚电解质(聚丙烯酸(PAA)或 P4VP)到由氧化石墨烯(GO)纳米片堆叠的常规二维(2D)通道上的 pH 响应膜。pH 响应 2D 通道使这两种膜具有根据分离要求排斥不同大小物种的适应能力。对于处理工业碱性(或酸性)废水,PAA@ GO 膜也表现出出色的碱性(或酸性)回收性能。

分子识别响应智能膜可以响应污水中的有害物质。Lewis 等人通过在多孔基材膜平台上整合纳米材料、酶催化和离子催化的自由基反应，构建了用于污水处理的智能膜系统。该膜系统对环境有显著的氧化降解有毒有机物效果，从而达到了净水的目的。他们利用了2个独立控制的纳米膜复合结构。上层是生物活性膜，包含聚阳离子/聚阴离子自主装结构和葡萄糖氧化酶，葡萄糖存在时，可以与葡萄糖氧化酶反应生成过氧化氢（H_2O_2）。下层膜是pH响应高分子和水铁矿/氧化铁纳米粒子，纳米铁可以与双氧水反应生成活性自由基和氢氧根，pH响应高分子溶胀，同时活性自由基处理污染物。

12.4.4 包装工程

传统的包装材料大部分用于提供便携式容器。而20世纪70年代，快速发展起来的活性包装材料在国际市场备受重视。活性包装与智能包装的功能区别如图12.9所示。活性包装材料可以抗氧化、抗菌，从而提高食品的保质期。除此之外，智能膜还可以用于包装领域，智能包装膜材料区别于传统的活性包装材料在于信息的传递。智能包装膜材料可以监控食品质量和安全。通过膜状态的改变从而直接传递出食品的信息。例如检测食品新鲜度、病原体的存在、包装完整性、二氧化碳和氧气含量、pH、储存时间和温度。

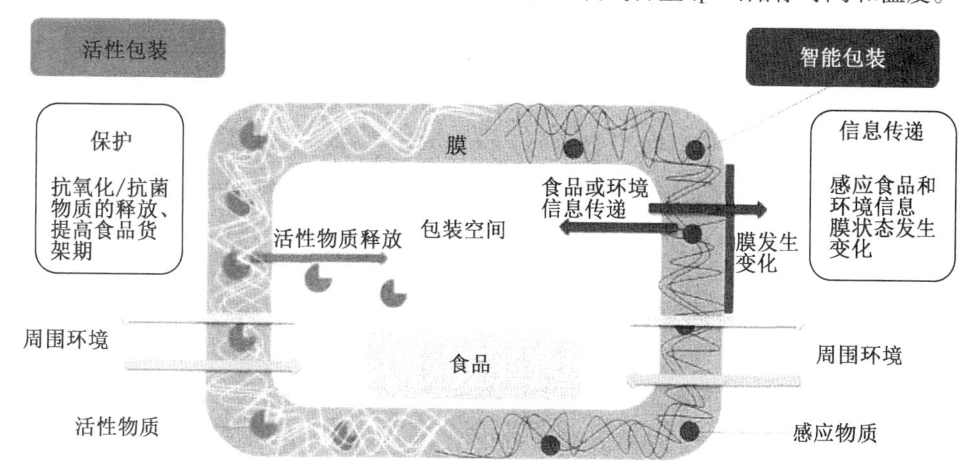

图12.9 活性包装与智能包装的功能区别

在日常生活中，在食品的储存和运输过程中通常会使用更多的包装材料。一般来说，暴露在空气中的食品很容易成为微生物和细菌生长以及繁殖的温床，从而加速食品的腐败。因此，及时监测食品的腐败或者微生物的生长情况，能够为我们的生活提供很多便利。2006年，加拿大Toxin Alert公司研发了可用于检测李斯特菌、沙门氏菌、大肠杆菌、弯曲杆菌等致病菌的Toxin Guard产品。该产品成功应用于检测牛奶的新鲜程度。牛奶中乳酸杆菌数量的增加预示着牛奶新鲜程度的下降。当乳酸杆菌数量增加到一定程度，该指示标签将由白色变为红色。美国3M公司研制了一种温度响应材料MonitorMark，基于选定特殊熔点的蓝色染料物质。当温度没有超过设置温度时，薄膜条显示的是白色圆形孔隙；当超过预设温度时，染料物质熔化并开始通过多孔芯扩散，导致出现蓝色。Checkpoint研制了一种粘贴在食品盒上的简单的不干胶标签，用于检查温度，Checkpoint监控从处理器到零售商的纸箱或食品包装，并随包装一起出售，直至零售。这些标签以与食品反应相同的方式对时间和温度做出反应,从而给出关于新鲜度和剩余货架期的状态的信号。还有一些时间响应智能材料,用于监控产品已打开多久或已使用多久。它们可以测量从几分钟到一年以上的时间,在冰箱、正常环境甚至在高温下的流逝时间。

除此之外,Timestirp 也是一种比较流行的智能包装材料,Timestirp 内部是一种特殊的多孔膜,食品级液体通过这种多孔膜以一致且可重复的方式扩散。在 Timestirp 的顶部表面已经打印了标记,这些标记传达了激活后的所有重要时间。由于大多数应用程序需要 Timestirp 来黏附包装或一种产品,它们可以从底面的各种胶带中选择,以满足客户的特定需求。pH 敏感型智能膜主要是针对环境中的 pH 变化做出响应的一类智能材料。该智能膜材料通常含有对 pH 敏感的基团,该基团可以对环境的变化产生直观的颜色变化。由于食品的腐败通常伴随着 pH 的变化,例如,海鲜的新鲜度指标基于总挥发性碱性氮(TVBN)的含量,即挥发性胺。其主要为碱性气体,碱性气体浓度的增加会导致环境中 pH 的增大,如牛奶、泡菜等食品的变质会导致环境 pH 降低等,因此食品的质量和安全可以直接与 pH 的变化关联。由于消费者难以检测产品中 pH 的变化,因此使用 pH 敏感型智能包装材料为制造商和消费者提供额外的安全性。消费者无须打开包装,便可以通过 pH 敏感材料的颜色指示了解产品信息。视觉 pH 敏感指示剂一般由 pH 敏感染料和固定 pH 染料的固体基质组成,如溴酚蓝和氯酚红等化学试剂。但对于食品的应用,由于有机合成色素存在致癌、致畸特性,应该尽量避免使用有机色素。因此,加入以天然植物提取物为基础活性成分制备智能响应膜具有发展前景,如花青素、叶绿素、黄酮类化合物等。其他敏感型主要包括氧气敏感型、硫化氢敏感型、湿度敏感型等。氧气敏感型是食品包装应用中最常用的气体指示器,由于食品、细菌的呼吸作用需要氧气,氧气的存在会加速食品的变质。三菱瓦斯化学公司基于这一特性,研究开发了 AgelessEyeer 氧气指示器,当氧气含量高于 0.5% 时,指示器的颜色从粉红色变为蓝色。

12.4.5 药物释放

理想的药物释放方式应保证药物的高效性和低副作用,即药物的血药浓度应尽可能不低于有效水平,并尽可能高于毒性水平。但传统药物释放方式给药后血药浓度先升高,达峰值后下降。在这种情况下,难以避免增加中毒和药物浪费的风险。而且,传统的药物释放部位和时间点在大多数情况下无法控制,这可能会导致与上述相同的问题。在这里,智能膜通过将环境刺激响应特性纳入药物输送系统,为药物的稳定释放和靶向输送提供了一种有吸引力的解决方案。应用于药物控释的智能膜通常采用胶囊的形式,因为它们比那些具有扁平或中空纤维结构的膜更容易设计和应用。这种具有核壳结构的刺激响应胶囊膜可以为各种药物封装提供大的内部体积,并且它们的刺激响应外壳可以灵活地设计用于控释。此外,值得注意的是,目前大多数用于药物控释系统的膜基质的生物相容性和生物降解性仍不尽如人意。并且受制于制备技术暂时缺乏工业放大研究和昂贵耗时的临床试验,大多数用于药物控释的智能膜仅停留在实验室研究阶段。因此,迫切需要具有增强的生物相容性和生物降解性的新型刺激响应材料以及制备技术的放大研究。

利用智能高分子根据外界环境刺激变化改变高分子链构象的特点,智能膜的跨膜阻力随之变化,从而可调节物质的跨膜传质速率,因此智能开关膜也可以用于如阿霉素

(DOX)和胰岛素等药物的控制释放。研究者们通过等离子体和化学接枝法、溶剂挥发法和呼吸图法将具有环境响应性的智能高分子接枝到膜基材中或直接成膜,得到具有葡萄糖浓度、温度响应性的智能开关膜。Chu 等人通过等离子体和化学接枝法将固载葡萄糖氧化酶(GOD)的聚丙烯酸(PAA)接枝到 PVDF 膜基材的膜孔中,制备出具有葡萄糖响应性的智能开关膜,该智能膜的响应机理与胰岛素释放效果如图 12.10 所示。当溶液中不存在葡萄糖时,溶液 pH 呈中性,膜孔中接枝的 PAA 链上的羧基带负电,静电排斥作用使得 PAA 链呈舒展状态,因此智能膜的“智能阀”关闭,跨膜通量减小。而当溶液中存在葡萄糖时,膜上固载的 GOD 会将葡萄糖氧化成葡萄糖酸,溶液 pH 变为酸性,在酸性条件下 PAA 链上的羧基发生质子化,PAA 链呈收缩状态,“智能阀”开启,跨膜通量增大。

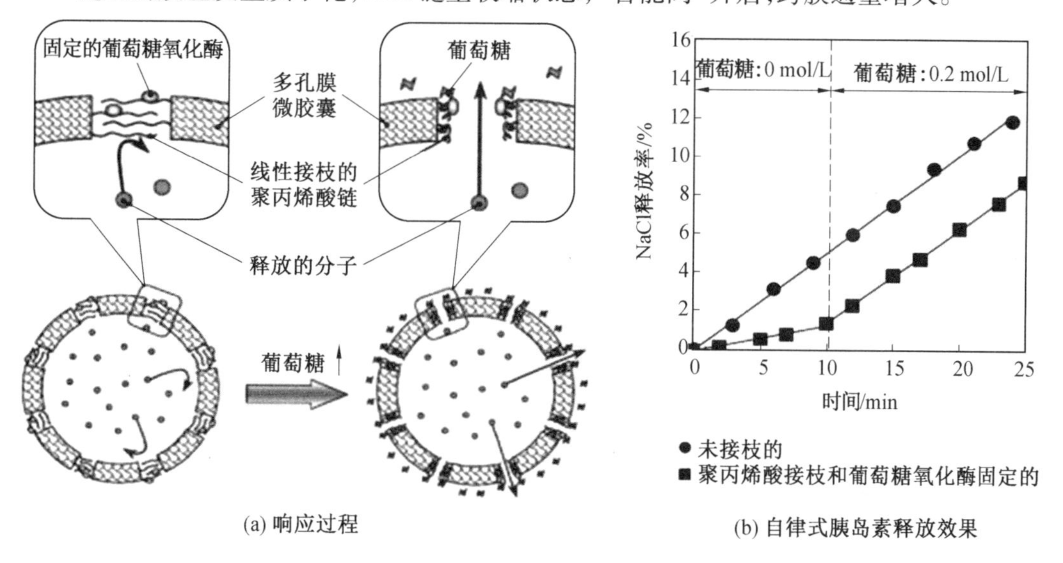

图 12.10　葡萄糖响应型智能膜的响应过程和自律式胰岛素释放效果

12.4.6　反应催化

相比传统的膜催化反应器,利用智能膜催化反应器可以更好地适应复杂工况,在保证高催化效率的同时调节最佳跨膜通量,实现催化过程的高效强化。近年来,研究者们通过将金属纳米催化剂(如银纳米催化剂)物理共混入基材膜或通过呼吸图法将杂化金属与 pH 响应性智能膜相结合,从而制备出具有优异催化性能的环境响应型智能膜。研究人员等通过在 PNIPAM 微球上涂覆聚多巴胺(PDA),进而采用原位还原法在其上负载银纳米催化剂得到 PNIPAM@ PDA/Ag 微球,之后将 PNIPAM@ PDA/Ag 微球物理共混到 PES 铸膜液中,利用 VIPS 法成功制备出多孔的温度响应型催化膜。亲水的 PNIPAM@ PDA/Ag 微球有利于该智能催化膜形成三维互穿骨架结构,从而获得高通量,且银纳米颗粒随高分子微球均匀地富集在膜孔表面作为智能开关,为催化反应提供高效的反应空间。当反应物浓度变化时,可以通过简便地改变操作温度,在保证污染物高转化率的前提下,灵活调节污染物溶液的处理量。

近年来,智能膜已在防污材料、物质分离、特异识别与检测、控制释放、催化反应器等方面展现出独特的性能和优势,有望在环保、食品、医药、能源等领域获得应用。然而,智能膜在上述领域实际应用之前仍需要解决一些问题，如降低智能膜的原材料和制造成本、寻求可靠的规模化制备方法、响应性和渗透性能的进一步提升、新型智能材料的开发和新型智能膜的构建、智能响应机理的深入研究和阐释等。随着材料、化学、化工等相关学科的进步，以及先进制造技术（如微加工技术、3D 打印技术等）和计算机技术（分子动力学模拟等）的发展，相信智能膜无论是在理论研究还是应用发展方面都会取得长足的进步。

本章习题

12.1 智能膜的制备方法有哪些？

12.2 根据外界环境刺激不同，可以将智能膜材料分为哪几类？

12.3 pH 响应聚合物可以分为哪几种？请分别举例说明。

12.4 智能微囊膜可分为哪几类？请详细叙述。

12.5 近年来，环境响应型智能膜已受到研究人员的广泛关注，请简要叙述智能膜的应用。

本章参考文献

[1] LI P F, JU X J, CHU L Y, et al. Thermo-Responsive Membranes with Cross-linked Poly (N-Isopropyl-acrylamide) Hydrogels inside Porous Substrates[J]. Chemical Engineering & Technology, 2006 (29): 1333-1339.

[2] HUANG J, WANG X L, QI W S, et al. Temperature sensitivity and electrokinetic behavior of a NGsopropylacrylamide grafted microporous polyethylene membrane[J]. Desalination, 2002 (146):345-351.

[3] HESAMPOURA M, HUUHILO T, MÄKINEN K, et al. Grafting of temperature sensitive PNIPAAm on hydrophilised polysulfone UF membranes [J]. Journal of Membrane Science, 2008 (310):85-92.

[4] YING L, YU W H, KANG E T, et al. Functional and Surface-Active Membranes from Poly(vinylidene fluoride)-graft-Poly(acrylic acid) Preparedvia RAFT-Mediated Graft Copolymerization[J]. Langmuir, 2004, 20: 6032-6040.

[5] 王晋鑫. 聚酰亚胺温敏聚合物及其智能膜的制备与性能研究[D]. 太原:太原理工大学,2019.

[6] 刘华文. 温度和 pH 刺激响应型智能开关膜的制备与性能研究[D]. 杭州:浙江工业大学,2019.

[7] YING L, KANG E T, NEOH K G. Characterization of membranes prepared from blends of poly(acrylic acid)-graft-poly(vinylidene fluoride) with poly(N-isopropylacrylamide) and their temperature- and pH-sensitive microfiltration [J]. Journal of Membrane Science, 2003 (224):93-106.

[8] XUE J, CHEN L, WANG H L, et al. Stimuli-Responsive Multifunctional Membranes of

Controllable Morphology from Poly (vinylidene fluoride) - graft - Poly [2 - (N, N - dimethylamino) ethyl methacrylate] Prepared via Atom Transfer Radical Polymerization [J]. Langmuir,2008, 24: 14151-14158.

[9] ABOOD M K, SALIM E T, SAIMON J A. Impact of substrate type on the microstructure of H-Nb_2O_5 thin film at room temperature[J]. International Journal of Nanoelectronicsand Materials, 2018, 11(3): 55-64.

[10] WANG S, CHEN W, WANG L, et al. Multifunctional nanofiber membrane with anti-ultraviolet and thermal regulation fabricated by coaxial electrospinning [J]. Journal of Industrial and Engineering Chemistry, 2022, 108: 449-455.

[11] WANG W Y, CHEN L, YU X. Preparation of temperature sensitive poly (vinylidene fluoride) hollow fiber membranes grafted withN-isopropylacrylamide by a novel approach [J] Journal of Applied Polymer Science, 2006 (101):833-837.

[12] HESAMPOUR M, HUUHILO T, MÄKINEN K, et al. Grafting of temperature sensitive PNIPAAm on hydrophilised polysulfone UF membranes [J]. Journal of Membrane Science, 2008 (310):85-92.

[13] TRIPATHI B P, DUBEY N C, SIMON F, et al. Thermo responsive ultrafiltration membranes of grafted poly(N-isopropyl acrylamide) via polydopamine[J]. RSC Adv, 2014 (4):34073-34083.

[14] LIU N, DUNPHY D R, ATANASSOV P, et al. Photoregulation of mass transport through a photoresponsive azobenzene - modified nanoporous membrane [J]. Nano Letters, 2004, 4(4):551-554.

[15] LIU N, CHEN Z, DUNPHY D R, et al. Photoresponsive nanocomposite formed by self-assembly of an azobenzene - modified silane [J]. Angewandte Chemie International Edition, 2003, 42(15): 1731-1734.

[16] PARK Y S, ITO Y, IMANISHI Y. Photocontrolled gating by polymer brushes grafted on porous glass filter[J]. Macromolecules, 1998, 31(8): 2606-2610.

[17] JIN T, ALI A H, YAZAWA T. Development of a light-responsive permeation membrane modified by an azo derivative on a porous glass substrate[J]. Chemical Communications, 2001, (1): 99-100.

[18] LIU J, WANG N, YU L J, et al. Bioinspired graphene membrane with temperature tunable channels for water gating and molecular separation[J]. Nature Communications, 2017, 8(1): 2011.

[19] AOYAMA M, WATANABE J, INOUE S. Photoregulation of permeability across a membrane from a graft copolymer containing a photoresponsive polypeptide branch[J]. Journal of the American Chemical Society, 1990, 112(14): 5542-5545.

[20] CHU L Y, LI Y, ZHU J H, et al. Control of pore size and permeability of a glucose-responsive gating membrane for insulin delivery[J]. Journal of Controlled Release, 2004, 97(1): 43-53.

[21] CARTIER S, HORBETT B T A, RATNER B D. Glucose-sensitive membrane coated porous filters for control of hydraulic permeability and insulin delivery from a pressurized reservoir[J]. Journal of Membrane Science,1995 (106):17-24.

[22] ZHANG X, ZHOU J, WEI R, et al. Design of anion species/strength responsive membranes via in-situ cross-linked copolymerization of ionic liquids[J]. Journal of Membrane Science, 2017, 535: 158-167.

[23] CHEN Y C, XIE R, CHU L Y. Stimuli-responsive gating membranes responding to temperature, pH, salt concentration and anion species[J]. Journal of Membrane Science, 2013, 442: 206-215.

[24] HUANG H, MAO Y, YING Y, et al. Salt concentration, pH and pressure controlled separation of small molecules through lamellar graphene oxide membranes[J]. Chemical Communications, 2013, 49(53): 5963-5965.

[25] ELBERT J, KROHM F, RÜTTIGER C, et al. Polymer-modified mesoporous silica thin films for redox-mediated selective membrane gating[J]. Advanced Functional Materials, 2014, 24(11): 1591-1601.

[26] ITO T, YAMAGUCHI T. Osmotic pressure control in response to a specific ion signal at physiological temperature using a molecular recognition ion gating membrane[J]. Journal of the American Chemical Society, 2004, 126(20): 6202-6203.

[27] ITO T, SATO Y, YAMAGUCHI T, et al. Response mechanism of a molecular recognition ion gating membrane[J]. Macromolecules, 2004, 37(9): 3407-3414.

[28] LIU Z, LUO F, JU X J, et al. Positively K^+-responsive membranes with functional gates driven by host-guest molecular recognition[J]. Advanced Functional Materials, 2012, 22(22): 4742-4750.

[29] YANG M, XIE R, WANG J Y, et al. Gating characteristics of thermo-responsive and molecular-recognizable membranes based on poly(N-isopropylacrylamide) and β-cyclodextrin[J]. Journal of Membrane Science, 2010 (355):142-150.

[30] ITO Y, PARK Y, IMANISHI S. Visualization of critical pH-controlled gating of a porous membrane grafted with polyelectrolyte brushes[J]. J Am Chem Soc,1997, 119: 2739-2740.

[31] KUSWANDI B, WICAKSONO Y, JAYUS A A, et al. Smart packaging: sensors for monitoring of food quality and safety[J]. Sensing and Instrumentation for Food Quality and Safety, 2011,5:137-146.

[32] WEN H, OU C, TANG H, et al. Development, Characterization and Application of a Three-Layer Intelligent pH-Sensing Indicator Based on Bromocresol Green (BCG) for Monitoring Fish Freshness [J]. Journal of Ocean University of China, 2022, 22 (2): 1-11.

[33] WANG Y, LIU Z, LUO F, et al. A novel smart membrane with ion-recognizable nanogels as gates on interconnected pores for simple and rapid detection of trace lead

(Ⅱ) ions in water[J]. J Membrane Science, 2019, 575:28-37.
[34] HUANG Q, ZHANG S, LI X, et al. Intelligent graphene oxide membranes with pH tunable channels for water treatment [J]. Chemical Engineering Journal, 2022, 431: 133462.
[35] 马倩云. 塔拉胶基 pH 响应复合膜的制备及性能研究[D]. 哈尔滨:东北林业大学,2018.
[36] CHU L Y, LIANG Y J, CHEN W M, et al. Preparation of glucose - sensitive microcapsules with a porous membrane and functional gates[J]. Colloid Surface B, 2004, 37: 9-14.

第13章　新 型 膜

13.1　新型膜技术简介

石墨烯合成膜广泛用于许多分离过程,从工业规模的过程,如从海水中去除盐和分离大气气体,到化学合成和净化中的较小规模的过程。膜的功能是在两相之间形成屏障,限制一些分子的运动,同时让其他分子通过。原则上,由二维材料制成的膜可以像单个原子一样薄,以实现最小的传输阻力和最大的渗透通量。近年来,各种二维材料包括石墨烯、剥落的二醇化物和层状氧化物、沸石、金属有机框架(MOF)纳米材料、共价有机框架(COF)纳米材料等被证明是高性能膜的极好的原材料。

二维材料要么是多孔的,要么是无孔的。两种基本形式的分离膜为纳米片和层流膜(图13.1)。通常,纳米片是由单层或几层二维材料组成的具有均匀尺寸的孔(如沸石、MOF)等。层流膜是通过将二维材料纳米片(如氧化石墨烯)组装成层压板而形成的,层压板具有用于提供分子通道的层间廊道。通过剪裁平面内和平面外纳米结构,这些膜能实现优秀的分离性能。

与普通材料不同,用于膜设计的二维材料的集成能够形成有选择性的超薄分离层。二维材料的膜表现出相对优异的渗透性能,同时主要保持高选择性。一类广泛研究的二维膜材料是基于石墨烯的材料(GMs)。GMs在水净化和气体分离方面有巨大的潜力。同时,石墨烯纳米片上芳香环的高电子密度可以阻挡大多数化合物,因此提出分子传输通道来源于GO/rGO片之间的层间通道或GMs与聚合物基基质之间的界面空隙。在此背景下,为了进一步促进更高的渗透性,具有纳米多孔结构的二维膜材料,如纳米多孔石墨烯、MOF和COF纳米片,越来越多地用于膜设计;对基底面上固有孔径或穿孔的精确控制产生了超快和高选择性分子筛的新发展。

目前已经开发了各种二维材料集成方法,以制造具有改进的分离性能或新功能的高性能膜。通过化学或物理剥离或直接合成,可以将独立的二维材料纳米片组装成膜表面上的薄活性层或并入膜聚合物基质中。具体而言,将二维材料结合到膜中的最普遍的技术包括共混、界面聚合、表面涂层、过滤辅助涂层、逐层组装和共价键合。尽管启动了膜分离性能的巨大改进,但一些传统方法在实现高渗透性方面仍面临不足,因为聚合物基质仍然在膜分离中发挥着重要作用且无法在传输属性中发挥作用。随着膜技术的不断进步,下一代的替代方法是重新封装2DM,以制造具有可控层间通道的分层层压板。通过精确和最佳的调整层间间距,可以实现高选择性和高渗透率。如果适当调整,可以形成具有前所未有分离性能的理想分子筛膜。因此,在合理设计纳米多孔材料的孔结构和化学功能方面的研究进展迅速。

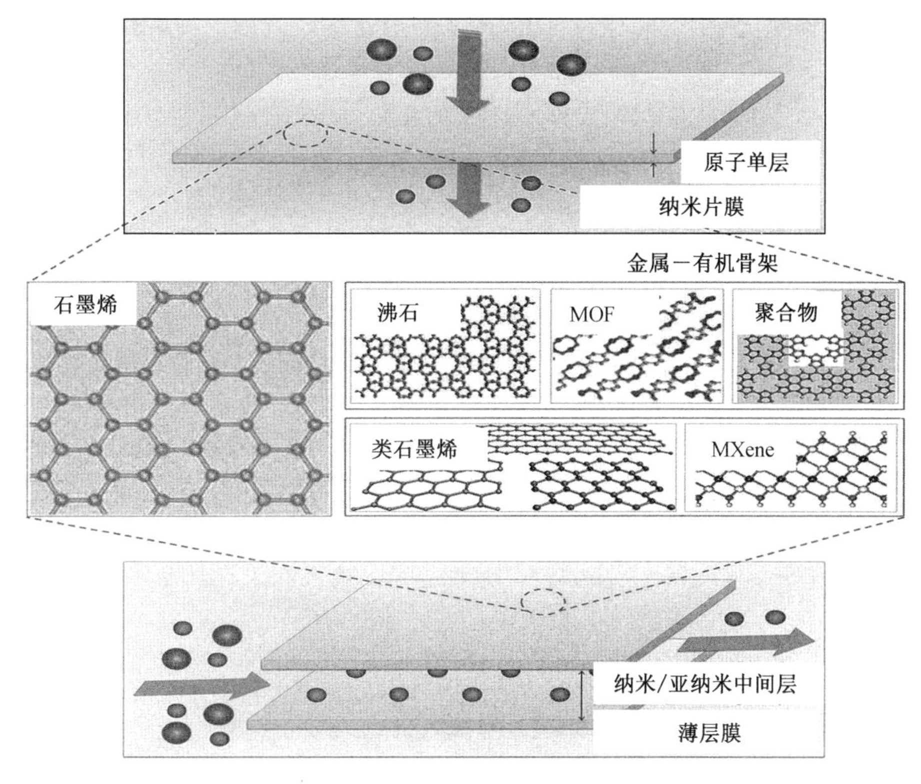

图 13.1 分离膜两种分离原理
MXene—二维过渡金属碳(氮)化物(彩图见附录)

13.2 新型膜材料及其工作原理

使用具有均匀尺寸的纳米孔(如 MOF、沸石和钻孔石墨烯)的 2DM 进行膜设计可以有效地提高基于尺寸排除的渗透性和选择性。用多孔 2DM 官能化的膜能够排斥尺寸大于 2DM 平面内孔的分子,而小分子可以容易地通过。考虑到石墨烯和 MoS_2 等无孔材料,剥离的纳米片可以重新组装,以在纳米片之间形成传输路径。具体来说,在重新堆积过程中形成细胞间通道使得分子或离子筛选成为可能,因为层状结构共同充当选择性层。因此,使用 2DM 设计的膜能够通过精确调整其层间间距和面内孔径,并优化其相容性,提高分离性能。

13.2.1 新型膜材料

1. 石墨烯

石墨烯是一种具有六边形碳平面的二维材料。它的几何孔径为 0.64 Å,比最小气体 He 原子的范德瓦耳斯半径(2.6 Å)小一个数量级。石墨烯具有较高的机械强度和弹性模量。

原始石墨烯由于其原子厚度、高机械强度和对所有气体的不渗透性,是开发尺寸选择性分离膜的优良起始材料。通过机械切割和化学气相沉积(CVD)生产的石墨烯已被用于气体渗透和水净化/脱盐。这两种方法都可以在铜箔和带有氢封端锗缓冲层(CVD)的硅片上生产尺寸为100 μm(机械切割)的单晶石墨烯(无缺陷)。此外,CVD工艺可以产生具有非常大面积(边长)的多晶石墨烯制备的石墨烯样品可以通过聚甲基丙烯酸甲酯或热胶带介导的转移容易地转移到多孔基底上,使其能够集成到膜技术中。

2. 氧化石墨烯

GO是石墨烯的氧化形式,具有高密度的含氧官能团,如羧酸盐、羟基和环氧基。GO的透射电子显微镜图像显示,基底平面的无序氧化区域形成了一个连续的网络,具有小的异构芳族物种(石墨区域,高达8 nm^2)和空穴(通常低于5 nm^2)。随着氧化区域和空穴覆盖率的增加,由于sp^3碳的分散(sp^2碳网络的断裂和能量稳定性的降低),弹性模量和固有强度单调下降。然而,典型GO的弹性模量约为207.6 GPa,类似于不锈钢。与机械剥离石墨烯相比,GO可以通过氧化石墨并随后剥离以获得单独的层来大规模廉价生产。GO具有高度亲水性,可以作为宏观薄片分散在水中。这使得GO与各种膜处理方法兼容,并促进其在膜中的应用。此外,GO表面的含氧基团可以灭活细菌,表明其具有抗生物污染的应用。

3. TMDCs

2D过渡金属二醇化物(TMDCs)是具有MX_2式的单层化合物,其中M是Ⅳ族(Ti、Zr、Hf等)、Ⅴ族(例如V、Nb或Ta)或Ⅵ族(Mo、W等)的过渡金属元素,X是硫族(S、Se或Te),中间有一个金属原子,它与上方和下方的硫系原子紧密结合。它们可以通过在烷基锂作为插层剂的帮助下对层状TMDC粉末进行化学剥离而获得。通常,在非酸性水溶液中剥离的2D TMDC带负电。

在各种剥离的TMDCs纳米片中,单层MoS_2已被用于气体分离。在MoS_2纳米片中,两侧的所有硫原子都暴露出来,这使整个表面亲水,并对水和某些气体(如CO_2和NO_2)具有高亲和力。此外,MoS_2片具有机械稳定性,弹性模量约为270 GPa。

4. MXenes

MXenes可以通过分层的六角化合物的分层而产生,其组成为M_n+1AXn相,其中M代表早期过渡金属(如Ti、V、Cr、Nb等),A指A族元素(如Al、Si、Sn、In等),X可以是碳或氮,n=1,2或3。剥离过程可以通过将MAX相粉末浸入特定含量的HF水溶液中特定的时间(如50% 2 h)来进行。该程序导致A元素层的选择性蚀刻,并由羟基(OH)和氟(F)取代,从而形成隔离的MX层。

MXene中最常见的是$Ti_3C_2T_x$,其中T代表表面基团(OH或F),x代表它们的数量。从头计算模拟预测$Ti_3C_2T_x$沿基面的弹性模量超过500 GPa,表明这些材料可以作为分离膜。与GO类似,$Ti_3C_2T_x$具有负表面电荷和亲水性,因此可以作为宏观薄片分散在水中,这使其与膜制造技术兼容。

5. 2D沸石材料

2D沸石是具有完整晶体和微孔结构的单晶胞厚二氧化硅基微孔材料。它们可以通过剥离分层前体的分层获得,这确保了剥离层的结构保护,包括MWW(MCM二十二)和MFI(socony Mobil沸石五)结构类型。将通过熔融共混获得的纳米复合材料置于溶剂(如甲苯)中并进行超声处理,然后通过梯度离心去除聚合物并净化剥离层,提供具有单个晶胞厚度的沸石片。这是定义沸石的晶体和孔结构所需的最小可能厚度,因此从晶体学角度,即基于第三维结构的周期性的缺失,将剥离层限定为2D材料。

2D MWW层包含二维孔隙系统,该系统在层平面内运行,孔隙由10个SiO_4四面体(称为10个成员环:10MR)限定。由于6MR传输限制孔,没有通孔穿层,但外表面包含12MR,可作为分子的活性吸附位点。2D MFI层包含10MR孔,这些孔在层内延伸,但也穿过层(与MWW不同)。MWW和MFI层中微孔的存在赋予了分子筛和宿主能力,从而使这两种片材成为膜分离的理想材料。此外,2D MWW和MFI层已被证明是作为稳定的自立纳米片存在的,有助于将其用作独立膜。

6. 二维高分子材料(2DPs)

为了成为合成线性聚合物的潜在构建块,单体需要具有两个能够形成键的潜在位点。相反,对于2DPs的合成,需要形状持久的单体,其至少具有三个能够形成键的潜在位点,以连接到三个其他的构建块。2DPs可以被视为一系列n链梯形链(n取决于2DPs的横向尺寸),其中断裂单个或多个链不会显著影响其性能,并且只要沿着一条线的所有链都不连接,2DPs就存在,从而提高了机械、化学和热稳定性。这使得2DPs原则上比其1D类似物更好的分离膜。

此外,金属有机框架材料(MOF)与共价有机材料将在后续内容中具体讲解。

13.2.2 新型膜材料工作原理

使用合成2DMs进行气体分离可以通过孔隙、层间通道或与其官能团的相互作用进行。实际上,两个或所有三个因素的协同效应可能是分离性能的原因。然而,为了更好地理解,每种分离机制将在以下单独讨论。

1. 孔分离

材料中尺寸小于分离物质之一的孔隙可允许选择性分子筛。例如,孔径约为3.4 Å的双层石墨烯显示出6 000倍的CO_2(3.3 Å)/CH_4(3.8 Å)选择性。材料的孔隙大于气体但小于其平均自由程(气体在与其他气体的两次连续碰撞之间的平均距离)表现出自由分子输运行为(渗出)。分离膜分离气体混合物,可以通过纳米多孔膜中气体的克努森输运来解释,,其中Q是气体渗透率,p是压力,k_B是玻尔兹曼常数,T是温度,m是分子量。克努森扩散导致分子量差异很大的气体分离。

2. 层间通道分离

除了孔隙分离,具有分层堆叠的层间通道也可以有效地应用于气体和离子分离。为了使层间通道能够分离,通常使用微米厚的GO膜,因为需要混合气体或离子穿过曲折的纳米通道,所以不允许所有气体进入。另外,膜允许水渗透。GO的石墨区域形成一个原始石墨烯毛细管网络,与GO层压板内的氧化区域相连。分子动力学模拟可以说明,所涉及的毛细管压力约为1 000 bar。氧化区域与嵌入的水强烈相互作用,并充当储层。毛细管压力起到泵的作用,驱动水通过膜渗透,导致超快的水渗透。在完全水合状态下,GO膜充当分子筛,阻挡所有水合半径大于4.5 Å的溶质。

3. 官能团辅助分离

除了孔和层间通道分离机制外，在合成的2DMs表面修饰官能团在气体和离子分离中也非常重要，因为它们可以选择性地相互作用，以促进或阻碍渗透。例如，当自由层间距约为3.5 Å用于分离，CO_2的渗透率(3.3 Å)比H_2的渗透率(2.9 Å)高12倍，尽管H_2分子因其较小的动力学直径而被认为扩散速度比CO_2快得多。该结果说明了含氧基团对GO的关键影响，其与CO_2上的极性单独C—O键有力地相互作用，导致GO层压板中的CO_2优先吸附和扩散。官能团也可以调节离子的渗透。例如，使用厚度小于10 μm且层间距约为8 Å的氢氧根离子与羧酸根和羟基相互作用，使其具有离子和化学活性，这导致膜中GO的层间间距因静电排斥而增加，从而促进Na^+和OH^-的渗透。相反，当$NaHSO_4$溶液渗透时，H^+阻止含氧官能团的电离，这会降低层间通道的间距，从而降低$NaHSO_4$的渗透速率。当$NaHCO_3$穿过膜时，HCO_3^-与羧基之间的化学反应会导致CO_2气体的生成，引起反向压缩，从而抑制离子的注入。

13.3 新型膜的制备方法

13.3.1 共混

早期研究已经将独立的纳米板结合到聚合物基基质中，称为混合或共混。2DMs的优点，如热稳定性、高刚度和其他特性，与聚合物的优异加工能力完美结合。由此得到的复合膜具有总体高性能，与纯聚合物膜相比，尽管膜的可熔性略有下降，但开发具有增强的分离性能的2DMs的混合基质膜(MMM)的研究引起了越来越多的兴趣。此外，纳米填料和聚合物基质之间形成的界面形态在有机-无机MMM中的分子传输特性中起着重要作用。也就是说，合理控制聚合物基质内的界面结构不仅可以有效避免界面缺陷的形成，而且可以大大改善MMM的渗透性能。

在这些2DMs中，GO纳米片主要是通过与各种聚合物材料混合，然后进行相转化来制备水处理膜。将GO纳米板引入聚合物基质可显著改善防污性能、选择性，甚至抗菌活性。这些改进主要归因于它们的亲水含氧基团(环氧化物、羟基、羰基和羧基)和独特的2D纳米板结构。然而，GO(无机填料)和柔性聚合物之间的相容性与亲和力相对较差，GO片材可以用有机基团官能化，以实现与有机聚合物链的良好兼容性。在一个实例中，通过将聚(甲基丙烯酸磺甜菜碱)(PSBMA)接枝到GO表面，从而实现了GO的表面两性离子化，然后与聚醚砜(PES)共混以制备新型疏松NF膜。所得膜表现出显著改善的透水性和对活性染料的高排斥性。GO-PSBMA与由交替的季铵基团(带正电)和磺酸基团(带负电)组成的极性基团的结合促进了阴离子和阳离子通过相对松散的选择性层的快速传输。混合膜还显示出优异的防污性能，具有高通量回收率和低总通量下降率。尽管GO片具有亲水性，但其固有的屏障效应对膜渗透性有负面影响。在这种情况下，如何通过直接嵌入纳米材料或在GMs表面上引入受控的纳米孔来精确地扩大GM的层间距离，有效地降低分子传输阻力，同时保持高选择性是研究的重点。

除了水处理之外，通过混合2DMs的聚合物混合基质在气体分离方面的应用广泛。

与水处理一样,由于 GO 片不能渗透液体和气体,GO 改性膜的分离机制在很大程度上取决于堆叠的 GO 纳米片之间的 2D 通道、基底平面上的可能缺陷以及聚合物基质内的界面空隙。研究发现无孔 GO 的掺入降低了 MMM 的渗透性,因为分子传输主要由 GO 夹层形成了长而曲折的通道控制扩散过程。因此,具有多孔表面纳米孔、介孔 2D MOF 和 COF 纳米片的 GMs 已成为开发具有改进的渗透性同时保持高选择性的 MMM 的有前途的候选者。

13.3.2 界面聚合

界面聚合(IP)是在多孔聚合物基底上构建薄膜复合材料(TFC)层。含有二胺的水性单体首先沉积在多孔基材上一定时间后去除表面溶液。随后移除顶部溶液,留下基底使载体与包含单体和三酰氯如均苯三甲酰氯(TMC)的有机溶液接触。二胺单体扩散到水/有机界面发生聚合,形成一层 PA 薄膜,物理附着在聚合物基材上。PA 薄膜用作选择性层,用于阻绝不需要的溶质,同时允许目标溶质与水或溶剂一起通过。

迄今为止,像大多数研究的 GO 片材一样,2DMs 已被开发用于水脱盐和净化的薄膜纳米复合材料(TFN)膜的添加剂。具有丰富亲水基团的 GO 纳米薄片可以均匀分散在水相中,为在 PA 层内含有 GO 的复合膜的设计提供了可能性。GO 表面的羧基可以进一步与 TMC 交联,使 GO 稳定地固定在 PA 层中。最近,越来越多的研究集中在使用 GO 片材开发用于 NF、RO 和 FO 的 TFN 膜,目的是提高膜性能,包括脱盐率、透水性、抗菌性能等。例如,Bano 等人通过 IP 设计了 GO 修饰的 TFN 纳滤膜,结果表明,添加 GO 在不影响脱盐率的情况下大大提高了水通量和防污性能。Chae 等人报道与纯 PA 膜相比,嵌入 GO 的 TFC RO 膜显示出高渗透性、抗生物污染特性和耐氯性,而不会牺牲脱盐率。

2DMs 的可控功能还允许在界面聚合过程前更好地修饰 GO。将 TiO_2 等纳米颗粒固定在 GO/rGO 表面,然后进行界面聚合工艺,以进一步提高防污性能和脱盐性能。此外,功能化的 GO,例如酰氯 GO、氨基还原 GO 和羧基改性 GO 已被用于基于 PA 的膜设计,以分别优化和增加 GO 在活性层上的稳定性、GO 与 PA 基质的相容性、膜亲水性和渗透性能。虽然 GO 修饰的界面聚合膜的设计取得了快速进展,但未来的技术挑战仍然存在。未来的工作必须进一步提高 PA-GO 层的结构稳定性,最大限度地减少 GO 的空间势垒效应,避免 GO 片层的聚集,并优化 PA-GO 基质内的界面形态。这种改进可以使膜具有长期稳定性、抗生物污染特性和出色的分离性能。

由于界面聚合制备的致密 TFC 膜设计简单、适用性强和高效,因而在气体分离方面受到越来越多的关注。芳香族聚酰亚胺和 PA 因其卓越的热、物理和机械性能而被用于基于膜的气体分离。这些基于界面聚合的超薄层具有化学可调性并提供精确通道以促进 CO_2传输,使 TFN 膜有望用于碳捕获。最近,Wong 等人回顾了一系列使用 TFN 膜去除 CO_2的研究,并为开发用于 CO_2捕获的 TFN 膜提供了有用的指南和方向。然而,只有少数报道将 2DMs 引入 TFN 膜中用于气体分离。

13.3.3 表面涂覆

表面涂覆是将纳米材料与聚合物溶液混合后将它们涂覆到已建立的多孔膜上并蒸发

溶剂。然而,直接涂层耗时长并且缺乏对表面结构的精确控制。通过将基于聚合物的溶液直接浇铸到多孔基材上的表面涂层难以实现超薄选择性层,导致难以突破更高的渗透通量。

因此需要一种简单、低成本的基于悬浮液的 2DMs 沉积工艺,以将基于 2DMs 的薄膜组装到多孔支撑物上。迄今为止,这种沉积工艺的各种方法,包括浸渍、旋涂和喷涂,以提高膜的结构稳定性和分离性能被更多地报道出来。浸涂,也称为浸渍,通常通过将膜基材浸入到所需材料的溶液,然后用水冲洗或进一步热交联以提高活性层的稳定性。

最近,受贻贝启发的沉积引起了人们的兴趣,聚多巴胺(PDA)对各种基材具有强黏附力。多巴胺自聚合可形成薄的、表面黏附的 PDA 薄膜,不仅可以用于固定先进的纳米材料,还可以与其他分子进行二次反应以用于特定用途。例如,合成 rGO-Cu 复合材料并与多巴胺溶液共沉积到 UF 基板上以设计松散的 NF 膜,从而提高水通量(22.8 LMH/bar),并且拥有优异的染料排斥率(约 99.0 %),以及强大的抗菌活性。Shen 等人使用溶剂绿(SG)微调 GO 片材之间的层间距,然后通过浸泡将 SG@ GO 组装到 PDA 改性的管状陶瓷基板上。结果表明,SG@ GO 复合膜表现出 33 LMH/bar 的高通量,与 GO 涂层膜相比提高了近六倍,而不会影响溶质选择性。

旋涂主要通过将溶液浇铸到旋转的基材上,或将其浇铸到静止的基材上然后旋转来进行。但在非平坦表面甚至平坦但粗糙的表面上沉积多层膜具有挑战性。也就是说,这种方法更适合涂覆片状膜,并且越来越多地被用于 2DMs 的表面功能化。Liu 等人研究了填料尺寸对混合膜的分离性能,其通过旋涂纳米填料/海藻酸钠混合物制备,用于乙醇的全蒸发脱水。ZIF-L 纳米片修饰的膜选择性高、渗透性好,这主要是由于 ZIF-L 的有序排列和可控孔径,允许水分子的快速传输和乙醇的筛分效果。

喷涂组装是一种通过将雾化聚合物溶液喷涂到基材上来组装薄膜的快速、简便的方法,并已在工业上得到应用。然而,喷涂获得的薄膜可能不均匀,这是由重力排水的影响造成的。在这种情况下,在喷涂过程中旋转基材是解决这个问题的一个很好的方案,它也可以用于涂覆管状膜。尽管具有既定的优势,但喷涂在二维膜表面改性中的应用仍处于起步阶段。

13.3.4 过滤辅助涂层

由于超薄层的独特特性,二维材料可以通过过滤辅助涂层很容易地组装形成层状结构。几乎无摩擦的表面可以确保分子通过二维毛细管的快速传输,因此可以通过堆叠石墨烯基材料来设计层流膜。本节将通过过滤将它们涂覆到聚合物或无机基材上,以获得理想的分离性能。

Han 等人提出了一种通过将化学转化的石墨烯(CCG)过滤到微孔基板上来构建超薄(厚 22 ~ 53 nm)石墨烯纳滤膜的方法。所得 GO 膜对有机染料表现出超高保留率(>99%),对离子盐表现出中等保留率(20% ~ 60%),并采用尺寸筛分和静电相互作用的机制。

13.3.5 层层自组装

层层自组装可开发高分离性能的致密功能膜,可以实现带电薄膜厚度可控并且均匀性高和多层性好。通常是通过交替沉积带相反电荷的聚电解质或其他物质来在多孔基板上构建薄膜。其他多分子相互作用也可以被引入以驱动层层自组装。2DMs 也可以均匀分散在包含聚电解质的溶液中,然后借助浸渍、旋转或喷涂组装通过层层自组装制备 2DMs 改性薄膜。到目前为止,最为广泛的研究是具有高密度带电基团的 GO 片材,以使用层层自组装组件制备基于 2DMs 的膜。

Hu 等人通过层层自组装方法将 GO 纳米片固定在聚多巴胺涂层聚砜 (PSf) 载体上,然后与 TMC 交联。GO 膜通量高并对有机染料具有高排斥率。另一种典型的层层自组装是将带负电荷的 GO 片与带正电荷的聚(烯丙胺盐酸盐)(PAH) 在水解的 PAH 基底上的相互作用来制备 GO 层状膜。GO 膜的结构稳定性可以在低离子强度的溶液中得到很好的保持,并显示出 99% 的蔗糖保留率。然而,层状 GO 在高离子强度溶液中的水合作用可能会扩大 GO 层间距,这表明更高的层间作用力对于获得更稳定的多层以实现出色的长期分离至关重要。同样,Zhang 等人将 GO 框架分子设计到改良的 Torlon 中空纤维支架上:基底层与 HPEI 交联,然后是 GO 和乙二胺 (EDA) 的 LbL 组装,进而进行 HPEI 的胺富集功能化。GO 片与 Torlon 载体的集成可以有效地密封孔径分布窄的复合膜的缺陷,从而使复合膜对 Pb^{2+}、Ni^{2+} 和 Zn^{2+} 的截留率高于 95%,有利于重金属去除。

将 GO 片材组装到多孔基材上已显示出在水净化方面的巨大前景。然而,GO 多层膜的稳定性、层间距及膜厚的控制和渗透性的平衡仍然是需要解决的重大挑战。此外,通过层层自组装开发其他基于 2DMs 的薄膜可能是优化分离性能的有前途的替代方案。

13.3.6 共价结合

GO 片材与膜基材的表面结合主要基于 GO 表面存在的多功能活性基团。这种方式大大提高了活性层的稳定性,由于存在牢固的共价键,因此很难从基板上分离出来。Perreault 等人首先通过使用 GO 的羧基和 PA 活性层的羧基之间的酰胺偶联将 GO 片材锚定到商业 RO 膜上,以减轻膜表面生物污染。GO 修饰的膜在接触 1 h 后导致 65% 的细菌失活,对原始膜传输特性的不利影响较小。Wang 等人通过 GO 的环氧基和 OCMC 活性层的氨基之间的开环聚合,将 GO 片不可逆地加载到 O-(羧甲基)-壳聚糖(OCMC)涂层的聚砜(PSf)基板上。GO 片材覆盖在 OCMC 涂层上,不仅可以有效控制 ECH 和 OCMC 的低交联度,从而获得更高的水通量,而且可以提供显著的表面性能,如高亲水性、负电荷和适当的夹层间距,从而提高脱盐率。Igbinigun 等人提出了一种三步法,使用 TMC 作为交联剂将 GO 片共价结合到 NH_2 功能化的 PES 载体上。由于 GO 片材的亲水性,PES-GO-4 膜的通量恢复比含有 MWCO 的未改性 PES-UF 膜高 2.6 倍。

13.4 金属有机框架分离膜

金属-有机框架(MOF)材料具有三维的孔结构,一般以金属离子为连接点,有机配位体支撑构成空间 3D 延伸的新型多孔材料。MOF 分离膜引起了越来越多的研究兴趣。为了打破渗透性和选择性之间的权衡(trade-off 效应)以实现最佳分离,最近的研究已经转向如何设计和开发超薄 MOF 分离膜(即亚 1 mm 厚)。过去几年 MOF 分离膜的研究取得了巨大进步,这部分内容中,将首先介绍制造超薄无缺陷 MOF 膜的先进策略,如原位生长、反向扩散法、逐层(LBL)组装、金属基前驱体作为预功能化层、界面辅助策略和 MOF 纳米片的层压组装。然后,重点介绍超薄 MOF 膜在气体分离之外的一些新兴应用的最新进展,包括水处理和海水淡化、有机溶剂纳滤以及与能源相关的分离和运输(即锂离子分离和质子传导)。最后,讨论与该领域未来前景相关的一些未解决的科学和技术挑战,启发了下一代分离膜的发展。

13.4.1 MOF 分离膜合成方法

在本节中,将讨论制备 MOF 分离膜的两种策略:①直接合成 MOF 层薄膜作为选择性层;②将层状 MOF 晶体剥离成纳米片,然后通过组装成层压膜作为选择层。

1. 直接合成 MOF 层薄膜作为选择性层

MOF 分离膜最典型的合成方法是将多孔基材直接浸入有机配体和金属离子的混合溶液(即母液)中,经过成核、结晶和生长阶段得到 MOF 晶体。上述体系中存在两个竞争性成核过程:本体溶液中的均相成核和衬底表面的异相成核。从动力学的角度来看,显然前者相对容易发生,而后者成核密度低,可控性差,高度依赖于衬底的表面性质。因此,后一种工艺很容易在基板表面产生不均匀沉积的独立 MOF 簇,从而导致形成晶界缺陷、晶内裂纹和晶间裂纹等空隙。因此,制备的超薄和良好共生的 MOF 分离膜的关键点是增强基板表面的异质成核密度。尽管底物预处理方案可以在一定程度上解决上述问题,但例子很少,普遍缺乏理论知识作为指导。理论上,如果 MOF 的成核完全局限在基底表面,这似乎是最大化基底表面异质成核密度的完美解决方案。基于这一原理,最有效的解决方案是将母液分离为有机配体溶液和金属离子溶液。该策略可以最大限度地减少本体溶液中的均匀成核和生长,从而在基板表面获得高的异质成核密度。根据所采用的技术,MOF 分离膜的制备方法主要可归纳为三类:①将金属离子溶液和有机配体,分别溶于溶剂中,使用多孔基材将其隔开,通过控制两种溶液的密度差、液位差、浓度差来调控扩散速率;②逐层自(LBL)组装或液相外延;③金属基前驱体作为功能层对多孔基板进行预修饰,然后浸入有机配体相(溶液或蒸气)中。

2. 两种混合物的原位生长

(1)陶瓷膜作为多孔基材。

原位生长方法中,将有机配体单体 1 和金属离子单体 2 混合成一种溶液,然后浸入多孔基材中。在这种情况下,多孔基底的选择对于 MOF 分离膜的制造非常关键,基底表面必须具有足够的亲和位点以促进 MOF 的异相成核和生长。到目前为止,陶瓷膜,尤其是 a-Al_2O_3已被用作该领域最常见的多孔基材,因为它们的氧基与金属离子具有很强的配位相互作用以提高成核密度。例如,通过 $ZrCl_4$和联苯-4,40-二羧酸(BPDC)的混合物在多孔 a-Al_2O_3上的高温水热过程,可以原位构建厚度为 200 nm 的连续 UiO-67 层基板表面。然而,即使使用类似的合成方法,该基板上其他种类的 MOF(如 ZIF-8 和 HKUST-1)

的厚度也约为 20 μm。此外,当在另一种陶瓷膜上进行类似的溶剂热合成时,氧化钇稳定的氧化锆（YSZ）中空纤维,UiO-66 层的厚度将增加到 1 μm。所有这些结果表明,MOF 类型与基底表面特性的匹配对于原位增长法的实现至关重要。值得指出的是,Agrawal 等人最近证明了 ZIF-8 的结晶和生长可以通过外部直流电场精确调节。结果表明,在几分钟内在未改性的阳极氧化铝（AAO）基板上制造出厚度仅为 500 nm 的 MOF 薄膜。这归因于电场具有使带电的 ZIF-8 核在衬底上组装成高度堆积的核层,以促进 ZIF-8 晶体的晶粒共生。已经形成的 ZIF-8 薄膜可以作为绝缘层,反过来阻碍 ZIF-8 的后续组装和生长,从而最大限度地减少最终的 MOF 薄膜厚度。随后,在快速电流驱动合成（FCDS）的帮助下,通过 20 min 的非高压釜制备,在 a-Al_2O_3表面生成了 200 nm 厚的 ZIF-8 层,与上述情况类似。结果表明,这种电流驱动的方法可以有效地抑制有机连接子的迁移率,并诱导 ZIF-8 晶体结构转变为具有刚性框架的多晶型 ZIF-8-Cm(即单斜多晶型),这可以很好地提高分离膜的筛分能力。

(2)聚合物膜作为多孔基材。

一般来说,与陶瓷膜相比,聚合物膜由于其低成本、柔韧性和韧性而具有很大的前景。然而,常用的聚合物膜如聚偏二氟乙烯（PVDF）往往是化学惰性的,导致不佳的成核密度以及 MOF 在其表面的不完全覆盖。虽然表面改性可以在一定程度上缓解上述问题,但报道的例子很少。为了提高 PVDF 基底和 MOF 晶体的亲和力,在它们的表面沉积具有可控结构的超薄且均匀的(3-氨基丙基)-三乙氧基硅烷(APTES)功能化 TiO_2层,作为中间层以诱导 ZIF-8 的原位生长。形成的 ZIF-8 层的厚度约为 1 μm,但由于相邻 MOF 微晶之间存在间隔,气体渗透距离仅为 400 nm。对于未改性的聚丙烯腈(PAN)(包含足够的亲和位点)基板,上述电场诱导组装方法可直接用于构建厚度为 360 nm 的超薄 ZIF-8 层。

3. 逆扩散法

在反向扩散过程中,多孔基材被用作屏障以在两侧分离两种反应性前体(即有机配体和金属离子)。因此,前体只能通过沿多孔基材通道的自发扩散过程彼此相遇。此外,MOFs 的成核和结晶只能发生在两种前驱体接触的地方,特别是在基底表面的孔隙、缺陷和裂纹处,可以有效地消除本体溶液中的均相反应。最重要的是,随着 MOF 晶体在基底表面的形成,它会修复多孔基底表面的缺陷,使孔径不断变窄,进而减缓两种前驱体的扩散速率。一旦形成连续且无缺陷的 MOF 层,MOF 晶体的生长将立即终止,因为两种前体之间没有接触。因此,这种“自调节”或“自密封”机制可以确保在基底表面生成超薄无缺陷的 MOF 层,也可用于制备一些超薄聚合物膜。由于表面改性能够在不损害原始结构或直接改变多孔基材的孔结构的情况下引入共形功能, 因此制备超薄 MOF 膜的逆扩散法可分为两类:引入金属离子强相互作用位点的保形改性涂层和缩小孔道的非保形改性涂层(即 GO、CNTs)多孔基材的尺寸。

(1)保形改性涂层。

2011 年,Wang 等人首先报道了在多孔尼龙基底(孔径0.1 mm)上合成 ZIF-8 薄膜的逆扩散法,但所制备的 ZIF-8 薄膜的厚度高达 16 μm。虽然引入了氢氧化铵进入逆扩散过程可以有效地将其厚度从 16 μm 减少到2.5 μm,如此厚的 ZIF-8 膜仍然不能满足最终分离的要求。ZIF-8 膜过厚的原因主要是多孔基材的大孔径会导致快速扩散速率,这对于使用界面微流体工艺(类似于逆扩散法)在中空纤维膜上合成 ZIF-8 膜是一个挑战。为了减慢扩散速率,一种有效的解决方案是在基板表面嵌入特定的化学基序,以增强它们与金属离子的相互作用。一个典型的例子是乙二胺(EDA)的气相用于化学改性多孔溴甲基化聚(2,6-二甲基-1,4-苯醚)(BPPO)底物以引入胺官能团,它可以与 Zn^{2+} 进一步控制逆扩散过程。由于上述改进,可以轻松制备无针孔或缺陷的超薄 ZIF-8 层(仅 200 nm)。除了降低扩散速率外,随后的报告还表明,改性胺基序可以通过配位相互作用选择性地支撑表面附近的 Zn^{2+},这非常有利于在反相扩散过程中增强基板表面的异质成核密度。

(2)非保形改性涂层。

先前的研究表明,使用纳米多孔聚丙烯腈(PAN)超滤膜可以有效降低扩散速率以微调逆扩散过程,从而可以轻松制备超薄纳米限制 ZIF-8 分离膜。除了基底选择外,一维(1D)和二维材料通常被用作纳米支架,通过真空过滤有效地修饰和缩小多孔基底的孔径,以满足逆扩散法的要求。2016 年,首次以 2D GO 纳米片为模板原位生长 ZIF-8 纳米晶,制备 2D 杂化 ZIF-8/GO 纳米片作为晶种层,采用逆扩散工艺制备超薄集成 ZIF-8 厚度约为 100 nm 的膜。除了逆扩散过程的固有优点外,形成超薄 ZIF-8 膜的主要原因是 GO 之间的纳米级层间距离纳米片表现出优异的自限制 ZIF-8 晶体生长的能力。同样,二维 GO 纳米片可以直接组装到中间层中进行反向扩散,而无须 ZIF-8 纳米晶的晶种层,所制备的 ZIF-8/GO 薄膜的厚度范围为 70 ~ 150 nm,取决于所用 GO 的含量。在 GO 纳米片的成功推动下,CNT 和碳纳米纤维(CNF)也被用作反向扩散过程的中间层,以降低 MOF 膜的厚度。由于疏水性,CNT 需要首先通过聚多巴胺进行预改性,以增强其分散性和加工能力。结果表明,生成的 ZIF-8/CNT 杂化膜只有 100 ~ 200 nm 厚,将 CNT 整合到 ZIF-8 晶体中可以极大地增强 ZIF-8 膜的机械和结构稳定性。随后,将聚多巴胺包覆的单壁碳纳米管(SWCNT)组装成孔径为 5 ~ 10 nm 的超薄自立纳米多孔薄膜,作为中间层所制备的 ZIF- 8 膜薄至 550 nm。这是由于基于超薄单壁碳纳米管的中间层具有较短的扩散路径,导致金属离子和有机配体的扩散速率明显增加。使用一维或二维材料作为中间层来控制反向扩散过程是合成超薄 MOF 膜的一种有前途、通用且简便的途径。

3. 逐层自组装或液相外延

逐层自(LBL)组装被认为是一种有吸引力的通用技术,可在各种基材上构建具有可控厚度和表面化学的纳米涂层或纳米薄膜,应用于广泛的领域。LBL 制造 MOF 膜,将目标基板依次浸入金属离子和有机配体的前体溶液中,然后重复该过程进行一定的循环。MOFs 合成过程中也称为液相外延。这种独特的操作过程可以将两种前体的主要反应或组装限制在基底表面而不是本体溶液中,这非常有利于增强 MOFs 的异相成核。此外,通过调节组装周期,可以精确控制所制备薄膜的厚度,从纳米级到微米级。考虑到这些优势,LBL 组装技术作为合成超薄 MOF 分离膜的潜在途径具有卓越的能力。尽管 2007 年报道了第一个制备 MOF 分离薄膜的例子,但直到 2014 年才通过 LBL 组装方法在多孔基板表面上制备了超薄 ZIF-8 分离膜。在这项工作中,当组装次数分别为 150 和 300 时,ZIF-8 层的厚度分别为 500 nm 和 1.6 μm。同样,其他研究展示了协调驱动的原位自组装方法,以在预水解的 PAN 基材表面上生长厚度约为 1.5 μm 的 ZIF-8-聚(对苯乙烯磺酸钠)(PSS) 混合层。在这种情况下,水解诱导的羧基基序非常有利于在第一层中固定足够量的 Zn^{2+},从而提高 ZIF-8 晶体的成核密度。此外,PSS 的植入可以增强 ZIF-8 膜的亲水性,从而提高其水分离性能。此外,多层聚酰胺/ZIF-8 膜通过 LBL 组装结合 ZIF-8 的原位生长和界面聚合制造,根据 LBL 循环,厚度为 150 ~ 300 nm。然而,上述 LBL 组装方法基于浸涂辅助方法,其操作过程复杂且耗时。为了提高制造效率,喷涂和旋涂方法已被植入 LBL 组件中以合成大规模和超薄 MOF 分离膜。喷涂辅助方法的典型案例是在 a-Al_2O_3载体的顶面上制备厚度约为 450 nm(100 LBL 循环)和 500 nm(150 LBL 循环)的均匀无缺陷 HKUST-1 层。此外,旋涂法的使用导致形成的 MOF 层具有从 140 nm(10 LBL 循环)到 220 nm(50 LBL 循环)的令人满意的厚度。值得指出的是,100 个循环的操作时间仅为 50 min,比传统的 LBL 组装方法(即 100 个 LBL 循环需要 25 h)短得多。除上述 ZIF-8 外,LBL 组件在选择基板和 MOF 类型(如 CuBTC、73 Ni-MOF-7474 和 HKUST-1)方面表现出出色的通用性。

4. 金属基前驱体作为预功能化层

最近,已广泛证明将金属基前驱体固定在多孔基底上是限制 MOF 晶体在基底表面成核、结晶和生长的可行解决方案。主要分为三类:金属离子、金属-氧簇和金属基凝胶涂层。

(1)以金属离子作为前驱体。

2013 年,Jeong 等人报道了一种新的合成方法,其中多孔 a-Al_2O_3载体首先浸泡在金属离子溶液中以捕获足够的前体,然后转移到配体溶液中,通过快速溶剂热反应原位生长 ZIF-8 膜。这种方法可以有效地降低所制备的共生 ZIF-8 层的厚度,但其厚度仍保持在 1.5 μm。可能的原因是 a-Al_2O_3载体缺乏足够强的相互作用位点来紧密锁定金属离子,因此这些吸附的金属离子仍然可以扩散到配体溶液中,而不是完全限制在基板表面的异质生长。为了解决这个问题,使用聚氨基硫脲膜代替上述 a-Al_2O_3载体,因为其优异的配位能力有利于与 Zn^{2+}形成稳定的螯合物。结果,ZIF-8 层的厚度进一步降低至 620 nm。最近,利用二维石墨碳氮化物 (g-C_3N_4) 纳米片丰富的氮配位点捕获和锚定 Zn^{2+},可以提供了大量异质成核位点。此外,具有二维纳米通道的层压 g-C_3N_4纳米片可以有效地限制 ZIF-8 晶体的生长。由于协同效应,在 30 min 内成功制备了 240 nm 厚的 ZIF-8/g-C_3N_4膜。因此,选择合适的具有较强配位能力的底物为该方法提供了首要保证。

(2)以金属-氧簇作为前体。

固态金属基前体被认为是消除上述金属离子自由扩散的有效替代方案。作为一个典型的例子,化学气相沉积(CVD)可以帮助形成具有均匀且可控厚度的 MOF 膜。首先,通过原子层沉积 (ALD) 在基板表面沉积一层厚度为 3 ~ 15 nm 的致密氧化锌层。然后,在金属氧化物层上进行连续的气固反应以原位生长 ZIF-8 薄膜,其厚度高度依赖于沉积的金属氧化物层的厚度(即 3 ~ 15 nm)。此外,Tsapatsis 等人采用类似的路线,使用全气相处理方法合成 200 nm 厚的 ZIF 薄膜作为 a-Al_2O_3支撑表面的选择性表层。尽管此路线具有可扩展性、无溶剂和无种子等优点,但使用 ALD 将增加合成成本。为了降低金属氧化物层的制造成本,CuO 纳米片/GO 层最近被用作固态富金属前驱体,超薄且灵活的

HKUST-1/GO 纳米片膜(100～300 nm)可以通过与有机配体原位反应合成。除了金属氧化物,氢氧化物纳米链也可以作为固态金属前驱体,它们带正电荷的特性使其很容易与带负电荷的分子结合以产生功能性超薄 MOF 杂化膜。以氢氧化锌纳米链(ZHNs)为例,ZHNs 和单链 DNA 首先通过真空过滤在多孔 AAO 表面组装成薄层,然后通过原位生长轻松制备 50 nm 厚的 DNA/ZIF 8 膜,将主要反应限制在上述富含金属的前体层中。

(3)以金属基凝胶涂层作为前驱体。

金属基凝胶涂层已被广泛用作固态金属前体来修饰多孔基材并提供丰富的成核位点以生长致密且无缺陷的 MOF 分离膜。然而,使用这个方法合成超薄 MOF 膜非常困难。这些凝胶涂层通常具有微米厚度,并且由于随后的溶剂热反应期间的溶胀行为而可能面临厚度增加。因此,控制凝胶的厚度和避免使用溶剂溶液非常关键。最近,Zeng 等人通过结合纳米厚的溶胶-凝胶涂层(二水乙酸锌和乙醇胺在乙醇中用于锌基凝胶)和配体气相沉积技术(无溶剂)制备了一种纳米厚 MOF 筛分膜。由于气相处理条件,MOF 生长过程完全局限于膜表面的溶胶-凝胶层。结果,在最佳条件下,无缺陷 MOF 层的厚度薄至约 17 nm,这是在多孔基底表面使用原位生长法直接合成的最薄的 MOF 分离膜。此外,还提出了一种溶胶-凝胶转化策略,通过两个步骤制造 130 nm 厚的 ZIF-8 膜:旋涂凝胶前体(2-甲基咪唑配体和 Zn^{2+})和 MOF 晶体生长的热处理。调节凝胶浓度对于获得超薄可控的 MOF 膜具有重要意义。

5. 纳米 MOF 片叠层作为分离膜

在过去的十年中,单层 GO 纳米片被广泛用作典型的纳米结构单元,以制备超高性能的纳米级厚分离膜。理论上,单层 MOF 纳米片比 GO 纳米片具有突出的优势,它们的表面有丰富的纳米孔,非常有利于促进过滤过程的传质。因此,需要制备具有大横向尺寸的单层 MOF 纳米片。主要有合成途径:自上而下的方法(即将层状晶体剥离成纳米片)和自下而上的方法(即使用前驱体直接生长)。由于加工技术的发展,自上而下的方法被认为是生产超薄 MOF 纳米片最成功的替代方法,而自下而上的方法相对难以实施。在本节中,主要强调自上而下的方法制备 MOF 纳米片,以及相应的超薄分离膜组装方法。自上而下方法的关键设计原则是利用外力直接破坏相邻 MOF 层之间相对较弱的相互作用(即范德瓦耳斯或 p-p 堆叠相互作用)或插入分子以扩大层间距离,以减少 MOF 的层间相互作用。需要指出的是,与石墨烯不同,MOF 层状晶体的剥离需要相对温和的条件,因为 MOF 纳米片由于其低弹性模量(仅 3～7 GPa)而容易劣化或碎裂。目前三种可行的方法已成功应用于 MOF 层状晶体的剥离,分别是机械剥离、冻融剥离和化学剥离。

(1)机械剥离。

2010 年,萨莫拉等人首先报道了 $[Cu_2Br(IN)_2]_n$ 层状晶体在水中的超声剥离,所得纳米片的厚度约为 0.5 nm。受这项工作成功的推动,一系列层状 MOF 晶体被剥离成纳米片。然而,大多数这些剥离后的纳米片由于存在一些缺陷和横向尺寸较小,不能实现超薄分离膜组装。为了保持 MOF 纳米片的结构完整性,Yang 等人利用软物理剥离过程将聚 [Zn_2(苯并咪唑)$_4$],即聚 $Zn_2(bim)_4$剥离成 1 nm 厚的高质量纳米片,而不会破坏其形态和结构完整性。剥离过程包括以非常低的速度 (60 r/min) 进行湿式球磨和在挥发性溶剂中进行超声处理。可以显示出较大的横向尺寸和均匀的厚度,分别为 1.5 mm 和

1.12 nm。此外,使用热滴涂工艺在 a-Al_2O_3多孔载体上轻松制备几纳米厚的 $Zn_2(bim)_4$层作为选择性表层。随后,他的团队使用类似的方法制备了平均尺寸和厚度分别为500 μm和1.6 nm 的[Zn_2(benzimidazole)$_3$(OH)(H_2O)]$_n$纳米片,并成功组装成亚 10 nm厚的超薄 MOF 分离膜。

(2)冻融剥离。

冻融剥离是一种相对温和的剥离方法,分散在水性或有机溶剂中的层状材料先在液氮中冷冻,然后在热水浴中快速解冻。驱动力主要来自于目标层状材料相邻层内插层溶剂从固相到液相的体积变化。插层溶剂的大小、表面张力和体积变化率是影响剥离效率的因素。冻融剥离已应用于 GO 和二硫化钼(MoS_2)的剥离。此外,选择性沉降策略可以实现尺寸的分类并收集超大且均匀的 MAMS-1 纳米片(即超过 20 μm)。这些高质量的纳米片可以通过热滴浇铸法在 AAO 载体上轻松组装成4 nm、12 nm 和 40 nm 厚的选择性表层。虽然冻融剥离法可以最大限度地保留 MOF 纳米片的横向尺寸(甚至可达数微米),但很难获得单层的纳米片,需要大量的冻融循环来提高剥离效率。

(3)化学剥离。

化学剥离方法基于引入插层分子以削弱层间相互作用来高效制备2D 纳米片。它们的剥离效率直接由插层效应决定,因此选择高活性插层非常关键。如果所选的插层分子足够完美,剥离效率可以像嵌锂石墨烯和 TMDs 一样高达90%。

13.4.2 MOF 分离膜的最新应用进展

由于其可调孔径和低传输阻力,超薄无缺陷 MOF 分离膜已广泛应用于各种与环境和能源相关的分离和传输过程。在本节中,将简要讨论超薄 MOF 分离膜的一些典型和新兴应用的最新进展,包括水处理和海水淡化、有机溶剂纳米过滤(OSN)、气体分离和能源相关分离和运输,以及它们相对传统分离应用的优势。

(1)水处理和海水淡化。

水资源短缺已成为全球性的挑战。为了解决这一危机,各种基于膜的分离技术,如超滤、纳米过滤、反渗透和正渗透已被开发并广泛用于从海水或一些受污染的水中生产淡水。由于其结构优势,超薄 MOF 分离膜具有成为下一代高渗透性和高选择性液体分离膜的潜力。然而,MOF 分离膜受限于配体-金属键的不稳定性。最近,水稳定的 48 nm 厚2D Zn-TCP(Fe) 膜(主要孔径范围为 1.20 ~ 1.24 nm)实现了高通量和高截留率去除水性介质中的甲基红(MR)。水渗透率比具有类似截留率的超薄 GO 膜高约3 倍。此外,2D Zn-TCP(Fe) 膜优异的亲水性赋予它们优异的防污性能,对长期运行有显著帮助。最重要的是,能耗仅为 0.001 kJ/L,比商业纳滤膜(4 kJ/L)低 3 个数量级,表明这是一个超低能耗的过程。除了二维单层 MOF 薄膜(即孔径约为 0.75 nm)具有高渗透和低能耗的特点,表现出出色的选择性和精确分离能力,截止值约为 2.4 nm。由于分离皮层松散,只有少数超薄 MOF 分离膜可以应用于脱盐。值得注意的是,高度水稳定的 UiO-66 膜(厚约2 mm)已被证明具有海水淡化的巨大潜力,具有出色的多价离子截留率(如 Ca^{2+}86.3%,Mg^{2+}98.0%和 Al^{3+}为 99.3%),但水渗透通量适中,为 0.14 L/(m^2·h·bar)。为了进一步修复 UiO-66 源自配体的固有缺陷,提出了一种合成后缺陷修复方法,为水处理提供高选择性膜,显示 Na^+截留率明显增加 74.9%。此外,计算模拟的结果也表明,通过合理赋予 ZIF 分离膜不同的功能基团,NaCl 截留旅可以达到 97%。

(2)有机溶剂纳滤分离膜(OSN)。

与水处理相比,OSN 是一种新兴技术,可以分离、纯化和回收化学反应中的反应物、产物和催化剂。迄今为止,OSN 膜的主要设计思路是长期在多种有机溶剂(甚至是强极性有机溶剂)中的稳定性,这需要比水性纳滤膜更坚韧的膜材料。此外,尺寸分离在 OSN 的分离机制中起着主导作用,因为在有机溶剂中,静电排斥的影响将被极大地排除。因此,考虑到它们在有机溶剂中的高结构和化学稳定性以及可调孔径的尺寸和形状,MOF 分离膜可以为 OSN 提供一个有吸引力的平台,以获得高渗透性和高选择性。通常,MOF 可以通过原位生长、界面合成、混合法和真空辅助组装法加工成 OSN 膜。Wang 等人报道了厚度为450 nm 的 ZIF-8/GO 复合膜。这种超薄膜在甲醇中表现出令人满意的6.1 L/(m^2 · h · bar)的通量,并且由于其明确的传质通道,对染料的截留率高达99%。

(3)气体分离。

基于多孔膜的气体分离因其低成本、高效率和易于实施的方案而被用作工业中的商业分离单元。根据实际应用中不同的分离要求,气体分离主要分为 CO_2捕集、H_2提纯、烃类分离(即烯烃/链烷烃)三大类。对于传统的气体分离膜,克服渗透性和选择性之间的权衡现象仍然是一个巨大的挑战。在各种膜材料中,MOFs 具有一些作为纳米多孔分子筛材料无可比拟的特性,特别是均匀且可调的孔径(分子筛效应)和对气体分子的开放亲和位点(增强的溶解度选择性)。

①CO_2捕集。CO_2的持续积累会导致全球变暖。由于燃烧后烟气主要包括 CO_2和 N_2,因此它高度需要先进的 CO_2捕集技术来实现 CO_2/ N_2的高分离因子。从理论上讲,ZIF-8 膜能够在 CO_2/ N_2的分离中发挥主导作用,因为它们的孔径大小(0.34 nm)恰好介于 CO_2(0.33 nm)和 N_2(0.364 nm)的动力学直径之间。然而,在先前报道的 ZIF-8 膜中仅获得了较差的分离因子(<20)。100 nm 厚的 ZIF-8/GO 膜显示出 7.0 的适度 CO_2/ N_2选择性。可能的原因是 ZIF-8 晶体增加的有效孔径允许更大的分子(即 N_2)由于有机连接剂的移动性而通过,从而导致分离因子的降低。除了筛分效应外,提高 CO_2的溶解度是设计金属构件和功能性有机部分以将特殊的结合相互作用位点引入 CO_2的另一种可行解决方案。

②H_2提纯。H_2由于其可持续和清洁的特性而引起广泛关注,但工业过程(即汽化或蒸气重整反应)产生的 H_2通常伴随着其他轻质气体(CO_2、CH_4、N_2、C_3H_8等)。因此,迫切需要高效的 H_2提纯和回收技术。以 H_2/ CO_2为例,使用膜技术分离纯化相对困难,因为与上述其他气体相比,它们的动力学直径非常接近(H_2,0.289 nm;CO_2,0.33 nm)。迄今为止,虽然已经通过不同方法成功构建了亚 1 mm 厚的 ZIF-8 膜,但其 H_2/ CO_2分离因子仍远低于 60。MOF 纳米片层压膜的操作技术取得了很大进展,H_2/ CO_2的分离因子显著提高,甚至达到了 100。考虑到气体的动力学直径,H_2和不同气体的分离因子通常遵循以下顺序:H_2/ CO_2< H_2/N_2< H_2/CH_4< H_2/C_3H_8。然而,在 40 nm MAMS-1 纳米片膜中,H_2/ CO_2的分离因子高于 H_2/N_2和 H_2/CH_4的分离因子。这是因为 CO_2和 MAMS-1 之间丰富的吸附热会比其他气体更强烈地将 CO_2 捕获在 MOF 的孔隙中,从而导致低扩散控制

的渗透过程。最近报道了一种采用原位自下而上策略的 200 nm 厚 ZIF/GO 纳米片层压膜,显示出出色的 H_2/ CO_2分离性能,理想的分离选择性约为 106。MOF 纳米片层压膜将在未来分离 H_2/ CO_2中展示更大的潜力。

③烃类分离。从烯烃/链烷烃混合物中提纯烯烃一直是化工行业的一项技术挑战,因为大多数传统技术通常涉及能源密集型过程。最近,由于其匹配的有效孔径大小,超薄 ZIF-8 膜已被证明是可有效纯化烯烃的有效材料。虽然 ZIF-8 的晶体定义孔径仅为 0.34 nm,但接头的翻转运动将导致其有效孔径尺寸增加到 0.4 ~0.42 nm。C_3H_6/C_3H_8的分离是一个典型的例子,因为它们的动力学直径相近(C_3H_6,0.40 nm;C_3H_8,0.43 nm),在分离过程中存在巨大障碍。迄今为止,大多数制备的超薄 ZIF-8 膜具有适度的分离因子,其值低于或约为 100。通过凝胶气相沉积制备的 17 nm 厚的 ZIF-8 膜表现出分离因子仅为 70,并不令人满意。原因是 ZIF-8 的柔性晶格,允许具有大动力学直径的分子通过扩散机制渗透,并且很容易产生多晶区以导致非选择性扩散。为了解决这些问题并提高分离因子,Caro 等人证明了 20 min 的 FCDS 过程可以加强接头运动以生成具有刚性框架的 ZIF-8 多晶型物。由于这些刚性框架,可以轻松获得高达 300 的高分离因子,这是迄今为止报告的最高值。

(4)锂离子分离。

锂离子一直被认为是锂电池的重要组成部分,但它们是一种不可再生资源。从海水中提取锂离子似乎是解决锂离子短缺问题的一个有希望的提议,这对传统分离膜来说是一项艰巨的挑战,因为海水中的碱金属离子通常具有相同的化合价和相似的亚纳米级离子半径。2016 年报道了一种聚苯乙烯磺酸盐 (PSS)/HKUST-1 杂化膜,其 Li^+渗透通量高达 6.75 mol/(m^2 · h),对 Li^+/Na^+和 Li^+/K^+的选择性分别为 78 和 99, 分别是由于 PSS 对这些碱土金属离子的亲和力不同。同样,这种亲和分离策略通过引入磺酸盐基团已广泛应用于锂离子分离。它们的分离机制主要归因于亲和吸附,而不是多孔膜的筛分作用。最近,Wang 等人证明 460 nm 厚的 ZIF-8 膜分别显示出 0.34 nm 和约 1.16 nm 的空腔,可以通过其均匀的亚纳米孔隙实现碱金属离子的超快选择性传输的筛分效应。实际上,由于 MOF 分离膜具有类似生物离子通道的孔隙形态,分离机制与仿生离子传输非常相似,结果表明 Li^+可以快速选择性地通过,由于尺寸排阻(未水合离子半径:$Li^+ < Na^+ < K^+ < Rb^+$),通过 ZIF-8 膜超过其他碱金属离子。此外,Li^+/Rb^+、Li^+/K^+和 Li^+/Na^+的选择性比分别可以达到 4.6、2.2 和 1.4,远高于报道的合成膜。

综上所述,MOF 分离膜具有多孔性和可调性等一系列优势,制备简单而且应用场景多种多样。作为新型二维材料膜,MOF 分离膜由于其无与伦比的渗透性和选择性,在过去五年中已成为应用于各种环境和能源相关过程的最流行的下一代分离膜之一。

13.5 共价有机框架分离膜

共价有机框架 (COF) 是一类新型结晶多孔材料,由周期性延伸和共价结合的结晶多孔网络结构组成,由 Yaghi 及其同事 2005 年首次发现。与传统聚合物相比,COF 具有以下优势: 密度低、比表面积大、孔径和结构可调、易于定制的功能以及构建单元的多功能共价组合。COF 是由有机连接体通过可逆共价键形成而合成的。这些有机接头通过共价键的规则和周期性组装赋予 COF 有序排列的孔隙、均匀的孔径和高孔隙密度。这些特性使 COF 成为构建高级分离膜的有前途的候选者。此外,连接单体的大小、对称性和连接性定义了所得框架的几何形状。COF 膜可以精确调整孔径以分离不同体积的分子。此外,COF 分离膜可以在有机连接体上引入各种功能位点来实现吸引或排斥的相互作用。

13.5.1 COF 分离膜的关键特性

由于其定义明确且精确的孔结构以及相对较大的表面积,COF 的应用始于储气。物理孔径决定了反渗透(RO)、纳滤(NF)、超滤(UF)和微滤(MF)等膜的应用,因此选择特定孔径的 COF 用于膜设计是一个关键指标。此外,分离膜在各种不同的溶剂中使用,需要高的化学和机械稳定性。亲水性、疏水性、表面电荷和质子电导率等其他特性也对基于 COF 的分离膜在各种分离中的性能产生重大影响。总而言之,COF 的选择有很多变量,这些变量决定了分离性能和未来在膜技术中的应用。

1. 孔尺寸

膜分离主要基于尺寸大小进行选择性分离。因此,COF 材料的孔径决定基膜的应用。孔隙结构主要来源于配体连接的几何形状和连通性。

目前,已报道的多孔 COF 的孔径范围为 0.5 ~ 4.7 nm,可用于脱盐、渗透蒸发、水处理和有机溶剂纳滤。脱盐纳滤膜孔径为 1 nm 左右。去除有机溶剂纳滤的膜孔径要小于 2 nm。

除了选择已报道的 COF 外,还有两种不同的修饰方法来获得具有特定孔径的 COF。

一种是改变有机配体配位的长度和结构。例如,当三角形配体与线性配体结合时,在二维(2D)片堆叠时形成四方孔。四方孔的尺寸可以通过改变线性连接器的长度和三角形连接器的大小来调节。

另一种是在晶体网络形成后,将较大的侧基或官能团引入连接中。Jiang 等用这种方法调整 COF 的孔径。在这项研究中,COF 首先是通过六羟基三亚苯基(HHTP)与叠氮化物附加的苯二硼酸(N3 - BDBA)和苯二硼酸(BDBA)以指定摩尔比(5%、25%、50%、75% 和 100%)的缩合反应制备。然后,用炔烃将 2 - 乙酸丙炔酯固定在 COF 上。改性 COF 的孔径从 3.0 nm 减小到 1.2 nm。包括—CRC、—COOH、—COOMe、—OH 和—NH_2在内的官能团通过与叠氮化物的反应接枝到 COF 的内壁上。

2. 稳定性

各种晶体 COF 的合成需要可逆反应。但反过来,它会产生化学稳定性相关的严重缺点。在可逆 COF 形成过程中,副产物水的存在会促进逆向反应,从而导致 COF 分解,阻碍 COF 在可行的工业应用中的使用。因此,COF 研究的一个驱动力是它们在水性和有机介质中具有更高的稳定性。较早报道的 COF 对水解敏感。这限制了这些新型材料在膜分离和其他广泛应用(如催化剂、传感器和气体储存)中的使用。因此,各种学术领域都在努力设计和合成 COF,以在恶劣的湿度、强酸和有机溶剂等磨损环境中维持其结晶度和孔隙率,这将有利于开发用于膜分离的稳定 COF。已经建立了两种方法,即利用稳定的有机配体进行合成，并在分子内和层间产生氢键，以合成稳定的 COF。

第一种方法取决于为 COF 合成合理选择有机配体。COF 材料是由 C、B、O、N 等元素之间的共价键和各种有机连接基团的反应构成的，因此有机连接基团之间以及相邻有机连接基团之间共价键的稳定性和强度在很大程度上决定了 COF 的稳定性。例如，第一个 COF 是通过硼酸与儿茶酚的共缩合以及硼酸酯自缩合成环硼氧烷合成的。然而，环硼氧烷和硼酸酯对水解敏感，因为缺电子的硼位点容易受到亲核攻击。因此，环硼氧烷连接的 COF 具有相对较低的稳定性。

然后，通过醛和胺之间的缩合，以及与腙、吖嗪和酰亚胺之间的缩合，获得了更稳定的亚胺连接的 COF。与环硼氧烷连接的 COF 相比，亚胺基 COF 不易水解分解，因为它们是通过 pH 诱导（酸性环境）合成的可逆反应。这表明 COFs 的逆反应会在酸性条件下加速，同时在中性 pH 的水中和普通有机溶剂中保持稳定性。在另一个例子中，由四(4-氨苯基)甲烷和线性对苯二甲醛共缩合形成的三维（3D）亚胺连接的 COF 不溶于水和常见的有机溶剂，如己烷、甲醇（MeOH）、丙酮、四氢呋喃（THF）和 N,N-二甲基甲酰胺（DMF）。与亚胺连接的 COFs 类似，肼连接的 COFs 包括 COF-42 和 COF-43，是通过酰肼与醛共缩合合成的，表现出了良好的溶剂稳定性，不溶于普通有机溶剂。

Banerjee 等人首先报道了一项通过形成不仅在酸中而且在强碱中都具有高稳定性的酮烯胺连接的 COF 来提高化学稳定性的进一步研究。通过 Tp 与对苯二胺（Pa-1）和 2,5-二甲基-对苯二胺（Pa-2）的席夫碱反应，分别在 1∶1 均三甲苯/二噁烷中，使用组合的可逆和不可逆有机反应合成了稳定的 COF。获得的 COF（TpPa-1 和 TpPa-2）显示出对沸水、酸（9 mol/L HCl）和碱性介质（9 mol/L NaOH）的高耐受性。改进的化学稳定性主要是由于总反应的不可逆性和体系中不存在亚胺键。

第二种提高 COF 稳定性的方法是在分子内和层间引入额外的氢键。氢键主要是通过在有机配体中加入特殊的官能团来实现的。例如，亚胺基 COF 通常在中性水中稳定，在酸性环境下会发生水解。2013 年，Banerjee 及其同事首次展示了在亚胺基 COF 中加入相邻的羟基（—OH）官能团以提高其在酸性环境中的化学稳定性。在席夫碱［—CQN］中心附近加入—OH 官能团导致分子内［—O—H ］氢键的形成，并保护碱性亚胺氮在水和酸的存在下不被水解。通过降低亚胺键的亲核性和合成后修饰，所得 COF 在 3 mol/L HCl 中表现出良好的稳定性。Liu 及其同事在吖嗪连接的 COF 中引入了分子内氢键。合成的 COF 不仅在 400 ℃下稳定，而且在室温下在水、THF、甲醇、HCl（1 mol/L）水溶液和 NaOH（1 mol/L）溶液中稳定 6 h。与分子内氢键类似，层间氢键也可以显著提高 COF 的稳定性。2015 年，Jiang 等人将甲氧基接枝到基于亚胺的 COF 的孔壁上，以加强它们的层间相互作用。引入给电子甲氧基（—OCH_3）基团到苯基边缘，使中心苯环上氧原子的两个孤对离域，从而加强层间相互作用，稳定 COF 并有助于其结晶。形成的 COF 不仅在沸水、强酸（12 mol/L HCl）、强碱（14 mol/L NaOH）、DMF、DMSO、THF、MeOH 和环己酮中保持其结晶度和孔隙率，而且在高达 400 ℃的温度下也表现出热稳定性。

3. 亲水性和疏水性

亲水性在水基和溶剂基分离等膜应用中至关重要，因为它能够使水分子快速扩散通过膜并减轻表面污染。使用亲水性 COF 制造膜有利于膜分离。一项计算研究表明，具有亲水性官能团(如—AMC_2NH_2、—OC_3OH 和—AMCOOH)的基于二维 COF(TpPa-1)的膜表现出比具有相似孔径的疏水对应物更高的纯水通量,这归因于优先的水和亲水基团之间的相互作用。在 PA 活性薄层中加入富含胺的 COF(SNW-1)赋予膜改进的性能。在水淡化过程中,原始膜的亲水性和水通量增加了 92%。除了海水淡化,基于亲水性 COF 的膜在染料提取和渗透蒸发方面也显示出优势。

COF 的亲水性主要来源于组分和官能团。因此,在 COF 合成中使用合适的有机配体和在 COF 中引入亲水基团是实现亲水性 COF 基膜的两条可行途径。亚胺连接的 COF 和酮烯胺连接的 COF 更可能是亲水性的。例如,亲水性亚胺连接的 COF、SNW-1,已被广泛用作亲水性填料,用于制备从乙醇中提取罗丹明的有机纳滤膜,用于水脱盐和渗透蒸发的纳滤膜,以及燃料中的质子膜。与亚胺连接的 COF 相比,酮烯胺连接的 COF 在数量和类型方面在亲水性 COF 中占主导地位。TpPa-1、TpHz、TpPa-2、TpPa-AMCOOH、TpPa-AMCOOH、TpPa-AMC_2NH_2、TpPa-OC_3OH 和 TpBD 是亲水性 COF。结合亲水基团,如—OH、—COOH 和—NH_2基团是产生亲水性 COF 的另一种方法。Jiang 等人在 COF 的孔壁上进行了亲水基团—OH、—COOH 和—NH_2的实验性结合。

尽管疏水性对脱盐、染料提取中膜的防污性能和水渗透性有不利影响,但它已被认为是改进渗透蒸发过程以从水中去除有机物的一个因素。然而,尚未有报道基于疏水性 COF 的全蒸发膜设计研究。

4. 表面电荷

除了讨论的关键特性外,表面电荷在纳滤(包括脱盐和有机溶剂纳滤)中也起着重要作用。在这些过程中,物理尺寸筛分和静电相互作用都有助于排斥溶质。由于膜表面与溶质之间的静电排斥,与溶质具有相同正负电荷的膜往往具有相对较高的截留率和良好的防污性能。然而,当 COF 用于膜分离时,表面电荷并没有引起太多关注,直到现在,只有三项研究被报道。2018 年报道了第一个带正电的基于 COF 的膜。在这项研究中,阳离子 COF(EB-COF:Br)是由溴化乙锭(EB)(3,8-二氨基-5-乙基-6-phenylphenanthridinium bromide)和 Tp 合成的。同年,还报道了第一个带负电荷的基于 COF 的膜。Li-Oakey 等人通过在 PAN 聚合物基质中加入新的二维羧基功能化 COF,合成了一系列带负电荷的混合基质超滤膜。结果表明,当 COF 的含量从 0 增加到 0.8 wt% 时,牛血清白蛋白的排斥率从 3.5% 提高到 81.9%。这归因于较小孔隙的紧密尺寸分布和 COF 孔隙中的去质子化羧基(—COO)与带负电荷的蛋白质之间的静电排斥的累积效应。然后,通过在阳极氧化铝支撑膜上进行真空过滤,利用孔中共有 12 个此类基团的类似羧基功能化 COF 来制备连续纳滤膜。

在 COF 中加入官能团是实现带电 COF 基膜的有效手段,类似于获得亲水性 COF 基膜的方法。除了羧基和季铵基团,其他官能团,包括—OH、磺酸基团和—NH_2,也可以赋予 COF 电荷特性。值得一提的是,通过引入官能团来提高 COF 基膜的电荷密度通常会增强膜的亲水性。尽管如此,研究很少调查电荷对亲水性和膜分离的影响。

13.5.2 COF 分离膜的制备

填补 COF 和基于 COF 的膜之间差距的合理设计方案是发挥 COF 精确快速进行膜分

离优势的关键。与其他多孔材料相比,有序且紧密排列的孔结构是 COF 在膜应用中的主要优势。在初始阶段,COF 作为多孔填料被混合到聚合物基质膜中,以获得气体、水和溶剂通过的额外通道。然而,由聚合物溶液的相转化产生的孔结构仍然是主要的传输途径。随着膜制造技术和 COF 合成方法的进步,COF 中的孔结构在膜分离中变得越来越重要。通过原位生长、逐层堆叠和界面聚合（IP）获得了由不间断的纯 COF 合成的连续 COF 基膜。这些方法的详细合成程序将在以下各节中讨论。

1. 混合

将 COF 集成到常见的膜制造方法中,包括非溶剂诱导相转化（NIPS）和 IP 是制造基于 COF 的混合膜的一种简单且可重复的方法。与其他经典无机颗粒相比,完全有机的性质赋予 COF 与聚合物基体良好的相容性。此外,COF 的孔结构为气体、水和有机溶剂分子提供了额外的渗透通道,增强了渗透性和选择性。由于 NIPS 和 IP 是完全不同的膜制造方法,因此在这两种方法中引入 COF 的途径是不同的。在典型的 NIPS 中,COF 直接与聚合物一起添加到有机溶剂中,以获得均匀的涂料溶液。然后通过将溶液包裹在玻璃板或无纺布上形成具有一定厚度的薄膜,随后在浸入水中时发生诱导相转化以形成膜。最终的基于 COF 的膜是在通过浸入去离子水中去除残留溶剂后获得的。这些基于 COF 的膜也称为基于 COF 的混合基质膜（MMM）。在 IP 工艺中,COF 与 PA 薄膜的结合是通过将 COF 与二胺单体分散在水相中实现的。在水相中的二胺单体与有机相中的酰氯单体之间的反应过程中,分散在水相中的 COF 将被捕获在形成的活性薄层中。获得的膜是薄膜纳米复合材料(TFN)膜。本节将重点介绍这两种在聚合物膜中混合 COF 的方法。

在过去几年中,通过在聚合物中嵌入 COF,如 SNW-1、COF-1、功能性 COF 等,构建了各种 MMM。特别是 3D SNW-1,由于其相对较低的合成成本和高亲水性而受到广泛研究。开创性的基于 SNW-1 的膜是通过将直径为 50 ~ 70 nm 的 COF SNW-1 颗粒掺入海藻酸钠(SA)基质中进行乙醇脱水而制成的。SNW-1 颗粒的掺入增强了膜的热性能、机械稳定性和抗溶胀性。SNW-1 负载量为 25 wt% 的 SA-SNW-1(25)膜实现了最佳分离性能,渗透通量为 2 397 g/(m^2 · h),乙醇脱水分离因子为 1 293,优于其他基于多孔材料的膜。

与 MMM 不同,TFN 膜是通过来自有机相和水相的两种单体的快速 IP 合成的。水相的黏度远低于用于合成 MMM 的掺杂溶液的黏度,因此,实现 COF 在溶液中的良好分散更容易且不耗时。此外,COF 仅结合在 TFN 膜的薄活性层中,这将导致膜制造过程中 COF 的消耗相对较低。2016 年 Wu 等人报道了第一个包含 TFN 膜的 COF。在他们的研究中,通过将均苯三甲酰氯（TMC）和哌嗪（PIP）单体界面聚合在 PES 基板上,将带有仲胺基团的 SNW-1 颗粒引入到 PA 薄膜中。SNW-1 的—NH—基团与 TMC 的—COCl 基团参与界面聚合,因 SNW-1 和 PA 之间的界面相容性高,因此 SNW-1 在活性薄膜中具有高稳定性。获得的基于 COF 的 TFN 膜表现出纯水通量从 10 L/(m^2 · h · bar)增加到 25 L/(m^2 · h · bar),同时保持对 Na_2SO_4的截留率超过 80%。增强的性能主要归因于 SNW-1 的孔结构和 SNW-1 与聚合物界面处的空隙的亲水性提高和水通道数量的增加。类似地,相同的 COF、SNW-1,嵌入到通过间苯二胺（MPD）和 TMC 合成的 TFN 膜中用于有机溶剂纳滤。所得膜表现出改善的表面亲水性和降低的表层厚度,因此与无 COF 的膜相比,乙醇渗透增加了46.7%,罗丹明 B (479 g/mol) 排斥率增加了(高达 99.4%)。目前,虽然只有 SNW-1 用于制造基于 COF 的 TFN 膜,但由于其多孔结构有序排列和相对低密度等特殊特性,可以探索更多不同的 COF 用于制造基于 COF 的 TFN 膜。例如,孔径在1 nm左右的化学性质稳定的 COF、TpHz、ACOF-1、COF-300、TR-COF-1、CTF-1 和 COF-LZU1,也有很大的应用于合成 TFN 膜的潜力,尽管它们还没有被探索研究过。

2. 原位生长

通常,不连续的 COF 基膜不能充分发挥 COF 孔结构的膜分离潜力,因此难以通过混合合成具有高选择性的先进膜。因此,建立连续 COF 基膜的合成方法对于获得更高的分离性能是非常必要的。随着 COF 材料合成的进步,通过改进当前的 COF 合成方法,开发了连续 COF 膜的原位生长。独立式 COF 薄膜和基于 COF 的复合膜都可以设计为原位生长。

开创性原位生长的自支撑 COF 基膜于 2017 年开发。获得的连续 COF 膜(M-TpTD)的乙腈通量为 260 L/(m^2·h·bar),这比基于 PA 的文献报道的具有相似溶质截留率(约99%)的 NF 膜高 2.5 倍。这种相对较高的选择性渗透主要是因为 COF 的孔隙被充分用作溶剂分子传输的通道。通过稍微改变反应混合物在模具而不是玻璃板上的浇铸,该策略进一步扩展到合成基于 $TpBD(Me)_2$、TpAzo 和 TpBpy 的质子交换膜。

为了解决基于独立 COF 的膜的机械强度低的问题,COF 的原位生长也可以在改性或未改性的多孔支撑膜上进行。利用这一策略,Caro 及其同事制造了连续且高质量的 COF-LZU1膜,支撑在商用陶瓷管膜上,用于去除水中的染料。在他们的研究中,氧化铝管的表面首先用3-氨基-丙基三乙氧基硅烷(APTES),然后通过与(1,3,5-三甲酰基苯)TFB 在 150 ℃ 下反应 1 h,进一步用醛基官能化。通过将改性氧化铝管垂直放置在装有反应混合物的聚四氟乙烯内衬不锈钢高压釜中,并在 120 ℃ 下反应 72 h,从而在氧化铝基板上形成最终良好共生的 COF-LZU1 层。该策略进一步扩展到在平坦的氧化铝多孔基板上合成连续的 COF 双层。COF-LZU1-ACOF-1 膜是通过 1,3,5-三甲酰苯(TFB) 缩合首次合成 COF-LZU1 制造的。在室温下用对苯二胺(PDA)和在较高温度下通过 TFB 与水合肼缩合第二次合成高结晶度 ACOF-1。由于交错孔的形成,所得 COF-LZU1-ACOF-1 双层膜对 H_2/CO_2、H_2/N_2 和 H_2/CH_4 气体混合物表现出比单独的 COF-LZU1 和 ACOF-1 膜更高的分离选择性。通过使用类似的策略,还制造了 COF-MOF 复合膜。

3. 层层组装

通过层层组装纳米片或单层膜来制造膜的途径最初来自石墨烯和氧化石墨烯单层膜的合成。在这种方法中,纳米片分散体首先通过在水或溶剂中剥离包含单层膜的散装材料获得。然后,通过压力或真空辅助过滤或浸涂将纳米片堆叠在多孔基材上,形成连续的薄膜。大多数报道的 COF 具有二维层状结构,由平面有机连接体产生,并且二维 COF 纳米片很容易通过打破相邻层之间的范德瓦耳斯力分裂块状 COF 来获得。已经开发了许多不同的 COF 剥离方法。与原位生长方法不同,合成膜的选择性 COF 层更薄。当气体、水和溶剂通过膜时,该薄层有助于实现低流阻。该层的厚度可以通过简单地改变 COF 纳米片的数量来控制。Tsuru 及其同事通过在支撑膜上反复浸涂 COF 纳米片并在室温下进行干燥工艺,制造了用于气体分离的超薄 COF 膜(约 100 nm)。由于相对较低的流动阻力和高孔隙率,合成膜显示出高 H_2渗透率,这比大多数报道的 MOF 膜高大约一个数量级。通过使用这种方法,开发了用于 H_2/CO_2分离的 COF/氧化石墨烯复合膜和用于离子筛分的功能化 COF 基膜。

4. 界面聚合(IP)

界面聚合在具有 PA 活性层的薄膜复合(TFC)膜的合成中占据主导地位,因为它具有商业生产的可扩展性和生产具有相对高透水性的薄分离层的能力。为了充分发挥 COF 的有序和纳米级孔道(1 ~2 nm)的优势,该方法非常适用于制造薄的连续 COF 基膜。2017 年报道了一种通过界面聚合连续 COF 基膜的开创性制造。在这项研究中,醛有机连接基 Tp 溶解在二氯甲烷中,而胺单体溶解在水中。薄活性层是通过 Tp 与二胺和三胺在二氯甲烷和水的界面处缩聚形成的。为了避免在有机席夫碱反应过程中形成无定形聚合物,胺首先通过对甲苯磺酸(PTSA)进行盐介导。然后将形成的薄活性层转移到多孔网格上进行过滤。PTSA-胺中的氢键降低了胺有机连接体的扩散速率,并且反应速率随着热力学控制的结晶而减慢。由于高度多孔的结构,薄膜显示出前所未有的乙腈渗透性。

与传统的界面聚合不同,研究人员开发了一种使用 $Sc(OTf)_3$(路易斯酸催化剂)将单体聚合限制在油与水界面的新方法。具体而言,催化剂优先溶解在水中,同时单体对苯二甲醛 (PDA)和 1,3,5-三(4-氨基苯基)-苯(TAPB)溶解在有机相中。通过将油性有机溶液置于含有催化剂的水相表面来启动反应,并在界面处形成独立的 COF 基膜。

除了在液-液界面发生界面聚合外,还在液-气界面建立了界面聚合以制造连续的 COF 基膜。为了在水-空气界面实现单体聚合,Lai 等人首先通过将两个己基连接到 2,7-二氨基芴上,合成了一种两亲性二胺单体 9,9-二己基芴-2,7-二胺 (DHF)。然后,在水表面形成一层 DHF 和 Tp,通过将 DHF 和 TFP 的甲苯溶液涂在水上,然后完全蒸发甲苯。将三氟乙酸加入水中引发单体在界面处的聚合。在室温下反应 48 h 后,得到最终的黄色 TPF-DHF 薄膜,厚度为 3 nm。

13.5.3 COF 分离膜的应用

基于 COF 的 MMM 和 TFN 膜,以及连续的 COF 膜已被开发为用于各种分离的多功能材料。在本节中,重点介绍和讨论了基于 COF 的膜的典型和蓬勃发展的应用。

1. 气体分离

由无定形聚合物制成的传统膜存在孔径无序和不一致的问题,并且难以实现超过当前 Robeson 上限的渗透选择性。具有丰富且有序的面内孔隙的 COF 在实现超快和高选择性分子筛方面特别有前途。因此,基于 COF 的气体分离膜已经被制备出来。

氢气是替代汽车传统燃料的清洁能源,但目前的氢气生产方法不可避免地需要分离不需要的气体。不连续和连续的基于 COF 的膜都用于从其他气体中分离 H_2。计算研究表明,基于单层 COF(CTF-O) 的膜可以在室温下实现极高的分离系数,用于分离 H_2/CO_2、H_2/N_2、H_2/CO 和 H_2/CH_4分别为 9×10^{13}、4×10^{24}、1×10^{22} 和 2×10^{36},从理论上证明了基于 COF 的膜在气体分离中的优势。然而, H_2/CO_2,H_2/CH_4、H_2/N_2实验研究得到的最高分离因子分别为 31.4、140 和 84,远低于理论值。这可能是因为基于实验的 COF 膜比理想的单层连续 COF 膜厚得多。值得指出的是，与基于 COF 的 MMM 相比，基于连续 COF 的膜通常具有更高的 H_2渗透率，因为它们具有相对较高的孔隙率和较低的阻力。例如，超薄连续 2D-CTF-1 膜(100 nm)实现了最高的 H_2渗透率(1.7×10^{-6} mol/(m^2·s·Pa))。H_2/CO_2的选择性随着膜厚度增加而气体穿过性降低。

由于其丰富的自然储量和经济优势，CH_4是另一种有吸引力的石油替代品。然而，天然气中 CO_2的存在会导致热值降低和管道腐蚀，因此非常需要从 CO_2/CH_4中有效去除 CO_2。为了选择用于 CO_2/CH_4分离的 COF，Zhong 等人进行了 COF 的高通量计算筛选和设计。测量评估了 298 种孔径限制直径（PLD）大于 3.3 Å 的 COF。由于尺寸排阻效应，膜选择性通常随着 PLD 的下降而增加。具有极小的 PLD(3.3 Å <PLD <3.8 Å)，CH_4的动力学直径为 3.8 Å 的 COF，如交错堆叠模式的 2D-COF 和具有互穿配置的 3D-COF，在 CO_2/CH_4分离中表现出相对较好的性能。热力学因素对 COF 的分离性能也起着重要作用。COF 的功能位点与 CO_2之间的相互作用将增强 CO_2和 CH_4之间的选择性。例如，具有 CO_2有利相互作用位点的 COF，如带羟基（—OH)的 TpMA、带硝基（—NO_2）的 TpPa-NO_2，以及带羰基（—CQO—)的 ATFGCOF 和 NUS-2，表现出很好的 CO_2/CH_4分离的潜力。为了进一步研究官能团对 CO_2/CH_4分离性能的影响，合成了具有 10 个不同官能团的 COF。结果发现，—NH_2和—CH_3对提高 CO_2/CH_4分离效率的贡献很小。相比之下，由于吸收选择性大大提高，在 CO_2/CH_4分离因子超过 20 的前 26 种改性 COF 中，有 13 种装饰有—F 和—Cl，占主导地位。

2. 水处理

由于在海水淡化和废水回收中的广泛应用，膜分离已被证明是一种安全、节能且环境可持续的方式，可以满足对清洁水日益增长的需求。涉及水处理分离膜的报道的多孔 COF 的孔径在 0.5～4.7 nm 的范围内。该系列适用于水中盐类、染料和其他有机物的纳滤和超滤。

基于 COF 的纳滤膜的应用主要集中在去除水中的染料和盐类。Wang 等人使用界面聚合合成 Tp 和对苯二胺（Pa)的连续 COF 膜进行了染料去除研究。在最佳条件下，发现该膜的纯水渗透率为 50 L/(m^2·h·bar)和 99.5% 的高刚果红截留率，高于使用氧化石墨烯和金属有机框架制造的膜。后来，通过原位生长制备的连续 COF 基膜获得了 75 L/(m^2·h·bar)的更高透水率，甲基蓝和刚果红截留率分别为 99.2% 和 98.6%。

除了排斥带负电荷的染料之外，通过在多孔基材上逐层堆叠 COF(EB-COF:Br)纳米片还开发了连续阳离子 COF 基膜，以排斥带正电荷的染料。这种阳离子膜对甲基橙（99.6%）、荧光素钠盐（99.2%）和高锰酸钾（98.1%）具有超高截留率，这是由于带正电荷的孔壁和阴离子之间的强静电相互作用对染料分子和尺寸排阻效应。经过 60 min 的过滤测量后得出其具有超高的水渗透系数，超过 375 L/(m^2·h·bar)。连续测试 30 h 后，该膜的稳态透水率为 48 L/(m^2·h·bar)，仍然是氧化石墨烯膜的 20 倍。

具有巨大海水淡化潜力的 COF 基膜也应运而生。由于可调节的孔径、表面电荷和亲水性，COF 的引入增强了选择性渗透并抑制了膜污染。据报道，通过七种具有不同官能团的 TpPa-X 膜进行水脱盐的分子模拟研究，发现这七种基于 COF 的膜的 NaCl 截留率超过 95%。水渗透率范围为 1 216～3 375 L/(m^2·h·bar)，比典型的商用海水反渗透

(RO)、半咸水 RO 和高通量 RO 膜高三个数量级。在七种 TpPa-X 膜中,TpPa-$OCH_2CH_2CH_2OH$ 表现出最高的透水性和出色的脱盐率。然而,直到现在,在实验研究中,基于连续 COF 的膜还没有实现 90% 以上的 NaCl 截留率。例如,直接从 IP 合成的基于 COF 的连续膜显示 NaCl 排斥率低于 70%。这些结果表明,报告的 COF 的孔径太大而无法制造 RO 膜。然而,基于 COF 的膜可用于去除水中的二价离子和有机盐。例如,通过在 IP 中引入 SNW-1 制备的基于 COF 的 TFN 膜显示 Na_2SO_4 截留率超过 90%。

除纳滤外,基于 COF 的膜还应用于超滤,以去除废水中的有机物。通过在 PSf 中引入 TpPa-2(0.2 wt%)制备了一种开创性的基于 COF 的超滤膜。最佳膜具有 90% 的腐殖酸截留率和 377.5 L/(m^2·h·bar)的水渗透率。最近,通过在 PAN 中嵌入羧基功能化的 COF,获得了具有更高选择性渗透性的基于 COF 的 MMM。性能最好的膜显示出相对较高的 940 L/(m^2·h·bar)纯水通量和增强的抗污染性,但也保持了 99.4% 的 g-球蛋白截留率,这主要与疏水性有关。

3. 有机溶剂纳滤

有机溶剂纳滤(OSN)是在有机溶剂中应用孔径为 1 ~ 2 nm 的膜来交换、纯化和回收有机溶剂,并浓缩溶质。膜暴露于有机溶剂中,因此它们在溶剂中的耐受性和稳定性尤为重要。亚胺基 COF、肼连接 COF,尤其是酮烯胺连接 COF 在有机溶剂中稳定,适合用作制备 OSN 膜的材料。目前,已经提出了用于 OSN 的连续和不连续的基于 COF 的膜。

基于 COF 的连续膜在 OSN 中取得了巨大的成功。首次报道的原位生长 COF(TpTD)膜的乙腈渗透率为 278 L/(m^2·h·bar),比现有的基于 PA 纳米膜的纳滤膜高 2.5 倍,截留分子量为 915 g/mol。与亚胺连接的 COF 膜获得了类似的乙腈渗透率(280 L/(m^2·h·bar))。有趣的是,两项研究中膜的乙腈渗透率相似,但它们具有不同的乙醇渗透率(86.5 L/(m^2·h·bar), 150 L/(m^2·h·bar)),这可能是由溶剂和 COF 之间的关系、亲水性和疏水性的不同以及 COF 孔径大小之间的相互作用造成的。通过将具有亲水或疏水基团的 TpPa-X COF 膜应用于有机溶剂纳滤,分子模拟研究揭示了 COF 和溶剂的化学和物理特性对膜性能的影响。溶剂通量随孔径大小而增加,对于极性非质子溶剂和极性质子溶剂,疏水膜的通量高于亲水膜。然而,在孔径相似的情况下,亲水膜对非极性溶剂的通量高于疏水膜。应该注意的是,在基于 COF 的膜的两项实验研究中,染料截留和分子量是通过使用水作为溶剂来测量的,由于有机溶剂中的潜在溶胀,这对于反映有机溶剂纳滤中的真实截留是不准确的。

2018 年,通过 IP 在水与空气界面合成了超薄 CO 膜。测量了不同染料在有机溶剂、乙醇和甲醇中的截留率,并显示截留分子量约为 900 g/mol,乙腈渗透率约为 145 L/(m^2·h·bar)。不连续的基于 COF 的膜也应用于有机溶剂纳滤。然而,与基于连续 COF 的膜相比,它们表现出低得多的溶剂通量(乙醇渗透性为 7.98 L/(m^2·h·bar))。

尽管基于 COF 的连续膜在 OSN 中显示出超高的溶剂渗透性,但这些膜的截留分子量远大于通过 IP 合成的传统 OSN 膜。因此,基于 COF 的 OSN 膜的一个有前途的方向是降低截留分子量。此外,由于有机配体的化学可调性,特别是用于过滤非极性溶剂的 OSN 膜可以使用 COF 开发,这是传统 OSN 膜相对难以实现的。

4. 渗透蒸发

渗透蒸发是一种节能且有前途的技术，适用于炼油厂、石化和制药行业的液体分离。在全蒸发中，膜首先吸收混合物中的成分，然后通过真空或气体吹扫引起的化学势梯度扩散混合物。混合物的分离是通过吸附和扩散的差异来实现的。全蒸发在分离中的应用可分为三个主要领域：水-有机混合物的脱水、从水溶液中分离痕量挥发性有机化合物以及分离有机-有机溶剂混合物。由于其良好的相容性和多功能性，COF 被引入聚合物膜中以增强或阻碍渗透蒸发过程中组分的吸附和扩散，从而产生高选择性和渗透性。由于开发了各种亲水性 COF，基于亲水性 COF 的 MMM 在全蒸发中的应用主要集中在乙醇脱水和生物丁醇脱水。此外，COF 的完全有机性和可定制的功能赋予它们可调节的亲有机性，这在合成亲有机膜以从混合物中分离或消除各种有机物方面很有前途。然而，只有两项研究探索了这一领域，即生物丁醇回收和汽油脱硫。这表明还有更多的研究正在等待基于 COF 的膜用于全蒸发。

早期的基于 COF 的渗透汽化膜是通过将二维纳米多孔 COF TpHZ 掺入 PES 中制备的。在最佳条件下，MMM 表现出从乙醇和水混合物中分离乙醇的高性能，分离因子为 1 430，渗透通量为 2 480 g/(m^2 · h)，比纯 PES 提高了 16 倍，也优于许多其他典型膜。这可归因于 TpHZ 丰富的—NH 和—NH_2基团，它们为水分子提供超低水合能并通过氢键快速结合水分子，从而导致膜亲水性显著增强。此外，TpHZ 向膜表面的富集进一步提高了膜与水的亲和力。

除了乙醇和水混合物的分离外，还使用基于 COF 的 MMM 通过全蒸发研究了生物丁醇和水的分离。由于在大多数有机溶剂中具有良好的稳定性以及内壁上的 CQO 和乙烯基等特殊化学结构，因此选择了腙连接的 COF（COF-42）并将其掺入羟基聚二甲基硅氧烷（PDMS）中制备膜用于生物丁醇和水的分离。最佳所得膜显示出 119.7 的高分离因子，总通量为 3 306.7 g/(m^2 · h)，用于在 80 ℃下分离 5.0 wt% 的正丁醇水溶液。渗透液中正丁醇的含量为 86.3 wt%，远高于其他填料基膜。分子动力学模拟表明，虽然 COF-42 对水分子的吸附能力高于正丁醇，但扩散速度要慢得多。这导致全蒸发过程中正丁醇的相对高选择性。水在 COF-42 中的低扩散速率主要归因于水分子容易吸附在 COF-42 的内壁上，源于水分子与 CQO 基团之间的氢键。此外，COF-42 通道中的开放空间导致通过氢键形成大的水团簇，进一步减缓了水的扩散速率。相比之下，正丁醇与 COF-42 通道弱相互作用并自由移动通过 COF-42，导致正丁醇在膜中的扩散速率相对较高。该研究表明，具有 CQO 和乙烯基的类似 COF（如 COF-43）也可用于生物丁醇和水分离。不是从混合物中分离正丁醇，而是通过在 HPAN 底物和仿生海藻酸钙之间构建中间 COF（TpHZ）层，获得具有优异水选择性性能的膜。最佳膜的渗透通量为 3 614 g/(m^2 · h)，分离因子为 2 764，产水含水量为 99.7%，性能明显优于 COF/HPAN 和 Alg-Ca/HPAN 膜，这主要归因于水优先吸收钙诱导的海藻酸盐凝胶层和水选择性 COF 层的协同作用。

COF 是一类新兴的结晶多孔材料，由有序排列的孔结构组成，这使它们具有低密度、高孔隙率和大表面积。此外，用于合成 COF 的多功能有机配体使它们能够轻松实现定制功能。所有这些方面都使 COF 成为膜设计和分离的理想候选材料。因此，通过有机配体的选择和修饰，以及 COF 的合成后修饰，构建了孔径可控、化学稳定性、亲水性、质子传导性等多种性能的 COF 基膜。为了将 COF 应用于膜分离,已经建立了各种策略,包括混合、原位生长、逐层堆叠和界面聚合来合成基于 COF 的膜。这些膜在气体分离、水处理、有机溶剂纳滤、渗透汽化、燃料电池质子交换等方面表现出较高的性能,显示出膜技术的巨大潜力。相信未来几年,基于 COF 的膜将在膜技术领域得到深入研究。具体而言,随着分离技术的进步,COF 的其他特性,包括极性、气体有利特性和疏水性,也有望用于有机溶剂纳滤、气体分离和渗透蒸发,而将这些特性结合在一个 COF 上将成为制造多功能 COF 基膜的突破。此外,与混合相比,原位生长、逐层堆叠和界面聚合产生了连续的基于 COF 的膜,实现了 COF 在分离中的全部能力。特别是超薄 COF 基膜可以通过逐层堆叠合成,界面聚合表现出超高渗透性,使得这两种方法对于 COF 基膜的未来发展非常有前景。

13.6 MXene 分离膜

MXene 首先通过从 MAX 相中选择性提取 A 层来合成。MAX 相通常由式为 $M_{n+1}AX_n$ 的层状三元碳化物和氮化物组成,其中 M 表示早期过渡金属,A 表示ⅢA 或ⅣA 元素(Al、Ga、Si 和 Ge),X 表示碳或氮,n 从 1 到 3 不等,利用氢氟酸(HF)作为蚀刻剂成功地剥离。由于在酸性溶液中制备,MXene 具有多种优异的性能,包括高导电性、良好的柔韧性、丰富的表面基团、亲水性和优异的化学稳定性。天然的亲水性有利于 MXene 应用于膜分离过程,而不同的官能团丰富了结构可调性。此外,基于 MXene 的叠层膜在水溶液中的稳定性优于 GO 和其他 2D 材料,这是由于 MXene 相邻纳米片之间的静电排斥较弱和范德瓦耳斯力较强。

迄今为止,已经通过不同的方案成功地制备了 30 多种 MXene,其具有不同的横向尺寸、缺陷、形态和性能。然而,尽管加工参数不同,这些方法可以简单地分为两大类:自上而下和自下而上。对于自上而下的策略,生产 MXene 纳米片的主要和领先方法是从母体 MAX 相选择性蚀刻 A 层(通常为 Al)。蚀刻过程导致使用高腐蚀性蚀刻剂来制备 MXene 纳米片,通常伴随着不可避免的缺陷和不均匀分布的表面终止功能,而随后的分层和超声处理会增加这些缺陷的数量和尺寸。相比之下,在没有蚀刻、分层或超声处理的情况下,通过自下而上方法制造的 MXene 纳米片通常具有较少的意外缺陷和终止。此外,自下而上的方法已经成功地制备了几种无法通过自上而下的方法制造的新型 MXene,如 Mo_2C。具体而言,自下而上的方法包括化学气相沉积(CVD)、模板法和等离子体增强脉冲激光沉积(PEPLD)。

由于其物理化学性质,如亲水性、丰富的表面基团和柔韧性,MXene 纳米片有利于构建成用于分离过程的膜。迄今为止,用于分离应用的 MXene 基膜可分为层压 MXene 膜和混合基质膜。

考虑到基于 MXene 的膜处于早期开发阶段,因此大多数膜由原始 MXene 纳米片组成。迄今为止,VAF 是制备 MXene 叠层膜的最被广泛接受的方法之一。如果期望均匀的膜,则严格要求均匀分散的 MXene 纳米片胶体溶液。通过改变溶液的浓度或体积,可以获得不同厚度的膜。值得注意的是,Ren 等人于 2015 年制造了第一种基于 MXene 的分离膜,这是膜领域的开创性成就。首先通过在去离子水中均匀稀释分层的 $Ti_3C_2T_x$ 纳米片来制备自立膜，在完全干燥后，具有从几百纳米到几微米的可控厚度的 MXene 膜很容易从 PVDF 基材上剥离，表现出优异的柔韧性和机械强度。

除了层状堆叠的 MXene 膜之外，MXene 纳米片也可以用作 MMM 中的填料，这可以降低传质阻力，缩小层间间距，并设计传输性能。将 MXene 纳米片作为添加剂或填料引入相对传统的基质材料中，大大提高了扩大规模和降低成本的可行性。在构建 MMM 时，必须考虑填料的稳定性、均匀性和兼容性，以最大限度地发挥 MXene 的优势。在最近的案例中，旋涂是制造 MMM 的更常见的策略，通过旋涂将纳米级的壳聚糖（CS）掺入横向尺寸为 500 ~1 000 nm 的 MXene 纳米片进行溶剂脱水。Pandey 等人将 MXene 和乙酸纤维素（CA）的复合物浇铸在干净的玻璃上，以研究 MXene@ CA 膜，VAF 方法也能够制备 MMM。例如，Kang 等人通过在多孔载体上过滤均匀混合的 $Ti_3C_2T_x$ 和 GO 溶液而获得厚度为 90 nm 的分离膜。

当需要高性能分离膜时，制造方法起着主导作用。由于高性能纳米片膜严格要求均匀且高密度的纳米孔，因此认为在原本无缺陷的 MXene 纳米片上刻蚀额外的孔可能是可行的，但受可扩展性的限制。对于层压膜，期望具有极好稳定性的良好堆叠结构。MXene 表面的官能团在调节堆叠行为中起着重要作用，堆叠行为决定了 MXene 纳米片的静电相互作用和纳米通道的宽度。到目前为止，通过自上而下合成并通过 VAF 方法自堆叠的 MXene 纳米片是构建叠层膜的最常见方法，鉴于化学蚀刻赋予 MXene 丰富的功能，膜的厚度以及缺陷（越薄，产生的缺陷越多）可以通过 VAF 工艺容易地调节。同时，具有单层和特定横向尺寸的 MXene 纳米片将是 MMM 避免非选择性缺陷的理想选择。从 MXene 纳米片的合成到膜的制备，从前驱体的选择、蚀刻剂的类型、蚀刻时间、置换剂的选择和超声处理的使用，到 MXene 膜的制造，有一系列可供控制的参数。具体而言，前体的结构直接决定 MXene 片的质量，而蚀刻工艺影响相邻纳米片的分离和表面功能。虽然夹层和超声处理是促进剥离的辅助工具，但所得 MXene 纳米片可能是具有相当小的横向尺寸和充满孔隙的单层，导致分离中选择性的损失。因此可以得出结论，通过对合成的精确控制，能够调节 MXene 基膜的分离性能。

具有单层或几层的超薄 MXene 纳米片可以很容易地获得，并作为构建具有纳米甚至亚纳米层间距的膜的构建块，这意味着基于尺寸排斥机制精确分离气体分子的巨大潜力。到目前为止，具有固有孔或人工孔的 MXene 纳米片膜在气体分离中的应用受到均匀性和可扩展性的限制，因此利用层压 MXene 膜分离气体更为可行。为了获得高渗透性和选择性，严格要求叠层膜具有均匀分布的亚纳米通道而没有任何缺陷。

Wang 团队首次使用剥离的 MXene 纳米片作为构建块构建了 2D 层分子筛膜，以选择性地分离气体分子，获得了 H_2 的超高渗透性和优异的 H_2/CO_2 选择性。通过典型的自上向下方法制备，MXene 在用 LiF 和 HCl 蚀刻后被剥离。然后，厚度为 1.5 nm、横向尺寸为 1 ~2 μm 的 MXene 纳米片被用于制造 MXene 叠层膜。透射电子显微镜（TEM）和 X 射线衍射（XRD）分析证实了高度规则的亚纳米通道的存在，以及膜的有序层状结构纳米自由间距（图 13.2），这有利于随后的气体分离过程。所制备的 MXene 膜显示出良好的机械性能，拉伸强度超过 50 MPa 和 3.8 GPa 的弹性模量和良好的再现性，为大规模生产膜奠定了基础。受气体动力学直径的控制，气体分离行为与分子动力学（MD）模拟高度一致。

对于相对较小尺寸的分子,合成的膜显示出 He 的渗透性为 2 164 barrer,H_2的渗透性为 2 402 barrer。大分子的渗透性急剧下降,如 CO_2的渗透性仅为 10 barrer。这一现象表明,CO_2分子由于其大的四极矩而与 MXene 有强烈的相互作用,从而导致渗透率急剧降低。此外,CO_2 的捕集效应促成了 H_2/CO_2无与伦比的选择性(约 166.6),为氢气净化和气体分离铺平了道路。

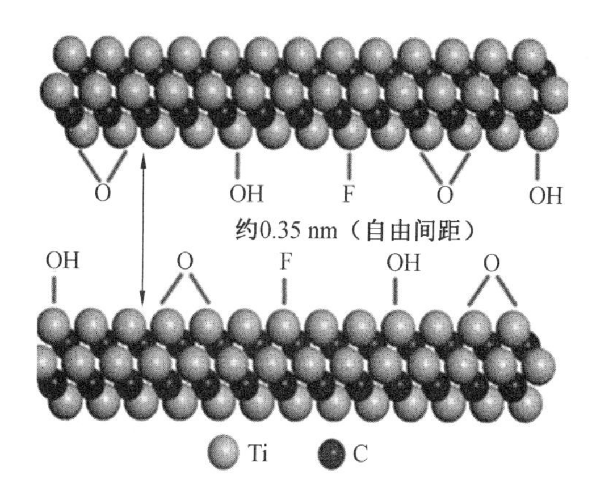

图 13.2 MXene 叠层膜中的纳米自由间距

MXene 以多功能基团终止,带负电且具有亲水性,希望应用于水性环境中进行离子筛和水净化。此外,表面功能有利于 MXene 纳米片进行化学工程设计,以控制层间通道,从而分离不同尺寸的各种分子,并提高渗透性。根据尺寸排斥机制,叠层膜可以过滤比通道更大的溶质,而渗透较小的溶质。但如果溶质是带电的,它们也可以通过 Donnan 不相容性分离。基于静电相互作用,带负电荷的离子将被 MXene 排斥,而带正电荷的离子的通过将被促进。因此,适当地操纵 MXene 的表面化学可以设计传输行为和液体分离性能。

13.7 其他新型分离膜

除石墨烯外,其他假定对原子不渗透的 2D 纳米薄膜材料的潜力正在研究中,尽管大多数研究仍停留在分子模拟阶段。Heiranian 等人使用单层二硫化钼(MoS_2)实现了水脱盐。优化的孔导致比石墨烯纳米孔的通量更大。这种行为归因于纯钼孔隙的独特结构和化学性质。制造具有大面积的高质量单层的潜在优势使 MoS_2成为开发新型 2D 纳米片膜的一个有前途的候选者。最近,基于卟啉的 2D 聚合物具有均匀的微孔和接近原子薄的厚度,通过设计具有不同孔径的膨胀卟啉来探索气体分离,基于经典分子动力学模拟,确定了 CO_2的渗透率为 10^4 ~10^5 GPU。该结果表明,2D 聚合物可以为 2D 纳米片膜提供自下而上的平台。

从广义上讲,自组装单层(SAM),即由固体表面上分子的空间控制组织形成的单分子膜,可以被认为是一种特殊的 2D 纳米片膜。SAM 膜的一个典型例子是所谓的逐层(LBL)膜,具有明确的分子组成和从十到几百纳米的厚度。石墨烯的引入促进了对碳纳米膜(CNM)的追求,该膜源自各种芳香族自组装单层,将石墨烯的原子厚度和优异韧性与SAM的化学功能相结合。通常,CNM是通过在固体表面生成功能分子单层,然后交联该层以形成能够从表面释放的分子薄膜来制造的。最近,Schrettl等人基于正己烷两亲分子在空气/水界面的自组装和随后的碳化,开发了一种制造具有扩展横向尺寸的2D CNM的方法。他们证明CNMs是机械稳定的,并且可以被官能化,这类似于减少的GO,分子定义厚度为1.9 nm和厘米量级的横向尺寸。据推测,这些尺寸受到自组装(Langmuir)槽尺寸的限制,这些功能性CNM的制备方法和机械、光学和电学特性已被广泛研究,这对设计2D材料膜具有指导意义。

在发现第一种2D材料石墨烯之后,由于其独特的物理和化学性质,近年来,过渡金属二醇化物和碳化物等2D原子晶体受到了越来越多的关注。然而,只有少数研究报道了这些类型的2D材料用于膜分离。这可能与剥离纳米片的低纵横比有关,这使得难以形成坚固且无缺陷的膜。最近,二硫化钼(MoS_2)、二硫化钨(WS_2)的单层通过过滤方法制成了层状膜。与石墨烯基膜相比,这些2D原子晶体的不同表面化学性质为这些膜提供了几个新的特征。

Peng和同事报道了一种几乎相同厚度的层状MoS_2膜(约为1.8 μm)和通道尺寸(约为3.1 nm),其表现出用于过滤伊文思蓝(EB)分子的3 ~5倍高的水通量。他们将这种通量的改善归因于MoS_2单层片中硫原子的暴露,这为水分子提供了更高的亲水性和更多的通道。最近,他们报道了更薄的WS_2层流膜(约为0.5 μm)具有两倍高的水通量(450 L/(m^2·h·bar))与具有类似EB排斥的MoS_2膜相比(89%),通过使用超薄纳米链作为模板的重复纳米通道改善了水通量,而不损失排斥效率。他们发现0.3 ~0.4 MPa跨膜压差诱导的纳米裂缝可以产生新的流体纳米通道,这是由于孔隙率增加和传输路径减少,并导致通道WS_2膜中的水通量高得多。值得注意的是,MoS_2和WS_2层流膜对水过滤都表现出至少1周的稳定性,这在GO膜中很少报道。当浸入水中时,不含含氧基团可能有助于层压板的结构稳定性。Jin及其同事还探讨了使用2D二醇化物膜进行气体分离的可能性。76种超薄(17 ~60 nm厚)叠层MoS_2膜用于H_2分离。尽管产生了高的气体渗透性,但克努森扩散选择性表明MoS_2膜中存在过大的气体通道。

层状双氢氧化物(LDHs)是典型的层状化合物,由规则排列的带正电的水镁石状2D层和位于层间廊道中的电荷补偿阴离子组成。它们具有通式$[M^{2+}_{1-x}M^{3+}_x(OH)_2][A^{n-}]_{x/n}\cdot z\cdot H_2O$($M^{2+}$、$M^{3+}$、$A^{n-}$、$H_2O$分别表示二价和三价金属离子、$n$价阴离子和层间水)。通过改变金属离子和电荷补偿阴离子,可以将廊道高度从纳米级调整到亚纳米级。更重要的是,与大多数2D膜的典型剥离组装程序不同,2D片的形成、自组装成微晶及其在基材上的沉积可以在水热条件下一步完成。这种智能膜形成工艺为2D材料膜的成本效益制造提供了令人兴奋的机会。

Caro小组已经开始探索LDHs在2D材料膜中的潜力。与自上而下的合成路线相反,原位生长法用于在多孔氧化铝基底上制备良好共生的$NiAl-CO_3$ LDH膜。在这种碳酸盐夹层膜中形成高度为0.31 nm的通道,满足了基于尺寸区分的气体分离(即分子筛分离)的要求。正如预期的那样,制备的LDH膜表现出显著的分子筛性质(如对H_2/CH_4混合物的选择性约为80),这使得它们在H_2提纯中具有吸引力。他们进一步证明,溶解在前体

溶液中的 CO_2 可用于控制 LDH 层的优选取向和厚度。微量 CO_2 诱导 *ab* 定向膜，而饱和 CO_2 产生随机定向膜。原则上，*ab* 取向的 LDH 膜有望产生更高的气体性能，因为其层间通道垂直于衬底布置，从而最大限度地降低了传质阻力。然而，LDH 微晶的高纵横比和 CO_2 的供应不足可能导致 LDH 层内形成非选择性缺陷。这导致形成具有较低 H_2 选择性的 *ab* 取向膜，与紧凑的无规取向膜相比，具有明显的优势。此外，原位生长法也适用于制备 ZnAl-NO_3-LDH 膜。在这种情况下，形成的 0.41 nm 的通道大于 NiAl-CO_3 LDH 膜。丰富的插层化学使 LDH 膜在分子分离中得到广泛应用。

2D 材料的多功能物理化学性质可以显著扩展层状膜的光谱，从纯纳米结构扩展到由 2D 层压材料与另一种聚合物或无机膜材料结合形成的混合纳米结构。大多数混合层流膜是混合基质膜(MMM)，主要通过将纳米片结合到聚合物基质中来制造。混合基质策略的主要优点是聚合物的优异加工性和 2D 材料的独特性质的简单结合。此外，与通常用于纯平板膜的水性环境相比，具有各种官能团的聚合物基质可以为 2D 材料提供更灵活的组装环境。这将为构建精致的基于 2D 层的纳米结构提供各种机会。成熟的聚合物膜技术可以很容易地应用于 2D 材料 MMM，这是将 2D 材料膜推向实际应用的最现实的方法。

与纯平板膜一样，2D 材料 MMM 已被很好地研究用于水和气体分离以及离子/质子交换。GO 纳米片的亲水性用于通过有效的混合基质策略增强聚合物膜的水渗透性能。通过将 GO 掺入聚合物基质或 GO 的膜表面功能化，也可以通过将 GO 引入现有膜中进行水处理来减少生物污染。石墨烯纳米材料具有固有的抗微生物特性，通过对细胞膜的物理和氧化损伤直接接触，可诱导细菌细胞失活。此外，石墨烯的高比表面积使其成为锚固不同类型抗菌化合物的理想支架材料，银是迄今为止研究最广泛的材料。

Xu 课题组报道了 GO/聚醚嵌段酰胺(PEBA)MMM 用于选择性 CO_2 分离。由 GO 和 PEBA 之间的氢键诱导，GO 纳米片被组装成具有分子筛层间距和直线扩散路径的多层 GO 层。除了改进的选择性扩散，GO 纳米片的 CO_2 优先吸附增强了吸附选择性。在均匀分散的 GO 层压板中存在快速和选择性的气体传输通道，这为 GO MMM 提供了优异的优先 CO_2 渗透性能和操作稳定性(超过 6 000 min)。进一步的研究表明，可以通过控制 GO 纳米片的横向尺寸和氧化程度来精细地控制气体渗透性能。

在聚合物基质的帮助下，几种面临形成纯平板膜挑战的 2D 材料可以作为 MMM 开始。例如，石墨碳氮化物(g-C_3N_4，CN)，一种新兴的石墨烯类似材料，具有规则分布的三角形纳米孔(估计为 0.31 nm)，以确定其在膜分离中的作用。嵌入 MMM 中的 CN 的水平排列的层状结构可以为水输送提供有序的通道，而 CN 的纳米多孔结构可以提供分子筛效应。

本章习题

13.1　多孔膜和二维膜分别有什么优势？

13.2　如何避免多孔膜中的缺陷？

13.3　多孔膜种类有哪些？

本章参考文献

[1] GEIM A K, NOVOSELOV K S. The rise of graphene [J]. Nat Mater, 2007, 6(3): 183-191.

[2] LIU G, JIN W, XU N. Graphene-based membranes [J]. Chem Soc Rev, 2015, 44(15): 5016-5030.

[3] GIN D L, NOBLE R D. Designing the next generation of chemical separation membranes [J]. Science, 2011, 332(6030): 674-676.

[4] FATHIZADEH M, XU W L, ZHOU F, et al. Graphene oxide: a novel 2-dimensional material in membrane separation for water purification [J]. Advanced Materials Interfaces, 2017, 4(5): 1600918.

[5] MEYER J C, KISIELOWSKI C, ERNI R, et al. Direct imaging of lattice atoms and topological defects in graphene membranes [J]. Nano Lett, 2008, 8(11): 3582-3586.

[6] ERICKSON K, ERNI R, LEE Z, et al. Determination of the local chemical structure of graphene oxide and reduced graphene oxide [J]. Adv Mater, 2010, 22(40): 4467-4472.

[7] RADISAVLJEVIC B, RADENOVIC A, BRIVIO J, et al. Single-layer MoS_2 transistors [J]. Nat Nanotechnol, 2011, 6(3): 147-150.

[8] VAROON K, ZHANG X, ELYASSI B, et al. Dispersible exfoliated zeolite nanosheets and their application as a selective membrane [J]. Science, 2011, 334(6052): 72-75.

[9] SUK J W, PINER R D, AN J, et al. Mechanical properties of monolayer graphene oxide [J]. ACS Nano, 2010, 4(11): 6557-6564.

[10] CHHOWALLA M, SHIN H S, EDA G, et al. The chemistry of two-dimensional layered transition metal dichalcogenide nanosheets [J]. Nature chemistry, 2013, 5(4): 263-275.

[11] DONG G, ZHANG Y, HOU J, et al. Graphene oxide nanosheets based novel facilitated transport membranes for efficient CO_2 capture [J]. Ind Eng Chem Res, 2016, 55(18): 5403-5414.

[12] LI H, DING X, ZHANG Y, et al. Porous graphene nanosheets functionalized thin film nanocomposite membrane prepared by interfacial polymerization for CO_2/N_2 separation [J]. J Membr Sci, 2017, 543: 58-68.

[13] LIU G, JIANG Z, CAO K, et al. Pervaporation performance comparison of hybrid membranes filled with two-dimensional ZIF-L nanosheets and zero-dimensional ZIF-8 nanoparticles [J]. J Membr Sci, 2017, 523: 185-196.

[14] HAN Y, XU Z, GAO C. Ultrathin graphene nanofiltration membrane for water purification [J]. Adv Funct Mater, 2013, 23(29): 3693-3700.

[15] HU M, MI B. Enabling graphene oxide nanosheets as water separation membranes [J].

Environ Sci Technol, 2013, 47(8): 3715-3723.

[16] WANG J, GAO X, WANG J, et al. O-(carboxymethyl)-chitosan nanofiltration membrane surface functionalized with graphene oxide nanosheets for enhanced desalting properties [J]. ACS Appl Mater Interfaces, 2015, 7(7): 4381-4389.

[17] NAGUIB M, KURTOGLU M, PRESSER V, et al. Two-dimensional nanocrystals produced by exfoliation of Ti_3AlC_2[J]. Adv Mater, 2011, 23(37): 4248-4253.

[18] XU C, WANG L, LIU Z, et al. Large-area high-quality 2D ultrathin Mo_2C superconducting crystals [J]. Nat Mater, 2015, 14(11): 1135-1141.

[19] ZHANG Z, ZHANG F, WANG H, et al. Substrate orientation-induced epitaxial growth of face centered cubic Mo_2C superconductive thin film [J]. Journal of Materials Chemistry C, 2017, 5(41): 10822-10827.

[20] REN C E, HATZELL K B, ALHABEB M, et al. Charge-and size-selective ion sieving through $Ti_3C_2T_x$ MXene membranes [J]. The journal of physical chemistry letters, 2015, 6(20): 4026-4031.

[21] XU Z, LIU G, YE H, et al. Two-dimensional MXene incorporated chitosan mixed-matrix membranes for efficient solvent dehydration [J]. J Membr Sci, 2018, 563: 625-632.

[22] KANG K M, KIM D W, REN C E, et al. Selective molecular separation on $Ti_3C_2T_x$-graphene oxide membranes during pressure-driven filtration: comparison with graphene oxide and MXenes [J]. ACS Appl Mater Interfaces, 2017, 9(51): 44687-44694.

[23] QIN H, WU H, ZENG S M, et al. Harvesting osmotic energy from proton gradients enabled by two-dimensional $Ti_3C_2T_x$ MXene membranes [J]. Advanced Membranes, 2022, 2: 100046.

[24] HEIRANIAN M, FARIMANI A B, ALURU N R. Water desalination with a single-layer MoS_2 nanopore [J]. Nat Commun, 2015, 6(1): 8616.

[25] SCHRETTL S, STEFANIU C, SCHWIEGER C, et al. Functional carbon nanosheets prepared from hexayne amphiphile monolayers at room temperature [J]. Nature chemistry, 2014, 6(6): 468-476.

[26] SUN L, HUANG H, PENG X. Laminar MoS_2 membranes for molecule separation [J]. Chem Commun (Cambridge, U K), 2013, 49(91): 10718-10720.

[27] LIU Y, WANG N, CAO Z, et al. Molecular sieving through interlayer galleries [J]. Journal of Materials Chemistry A, 2014, 2(5): 1235-1238.

[28] MAHMOUD K A, MANSOOR B, MANSOUR A, et al. Functional graphene nanosheets: the next generation membranes for water desalination [J]. Desalination, 2015, 356: 208-225.

[29] CASTRO-MUNOZ R, AGRAWAL K V, LAI Z, et al. Towards large-scale application of nanoporous materials in membranes for separation of energy-relevant gas mixtures [J]. Sep Purif Technol, 2022,308: 122919.

[30] CAO K, JIANG Z, ZHANG X, et al. Highly water-selective hybrid membrane by incorporating g-C_3N_4 nanosheets into polymer matrix [J]. J Membr Sci, 2015, 490: 72-83.
[31] WANG Y, OU R, WANG H, et al. Graphene oxide modified graphitic carbon nitride as a modifier for thin film composite forward osmosis membrane [J]. J Membr Sci, 2015, 475: 281-289.

附录　部分彩图

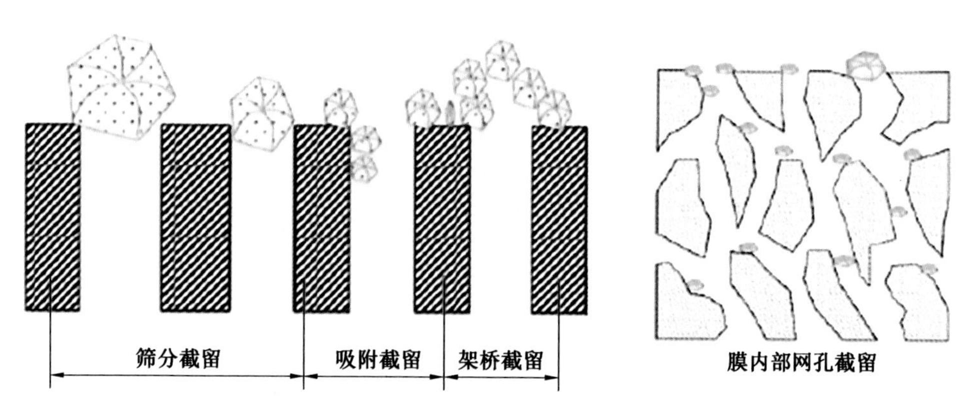

图 2.13

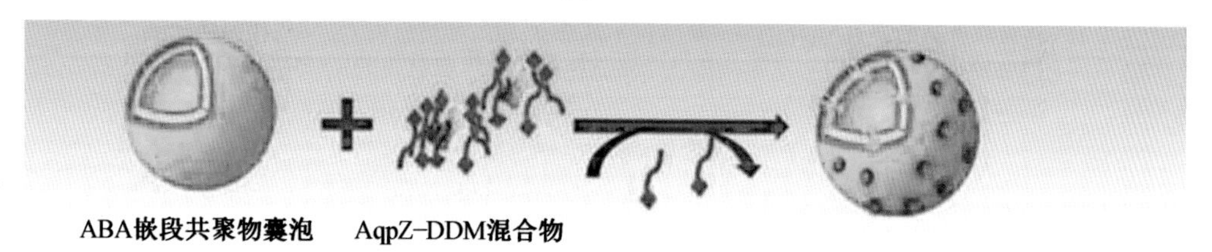

(i) AqpZ在ABA嵌段共聚物囊泡中的掺入；DDM代表十二烷基-b-D-麦芽糖苷

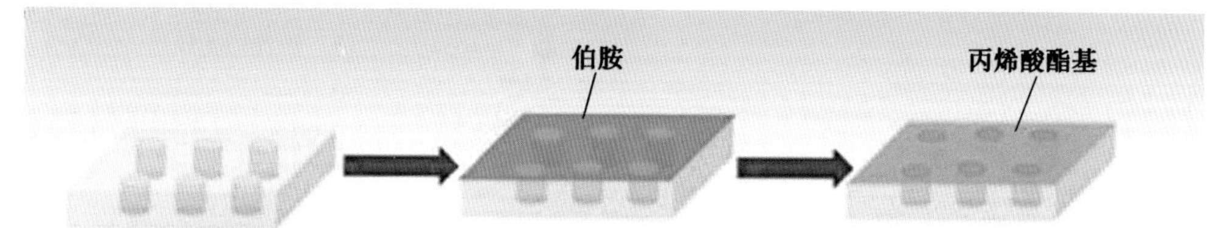

(ii) PCTE膜支撑层的表面改性。一系列具有不同平均孔径（50 nm, 100 nm, 400 nm）的PCTE膜首先涂覆有60 nm厚的金层，并通过化学吸附依次涂覆另一层单层半胱胺。伯胺基通过与丙烯酸共轭转化为丙烯酸酯基

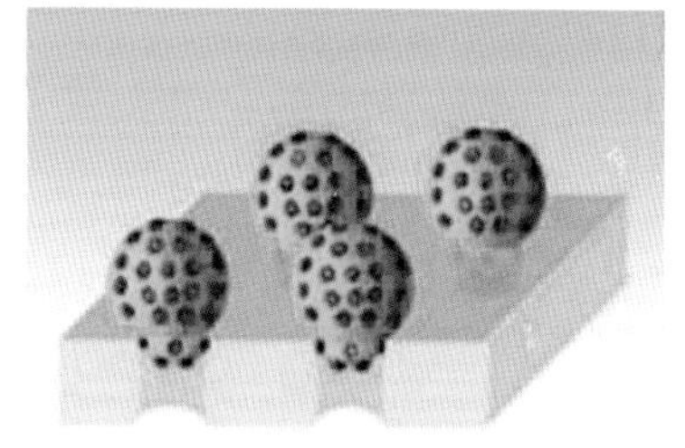

(iii) 压力辅助囊泡吸附在PCTE载体上

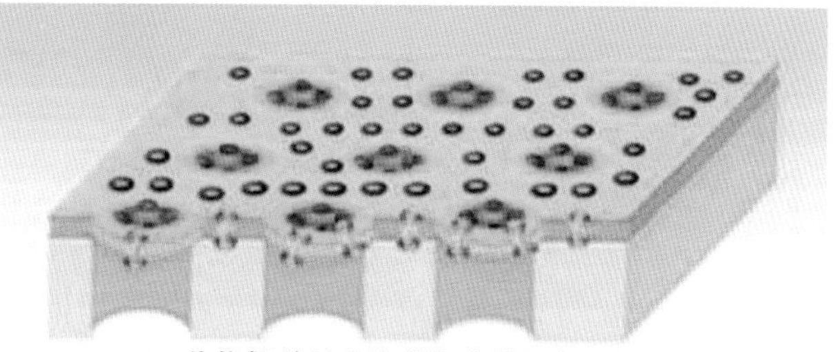

(iv) 共价偶联驱动的囊泡破裂和跨孔膜形成

(a) 穿孔膜设计和合成的示意图

图 4.7

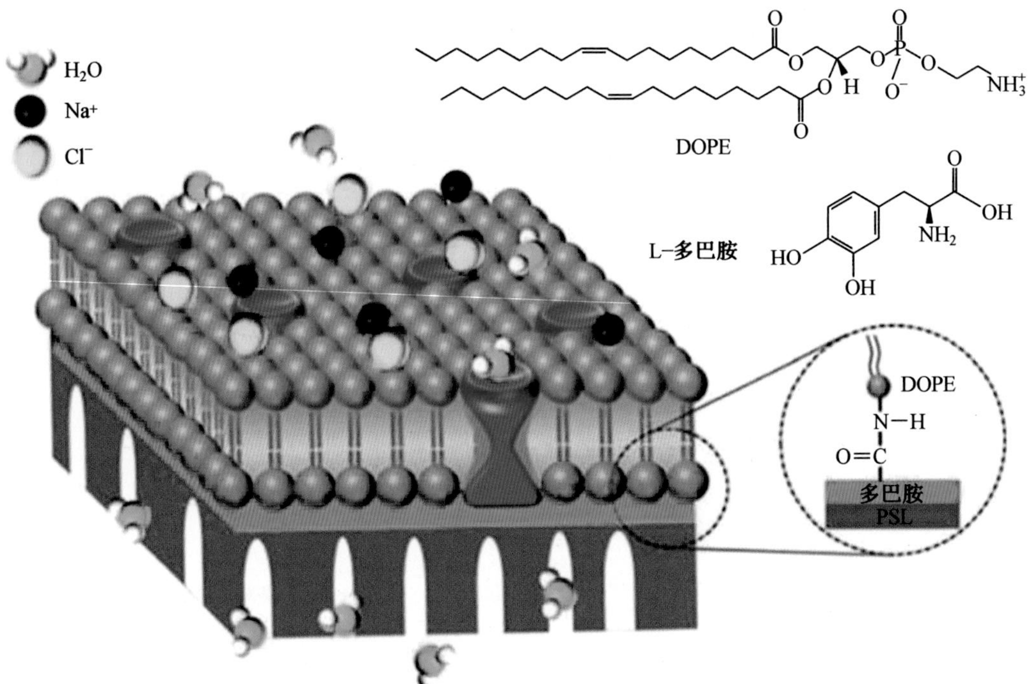

(b) 具有共价键的掺有AqpZ的SLB膜结构示意图（通过使用EDC / S-NHS作为催化剂，酰胺键连接的DOPE SLB建立在PDA层（棕色）涂覆的多孔PSf（灰色）载体之上）

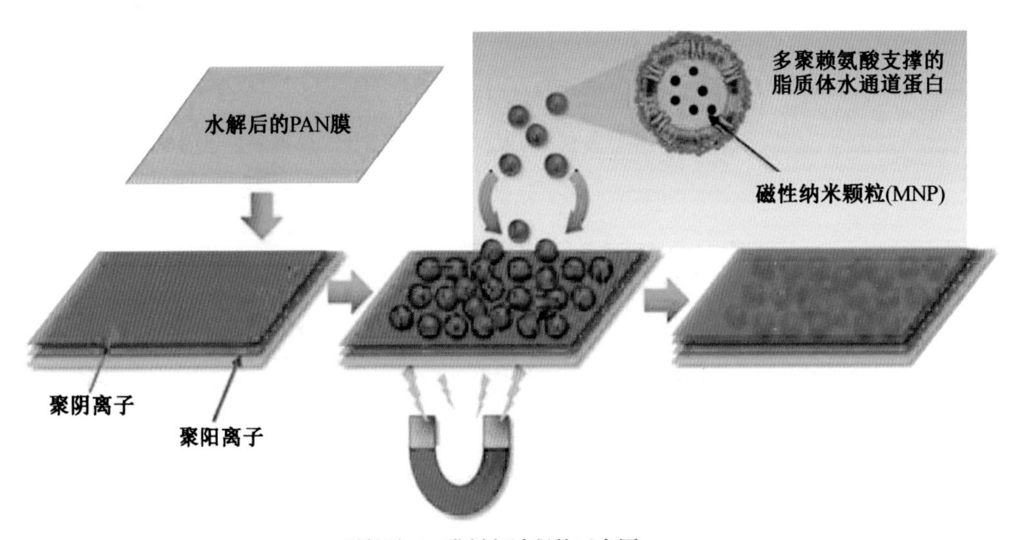

(c) 磁辅助LbL膜制备过程的示意图

续图 4.7

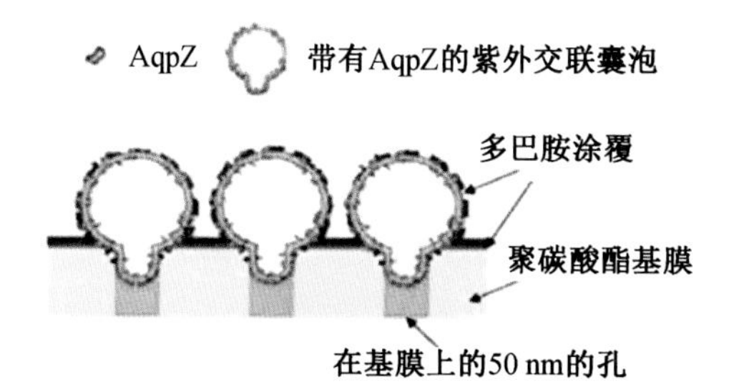

(i) AqpZ嵌入式囊泡膜设计

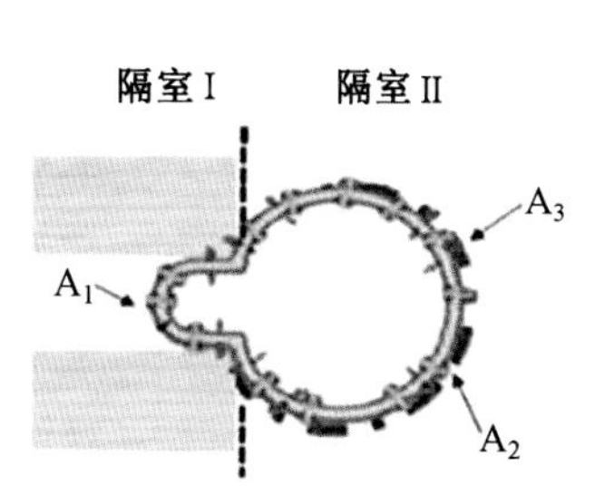

(ii) 为囊泡仿生膜限制的膜区域和隔室

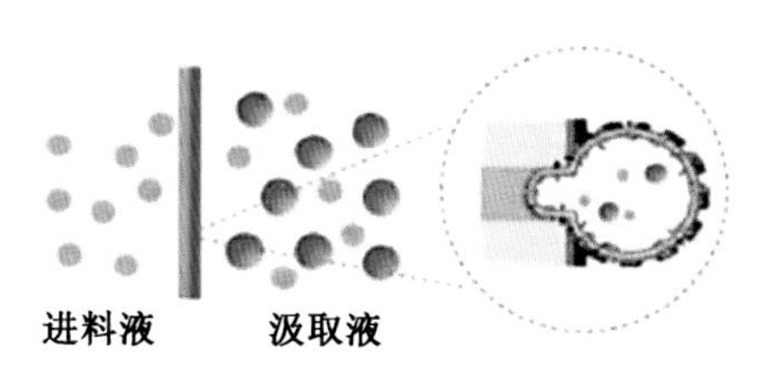

(iii) 减压渗透(PRO)测试模式

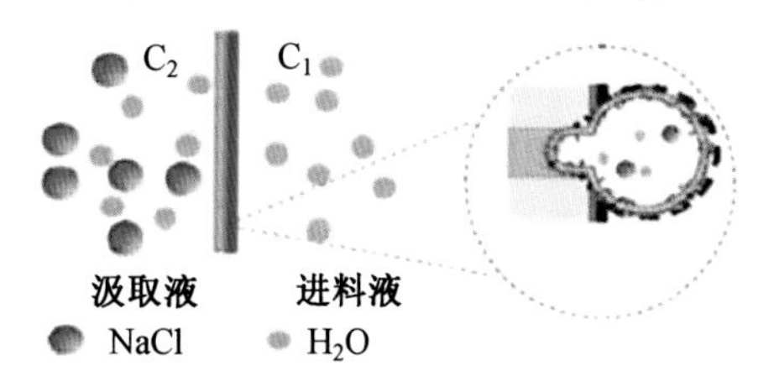

(iv) 正渗透(FO)测试模式

(d) 示意图

续图 4.7

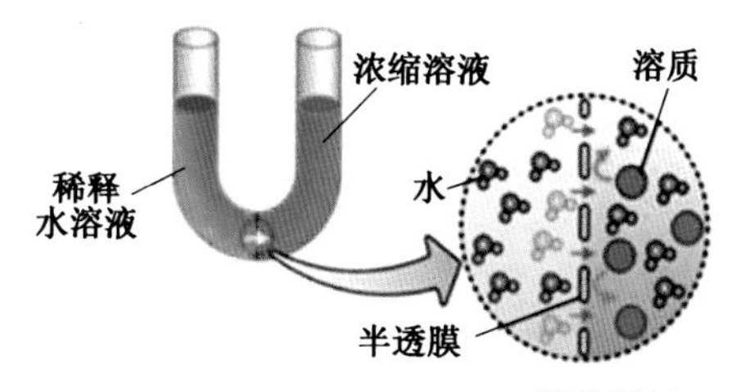

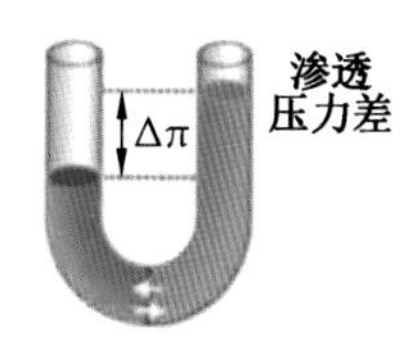

(a) 渗透原理

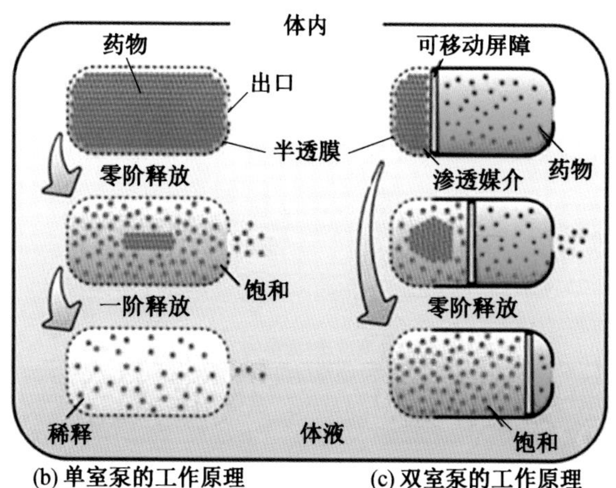

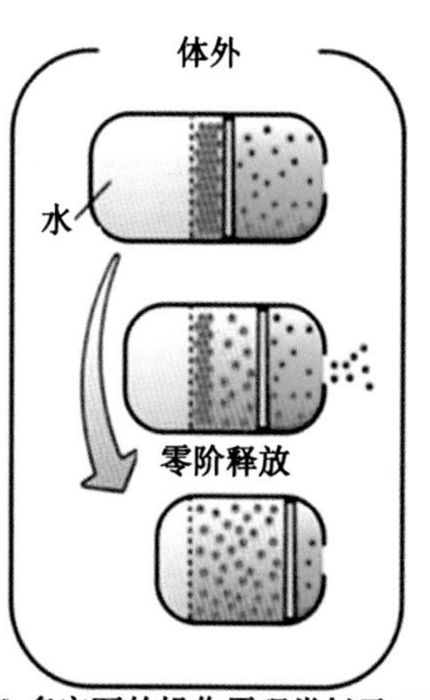

(b) 单室泵的工作原理 (c) 双室泵的工作原理 (d) 多室泵的操作原理类似于双室泵

图 4.9

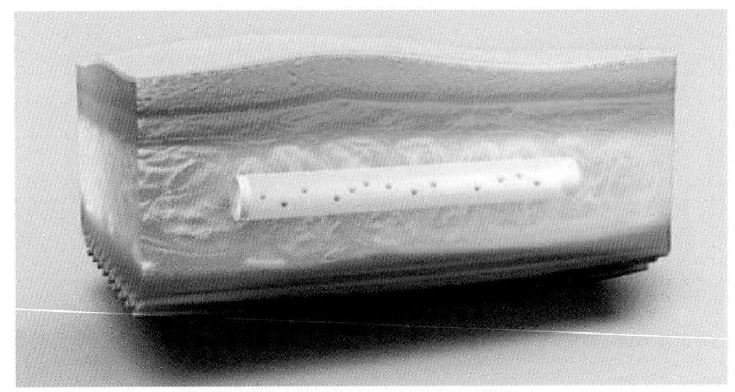

(i) 植入皮下的聚合物传送装置示意图

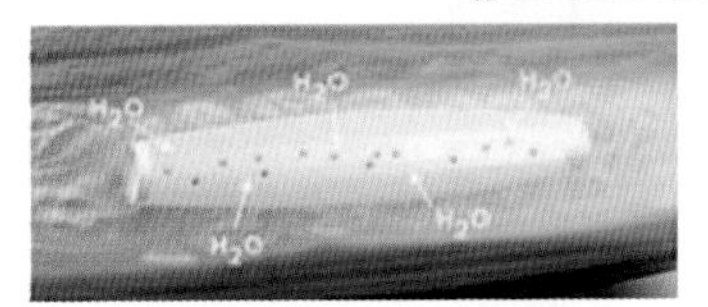

(ii) 渗透驱动的水吸收使胶囊膨胀

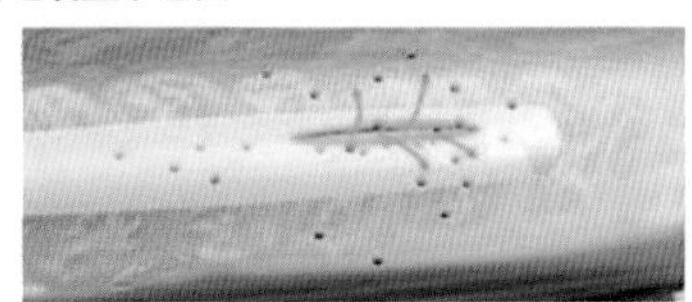

(iii) 液体静压力克服爆破压力；胶囊立即破碎并释放疫苗

(e)

续图 4.9

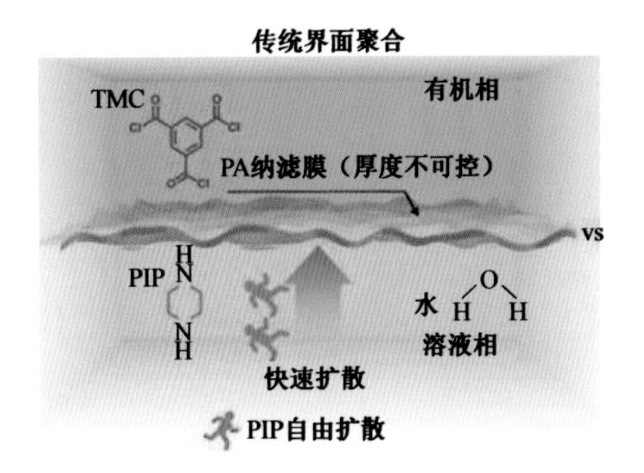

图 5.7

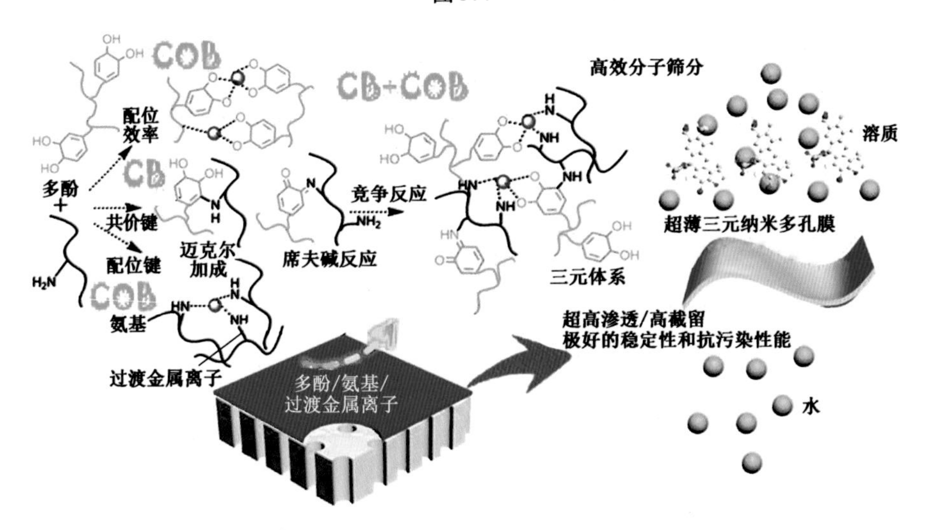

图 5.9

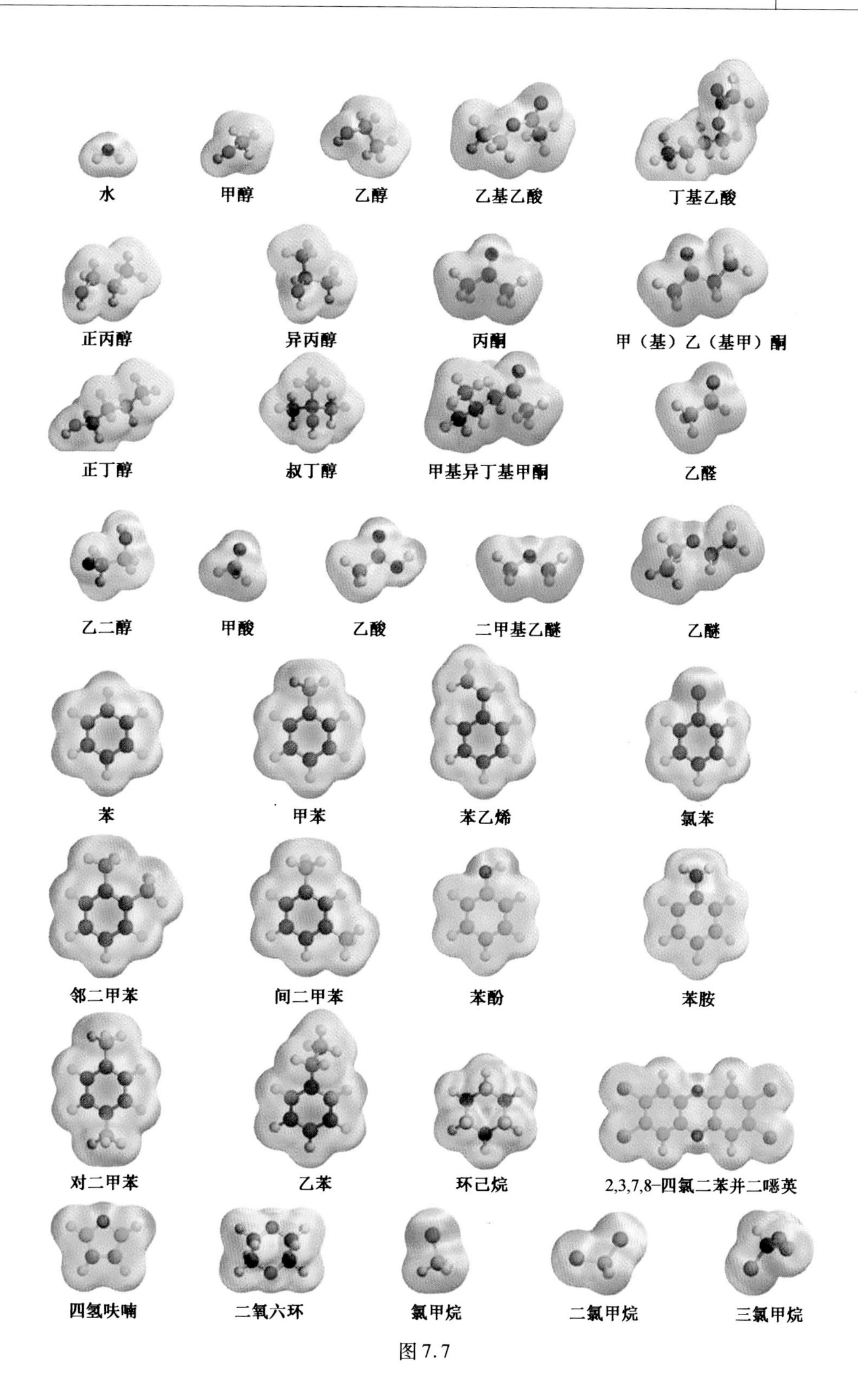
水
甲醇
乙醇
乙基乙酸
丁基乙酸
正丙醇
异丙醇
丙酮
甲（基）乙（基甲）酮
正丁醇
叔丁醇
甲基异丁基甲酮
乙醛
乙二醇
甲酸
乙酸
二甲基乙醚
乙醚
苯
甲苯
苯乙烯
氯苯
邻二甲苯
间二甲苯
苯酚
苯胺
对二甲苯
乙苯
环己烷
2,3,7,8-四氯二苯并二噁英
四氢呋喃
二氧六环
氯甲烷
二氯甲烷
三氯甲烷

图 7.7

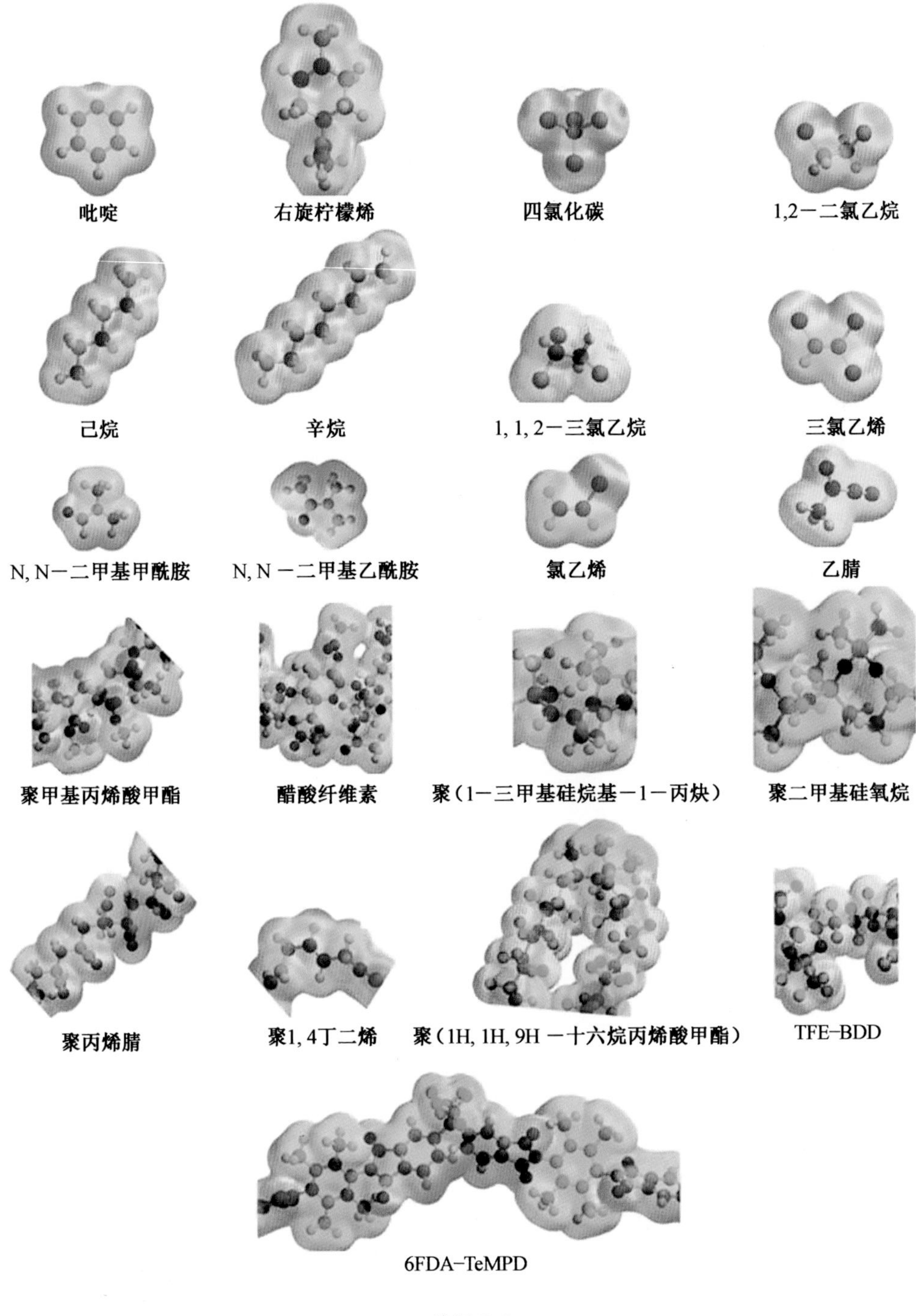
吡啶
右旋柠檬烯
四氯化碳
1,2－二氯乙烷
己烷
辛烷
1, 1, 2－三氯乙烷
三氯乙烯
N, N－二甲基甲酰胺
N, N －二甲基乙酰胺
氯乙烯
乙腈
聚甲基丙烯酸甲酯
醋酸纤维素
聚（1－三甲基硅烷基－1－丙炔）
聚二甲基硅氧烷
聚丙烯腈
聚1, 4丁二烯
聚（1H, 1H, 9H －十六烷丙烯酸甲酯）
TFE–BDD
6FDA–TeMPD

续图 7.7

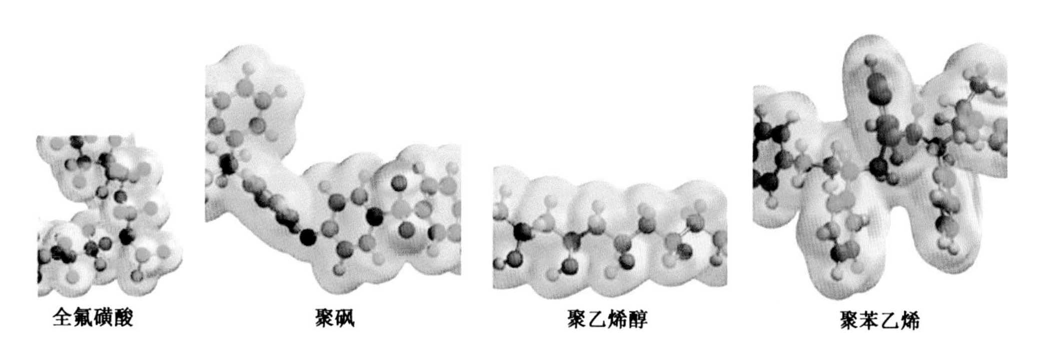

续图 7.7

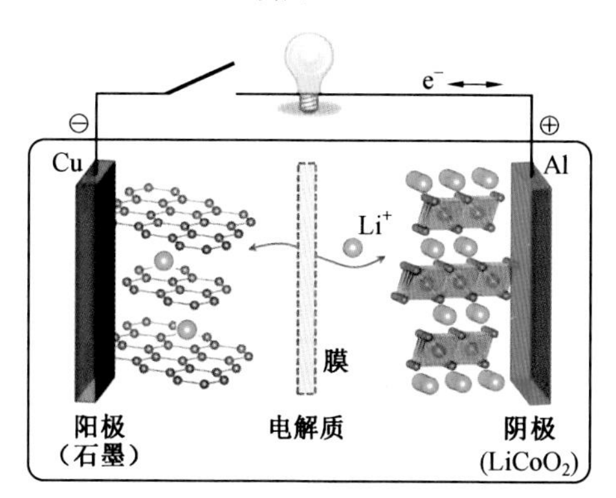

图 11.3

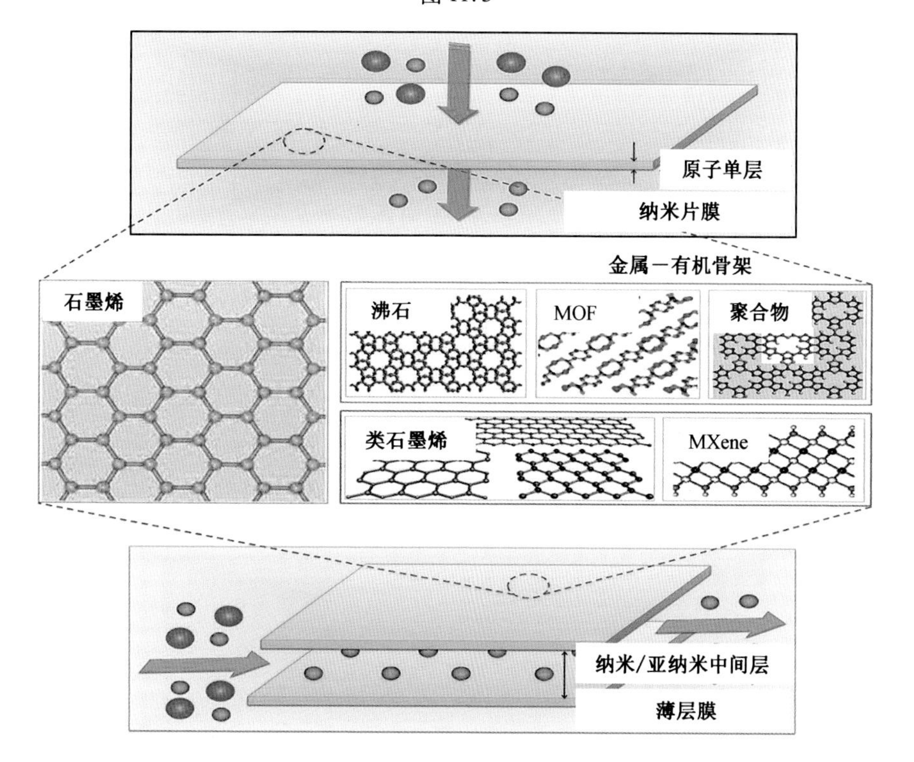

图 13.1